Marlene Doobe
(Hrsg.)

Kunststoffe erfolgreich kleben

Grundlagen, Klebstofftechnologien, Best-Practice-Beispiele

Springer Vieweg

Herausgeber
Marlene Doobe
Eltville, Deutschland

ISBN 978-3-658-18444-5 ISBN 978-3-658-18445-2 (eBook)
https://doi.org/10.1007/978-3-658-18445-2

Die Deutsche Nationalbibliothek verzeichnet diese Publikation in der Deutschen Nationalbibliografie; detaillierte bibliografische Daten sind im Internet über http://dnb.d-nb.de abrufbar.

Springer Vieweg

Lektorat: Thomas Zipsner

Gedruckt auf säurefreiem und chlorfrei gebleichtem Papier

Springer Vieweg ist Teil von Springer Nature
Die eingetragene Gesellschaft ist Springer Fachmedien Wiesbaden GmbH
Die Anschrift der Gesellschaft ist: Abraham-Lincoln-Str. 46, 65189 Wiesbaden, Germany

Vorwort

Kunststoffe sind heute unverzichtbar für die Entwicklung innovativer Produkte. Müssen sie miteinander oder mit anderen Werkstoffen gefügt werden, gelingt dies häufig nur durch den Einsatz der Klebtechnik. Allerdings steigen hier die Anforderungen kontinuierlich. Das liegt zum einen daran, dass laufend neue Materialien auf den Markt kommen, die verbunden werden müssen. Zum anderen müssen die Fertigungskosten im Rahmen bleiben. Zusätzlich sind aber auch ein nachhaltiger Umgang mit Ressourcen und der Klimaschutz zu beachten. Hinzu kommen vielfältige anwendungsbezogene Eigenschaften, die erfüllt werden müssen. Und dass in diesem Spannungsfeld die Langzeitqualität neu entwickelter Bauteile oder Produkte für den wirtschaftlichen Erfolg eines Unternehmens selbstverständlich ist, muss nicht weiter ausgeführt werden.

Vor diesem Hintergrund entstand die Idee, das Wissen zahlreicher Experten um das erfolgreiche Kleben von Kunststoffen aus Wissenschaft und Industrie in einem Standardwerk zu bündeln. Ergebnis ist dieses Buch, das jetzt in der 1. Auflage vorliegt und entsprechend der klebtechnischen Weiterentwicklung alle zwei bis drei Jahre aktualisiert und mit ergänzenden Beiträgen erscheinen soll.

Erklärtes Ziel ist zum einen, dem Anwender aus den verschiedensten Branchen mit diesem Werk das für die Lösung seiner klebtechnischen Aufgaben nötige Wissen zu vermitteln. Zum anderen soll das Buch die Basis für ein synergetisches Netzwerk zwischen Anwendern verschiedenster Zielbranchen der Klebtechnik, Klebstoff- und Geräteherstellern und nicht zuletzt Forschern auf diesem Gebiet darstellen. Dazu wurden alle Beiträge mit den Kontaktdaten der einzelnen Autoren ergänzt und zusätzlich das Autorenteam am Anfang des Buches namensalphabetisch aufgelistet.

Experten aus Industrie und Wissenschaft beschreiben in dieser 1. Auflage in insgesamt 41 Beiträgen die Leistungsfähigkeit der Klebtechnik. Nach einführenden Beiträgen über Kunststoffe, Grundlagen der Klebstoffe und Klebtechnik werden alle für das erfolgreiche Kleben von Kunststoffen wichtigen Aspekte behandelt. Darüber hinaus beleuchten zahlreiche Best Practice Beispiele aus verschiedensten Industriebranchen die anwendungstechnischen und wirtschaftlichen Möglichkeiten der Klebtechnik beim Fügen von Kunststoffen.

Zur Entstehung von „Kunststoffe erfolgreich kleben“ haben viele beigetragen: An erster Stelle steht hier natürlich das Autorenteam – bestehend aus rund 70 Experten, denen mein herzlicher Dank gilt. Besonders hervorheben möchte ich diese drei Autoren: Prof. Henning Gleich (inpro), Prof. Andreas Hartwig (Fraunhofer IFAM) und Dr. Hartwig Lohse (Klebtechnik Lohse). Alle drei Experten sind nicht nur Verfasser verschiedener Beiträge, sondern standen mir auch jederzeit beratend zur Seite. Dank gebührt schließlich meinen Kollegen Florian Mall und Thomas Zipsner für ihre Geduld bei der Umsetzung und dem Verlag für das Vertrauen in meine Arbeit auch als ehemalige Chefredakteurin der Zeitschrift adhäsion KLEBEN + DICHTEN.

Herausgeberin
Marlene Doobe

Inhaltsverzeichnis

Autorenverzeichnis

Michael Adam Bereich Klebtechnik und Oberflächen, Fraunhofer-Institut für Fertigungstechnik und Angewandte Materialforschung IFAM, Wiener Straße 12, 28359 Bremen, Deutschland
E-Mail: michael.adam@ifam.fraunhofer.de, URL: http://www.ifam.fraunhofer.de

Dipl.-Ing. Adrian K. Antosik Institute of Chemical Organic Technology, West Pomeranian University of Technology, Szczecin, ul.Pulaskiego 10, 70-322 Szczecin, Polen
E-Mail: psa_czech@wp.pl

Prof. Dr.-Ing. Martin Bastian SKZ - Das Kunststoff-Zentrum, Friedrich-Bergius-Ring 22, 97076 Würzburg, Deutschland
E-Mail: m.bastian@skz.de, URL: http://www.skz.de

Dr. Benjamin Baudrit SKZ - Das Kunststoff-Zentrum, Friedrich-Bergius-Ring 22, 97076 Würzburg, Deutschland
E-Mail: b.baudrit@skz.de, URL: http://www.skz.de

Dipl.-Ing. Mathias Beck IFF GmbH - Induktion, Fügetechnik, Fertigungstechnik Ismaning, Deutschland
E-Mail: mathias.beck@iff-gmbh.de, URL: http://www.iff-gmbh.de

Julian Berger Kunststofftechnik Paderborn, Universität Paderborn, Warburger Straße 100, 33098 Paderborn, Deutschland

M.Sc. David Blass Institut für Füge- und Schweißtechnik (ifs), Technische Universität Braunschweig Braunschweig, Deutschland
E-Mail: d.blass@tu-braunschweig.de, URL: http://www.ifs.tu-braunschweig.de

Dr. Markus Brede Bereich Klebtechnik und Oberflächen, Fraunhofer-Institut für Fertigungstechnik und Angewandte Materialforschung IFAM, Wiener Straße 12, 28359 Bremen, Deutschland
E-Mail: markus.brede@ifam.fraunhofer.de, URL: http://www.ifam.fraunhofer.de

Dr.-Ing. Rolf Brucksch Patent- und Markenamt München München, Deutschland

Dipl.-Ing. Christian Buske Plasmatreat GmbH, Queller Str. 76 - 80, 33803 Steinhagen, Deutschland
E-Mail: mail@plasmatreat.de, URL: http://www.plasmatreat.de

Prof. Dr. phil. Jürgen von Czarnecki Wehrwissenschaftliches Institut für Werk- und Betriebsstoffe (WIWeB), Institutsweg 1, 85435 Erding, Deutschland

Prof. Dr. Zbigniew Czech Institute of Chemical Organic Technology, West Pomeranian University of Technology, Szczecin, ul.Pulaskiego 10, 70-322 Szczecin, Polen
E-Mail: psa_czech@wp.pl

Prof. Dr.-Ing. Klaus Dilger Institut für Füge- und Schweißtechnik (ifs), Technische Universität Braunschweig Braunschweig, Deutschland
E-Mail: k.dilger@tu-braunschweig.de, URL: http://www.ifs.tu-braunschweig.de

Sven Exner Fr. Lürssen Werft GmbH & Co. KG Bremen, Deutschland
E-Mail: sven.exner@luerssen.de, URL: http://www.luerssen.com

M.Sc. Simon Fecht Bereich Klebtechnik und Oberflächen, Fraunhofer-Institut für Fertigungstechnik und Angewandte Materialforschung IFAM, Wiener Straße 12, 28359 Bremen, Deutschland
E-Mail: simon.fecht@ifam.fraunhofer.de, URL: http://www.ifam.fraunhofer.de

Dipl-Ing. Florian Feucht Hufschmied Zerspanungssysteme GmbH Bobingen, Deutschland

Jens Freese Wehrwissenschaftliches Institut für Werk- und Betriebsstoffe (WIWeB), Institutsweg 1, 85435 Erding, Deutschland

Dipl.-Wirt.-Ing. Norman Friedrich Kunststofftechnik Paderborn, Universität Paderborn, Warburger Straße 100, 33098 Paderborn, Deutschland
E-Mail: norman@familiefriedrich.org, URL: http://www.ktpweb.de

M.Sc. Linda Fröck Fraunhofer-Einrichtung für Großstrukturen in der Produktionstechnik, Albert-Einstein-Str. 30, 18059 Rostock, Deutschland
E-Mail: linda.froeck@hro.ipa.fraunhofer.de, URL: http://www.hro.ipa.fraunhofer.de

Prof. Dr.-Ing. Henning Gleich inpro Innovationsgesellschaft für fortgeschrittene Produktionssysteme in der Fahrzeugindustrie mbH Berlin, Deutschland
E-Mail: henning.gleich@inpro.de, URL: http://www.inpro.de

Dipl.-Ing Nikolai Glück Fraunhofer-Einrichtung für Großstrukturen in der Produktionstechnik, Albert-Einstein-Str. 30, 18059 Rostock, Deutschland
E-Mail: nikolai.glueck@hro.ipa.fraunhofer.de, URL: http://www.hro.ipa.fraunhofer.de

Dr.-Ing. Sascha Gramsch-Kempkes Stanley Engineered Fastening Tucker GmbH Gießen, Deutschland
E-Mail: sascha.gramsch-kempkes@sbdinc.com, URL: http://www.stanleyengineeredfastening.com/brands/tucker

Prof. Dr. Andreas Groß Bereich Klebtechnik und Oberflächen, Fraunhofer-Institut für Fertigungstechnik und Angewandte Materialforschung IFAM, Wiener Straße 12, 28359 Bremen, Deutschland
E-Mail: andreas.gross@ifam.fraunhofer.de, URL: http://www.kleben-in-bremen.de

Dr. Sergio Grunder Dow Europe GmbH, Bachtobelstraße 3, 8810 Horgen, Schweiz
E-Mail: sgrunder@dow.com, URL: http://www.dow.com

Dipl.-Ing. Cordula Grunwald Bereich Klebtechnik und Oberflächen, Fraunhofer-Institut für Fertigungstechnik und Angewandte Materialforschung IFAM, Wiener Straße 12, 28359 Bremen, Deutschland
E-Mail: cordula.grunwald@ifam.fraunhofer.de, URL: http://www.ifam.fraunhofer.de

Dipl.-Ing. Robert Hailer BMW Group, Knorrstraße 147, 80788 München, Deutschland
E-Mail: robert.hailer@bmw.de, URL: http://www.bmwgroup.de

Prof. Dr. Andreas Hartwig Bereich Klebtechnik und Oberflächen, Fraunhofer-Institut für Fertigungstechnik und Angewandte Materialforschung IFAM, Wiener Straße 12, 28359 Bremen, Deutschland
E-Mail: andreas.hartwig@ifam.fraunhofer.de, URL: http://www.ifam.fraunhofer.de

Dr.-Ing. Peter Heidemeyer SKZ - Das Kunststoff-Zentrum, Friedrich-Bergius-Ring 22, 97076 Würzburg, Deutschland
E-Mail: p.heidemeyer@skz.de, URL: http://www.skz.de

M.Sc. Michael Heilig SKZ - Das Kunststoff-Zentrum, Friedrich-Bergius-Ring 22, 97076 Würzburg, Deutschland
E-Mail: m.heilig@skz.de, URL: http://www.skz.de

M.Sc. Katharina Henkel Laboratorium für Werkstoff- und Fügetechnik, Universität Paderborn, Pohlweg 47-49, 33098 Paderborn, Deutschland
E-Mail: katharina.henkel@lwf.upb.de, URL: http://www.lwf-paderborn.de

Dr. Hartmut Henneken Jowat SE, Ernst-Hilker-Straße 10 – 14, 32758 Detmold, Deutschland
E-Mail: hartmut.henneken@jowat.de, URL: http://www.jowat.de

Dr.-Ing. Jens Holtmannspötter Wehrwissenschaftliches Institut für Werk- und Betriebsstoffe (WIWeB), Institutsweg 1, 85435 Erding, Deutschland
E-Mail: jensholtmannspoetter@bundeswehr.org, URL: http://www.baainbw.de/wiweb

Dipl.-Ing. Ingo Horsthemke Jowat SE, Ernst-Hilker-Straße 10 – 14, 32758 Detmold, Deutschland
E-Mail: ingo.horsthemke@jowat.de, URL: http://www.jowat.de

Dr.-Ing. Ralf Hose Delo Industrie Klebstoffe GmbH & Co. KGaA, Delo-Allee 1, 86949 Windach, Deutschland
E-Mail: ralf.hose@delo.de, URL: http://www.delo.de

Dr. Oliver Klapp Bereich Klebtechnik und Oberflächen, Fraunhofer-Institut für Fertigungstechnik und Angewandte Materialforschung IFAM, Wiener Straße 12, 28359 Bremen, Deutschland
E-Mail: ovliver.klapp@ifam.fraunhofer.de, URL: http://www.ifam.fraunhofer.de

Dr.-Ing. Agnieszka Kowalczyk Institute of Chemical Organic Technology, West Pomeranian University of Technology, Szczecin, ul.Pulaskiego 10, 70-322 Szczecin, Polen
E-Mail: psa_czech@wp.pl

M.Sc. Eduard Kraus SKZ - Das Kunststoff-Zentrum, Friedrich-Bergius-Ring 22, 97076 Würzburg, Deutschland
E-Mail: e.kraus@skz.de, URL: http://www.skz.de

Dr.-Ing. Stefan Kreling Konzernforschung Werkstoffe und Fertigungsverfahren Fügeverfahren, K-GERW/F, Volkswagen Aktiengesellschaft Wolfsburg, Deutschland
E-Mail: paul.stefan.kreling@volkswagen.de, URL: http://www.volgswagen-ag.de

Dipl.-Ing. Jens Krugmann Kunststofftechnik Paderborn, Universität Paderborn, Warburger Straße 100, 33098 Paderborn, Deutschland
E-Mail: jenskrugmann@googlemail.de, URL: http://www.ktpweb.de

Prof. Dr.-Ing. Christian Lammel IFF GmbH - Induktion, Fügetechnik, Fertigungstechnik Ismaning, Deutschland
E-Mail: christian.lammel@iff-gmbh.de, URL: http://www.iff-gmbh.de

Dipl.-Ing. Christian Leister Kunststofftechnik Paderborn, Universität Paderborn, Warburger Straße 100, 33098 Paderborn, Deutschland
E-Mail: christianleister@web.de, URL: http://www.ktpweb.de

Dr. Hartwig Lohse Klebtechnik Dr. Hartwig Lohse e.K., Hofberg 4, 25597 Breitenberg, Deutschland
E-Mail: hlohse@hdyg.de, URL: http://www.how-do-you-glue.de

Dr. Uwe Lommatzsch Bereich Klebtechnik und Oberflächen, Fraunhofer-Institut für Fertigungstechnik und Angewandte Materialforschung IFAM, Wiener Straße 12, 28359 Bremen, Deutschland
E-Mail: lom@ifam.fraunhofer.de, URL: http://www.ifam.fraunhofer.de

Dipl.-Ing. Andreas Lühring Bereich Klebtechnik und Oberflächen, Fraunhofer-Institut für Fertigungstechnik und Angewandte Materialforschung IFAM, Wiener Straße 12, 28359 Bremen, Deutschland
E-Mail: andreas.luehring@ifam.fraunhofer.de, URL: http://www.ifam.fraunhofer.de

Dr. Andreas Lutz Dow Europe GmbH, Bachtobelstraße 3, 8810 Horgen, Schweiz
E-Mail: alutz@dow.com, URL: http://www.dow.com

M.Sc. Sebastian Mailänder Laboratorium für Werkstoff- und Fügetechnik, Universität Paderborn, Pohlweg 47-49, 33098 Paderborn, Deutschland
E-Mail: sebastian.mailaender@lwf.upb.de, URL: http://www.lwf-paderborn.de

Dr. Arno Maurer Polytec PT GmbH, Polytec-Platz 1-7, 76337 Waldbronn, Deutschland
E-Mail: a.maurer@polytec-pt.de, URL: http://www.polytec-pt.de

Prof. Dr.-Ing. Gerson Meschut Laboratorium für Werkstoff- und Fügetechnik, Universität Paderborn, Pohlweg 47-49, 33098 Paderborn, Deutschland
E-Mail: gerson.meschut@lwf.uni-paderborn.de, URL: http://www.lwf-paderborn.de

Jutta Messering Wellmann Technologies GmbH, Hauptstraße 96, 67159 Friedelsheim, Deutschland

Dipl-Ing. Jean Christjan Meyer Wehrwissenschaftliches Institut für Werk- und Betriebsstoffe (WIWeB), Institutsweg 1, 85435 Erding, Deutschland

Prof. Dr.-Ing. Elmar Moritzer Kunststofftechnik Paderborn, Universität Paderborn, Warburger Straße 100, 33098 Paderborn, Deutschland
E-Mail: elmar.moritzer@ktp.upb.de, URL: http://www.ktpweb.de

Dr. Christof Nagel Bereich Klebtechnik und Oberflächen, Fraunhofer-Institut für Fertigungstechnik und Angewandte Materialforschung IFAM, Wiener Straße 12, 28359 Bremen, Deutschland
E-Mail: christof.nagel@ifam.fraunhofer.de, URL: http://www.ifam.fraunhofer.de

Nico Nuyts Wellmann Technologies GmbH, Hauptstraße 96, 67159 Friedelsheim, Deutschland

Dr. Hermann Onusseit Onusseit Consulting, Elsa-Brandström-Str. 17, 42781 Haan, Deutschland
E-Mail: h.onusseit@t-online.de

M.Sc. Lukas Orf SKZ - Das Kunststoff-Zentrum, Friedrich-Bergius-Ring 22, 97076 Würzburg, Deutschland
E-Mail: L.orf@skz.de, URL: http://www.skz.de

Dipl.-Ing. Manfred Peschka Bereich Klebtechnik und Oberflächen, Fraunhofer-Institut für Fertigungstechnik und Angewandte Materialforschung IFAM, Wiener Straße 12, 28359 Bremen, Deutschland
E-Mail: manfred.peschka@ifam.fraunhofer.de, URL: http://www.ifam.fraunhofer.de

Dr. Matthias Popp Bereich Klebtechnik und Oberflächen, Fraunhofer-Institut für Fertigungstechnik und Angewandte Materialforschung IFAM, Wiener Straße 12, 28359 Bremen, Deutschland
E-Mail: matthias.popp@ifam.fraunhofer.de, URL: http://www.ifam.fraunhofer.de

M.Sc. Tobias Reincke Institut für Füge- und Schweißtechnik (ifs), Technische Universität Braunschweig Braunschweig, Deutschland
E-Mail: t.reincke@tu-braunschweig.de, URL: http://www.tu-braunschweig.de

Thomas Reinert Meyer Werft GmbH & Co. KG Papenburg, Deutschland
E-Mail: reinert@meyerwerft.de, URL: http://www.meyerwerft.de

Dr. Stefan Schmatloch Dow Europe GmbH, Bachtobelstraße 3, 8810 Horgen, Schweiz
E-Mail: sschmatloch@dow.com, URL: http://www.dow.com

Dipl.-Ing. Roland Schumacher Dürr Systems AG, Wolfratshausen, Deutschland
E-Mail: roland.schumacher@durr.com, URL: http://www.durr.com

Joachim Schüßler Plasmatreat GmbH, Queller Str. 76 - 80, 33803 Steinhagen, Deutschland
E-Mail: mail@plasmatreat.de, URL: http://www.plasmatreat.de

Hermann Sedlmaier BMW Group, Knorrstraße 147, 80788 München, Deutschland
E-Mail: hermann.sedlmaier@bmw.de

Dr. Christian Terfloth Jowat SE, Ernst-Hilker-Straße 10 – 14, 32758 Detmold, Deutschland
E-Mail: christian.terfloth@jowat.de, URL: http://www.jowat.de

Dr.-Ing. Dominik Teutenberg Laboratorium für Werkstoff- und Fügetechnik, Universität Paderborn, Pohlweg 47-49, 33098 Paderborn, Deutschland
E-Mail: dominik.teutenberg@lwf.upd.de, URL: http://www.lwf-paderborn.de

Dr. Frank Thomsen Krüss GmbH, Borsteler Chaussee 85, 22453 Hamburg, Deutschland
E-Mail: f.thomsen@kruss.de, URL: http://www.kruss.de

Dr. Till Vallée Bereich Klebtechnik und Oberflächen, Fraunhofer-Institut für Fertigungstechnik und Angewandte Materialforschung IFAM, Wiener Straße 12, 28359 Bremen, Deutschland
E-Mail: till.vallee@ifam.fraunhofer.de, URL: http://www.ifam.fraunhofer.de

Dr.-Ing. Astrid Wagner Panasonic Automotive & Industrial Systems Europe GmbH, Robert-Bosch-Straße 27-29, 63225 Langen, Deutschland
E-Mail: astrid.wagner@eu.panasonic.com, URL: http://eu.industrial.panasonic.com

Dipl.-Ing. Christian Walther Delo Industrie Klebstoffe GmbH & Co. KGaA, Delo-Allee 1, 86949 Windach, Deutschland
E-Mail: christian.walther@delo.de, URL: http://www.delo.de

Dr. Stefanie Wellmann Wellmann Technologies GmbH, Hauptstraße 96, 67159 Friedelsheim, Deutschland
E-Mail: stefanie@wellmanntech.de, URL: http://www.wellmanntech.de

Dr.-Ing. Michael Wetzel Wehrwissenschaftliches Institut für Werk- und Betriebsstoffe (WIWeB), Institutsweg 1, 85435 Erding, Deutschland

Dr. Ralph Wilken Bereich Klebtechnik und Oberflächen, Fraunhofer-Institut für Fertigungstechnik und Angewandte Materialforschung IFAM, Wiener Straße 12, 28359 Bremen, Deutschland
E-Mail: ralph.wilken@ifam.fraunhofer.de, URL: http://www.ifam.fraunhofer.de

Andreas Wulf Bereich Klebtechnik und Oberflächen, Fraunhofer-Institut für Fertigungstechnik und Angewandte Materialforschung IFAM, Wiener Straße 12, 28359 Bremen, Deutschland
E-Mail: andreas.wulf@ifam.fraunhofer.de, URL: http://www.ifam.fraunhofer.de

M.Sc. Marc Wünsche Inometa GmbH, Planckstraße 15, 32052 Herford, Deutschland
E-Mail: mwu@inometa.de, URL: http://www.inometa.de

Teil I

Grundlagen, Vorbehandlung, Auslegung, Qualität

Grundlagen

1

Henning Gleich, Andreas Hartwig, Hartwig Lohse, David Blass, Tobias Reincke, Stefan Kreling und Klaus Dilger

1.1 Was Kleber über Kunststoffe wissen sollten

Henning Gleich, Andreas Hartwig und Hartwig Lohse

Wenn heute innovative Produkte auf den Markt gebracht werden, sind meist Kunststoffe mit von der Partie. Sie können häufig nur durch den Einsatz der Klebtechnik zuverlässig gefügt werden – insbesondere wenn es darum geht, unterschiedliche

H. Gleich (✉)
inpro Innovationsgesellschaft für fortgeschrittene Produktionssysteme in der Fahrzeugindustrie mbH
Berlin, Deutschland
E-Mail: henning.gleich@inpro.de

A. Hartwig (✉)
Fraunhofer-Institut für Fertigungstechnik und Angewandte Materialforschung IFAM, Bereich Klebtechnik und Oberflächen
Bremen, Deutschland
E-Mail: andreas.hartwig@ifam.fraunhofer.de

H. Lohse (✉)
Klebtechnik Dr. Hartwig Lohse e.K.
Breitenberg, Deutschland
E-Mail: hlohse@hdyg.de

D. Blass (✉) · T. Reincke · K. Dilger
Institut für Füge- und Schweißtechnik (ifs), Technische Universität Braunschweig
Braunschweig, Deutschland
E-Mail: d.blass@tu-braunschweig.de

S. Kreling
Konzernforschung Werkstoffe und Fertigungsverfahren Fügeverfahren, K-GERW/F, Volkswagen Aktiengesellschaft
Wolfsburg, Deutschland

M. Doobe (Hrsg.), *Kunststoffe erfolgreich kleben*,
https://doi.org/10.1007/978-3-658-18445-2_1

Kunststoffe miteinander oder Kunststoffe mit anderen Werkstoffen zu verbinden. Um dabei erfolgreiche Ergebnisse zu erzielen, sollte der Verarbeiter auch hinsichtlich der zu fügenden Kunststoffe über ein Basiswissen verfügen.

Wir leben in einer Welt, in der Kunststoffe omnipräsent sind und in nahezu jedem Produkt des täglichen Lebens vorkommen. Gründe hierfür gibt es viele – so zum Beispiel ihre einfache Verarbeitung und geringe Dichte. Außerdem sind sie preiswert und erfordern im Vergleich zu Alternativmaterialien oftmals auch einen geringeren Energiebedarf bei ihrer Herstellung und Verarbeitung. In einer großen Zahl von Fällen besteht ein Produkt aber nicht aus einem monolithischen Kunststoffteil, sondern wird aus den verschiedensten Komponenten zusammengesetzt. Meist beinhalten diese die unterschiedlichsten Materialien. Gerade für das Fügen verschiedener Werkstoffe ist die moderne Klebtechnik das prädestinierte Verfahren. Allerdings müssen die notwendigen technischen Eigenschaften erfüllt und gleichzeitig eine hohe Produktivität, Qualität und Zuverlässigkeit gewährleistet werden. Wie dies in der Praxis gelingt, veranschaulicht dieses Buch anhand eines Überblicks und zahlreicher Beispiele. Nur wenn man weiß, wie es funktioniert, ist die Klebtechnik das beste Fügeverfahren, um die genannten Randbedingungen zu erfüllen.

1.1.1 Einteilung und Eigenschaften

Bei Kunststoffen handelt es sich um synthetisch hergestellte Polymere, die mit verschiedensten Zusatzstoffen formuliert sind. Dies können Füllstoffe oder Fasern sein, aber auch Trennmittel, Weichmacher, Antioxidantien und UV-Stabilisatoren. Neben dem Polymer selber spielen alle diese Stoffe eine Rolle für das Klebverhalten – insbesondere dann, wenn sie sich an der Oberfläche befinden. In diesen Fällen ist dann vor dem Kleben in der Regel eine Reinigung oder Vorbehandlung notwendig. Die meisten Kunststoffe sind außerdem unpolar, was zu einer schlechten Benetzung – auch durch den Klebstoff – führt, und inert, d. h. sie werden von anderen Stoffen wenig angegriffen bzw. reagieren nicht mit diesen. Oftmals sind dies gewünschte Eigenschaften der Kunststoffe, erfordern aber eine Vorbehandlung, um eine hinreichende Verbundfestigkeit zu erzielen. Inzwischen sind auch Klebstoffe auf dem Markt, die selbst inerte Kunststoffe ohne Vorbehandlung zuverlässig kleben. Diese sind jedoch verhältnismäßig teuer und zeigen manchmal Nachteile bezüglich des Arbeitsschutzes und der Verarbeitbarkeit. Ihre Einsatzbreite ist daher noch sehr begrenzt. In der Praxis werden somit fast alle Kunststoffe vor dem Kleben vorbehandelt. Durch Formulierung lassen sich die Eigenschaften von Kunststoffen in einem hohen Maße anpassen, die Basiseigenschaften sind aber durch die verwendeten Polymere gegeben. Abb. 1.1 zeigt die Systematik.

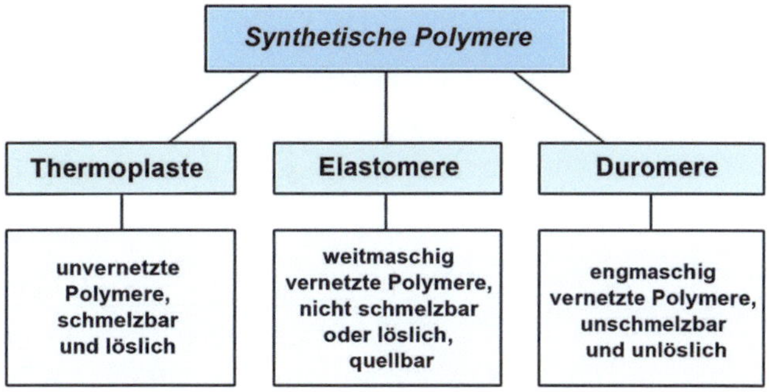

Abb. 1.1 Systematik der synthetischen Polymere. (Bildquelle: Fraunhofer IFAM)

Man unterscheidet grundsätzlich zwischen:

a) Thermoplasten: Verarbeitung aus der Schmelze; die Polymerketten sind miteinander verschlauft, aber nicht chemisch miteinander verbunden; es handelt sich also um nicht vernetzte Polymere; Schmelzklebstoffe zählen ebenfalls zu den Thermoplasten

b) Duromeren: nicht schmelzbar und nicht löslich; die Bausteine bilden ein enges chemisches Netzwerk aus; oftmals erfolgt die Polymerbildung aus den Monomeren beim Endverarbeiter; viele Reaktivklebstoffe wie zum Beispiel die Epoxid- und die strukturellen Polyurethanklebstoffe sind nach der Aushärtung Duromere

c) Elastomeren: meist nicht schmelzbar und nicht löslich; das Polymer bildet ein weitmaschiges Netzwerk aus; es gibt aber auch Elastomere, die lediglich physikalisch vernetzt sind (z. B. thermoplastische Polyurethane – kurz TPU); die Glasübergangstemperatur liegt unterhalb der Anwendungstemperatur, sodass ein gummielastisches Verhalten vorliegt; die feuchtigkeitshärtenden Polyurethan- und Silikonklebstoffe sowie viele Kontaktklebstoffe gehören zu den Elastomeren.

Der größte Teil der technisch hergestellten Kunststoffe sind Thermoplaste und davon wieder der weit überwiegende Teil sogenannte Standardkunststoffe. Häufig werden die Thermoplaste in Form einer Pyramide dargestellt (Abb. 1.2), wobei zur Spitze hin die Verarbeitungstemperatur, die Temperaturbeständigkeit und somit die mögliche Anwendungstemperatur, aber auch der Preis ansteigen, während die hergestellte Menge abnimmt.

Somit sind im mittleren Bereich die technischen Kunststoffe angesiedelt und an der Spitze die Hochleistungskunststoffe. Nach oben hin nimmt nicht nur die Temperaturbeständigkeit zu, sondern auch die Beständigkeit gegenüber Medien wie zum Beispiel Lösemitteln, Ölen oder Betriebsstoffen. Dies führt dazu, dass die Hochleistungskunststoffe insbesondere für hochbeanspruchte Bauteile zum Einsatz kommen. Wenn diese gefügt werden müssen, bestehen hier auch höhere Ansprüche an die Verbindung. Da-

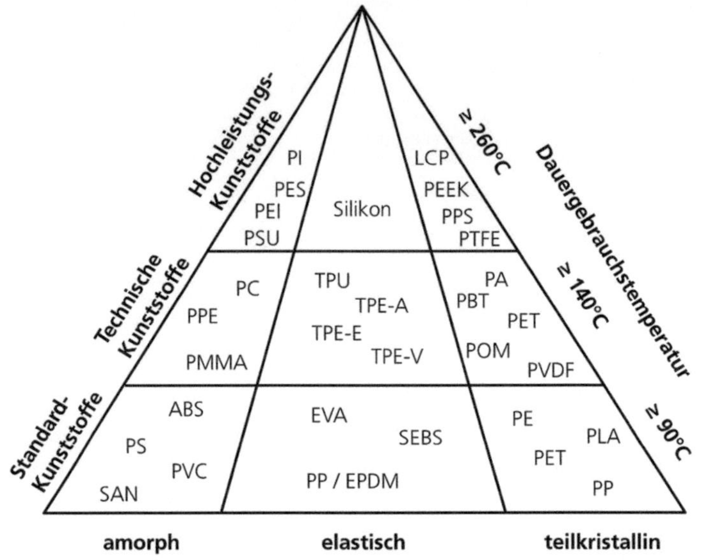

Abb. 1.2 Pyramide der Thermoplaste mit Beispielen für amorphe, teilkristalline und elastomere Standardkunststoffe, technische Kunststoffe und Hochleistungskunststoffe. (Bildquelle: Fraunhofer IFAM)

bei sind die Kunststoffe im oberen Bereich der Pyramide nicht grundsätzlich schlechter klebbar, die Belastung der Klebverbindung und des Klebstoffes ist aber höher als bei Klebverbindungen von Standardkunststoffen. Dies betrifft beispielsweise die Notwendigkeit einer hohen Medienbeständigkeit der Klebstoffe. Da die Materialien aber einen großen Temperatureinsatzbereich abdecken, wirken durch die höheren Temperaturwechsel auch stärkere Spannungen auf die Klebverbindung. Letztere sind durch die unterschiedlichen Wärmeausdehnungskoeffizienten der beiden Fügeteile und des Klebstoffes bedingt und besonders ausgeprägt, wenn die Hochleistungskunststoffe mit Metallen verbunden werden – eine typische Materialkombination in der Medizintechnik oder in Motorbestandteilen.

Thermoplaste können amorph oder teilkristallin sein und einige zeigen auch ein elastomeres Verhalten. Dies ist als weiteres Unterscheidungskriterium bei der beispielhaften Auflistung von Kunstoffen in der Pyramide der Thermoplaste in Abb. 1.2 mit berücksichtigt. Grundsätzlich haben die Morphologie und Kristallinität keinen Einfluss auf das Klebverhalten eines Thermoplastes, schon alleine, weil die direkt an der Oberfläche liegenden Moleküle ohnehin nicht in einem Kristallit vorliegen. Bei gleichem Basispolymer hat die Kristallinität jedoch einen deutlichen Einfluss auf die Festigkeit und Bruchdehnung des Thermoplastes. Um tatsächlich die mechanischen Eigenschaften des Thermoplastes in dem Bauteil auszunutzen, steigen dann auch die Anforderungen an die Klebverbindung. Ähnliches gilt für die thermoplastischen Elastomere, die spezifische Eigenschaft ist ihre

Elastizität und diese muss sich auch in den Eigenschaften des ausgewählten Klebstoffes wiederfinden, abhängig natürlich von dem Fügepartner und der Konstruktion des Bauteils. Duromere und Elastomere werden meist direkt in der finalen Geometrie aus den Monomeren hergestellt und dann gegebenenfalls noch mechanisch bearbeitet. Ungesättigte Polyester, Epoxidharze, Polyurethane und Phenolharze sind die wichtigsten Klassen von Duromeren. Im Gegensatz zu den Thermoplasten, welche in „World Scale Anlagen" produziert werden, erfolgt die Herstellung von Bauteilen aus den genannten Duromeren häufig in kleinen Anlagen. Dabei können die Bauteileigenschaften durch geschickte Zusammensetzung der Reaktivmassen in hohem Maße anwendungsspezifisch modifiziert werden. Dies führt aber letztendlich dazu, dass sich die Klebbarkeit von Rezeptur zu Rezeptur deutlich unterscheiden kann. Andererseits weisen sie oftmals chemische Gruppen auf, die eher eine gute Benetzung und Reaktion mit dem Klebstoff erlauben, als dies bei den typischen Thermoplasten der Fall ist. Zudem ähneln Duromere in ihrer chemischen Zusammensetzung derjenigen der typischen Reaktionsklebstoffe – oder sind sogar identisch. Alles das lässt eine bessere Klebbarkeit vermuten, was teilweise auch der Fall ist.

1.1.2 Trennmittel stören

Die Welt der Elastomere ist sehr vielfältig und reicht von solchen auf Basis von Naturkautschuk über thermoplastische Elastomere bis hin zu Silikonen und Polyurethanen. Aus klebtechnischer Sicht sind sie ähnlich zu betrachten wie die Thermoplaste und insbesondere Duromere. Ein großer Unterschied liegt in der hohen Flexibilität, was zu Relativbewegungen in der Klebfuge und damit zu einer besonderen mechanischen Last führen kann. In einigen Fällen wird die Verbindung zwischen Elastomeren und einem anderen Fügeteil dadurch geschaffen, dass das Elastomer im nicht vernetzten Zustand auf den Fügepartner appliziert und dann vernetzt wird. Hierbei fungiert das das Bauteil bildende Elastomer gleichzeitig als Klebstoff. Insbesondere bei Metall-Naturkautschuk-Verbindungen spricht man dann auch von Aufvulkanisieren.

Um die hergestellten Bauteile aus den notwendigen Formen zu lösen, ist in der Regel aber der Einsatz interner (bereits in der Kunststoffformulierung enthaltener) oder externer (vor der Befüllung der Form in die Form eingebrachter) Trennmittel notwendig. Diese müssen in der Regel vor dem Kleben der Bauteile durch eine Vorbehandlung entfernt werden. In den letzten Jahren hat es zahlreiche Entwicklungen gegeben, durch die der Trennmittelanteil gesenkt werden kann, bzw. es wurden Klebstoffe entwickelt, die eine gewisse Toleranz gegenüber bestimmten Trennmitteln aufweisen. Außerdem gibt es erste permanente Trennschichten, die keinen Trennmittelübertrag mehr auf das Bauteil verursachen. Eine neue Entwicklung sind tiefziehfähige Folien mit unterschiedlich trennender Wirkung auf beiden Seiten (FlexPlas-Folie, Fraunhofer IFAM). Diese wird durch Tiefziehen in die Form gebracht und dann mit dem hergestellten Bauteil entnommen. Da die sehr gut trennende Seite an der Form anliegt, ist eine einfache Entnahme aus der Form möglich. Die Folie selber verbleibt als Schutzfolie auf dem Bauteil und wird erst unmittelbar vor der Weiterverarbeitung abgezogen, wobei keinerlei Trennmittelrückstände auf der Oberfläche verbleiben. Ein zusätzlicher positiver Nebeneffekt solcher Folien ist der Schutz der Fügeteiloberflächen vor Kontamination mit anti-adhäsiven Stoffen. Somit ist das Kleben und Lackieren ohne eine weitere Vorbehandlung mit hoher Zuverlässigkeit gewährleistet. Dies alles trägt zu einer besseren Klebbarkeit und Vereinfachung der Prozesse bei.

1.1.3 Fasern verstärken Kunststoffe

Kunststoffe enthalten sehr häufig Füllstoffe, wobei Fasern eine besondere Rolle spielen. Hierbei kommen sowohl Kurz-, Lang- als auch Endlosfasern zum Einsatz. Die entsprechend modifizierten Kunststoffe werden dann faserverstärkte Kunststoffe – kurz FVK – genannt. Als Fasern kommen vornehmlich Glas-, Kohlenstoff- und Aramidfasern zum Einsatz, aber auch die verschiedensten Naturfasern (z. B. Flachs, Jute, Baumwolle) sind verbreitet. Zweck der Fasern ist meist die mechanische Verstärkung der Kunststoffe, teilweise aber auch eine Anpassung des Wärmeausdehnungskoeffizienten an den anderer Bauteile und die Einstellung der Richtung von Dimensionsänderungen durch äußere Einflüsse. In erster Näherung ändert sich das klebtechnische Verhalten durch die Faserverstärkung nicht. Da die Fasern jedoch die mechanischen Eigenschaften der Kunststoffe signifikant verbessern und die FVK oft in hochwertigen Gütern zum Einsatz kommen, hat dies zur Folge, dass an die Klebverbindungen deutlich höhere Anforderungen gestellt werden. Dies betrifft sowohl die Anfangsfestigkeit, insbesondere aber auch die Dauerbeständigkeit (Medien, mechanische Wechsellasten, Temperatur- und Feuchteeinfluss) sowie die Qualität und Reproduzierbarkeit der Klebverbindung. Daraus folgt wiederum, dass der Entwicklungs- und Qualifizierungsaufwand für Klebverbindungen mit FVK-Substraten oftmals höher ist als bei „normalen" Kunststoffklebverbindungen. Hierfür gibt es in den folgenden Beiträgen zahlreiche Beispiele.

1.1.4 Weichmacher

Vielfach werden Kunststoffen sogenannte Weichmacher zugesetzt, um bestimmte Eigenschaften zu erzielen. Hierbei unterscheidet man zwischen reaktiven und nicht reaktiven Weichmachern. Während die reaktiven Weichmacher bei der Polyreaktion in das Polymer chemisch eingebaut werden und somit nicht migrationsfähig sind, liegen die nicht reaktiven Weichmacher als mehr oder weniger bewegliche und somit migrationsfähige Bestandteile im Polymercompound vor. Ihre Migrationsfähigkeit kann zum Bespiel dazu führen, dass sie über die Zeit in die Klebschicht wandern und diese schwächen. Darüber hinaus können sie sich auch mit der Zeit aus dem Kunststoff in die Umgebungsluft verflüchtigen, was sich in einer Versprödung des Kunststoffbauteils und somit in einer

Veränderung seiner mechanischen Eigenschaften bemerkbar macht. Dies wiederum führt zu einer Veränderung der Belastbarkeit der Klebung.

Die Autoren

Prof. Dr.-Ing. Henning Gleich (Henning.Gleich@inpro.de) leitet bei der inpro Innovationsgesellschaft für fortgeschrittene Produktionssysteme in der Fahrzeugindustrie mbH in Berlin den Bereich Füge- und Werkstofftechnik.

Prof. Dr. Andreas Hartwig (andreas.hartwig@ifam.fraunhofer.de) ist beim Fraunhofer IFAM in Bremen Leiter der Abteilung Klebstoffe und Polymerchemie.

Dr. Hartwig Lohse (hlohse@hdyg.de) unterstützt mit seinem Beratungsunternehmen Klebtechnik Dr. Hartwig Lohse e. K. Anwender bei der Lösung von klebtechnischen Fragestellungen.

1.2 Das Phänomen der Haftung und warum das Vorbehandeln so wichtig ist

Henning Gleich, Andreas Hartwig und Hartwig Lohse

Was bedeutet Haftung? Wie kann man die an der Grenzfläche zwischen Klebstoff und Kunststoffoberfläche ablaufenden Wechselwirkungen näher bestimmen, wie die Oberflächenenergie von Kunststoffbauteilen? Und warum ist die Vorbehandlung technischer Kunststoffe so wichtig?

Während klassische Fügeverfahren wie Schrauben, Nieten, Löten und Schweißen beim Verbinden unterschiedlicher Materialien an ihre Leistungsgrenzen stoßen, zeigt die moderne Fügetechnik Kleben gerade hier ihre Stärken. Klebverbindungen ermöglichen eine flächige Krafteinleitung und -verteilung in der Klebfuge. Damit sind bei geklebten Konstruktionen höhere statische und dynamische Belastungen übertragbar. Klebprozesse sind außerdem automatisierbar und es sind eine hohe Qualität, Reproduzierbarkeit und günstige Kosten realisierbar.

1.2.1 Kleben von Kunststoffen

Klebtechnologisch ist besonders das Kleben von Kunststoffen interessant. Dabei spielen thermoplastische Kunststoffe eine dominierende Rolle. Aufgrund ihrer geringen Dichte bieten Kunststoffe ein hohes Gewichtseinsparungspotenzial. Die Bauteilherstellung oftmals in einem Prozessschritt (Spritzgießen) bietet zudem wirtschaftliches Potenzial. Ein weiterer Aspekt ist, dass sich die molekulare und morphologische Struktur entsprechend den mechanischen und physikalisch-chemischen Erfordernissen gezielt modifizieren lassen [1].

Die meisten technisch und wirtschaftlich bedeutsamen Thermoplaste lassen sich jedoch aufgrund ihrer strukturell bedingten niedrigen Oberflächenenergie sowie Apolarität sehr schlecht kleben. Zu diesen gehören vor allem die Polyolefine und darunter das für konstruktive Anwendungen zunehmend an Bedeutung gewinnende Polypropylen [2–7]. Diese Polymere sind nicht oder nur bedingt löslich bzw. quellbar [8]. Daher ist auch eine „Diffusionsklebung" [9] mit lösemittelhaltigen Klebstoffen, bei der in der sich ausbildenden Grenzflächenschicht eine wechselseitige Diffusion von Polymermolekülsegmenten der Fügeteiloberfläche und der Klebstoffmoleküle unter Ausbildung einer stoffschlüssigen Verbindung stattfindet, nahezu unmöglich. Es kommt daher primär die sogenannte „Adhäsionsklebung" in Frage, die auf atomaren und zwischenmolekularen Wechselwirkungen, also auf Nebenvalenzkräften vorrangig polarer Gruppen in der Ober- und Grenzflächenschicht der kontaktierenden Partner (Fügeteil und Klebstoffmolekül) beruht.

Zur Verbesserung der Adhäsionseigenschaften ist eine gezielte Veränderung des molekularen, thermodynamischen bzw. morphologischen Zustandes der Kunststoffoberfläche mit Hilfe besonderer Vorbehandlungsmethoden erforderlich [10–12]. In der Praxis kommen bereits je nach Anforderung an die Adhäsionseigenschaften der Bauteile und mit dem Blick auf den Fertigungsdurchsatz bestimmte Vorbehandlungsmethoden zum Einsatz. Diese zielen auf die chemische und/oder physikalische Oberflächenmodifikation, die sogenannte „Aktivierung" der Oberfläche des Fügeteils hin. Entscheidendes Ziel ist im Allgemeinen, polare Gruppen in der Oberflächenschicht als notwendige, jedoch nicht hinreichende Bedingung für eine ausreichende Benetzung als Grundvoraussetzung für eine ausreichende Haftung zwischen Klebstoff und Kunststoffoberfläche zu erzeugen.

1.2.2 Phänomen Haftung

Zahlreiche wissenschaftliche und anwendungstechnische Veröffentlichungen dokumentieren, dass das Phänomen Haftung sehr komplex ist. Es schließt mehrere Einzelbeiträge im atomaren und molekularen Bereich ein. Es wirken insbesondere Nebenvalenzkräfte, die vom molekularen Aufbau der Kunststoffe abhängen und auf polaren – z. B. Carbonyl-, Carboxyl-, Amid-, Amin- oder anderen Gruppen – beruhen oder auf unpolaren Gruppen, wie z. B. Olefin- und Diolefin-Strukturen.

Der Zusammenhalt in festen Volumenphasen wird von dreidimensional wirkenden Kräften im Volumen bewirkt. An der Oberfläche wirken die Kräfte jedoch nicht in allen Raumrichtungen in gleicher Höhe (Abb. 1.3).

Das führt dazu, dass sich die Atome und Moleküle an der Oberfläche in einem energiereicheren Zustand befinden. Mit den noch vorhandenen Restkräften werden Moleküle aus der angrenzenden Gas- oder Flüssigphase angezogen. Ihre Anbindung erfolgt dann durch Chemi- oder Physisorption. Dieser Mechanismus bildet die wichtigste Grundlage der Haftung.

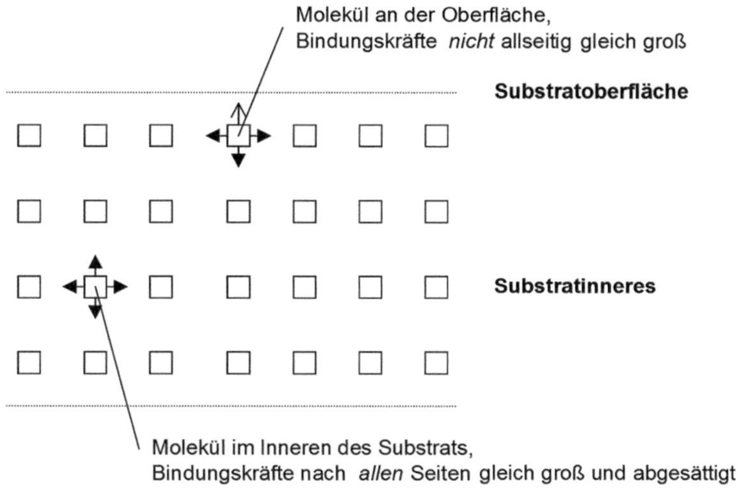

Abb. 1.3 Bindungskräfte im Inneren und an der Oberfläche eines Substrats [13]

Nach Bischof und Possart [13] ist es auch heute noch schwierig, diese Vorgänge quantitativ zu beschreiben. Jedes Stoffsystem weist entsprechend seines atomaren und molekularen Aufbaus an der Oberfläche andere zwischenmolekulare Wechselwirkungen auf. Damit ist auch die Haftung unterschiedlich groß. Es ist inzwischen bekannt, dass die die Haftung bewirkenden Vorgänge nicht nur an den obersten Molekülllagen ablaufen, sondern sich je nach Struktur und Aufbau der Substrate über mehrere Atom- bzw. Molekülschichten erstrecken. Bei den Untersuchungen zum Adhäsionsvermögen ist also immer von der Existenz einer Oberflächen- bzw. Grenzflächenschicht mit einer bestimmten Struktur auszugehen, die sich in einem bestimmten Zustand befindet. Aus diesem Grund kann die Haftung wie folgt definiert werden: Haftung repräsentiert eine Erscheinung, die auf zwischenmolekularen Wechselwirkungen an den Phasengrenzen fest/gasförmig und fest/flüssig oder fest/fest beruht und als Widerstand gegenüber einer trennenden Beanspruchung in Erscheinung tritt [13].

1.2.3 Adhäsion zwischen Polymeren

Das Phänomen Haftung zwischen Kunststoffen, wie sie sowohl der Substratwerkstoff (Adhärent) als auch der Klebstoff (Adhäsiv) darstellen, lässt sich also auf die Wirkung nebenvalenter, das heißt physikalischer Kräfte in der Grenzflächenschicht zurückführen. Diese Nebenvalenzkräfte bilden sich zwischen Makromolekülen aus, die in ihrem chemischen Aufbau sehr unterschiedlich sein können. Um eine gute Adhäsion und daraus resultierend eine hohe Haftung zwischen Fügeteil und Klebstoff zu erreichen, ist es notwendig, dass Molekülabschnitte der beiden Partner in der Grenzflächenschicht weitgehend wechselwirken können. Voraussetzung hierfür ist u. a. eine Ähnlichkeit von Stärke und Art der molekularen Kräfte, die von beiden Oberflächen ausgebildet werden. Diese Kräfte können rein dispersiven Charakter haben oder durch Dipol-Wechselwirkungen bis hin zu Wasserstoff-Brückenbindungen gekennzeichnet sein.

Nebenvalenzkräfte bestimmen aber nicht nur die mechanischen Eigenschaften (Kohäsionseigenschaften) der Kunststoffe (insbesondere Thermoplaste). Sie treten auch an der Oberfläche des Fügeteils auf. Während sich im Inneren einer homogenen Phase die physikalischen Bindungsvalenzen benachbarter Moleküle gegenseitig weitestgehend absättigen, ist dies, wie bereits in Abb. 1.3 dargestellt, an der Fügeteiloberfläche (Grenzfläche zwischen Fügeteil und umgebender Gasphase) nicht der Fall. Hieraus resultiert die Oberflächenenergie, die die Ausbildung von Adhäsionswirkungen zur Folge hat. Je höher die Oberflächenenergie als Summe nicht abgesättigter Valenzkräfte in der Kunststoffoberfläche, desto höher ist potenziell die Kraftwirkung auf den Klebstoff. Hieraus ergibt sich bereits, dass niederenergetische Oberflächen, wie bei den meisten Kunststoffen, geringere Haftungskräfte ausbilden können als hochenergetische. Damit sich Haftungskräfte in der Grenzflächenschicht ausbilden können, muss der Klebstoff darüber hinaus diese Valenzen adäquat absättigen können. Ideale Voraussetzungen hierfür sind: atomarer Kontakt, gleichartige Valenzen und gleiche Oberflächenenergieanteile von Substrat und Klebstoff.

Der atomare Kontakt wird durch die Benetzung der Kunststoffoberfläche durch den flüssigen Klebstoff hergestellt. Viskosität, Temperatur und Zeit spielen hierbei eine wichtige Rolle. Eventuell vorhandene Kondensatschichten, Trennmittelrückstände aus dem Bauteilherstellungsprozess, ausdiffundierende Additive und Modifier können die Ausbildung dieses atomaren Kontaktes jedoch behindern oder auch unmöglich machen. Diese Verunreinigungen der Fügeteiloberfläche müssen für eine erfolgreiche Klebung entweder weitestgehend entfernt oder aber chemisch an die Oberfläche gebunden werden (Oberflächenreinigung und -modifikation). Die Benetzung an sich ist jedoch in erster Linie von den dispersiven und polaren Oberflächenenergieanteilen der Partner abhängig. Ist die Oberflächenspannung des Adhäsivs größer als die Oberflächenenergie der Kunststoffoberfläche, so benetzt das Adhäsiv die Substratoberfläche nicht vollständig. Ein auf die Festkörperoberfläche aufgebrachter Tropfen des Adhäsivs wird einen Randwinkel deutlich größer 0 ausbilden. Mit kleiner werdender Oberflächenspannung des Adhäsivs wird dieser Randwinkel ebenfalls kleiner, bis schließlich der Randwinkel verschwindet, also vollständige Benetzung eintritt.

1.2.4 Oberflächen-/Grenzflächenenergie

Um die an der Grenzfläche zwischen einer Flüssigkeit und einer Festkörperoberfläche ablaufenden Wechselwirkungen näher zu bestimmen, kann man z. B. einen Flüssigkeitstropfen auf dem Festkörper absetzen. Dann bildet sich an der gemeinsamen Grenzfläche zwischen der flüssigen Phase und dem Festkörper und der umgebenden Gasphase (insbesondere Luft) in Abhängigkeit von den stattfindenden physikalischen Wechselwirkungen

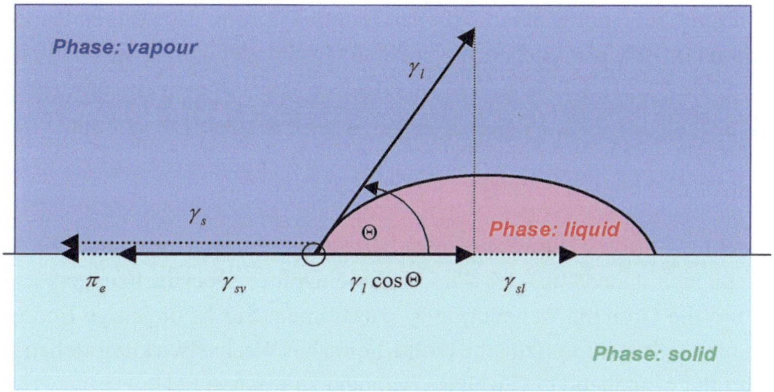

Abb. 1.4 Randwinkel am Punkt des Drei-Phasen-Gleichgewichts [14] (γ_l = Oberflächenspannung der Flüssigphase (Klebstoff), γ_s = Oberflächenenergie des Substrats (Fügeteil), γ_{sl} = Grenzflächenenergie (zwischen Fügeteil und Klebstoff), γ_{sv} = Grenzflächenenergie (zwischen Fügeteil und Umgebung), Θ = Randwinkel in Abhängigkeit von der stattfindenden Benetzung, π_e = Spreitdruck)

ein charakteristischer Randwinkel aus. Rein qualitativ kann dann die Grundaussage gemacht werden, dass sich eine gute Benetzung an einem kleinen Randwinkel zeigt und eine schlechte Benetzung zu einem großen Randwinkel führt.

Abb. 1.4 zeigt schematisch die vektorielle Darstellung der Kräfte bzw. Energien an der Grenzfläche im 3-Phasen-Punkt mit dem Flüssigkeitstropfen, der Festkörperoberfläche und der umgebenden Atmosphäre (liquid, solid, vapour). Der sich in der Grenzfläche einstellende Gleichgewichtszustand folgt dann aus der Young'schen Gleichung [15]:

$$\gamma_s - \pi_e = \gamma_{sv} = \gamma_l \cos\Theta + \gamma_{sl} \tag{1.1}$$

Von spezieller Bedeutung ist hier der Spreitdruck $\pi_e = \gamma_s - \gamma_{sv}$. Er ist ein Ausdruck für die Erniedrigung der wahren Oberflächenenergie γ_s des Festkörpers durch die aus der umgebenden Gasphase an der Festkörperoberfläche adsorbierten Moleküle. Im Vakuum ist $\pi_e = 0$ und $\gamma_s = \gamma_{sv}$.

Unter „realen" Bedingungen hängt der Spreitdruck vom vorliegenden Drei-Phasen-System ab und kann nur mit aufwendigeren Adsorptionsmessungen bestimmt werden.

Die Adsorption von Umgebungsmolekülen auf niederenergetischen Oberflächen, wie sie ja bei Polymeren meist vorhanden sind, ist allerdings gering [16]. Daher vernachlässigte Kaelble [17, 18] den Spreitdruck bei der Behandlung der Benetzung polymerer Oberflächen ($\pi_e \cong 0$). Zisman wies weiterhin durch vergleichende Messungen nach, dass die Vereinfachung der Young'schen Gleichung zulässig ist [19]. Gl. 1.1 wird damit zu:

$$\gamma_l \cos\Theta = \gamma_s - \gamma_{sl} \tag{1.2}$$

Die Grenzflächenenergie sl hängt somit von der Art und dem Umfang der Wechselwirkungen zwischen der Polymeroberfläche und der Benetzungsflüssigkeit ab.

In Fortführung der Young'schen Arbeiten leitete Dupré in [20] folgenden Zusammenhang zwischen der Adhäsionsarbeit W_a und den Größen der Young'schen Gleichung her:

$$W_a = \gamma_l + \gamma_s - \gamma_{sl} = \gamma_l(1 + \cos\Theta) \tag{1.3}$$

$$W_a = \gamma_l(1 + \cos\Theta) \tag{1.4}$$

Gl. 1.4 wird als Young-Dupré'sche Randwinkelgleichung bezeichnet. Die Adhäsionsarbeit W_a setzt sich danach aus der Summe der einzelnen Oberflächenenergien γ_l und γ_s vermindert um die Grenzflächenenergie γ_{sl} zusammen. Sie ist diejenige Energie, die benötigt wird, um die in der Grenzfläche (solid-liquid) in Wechselwirkung stehenden Phasen in Gegenwart der umgebenden Gasphase (vapour) zu trennen [21].

1.2.5 Grenzflächenenergie und Wechselwirkungsparameter

Betrachtet man Gl. 1.3, so wird die Adhäsionsarbeit bei $\Theta = 180°$, also bei „vollständiger" Unbenetzbarkeit der Festkörperoberfläche durch die flüssige Phase gleich Null. Gleichzeitig nimmt die Grenzflächenenergie entsprechend Gl. 1.2 ein Maximum an:

$$\gamma_{sl_{\text{Max}}} = \gamma_s + \gamma_l \tag{1.5}$$

Daraus folgt, dass zum Erzielen der stärksten Adhäsion die Grenzflächenenergie ihren kleinstmöglichen Wert ($\gamma_{sl} \leq 0$) annehmen muss. Finden Wechselwirkungen zwischen den beiden in Kontakt tretenden Phasen statt, wird die Grenzflächenenergie γ_{sl} herabgesetzt. Solche Wechselwirkungen können chemischer und/oder physikalischer Natur sein, wobei als chemische Wechselwirkungen insbesondere die Hauptvalenzbindungen (z. B. als Folge von Löslichkeit, Diffusion, „echten" chemischen Reaktionen) und als physikalische Wechselwirkungen die Nebenvalenzbindungen (z. B. Dipol-Dipol-Kräfte, induzierte Dipol-Kräfte, Wasserstoffbrücken, Dispersionskräfte) angesehen werden können.

Zur Charakterisierung möglicher Wechselwirkungen zwischen Festkörper und Flüssigkeit führten Girifalco und Good in [22] den Wechselwirkungsparameter Φ ein. Der Einfluss der Wechselwirkungen zweier Phasen auf die Energien der gemeinsamen Grenzfläche wird mit dem Wechselwirkungsparameter wie folgt beschrieben:

$$\gamma_{sl} = \gamma_l + \gamma_s - 2\varphi\sqrt{\gamma_l \gamma_s} \tag{1.6}$$

Für den Wechselwirkungsparameter Φ gibt es im Schrifttum verschiedene Ansätze. In [22] wird sogar von der Möglichkeit des Vorliegens einer negativen Grenzflächenenergie ausgegangen. Dies ist der Fall, wenn beim in Kontaktbringen beider wechselwirkenden Phasen chemische Reaktionen auftreten, die zu einem größeren Energiegewinn führen, als die beiden Oberflächenenergien γ_l und γ_s in ihrer Summe. Dann kann der Wechselwirkungsparameter Φ Werte größer als 1 annehmen. Beruhen alle auftretenden Wechselwirkungen dagegen allein auf physikalischen Nebenvalenzkräften, so ist der Wechselwirkungsparameter $\Phi \leq 1$.

Wu gab zwei Ansätze zur Abschätzung des Wechselwirkungsparameters Φ auf der Grundlage der an der Grenzfläche (Polymeroberfläche/organische Flüssigkeit) additiv auftretenden polaren und dispersiven Wechselwirkungen an [23]. Bezüglich der Oberflächenenergie γ von Substrat und der Benetzungsflüssigkeit wird dabei davon ausgegangen, dass sich diese aus der Summe des dispersiven γ^d und polaren Anteils γ^p ergibt.

$$\gamma = \gamma^d + \gamma^p \tag{1.7}$$

$$\Phi = \frac{\sqrt{\gamma_l^d \gamma_s^d} + \sqrt{\gamma_l^p \gamma_s^p}}{\sqrt{\gamma_l \gamma_s}} \tag{1.8}$$

(Geometrisches Mittel)

$$\Phi = \frac{2\sqrt{\gamma_l^d \gamma_s^d}}{\gamma_l^d + \gamma_s^d} + \frac{2\sqrt{\gamma_l^p \gamma_s^p}}{\gamma_l^p + \gamma_s^p} \tag{1.9}$$

(Harmonisches Mittel)

Wu [24] wies weiterhin darauf hin, dass eine möglichst vollständige Benetzung (Spreiten) einer flüssigen Phase auf einem Festkörper durch eine gute Anpassung der Polarität und über die molekulare Geometrie der beiden beteiligten Phasen erreicht werden kann.

1.2.6 Warum das Vorbehandeln so wichtig ist

Während die Oberflächenspannung bei Flüssigkeiten mit verschiedenen Methoden direkt bestimmt werden kann (z. B. Du Noüy-Ring, Wilhelmy-Platte etc.) [25], ist die Oberflächenenergie der Festkörper einer direkten Messung nicht zugänglich. Ihre experimentelle Bestimmung ist nur indirekt z. B. mit Hilfe von Randwinkelmessungen und auf der Grundlage der Young-Dupré'schen Gleichung (Gl. 1.3) möglich. Für die Randwinkelmessung werden unterschiedliche Benetzungsflüssigkeiten verwendet. In einer Vielzahl von Arbeiten [14, 18, 19, 26–33] hat sich zudem gezeigt, dass bei polymeren Oberflächen ein Ansatz für den Wechselwirkungsparameter Φ auf der Basis des geometrischen Mittels (Gl. 1.8) aufgrund seiner größeren Redundanz am besten geeignet ist. Unter den Voraussetzungen, dass

- das Versagen der Klebverbindung in einer der Grenzschichten erfolgt (Adhäsionsbruch),
- der Spreitdruck π_e vernachlässigt werden kann,
- der Randwinkel Θ im Drei-Phasen-System (solid-liquid-vapour) exakt vorliegt und messbar größer als Null ist,

- die eingesetzten Benetzungsflüssigkeiten den zu charakterisierenden Festkörper nicht chemisch verändern, also kein Anquellen, Anlösen und/oder keine chemische Umsetzungen bewirken und
- alle nicht auf Polaritäten beruhende Einflussgrößen (wie Rauigkeit, Morphologie der Oberflächenschicht, Inhomogenitäten in der Oberfläche etc.) keine besondere Bedeutung haben,

kann erwartet werden, dass sich aufgrund der dispersiven und polaren Oberflächenenergieanteile bei polymeren Werkstoffen folgende Grenzflächenenergie aufbaut, wenn man die Wechselwirkungen (den Wechselwirkungsparameter Φ) auf der Basis des geometrischen Mittels bestimmt.

$$\gamma_{sl} = \gamma_l + \gamma_s - 2\sqrt{\gamma_l^d \gamma_s^d} - 2\sqrt{\gamma_l^p \gamma_s^p} = \gamma_l + \gamma_s - W_a \tag{1.10}$$

Entsprechend umgestellt gilt dann für die Adhäsionsarbeit:

$$W_a = \gamma_l(1 + \cos\Theta) = 2(\sqrt{\gamma_l^d \gamma_s^d} + \sqrt{\gamma_l^p \gamma_s^p}) \tag{1.11}$$

Gl. 1.11 stellt eine Verbindung zwischen der theoretisch bestimmten Wechselwirkung und dem messtechnisch zugänglichen Randwinkel Θ her. Sind γ_l, γ_l^d und γ_l^p aus vorherigen Messungen oder aus der Literatur bekannt und wurde der Randwinkel Θ im Experiment bestimmt, sind γ_s^d und γ_s^p abhängige Größen, also nicht mehr frei wählbar. Eindeutige Lösungen für γ_s^d und γ_s^p erhält man nun, wenn man auf der Basis von Gl. 1.11 unter Verwendung von mindestens zwei verschiedenen Benetzungsflüssigkeiten ein Gleichungssystem aufbaut. Bei einem gegebenen Festkörper ist die Grenzflächenenergie von den unterschiedlichen Wechselwirkungen zwischen der Festkörperoberfläche und der jeweils gewählten Benetzungsflüssigkeit abhängig. Die Oberflächenenergie ist bei polymeren Oberflächen somit, wenn man von den zuvor genannten Ausführungen und Randbedingungen ausgeht, eine werkstoffspezifische Kenngröße, die wie im Folgenden beschrieben, praktisch bestimmt werden kann. Man benetzt die Substratoberfläche mit zwei verschiedenen Benetzungsflüssigkeiten mit unterschiedlichen Oberflächenspannungsanteilen und misst die dann auftretenden beiden unterschiedlichen Randwinkel Θ_1 und Θ_2. Gemäß den oben dargestellten Zusammenhängen werden dann die beiden Adhäsionsarbeiten W_{a1} und W_{a2} wie folgt bestimmt:

$$W_{a_1} = 2(\sqrt{\gamma_{l_1}^d \gamma_s^d} + \sqrt{\gamma_{l_1}^p \gamma_s^p}) \tag{1.12}$$

$$W_{a_2} = 2(\sqrt{\gamma_{l_2}^d \gamma_s^d} + \sqrt{\gamma_{l_2}^p \gamma_s^p}) \tag{1.13}$$

Bestimmt man den Wechselwirkungsparameter Φ nun auf der Basis des geometrischen Mittels [23], lassen sich zusammen mit den experimentell bestimmten Randwinkeln Θ_1

und Θ_2 der polare und der dispersive Anteil der Oberflächenenergie γ_s^p und γ_s^d der Kunststoffoberfläche bestimmen. Für γ_s^p und γ_s^d gelten nach *Kaelble* [17, 18] in allgemeiner Schreibweise folgende Bestimmungsgleichungen:

$$\gamma_s^p = \frac{1}{D_{ij}{}^2} \begin{vmatrix} \sqrt{\gamma_{l_i}^d} & \frac{W_{a_i}}{2} \\ \sqrt{\gamma_{l_j}^d} & \frac{W_{a_j}}{2} \end{vmatrix}^2 \tag{1.14}$$

und

$$\gamma_s^d = \frac{1}{D_{ij}{}^2} \begin{vmatrix} \frac{W_{a_i}}{2} & \sqrt{\gamma_{l_i}^p} \\ \frac{W_{a_j}}{2} & \sqrt{\gamma_{l_j}^p} \end{vmatrix}^2 \tag{1.15}$$

mit:

$$D_{ij} = \begin{vmatrix} \sqrt{\gamma_{l_i}^d} & \sqrt{\gamma_{l_i}^p} \\ \sqrt{\gamma_{l_j}^d} & \sqrt{\gamma_{l_j}^p} \end{vmatrix} \tag{1.16}$$

Bei einem paarweisen Vergleich der gemessenen Randwinkel und unter Verwendung von n Benetzungsflüssigkeiten erhält man mit diesem Gleichungssystem maximal $m = n(n-1)/2$ Werte für den dispersiven und den polaren Oberflächenenergieanteil des untersuchten Substrats. Für die gesamte Oberflächenenergie gilt dann entsprechend Gl. 1.7:

$$\gamma_s = \gamma_s^d + \gamma_s^p \tag{1.17}$$

Hat man sich entschlossen, nach der beschriebenen Weise vorzugehen, erhält man im Allgemeinen umso genauere Ergebnisse, je stärker sich die Polarität der verwendeten Benetzungsflüssigkeiten voneinander unterscheidet. *Kaelble* gibt in [18] an, dass eine Kombination von Benetzungsflüssigkeiten dann zu verlässlichen Ergebnissen führt, wenn die Funktionaldeterminante D (Gl. 1.16) einen Wert von größer 10 liefert. Eine auf diese Weise durchgeführte Auswahl der Benetzungsflüssigkeits-Paarungen erscheint erheblich vertrauenswürdiger als die Regressionsanalyse nach *Fowkes* [34]. Auch *Kamusewitz* kommt in [35] bei den von ihm durchgeführten „Simultanuntersuchungen“ mit mehreren Benetzungsflüssigkeiten zu diesem Ergebnis. Eine einfachere, jedoch leider auch weniger genaue Methode zur Bestimmung der Oberflächenenergie eines Fügeteils ist deren Bestimmung mit Testtinten gem. DIN ISO 8296:2008-3 [36].

Das Verfahren stellt ein gutes Hilfsmittel für die Qualitätssicherung in der laufenden Fertigung sowie für eine erste Beurteilung der Benetzbarkeit einer Oberfläche dar. Zieht sich die auf die Substratoberfläche gegebene Flüssigkeit (Testtinte) zusammen, ist die Oberflächenenergie der Substratoberfläche geringer als die der gewählten Testtinte. Bleibt die Tinte in Form des Striches stehen, ist die Substratoberflächenenergie gleich groß oder größer. Durch die Verwendung von Testtinten mit unterschiedlichen Oberflächenspannungen wird die Oberflächenenergie der Substratoberfläche weiter eingegrenzt. Eine Aufteilung in polaren und dispersiven Anteil ist jedoch mit dieser einfachen pragmatischen Methode nicht möglich.

1.2.7 Vorbehandlung sichert den Prozess

Die Oberfläche zahlreicher technischer Kunststoffe bietet, wie bereits vielfach dargestellt, im unbehandelten Zustand einen außerordentlich schlechten Haftgrund für eine Klebung. Als Ursachen kommen hierfür in Frage [16]:

- Verunreinigungen der Oberfläche, hervorgerufen durch:
  - eine elektrostatische Anziehung von Staubpartikeln und Schmutz aus der Umgebung,
  - Oberflächenfilme als Folge von außen angewendeter Trenn- und Betriebsmittel und
  - das Ausschwitzen interner Verarbeitungshilfsmittel,
- ein ungleichmäßiger Zustand der physikalischen Oberfläche infolge örtlich unterschiedlicher Morphologien, Kristallisation, molekularer Orientierungen und Spannungen sowie das Vorhandensein sogenannter „Bindenähte",
- unpolare Oberflächen aufgrund der molekularen Struktur der Makromolekülketten, die nur eine niedrige Oberflächenenergie bewirken.

Aus diesen Gründen können nur wenige Kunststoffe ohne eine Oberflächenvorbehandlung geklebt werden. Neben der einfachen Reinigung kommt insbesondere eine gezielte

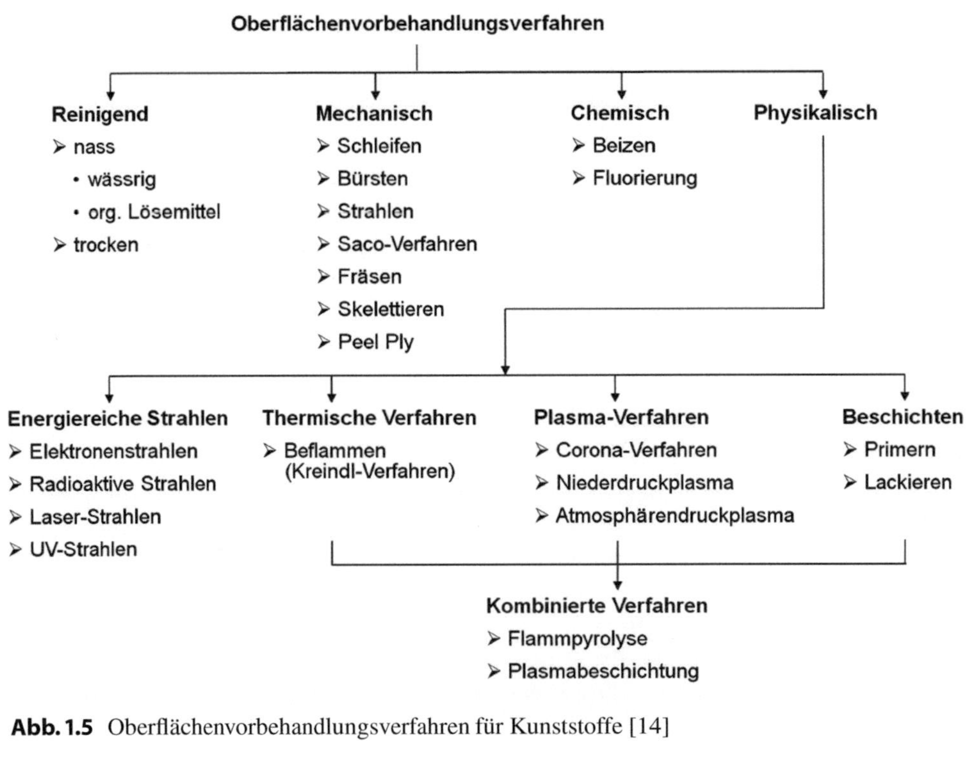

Abb. 1.5 Oberflächenvorbehandlungsverfahren für Kunststoffe [14]

Aktivierung der Fügeteiloberflächen in Betracht, um eine hinreichende Haftung zu erreichen. Abb. 1.5 gibt einen Überblick über gebräuchliche Oberflächenvorbehandlungsverfahren. In [12] wurde eine umfangreiche kritische Analyse der einzelnen Verfahren vorgenommen. Ziele einer Klebflächenvorbehandlung polymerer Werkstoffe sind nach [8, 37–39]:

- die Reinigung der Fügeteiloberfläche, d. h. die Entfernung von anorganischen und organischen Schmutzpartikeln wie Staub, Öl, Fett, Trenn- und Bearbeitungsmitteln, von haftungs-mindernden Stabilisatoren und der vorhandenen Absorbatschicht. Dabei soll jedoch der chemische und physikalische Zustand der Oberfläche in der Regel nicht verändert werden,
- die Entfernung niedermolekularer Oberflächenschichten (weak-boundary-layers),
- evtl. eine Verbesserung des Oberflächenzustandes durch eine mechanische Oberflächenveränderung,
- eine Homogenisierung der Oberfläche, um die Anzahl von kritischen Fehl-/Schwachstellen an der Fügeteiloberfläche vor der Klebung zu minimieren,
- die Bildung von Radikalen und damit eine signifikante Erhöhung der Benetzbarkeit. Hierdurch wird eine Annäherung der flüssigen Klebstoffmoleküle und der Fügeteiloberflächenmoleküle bis in den zwischenmolekularen Bereich hinein erreicht,
- die gezielte Aktivierung der Fügeteiloberfläche durch die Einleitung chemischer und/oder physikalischer Umsetzungen in der Oberfläche. Damit soll zum einen die Umwandlung unpolarer Oberflächenanteile in polare (Polarisierung der Oberfläche) erreicht werden und zum anderen sollen sich durch die Erzeugung polarer Gruppen, z. B. durch Oxidation der Oberfläche, funktionale Gruppen bilden (>C=O, –COOH, ...).

1.2.8 Verbundfestigkeit beim Kleben

Die Verbundfestigkeit ist ein mechanischer Kennwert zur Beschreibung der Güte einer Klebverbindung. Abb. 1.6 weist auf die komplexe Vernetzung der Einflussfaktoren, die die Verbundfestigkeit beeinflussen, hin. Das primäre Ziel bei einer Klebung ist, eine optimale Haftung und Verbundfestigkeit zu erreichen [12]. Eine direkte Methode, die Phasengrenze (fest/fest) im Hinblick auf die Wirkung der Adhäsion quantitativ zu beurteilen, gibt es zurzeit noch nicht [13]. Dazu müssen die Vorgänge, die die Adhäsion in der Grenzflächenschicht (Substrat/Klebstoff) bestimmen, noch im Detail erforscht werden. Kleben ist ein spezieller Prozess. Ein zerstörungsfreies Prüfverfahren zur quantitativen Bestimmung der Haftung in der Grenzflächenschicht existiert (noch) nicht. Bisher sagten theoretische Analysen in Bezug auf die Haftung zwischen zwei kondensierten Phasen im Vergleich zum experimentellen Verhalten stets viel zu hohe Festigkeitswerte voraus. Damit sind diese Prognosen für den Konstrukteur nicht relevant [40]. Aus diesem Grund treten mechanische Prüfverfahren, wie z. B. Scherversuche oder Schälversuche in der Praxis in den

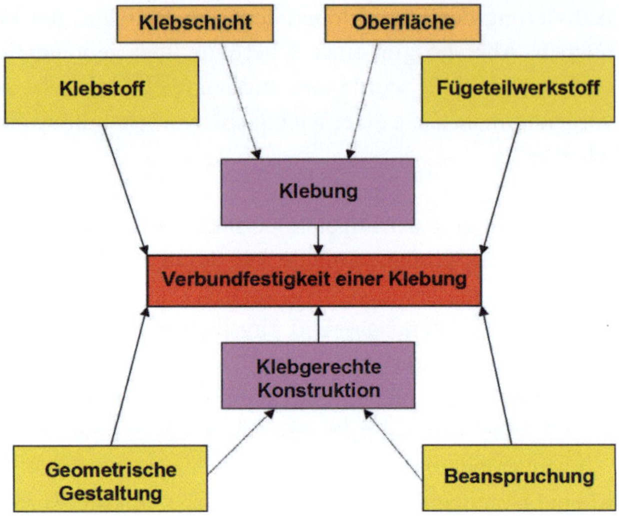

Abb. 1.6 Einfussfaktoren auf die Verbundfestigkeit [4]

Vordergrund [4]. Die ermittelten Festigkeitswerte (Verbundfestigkeiten) spiegeln hier das gesamte Eigenschaftsbild des durch Kleben hergestellten Verbundes einschließlich der Adhäsions-, Kohäsions- und Mischbrüche am Ende wieder. Die Untersuchungsergebnisse geben die geforderten Aufschlüsse über die Adhäsionseigenschaften der am Verbund beteiligten Partner [12, 37, 41]. Generell gilt jedoch, dass nur bei reinen Adhäsionsbrüchen die mechanisch ermittelten Kennwerte die Haftung zwischen beiden Fügepartnern wiedergeben [37].

Experimentell gemessene Verbundfestigkeiten hängen im Wesentlichen von folgenden Faktoren ab [13]:

- von der Art des Polymerwerkstoffs des Fügepartners (vorliegende Vorschädigungen, wie Poren, Lunker, Risse, …),
- vom Klebstoff selbst (Ansatz, Applikation, Aushärtung),
- von der „richtigen" Vorbehandlung der Fügepartner,
- von der eingesetzten Klebtechnik (z. B. Schichtdicke),
- von Umgebungseinflüssen während der Herstellung der Klebung,
- von den Auslagerungs-/Einsatzbedingungen des Klebverbundes,
- von den geometrischen Verhältnissen beim Prüfkörper und
- von der angewandten Prüftechnik.

Die Autoren

Prof. Dr.-Ing. Henning Gleich (Henning.Gleich@inpro.de) leitet bei der inpro Innovationsgesellschaft für fortgeschrittene Produktionssysteme in der Fahrzeugindustrie mbH in Berlin den Bereich Füge- und Werkstofftechnik.

Prof. Dr. Andreas Hartwig (andreas.hartwig@ifam.fraunhofer.de) ist beim Fraunhofer IFAM in Bremen Leiter der Abteilung Klebstoffe und Polymerchemie.

Dr. Hartwig Lohse (hlohse@hdyg.de) unterstützt mit seinem Beratungsunternehmen Klebtechnik Dr. Hartwig Lohse e.K. Anwender bei der Lösung von klebtechnischen Fragestellungen.

1.3 Welche Klebstoffklassen werden wo eingesetzt?

Henning Gleich, Andreas Hartwig und Hartwig Lohse

Um Kunststoffe erfolgreich zu kleben, ist nicht allein das Vorbehandeln wichtig. Es kommt auch auf die Wahl des jeweils richtigen Klebstoffs an. Im Folgenden geht es um die verschiedenen Klebstoffklassen, die zum Fügen von Kunststoffen eingesetzt werden. Tabellarisch zugeordnete Einsatzbeispiele machen deren anwendungstechnischen Möglichkeiten deutlich.

Die Anzahl der von den verschiedenen Klebstoffherstellern angebotenen Klebstoffe erscheint nahezu unendlich, sodass es nicht ohne Weiteres möglich ist, den für eine bestimmte Anwendung am besten geeigneten Klebstoff auszuwählen. Auf einzelne Handelsprodukte einzugehen, würde schon allein aufgrund der kontinuierlich am Markt erscheinenden neuen Produkte nur eine Momentaufnahme darstellen. Deshalb werden im Folgenden die verschiedenen Klebstoffgruppen, im Wesentlichen charakterisiert durch ihre jeweils zugrunde liegenden Technologien, im Hinblick auf das Kleben von Kunststoffen behandelt. Diese Betrachtung beschränkt sich hierbei auf Klebstoffe mit organischen oder siliziumorganischen Bindemitteln. Klebstoffe auf Basis anorganischer (z. B. mineralischer oder zementöser Bindemittel) finden wegen ihrer praktisch nicht vorhandenen Bedeutung für Kunststoffklebungen keine Berücksichtigung.

Abb. 1.7 zeigt eine Einteilung der Klebstoffe nach deren Abbindemechanismen zusammen mit Beispielen von Klebstoffklassen, die nach diesen Mechanismen abbinden. Bei der Einteilung von Klebstoffen unterscheidet man zwischen solchen, die in der Klebfuge

- durch einen **physikalischen Vorgang** (z. B. Verdampfen eines Lösemittels einschließlich Wasser, Erkalten einer Schmelze oder durch einen Gelierprozess) abbinden,
- durch eine **chemische Reaktion** (unter Beteiligung von im Klebstoff enthaltenen reaktionsfähigen Bestandteilen) härten und solchen,
- die **nicht härten** und z. B. als hochviskose viskoelastische Flüssigkeit (z. B. als Haftklebstoff) auf einem Träger vorliegen.

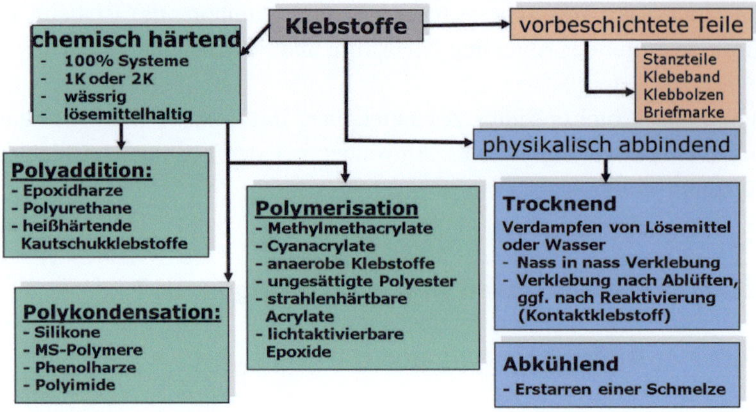

Abb. 1.7 Einteilung der Klebstoffe nach der Art des Abbindens mit Beispielen. (© Klebtechnik Dr. Hartwig Lohse e. K.)

Bei den physikalisch abbindenden und den nicht härtenden Klebstoffen liegen die Klebstoffpolymere im Liefergebinde bzw. auf dem Träger bereits in ihrer endgültigen Größe und Form vor, während bei den chemisch härtenden Klebstoffen diese erst im Verlauf der Härtungsreaktion aus kleineren Bausteinen in der Klebfuge gebildet werden. Bei den physikalisch abbindenden Klebstoffen wird außerdem nach dem jeweiligen physikalischen Vorgang und bei den chemisch härtenden nach dem jeweiligen Reaktionsmechanismus unterschieden. Die chemisch härtenden Klebstoffe lassen sich weiter unterteilen in:

- 2K-Klebstoffe, deren zwei getrennt verpackte Komponenten kurz vor der Anwendung vermischt werden, und
- 1K-Klebstoffe, bei denen die Härtung durch
  - einen von außen hinzutretenden Stoff (z. B. Wasser),
  - Wärme oder
  - Bestrahlung mit Licht einer bestimmten Wellenlänge initiiert wird.

Die folgenden Tabellen liefern einen Überblick über die beschriebenen Zusammenhänge. Aufgeführt sind die für die jeweiligen Klebstoffgruppen typischen Eigenschaften. Spezialprodukte, die eventuell ein für die Gruppe untypisches Verhalten zeigen, sind hier nicht berücksichtigt.

Physikalisch abbindende Klebstoffe			Kerneigenschaften, Einsatzgrenzen beim Kleben von Kunststoffen	Anwendungsbeispiele
Erstarren einer Schmelze	Schmelzklebstoff	100 % System, gefüllter oder ungefüllter Thermoplast: Vor dem Auftragen auf das Fügeteil wird der Schmelzklebstoff durch Erwärmen verflüssigt. Der Festigkeitsaufbau erfolgt durch Erstarren (Abkühlen). Der Schmelzklebstoff kann auch in Form von konfektionierten Folien vorliegen	Die Fügeteile müssen eine dem Schmelzklebstoff entsprechende thermische Beständigkeit aufweisen. Die Klebung zeigt eine mit der Schmelztemperatur des Klebstoffs korrelierende begrenzte Wärmefestigkeit	Vielfältige Anwendungsmöglichkeiten einschließlich „Do it yourself"
Verdampfen eines organischen Lösemittels	Nassklebstoff	In Lösemittel gelöstes Polymer: Zum Zeitpunkt des Fügens enthält der Klebstoff noch wesentliche Anteile des Lösemittels (ist „nass")	Das Lösemittel muss bei der Härtung möglichst vollständig aus der Klebfuge entweichen können, die Fügeteile müssen für das Lösemittel durchlässig sein	Sogenannter Alleskleber
	Kontaktklebstoff	In Lösemittel gelöstes Polymer: Zum Zeitpunkt des Fügens ist das Lösemittel weitestgehend verdampft, der Klebstofffilm ist nahezu trocken. Das Fügen erfolgt unter Druck	Es können auch Materialien großflächig geklebt werden, die für das Lösemittel nicht durchlässig sind	Flächige Kaschierklebungen, Verlegen von PVC-Bodenbelägen, Schuhindustrie
Verdampfen von Wasser	Dispersionsklebstoff	In Wasser dispergierte Polymerteilchen und ggf. ebenfalls dispergierte Harze (es können Lösemittel enthalten sein): Das Abbinden erfolgt durch Entfernen des Wassers (Verdunsten oder Aufnahme von einem der Fügeteile), wobei es zu einem Zusammenfließen der dispergierten Polymerpartikel (Filmbildung) kommt	Mindestens eines der Fügeteile muss das Wasser aufnehmen können oder das Wasser muss vor dem Fügen verdunsten und der Klebfilm durch Wärme aktiviert werden	Flächige Kaschierklebungen, z. B. Innenausstattungsteile in der Automobilfertigung oder Herstellung von Möbelfronten
Gelierung	Plastisol	Das Plastisol besteht aus einer Dispersion aus festem Thermoplastpulver (z. B. PVC) in einem Weichmacher. Durch Wärmeeinwirkung nach dem Fügen kommt es zur Gelierung, d. h. der Weichmacher diffundiert in die Thermoplastpartikel	Der Geliervorgang erfordert Temperaturen von 150–180 °C. Derartige Klebstoffe sind also nur für Kunststoffe mit entsprechender thermischer Beständigkeit geeignet	Herstellung von Kunstleder, technische Textilien

Nicht härtende Klebstoffe (Haftklebstoffe), auf einem Träger vorappliziert			Kerneigenschaften, Einsatzgrenzen beim Kleben von Kunststoffen	Anwendungsbeispiele
Keine Verfestigung	Haftklebstoff	Der Klebstoff liegt als viskoelastische Flüssigkeit auf einem Träger vor und hat einerseits eine so hohe Viskosität, dass es nicht zu einem Fließen kommt. Andererseits sind die enthaltenen Polymere ausreichend beweglich, um unterstützt durch einen Anpressdruck eine Benetzung der Fügeteiloberfläche zu ermöglichen. In Form von doppelseitigen Klebebändern oder Stanzteilen bieten die Haftklebartikel eine Sofortfestigkeit	Relativ geringes Festigkeitsniveau, Neigung zum Kriechen, insbesondere bei erhöhter Temperatur	Montage von Kunststoffzierleisten in der Automobilindustrie, Fensterverglasung, Stanzteile, z. B. für Mobiltelefone

Chemisch härtende Klebstoffe			Kerneigenschaften, Einsatzgrenzen beim Kleben von Kunststoffen	Anwendungsbeispiele
Polyaddition	1K-Epoxid-klebstoffe, heißhärtend	Meist 100 % Systeme, lösemittelfrei: Die reaktiven Komponenten sind bereits gemischt. Die Mischung ist so reaktionsträge, dass sie erst durch Energiezufuhr (Temperaturerhöhung) aktiviert wird und es zur Härtung zum Duromer kommt. Sowohl als extrudierbare Paste, als Schmelzklebstoff und als Folie verfügbar	Härtungstemperaturen in der Regel oberhalb von 100–150 °C, hohe Festigkeit, jedoch sehr spröde, sofern nicht durch Additive modifiziert, im ausgehärteten Zustand gute Temperatur- und Chemikalienbeständigkeit	Begrenzt auf die Verklebung von ausreichend temperaturbeständigen Kunststoffen, Kunststoff-Metall-Klebungen z. B. in der Medizintechnik
	2K-Epoxid-klebstoffe	Meist 100 % Systeme, lösemittelfrei: Es sind sowohl gefüllte als auch ungefüllte Systeme verfügbar. Vor der Verwendung ist ein Mischen der beiden getrennt verpackten Komponenten im korrekten Verhältnis zueinander erforderlich. Härtung zum Duromer	Die meisten Systeme härten bei Raumtemperatur, die Härtungsgeschwindigkeit ist über die Rezeptur in weiten Bereichen variabel. Beschleunigung durch leichtes Erwärmen ist möglich, wobei ebenfalls eine Erhöhung der Festigkeit erfolgt. Hohe Festigkeit, jedoch sehr spröde, sofern nicht durch Additive modifiziert. Gute Temperatur- und Chemikalienbeständigkeit	CFK-Klebungen, GFK-Klebungen z. B. im Bootsbau, Kleben von Kunststoffgehäusen, Einkleben von Sichtfenstern und Displays

Chemisch härtende Klebstoffe			Kerneigenschaften, Einsatzgrenzen beim Kleben von Kunststoffen	Anwendungsbeispiele
	1K-Polyurethan pastös, feuchtigkeitsvernetzend	Meist 100 % Systeme, einige Systeme enthalten Lösemittelanteile. Es sind sowohl gefüllte (hochviskose Pasten, z. T. standfest) als auch ungefüllte Systeme (selbstnivellierend) verfügbar Vernetzung durch Reaktion mit Feuchtigkeit aus der Umgebungsluft oder den Fügeteilen zum Elastomer Härtung von außen nach innen	**Ungefüllte Systeme:** selbstverlaufend, im gehärteten Zustand elastisch **Gefüllte Systeme:** thixotrope Paste, erlaubt Applikation standfester Raupen Im gehärteten Zustand auch in der Kälte hochelastisch mit relativ geringer Festigkeit Überlackierbar Bei Reparaturen kann nach Aktivierung auf der alten Klebschicht geklebt werden Bei Produkten mit Lösemittelanteil ist die Verträglichkeit mit den Fügeteilen zu beachten	**Ungefüllte Systeme:** Herstellung von Sandwichelementen **Gefüllte hochviskose Systeme:** Anwendung für das sog. „elastische Kleben“: Verklebung von relativ großen Bauteilen mit unterschiedlichem thermischen Ausdehnungsverhalten, z. B. im Automobil-, Schienen- und Nutzfahrzeugbau

Chemisch härtende Klebstoffe			Kerneigenschaften, Einsatzgrenzen beim Kleben von Kunststoffen	Anwendungsbeispiele
Polyaddition	1K-Polyurethan Schmelzklebstoffe, feuchtigkeitsvernetzend	100 % System, bei Raumtemperatur festes thermoplastisches Polyurethanprepolymer, meist ungefüllt: Die Verfestigung erfolgt in zwei Schritten. Zunächst erstarrt der als Schmelze applizierte Klebstoff (Anfangsfestigkeit), um anschließend über die Reaktion mit Feuchtigkeit weiter zu einem nicht mehr schmelzbaren Duromer zu vernetzen. Daher sind Klebungen mit guter Temperatur- und Medienbeständigkeit herstellbar	Begrenzt auf die Verklebung von Kunststoffen mit ausreichender Temperaturbeständigkeit gegenüber dem heißen Klebstoff (ca. 120–140 °C)	Möbelindustrie: Herstellung von Möbelfronten, Kantenklebung; Fensterbau: Profilummantelung; Automobilindustrie: Kaschierklebungen von Innenausstattungsteilen, Retainerklebung; Papierindustrie: Buchbinden; Verpackungsindustrie: Faltschachteln, Blisterverpackungen; Textilindustrie: Funktionsbekleidung, Schleifscheiben
	1K-Polyurethanklebstoffe, heißhärtend	100 % Systeme, lösemittelfrei: Die reaktiven Komponenten sind bereits miteinander vermischt, wobei jedoch eine Komponente blockiert ist und erst durch Energiezufuhr (Temperaturerhöhung) aktiviert wird	Begrenzt auf das Kleben von ausreichend temperaturbeständigen Kunststoffen. Im Vergleich zu den Plastisolen zeigen diese Systeme über einen weiten Temperaturbereich konstante mechanische Eigenschaften, erreichen aber im Vergleich zu Epoxiden geringere Festigkeit mit höherer Elastizität	Kleben von SMC-Bauteilen in der Automobilindustrie

Chemisch härtende Klebstoffe			Kerneigenschaften, Einsatzgrenzen beim Kleben von Kunststoffen	Anwendungsbeispiele
Polyaddition	2K-Polyurethanklebstoffe	Meist 100 % Systeme, lösemittelfrei: Es sind sowohl gefüllte als auch ungefüllte Systeme verfügbar Vor der Verwendung ist ein Mischen der beiden getrennt verpackten Komponenten im korrekten Verhältnis zueinander erforderlich. Härtung zum Duromer	Die meisten Systeme härten bei Raumtemperatur, die Härtungsgeschwindigkeit ist über die Rezeptur in weiten Bereichen variabel, Beschleunigung durch leichtes Erwärmen ist möglich. Je nach Formulierung im gehärteten Zustand elastisch-flexibel bis zähhart	Kleben von Kunststoff-Außenhautteilen im Automobil- und Fahrzeugbau, Herstellung von Filtern (Endkappenverklebung) Kleben von Kunststoffgriff an Glaskanne
	1K-Kautschukklebstoffe, heißhärtend	Meist 100 % Systeme, lösemittelfrei: Härtung durch Schwefelvulkanisation	Begrenzt auf das Kleben von ausreichend temperaturbeständigen Kunststoffen	Kleben von SMC-Bauteilen in der Automobilindustrie
	1K-Silikone HTV	Einkomponentige, lösemittelfreie 100 % Systeme, gefüllte hochviskose Pasten, Vernetzung zum Elastomer bei ca. 150 °C	Im gehärteten Zustand geringe Festigkeit bei hoher Elastizität, hohe Temperatur- und Witterungsbeständigkeit, nicht überlackierbar, können zu Benetzungsstörungen bei nachfolgenden Lackier- oder Klebprozessen führen, begrenzt auf das Kleben von ausreichend temperaturbeständigen Kunststoffen	Z. B. zur Lösung von Kleb- und Dichtaufgaben in der Leistungselektronik
	2K-Silikone (additionsvernetzend)	Zweikomponentige, lösemittelfreie 100 % Systeme: gefüllte hochviskose Pasten, Vernetzung zum Elastomer durch Vermischen der getrennt verpackten Komponenten im korrekten Verhältnis zueinander, es werden keine Spaltprodukte freigesetzt	Im gehärteten Zustand geringe Festigkeit bei hoher Elastizität, hohe Temperatur- und Witterungsbeständigkeit, nicht überlackierbar, können zu Benetzungsstörungen bei nachfolgenden Lackier- oder Klebprozessen führen, kurze über die Formulierung einstellbare Härtungszeit	Elektronikbauteile, Mobiltelefone, Solarpanele

Chemisch härtende Klebstoffe			Kerneigenschaften, Einsatzgrenzen beim Kleben von Kunststoffen	Anwendungsbeispiele
Polykondensation	1K-Silikone, feuchtigkeitsvernetzend (RTV-1)	Einkomponentige, lösemittelfreie 100 % Systeme: gefüllte hochviskose Pasten, Vernetzung zum Elastomer durch Reaktion mit Feuchtigkeit aus der Umgebungsluft oder den Fügeteilen, je nach Formulierung Abspaltung von sauren, alkalischen oder neutralen Stoffen, Härtung von außen nach innen	Im gehärteten Zustand geringe Festigkeit bei hoher Elastizität, hohe Temperatur- und Witterungsbeständigkeit, nicht überlackierbar, können zu Benetzungsstörungen bei nachfolgenden Lackier- oder Klebprozessen führen, langsamer Festigkeitsaufbau, Beständigkeit der Fügeteile gegen Abspaltprodukte beachten	Elastische Abdichtungen, Dichtklebung von Gehäusen in der Elektronikindustrie
	2K-Silikone RTV-2	Zweikomponentige, lösemittelfreie 100 % Systeme: gefüllte hochviskose Pasten, Vernetzung zum Elastomer unter Abspaltung von alkoholischen Stoffen	Im gehärteten Zustand geringe Festigkeit bei hoher Elastizität, hohe Temperatur- und Witterungsbeständigkeit, nicht überlackierbar, können zu Benetzungsstörungen bei nachfolgenden Lackier- oder Klebprozessen führen, schnellerer Festigkeitsaufbau als bei RTV-1, durch die Menge Härter steuerbar, Beständigkeit der Fügeteile gegen Abspaltprodukte muss beachten werden	Elastische Abdichtungen, wenn im Vergleich zu 1K-Silikonen kürzere Aushärtezeiten gefordert sind
	1K-silanmodifizierte Polymerklebstoffe, feuchtigkeitsvernetzend	Einkomponentige lösemittelfreie 100 % Systeme: meist gefüllte hochviskose, z. T. thixotrope Pasten, bei Zutritt von Feuchtigkeit wird die Blockierung der reaktiven Gruppen unter Abspaltung von meist Methanol oder Ethanol aufgehoben und es kommt zu einer Vernetzungsreaktion zum Elastomer, Härtung von außen nach innen	Relativ breites Haftungsspektrum mit gewisser Kontaminationstoleranz, elastische Verklebung im unteren Festigkeitsniveau	Z. B. für Kunststoff-Metall-Klebungen im Transportwesen und in der Bauindustrie

Chemisch härtende Klebstoffe			Kerneigenschaften, Einsatzgrenzen beim Kleben von Kunststoffen	Anwendungsbeispiele
Polykondensation	2K-Polysulfide	100 % Systeme, lösemittelfrei: meist gefüllte hochviskose, z. T. thixotrope Pasten. Härtung zum Elastomer erfolgt durch Abspaltung von Wasser bei Raumtemperatur oder erhöhten Temperaturen	Im gehärteten Zustand gummielastisch und flexibel, geringe bis mittlere Festigkeit, sehr gute Beständigkeit gegenüber Treibstoffen, Lösemitteln und Witterungseinflüssen, hohe Diffusionsdichtigkeit, strenger, markanter Geruch	Geeignet für dauerhaft elastisches Kleben und Abdichten unter schwierigen klimatischen sowie anderen Umwelteinflüssen
Polymerisation	Cyanacrylate	100 % Systeme, lösemittelfrei: Die Vernetzung der enthaltenen monomeren Cyanacrylate zu einem thermoplastischen Polymer wird durch Feuchtigkeit aus der Umgebungsluft oder auf den Fügeteiloberflächen initiiert und läuft sehr schnell ab Die Anwendung ist auf dünne Klebfugen und wegen der schnellen Härtung auf kleine Klebflächen beschränkt	Sehr schnelle Härtungsreaktion: Eine vielfach ausreichende Anfangsfestigkeit wird bereits nach wenigen Sekunden erreicht. Die Monomere können bei einigen Kunststoffen zu Spannungsrisskorrosion führen Im gehärteten Zustand begrenz te Wärme- und Wasserbeständigkeit	Vielfältige Anwendungen, insbesondere bei Kleinteilen. Gute geeignet für Klebungen an polaren Kautschuk-Typen, bedingt auch für unpolare Typen. Wird z. B. zum Einkleben von Kanülen in medizinische Spritzen eingesetzt

Chemisch härtende Klebstoffe			Kerneigenschaften, Einsatzgrenzen beim Kleben von Kunststoffen	Anwendungsbeispiele
Polymerisation	2K-MMA Methylmethacrylat	100 % Systeme, lösemittfrei, bestehend aus Harz, Härter und Beschleuniger. Härtungzum Duromer: Es sind Spezialtypen verfügbar, mit denen sich auch unpolare Werkstoffe ohne Vorbehandlung kleben lassen Neben der für 2K-Klebstoffe typischen Verarbeitung über ein Dosier- und Mischsystem können bei den sog. No-Mix-Systemen die Komponenten getrennt auf die Fügeteile aufgebracht werden, wobei dann das Mischen beim Fügen erfolgt	Relativ hohe Zugscherfestigkeit (bis zu ca. 25 MPa) bei gutem Dehnverhalten (bis zu ca. 100 %). Je nach Formulierung sind unterschiedliche Härtungsgeschwindigkeiten realisierbar. Schneller Festigkeitsaufbau bei relativ langer Topfzeit, relativ hohe Exothermie	Strukturelles und semistrukturelles Verkleben von Kunststoffen untereinander oder mit Metallen, z. B. Fahrzeug-, Boots- und Schiffbau
	Anaerobe Klebstoffe	100 % Systeme, lösemittelfrei: Die Härtung zum Duromer erfordert Sauerstoffausschluss und Anwesenheit von Metallionen	Bei Anwendungen mit Kunststoffen als Fügepartner müssen diese vor dem Kleben durch Metallionen aktiviert werden	Einsatz meist für metallische Fügeteile: Schraubensicherung, Flanschverklebung und -abdichtung, Welle-Nabe-Klebungen
	2K-ungesättigte Polyester	Durch Zugabe von Peroxiden zum Duromer härtend: mineralisch gefülltes ungesättigtes Polyesterharz	Hohe Festigkeit, jedoch relativ spröde (Polyesterharze auf Basis von Vinylestern sind weniger spröde)	Kleben von GFK z. B. bei der Herstellung von Rotorblättern für Windkraftanlagen und im Bootsbau
	Strahlenhärtende Klebstoffe	Die zur Klebstoffhärtung führende Polymerisation wird durch Bestrahlen, meist mit UV-Licht, ausgelöst. Dabei zersetzen sich die in der Formulierung enthaltenen Photoinitiatoren zu Radikalen, welche die Polymerisation starten. Härtung zum Duromer	Sehr schnelle Härtung: Die Anwendung ist auf Klebungen begrenzt, bei denen mindestens eines der Fügeteile für die verwendete Strahlung durchlässig ist	Einkleben von Kanülen in den Spritzenkörper, Kleben elektronischer Bauteile (z. B. PET-Membran in das Kunststoffgehäuse von Kopfhörern), Klebungen in der optischen Industrie

Die Autoren
Prof. Dr.-Ing. Henning Gleich (Henning.Gleich@inpro.de) leitet bei der inpro Innovationsgesellschaft für fortgeschrittene Produktionssysteme in der Fahrzeugindustrie mbH in Berlin den Bereich Füge- und Werkstofftechnik.

Prof. Dr. Andreas Hartwig (andreas.hartwig@ifam.fraunhofer.de) ist beim Fraunhofer IFAM in Bremen Leiter der Abteilung Klebstoffe und Polymerchemie.

Dr. Hartwig Lohse (hlohse@hdyg.de) unterstützt mit seinem Beratungsunternehmen Klebtechnik Dr. Hartwig Lohse e. K. Anwender bei der Lösung von klebtechnischen Fragestellungen.

1.4 Duromere und thermoplastische Matrixmaterialien – Welche Anforderungen muss die Klebtechnik erfüllen?

David Blass, Tobias Reincke, Stefan Kreling und Klaus Dilger

Thermoplastische und duromere Matrixsysteme in Kombination mit Verstärkungsfasern liegen als Leichtbaualternative zu klassischen Metallbauweisen in der Flugzeug- und Automobilindustrie im Trend. Welchen Herausforderungen muss sich die Klebtechnik in diesem Kontext stellen?

Faserverbundwerkstoffe (FVK) bestehen bekanntlich im Wesentlichen aus den beiden Hauptkomponenten Fasern und Matrix. Die eingesetzte Matrix übernimmt hierbei wichtige Aufgaben im FVK. Neben der Einbettung und Stützung der Fasern liegt eine Hauptaufgabe der Matrix in der Kraftübertragung zwischen den Fasern [42]. Die Matrix nimmt die Kräfte quer zur Faserrichtung auf und schützt den Verbund vor Umwelteinflüssen. Des Weiteren werden die mechanischen und thermischen Eigenschaften des FVK von der Matrix signifikant beeinflusst. Beispiele sind die Dichte, das Kriech- und Relaxationsverhalten und der Elastizitätsmodul. Insbesondere hinsichtlich des Temperatureinsatzbereiches der Bauteile hat die Matrix aufgrund ihrer stark temperaturabhängigen, mechanischen Eigenschaften einen entscheidenden Einfluss. Darüber hinaus werden auch andere Einsatzbereiche der Faserverbundbauteile (z. B. hinsichtlich der Beständigkeit) durch die Matrix bestimmt. Was die Klebeignung von Faserverbundbauteilen angeht, besitzt die Matrix darüber hinaus eine wesentliche Relevanz, da im unbearbeiteten Zustand des FVK die oberste Matrixschicht im direkten Kontakt mit dem Klebstoff steht [43].

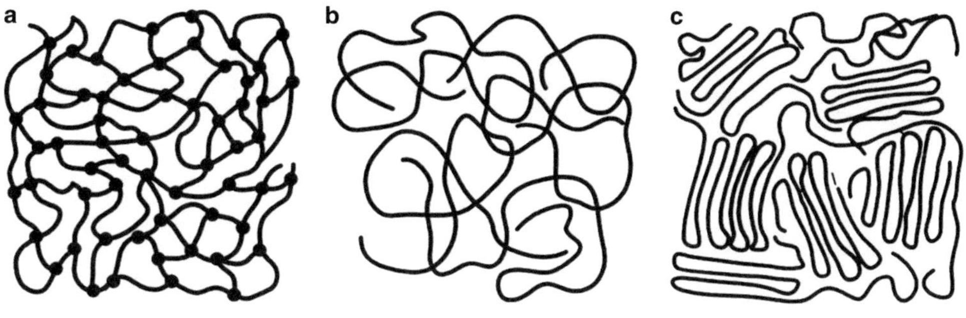

Abb. 1.8 **a** Schematische Darstellung der Kettenstruktur eines Duromers [42]. **b** Schematische Darstellung der Kettenstruktur eines amorphen Thermoplasten [42]. **c** Schematische Darstellung der Kettenstruktur eines teilkristallinen Thermoplasten [42]

1.4.1 Polymere Matrixsysteme

Im Flugzeugbau sowie in der Automobilindustrie, aber beispielsweise auch in der Sportindustrie, werden vorwiegend thermoplastische und duromere Matrixsysteme eingesetzt. Elastomere Matrixsysteme finden in diesen Bereichen nahezu keine Anwendung. Der relevanteste Unterschied zwischen Thermoplasten und Duromeren liegt in der dreidimensionalen Bindung der Molekülketten [44]. Bei thermoplastischen Matrixmaterialien sind die Moleküle entlang der Ketten durch Primärbindungen verbunden, zwischen den Molekülketten wirken jedoch nur Sekundärkräfte, beispielsweise Wasserstoffbrückenbindungen. Im Gegensatz dazu sind die Molekülketten bei Duromeren durch Primärbindungen (in der Regel kovalente Bindungen) quervernetzt (Abb. 1.8a; [44]). Innerhalb der Gruppe der thermoplastischen Kunststoffe wird darüber hinaus zwischen amorphen (Abb. 1.8b) und teilkristallinen (Abb. 1.8c) Thermoplasten unterschieden [45]. Bei teilkristallinen Thermoplasten liegen neben ungeordneten Bereichen auch geordnete, kristalline Bereiche vor (Abb. 1.8c), wohingegen bei amorphen Thermoplasten keine geordneten Bereiche auftreten (Abb. 1.8b).

1.4.2 Eigenschaften der Matrixsysteme im Vergleich

Duromere Matrixsysteme zeichnen sich aufgrund der dreidimensionalen Vernetzung der Moleküle durch in der Regel bessere mechanische Eigenschaften (Festigkeit, Steifigkeit, Verschleißbeständigkeit etc.) im Vergleich zu thermoplastischen Matrixsystemen aus [44]. Lediglich unter schlagartiger Belastung besitzen Duromere eine schlechtere Performance. Zudem weisen diese im Vergleich zu thermoplastischen Matrixsystemen im Grundzustand eine verbesserte Faseranbindung [45] auf, was im Wesentlichen durch die niedrigere Viskosität der flüssigen und unvernetzten Komponenten und deren hohe chemische Aktivität begründet werden kann. Schmelzbeständigkeit und Unlösbarkeit in Lösungsmitteln

Tab. 1.1 Typische Kennwerte relevanter Matrixpolymere [43–45, 48–51]

Matrixpolymer	Zugmodul	Zugfestigkeit	Dichte	Max. Einsatztemperatur	Oberflächenenergie
	GPa	MPa	g/cm³	°C	mJ/m²
Epoxidharze (EP)	2,8–3,4	45–85	> 1,16	< 200 °C	39–52
Ungesättigte Polyesterharze (UP)	2,8–3,5	40–75	~ 1,27	< 170 °C	43–46
Polyamid 6 (PA 6)	~ 1,0	~ 45	~ 1,14	90	~ 38
Polyethylen (PE-HD)	~ 1,0	~ 25	~ 0,95	80	27–36

sowie eine geringe Kriechneigung zählen zu den weiteren vorteilhaft zu bewertenden Eigenschaften duromerer Matrixsysteme. Als Nachteil erweisen sich die durch den hohen Vernetzungsgrad bedingte hohe Sprödigkeit, die Recycelbarkeit als auch die nicht vorhandene Schweißbarkeit.

Aufgrund der fehlenden kovalenten Quervernetzung der Molekülketten können thermoplastische Kunststoffe aufgeschmolzen und somit Bauteile mit thermoplastischen Matrixsystemen durch Erwärmung über die Schmelztemperatur recycelt werden. Im Vergleich zu Duromeren weisen thermoplastische Matrixsysteme eine erhöhte Schlagzähigkeit auf, welche sich unter schlagartiger Belastung vorteilhaft in der verbesserten Energieaufnahme zeigt. Hinsichtlich ihrer Verarbeitung, der Klebeignung und des Alterungsverhaltens zeigt sich allerdings die Affinität thermoplastischer Matrixmaterialien hinsichtlich der Aufnahme von Feuchtigkeit als nachteilig [46, 47]. Dabei wird das Wasser in die amorphen Bereiche der Thermoplaste eingelagert. Dieser Vorgang ist allerdings reversibel, sodass durch eine Trocknung eine Verarbeitung ehemals feuchter Thermoplaste möglich ist. Ebenfalls zeigt sich die geringe Oberflächenpolarität der Thermoplaste (insbesondere bei sehr günstigen Polymeren) als klebtechnische Herausforderung, auf die im Folgenden noch detaillierter eingegangen wird.

Ein Überblick über die mechanischen Kennwerte typischer duromerer (Epoxid- und ungesättigte Polyesterharze) und thermoplastischer (Polyamid 6 und Polyethylen) Matrixmaterialien ist in Tab. 1.1 dargestellt.

Aufgrund der Vielzahl an zur Verfügung stehenden technischen (Hochleistungs-)Kunststoffen lassen sich unabhängig von der Kunststoffklasse (Thermoplast oder Duromer) Faserverbundwerkstoffe mit vergleichbaren mechanischen Eigenschaften herstellen, wobei insbesondere Anwendungsbereich und gewünschter Bauteilfertigungsprozess die Auswahl der Matrixsysteme bestimmen.

1.4.3 Fertigungsverfahren und Verarbeitungsprozesse

Die zuvor genannten Unterschiede im Quervernetzungsgrad der Molekülketten haben einen direkten Einfluss auf die Fertigungsverfahren und Verarbeitungsprozesse von duromeren sowie thermoplastischen Matrixsystemen. Thermoplaste sind durch Erwärmung über die Schmelztemperatur umformbar und können dadurch auch mehrmals in einem Fertigungsprozess in ihrer Form geändert werden. Als Folge kann der Preformprozess vom Herstellungsprozess entkoppelt werden. Zudem können verschiedene FVK-Bauteile mit thermoplastischen Matrixsystemen in einem nachgeschalteten Prozess miteinander verschweißt werden. Beispielhafte Fertigungsverfahren von thermoplastischen Matrixsystemen sind das Spritzgießen und Pressen [52], das Thermoplast-RTM-Verfahren [53] oder das Rollprofilieren von thermoplastischen Profilen [54]. Mit weiteren großserientauglichen Fertigungsverfahren thermoplastischer Kunststoffe wie dem Umformen/Tiefziehen oder Spritzgießen lassen sich zwar ebenfalls faserverstärkte Bauteile herstellen, allerdings ist die Fertigung endlosfaserverstärkter Bauteile herausfordernd und befindet sich noch im Entwicklungsprozess.

Bei duromeren Matrixsystemen basiert die Formtreue der Faserverbundbauteile auf der irreversiblen Vernetzungsreaktion während des Fertigungsprozesses, sodass in der Regel nur ein Fertigungsschritt (Aushärtungsprozess) durchgeführt wird und im Nachgang keine Formgebung mehr möglich ist. Diesem Aushärtungsprozess ist die Mischung der beiden Komponenten des Matrixsystems (Harz und Härter) vorgeschaltet. Bei der Fertigung von Faserverbundbauteilen ist diesbezüglich zu unterscheiden, ob die Mischung der Komponenten direkt vor der Fertigung der Bauteile oder eine Imprägnierung der Fasern mit dem gemischten Harzsystem schon bei der Herstellung der Halbzeuge (Prepreg = engl. preimpregnated fibers) erfolgt, welche erst in einem nachgeschalteten Prozess zum FVK-Bauteil verarbeitet werden.

Zu den Fertigungsverfahren von duromeren Matrixsystemen sind beispielsweise das Autoklavverfahren, das RTM-Verfahren, das SLI-Verfahren oder die Pultrusion zu zählen [55]. Duromere Matrixsysteme bieten aufgrund der geringeren Viskosität gegenüber thermoplastischen Matrixsystemen den Vorteil, dass die Imprägnierung und Formgebung der Fasern, beispielsweise in einem kontinuierlichen Pultrusionsprozess, mit geringerem Aufwand umsetzbar sind [55]. Dabei kann die Prozessfähigkeit durch unterschiedliche Faktoren beeinflusst werden.

1.4.4 Welchen Einfluss haben Additive und Füllstoffe?

Neben den Grundkomponenten der Matrices (etwa Harz und Härter) können Additive oder Füllstoffe die Eigenschaften der Matrices beeinflussen. Das Ziel des Hinzufügens von Additiven und Füllstoffen ist die Anpassung der Matrixeigenschaften an den späteren Anwendungsfall bzw. die gewünschte Veränderung von mechanischen oder thermischen Eigenschaften [45]. Neben der Verbesserung der genannten Eigenschaften lässt sich z. B. auch eine Kostensenkung durch Substitution des relativ teuren Matrixpolymers mit verhältnismäßig günstigen Füllstoffen (etwa Ruß) als Motivation zur Verwendung von Füllstoffen angeben. Als Beispiele für Füllstoffe können u. a. Silikate (Verbesserung der Abriebbeständigkeit), Talkum (Erhöhung der Schlagzähigkeit) oder Grafit (Verbesserung der tribologischen Eigenschaften), aber auch Hohlkugeln (Verringerung der Dichte) oder Metall- und Keramikpulver (Erhöhung Verschleißfestigkeit) [42, 44] genannt werden. Weiterhin können Thermoplastpartikel die Risszähigkeit eines duromeren Matrixsystems erhöhen, wie es zum Beispiel bei den aktuell in der Luftfahrtindustrie verwendeten Prepregs angewendet wird [56].

Während die beschriebenen Füllstoffe keine vollständige Löslichkeit in der Matrix besitzen, können die Additive vollständig in der Matrix gelöst werden. Durch die Hinzugabe der Additive lassen sich ebenfalls die Verarbeitbarkeit oder die Performance der Matrix beeinflussen. Als Beispiel für Additive, die die Verarbeitbarkeit beeinflussen, können sogenannte „interne Trennmittel" aufgeführt werden. Diese können dem Matrixsystem (in der Regel der Harzkomponente) hinzugegeben werden, um die Entformbarkeit eines FVK-Bauteiles aus dem formgebenden Werkzeug zu ermöglichen [57]. Sie werden beispielsweise in der Automobilindustrie beim RTM-Verfahren mit duromeren (epoxid- und polyurethanbasierten) Matrixsystemen eingesetzt [58]. Beispiele für die Verbesserung der Leistung der Matrix bzw. des Gesamtbauteils durch die Hinzugabe von Additiven sind unter anderem Weichmacher, die eine höhere Verformbarkeit und Flexibilität des Matrixsystems ermöglichen. Dieser Effekt kann einerseits durch äußere Weichmachung erfolgen, zum Beispiel durch das Zumischen von niedermolekularen Weichmachermolekülen. Andererseits kann beispielsweise durch eine Copolymerisation mit einer zweiten Komponente, die raumfüllende Seitengruppen enthält, eine innere molekülkettenbasierte „Weichmachung" der Matrix erfolgen [44]. Zu den weiteren relevanten Additiven gehören Stabilisatoren. Sie bewirken eine Verbesserung der Matrixbeständigkeit gegenüber Umwelteinflüssen und Alterung u. a. aufgrund von UV-Strahlung oder auch Oxidation der Matrix.

1.4.5 Anwendungstechnische Anforderungen an Matrixsysteme

Die Anforderungen an Matrixsysteme können übergreifend in die drei Bereiche Werkstoffeigenschaften, Fertigungseigenschaften sowie Kosten eingeteilt werden. Zu den Werkstoffeigenschaften sind neben den mechanischen und elektrischen Eigenschaften u. a. die Temperatureinsatzgrenzen und Beständigkeit gegenüber Umwelteinflüssen zu zählen. Bei den Fertigungseigenschaften sind die Verarbeitungszeit, die Aushärtungstemperatur und -zeit, die Lagerzeit oder die Tränkviskosität zu nennen [42].

Im Folgenden werden die Auswahl von Matrixsystemen anhand eines Beispiels für ein in der Luftfahrtindustrie eingesetztes duromeres Matrixsystem sowie eines Beispiels für ein im Automobilbau verwendetes thermoplastisches Matrixsystem exemplarisch dargestellt.

In der Luftfahrtindustrie werden für Strukturbauteile aus FVK vorwiegend duromere Epoxidharze als Matrixsystem eingesetzt. Diese weisen neben den mechanischen Eigenschaften wie der hohen Steifigkeit und Festigkeit eine Temperaturbeständigkeit im Bereich von −55 °C bis zu 150 °C (zum Teil auch bedeutend höher) auf. Insbesondere diese

Temperaturbeständigkeit und die damit verbundene Vorhersagbarkeit der mechanischen Eigenschaften stellt eine wesentliche Anforderung der Luftfahrtindustrie dar, sodass der Einsatz duromerer Matrixsysteme vorteilhaft ist. Weitere Anforderungen in diesem Bereich sind z. B. eine Chemikalienbeständigkeit (z. B. gegenüber Hydraulikflüssigkeiten), denen insbesondere Duromere besser gerecht werden als Thermoplaste. Die für die genannten Anforderungen günstige enge Vernetzung von Epoxidharzen macht allerdings eine Zähmodifizierung der Matrix erforderlich, um eine höhere Schlagresistenz aufzuweisen. Darüber hinaus sind die Ermüdungseigenschaften der Matrix von wesentlichem Interesse in der Auslegung von FVK-Luftfahrtbauteilen und lassen sich in der Regel bei Duromeren im Vergleich zu gleichpreisigen Thermoplasten verbessert darstellen [42].

Die Nachteile epoxidbasierter Matrixsysteme, beispielsweise die hohen Fertigungs- und Materialkosten und langen Aushärtungszeiten gegenüber anderen duromeren (z. B. Polyester) Matrixsystemen, sind in der Luftfahrtindustrie aufgrund längerer Taktzeiten von nachrangiger Bedeutung, besitzen allerdings in der Automobilindustrie eine hohe Relevanz. Dieser Anforderung wird in der Automobilindustrie durch sehr schnell vernetzende duromere Matrixsysteme und die Verwendung thermoplastischer Matrixsysteme begegnet, da sie vor allem in nicht strukturellen Anwendungen einen wesentlichen Kostenvorteil besitzen. Während in anderen Bereichen häufig Polypropylen mit einer Kurzfaserverstärkung die Anforderungen der Automobilindustrie erfüllt, reichen dessen Eigenschaften für strukturelle Anwendungen nicht aus, sodass in diesem Bereich in Forschungsansätzen u. a. auf den teilkristallinen Thermoplast Polyamid 6 als Matrixsystem zurückgegriffen wird. Dieser weist neben den verhältnismäßig geringen Rohmaterialkosten, gute mechanischen Eigenschaften bzgl. Steifigkeit und Festigkeit des Matrixsystems (s. Tab. 1.1) gegenüber anderen Thermoplasten auf und lässt sich aufgrund seiner Schmelztemperatur von 220 °C weiterhin mit den beschriebenen Fertigungsverfahren verarbeiten. Noch dazu erfüllen die Thermoplasten mit verhältnismäßig guten Dämpfungseigenschaften eine weitere relevante Anforderung der Automobilindustrie. Bei der Nutzung thermoplastischer FVK im Automobilbau zur Substitution bestehender metallischer Komponenten ist allerdings zu berücksichtigen, dass die automobile Fertigungskette weitere Anforderungen an die FVK-Bauteile und somit die Matrix stellt. Als Beispiel sei hier wiederum die Temperaturbeständigkeit bis etwa 200 °C anzugeben. Bei der kathodischen Tauchlackierung (KTL) werden die Karosserie und somit auch die thermoplastischen FVK für ca. 30 min einer Temperatur von 180 °C ausgesetzt, sodass die Temperaturbeständigkeit mindestens für diese Randbedingungen gefordert ist. Im Falle eines kurzzeitigen Produktionsstopps der KTL müssen die Matrixsysteme auch eine höhere Temperaturbelastung über eine verlängerte Zeit ertragen können [59], was somit als weiteres Hemmnis für den Einsatz verhältnismäßig günstiger Kunststoffe (wie bspw. PA 6) anzuführen ist.

1.4.6 Herausforderungen beim Kleben

Hinsichtlich des Klebens von Faserverbundbauteilen zeigen sich sowohl grundlegende Eigenschaften der Matrix als auch Merkmale aus den spezifischen Verarbeitungsprozessen ausschlaggebend. Diese beeinflussen unterschiedliche Aspekte der Klebung, wie etwa die Haftung des Klebstoffs auf dem FVK-Fügeteil oder den Transfer der über den Klebstoff übertragenen Lasten in die verstärkenden Fasern [43].

Letztgenannter Aspekt wird darüber hinaus wesentlich von dem Interface zwischen Fasern und Matrix und der darauf basierenden Faser-Matrix-Haftung bestimmt. In der Regel wird dieses Interface nicht nur durch die beiden Komponenten Fasern und Matrix und deren spezifische Eigenschaften bestimmt, sondern vielmehr durch die Faserschlichte (auch Avivage). Diese wird im Rahmen des Herstellungsprozesses der Faser auf diese aufgebracht, um zum einen die Verarbeitbarkeit der Fasern im Halbzeugherstellungsprozess zu verbessern (z. B. Verschleißbeständigkeit), zum anderen dient sie aber auch wesentlich zur Verbesserung der Adhäsion zwischen Faser und Matrix. Vor diesem Hintergrund wird die Avivage unter Berücksichtigung der späteren Anwendung auf das Matrixsystem abgestimmt [45]. Die Eigenschaften der Avivage können durch die aufgetragene Schichtdicke, den Auftragsprozess und die Zusammensetzung der Schlichte mit dem Ziel der Verbesserung der Faser-Matrix-Haftung variiert werden. Bei Glasfasern werden z. B. Schlichten aus Silanen aufgebracht, die einerseits eine gute Anbindung an die Glasfasern und anderseits durch die funktionellen Gruppen der Silane eine gute Interaktion bzw. Haftung mit den Matrixsystemen gewährleisten [60, 61]. Bei ausreichender Faser-Matrix-Haftung ist die Klebfestigkeit im Wesentlichen von der Interaktion des Klebstoffs mit der Matrix als Deckschicht des unvorbehandelten Faserverbundbauteils abhängig.

Als weitere relevante Materialeigenschaften können zum einen die Benetzbarkeit (Beeinflussung der Adhäsion) der Matrices bzw. deren Oberflächenenergie und zum anderen ebenfalls die Duktilität und damit korrelierend das Bruchverhalten der Matrices aufgeführt werden [43]. Vor dem Hintergrund, dass die Grundlage der Adhäsionskräfte Bindungskräfte zwischen einzelnen oder mehreren Atomen sind (in diesem Fall Wechselwirkungen zwischen Atomen des Klebstoffs und der Oberfläche) und somit im Bereich von zehntel Nanometern stattfindet, ist es notwendig, diesen Kontaktbereich zwischen den beteiligten Atomen möglichst gering zu halten und somit eine Wechselwirkung zu ermöglichen. Das Benetzungsverhalten lässt sich somit als Verhältnis der Oberflächenenergien von Klebstoff und Werkstoffoberfläche beschreiben, wobei die Benetzung besonders gut ist, wenn der Werkstoff eine höhere Oberflächenenergie als der Klebstoff besitzt [43, 62].

Vor diesem Hintergrund ist in Bezug auf die typischen Matrixmaterialien festzuhalten, dass thermoplastische Matrices in der Regel eine geringe Oberflächenenergie (typischerweise $< 40\ \mathrm{mJ/m^2}$) besitzen [48]. Daraus folgt, dass die Oberfläche im Vergleich zu den überwiegend eingesetzten duromeren Klebstoffen (Epoxy- oder Polyurethan-Klebstoffe) geringer und somit die Benetzbarkeit der Werkstoffoberfläche mit dem Klebstoff vergleichsweise schlecht ist. Dies führt dazu, dass in der Regel nur sehr geringe adhäsive Kräfte zwischen dem (duromeren) Klebstoff und der thermoplastischen Matrix ausgebildet werden können, sodass die Klebverbindung verhältnismäßig schwach ist. Dieser Sachverhalt ist bei Verwendung duromerer Matrixsysteme (z. B. EP oder PUR) nicht gegeben, da die Oberflächenenergie des Fügeteils bei der Verwendung von thermoplastischen Klebstoffen (nicht im strukturellen Einsatz) in der Regel größer ist oder bei der Verwendung von duromeren Klebstoffsystemen zumindest in einem ähnlichen Bereich liegt und somit eine gute Benetzung gegeben ist.

Neben der Adhäsion wird die Performance der Klebverbindung auch durch die Duktilität der Matrix bestimmt, welche die Versagenstoleranz gegenüber exzentrischen und schlagartigen Belastungen beeinflusst. Hier zeigen sich die thermoplastischen Matrixwerkstoffe im Vorteil, da sie in der Regel eine höhere Duktilität besitzen. Auf dieser Basis können die genannten Belastungen besser ausgeglichen und die Entstehung von Delaminationen reduziert werden. In Kombination mit der verbesserten Risszähigkeit motiviert dies abermals die oben beschriebene Hinzugabe von Thermoplastpartikeln in Epoxidmatrices, welche zum einen zwar auch als konstruktive Rissstopper wirken, zum anderen aber auch durch ihre mechanischen Eigenschaften die Risszähigkeit verbessern.

Neben den reinen Matrixcharakteristika beeinflussen auch die typischen Verarbeitungsprozesse die Klebbarkeit der Faserverbundkunststoffe. Ein wesentlicher Fertigungseinfluss auf die Klebbarkeit der Werkstoffe liegt in der Kontamination der Werkstoffoberfläche auf Grundlage der verwendeten Formtrennmittel [63, 64]. Auf Grundlage der Prozessierung von thermoplastischen Matrices (häufig verhältnismäßig kalte Formen und stark temperierte Matrix) können bei den darauf basierenden FVK allerdings bedeutend geringere Anteile an Formtrennmitteln eingesetzt werden, da häufig lediglich eine sehr geringe Haftung des Bauteils in der Form existiert. Demgegenüber ist eine Entformung von duromeren FVK Bauteilen ohne den Einsatz von Formtrennmitteln in der Regel nicht ohne Beschädigung von Form oder Bauteil möglich [55]. Vor diesem Hintergrund sind die auf der Bauteiloberfläche verbleibenden Trennstoffkontaminationen bei thermoplastischen FVK im Vergleich zu duromeren Faserverbundbauteilen weniger stark ausgeprägt, sodass die Klebbarkeit weniger stark dadurch beeinflusst wird.

Hinsichtlich der Performance der Klebverbindung sind darüber hinaus weitere Prozessparameter wie die Imprägnierungszeit und die darüber beeinflusste Faser-Matrix-Haftung ausschlaggebend. So zeigt sich beispielsweise beim Vergleich des Klebens von epoxidbasierten Faserverbundbauteilen, die zum einen im Autoklavverfahren aus Prepreg und zum anderen im RTM-Verfahren gefertigt wurden, dass die interlaminare Performance als Resultat der Aushärtungszeit einen wesentlichen Einfluss auf die Klebfestigkeit hat. Während mittels Autoklavverfahren gefertigte Proben kohäsiv auf hohem Niveau versagen, so ist bei den RTM-Proben häufig ein Versagen in der Grenzschicht zwischen Faser und Matrix zu erkennen, was für einen verhältnismäßig schlechten Imprägnierungsgrad spricht. Dies lässt sich mit den Prozesszeiten von etwa acht Stunden im Autoklavprozess im Vergleich zu etwa zehn Minuten im RTM-Verfahren und der dadurch resultierenden Interaktionszeit des flüssigen und noch reaktiven Harzsystems mit den trockenen Fasern begründen.

Neben diesen direkt den Fertigungsprozessen zuzuordnenden Faktoren bestimmen auch verfahrenstypische Veränderungen der Halbzeuge die Klebperformance. Als Beispiel sei hier die Verwendung von thermoplastischen Nähfäden bei der Herstellung der Preforms vor dem RTM-Prozess verwiesen. Diese können sich negativ auswirken, da sie zum einen bei der erforderlichen Klebvorbehandlung eine möglicherweise gewünschte Faserfreilegung verhindern (Abb. 1.9), oder zum anderen bei der Entfernung der Kontaminationsschichten aufgrund ihrer geringen Benetzbarkeit die Haftung verschlechtern.

Diese Tatsachen führen auch zu unterschiedlichen materialklassenspezifischen Vorbehandlungsverfahren zur Verbesserung der Klebbarkeit der Faserverbundwerkstoffe. Wie beschrieben, besitzen thermoplastische FVK in der Regel eine verhältnismäßig geringe Oberflächenenergie und damit relativ schlechte Benetzbarkeit für die technisch relevanten Klebstoffe, zeigen aber im Vergleich zu duromeren Faserverbundkunststoffen eine weniger starke Trennstoffkontamination.

Vor diesem Hintergrund wird die Klebbarkeit von thermoplastischen FVK überwiegend durch eine Aktivierung der Oberfläche verbessert [43]. Die mit der Aktivierung verbundene Erhöhung der Oberflächenenergie kann durch unterschiedliche Verfahren wie etwa einer Plasmavorbehandlung oder der Abscheidung von haftvermittelnden Schichten erzielt werden. Ein weiterer Ansatz zur Verbesserung der Klebbarkeit ist die gezielte Faserfreilegung. Im Vergleich mit der Matrix besitzen z. B. die verstärkenden Kohlenstofffasern eine bedeutend bessere Benetzbarkeit gegenüber den relevanten Klebstoffen, sodass die Klebbarkeit durch die Faserfreilegung ebenfalls signifikant gesteigert wird.

Im Gegensatz dazu sind bei der Verbesserung der Klebbarkeit von duromeren Faserverbundkunststoffen andere Strategien vorteilhaft. Im Gegensatz zu den verhältnismäßig geringen Mengen oberflächiger Trennstoffkontaminationen auf thermoplastischen FVK liegen bei den genannten Werkstoffen oftmals sehr starke, chemisch angebundene und die Adhäsion verringernde Kontaminationen vor. Vor dem Hintergrund, dass generell eine gute Klebbarkeit der reinen duromeren Matrix mit den technisch relevanten Klebstoffen gegeben ist und darüber hinaus die Faserschlichte hinsichtlich einer optimalen Faser-Matrix-Haftung angepasst wurde, besteht der Ansatz zur Verbesserung der Klebbarkeit

Abb. 1.9 Einfluss des Nähfadens auf den Faserfreilegungsprozess mittels IR-Laser: **a** geringe Intensität, **b** mittlere Intensität, **c** hohe Intensität

duromerer Faserverbundkunststoffe in der Entfernung der trennstoffkontaminierten obersten Matrixschicht vor dem Kleben.

1.4.7 Zusammenfassung und Ausblick

Thermoplastische und duromere Matrixsysteme erweisen sich aufgrund ihres vielfältigen Eigenschaftsspektrums, insbesondere in Kombination mit einer Faserverstärkung, als Leichtbaualternative zu klassischen Metallbauweisen in der Flugzeug- und Automobilindustrie. Hierbei beeinflusst die Wahl des Matrixpolymers neben der zeitabhängigen mechanischen Leistungsfähigkeit des Faserverbundbauteils auch weitere Aspekte, wie etwa die Fertigungsverfahren oder die Einsatzgebiete der Faserverbundbauteile.

Darüber hinaus wird auch die Klebbarkeit maßgeblich durch Matrixeigenschaften, wie etwa die Oberflächenenergie des Polymers oder die typischen Trennstoffkontaminationen, bestimmt.

Vor diesem Hintergrund bestehen die wesentlichen matrixbasierten und klebtechnischen Herausforderungen in der Gewährleistung einer ausreichend gut klebbaren Oberfläche, was in der Regel durch verschiedene Oberflächenvorbehandlungen erreicht wird. Klebungen von FVK mit duromeren und thermoplastischen Matrixsystemen erreichen nach erfolgter Oberflächenvorbehandlung strukturelle Klebfestigkeiten und werden daher bereits in diversen Industriebreichen eingesetzt.

Vor dem Hintergrund des breiten Anwendungsspektrums von Faserverbundbauteilen befinden sich mittlerweile allerdings auch verschiedene Technologien in der Entwicklung bzw. bereits im Einsatz, bei denen ein stoffschlüssiges Fügen ohne Klebstoff durch Aufschmelzen der thermoplastischen Matrix realisiert wird. Da bei diesem Ansatz das verarbeitungstechnische Potenzial (Schmelzbarkeit) der Thermoplasten im Vordergrund steht, können beispielsweise die Taktzeiten zur Herstellung von reinen FVK-Bauteilen oder hybriden Strukturen (Verbindungen aus Metall und thermoplastischem FVK) signifikant verringert werden.

Die Autoren

M. Sc. David Blass (d.blass@tu-braunschweig.de) ist wissenschaftlicher Mitarbeiter am Institut für Füge- und Schweißtechnik (ifs) der TU Braunschweig und beschäftigt sich mit Verfahren zur Klebvorbehandlung von Faserverbundwerkstoffen.

M. Sc. Tobias Reincke ist wissenschaftlicher Mitarbeiter am ifs und beschäftigt sich mit der Fertigungstechnologie und Prüfung von hybriden Bauteilen aus Faserverbundwerkstoffen und Metallen.

Dr.-Ing. Stefan Kreling leitete die Arbeitsgruppe Faser- und Werkstoffverbunde am ifs und ist jetzt bei VW in Wolfsburg in der Konzernforschung Werkstoffe und Fertigungsverfahren im Bereich Fügeverfahren tätig.

Prof. Dr.-Ing. Klaus Dilger ist Leiter des ifs.

Literatur

1. Krüger, R.: Haftbestimmende Einflussgrößen beim Lackieren und Kleben von Thermoplasten. Dissertation. RWTH Aachen (1980)
2. Altmann, O.: Stand der Klebetechnik bei der Serienfertigung von Automobilen. Adhäsion **35**(3), 10–16 (1991)
3. Cada, O., Smela, N.: Die Verklebung von Polyolefinen. Adhäsion **18**, 198–205 (1974)
4. Habenicht, G.: Kleben. Springer, München, S. 203 (1986)
5. Orth, B., Schnurr, U.: Neue Kunststoffanwendungen im Fahrzeugbau von PP und Polyace-tal. Kunststoffe **68**, 671–676 (1978)
6. Jaschke, N., Schulze, D.: Kunststoffanwendung für Automobil-Karosserieteile. Kunststoffe **71**, 155–158 (1981)
7. Walter, G.: Lackierte Kunststoffteile der Automobilindustrie. Fachtagung „Lackierung von Kunststoffen"; DFO, Köln (1986)
8. Schindel-Bidinelli, E.: Strukturelles Kleben und Dichten Bd. 1. Hinterwaldner Verlag, München (1988)
9. Dierdorf, H.-R.: Diffusionsklebung. 2.Fachseminar am Technikum Rapperswil, 4.–6. Mai 1988. Tagungsband: Swiss Bonding 88. Hoppenstedt-Verlag, Darmstadt, S. 59–78 (1988)
10. Armbruster, K., Osterhold, M.: Einfluss verschiedener Vorbehandlungsmethoden auf die Oberflächenspannung von Kunststoffen. Kunststoffe **80**(11), 1241–1244 (1990)
11. Armbruster, K., Osterhold, M.: Vorbehandlungsmethoden und Benetzungsfähigkeit von Kunststoffen. Metalloberfläche **44**(11), 517–519 (1990)
12. Bischoff, R.: Einfluss unterschiedlicher Oberflächenvorbehandlungen auf Klebbarkeit, Alterung und Oberflächenbeschaffenheit von Polypropylen. Klebstoff-Dokumentum. Hinterwaldner-Verlag, München (1988). Diss. TU Berlin 1988
13. Bischof, C., Possart, W.: Adhäsion – Theoretische und experimentelle Grundlagen. Akademie-Verlag, Berlin (1983)
14. Gleich, H.: Zusammenhang zwischen Oberflächenenergie und Adhäsionsvermögen von Polymerwerkstoffen am Beispiel von PP und PBT und deren Beeinflussung durch die Niederdruck-Plasmatechnologie. Dissertation an der Universität Duisburg-Essen (2004)
15. Young, Th.: Phil. Trans. Roy. Soc. **95**, 65 (1805)
16. Gleich, H., Hansmann, H.: Niederdruck-Plasmabehandlung zur gezielten Modifzierung thermoplastischer Fügeflächen – Teil I: Einfluss der Prozessparameter und Prozessoptimierung. Adhäsion **35**(1/2), 15–19 (1991)
17. Kaelble, D.H.: Surface and interfaces. In: Physical chemistry of adhesion, S. 117–148. Wiley-Interscience, Science Center, North American Rockwell Corp, New York, Thousands Oaks (1970)
18. Kaelble, D.H.: Surface energie criteria of adhesion. In: Physical chemistry of adhesion, S. 149–189. Wiley-Interscience, Science Center, North American Rockwell Corp, New York, Thousands Oaks (1970)
19. Zisman, W.A.: Relation of the equilibrium contact angle to liquid and solid constitution. Advan Chem NY Ser **43**, 1–51 (1964)
20. Dupré, A.: Théorie Méchanique de la Chaleur. Gauthier-Villars, Paris, S. 369 (1869)
21. Frohberg, M.G.: Thermodynamik für Metallurgen und Werkstofftechniker. VEB-Deutscher Verlag für Grundstoffindustrie, Leipzig (1980)
22. Girifalco, L.A., Good, R.J.: A theorie for the estimation of surface and interfacial energies, part I: derivation and apploication to interfacial tension. J Phys Chem **61**(7), 904–909 (1957)
23. Wu, S.: Polar and nonpolar interactions in adhesion. J Adhesion **5**, 39–55 (1973)

24. Wu, S.: Surface and Interfacial Tensions of Polymer Melts, II. Poly-(methylmethacrylate), Poly(n-butyl methacrylate), and Polystyrene. J Phys Chem **74**(3), 632–638 (1970)
25. Weser, C.: Die Messung der Grenz- und Oberflächenspannung von Flüssigkeiten – eine Gesamtdarstellung für den Praktiker. GIT Fachz Lab **24**, 642–648 (1980). 734–742
26. Stipan, G.: Zur Haftung von Lacken auf Kunststoffoberflächen. Dissertation am II. Institut für Technische Chemie der Universität Stuttgart, Stuttgart (1989)
27. Dyckerhoff, G.A., Sell, P.-J.: Über den Einfluß der Grenzflächenspannung auf die Haftfestigkeit. Angew Makromol Chem **21**, 169–185 (1972)
28. Fowkes, F.M.: Attractive forces at interfaces. Ind Eng Chem **56**, 44–52 (1964)
29. Etmanski, B., Ehrenstein, G.W.: Zuverlässigkeit von Oberflächenspannungsmess-verfahren zur Vorhersage der Haftfestigkeit von Kunststoffklebverbindungen. Werkstoffe Innov **11**(12), 44–47 (1990)
30. Gleich, H., Criens, R.M., Moslé, H.G., Leute, U.: The influence of plasma treatment on the surface properties of high performance thermoplastics. Int J Adhesion Adhes **9**(2), 88–94 (1989)
31. Owens, D.K., Wendt, R.C.: Estimation of the surface free energy of polymers. J Appl Polym Sci **13**, 1741–1747 (1969)
32. N.N.: Oberflächeneffekte durch Plasmapolymerisation, Neue Technologie führt zur Eigenschaftsverbesserung bei Kunststoffen, K-Plastic- und Kautschukzeitung – Nr. 336 vom 21.04.88, S. 9
33. Zorll, U.: Neue Erkenntnisse über die Bedeutung der Benetzung für die Adhäsion bei Beschichtungs- und Klebstoffen. Adhäsion **22**, 320–325 (1978)
34. Fowkes, F.M.: In: Patrick, R.L. (Hrsg.) Treatise on adhesion and adhesives, Bd. 1, M. Dekker Inc, New York (1967)
35. Kamusewitz, H.: Die thermodynamische Interpretation der Adhäsion unter besonderer Beachtung der Folgerungen aus der Theorie von Girifalco und Good, Dissertation (B) an der Pädagogischen Hochschule Halle „N. K. Krupskaja" (1987)
36. DIN ISO 8296:2008-3 – Kunststoffe – Folien und Bahnen – Bestimmung der Benetzungsspannung, Beuth Verlag
37. Bischof, C.: ND-Plasmatechnik im Umfeld der Haftungsproblematik bei Metall-Polymer-Verbunden. Tagungsband zur plasmatec '92, Duisburg, 25.9.1992., S. 19–37 (1992)
38. Gleich, H.: Verbesserung der Benetzungsfähigkeit durch Plasmabehandlung. Adhäsion **33**(3), 9–15 (1989)
39. Gleich, H.: Zum Einfluss von Plasmabehandlungen auf die Benetzungsfähigkeit und Klebfestigkeit von Kunststoffoberflächen. Diplomarbeit. Universität-GH-Duisburg, FB 7, Werkstofftechnik (1987)
40. Wahono, W.: Kunststoff-Klebverbindungen. In: Füge- und Verbindungstechniken für Kunststoff-Konstruktionen. DIF-Seminar 21-26-04 (Deutsches Industrieforum für Technologie), Düsseldorf (1992)
41. Good, R.J.: In: Patrick, R.L. (Hrsg.) Treatise on adhesion and adhesives, Bd. 1, M. Dekker Inc, New York (1967)
42. Schürmann, H.: Konstruieren mit Faser-Kunststoff-Verbunden. VDI-Buch. Springer, Berlin Heidelberg (2005)
43. Habenicht, G.: Kleben: Grundlagen, Technologien, Anwendungen, 6. Aufl. VDI-Buch. Springer, Berlin, Heidelberg (2009)
44. Ehrenstein, G.: Polymer-Werkstoffe: Struktur; Eigenschaften; Anwendung, 3. Aufl. Hanser, München (2011)
45. Flemming, M., Ziegmann, G., Roth, S.: Faserverbundbauweisen: Fasern und Matrices. Springer, Berlin (1995)

46. Sayer, S.: Mechanical Performance of Polyamid 66 and Influence of Glass Fiber Content on Moisture Absorption. MP **56**(4), 325–330 (2014). https://doi.org/10.3139/120.110563
47. Todo, M., Nakamura, T., Takahashi, K.: Effects of moisture absorption on the dynamic interlaminar fracture toughness of carbon/epoxy composites. J Compos Mater **34**(8), 630–648 (2000). https://doi.org/10.1177/002199830003400801
48. Krüss GmbH: Werte der Oberflächenenergie von Festkörpern (2016). https://www.kruss.de/de/service/schulung-theorie/substanzdaten/festkoerper/, Zugegriffen: 15. Aug. 2016
49. Neitzel, M., Mitschang, P., Beresheim, G. (Hrsg.): Handbuch Verbundwerkstoffe: Werkstoffe, Verarbeitung, Anwendung. Hanser, München (2004)
50. ACCU DYNE TEST: Surface energy data for epoxies and epoxy resins (2012). http://www.accudynetest.com/polymer_surface_data/epoxy.pdf, Zugegriffen: 15. Aug. 2016
51. Hellerich, W., Harsch, G., Haenle, S.: Werkstoff-Führer Kunststoffe: Eigenschaften, Prüfungen, Kennwerte, 10. Aufl. Hanser, München (2010)
52. AVK – Industrievereinigung Verstärkte Kunststoffe e. V.: Handbuch Faserverbundkunststoffe. Springer, Wiesbaden (2010)
53. Ehleben, M.: Neue Verfahren zur Herstellung thermoplastischer Faserverbundbauteile für die automobile Serienfertigung. 2. Fachtagung Thermopre, Chemnitz (2014)
54. Reincke, T., Kreling, S., Dilger, K.: Roll forming for multi-material composites. SAMPE Conference 2016, Long Beach Convention Center, Long Beach (2016)
55. Flemming, M., Ziegmann, G., Roth, S.: Faserverbundbauweisen: Fertigungsverfahren mit duroplastischer Matrix. Springer, Heidelberg, Berlin (1999)
56. Lengsfeld, H., Wolff-Fabris, F., Krämer, J.: Faserverbundwerkstoffe: Prepregs und ihre Verarbeitung. Hanser, München (2015)
57. Karbhari, V.M.: Effect of internal mold release agent on the cure and property variation in resin transfer molding composites. J Mater Sci Lett **17**(24), 2061–2062 (1998). https://doi.org/10.1023/A:1006663612780
58. Lammershoop, O., Ferencz, A., Kreiling, S.: High volume structural composite part production: paintable parts high volume structural composite part production: paintable parts right out of the mold through surface resin transfer molding process. SPE Automotive Composites Conference, Novi, United States (2014)
59. Eichleiter, F.: Fertigungs- und prozessbedingte Eigenschaften von Klebverbindungen im Karosseriebau. Forschungsberichte des Instituts für Füge- und Schweißtechnik, Bd. 29. Shaker, Aachen (2012). Techn. Univ., Diss. Braunschweig, 2011
60. Cherif, C.: Textile Werkstoffe für den Leichtbau: Techniken – Verfahren – Materialien – Eigenschaften. Springer, Berlin Heidelberg (2011)
61. Teschner, R.: Glasfasern. Springer, Berlin, Heidelberg (2013)
62. Lake, M., Boes, M. (Hrsg.): Oberflächentechnik in der Kunststoffverarbeitung: Vorbehandeln, Beschichten, Funktionalisieren und Kennzeichnen von Kunststoffoberflächen. Hanser, München (2009)
63. Chin, J.W., Wightman, J.P.: Surface characterization and adhesive bonding of toughened bismaleimide composites. Compos Part A: Appl Sci Manuf **27**(6), 419–428 (1996). https://doi.org/10.1016/1359-835X(95)00064-9
64. Parker, B.M., Waghorne, R.M.: Surface pretreatment of carbon fibre-reinforced composites for adhesive bonding. Composites **13**(3), 280–288 (1982). https://doi.org/10.1016/0010-4361(82)90011-8

Vorbehandlung von Kunststoffen 2

Ralph Wilken, Henning Gleich, Christian Buske, Joachim Schüßler, Uwe Lommatzsch, Elmar Moritzer, Christian Leister, Jens Krugmann, Eduard Kraus, Lukas Orf, Michael Heilig, Benjamin Baudrit, Peter Heidemeyer, Martin Bastian, Stefan Kreling, David Blass und Klaus Dilger

2.1 Kunststoffe richtig vorbehandeln

Ralph Wilken und Henning Gleich

Nachdem in der Einführung deutlich geworden ist, warum das Vorbehandeln so wichtig ist, folgt jetzt ein Überblick über die unterschiedlichen Verfahren, mit denen Kunststoffoberflächen vor dem Klebprozess gezielt vorbereitet werden können.

Es steht eine Reihe unterschiedlicher Verfahren zur Verfügung, mit denen Kunststoffoberflächen für die anschließende Klebung gezielt vorbereitet werden können. Die jeweils richtige Vorbehandlung soll die Substratoberfläche sowohl auf den einzusetzenden Klebstoff einstellen als auch durch die damit erfolgte Konditionierung zur Prozesssicher-

R. Wilken (✉) · U. Lommatzsch (✉)
Bereich Klebtechnik und Oberflächen, Fraunhofer-Institut für Fertigungstechnik und Angewandte Materialforschung IFAM
Bremen, Deutschland
E-Mail: ralph.wilken@ifam.fraunhofer.de

U. Lommatzsch
E-Mail: lom@ifam.fraunhofer.de

H. Gleich (✉)
inpro Innovationsgesellschaft für fortgeschrittene Produktionssysteme in der Fahrzeugindustrie mbH
Berlin, Deutschland
E-Mail: henning.gleich@inpro.de

C. Buske (✉) · J. Schüßler (✉)
Plasmatreat GmbH
Steinhagen, Deutschland
E-Mail: mail@plasmatreat.de

M. Doobe (Hrsg.), *Kunststoffe erfolgreich kleben*,
https://doi.org/10.1007/978-3-658-18445-2_2

heit der Klebung beitragen. Neben der für die räumliche Annäherung der Fügepartner (Substrat/Klebstoff) erforderlichen Reinigung bedarf es in vielen Fällen einer gezielten Vorbehandlung der Kunststoffoberfläche, um eine ausreichende Haftung als notwendige Bedingung für die angestrebte Verbundfestigkeit zu erreichen.

2.1.1 Reinigungsverfahren

Zur Entfernung lose anhaftenden Staubs, von Fingerabdrücken und filmischen Verunreinigungen, die eine direkte Wechselwirkung des Klebstoffs mit dem Substrat verhindern, werden Kunststoffbauteile vor dem Kleben gereinigt. Weit verbreitet ist die nasschemische Reinigung mit organischen Lösungsmitteln oder die wässrige Reinigung. Bei der Auswahl des Reinigungsmittels muss ein Augenmerk auf folgende Faktoren gelegt werden:

- Alle Verunreinigungen (polare/unpolare) müssen von der Oberfläche entfernt werden.
- Das Lösungsmittel muss rückstandsfrei verdunsten (ggf. durch Spülschritt),
- Das Reinigungsmittel darf das Kunststoffbauteil nicht schädigen, z. B. durch Quellen oder Anlösen bzw. Auslösen von Spannungsrissen bei Kunststoffen (Spannungsrisskorrosion).
- Das Reinigungsmittel muss unter Einhaltung der Arbeitsschutz- und Umweltschutzrichtlinien einsetzbar sein.

E. Moritzer (✉) · C. Leister · J. Krugmann
Kunststofftechnik Paderborn, Universität Paderborn
Paderborn, Deutschland
E-Mail: elmar.moritzer@ktp.upb.de

E. Kraus (✉) · L. Orf · M. Heilig · B. Baudrit · P. Heidemeyer · M. Bastian
SKZ - Das Kunststoff-Zentrum
Würzburg, Deutschland
E-Mail: e.kraus@skz.de

S. Kreling (✉)
Konzernforschung Werkstoffe und Fertigungsverfahren Fügeverfahren, K-GERW/F, Volkswagen Aktiengesellschaft
Wolfsburg, Deutschland
E-Mail: paul.stefan.kreling@volkswagen.de

D. Blass (✉) · K. Dilger
Institut für Füge- und Schweißtechnik (ifs), Technische Universität Braunschweig
Braunschweig, Deutschland
E-Mail: d.blass@tu-braunschweig.de

Tab. 2.1 Spannungsrissauslösende Medien [1] (© Fraunhofer IFAM)

Kunststoffkurzzeichen	Rissauslösende Medien	Eintauchzeit
PE	Tensidlösung (2 %), 50 °C	> 50 h
	Tensidlösung (2 %), 70 °C	48 h
	Tensidlösung (5 %), 80 °C	4 h
PP	Chromsäure, 50 °C	
PS	*n*-Heptan	
	Petroleum-Benzin, Siedebereich 50–70 °C	
	n-Heptan : *n*-Propanol (1 : 1)	
SB	*n*-Heptan	
	Petroleum-Benzin, Siedebereich 50–70 °C	
	n-Heptan : *n*-Propanol (1 : 1)	
	Ölsäure	
SAN	Toluol : *n*-Propanol (1 : 5)	15 min
	n-Heptan	
	Tetrachlorkohlenstoff	
ABS	Dioctylphthalat	15 min
	Toluol : *n*-Propanol (1 : 5)	20 min
	Methanol	1 h
	Essigsäure (80 %)	
	Toluol	
PMMA	Toluol : *n*-Heptan (2 : 3)	15 min
	Ethanol	
	n-Methylformamid	
PVC	Methanol	30 min
	Methylenchlorid	3 h
	Aceton	
POM	Schwefelsäure (50 %), örtliche Benetzung	Bis 20 min
PC	Toluol : *n*-Propanol (1 : 3 bis 1 : 10)	3–15 min
	Tetrachlorkohlenstoff	1 min
	Natronlauge (5 %)	1 h

Das Reinigungsmittel muss also individuell auf die zu reinigenden Kunststoffbauteile und die auftretenden Kontaminationen angepasst werden. In Tab. 2.1 sind Reinigungsmedien und die jeweiligen Reinigungsbedingungen aufgeführt, die die gefürchtete Spannungsrisskorrosion bei Kunststoffen auslösen können.

Diese Reinigungsmittel können sowohl manuell als auch automatisiert angewendet werden. Bei der häufigen manuellen Reinigung wird die Wischtechnik angewendet, bei der fusselfreie weiße Tücher, getränkt mit Reinigungsmittel (meist organischem Lösemittel) zum Einsatz kommen. Zu beachten ist, dass zur Feinreinigung die Tücher nur einmal genutzt werden dürfen. Bei jedem Wischen ist eine ungenutzte, frische Stelle des Reinigungstuchs zu verwenden, um Verschleppungen der Kontaminationen auf der Bauteiloberfläche zu vermeiden. Bei Schüttgut wird bevorzugt das Tauchverfahren eingesetzt. Augenmerk muss hier auf die Überwachung des Bades gelegt werden. Ebenso wichtig ist bei der Verwendung von wässrigen Reinigungsmitteln das Nachspülen mit demineralisiertem Wasser.

Wie das Tauchverfahren arbeiten auch Spritzreinigungsanlagen (Power-Wash) meist im Batchbetrieb. Typischerweise werden hier wässrige Reinigungsmedien eingesetzt. Die Reinigungswirkung wird durch erhöhte Temperaturen und die hohen Relativgeschwindigkeiten beim Auftreffen des Reinigungsstrahls auf die Bauteiloberfläche unterstützt.

Handelt es sich bei dem Reinigungsmedium um organische Lösungsmittel, kann die Dampfentfettung angewendet werden, bei der frisch kondensierendes Lösungsmittel die Bauteiloberfläche reinigt und die Kontaminationen sich schließlich im Sumpf der Anlage anreichern. Das verunreinigte Lösungsmittel wird in regelmäßigen Abständen aufgearbeitet. Durch den Einsatz geschlossener Anlagen, bei denen das Lösungsmittel im Kreislauf gefahren wird, können die Arbeitsschutz- und Umweltschutzrichtlinien eingehalten werden.

Neben der nasschemischen Reinigung können weiterhin komprimierte Gase, insbesondere Kohlenstoffdioxid, eingesetzt werden. Hierbei wird ein Reaktor mit Schüttgut beladen und CO_2 auf über 100 bar komprimiert. Das bei diesem Druck überkritische CO_2 zeigt eine gute Lösungswirkung auf Öle, Fette und auch polare Verunreinigungen.

2.1.2 Mechanische Verfahren

Neben Kontaminationen können Kunststoffbauteile fertigungsbedingte Störungen der Oberfläche aufweisen. Bei Spritzgussbauteilen kann dies eine ungewollte Spritzhaut sein, duromere Polymerbauteile sind hingegen häufig durch niedermolekulare Bestandteile, Oberflächenanreicherungen oder Formtrennmittel kontaminiert. Diese gestörte Zone der Kunststoffoberfläche weist geringere kohäsive Festigkeiten auf, sodass diese Zone nach der Klebung eine Sollbruchstelle darstellt. Aus diesem Grund muss sie vor Auftrag des Klebstoffs mittels abrasiver Verfahren entfernt werden. Hierfür bieten sich das Schleifen, Bürsten und Strahlen an. Gerne wird das Schleifen und Bürsten mit einem Reinigungsmedium kombiniert (nass ScotchBrite, 3M). Diese Verfahren lassen sich gut manuell ausführen, können aber auch automatisiert werden. Sie sind einfach in der Durchführung und insbesondere für Elastomere und Duromere häufig ausreichend. Allerdings führen diese Verfahren nicht zu einer Funktionalisierung der Oberfläche, sodass die Beständigkeit der Klebfuge gegenüber medialen Einflüssen nicht verbessert wird. Bei Thermoplasten wird zudem die Neigung zur Riss- bzw. Spannungsrissbildung verstärkt.

2.1.3 Strahlverfahren

Bei den klassischen Strahlverfahren wird ein Strahlmittel beschleunigt und auf die zu behandelnde Substratoberfläche geschossen. Durch die abrasive Wirkung des Strahlmittels wird so die oberste Schicht des Bauteils abgetragen und die Oberfläche aufgeraut. Häufig werden mineralische Strahlmittel wie Korund, Glasperlen, Glasbruch, Keramik oder Schlacken mit einem Durchmesser zwischen 0,2–2 mm eingesetzt. Aber auch metallische Strahlmittel wie Hartguss, Stahl, Aluminium und Zink finden vereinzelt Verwendung. Falls eine möglichst schonende Behandlung der Kunststoffbauteile gewünscht ist, empfiehlt sich der Einsatz von Kunststoffgranulaten oder Granulat, basierend auf Nussschalen.

Die einzelnen Strahlverfahren unterscheiden sich durch die Art der Beschleunigung des Strahlmittels. Beim Druckstrahl- und Injektorstrahlverfahren wird das Strahlmittel mittels Druckluft von einigen bar beschleunigt. Beim Schleuderradstrahlverfahren wird das Strahlmittel lediglich durch ein Schleuderrad beschleunigt und trifft mit definierter Geschwindigkeit und Menge auf die zu behandelnde Oberfläche.

Nachteilig bei klassischen Strahlverfahren ist die Verschmutzung der Fertigungsumgebung durch Strahlmittel und Abrasionsprodukte in Form von Staub. Daher wird typischerweise in Strahlkammern gearbeitet, die die Größe der zu behandelnden Bauteile limitieren.

2.1.4 Vakuumsaugstrahlen

Um auch große Bauteile in einer sauberen Fertigungsumgebung behandeln zu können, ist das Vakuumsaugstrahlen entwickelt worden. Hierbei wird eine kleine Strahlkammer auf ein Bauteil aufgesetzt und ein Industriesauger erzeugt innerhalb dieser Strahlkammer einen Unterdruck (Abb. 2.1). Die in das System einfließende Luft erzeugt eine Saugströmung, die das Strahlmittel vom Strahlmittelvorrat über die Strahllanze auf die zu behandelnden Oberflächen beschleunigt. So entfaltet das Strahlmittel eine abrasive Wirkung auf die Bauteiloberfläche. Kontaminationen und unerwünschte Randschichten werden entfernt und die Bauteiloberfläche aufgeraut.

Da sich die gesamte Anlage gegenüber der Umgebung im Unterdruck befindet, wird eine Emission von Partikeln effektiv vermieden. Damit der Industriesauger den Unterdruck aufbauen kann, muss die Strahlkammer mit einer flexiblen Dichtung auf das Bauteil aufgesetzt oder der Spalt zwischen Strahlkammer und Bauteil konstant gehalten werden (kontaktfreies Vakuumsaugstrahlen: Spalt ~ 0,5 mm).

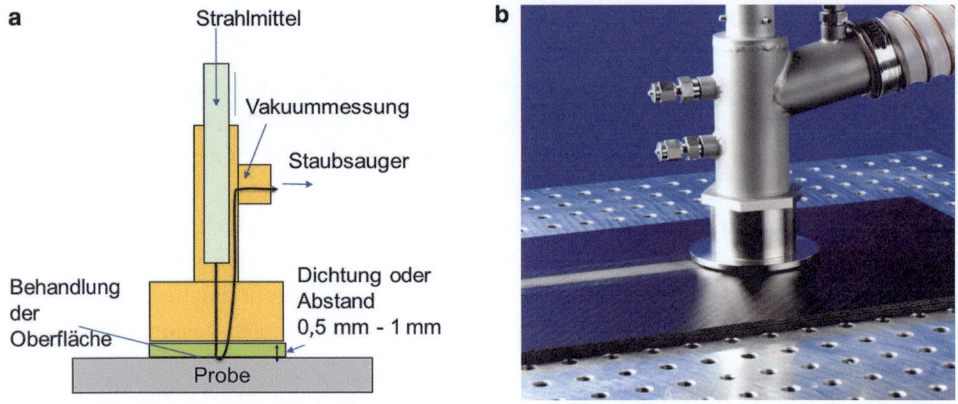

Abb. 2.1 Schematische Darstellung des Vakuumsaugstrahlens (**a**), kontaktfreies Vakuumsaugstrahlen (**b**). (© Fraunhofer IFAM)

2.1.5 SaCo-Verfahren

Beim Sandblast-Coating(SaCo)-Verfahren handelt es sich um ein klassisches Druckstrahlverfahren, bei dem ein speziell beschichtetes Strahlmittel (Korund mit Silikatisierung) eingesetzt wird. Während beim klassischen Strahlen die Verunreinigung der Oberfläche durch das Strahlmittel häufig unerwünscht ist, setzt das SaCo-Verfahren gezielt auf diesen Effekt. Beim Auftreffen des Strahlmittels auf die Substratoberfläche formt das beschichtete Strahlmittel mit der Oberfläche des Werkstücks eine in der Tribologie als Transferfilm bekannte Schicht aus, die fest mit dem Werkstück verbunden ist. Diese Schicht hat haftvermittelnde Wirkung und bildet so eine ideale Basis für den Klebstoffauftrag.

2.1.6 CO_2-Schneestrahlen/Trockeneisstrahlen

Kohlenstoffdioxid eignet sich ebenfalls als Strahlmittel, wenn es in fester Form vorliegt. Beim Trockeneisstrahlen werden Trockeneispellets als Strahlmittel eingesetzt, die Korngröße kann gezielt eingestellt werden und entscheidet neben dem Strahlwinkel und dem Strahldruck über die Abrasivität und Reinigungswirkung dieses Verfahrens. Im Fall des CO_2-Schneestrahlens wird das Trockeneis in Form kleiner Kristalle erst während des Prozesses erzeugt (Abb. 2.2). Hierzu wird üblicherweise tiefkaltes, flüssiges CO_2 entweder in einer Kammer oder direkt an der Strahldüse entspannt. Bei diesem Druckabfall entstehen festes Trockeneis als CO_2-Schnee und gasförmiges CO_2. Durch diese Expansion werden die Kristalle auf die Oberfläche beschleunigt. Diese Beschleunigung kann zusätzlich durch Druckluft unterstützt werden. Die Wirkungsweise des CO_2-Schneestrahlen beruht auf drei Effekten:

Abb. 2.2 Automatisierter CO_2-Schneestrahlprozess. (© Fraunhofer IFAM)

- Aufgrund der thermischen Wechselwirkung verspröden Kontaminationen und können leicht abgetragen werden.
- Die kinetische Energie der Kristalle führt zu einer Abrasion an der Oberfläche.
- Durch die Sublimation der Kristalle während des Auftreffens und der explosionsartigen Entstehung gasförmigen Kohlenstoffdioxids werden Kontaminationen von der Oberfläche gelöst und vom entstehenden Gas mitgerissen.

Der Vorteil dieser Verfahren ist, dass das Strahlmittel die Substratoberfläche nicht kontaminiert, sondern rückstandsfrei von der Oberfläche sublimiert. Während das Trockeneisstrahlen primär für manuelle Reinigungen eingesetzt wird, lassen sich mit Hilfe der CO_2-Schneestrahltechnik die Kunststoffoberflächen automatisiert reinigen. Dabei fährt die Strahldüse mit definierter Geschwindigkeit und definiertem Winkel die Fügefläche ab, sodass das Bauteil bedarfsgerecht vorbehandelt wird.

2.1.7 Physikalische und chemische Vorbehandlungsverfahren

Während Reinigungserfahren ungewollte Kontaminationen von der Substratoberfläche entfernen und mechanische Verfahren undefinierte Randschichten abtragen sollen, sorgen physikalische Vorbehandlungsverfahren für eine Oberflächenmodifizierung der Kunststoffbauteile. Wie im Einführungskapitel und in [2] dargestellt, weisen Kunststoffe an ihren Oberflächen häufig wenig funktionelle Gruppen auf (reaktive Stellen, mit denen Klebstoffe reaktive Wechselwirkungen eingehen können). Beispielsweise besitzen reine aliphatische Polymere wie Polyethylen (PE) oder Polypropylen (PP) schlechte Benetzungseigenschaften: die Oberflächenenergien werden von dispersen Wechselwirkungen (van-der-Waals-Wechselwirkungen) dominiert. Aufgrund des Fehlens polarer Gruppen können nur geringe polare Wechselwirkungen, z. B. mit den Klebstoffmolekülen eingegangen werden. Um die adhäsiven Eigenschaften der Polymeroberflächen signifikant zu steigern, werden physikalische und chemische Vorbehandlungsverfahren eingesetzt.

2.1.8 Niederdruckplasmaverfahren

Niederenergetische Kunststoffoberflächen und erst recht unpolare Kunststoffe lassen sich ohne Vorbehandlung oft nicht mit ausreichender Haftung kleben. Hier bietet die Niederdruckplasma-Vorbehandlung eine moderne und vor allem umweltfreundliche Möglichkeit zur gezielten Oberflächenaktivierung (Abb. 2.3; [3–7]). Im Gegensatz zu chemischen Verfahren müssen beim Niederdruckplasmaverfahren keine Beizbäderreste aufbereitet oder entsorgt werden.

Das Verfahren arbeitet auf trockenem Weg und kann somit auch in der Reinraumtechnik eingesetzt werden. Die beim Niederdruckplasmaverfahren auftretenden Effekte sind mit den gebräuchlichen Vorbehandlungsverfahren wie Beflammen oder Corona-Behandlung zu vergleichen. Die einzige Voraussetzung für die Vorbehandlung aller möglichen Materialien ist ihre Vakuumbeständigkeit, denn das Niederdruckplasmaverfahren arbeitet vornehmlich bei Prozessdrücken im Bereich von 1 bis 0,1 mbar. Des Weiteren sollten die Kunststoffe einer Temperaturbelastung von 60 bis 70 °C widerstehen können, denn gerade in Bezug auf die Prozesstemperatur besitzt das Niederdruckplasmaverfahren seinen besonderen Vorteil. Bedingt durch den reduzierten Druck, sind in der definierten Gasphase

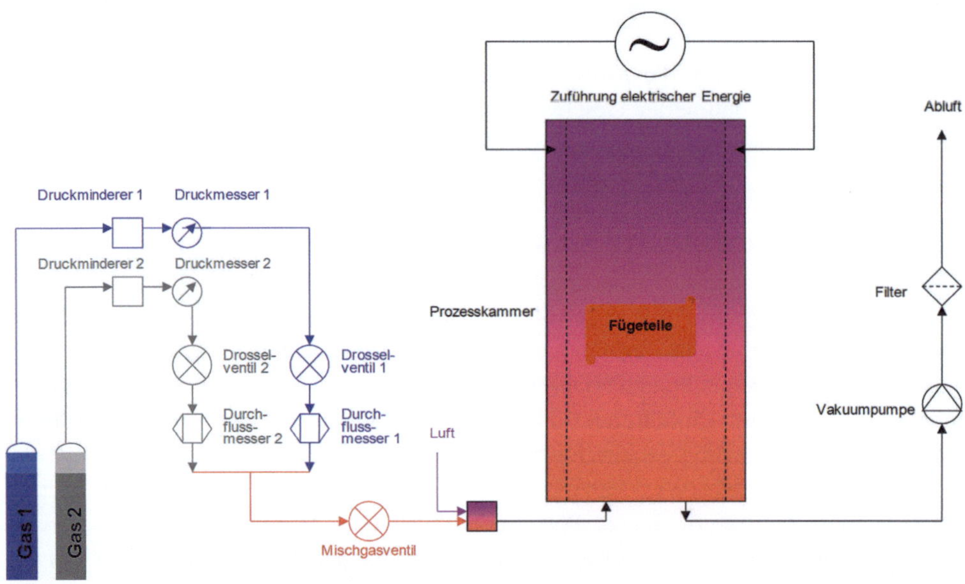

Abb. 2.3 Schematischer Aufbau einer Niederdruckplasma-Anlage [8]. (© Gleich)

der Reaktorkammer Hochtemperaturreaktionen bei niedriger Substrattemperatur möglich, ohne dass es zum Aufschmelzen der Substratoberfläche kommt. Gleichartige Reaktionen, die eine Vielzahl an Substratmodifikationen ermöglichen, sind unter Atmosphärendruck (Blitzentladung) nur bei mehreren 100 °C möglich. Die wichtigsten Prozessparameter beim Niederdruckplasmaverfahren sind:

- das eingesetzte Prozessgas oder Gasgemisch (Sauerstoff, Stickstoff, Wasserstoff, Argon, …),
- die Behandlungszeit (wenige Sekunden bis einige Minuten),
- der in der Reaktorkammer herrschende Prozessdruck (0,01 bis wenige mbar),
- die eingesetzte elektrische Leistung zur Erzeugung des Plasmas.

2.1.9 Corona-Behandlung

Legt man zwischen zwei nur wenige Millimeter voneinander entfernte Elektroden eine hochfrequente elektrische Spannung an, so werden die Moleküle der Atmosphäre in dem durch die Vorrichtung definierten elektrischen Feld ionisiert. Besteht die Atmosphäre zwischen den beiden Elektroden aus Luft, beobachtet man ein bläuliches Licht. Diese optische Erscheinung nennt man „Corona". Um diese Corona-Entladung unter Atmosphärendruck zu realisieren, bedarf es im Vergleich zum Niederdruckplasma keines investitionsintensiven Versuchsaufbaus. Erst bei geometrisch komplizierten Bauteilen werden teilespezifische Elektroden erforderlich. Das Herzstück eines Corona-Systems zur Vorbehandlung von Kunststoffoberflächen ist ein Hochfrequenzgenerator, der eine Wechselspannung von 5 bis 100 kV bei einer Frequenz im Bereich zwischen 5 und 100 kHz liefert. Der Luftspalt zwischen Elektrode und Substratoberfläche sollte bei 0,8 bis 1,3 mm liegen [9, 10]. Die Corona-Behandlung ist ein kontinuierlich arbeitendes Vorbehandlungsverfahren und lässt sich ideal bei der Bahnwarenbehandlung einsetzen. Hier werden beispielsweise Kunststofffolien durch zwei planparallele Elektroden geführt, die auch als Walze ausgeführt sein können.

2.1.10 Atmosphärendruck-Plasmajets

Während das Niederdruckplasmaverfahren und die Corona-Behandlung zur flächigen Vorbehandlung der Kunststoffoberflächen führen, sind Plasmajets in der Lage, selektiv und bedarfsgerecht die Klebfuge vorzubehandeln. Hierzu wird innerhalb einer Düse ein Plasma bei Atmosphärendruck gezündet, beispielsweise durch bogenähnliche Entladungen innerhalb der Düse (Abb. 2.4) oder durch eine dielektrisch behinderte Entladung.

Bei der Substratvorbehandlung mittels Atmosphärendruckplasma wird ein Arbeitsgas, im Allgemeinen Druckluft, innerhalb der Plasmadüse teilionisiert. Die Gase werden dabei in einen angeregten Zustand überführt und sind damit sehr reaktiv. Durch die Gasströmung

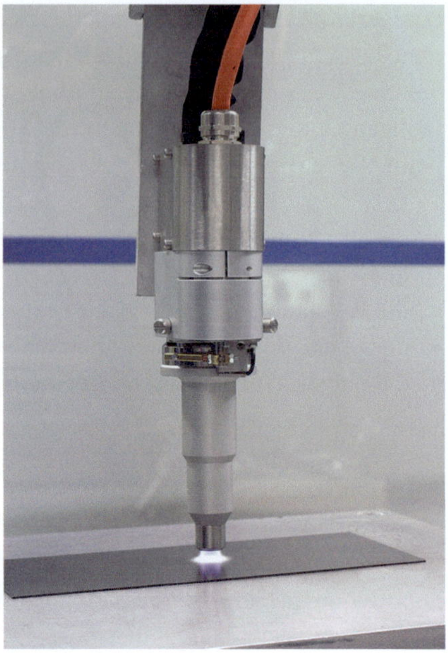

Abb. 2.4 Automatisierte Plasmabehandlung von CFK-Bauteilen mittels Rotationsdüse von Plasmatreat. (© Fraunhofer IFAM)

werden diese angeregten Spezies aus der Düse auf die Kunststoffoberfläche transportiert und können mit selbiger reagieren. In Abb. 2.5 ist die Wirkung der Plasmaaktivierung am Beispiel einer LDPE-Oberfläche dargestellt. Eindrucksvoll wird der Einbau von 24,4 at% Sauerstoff und 3,4 at% Stickstoff in die Oberfläche und die Bildung neuer funktioneller Gruppen belegt. Diese funktionellen Gruppen führen sowohl zu einer Erhöhung der Oberflächenenergie (Abb. 2.6) als auch zu einer drastischen Verbesserung der Verbundfestigkeiten von Klebungen.

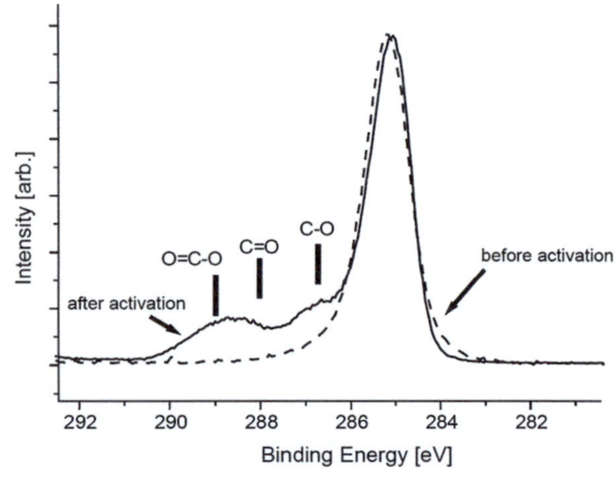

Abb. 2.5 Oberflächenmodifizierung einer LDPE-Oberfläche durch Atmosphärendruck-Plasmabehandlung [11]. (© Fraunhofer IFAM)

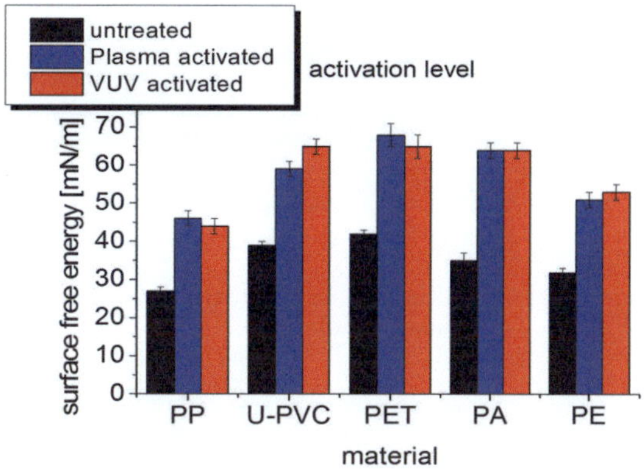

Abb. 2.6 Messung der Oberflächenenergie verschiedener Polymere vor und nach Plasmabehandlung bzw. VUV-Behandlung. (© Fraunhofer IFAM)

2.1.11 Plasmapolymerisation für haftvermittelnde Beschichtungen

Liegt nach der Plasmaaktivierung nach wie vor zwischen Klebstoff und Kunststoffbauteil eine Unverträglichkeit vor oder möchte man die Kunststoffbauteile langzeitstabil vorbehandeln, sollten haftvermittelnde Schichten aufgetragen werden. Dieses lässt sich ebenfalls mittels eines Atmosphärendruckplasmas bewerkstelligen. Dazu wird im Afterglow-Bereich der Plasmadüse ein Precursor („Monomer") eingespeist und so angeregt, dass es reaktive Spezies bildet (Abb. 2.7). Diese Spezies rekombinieren mit dem Kunststoffsubstrat und bilden eine haftvermittelnde Schicht, die fest mit dem Substrat verbunden ist. Häufig werden siliziumhaltige Precursoren eingesetzt, die Schichten mit langzeitstabilen reaktiven Gruppen entstehen lassen.

2.1.12 Oberflächenaktivierung durch VUV-Strahlung

Oberflächen von Kunststoffen lassen sich ebenfalls durch Vakuum-UV-Strahlung, also Strahlung mit Wellenlängen <200 nm aktivieren. Hierfür stehen einerseits Xenon-Excimerlampen (172 nm) oder auch Hg-Niederdruckstrahler (185 nm) zur Verfügung. Diese energiereiche Strahlung ist in der Lage, C–H-Einfachbindungen, wie sie in allen Kunststoffen vorkommen, anzuregen und mit Sauerstoffspezies zur Reaktion zu bringen. Es finden somit neben reinen photolytischen Veränderungen der Oberfläche auch Oxidationen (Ozon, angeregter atomarer Sauerstoff) und Photooxidationen statt. Im Resultat werden auch hier ähnlich der Plasmaaktivierung sauerstoffhaltige funktionelle Gruppen an der Oberfläche der Kunststoffe gebildet. Diese führen wie bei der Atmosphärendruckplasmabehandlung zur Erhöhung der Oberflächenenergie, insbesondere des polaren Anteils. Als wichtige Prozessparameter lassen sich die Strahlungsdosis (Bestrahlungsstärke × Bestrahlungszeit) und die umgebende Atmosphäre (Luft, Stickstoff, ggf. Vakuum) variieren, um eher photolytische Reaktionen zur Vernetzung der Oberfläche oder eher (photo-)oxidative Prozesse zum oxidativen Abbau organischer Kontaminationen bzw. zum

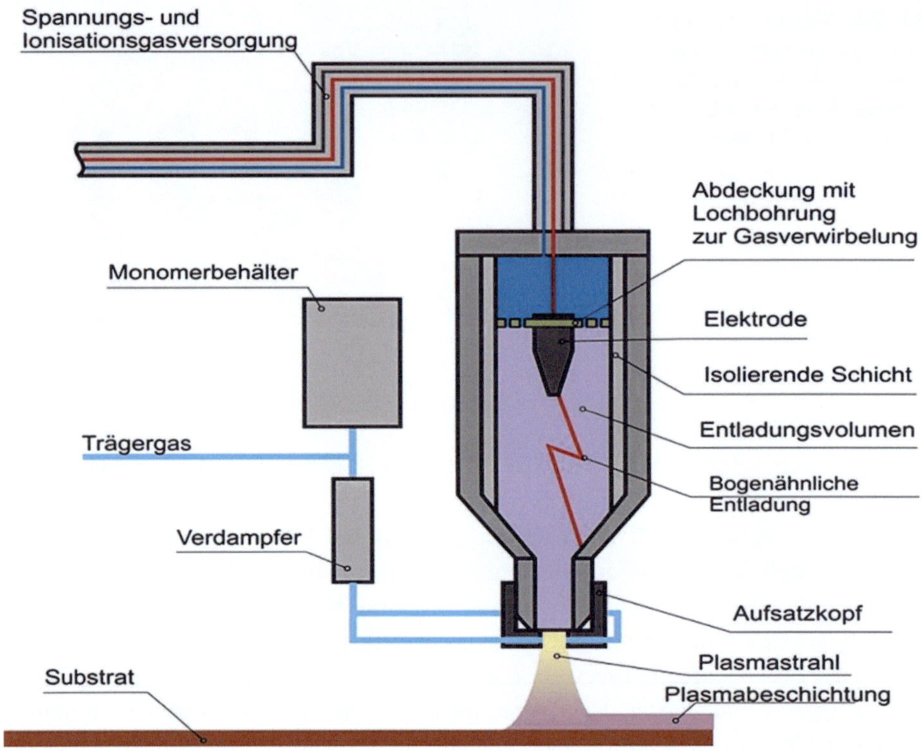

Abb. 2.7 Schematischer Aufbau einer Atmosphärendruck-Plasmaanlage zur Abscheidung haftvermittelnder Beschichtungen. (© Fraunhofer IFAM)

Bildung sauerstoffhaltiger Gruppen hervorzurufen. Weil diese Lampen bis zu einer Länge von 2000 mm zur Verfügung stehen, lassen sich insbesondere Kunststofffolien effektiv aktivieren.

2.1.13 Beflammen

Sehr kostengünstig lassen sich Kunststoffbauteile durch Beflammen aktivieren. Dabei wird in einem Brenner ein Luft-Gas-Gemisch im überstöchiometrischen Verhältnis gezündet. Als Arbeitsgas kommen häufig Propan, Methan oder auch Acetylen zum Einsatz. Im blauen Bereich der Flamme herrscht Sauerstoffüberschuss (Abb. 2.8). Dieser Oxidationsbereich der Flamme wird zur Oberflächenaktivierung angewendet. Trotz der vorherrschenden Flammentemperaturen von weit über 1000 °C lassen sich auch Kunststoffe wie Polyolefine (z. B. PP-Stoßfänger) problemlos aktivieren, denn der Brenner wird mit Geschwindigkeiten von ca. 1 m/s und Abständen von ca. 10 cm über das Kunststoffbauteil geführt. Hierdurch treten an der Oberfläche nur kurzzeitig Temperaturen über 100 °C auf.

Abb. 2.8 Beflammungsbrenner. (© Fraunhofer IFAM)

Auch hier wird der Effekt der Oberflächenaktivierung durch den Einbau von Sauerstoff in die Oberfläche hervorgerufen. Der Effekt der Oberflächenaktivierung ist allerdings im Vergleich zur Plasmaaktivierung deutlich kurzlebiger. So muss direkt nach dem Beflammen der Klebstoff appliziert werden.

Weil dieser Prozess sehr sensibel auf Schwankungen des Abstands zwischen Flamme und Substratoberfläche und der Prozessgeschwindigkeit reagiert, muss das Beflammen (teil)automatisiert durchgeführt werden. Zu geringe Abstände oder Geschwindigkeiten führen schnell zu einer Überbehandlung, die sich im Umschmelzen der Oberfläche und in der Reduktion der Oberflächenenergie und Klebfestigkeit äußert. Bei hochglänzenden Kunststoffoberflächen kann das Beflammen bereits zu einer Eintrübung der Oberfläche führen (Aufrauhung der Oberfläche). Aufgrund des Wärmeeintrags wird dieses Verfahren vor allem bei dickwandigen Bauteilen und einfachen Geometrien eingesetzt. Sollen Polymerfolien mittels Beflammen aktiviert werden, so werden gern Kühlwalzen eingesetzt, die die überschüssige thermische Energie abführen.

2.1.14 Silikatisieren

Bei der Silikatisierung wird mittels Flammenpyrolyse (Pyrosil-Verfahren) eine Silikatschicht auf das Substrat aufgebracht [12, 13]. Diese setzt sich aus einer Silikat-Sperrschicht, die für die Haftung zum Substrat sorgt und somit auch Korrosionsschutzfunktionen erfüllen kann, und einer Silikat-Sinterschicht zusammen (Abb. 2.9).

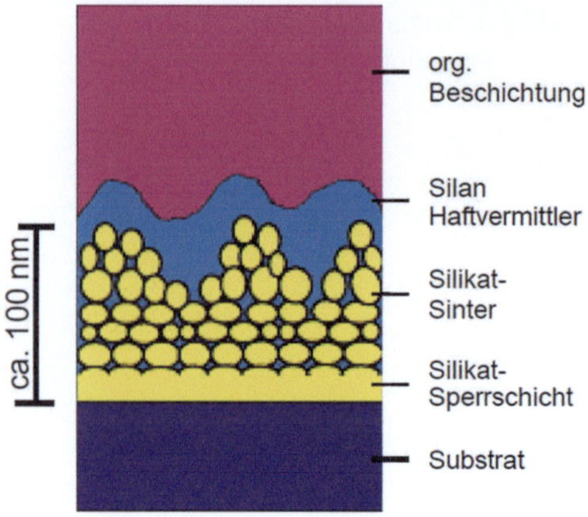

Abb. 2.9 Prinzipieller Schichtaufbau einer SiOx-C-Schicht bei der Silikatisierung [13]. (© SurA GmbH)

Der Silanhaftvermittler stellt Haftung zwischen der anorganischen Silikatschicht und dem Klebstoff über verschiedene funktionale Gruppen her. Die Silikat-Sinterschicht ermöglicht durch ihre Mikroporosität je nach Viskosität des Klebstoffes auch eine mechanische Anbindung. Aufgetragen wird die Silikatschicht über die flammenpyrolytische Abscheidung. Eine siliziumorganische Verbindung wird in einer Gas/Luft-Flamme (Propan, Butan oder Methan) bei Temperaturen zwischen 1200–1500 °C zersetzt (pyrolysiert). Auf der Substratoberfläche wird eine SiOx-C-Schicht abgeschieden. Das Verhältnis Si zu O liegt etwa bei 2,5 und der Kohlenstoffgehalt unterhalb von 5 Atom%, bezogen auf Silizium. Diese Beschichtung erfolgt innerhalb eines Bereiches von 50 mm Abstand von der Flamme (reaktiver Bereich). Da die Beflammungszeit unter einer Sekunde liegt, wird das Substrat um weniger als 100 °C erhitzt. Als Vorteil dieses Verfahrens gegenüber dem Beflammen kann der gleichzeitige Einsatz auf Metall- und Kunststoffoberflächen gesehen werden.

2.1.15 Einsatz von Primern und Aktivatoren

Primer werden beim Kleben von Kunststoffen als Vorbehandlung zur Haftungsverbesserung und Erhöhung der Langzeitbeständigkeit eingesetzt. Primer sind filmbildende Systeme, die als Voranstrich auf die Klebfläche appliziert werden. Sie sind niederviskos, sodass sie die Substratoberfläche gut benetzen können, und enthalten Substanzen wie Isocyanate, Silane oder modifizierte Polymere (z. B. chloriertes Polypropylen), die die Adhäsion fördern. Es gibt lösemittelbasierte und wässrige Systeme, die reaktiv vernetzend oder physikalisch trocknend ausgelegt sein können. Der Auftrag von Primern erfordert in der Regel keine hohen Investitionen, da sie gut manuell mittels Filz, Schwamm oder Wischer in einer geringen Schichtdicke (< 10 µm) appliziert werden können. Die Klebung kann nach einer kurzen Ablüftzeit von wenigen Minuten oder bei sogenannten Longlife-Primern auch erst innerhalb von drei Monaten nach Applikation erfolgen. Bei besonders hochwertigen Klebungen werden zur gezielten Erhöhung der Langzeitstabilität Primer oftmals zusätzlich z. B. nach einer physikalischen Vorbehandlung der Substratoberfläche eingesetzt.

Bei Aktivatoren wird zwischen verschiedenen Systemen unterschieden. Einerseits gibt es Lösungen mit haftaktiven Substanzen, wie z. B. die Haftreiniger, die die Adhäsion verbessern, andererseits Systeme, die die Aushärtung des Klebstoffs gezielt starten (anaerobe Klebstoffe) oder beschleunigen (modifizierte Acrylate) sollen. In letzterem Fall wird die Kohäsion des Klebstoffes verbessert.

2.1.16 Beizen

Der Vollständigkeit halber sei auch das Beizen als Vorbehandlungsmethode für Kunststoffoberflächen erwähnt. Unter Beizen versteht man im technischen Bereich die Behandlung fester Körper zur Veränderung der Oberfläche. Bei Kunststoffoberflächen geschieht das Beizen in der Hauptsache durch ein Anätzen mittels aggressiver Chemikalien, meist Säuren oder Laugen. Der Vorgang wurde früher oft in der Galvanotechnik eingesetzt, mit dem Ziel, die Oberfläche porig zu gestalten und somit für eine Metallisierung vorzubereiten. Da beim Beizen hohe Chemiekalienkonzentrationen eingesetzt werden (Entsorgungsproblem) und heutzutage umweltfreundlichere Vorbehandlungsverfahren verfügbar sind, wird in diesem Artikel nicht weiter auf das Beizen eingegangen.

2.1.17 Gasphasenfluorierung

Die Fluorierung von Kunststoffteilen in der Gasphase bietet eine interessante Alternative zu den übrigen Vorbehandlungsverfahren wie Corona-Behandlung, Beflammen, Plasmabehandlung oder auch der Silikatisierung. Die Fluorierung besticht durch hohe Prozesssicherheit und gute Langzeitstabilität der vorbehandelten Substrate [14]. Bei der Fluorierung wird die vorzubehandelnde Kunststoffoberfläche kurzzeitig in einer geschlossenen Reaktionskammer einem Gemisch aus elementarem Fluor und einem Inertgas ausgesetzt. Dabei wird die Oberflächenenergie des Kunststoffes so weit angehoben, dass eine sehr gute Haftung zwischen Kunststoff und Klebstoff erreicht wird. Entscheidend für den Vorbehandlungseffekt ist das extrem hohe Oxidationspotenzial des Fluors, das sich selbst noch bei hohen Verdünnungen positiv auf die Vorbehandlung auswirkt. Die Kunststoffoberfläche wird im atomaren Bereich dauerhaft verändert und deren hydrophiler Charakter steigt bis hin zur Wasserbenetzbarkeit an. Die große Reaktionsfreudigkeit erklärt sich aus der niedrigen Dissoziationsenergie des Fluormoleküls und der gleichzeitig starken Affinität des Fluors zu anderen Atomen. Des Weiteren ist das Fluoratom klein, sodass die räumlichen Verhältnisse hohe Koordinationszahlen innerhalb der Kunststoffoberfläche zulassen. Besonders wirtschaftliche Anwendung findet die Fluorierung bei der Vorbehandlung bahnförmiger Kunststofffolien. Hier reichen Fluorkonzentrationen von 5 Vol.-% aus, um bei Bahngeschwindigkeiten von über 20 m/min PP- oder ABS-Folien wasserbenetzend einzustellen [15]. Auch die Langzeitbeständigkeit der Fluorierung über mehrere Monate hinaus ist vorteilhaft [16].

2.1.18 Laserverfahren

Auch Laser (engl.: „light amplification by stimulated emission of radiation“: Lichtverstärkung durch stimulierte Emission von Strahlung) lassen sich zur Oberflächenvorbehandlung von Kunststoffbauteilen einsetzen. Laser stehen in unterschiedlichen Leistungsklassen mit verschiedenen Wellenlängen vom UV-Bereich (Excimer-Laser oder Frequenzvervielfachung) bis hin zum IR-Bereich (CO_2-Laser) zur Verfügung. Insbesondere bei gepulsten Lasern treten sehr hohe Strahlungsleistungen auf, die bei Absorption der Strahlung durch den Kunststoff zur Materialanregung führen. Diese Materialanregung kann auf photochemischem (direkter Bindungsbruch), photophysikalischem (thermische und nichtthermische Anregung) und/oder photothermischem (Temperaturerhöhung) Wege geschehen. Innerhalb der Absorptionszone wird schlagartig Material verdampft und es entsteht ein Mikroplasma. Die schlagartige Ausdehnung führt zu einer Schockwelle, die sich über ein Knallgeräusch wahrnehmen lässt. Im Resultat wird von dem Substrat Material ablatiert und geht in die Gasphase über. Kontaminationen werden so verdampft und über die Gasphase abtransportiert.

Essentiell bei der Anwendung der Laservorbehandlung ist die Auswahl des Lasers im Hinblick auf seine Wellenlänge. Die Laserstrahlung muss vom Kunststoffmaterial, sei es vom Polymergerüst oder von Füllstoffen und/oder Additiven, ausreichend absorbiert werden. Weiterhin wichtig ist die Bereitstellung einer ausreichenden Pulsleistung, die die sogenannte Ablationsschwelle überschreitet. Erst dann kommt es zu einer maßgeblichen Ablation des Kunststoffmaterials.

Eine Herausforderung stellt die Oberflächenvorbehandlung von kohlefaserverstärktem Kunststoff (CFK) dar. Bereits in den 90er-Jahren des letzten Jahrhunderts wurden in der Luft- und Raumfahrt Laser zur Oberflächenvorbehandlung von CFK erprobt. Der damals zugängliche gepulste Nd:YAG-Laser mit einer Wellenlänge von 1064 nm führte auch zur Ablation kontaminierten Oberflächenmaterials. Das Matrixharz des CFK ist allerdings gegenüber dieser Laserstrahlung transparent, während die Kohlefasern diese Strahlung sehr gut absorbieren. Im Ergebnis heizten sich die Kohlefasern in der ersten Lage des CFK während des Laserpulses schlagartig auf. Dadurch wurde einerseits das darüber liegende Matrixharz mit seinen Kontaminationen von der ersten Lage der C-Fasern abgesprengt, andererseits führte die starke Aufheizung der C-Fasern zu einer irreparablen Schädigung der Fasern und der Fasereinbettung in das darunterliegende Matrixharz (Abb. 2.10). Infolgedessen versagten geklebte CFK-Strukturen in der ersten Faserlage und wiesen nur geringe Festigkeiten auf. Wendet man stattdessen UV-Laser an, deren Strahlung auch vom Matrixharz absorbiert wird, lässt sich hingegen das Matrixharz mit Kontaminationen wie Formtrennmitteln selektiv entfernen, ohne die Fasern und deren Einbettung in

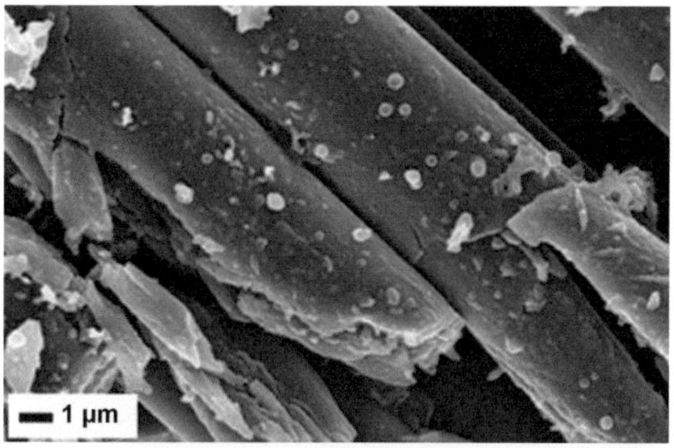

Abb. 2.10 CFK-Oberfläche nach Laserbehandlung mit einem gepulsten Nd:YAG-Laser (Wellenlänge: 1064 nm). (© Fraunhofer IFAM)

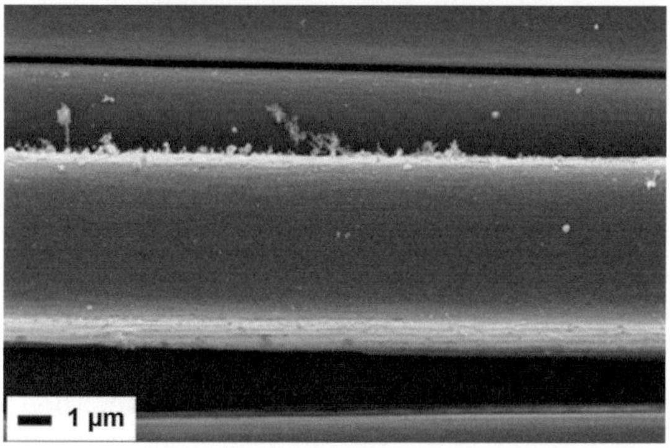

Abb. 2.11 CFK-Oberfläche nach Laserbehandlung mit einem gepulsten UV-Excimer-Laser (248 nm). (© Fraunhofer IFAM)

dem Matrixharz zu schädigen. Hierdurch lassen sich sogar die C-Fasern gezielt freilegen, Faserbrüche treten nicht auf (Abb. 2.11).

2.1.19 Fazit

Alle vorgestellten Vorbehandlungstechniken haben ihre Vor- und Nachteile. Welche Oberflächenvorbehandlung gewählt werden sollte, hängt von folgenden Faktoren ab:

- Art und Menge der auftretenden Kontaminationen bzw. Randschichten,
- Art des Kunststoffs (Polarität des Materials, Beständigkeit des Materials gegenüber Lösungsmittel, Wärme, etc.),
- Größe der zu klebenden Kunststoffbauteile bzw. Halbzeuge,
- Geometrie der Klebflächen (flach ⇔ komplex 3D geformt bzw. flächige Klebung ⇔ Klebnaht)
- Stückzahl der zu klebenden Bauteile (manuell ⇔ automatisiert),
- Taktzeit und Größe der Klebfläche (Flächenleistung),
- HSE-Aspekte (Health, Safety and Environment Protection) und Fertigungsumgebung,
- Investitions- und Betriebskosten.

Somit muss die gewählte Vorbehandlungstechnik ein recht umfangreiches und individuelles Anforderungsprofil erfüllen. Für besonders hochwertige Klebungen mit extremen Anforderungen an deren Langzeitstabilität werden zum Teil auch hybride Vorbehandlungsmethoden wie z. B. eine physikalische Vorbehandlung mit anschließendem zusätzlichen Primerauftrag eingesetzt.

Die Autoren

Dr. rer. nat. Ralph Wilken (ralph.wilken@ifam.fraunhofer.de) ist beim Fraunhofer-Institut für Fertigungstechnik und Angewandte Materialforschung IFAM in Bremen Leiter der Abteilung Plasmatechnik und Oberflächen.

Prof. Dr.-Ing. Henning Gleich (henning.gleich@inpro.de) leitet bei der inpro-Innovationsgesellschaft für fortgeschrittene Produktionssysteme in der Fahrzeugindustrie mbH in Berlin den Bereich Füge- und Werkstofftechnik.

2.2 Atmosphärendruckplasma – Durchaus „nicht oberflächlich"

Christian Buske und Joachim Schüßler

Aus der Vielzahl von Vorbehandlungsmethoden bei industriellen Prozessen gewinnt der Einsatz von Atmosphärendruckplasma im Automobilbau eine kontinuierlich wachsende Bedeutung. Dass sich das Plasma-Verfahren gleichermaßen zur Feinreinigung von Oberflächen wie zur Verbesserung der Adhäsion eignet, zeigen die folgenden beispielhaften Anwendungen.

Entscheidend für das Erzielen einer langzeitstabilen und belastbaren Verklebung von Kunststoffen sind in den meisten Einsatzfällen zunächst die richtigen Voraussetzungen auf den Materialoberflächen. Um diese zu schaffen, empfiehlt sich das so genannte Openair-Plasma-Vorbehandlungsverfahren, das heute allein im Automobilbau mit mehreren Tausend Plasmasystemen für Prozesse wie das Verkleben, Lackieren, Schäumen oder Beschichten im Einsatz ist. Von der Vorbehandlung von Frontscheiben vor der Verklebung über den Einsatz bei Motorsteuergehäusen, von der strukturellen Verklebung von LKW-Kühlaufbauten bis hin zur Verklebung von Leichtbau-Karosserieteilen wird diese Plasmatechnik eingesetzt, um eine einfache, sichere und lösungsmittelfreie Vorbehandlung vor Klebprozessen zu gewährleisten.

2.2.1 Plasma, der „Vierte Aggregatzustand"

… kennzeichnet eine Materie auf hohem instabilem Energieniveau. Der Energieeintrag erfolgt über die Aggregatzustände fest, flüssig und gasförmig stets als Wärmeeintrag.

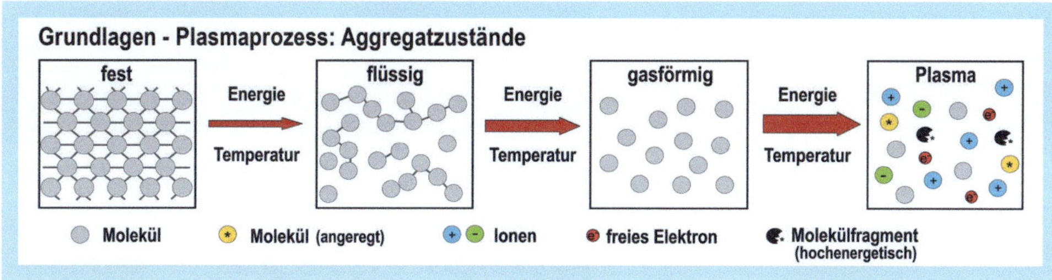

Abb. 2.12 Der Energieeintrag erfolgt über die Aggregatzustände fest, flüssig, gasförmig. Wird mittels elektrischer Entladung zusätzlich Energie in die gasförmige Materie eingekoppelt entsteht Plasma. (Bildquelle: Fraunhofer IFAM)

Die Plasmatechnik hört bei dem gasförmigen Zustand der Materie nicht auf: Wird mittels elektrischer Entladung zusätzlich Energie in die Materie eingekoppelt, so erhalten die Elektronen eine höhere kinetische Energie und verlassen die Schale. Es entstehen freie Elektronen, Ionen und Molekülfragmente (Abb. 2.12).

Dieser Zustand ist jedoch unter Normaldruck aufgrund seiner Instabilität kaum zu verwenden. Erst die im Jahr 1995 von der Plasmatreat GmbH, Steinhagen, entwickelte Atmosphärendruckplasma-Technologie „Openair“ schuf neue Möglichkeiten: Durch die Entwicklung und den Einsatz von Plasmadüsen gelang es, den bis dahin industriell kaum genutzten Aggregatzustand erstmals in Produktionsprozesse zu integrieren und dort „inline“ einzusetzen.

2.2.2 Elektrisch neutraler Plasmastrahl

Die Düsen werden einzig mit Druckluft, ggf. auch mit einem gewünschten Prozessgas sowie mit Hochspannung betrieben. Von einer intensiven gepulsten Bogenentladung im Inneren von Plasmadüsen erzeugt, wird es am Düsenaustritt konditioniert. Eine gezielte Luftströmung entlang der Entladungsstrecke separiert Teile des Plasmas und transportiert sie durch den Düsenkopf an die Oberfläche des zu behandelnden Materials. Der Düsenkopf bestimmt dabei die Geometrie des austretenden Strahls. Das Plasma steht je nach Düsengeometrie in einem Arbeitsbereich von 3 mm (statische Düse) bis hin zu ca. 100 mm Behandlungsbreite (rotierendes Doppeldüsensystem) bei sehr hohen Bearbeitungsgeschwindigkeiten zur Verfügung (Abb. 2.13).

Durch die Entwicklung spezieller Düsen gelang es in den letzten Jahren, die elektrische Spannung so abzuleiten, dass das auf die Materialoberfläche auftreffende Plasma praktisch potentialfrei ist. Hiermit hat sich die Anwendbarkeit vor allem in der Elektroindustrie stark erweitert und vereinfacht. Es ist nun möglich, auch hochsensible Baugruppen und andere empfindliche elektronische Bauteile vorzubehandeln.

Abb. 2.13 Bei Rotationsdüsen steht das Plasma in einer Behandlungsbreite von 50 mm (Einzeldüse, Bild) bis zu 100 mm (rotierende Einheit mit zwei Plasmaerzeugern) wirksam zur Verfügung. (Bildquelle: Plasmatreat)

2.2.3 Umweltfreundliche Oberflächenaktivierung

Die Oberflächenenergie ist das wichtigste Maß für die Beurteilung der voraussichtlichen Haftung einer Klebschicht oder Oberflächenbeschichtung. Die sichere Haftung einer Klebung oder Beschichtung von Kunststoffen setzt voraus, dass zum einen die Materialoberfläche feinstgereinigt ist, zum andern die Oberflächenenergie des Festkörpers größer ist als die Oberflächenspannung (mN/m) des flüssigen Klebstoffs oder Lacks. Es gibt für beide Anforderungen unterschiedliche Vorbehandlungsverfahren, wobei nass-chemische Substanzen nach wie vor am meisten eingesetzt werden. Die Vorbehandlung der zu verklebenden Oberflächen erfolgt sehr häufig durch den manuellen oder maschinellen Auftrag von lösemittelhaltigen Reinigern und Haftvermittlern – ein kostenintensives, unbeständiges und darüber hinaus für den Bediener möglicherweise gesundheitsgefährdendes Verfahren.

Die Vorbehandlung mit Atmosphärendruckplasma ist eine umweltfreundliche und wirtschaftliche Alternative, die herkömmliche Vorbehandlungsmethoden meist komplett ersetzt. Benötigt werden für den Betrieb allein Druckluft und elektrische Energie. Dadurch werden in der Produktion Emissionen von VOC (Volatile Organic Compounds/leichtflüchtige Kohlenwasserstoffe) von vorneherein vermieden.

Das Verfahren erledigt drei Arbeitsschritte in einem einzigen sekundenschnellen Vorgang: Es sorgt für die mikrofeine Reinigung der Materialoberfläche, bewirkt deren statische Entladung und simultan ihre Aktivierung, d. h. eine Modifizierung auf molekularer Ebene, die das Ansteigen der Oberflächenenergie bewirkt (Abb. 2.14).

Dieser Mehrfacheffekt übertrifft herkömmliche Vorbehandlungssysteme bei Weitem. Die Folge sind eine homogene Benetzbarkeit der Oberfläche und eine langzeitstabile Ver-

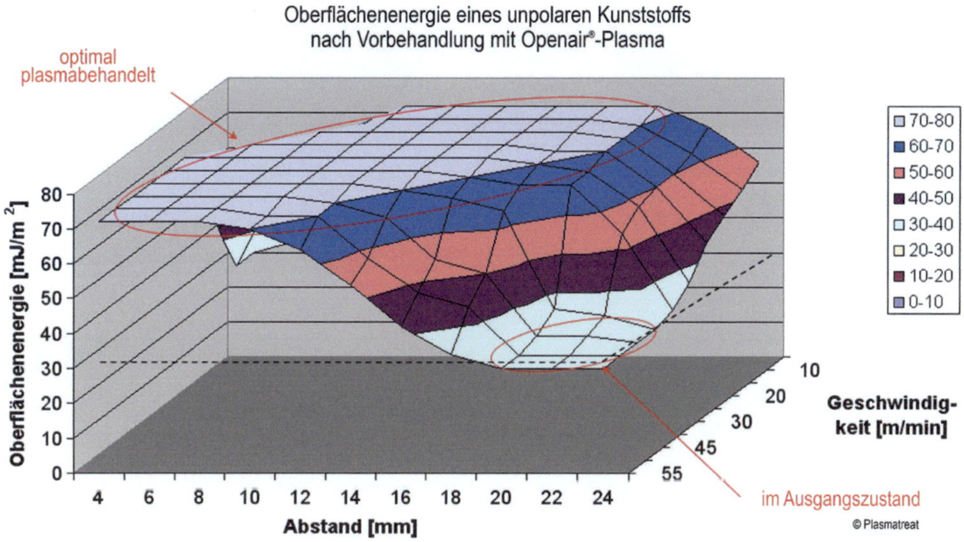

Abb. 2.14 Dargestellt ist eine unpolare Kunststoffoberfläche, die in Abhängigkeit von Abstand und Geschwindigkeit mit Openair-Plasma vorbehandelt wurde. Die Oberfläche wird nach der Behandlung polar und die Oberflächenspannung steigt auf >72 mN/m bei großem Prozessfenster. (Bildquelle: Plasmatreat)

klebung oder Beschichtung auch bei hoher Beanspruchung. Die typischen Erwärmungen der Kunststoffoberflächen während der Behandlung betragen hier $\Delta T < 30\,°C$. Ein weiterer Vorteil der Openair-Technik besteht darin, dass bisher inkompatible Substrate zur Haftung gebracht werden können, sodass auch wässrige oder vielfach auch UV-basierende Klebstoffe auf sehr klebunfreundlichen Oberflächen, wie unpolaren Kunststoffen, haften.

Zur Aktivierung einer Oberfläche kommt es durch die chemische und physikalische Wechselwirkung des Plasmas mit dem Substrat. Trifft das Plasma auf eine Kunststoffoberfläche, so werden dabei Sauerstoff- und stickstoffhaltige Gruppierungen in die meist unpolare Polymermatrix eingebaut. Die Plasmaaktivierung bewirkt, dass die Oberflächenenergie ansteigt und das Substrat polar wird. Möglich wird dieser Effekt durch im Plasma vorhandene energiereiche Radikale, Ionen, Atome und Molekülfragmente, die ihre Energie an die Oberfläche des zu behandelnden Materials abgeben und dadurch chemische Reaktionen initiieren. Die entstandenen funktionellen Hydroxyl-, Carbonyl- und Carboxylgruppen (aber auch Sauerstoffverbindungen des Stickstoffs) gehen mit Klebstoffen und Lacken teils sehr feste chemische Bindungen ein und tragen so zu einer bedeutenden Verbesserung der Haftung bei (Abb. 2.15).

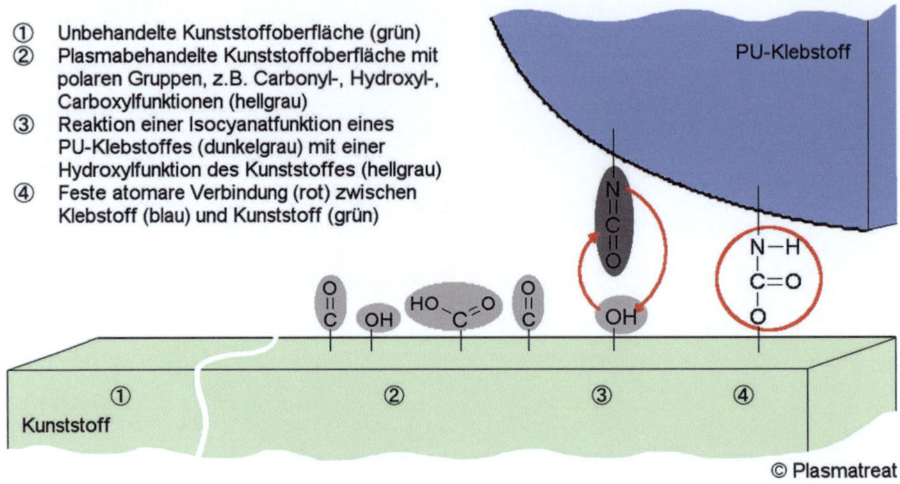

Abb. 2.15 Zur Aktivierung einer Oberfläche kommt es durch die chemische und physikalische Wechselwirkung des Plasmas mit dem Substrat. Trifft das Plasma auf eine Kunststoffoberfläche, so werden dabei Sauerstoff- und stickstoffhaltige Gruppierungen in die meist unpolare Polymermatrix eingebaut. (Bildquelle: Plasmatreat)

2.2.4 Strukturelle Verklebung von Kühlaufbauten

Ein besonderer Einsatzbereich des Plasmaverfahrens findet sich bei dem Trailerunternehmen Schmitz Cargobull: Hier wurde bereits Anfang der 90er-Jahre in Verbindung mit der Entwicklung einer neuen Fahrzeuggeneration das Kleben als alleiniges Fügeverfahren für die Kühlaufbauten eingeführt (Abb. 2.16). Dazu wurden insbesondere die Erfahrungen und das Know-how bzgl. der

- klebgerechten konstruktiven Gestaltung,
- speziellen Oberflächenvorbehandlung und Reinigung,
- der automatischen Klebstoffapplikation
- sowie der Prozessüberwachung

umgesetzt.

Mit dieser Fahrzeuggeneration war der Schritt zum ganzheitlichen strukturellen Kleben vollzogen. Seit Jahren erfolgt hier die Vorbehandlung der Großpaneele vor der Verklebung in Aluminium-Winkelschienen mit Openair-Plasma: Modernste Rotationsplasma-Systeme sind in den Prozessablauf integriert und ermöglichen eine höchst effektive und überaus wirtschaftliche Klebflächenvorbehandlung.

Abb. 2.16 Bei dem Trailerunternehmen Schmitz Cargobull erfolgt seit Jahren bei den Kühlaufbauten die Vorbehandlung der Großpaneele vor dem Verkleben in Aluminium-Winkelschienen mit Openair-Plasma. (Bildquelle: Schmitz-Cargobull)

2.2.5 Vorbehandlung von Kunststoff-Karosseriebaugruppen

Im Karosseriebau werden aus Gründen der Gewichtseinsparung einzelne Baugruppen heute nicht mehr aus Stahl- oder Aluminiumblechen, sondern aus Hochleistungskunststoffen gefertigt (Abb. 2.17).

Dabei werden innerhalb des Montageprozesses einer Baugruppe, wie z. B. der eines Innenkotflügels, im Rahmen eines automatischen Fügeprozesses einzelne Teile miteinander verklebt. Die sichere Haftung eines 2-Komponenten-Polyurethan-Klebstoffes auf SMC bzw. PPO (z. B. Noryl) wird durch die Vorbehandlung mit Atmosphärendruckplasma erreicht, das die Oberfläche bis zur Nachweisbarkeitsgrenze reinigt und zusätzlich aktiviert.

Herkömmliche Vorbereitungsverfahren auf SMC – wie das Anschleifen oder Reinigen mit Aceton – werden durch die Plasmabehandlung nicht nur ersetzt, die Verklebungsergebnisse werden auch übertroffen. Die Hochleistungsthermo- und Duroplast-Bauteile erfüllen nach der Montage alle Anforderungen im Hinblick auf Leichtbau, passive Sicherheit, mechanische Eigenschaften und eine „Class A-Oberfläche". Die Openair-Technolo-

Abb. 2.17 Im Karosseriebau werden einzelne Baugruppen heute nicht mehr aus Stahl- oder Aluminiumblechen, sondern aus Hochleistungskunststoffen gefertigt. Die sichere Haftung eines 2-Komponenten-Polyurethan Klebstoffes auf SMC bzw. PPO (z. B. Noryl) wird durch die Vorbehandlung mit Plasma erzielt. (Bildquelle: Plasmatreat)

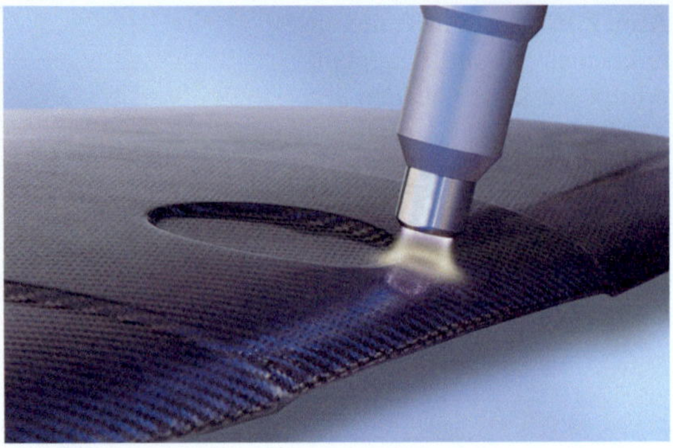

Abb. 2.18 Bei carbonfaserverstärkten Kunststoffteilen werde verbliebene Trennmittel mittels einer Openair-Plasmareinigung in Sekundenschnelle vor dem Kleben vollständig aufgebrochen und entfernt. (Bildquelle: Plasmatreat)

gie kann hier sowohl für die Verklebung als auch für die Lackierung dieser Baugruppen als Vorbehandlungsverfahren eingesetzt werden, wie es bereits seit Jahren bei mehreren Autoherstellern der Fall ist.

Besonders effektive Lösungen liefert das Plasmaverfahren auch bei Faserverbund-Werkstoffen wie CFK (carbonfaserverstärkter Kunststoff) oder GFK (glasfaserverstärkter Kunststoff). Im Luftfahrtbereich werden Flügelteile und Seitenleitwerke aus CFK geformt, im Automobilbereich Fahrzeugdächer, Kofferraumklappen und Motorhauben. Um die komplexen Einzelteile nach der Herstellung sicher aus der Form lösen zu können, sind Trennmittel erforderlich. Bestandteile dieser Trennmittel befinden sich nach der Entformung noch auf der Oberfläche und müssen aufwändig entfernt werden. Mit der Openair-Plasmareinigung werden verbliebene Trennmittel dagegen in Sekundenschnelle vor dem Kleben vollständig aufgebrochen und entfernt (Abb. 2.18).

2.2.6 In-Line Plasmatechnik im 2-Komponenten Spritzguss

Die Erstellung von funktionellen, optisch ansprechenden und haptisch einwandfreien Kunststoffbauelementen für den Automobil-Innenraum erfordert aufwändige Montageprozesse. Der aus einer Hartkomponente (wie PP, PA oder ABS) gefertigte Grundträger wird mit einem weichen Stoff (wie Leder, Kunstleder, PU- oder TPO-Slush-Haut) überzogen. Die Haptik wird dabei einerseits durch den Werkstoff, andererseits durch eine „Hinterschäumung" mit einer Weichkomponente erreicht.

Der extrem langwierige Fertigungsprozess ist mit einem sehr hohen Montageaufwand verbunden, was ihn unwirtschaftlich und wenig prozesssicher macht. Eine weitaus kostengünstigere und auch sichere Methode besteht darin, ein Bauteil direkt auslieferungsfähig in einer 2-Komponenten-Spritzgussmaschine zu erzeugen (Abb. 2.19). In der Maschine wird der Grundträger spritzgegossen und nach einer Openair-Plasmabehandlung sofort mit einer Weichkomponente überspritzt. Hierdurch entfällt das manuelle Handling der Einzelteile, das Bauteil fällt nach jedem Zyklus „fertig" aus der Maschine.

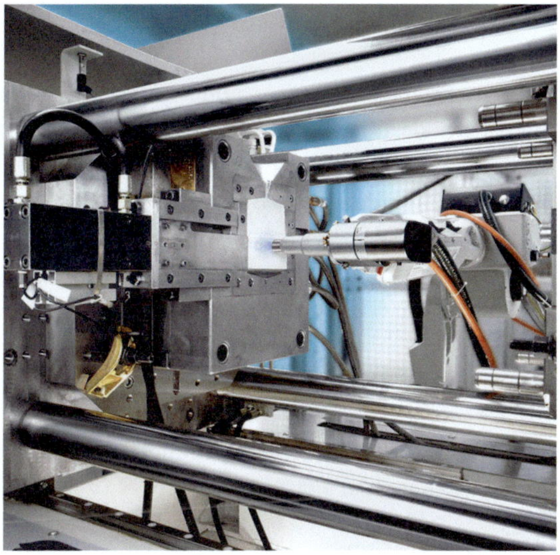

Abb. 2.19 In der 2-Komponenten-Spritzgussmaschine wird der Grundträger für den Automobil-Innenraum spritzgegossen und nach einer Openair-Plasmabehandlung sofort mit einer Weichkomponente überspritzt. (Bildquelle: Neue Materialien Fürth)

Die Anforderungen an Funktion, optische Eigenschaften und Haptik werden stets durch die Wahl der zweiten „weichen" Komponente bestimmt. Dabei können sowohl PU-Materialien, wie z. B. „SkinForm" des Spritzgussmaschinenherstellers Krauss-Maffei als auch TPU-Werkstoffe zum Einsatz kommen. Eine prozesssichere Voraussetzung zur Erreichung der Kompatibilität von Hart- und Weichkomponente ist der Einsatz des Plasmaverfahrens als Werkzeug für die Adhäsion.

2.2.7 Kleben von Türdichtungen im Fertigungsprozess

Als abschließendes Einsatzbeispiel aus dem Automotive-Bereich sei das Verkleben von Türdichtungen erwähnt. Mittels einer zusätzlichen Türdichtung im oberen Bereich der Vordertüren wird bei verschiedenen VW-Modellen eine zusätzliche Abdichtung geschaffen und der Fahrkomfort durch die Dämmung der Fahrgeräusche erhöht. Für das Grundmaterial der Dichtung wählte VW ein thermoplastisches Elastomer (TPE), welches als unpolares Material eine sehr geringe Oberflächenenergie aufweist. Zur Vorbehandlung sollte vor dem Auftragen des MS-Polymer-Klebstoffes unbedingt ein lösungsmittelfreies System zum Einsatz kommen. Nach dem Vergleich verschiedener Corona- und Plasmaanlagen – wobei besonderer Wert auf ein großes Prozessfenster gelegt wurde – entschied sich VW für rotierende Openair-Plasmadüsen.

2.2.8 Schlussbemerkung

Die beschriebenen Einsatzfälle verdeutlichen, dass der Einsatzvielfalt der Vorbehandlungsmethode mit Openair-Plasma kaum Grenzen gesetzt sind. Zu den wichtigen Einsatzvorteilen zählen die Zuverlässigkeit und Qualität dieses Verfahrens im Produktionsprozess. Somit kann den bekanntermaßen in dieser Hinsicht hohen Anforderungskriterien der Automobil-Hersteller entsprochen werden. Ferner lassen sich Wünsche wie einfache Integration in die Prozessabläufe und KTL-Verträglichkeit der behandelten Flächen ebenso erfüllen wie höhere Wirtschaftlichkeit im Vergleich zu herkömmlichen Methoden – und dies bei absoluter Umweltverträglichkeit.

Die Autoren
Christian Buske ist geschäftsführender Gesellschafter und Joachim Schüßler Vertriebsleiter Deutschland der Plasmatreat GmbH (www.plasmatreat.de) in Steinhagen.

2.3 Vorbehandlung mit Plasma bei Atmosphärendruck – Langzeitstabil kleben

Uwe Lommatzsch

Durch die Vorbehandlung von Kunststoffen und Metallen mit Plasmadüsen bei Atmosphärendruck lassen sich hohe Klebfestigkeiten erreichen. Bei sehr hohen Anforderungen an die Alterungsbeständigkeit der Klebung können mit Plasmadüsen zusätzlich dünne Schichten abgeschieden werden. Diese übernehmen die Funktion eines Primers.

Zur Vorbehandlung von Kunststoffen und Metallen kommen mechanische, physikalische und chemische Vorbehandlungsverfahren zum Einsatz [17]. Dominierend bei den physikalischen Vorbehandlungsmethoden sind die Plasmaverfahren, die entsprechend ihrem Einsatzdruckbereich in zwei Gruppen aufgeteilt werden können (Tab. 2.2).

Niederdruck-Plasmen arbeiten typischerweise in einem Druckbereich von 10^{-2} bis 10^{-6} bar und können mit einer Vielzahl elektrischer Anregungsvarianten erzeugt werden. Ihr großer Vorteil ist die Behandlung der gesamten Werkstoffoberfläche im Plasmavolumen, ihr größter Nachteil die Notwendigkeit der Vakuumerzeugung. Atmosphärendruck-Plasmen kommen dagegen ohne Vakuum aus, haben aber oft einen höheren Gasverbrauch. Seit langem werden im Bereich der Atmosphärendruck-Plasmen Corona-Entladungen und dielektrisch behinderte Entladungen technisch zur Aktivierung eingesetzt. Seit einigen Jahren werden diese Verfahren um sogenannte Plasmadüsen (auch Plasma-Jet genannt) in der technologischen Anwendung ergänzt. Bei einer Plasmadüse wird ein Plasma innerhalb eines meist zylindrischen Hohlkörpers erzeugt und anschließend durch die Düsenöffnung auf das zu aktivierende Substrat ausgestoßen (Abb. 2.20).

Tab. 2.2 Einteilung technischer Plasmen für die Aktivierung. (Quelle: Fraunhofer IFAM)

	Technische Ausführung	Eigenschaften
Niederdruck-Plasma $p \approx 10^{-2} \ldots 10^{-6}$ bar	Typische Anregungsfrequenzen: – Niederfrequenz-Plasma (10–80 kHz) – Radiofrequenz-Plasma (13,56 MHz) – Mikrowellen-Plasma (2,45 GHz)	– behandelt gesamte Bauteiloberfläche – typischerweise Batchbetrieb – höhere Investitionskosten als Atmosphärendruck-Plasmen
Atmosphärendruck-Plasma $p \approx 1$ bar	– Corona – Dielektrisch behinderte Entladung (DBD) – Plasmadüse	– inline-fähig – hohe Prozessgeschwindigkeiten – höherer Gasverbrauch als Niederdruck-Plasmen

Abb. 2.20 Plasmadüse bei der Aktivierung eines Kunststoffkörpers. (Bildquelle: Fraunhofer IFAM)

Die kommerziell verfügbaren Verfahren unterscheiden sich dabei hauptsächlich in der Art der benötigten Gase (Druckluft, Edelgas), der Plasmatemperatur, der elektrischen Anregung und dem Bedarf an elektrischer Energie. Beim Einsatz von Plasmadüsen zur Aktivierung in der Produktion sind eine Reihe von Aspekten zu berücksichtigen. Dazu gehören insbesondere die Integrierbarkeit des Verfahrens in einen bestehenden Fertigungsprozess, eine ausreichende Zeitbeständigkeit der Aktivierung sowie die Toleranz gegenüber Prozessschwankungen. Zur Beantwortung dieser Fragen sind Informationen zum Mechanismus der Aktivierung und des Einflusses von Prozessparametern von großem Interesse [18, 19].

2.3.1 Plasmabehandlung und Kleben

Die Untersuchungen erfolgten an drei Kunststoffen (PP, PA6 und PVDF) und einer Aluminiumlegierung (AlMgSi1). Die Materialien sind keine Reinstprodukte, sondern weisen die für die industrielle Fertigung typischen Zuschlagstoffe und Additive auf. Die Materialien wurden vor der Aktivierung für 30 s in Iso-Propanol im Ultraschallbad gereinigt. Die Aktivierung der Proben durch eine Plasmadüsen-Vorbehandlung bei Atmosphärendruck erfolgte mit einer Anlage des Unternehmens Plasmatreat (Steinhagen). Das Nichtgleichgewichts-Plasma wurde mit Druckluft betrieben und die zu behandelnden Materialien wurden auf einem Verfahrtisch bei Geschwindigkeiten von 10–200 m/min durch das ausströmende relaxierende Plasma bewegt. Durch die spezielle Düsenkonstruktion bleibt der eigentliche Behandlungsraum an der Substratoberfläche nahezu elektrisch potentialfrei. Es ist dadurch möglich, neben Kunststoffen auch Metalle zu aktivieren. Die Klebung der Kunststoffe erfolgte durch einen 2-Komponenten Polyurethan-Klebstoff und die des Aluminiums mit einem 2-Komponenten-Epoxid-System bei einer Klebschichtdicke von 0,1 mm. Die Messung der Klebfestigkeit erfolgte durch Zugscherprüfungen in Anlehnung an DIN EN 1465. Oberflächenenergien wurden durch dynamische Kontaktwinkelmessungen mit drei Flüssigkeiten (Wasser, Diiodmethan und Glycerin) bestimmt. Die chemische Zusammensetzung an der Oberfläche wurde durch Photoelektronenspektroskopie (XPS) bestimmt, die Topologie der Oberfläche durch Rasterkraftmikroskopie (AFM) abgebildet.

2.3.2 Aktivierung und Klebfestigkeit

Die Aktivierungswirkung der Plasmadüse wurde durch Messungen der Oberflächenspannung und der Klebfestigkeit untersucht. Abb. 2.21 zeigt für die vier Materialien die Oberflächenspannungen vor und nach der Aktivierung. In allen Fällen kommt es zu einer deutlichen Erhöhung der Oberflächenspannung, wodurch die Benetzbarkeit des Werkstoffes durch den Klebstoff verbessert wird. Die Verbesserung der Klebfestigkeit wurde durch Verklebung der Probenkörper im aktivierten sowie im unbehandelten Zustand untersucht.

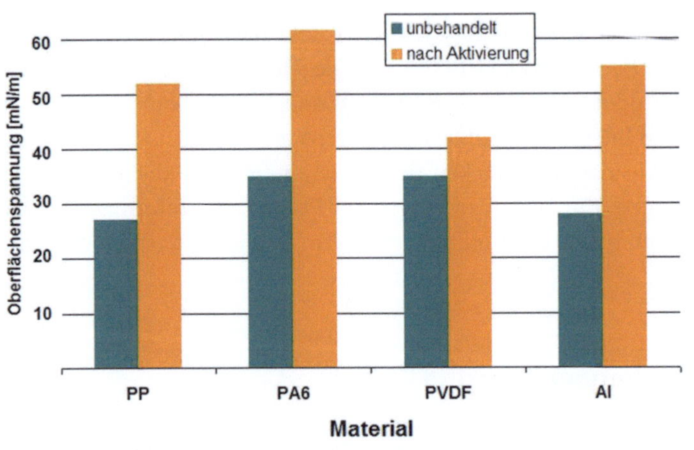

Abb. 2.21 Oberflächenspannung vor und nach der Plasma-Aktivierung. (Bildquelle: Fraunhofer IFAM)

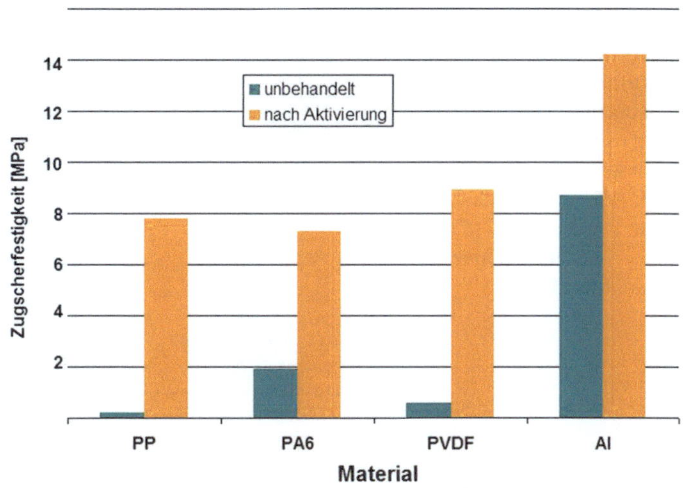

Abb. 2.22 Zugscherfestigkeiten vor und nach der Plasma-Aktivierung. Bei allen aktivierten Proben kommt es entweder zum Fügeteilbruch oder Kohäsionsbruch. (Bildquelle: Fraunhofer IFAM)

Wie Abb. 2.22 zeigt, führt bei allen untersuchten Werkstoffen die Aktivierung zu einer deutlichen Zunahme der Zugscherfestigkeiten. Insbesondere wird bei einer Bruchbildanalyse eine Änderung des Versagensmodus beobachtet. Während im Falle der nicht aktivierten Proben adhäsives Versagen beobachtet wird, kommt es zum Fügeteilbruch bei den aktivierten Proben (bzw. bei Aluminium zum Kohäsionsbruch in der Klebstoffschicht). Die Aktivierung erlaubt es also, die strukturelle Festigkeit der Klebverbindung voll auszunutzen. Dies ist das optimale Ergebnis einer Vorbehandlung.

2.3.3 Zeitbeständigkeit und Prozessabhängigkeit

Ein wichtiges Qualitätsmerkmal einer Vorbehandlungsmethode ist die maximal mögliche Zeitdauer, die zwischen Aktivierung und Klebung ohne relevante Abnahme des Aktivierungseffektes verstreichen darf. Ursachen für den Verlust des Aktivierungseffektes können z. B. molekulare Umorientierungen an der Oberfläche und Diffusion oder Adsorption von Molekülen an die Oberfläche sein.

Abb. 2.23 zeigt am Beispiel von Messungen der Oberflächenspannung und Klebfestigkeit das Abklingen des Aktivierungseffektes bei PA6. Der Aktivierungseffekt klingt in den ersten 30 Tagen nur sehr langsam ab und selbst nach sechs Monaten liegt noch eine ausreichende Oberflächenenergie mit einhergehender guter Klebfestigkeit vor (allerdings kein Fügeteilbruch mehr). Eine Auslagerung der Proben vor der Klebung für 30 Tage unter „Schwitzwassertest"(SWT)-Bedingungen (40 °C, 100 % rel. Feuchte) führt dagegen zu einem deutlicheren Verlust der Aktivierungswirkung. Aber selbst nach diesen harten Bedingungen ist eine im Vergleich zum Ausgangszustand höhere Klebfestigkeit und Oberflächenspannung zu beobachten. Der zeitliche Trend der Klebfestigkeit und der Oberflächenspannung korreliert mit der oberflächennahen Konzentration an Sauerstoff,

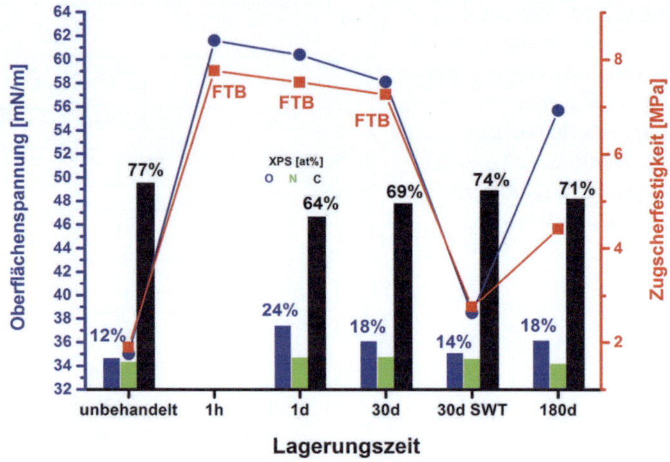

Abb. 2.23 Zeitbeständigkeit (Oberflächenenergie (*blau*), Klebfestigkeit (*rot*) und chemische Zusammensetzung (*Säulendiagramm*)) der Aktivierung bei PA6. Bruchbild: Adhäsionsbruch, außer wenn Fügeteilbruch (*FTB*) angegeben ist. (Bildquelle: Fraunhofer IFAM)

die zusätzlich in Abb. 2.23 dargestellt ist. Die klare Korrelation deutet auf eine entscheidende Rolle der Sauerstoff-Konzentration für die Klebfestigkeit hin (s. u.).

Der Einfluss von Prozessparametern der Plasma-Behandlung auf die Aktivierung ist in Abb. 2.24 gezeigt. PVDF wurde mit vier unterschiedlichen Prozessparametersätzen (mit #1–#4 bezeichnet) vorbehandelt und anschließend bezüglich der Oberflächenspannung, Klebfestigkeit und chemischer Zusammensetzung untersucht. Der wesentliche Unterschied zwischen den Prozessen #1 bis #4 ist der abnehmende Abstand zwischen der

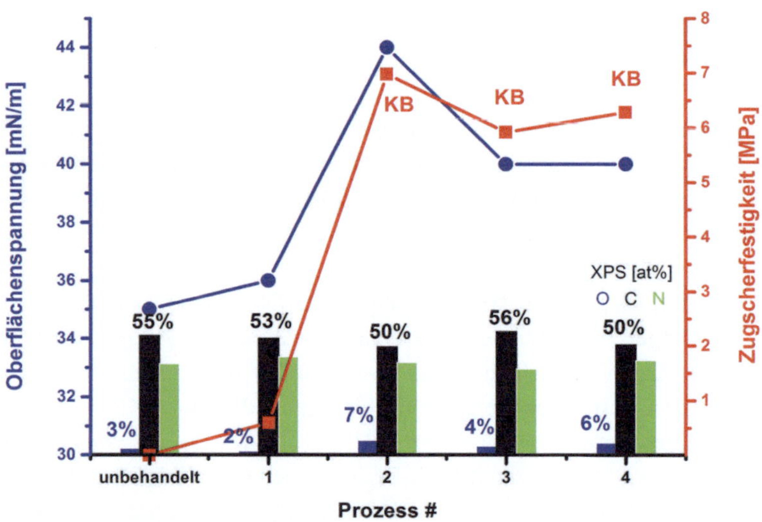

Abb. 2.24 Einfluss von Prozessparametern auf die Aktivierung von PVDF (Darstellung wie in Abb. 2.23). Bruchbild: Adhäsionsbruch, außer wenn Kohäsionsbruch (*KB*) angegeben ist. (Bildquelle: Fraunhofer IFAM)

Plasmadüse und dem Substrat (Abstand = 20, 10, 5 und 3 mm für Prozess #1 bis 4). Neben der Korrelation der Klebfestigkeit mit dem Sauerstoffgehalt ist eine komplexe Abhängigkeit der Aktivierungswirkung von den Prozessparametern zu beobachten. Ähnliche Ergebnisse werden auch erhalten, wenn man den Einfluss der Aktivierungsdauer auf das Prozessergebnis untersucht. Eine genaue Erklärung dieser Effekte steht noch aus. Es muss weiterhin darauf hingewiesen werden, dass die optimalen Prozessparameter für einen bestimmten Werkstoff spezifisch sind. Dies bedeutet, dass die optimalen Prozessparameter für jeden Werkstoff jeweils individuell ermittelt werden müssen.

2.3.4 Mechanismus der Aktivierung

Das Plasma führt durch seine chemische und physikalische Wechselwirkung mit der Substratoberfläche zur Aktivierung. Für die Verbesserung der Adhäsion des Klebstoffes auf dem Werkstoff ist dabei die Änderung der chemische Funktionalität und der Oberflächentopologie durch die Plasmaaktivierung von besonderer Bedeutung. Abb. 2.25 zeigt am Beispiel von Polypropylen die Änderung der chemischen Zusammensetzung der Oberfläche durch die Plasmaaktivierung. Die quantitative Auswertung des XPS-Spektrums ergibt eine Zunahme der Sauerstoffkonzentration von 3 at% auf ca. 17 at%. Anhand der spektralen Signaturen bei 286.6, 287.9 und 289.0 eV können das gleichzeitige Vorliegen unterschiedlicher sauerstoffhaltiger funktioneller Gruppen, wie Alkoxy-, Carbonyl- und Säure/Ester-Gruppen nachgewiesen werden. Die unterschiedlichen funktionellen Gruppen

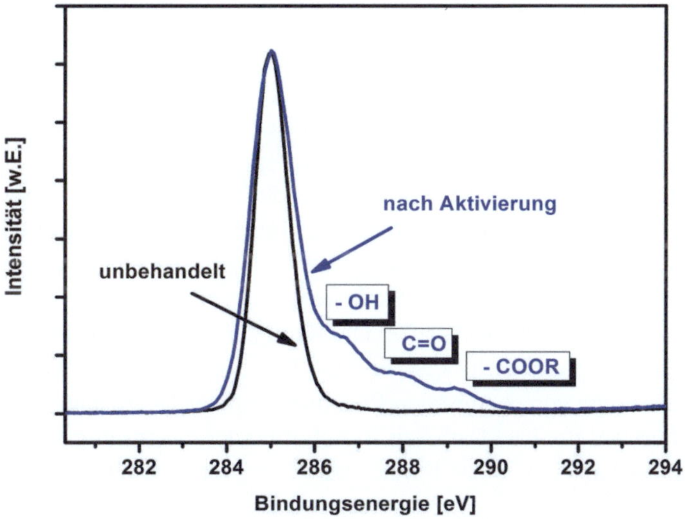

Abb. 2.25 Photoelektronenspektrum (C1s Region) von PP vor und nach der Plasma-Aktivierung. (Bildquelle: Fraunhofer IFAM)

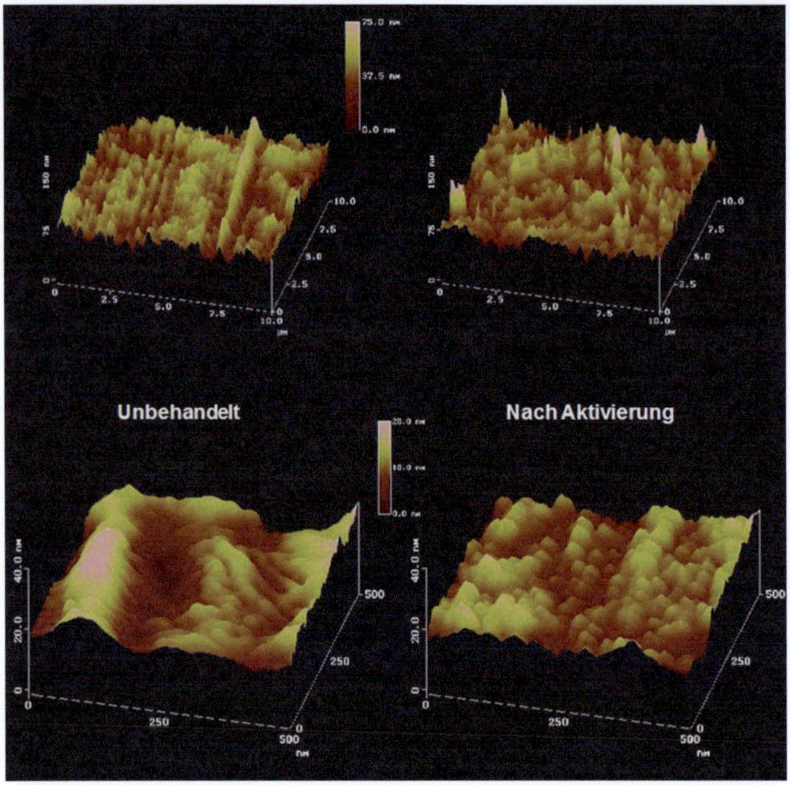

Abb. 2.26 Oberflächentopologie von PVDF vor und nach der Plasmaaktivierung. (Bildquelle: Fraunhofer IFAM)

erlauben Klebstoffen eine kovalente Bindung mit der Oberfläche einzugehen und dadurch hohe Klebfestigkeiten zu erzielen.

Die Änderungen der Oberflächentopologie durch die Plasmaaktivierung sind in Abb. 2.26 am Beispiel von PVDF dargestellt. Die Aufnahmen zeigen für zwei unterschiedliche Vergrößerungen, wie die Ausgangstopologie der Oberfläche verloren geht. Wie die Bilder auf der 500 × 500 nm-Skala zeigen, kommt es zur Bildung einer regelmäßigen buckelpistenartigen Oberfläche. Die Rauigkeit (Rz-Wert) bleibt aber bei beiden Oberflächen vergleichbar. Die Ursache für diese Topologieänderungen können thermische Effekte oder die Folge von chemischen Reaktionen an der Oberfläche durch das Plasma sein. Der Einfluss auf die Klebfestigkeit ist aufgrund der gleichzeitig stattfindenden chemischen Modifikation, die von der Topologieänderung nicht zu separieren ist, nur schwer zu beurteilen.

2.3.5 Alterungsbeständigkeit und Primer

Die Langzeitbeständigkeit von Klebungen ist von höchster Wichtigkeit für die Zuverlässigkeit und die Akzeptanz des Klebens als industrielle Fügetechnologie. Dies gilt insbesondere für den Bereich struktureller Klebungen im Flugzeug-/Schiff-/Fahrzeugbau. Häufig wird dies durch den Auftrag eines Primers/Haftvermittlers vor der Klebung erreicht. Typische Haftvermittler sind silizium- bzw. metallorganische Verbindungen mit zwei funktionellen Gruppen, welche die Haftung zum Substrat bzw. zum Klebstoff sicherstellen. Häufig eingesetzt werden z. B. organofunktionelle Silane der Struktur $(R^1O)_3Si{-}(CH_2)_n{-}R^2$, mit R^1 = Methyl oder Ethyl und R^2 entspricht z. B. Amino-, Epoxy-, Methacryloxy- oder Vinyl-Gruppen [20]. Die R^1O-Substituenten sind dabei für die Ankopplung an das Substrat (Metall- oder Glasoberfläche) und die R^2-Substituenten für die Reaktion mit dem Klebstoff verantwortlich. Im Allgemeinen werden Haftvermittler heute auf nasschemischer Basis als organische oder wässrige Lösung appliziert. Nachteile beim Einsatz dieser lösemittelbasierten Haftvermittler sind dabei das Gefährdungspotential für Mensch und Umwelt sowie die applikationsbedingten Limitationen in der Fertigung (z. B. lange Ablüftzeiten). Eine Alternative zum nasschemischen Primerauftrag ist die Schichtabscheidung mittels Plasmadüsen durch Plasmapolymerisation.

2.3.6 Plasmapolymerisation zur Abscheidung haftvermittelnder Schichten

Unter Plasmapolymerisation versteht man die Abscheidung einer dünnen Schicht, indem ein organisches Gas (der sogenannte Precursor) durch ein Plasma geleitet wird. Verwendung als Precursor finden unterschiedlichste Verbindungen, z. B. einfache Kohlenwasserstoffe oder siliziumorganische Verbindungen. Die energiereichen Plasmaspezies kollidieren mit dem Precursor im Plasma und fragmentieren ihn. Die gebildeten Molekülfragmente vernetzen sich in der Gasphase bzw. auf der Oberfläche neu und bilden dabei ein polymerartiges Netzwerk (Abb. 2.27). Die abgeschiedene Schicht wird als Plasmapolymer bezeichnet. Typische Schichtdicken bei haftvermittelnden Beschichtungen liegen meist im Bereich 5–100 nm [21]. Abb. 2.28 zeigt beispielhaft eine derartige Beschichtung.

Die haftvermittelnde und adhäsionsstabilisierende Wirkung der Nanobeschichtung zeigen die Ergebnisse einer Zugscherprüfung von Aluminium-Prüfkörpern, welche mit einem heißhärtenden einkomponentigen Epoxid-Klebstoff geklebt wurden (Abb. 2.29). Es wurden dabei drei Arten von Aluminium-Probenkörper untersucht:

1. nicht vorbehandelt
2. nach Plasma-Reinigung/Aktivierung
3. mit Nanobeschichtung durch Plasmadüsen

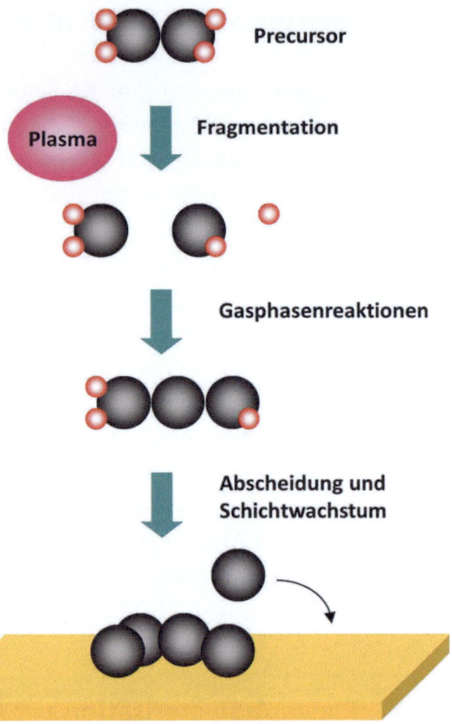

Abb. 2.27 Prinzip der Schichtabscheidung bei der Plasmapolymerisation mit einem molekularen Precursor, wie Ethen. (Bildquelle: Fraunhofer IFAM)

Während die Zugscherfestigkeiten der geklebten Aluminumprobenkörper vor der Auslagerung kaum vom Oberflächenzustand abhängen, ändert sich dieses Verhalten nach 500 h Auslagerung in einem Salzsprühtest drastisch. Hier zeigt nur noch die plasmabeschichtete Probe eine hohe Zugscherfestigkeit, während es bei den anderen beiden Fällen zu einem Versagen der Klebung kommt. Dies belegt eindrucksvoll, wie eine nur ca. 100 nm „dicke" Schicht das Versagen einer Klebverbindung und damit den Ausfall eines Bauelementes verhindern kann.

Die haftvermittelnde Wirkung der Beschichtung wird auch bei einer Analyse der Bruchbilder deutlich. Während es im Falle der unbehandelten bzw. aktivierten Oberfläche zu einem Adhäsionsbruch kommt, liegt bei der beschichteten Probe ein kohäsives Versagen im Klebstoffpolymer vor. Die haftvermittelnde Plasmabeschichtung erfüllt damit die an sie gestellten Anforderungen bezüglich der Verbesserung der Alterungsbeständigkeit einer Klebung in zweifacher Hinsicht. Sie erhöht die numerische Klebfestigkeit und sie bewirkt, dass die Adhäsion des Klebstoffes an die Substratoberfläche nicht mehr der festigkeitslimitierende Faktor (bzw. Versagensgrund) der Klebung ist.

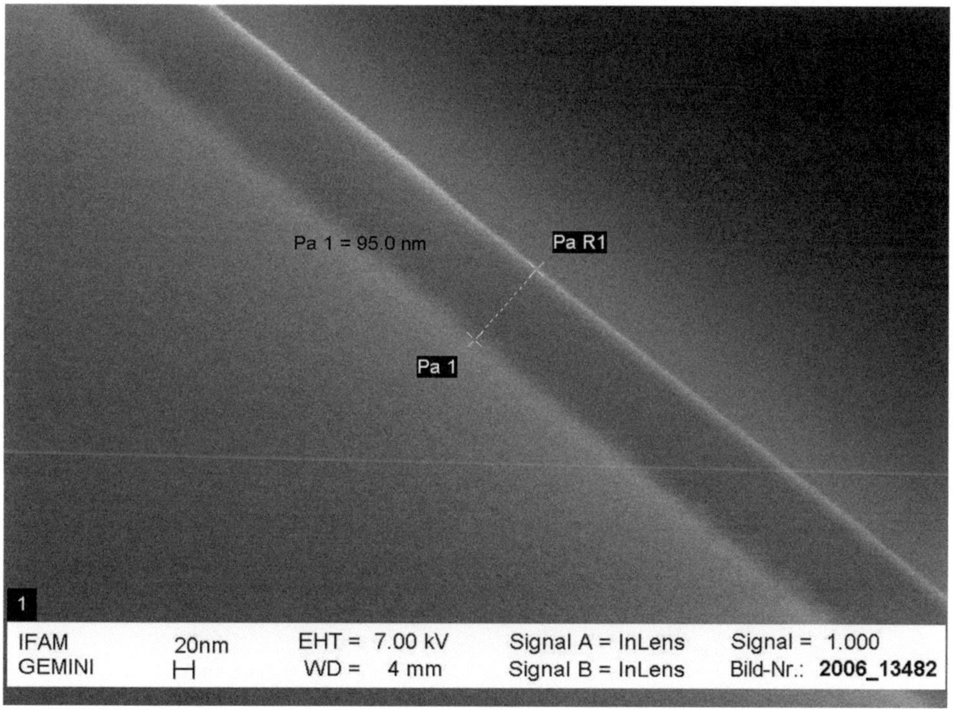

Abb. 2.28 Elektronenmikroskopische Aufnahme einer Plasmabeschichtung mit einer Dicke von 95 nm auf einem Silizium-Wafer. (Bildquelle: Fraunhofer IFAM)

2.3.7 Mechanismus der Haftvermittlung

Die haftvermittelnde Wirkung des Plasmapolymers beruht vermutlich auf folgenden Funktionen:

- Verbesserung der Haftung des Klebstoffes an die Oberfläche durch eine größere Anzahl und Stärke adhäsiver Kontakte und Lewis Säure-/Base Wechselwirkungen (z. B. durch kovalente Bindungen)
- Schutz der Substratoberfläche vor Korrosion und anderen Schädigungen
- Änderung des Degradationsmechanismus (beispielsweise könnten schädigend wirkende Spezies vom Plasmapolymer primär in die Klebstoffschicht und nicht an die Substratoberfläche gelenkt werden)

Es ist davon auszugehen, dass die haftvermittelnde Funktion der Beschichtung auf einer Kombination dieser drei Effekte beruht, deren relativer Einfluss vom jeweiligen Material/Klebstoff bzw. dem Auslagerungstest abhängt.

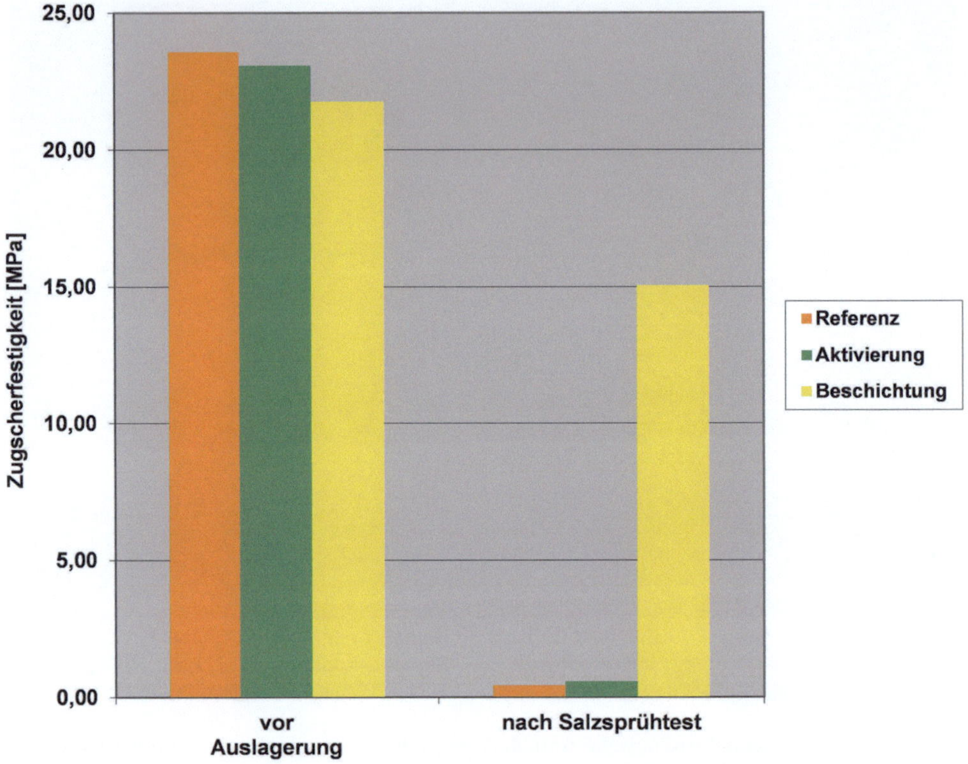

Abb. 2.29 Zugscherfestigkeiten für die Aluminium-Legierung 6016 nach unterschiedlicher Oberflächenvorbehandlung. Die Proben wurden mit einem heißhärtenden 1K-Epoxidklebstoff geklebt und in einem Salzsprühtest in Anlehnung an DIN 50021 für 500 h ausgelagert. (Bildquelle: Fraunhofer IFAM)

2.3.8 Zusammenfassung

Mit Hilfe der Plasmadüsen wurde bei allen untersuchten Materialien eine sehr gute Aktivierungswirkung erzielt. Die Verbesserung beruht auf dem Einbau von sauerstoffhaltigen funktionellen Gruppen und Topologieänderungen. Die Aktivierungswirkung ist über mehrere Wochen stabil und geht selbst bei einer Schwitzwasser-Auslagerung nicht vollständig verloren. Dies ist ein wesentlicher Vorteil gegenüber Corona-Verfahren und belegt die hohe Effizienz der Plasmaaktivierung.

Weiterhin können haftvermittelnde Plasmaschichten die Alterungsbeständigkeit einer Klebung deutlich verbessern. Die Schichtabscheidung mittels Plasmadüsen bietet damit eine wirtschaftliche und umweltverträgliche Alternative zu den etablierten nasschemischen Primerverfahren. Potentielle Anwendungsgebiete sind prinzipiell alle Bereiche, in denen heute nasschemische Haftvermittler eingesetzt werden.

2.3.9 Dank

Der Autor dankt allen Mitarbeiterinnen und Mitarbeitern der Abteilungen Plasmatechnik und Grenzflächenforschung am Fraunhofer IFAM (u. a. Jost Degenhardt, Jörg Ihde, Stefanie Kaprolat, Michael Noeske, Christian Tornow und Thomas Wübben), die wesentlich zu den Untersuchungsergebnissen beigetragen haben.

Ein Teil der Untersuchungen wurde vom Bundesministerium für Wirtschaft und Energie aufgrund eines Beschlusses des Deutschen Bundestages über die AiF im Rahmen des Programms zur Förderung der Industriellen Gemeinschaftsforschung (IGF) (AiF-Nr.: 14.817N bzw. AiF-Nr. 12651 N/1) gefördert und von den Forschungsvereinigungen Schweißen und verwandter Verfahren e. V. des DVS bzw. der DECHEMA Gesellschaft für Chemische Technik und Biotechnologie e. V. unterstützt.

Der Autor

Dr. Uwe Lommatzsch (Tel. 04 21/22 46-4 56, lom@ifam.fraunhofer.de) ist als Gruppenleiter Neue Oberflächentechnologien am Fraunhofer IFAM in Bremen tätig.

2.4 Alterung von plasmabehandelten Kunststoffen – Alles eine Frage der Zeit?

Elmar Moritzer, Christian Leister und Jens Krugmann

Das Atmosphärendruckplasmaverfahren zur Vorbehandlung von Fügeteilen lässt sich zwar problemlos direkt in die Produktionslinie integrieren, stößt aber in nicht vollautomatisierten Prozessen oft an seine Grenzen: Denn die Alterung plasmabehandelter Kunststoffoberflächen unterliegt vielen Einflussfaktoren, die außerdem maßgeblich von den Eigenschaften der Polymere abhängen.

Industriell hat sich die Vorbehandlung mittels Atmosphärendruckplasma zur Verbesserung von Kleb- und Lackierprozessen schon lange bei thermoplastischen Bauteilen bewährt [22, 23]. Hier besteht allerdings die Problematik, dass die Oberflächeneigenschaften von komplexen Alterungsprozessen abhängen. Maßgebliche Einflussgrößen sind dabei die Umgebungsbedingungen (z. B. Druck und Temperatur) sowie die Zeit, in denen die Produkte diesen Bedingungen ausgesetzt sind [24].

Beim industriellen Einsatz des Atmosphärendruckplasmaverfahrens zur Vorbehandlung von thermoplastischen Bauteilen [22, 23] vor dem Kleben oder Lackieren muss die Abhängigkeit der Oberflächeneigenschaften von komplexen Alterungsprozessen berücksichtigt werden. Maßgebliche Einflussgrößen sind dabei die Umgebungsbedingungen (z. B. Druck und Temperatur) sowie die Zeit, in denen die Produkte diesen Bedingungen ausgesetzt sind [24].

Nach Integration dieser Methode in den Fertigungsprozess stellt sich die Problematik der Oberflächenalterung weniger, weil sich durch konstante Bedingungen reproduzierbare Eigenschaften einstellen lassen. Demgegenüber wird bei Produktionsprozessen mit variierenden Fertigungszeiten und Umgebungsbedingungen wegen fehlender Kenntnisse der Alterungsprozesse diese Art der Plasmabehandlung vielfach nicht genutzt. Um auch in solchen Fertigungsprozessen das Atmosphärendruckplasma einsetzen zu können, bedarf es der grundlegenden Beschreibung des Alterungsverhaltens durch experimentelle Untersuchungen. Hierzu sind verschiedene Thermoplaste nach einer Behandlung mit Atmosphärendruckplasma über einen Zeitraum von 720 h gelagert worden. Während dieses Zeitraums erfolgte zu definierten Zeitpunkten die Messung der Oberflächenenergie der Probekörper. Darüber hinaus wurden die Bauteile nach der Lagerung verklebt und anschließend auf Zugscherfestigkeit geprüft. Um die Abhängigkeit der Umgebungsbedingungen auf die Oberflächeneigenschaften qualitativ zu bestimmen, waren die plasmabehandelten Bauteile verschiedenen Lagerbedingungen ausgesetzt.

2.4.1 Untersuchungsmethode

Die Untersuchung des Alterungsverhaltens erfolgte an insgesamt fünf thermoplastischen Kunststoffen: Aus dem Bereich der teilkristallinen Thermoplaste wurden ein homopolymeres Polypropylen (PPH) und unterschiedliche Polyamide (PA6, PA6.6 und PA6 + 30-Gew.-% Glasfaser) ausgewählt; als amorpher Thermoplast kam ein Polystyrol zum Einsatz. Als Probekörper dienten spritzgegossene halbe Schulterstäbe.

Alle Materialien durchliefen eine Behandlung mit Atmosphärendruckplasma über eine Plasmadüse mit einer Rotationsgeschwindigkeit von 17 mm/s und einem Abstand von 15 mm senkrecht zur Probenoberfläche (Abb. 2.30).

Nach der Vorbehandlung wurde ein Teil der Proben für die Analyse des zeitlichen Alterungseinflusses bei konstanten Bedingungen bis zu 720 h gelagert, während die übri-

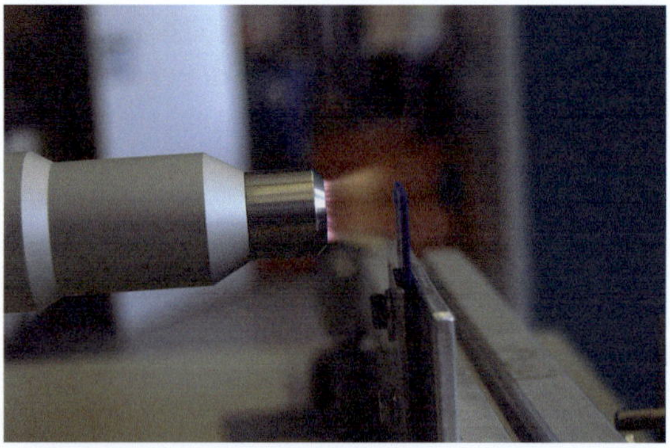

Abb. 2.30 Plasmabehandlung der Probekörper mittels Rotationsdüse. (Bildquelle: Uni Paderborn (KTP))

Tab. 2.3 Lagerbedingungen zur Analyse des Umgebungseinflusses. (Quelle: Uni Paderborn (KTP))

	Benennung	Temperatur [°C]	Dauer [h]
1	Klimawechseltest nach VW-P-1200	−40–80 °C/95 % r. F.	168
2	Wasserlagerung	23	168
3	Wasserlagerung bei hoher Temperatur	80	168
4	Lager an Raumklima	23	168
5	Temperaturlagerung	80	168

gen Bauteile in einem Zeitraum von 168 h unterschiedlichen klimatischen Bedingungen (Tab. 2.3) ausgesetzt waren.

Der Einsatz von Prüftinten zur Bestimmung der Oberflächeneigenschaften in den Abstufungen 30, 35, 38, 41, 44, 48 und 56 mN/m ermöglichte in dieser grundlegenden Untersuchung die Charakterisierung der Oberflächeneigenschaften. Hierzu erfolgte die Messung unmittelbar nach der definierten Lagerung. Mit einem Zwei-Komponenten-Klebstoff auf Epoxid-Basis wurden dann die vorbehandelten Bauteile zu Zugscherproben verklebt. Der Epoxid-Klebstoff härtete bei 80 °C 60 min lang aus. Die Prüfung der Zugscherfestigkeit fand danach in Anlehnung an DIN EN ISO 1465 mit einer Überlappungslänge von 12,5 mm auf einer Universalprüfmaschine statt.

2.4.2 Einfluss der Liegezeit

Zur Analyse des Liegezeiteinflusses – also der vergangenen Zeit nach Abschluss der Plasmabehandlung – wurden zu fest definierten Zeitpunkten (1 h, 2 h, 14 h, 24 h, 120 h, 360 h und 720 h) die Oberflächenenergien bestimmt, wobei sich die ermittelten Messwerte der vorbehandelten Proben auf einen Referenzwert einer unbehandelten Probe beziehen. Der so gebildete Quotient wird als normierte Oberflächenenergie bezeichnet. Der zeitliche Verlauf dieses Kennwerts ist in Abb. 2.31 dargestellt.

Direkt nach der Plasmabehandlung weisen erwartungsgemäß alle untersuchten Materialien eine höhere Oberflächenenergie als die unbehandelten Vergleichsproben auf. Mit fortschreitender Liegezeit jedoch verändert sich die normierte Oberflächenenergie in Abhängigkeit der Materialien deutlich. Bei dem untersuchten Polystyrol scheint ein konstanter Wert der normierten Oberflächenenergie vorzuliegen. Dieser Anschein kann auf die Tatsache zurückgeführt werden, dass das vorbehandelte Polystyrol den mittels Testtinten maximal messbaren Wert der Oberflächenspannung aufweist, da diese Werkstoffgruppe auch ohne Vorbehandlung bereits eine hohe Oberflächenenergie aufweist. Dadurch sind potentiell höhere Werte der Oberflächenenergie durch die verwendeten Testtinten nicht bestimmbar. Beim PPH nimmt die Oberflächenenergie bis zum Zeitpunkt 24 h stetig ab, um bis zum Ende des Untersuchungszeitraums auf einem konstanten Wert zu verbleiben, der über dem Ausgangniveau des unbehandelten Materials liegt. Im Vergleich dazu fällt die normierte Oberflächenenergie der ungefüllten Polyamide nach einem Anstieg

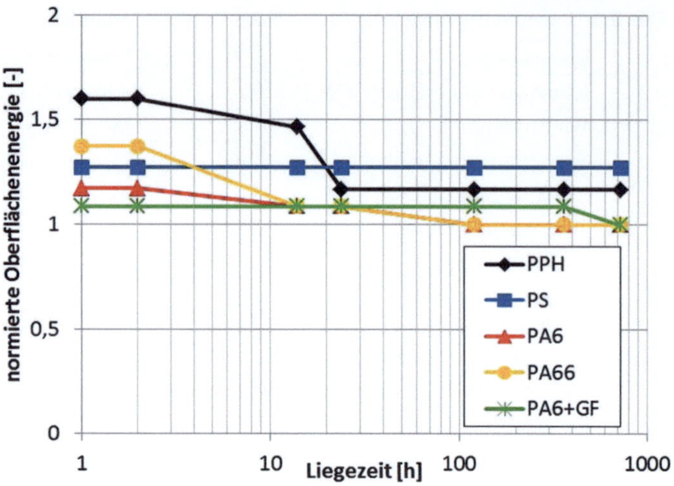

Abb. 2.31 Zeitliche Veränderung der normierten Oberflächenspannung. (Bildquelle: Uni Paderborn (KTP))

im betrachteten Zeitintervall wieder auf das Ausgangsniveau zurück. Dagegen zeigt das mit 60-Gew.-% Glasfasern gefüllte Polyamid nach der Plasmabehandlung nur eine geringe Zunahme der Oberflächenenergie und zum Zeitpunkt 720 h ist eine Erhöhung der Oberflächenenergie mittels Atmosphärendruckplasma durch die Testtinten nicht mehr bestimmbar.

Das homopolymere Polypropylen weist im Vergleich zu allen anderen untersuchten Materialien den größten Zuwachs an Oberflächenenergie durch die Plasmabehandlung auf. Dies ist insbesondere auf den nicht-polaren Charakter dieses Polymers zurückzuführen. Eine Plasmabehandlung wirkt sich nach [24–26] maßgeblich auf die polaren Oberflächeneigenschaften aus, sodass die Polyolefine durch die Plasmabehandlung eine signifikante Steigerung der Oberflächenenergien erfahren. Deutlich höher polare Werkstoffe – wie Polyamid – weisen eine geringere Steigerung der Oberflächenenergie bei diesen Untersuchungsbedingungen auf.

Die im Zugscherversuch ermittelten Verbundeigenschaften nach der Plasmabehandlung und anschließender Lagerung sind in Abb. 2.32 aufgeführt.

Dargestellt ist der Verlauf der Zugscherfestigkeit – bezogen auf die Verbundfestigkeit ohne Vorbehandlung als dimensionsloser Kennwert. Über der betrachteten Liegezeit besitzen alle Proben eine höhere Festigkeit gegenüber den nicht vorbehandelten Bauteilen. Die untersuchten Polyamide und das Polystyrol weisen einen nahezu konstanten Verlauf der normierten Zugscherfestigkeit auf. Im Zeitintervall 0 h bis 24 h zeigt das PPH eine deutlichen Abfall der Kennwerte. Bei längeren Liegezeiten wird dieser Abfall vollständig ausgeglichen, sodass am Ende der Liegezeit die Festigkeit sogar größer als direkt nach der Plasmabehandlung ist.

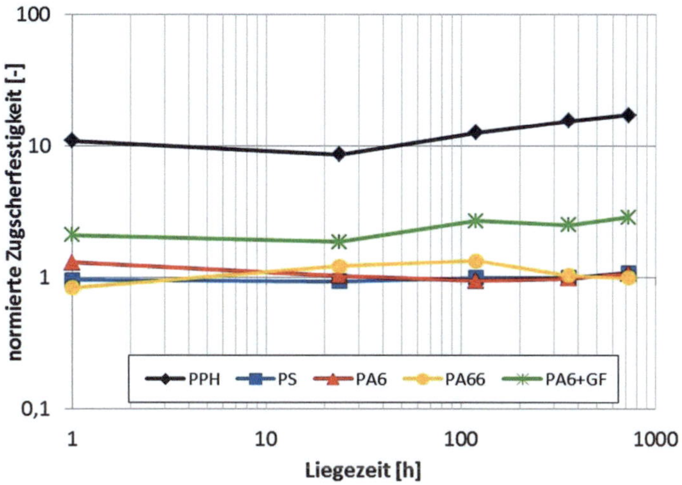

Abb. 2.32 Zeitliche Veränderung der Zugscherfestigkeit. (Bildquelle: Uni Paderborn (KTP))

2.4.3 Einfluss der Lagerbedingungen

Um die Einflüsse verschiedener Lagerbedingungen auf die Oberflächenenergie der mit Atmosphärendruckplasma vorbehandelten Bauteile zu detektieren, wurden Probekörper unter verschiedenen Bedingungen (Tab. 2.3) ausgelagert. Dabei ergaben die Untersuchungen je nach Werkstoff unterschiedlich veränderte Oberflächenenergien (Abb. 2.33).

So bleibt beim PPH in einer stark polaren Umgebung (Klimawechseltest und Wasserlagerung) eine hohe Oberflächenenergie über die Lagerzeit erhalten. Die übrigen La-

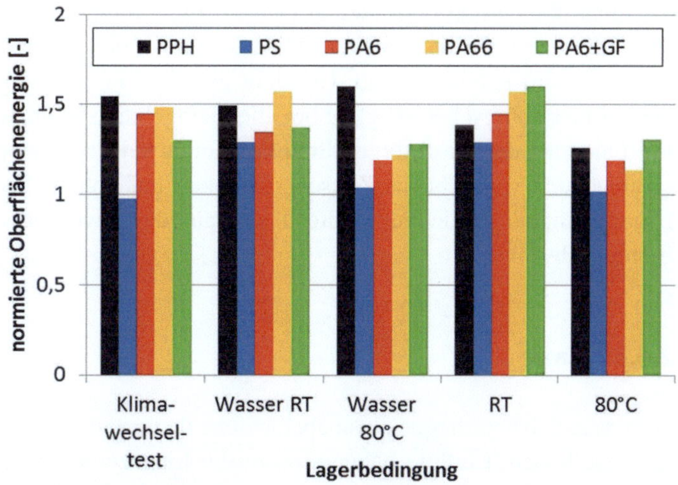

Abb. 2.33 Einfluss der Medien auf die Oberflächenspannung. (Bildquelle: Uni Paderborn (KTP))

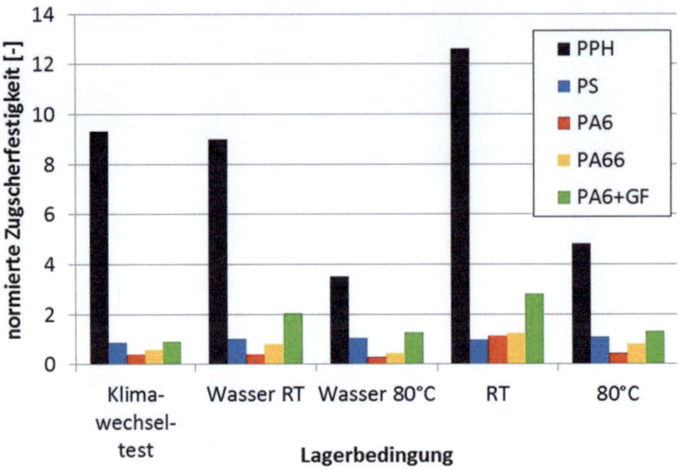

Abb. 2.34 Einfluss der Medien auf die Zugscherfestigkeiten. (Bildquelle: Uni Paderborn (KTP))

gerbedingungen senken die Oberflächenenergie auf ein deutlich niedriges Niveau ab. Die Oberflächenenergie des amorphen Polystyrols ist bei Lagerung bei Raumtemperatur unverändert. Die Lagerung bei 80 °C mit und ohne Wasser bzw. im Klimawechseltest führt zu einem Abfall der Oberflächenenergie des PS auf das Niveau einer unbehandelten Probe. Die Oberflächenenergien der untersuchten Polyamide liegen bei allen Lagerbedingungen über dem Ausgangsniveau der unbehandelten Bauteile.

Entsprechend diesen Ergebnissen zeigt die Verbundfestigkeit der plasmabehandelten Bauteile eine deutliche Materialabhängigkeit in Verbindung mit den Lagerbedingungen (Abb. 2.34).

Die Verbundfestigkeit des PPH liegt nach der Auslagerung grundsätzlich oberhalb der nicht mit Plasma behandelten Proben. Eine Temperaturlagerung bei 80 °C zeigt für alle Polymere einen erheblichen Abfall gegenüber den anderen untersuchten Lagerbedingungen. Beim Polystyrol und den nicht gefüllten Polyamiden (PA6 und PA66) erreicht die normierte Zugscherfestigkeit bei allen Umgebungsbedingungen das Ausgangsniveau. Bei Lagerung des glasfasergefüllten Polyamids bei Raumtemperatur mit und ohne Wasserumgebung verbleibt die Zugscherfestigkeit auf hohem Niveau, während die übrigen Lagerbedingungen die Verbundfestigkeit auf das Niveau der nicht plasmabehandelten Bauteile absenken.

2.4.4 Fazit

Grundsätzlich unterliegen plasmabehandelte thermoplastische Oberflächen deutlichen Alterungseffekten. Einfluss haben sowohl die Liegezeiten als auch die Umgebungsbedingungen. So nehmen die Oberflächenenergien bei konstanten Lagerbedingungen innerhalb des Untersuchungszeitraums tendenziell ab und tendieren dann gegen einen stationären Grenzwert. Der Zeitraum, in dem dieser Grenzwert erreicht wird, ist materialabhängig. Diese Veränderung der Oberflächenenergien kann auf Diffusionsprozesse von polaren Anteilen an der Oberfläche zurückgeführt werden, welche auch den exponentiellen Abfall erklären können.

Die experimentellen Untersuchungen der Umgebungsbedingungen auf die Oberflächenenergien belegen, dass polare Umgebungen die Oberflächenenergien auf einem hohen Niveau halten. Darüber hinaus ist erkennbar, dass hohe Lagertemperaturen Oberflächenenergien stark absenken. Dies weist auf eine deutliche Abhängigkeit der Oberflächeneigenschaften von treibenden Konzentrationsgradienten, aber auch auf temperaturabhängige Diffusionskoeffizienten hin.

Die Verbundeigenschaften geklebter plasmabehandelter Bauteile blieben im untersuchten Zeitintervall mit Ausnahme der PPH-Proben nahezu konstant. Das PPH zeigte eine Verbesserung der Verbundeigenschaften zum Zeitpunkt 720 h, welche sich in einer hohen normierten Zugscherfestigkeit in Verbindung mit einer geringen Standardabweichung ausdrückt.

Um Alterungsvorgänge von plasmabehandelten Thermoplasten besser beurteilen zu können, müssen daher die physikalischen und chemischen Prozesse an der Oberfläche weitergehend untersucht werden. Auf diese Weise lässt sich die Prozesssicherheit in Kleb- und Lackierprozessen an Kunststoffbauteilen maßgeblich steigern.

Die Autoren
Prof. Dr.-Ing. Elmar Moritzer (Tel.: 05251/60-2300, elmar.moritzer@ktp.upb.de) ist Inhaber des Lehrstuhls für Kunststofftechnik an der Universität Paderborn (KTP), Dipl.-Ing. Christian Leister und Dipl.-Ing. Jens Krugmann waren seine wissenschaftlichen Mitarbeiter.

2.5 UV-Laser-Vorbehandlung von Kunststoffen – Adhäsion per Excimer-Laser verbessern

Eduard Kraus, Lukas Orf, Michael Heilig, Benjamin Baudrit, Peter Heidemeyer und Martin Bastian

Die strukturell bedingt niedrige Oberflächenenergie vieler Kunststoffe machen meist eine Oberflächenvorbehandlung erforderlich, wenn eine sichere Haftung gewährleistet werden muss. Eine innovative Möglichkeit, die Festigkeit von Kunststoff-Klebstoffverbindungen zu steigern, ist die Vorbehandlung mittels UV-Laser.

Der Laser hat sich zu einem unverzichtbaren Werkzeug in Forschung und Industrie entwickelt. So ist er ein untrennbarer Bestandteil der Spektroskopie, Umweltdiagnostik, Analytik, Biologie und Medizin. Dabei hat die stetige Weiterentwicklung des Lasers kontinuierlich die Einsatzbreite vergrößert [27]. Thermische Materialbearbeitung (z. B. Reinigen, Schweißen, Schneiden) mit kohärenten Lichtquellen findet immer mehr Anwendungen in der Kunststoffindustrie [28]. Ein Laser zur Oberflächenvorbereitung vor dem Kleben von Kunststoffen wird bisher allerdings relativ selten eingesetzt. Dies lässt sich zum einen durch einen vergleichsweise hohen Preis und zum anderen durch die verbreitete Anwendung von etablierten Oberflächenvorbehandlungsmethoden wie z. B. Niederdruck- und Atmosphärendruck-Plasma oder Coronabehandlung erklären [29]. Die Anwendung einer Laser-Vorbehandlung von Kunststoffoberflächen zum klebtechnischen Fügen empfiehlt sich allerdings immer dann, wenn die beiden folgenden Anforderungen erfüllt werden müssen:

- Änderung der Oberflächentopografie durch thermische Einwirkung oder Ablation,
- Modifizierung der chemischen Struktur der Oberfläche in geeigneter reaktiver Atmosphäre durch entsprechende Strahlungsenergien [30–33].

Um die Oberflächentopografie von Substraten zu verändern, kommen in der Klebtechnik überwiegend die mechanischen Adhäsionsprozesse zum Tragen. Durch die Bearbeitung der Substratoberfläche kann die aktive Grenzfläche zwischen dem Klebstoff und dem Substrat vergrößert werden, was zu einer Verbesserung der mechanischen Adhäsion führen kann. Durch eine chemische Modifizierung der Oberfläche lässt sich außerdem eine Verbesserung der Funktionalität und der Wechselwirkungen zwischen dem Klebstoff und dem Substrat erzielen. Diese Verbesserung der physikalischen Adhäsion basiert auf einer Verstärkung sekundärer Bindungskräfte wie z. B. Nebenvalenzbindungen, van der Waals-Kräften, Dipol-Dipol-Kräften usw. [34–36].

Excimer-Laser dienen in elektronischen Geräten zur Herstellung kleiner Bohrungen in verschiedenen Materialien – zum Beispiel zum Bohren von Düsen in Tintenstrahldrucker, zum Abisolieren von Drähten mit geringeren Durchmessern, zum Bohren von Löchern in optischen Fasern und zur Oberflächenvorbehandlung von Polymeren für eine Metallisierung [37, 38]. In den letzten Jahren wurden außerdem erfolgreiche anwendungsorientierte Forschungsergebnisse für Einsätze von UV-Lasern im Bereich der Optik und Medizin sowie zur Strukturierung von polymeren und nicht polymeren Materialien veröffentlicht [39–41].

2.5.1 Wirkung des UV-Lasers

Eine erfolgreiche Oberflächenvorbehandlung mit UV-Strahlung ist in der Regel nur dann möglich, wenn das Substrat eine Aktivität auf die entsprechende Anregungswellenlänge zeigt. Ein zweites Kriterium für eine erfolgreiche Vorbehandlung ist der Einsatz einer im Vergleich zur Energie ($h \cdot \nu > E_{ch}$) der chemischen Bindungen höheren Lichtenergie [27, 29, 31, 33, 35]. Dabei können Photonenenergien größer als 4,9 eV auch chemische Bindungen in Polymeren (wie z. B. C–C-, C–H- und C–O-Einfachbindungen) spalten. Diese

Wechselwirkung kann somit zum direkten chemischen Bindungsbruch, einer Ionisation oder Radikalbildung führen. Das Ergebnis ist die Änderung der chemischen Struktur der Oberfläche [42–46].

2.5.2 Benetzungstheorien

Eine notwendige Voraussetzung für eine gute Adhäsion ist die gute Benetzung der Substratoberfläche. Es gibt verschiedene Methoden zur Auswertung der Benetzung, um die Oberflächenenergie (OFE) eines Materials zu bestimmen. In diesem Beitrag wurden selektiv zwei verschiedene Methoden angewandt:

1.) Oberflächenenergie nach Owens-Wendt-Rabel-Kaelble
Die Bestimmung der OFE eines Festkörpers nach Owens, Wendt, Rabel und Kaelble (OWRK) erfolgt durch Messung der Kontaktwinkel an Tropfenkonturen mit mindestens zwei verschiedenen Flüssigkeiten. Nach der OWRK-Methode setzt sich die OFE γ aus einem dispersen (Index *LW*) und einem polaren Anteil (Index *AB*) zusammen [47–49].

$$\gamma = \gamma^{LW} + \gamma^{AB} \tag{2.1}$$

Die Grenzflächenspannung γ_{SL} zwischen Festkörper (γ_S) und Flüssigkeit (γ_L) wird nach Formel Gl. 2.2 berechnet [47–49].

$$\gamma_{SL} = \gamma_S + \gamma_L - 2\left(\sqrt{\gamma_S^{LW} \cdot \gamma_L^{LW}} + \sqrt{\gamma_S^{AB} \cdot \gamma_L^{AB}}\right) \tag{2.2}$$

In Verbindung mit der Young Gleichung ergibt sich Gl. 2.3 mit der Adhäsionsarbeit W_a.

$$W_a = \gamma_L \cdot (1 + \cos\theta) = 2 \cdot \left(\sqrt{\gamma_S^{LW} \cdot \gamma_L^{LW}} + \sqrt{\gamma_S^{AB} \cdot \gamma_L^{AB}}\right) \tag{2.3}$$

Eine Anpassung dieses Ausdrucks an die Geradengleichung $y = mx + k$ mit Steigung m und Achsenabschnitt k liefert Formel Gl. 2.4, die zur grafischen Auswertung der OFE nach der OWRK-Methode herangezogen wird [50].

$$\frac{\gamma_L \cdot (1 + \cos\theta)}{2 \cdot \sqrt{\gamma_L^{LW}}} = \sqrt{\gamma_S^{AB}} \cdot \sqrt{\frac{\gamma_L^{AB}}{\gamma_L^{LW}}} + \sqrt{\gamma_S^{LW}} \tag{2.4}$$

2.) Säure-Base-Eigenschaften nach Berger
Werden verschiedene Testflüssigkeiten grafisch nach OWRK aufgetragen, zeigen sich trotz sehr ähnlicher polarer und disperser Eigenschaften der Flüssigkeiten oft große Unterschiede im Kontaktwinkel und damit in der Adhäsionsarbeit. Dies wirkt sich grafisch

in einer Abweichung von der Geraden aus. E. J. Berger hat deshalb den Aciditätsparameter D eingeführt. Dieser Parameter gibt Aufschluss über die Acidität einer Oberfläche und kann helfen, Adhäsion zwischen zwei Substanzen besser zu beschreiben. Zur Berechnung des Aciditätsparameters werden Säure-Base-Paare nach Lewis benötigt. Diese Testflüssigkeiten müssen sehr ähnliche Polaritäten und Dispersitäten aufweisen, sich aber auch aufgrund unterschiedlicher funktioneller Gruppen in ihrer Acidität unterscheiden. Als Säure-Base-Paare mit diesen Eigenschaften haben sich Phenol-Anilin und Glyzerin-Formamid bewährt [50].

Zur Berechnung des Aciditätsparameters müssen die Kontaktwinkel von sieben Testflüssigkeiten, davon drei zur Bestimmung der freien OFE (Diiodmethan, Wasser, Ethylenglykol) und zwei Säure-Base-Paare, bestimmt und daraus die Adhäsionsarbeit berechnet werden. Mit Hilfe der OWRK-Methode werden der disperse und der polare Anteil der OFE bestimmt. Der polare Anteil der Adhäsionsarbeit wird nach Formel Gl. 2.5 berechnet [50].

$$W_a^{AB} = W_a - W_a^{LW} = W_a - 2 \cdot \sqrt{\gamma_L^{LW} \cdot \gamma_S^{LW}} \tag{2.5}$$

Aus dem polaren Anteil der Adhäsionsarbeit kann nach Gl. 2.6 der Wert $2 \cdot \sqrt{\gamma_S^{AB}}$ berechnet werden.

$$2 \cdot \sqrt{\gamma_S^{AB}} = \frac{W_a^{AB}}{\sqrt{\gamma_L^{AB}}} \tag{2.6}$$

Der Aciditätsparameter D bei einer Messung mit zwei Säure-Base-Paaren wird nach Formel Gl. 2.7 berechnet [50].

$$\begin{aligned} D = 2 \cdot &\left(\sqrt{\gamma_S^{AB}\,(\text{Anilin})} + \sqrt{\gamma_S^{AB}\,(\text{Formamid})} \right) \\ &- 2 \left(\sqrt{\gamma_S^{AB}\,(\text{Phenol})} + \sqrt{\gamma_S^{AB}\,(\text{Glyzerin})} \right) \end{aligned} \tag{2.7}$$

Da die Messung des Kontaktwinkels für die beiden Flüssigkeiten Anilin und Phenol oftmals bei Oberflächenaktivierungen aufgrund von auftretender Spreitung nicht möglich ist, wird in diesem Beitrag der gekürzte Aciditätsparameter D' für ein Säure-Base-Paar bestimmt [51].

$$D' = 2 \cdot \left(\sqrt{\gamma_S^{AB}\,(\text{Formamid})} - \sqrt{\gamma_S^{AB}\,(\text{Glyzerin})} \right) \tag{2.8}$$

Je positiver der Aciditätsparameter D bzw. D', desto azider ist die Oberfläche. Ein negativer Parameter korreliert mit einer basischen Oberfläche. Um die Güte der Adhäsion zweier Oberflächen, beispielsweise die eines Klebstoffs und die eines Kunststoffs nach der Berger-Methode zu beschreiben, wird die Differenz in den Aciditätsparametern $\Delta D'$ (Gl. 2.9) bestimmt. Ist eine Oberfläche besonders basisch und die andere besonders sauer, hat dies einen großen Betrag $|\Delta D'|$ zur Folge und es ist mit einer sehr guten Adhäsion zu rechnen [51].

$$\Delta D' = D'_{\text{Klebstoff}} - D'_{\text{Kunststoff}} \tag{2.9}$$

2.5.3 Verwendete Materialien

Im Rahmen einer Studie wurden unterschiedliche Kunststoffe mit Hilfe eines UV-Lasers (193 nm) vorbehandelt und untersucht. Beispielhaft werden im Folgenden die erhaltenen Ergebnisse am Beispiel von Polymethylmethacrylat (PMMA Plexiglas XT 0A000 GT, Glaskeil Kunststoffe GmbH & Co. KG) und Polypropylen (PP-DWU, Simona AG) vorgestellt. Die Auswahl der für diese Substrate verwendeten Klebstoffe ist in Tab. 2.4 aufgelistet.

Der Klebstoff 221i härtet durch Reaktion mit der Luftfeuchtigkeit aus. Der Härteprozess von Katio45952 wird durch Anregung mit UV-Licht initiiert.

2.5.4 UV-Laser Vorbehandlung

Die Vorbehandlung der Kunststoffoberflächen erfolgte bei einer Wellenlänge von 193 nm mit dem gepulst betriebenen Excimer-Lasers ExciStar 200 von Coherent Inc. Die Parameter der Vorbehandlung sind für die einzelnen Kunststoffe in der Tab. 2.5 aufgelistet. Zusätzlich zur Vorbehandlung an der Luft wurde die Vorbehandlung unter Sauerstoff-Atmosphäre durchgeführt. Hierfür wurde direkt auf das Substrat Sauerstoff mit der Durchflussrate von 400 ml/min eingeleitet.

Tab. 2.4 Informationen zu den verwendeten Klebstoffen. (Quelle: SKZ)

Abkürzung	Bezeichnung	Klebstofftyp	Hersteller	σ/MPa
221i	Sikaflex®-221i	1K-PUR	Sika Deutschland GmbH	1,8
Katio45952	Katiobond® 45952	1K-Epoxid	Delo Industrie Klebstoffe GmbH & Co. KGaA	18

Tab. 2.5 Parameter der UV-Laser-Vorbehandlung. (Quelle: SKZ)

Kunststoff	PMMA	PP
Frequenz/Hz	200	200
Pulsanzahl	10	10
Fluenz/mJ $\cdot$ cm^{-2}	300	500

2.5.5 Analysemethoden

Die Messung der Kontaktwinkel erfolgte am Drop-Shape-Analyzer DSA30 der Krüss GmbH in Anlehnung an die DIN 55660-2:2011-12. Hierbei wurden für jede der fünf Testflüssigkeiten Diiodmethan, Ethylenglykol, Formamid, Glyzerin und Wasser, alle mit Reinheit p. a. (analysenrein), mindestens fünf Tropfen abgelegt und der Kontaktwinkel nach Ausbildung des thermodynamischen Gleichgewichts nach zwei Minuten bestimmt [51, 52].

Die Röntgenphotoelektronenspektroskopien (XPS) wurden mit dem Spektroskop M-Probe 2703 von Surface Science Instruments, Indien, bei Verwendung einer MgK_α-Röntgenquelle (1253,6 eV) durchgeführt. Zur Aufnahme der Detailspektren wurden die Proben mit Gold beschichtet. Die genauen Parameter der Analyse sind in der Tab. 2.6 aufgelistet. Die Genauigkeit der ermittelten Bindungsenergien beträgt $\pm 0{,}5$ eV.

Die Zugfestigkeit verschiedener Kunststoff-Klebstoff-Kombinationen wurde mit dem Adhesion Analyzer LumiFrac [53] der LUM GmbH ermittelt. Diese Prüfung erfolgte durch Aufbringen einer Zentrifugalkraft auf den Prüfstempel ($D = 10{,}0$ mm) mit einer linearen Krafterhöhung von 5,0 N/s. Die Stichprobenanzahl betrug bei der mechanischen Analyse acht Probekörper für jeden Vorbehandlungszustand.

Tab. 2.6 Parameter der XPS-Analyse. (Quelle: SKZ)

Druck/mbar	$< 2 \cdot 10^{-7}$
Spannung/kV	20
Strom/mA	20
Passenergie/eV	50
Detektionswinkel/°	35
Analysefläche/mm^2	0,03

Tab. 2.7 Anteile verschiedener funktioneller Gruppen, bestimmt aus XPS-Analysen der C1s-Detailspektren von PMMA und PP. (Quelle: SKZ)

	Anteil funktioneller Gruppen/Atom-%		
Vorbehandlung	C–C/C–H	C–O	C=O
PMMA			
Keine	67	14	19
UV (Luft)	67	15	18
UV (O_2)	63	18	19
PP			
Keine	97	3	–
UV (Luft)	100	–	–
UV (O_2)	88	7	5

2.5.6 Ergebnisse der Modifikation mittels UV-Laser-Vorbehandlung

Zur Untersuchung einer Änderung der chemischen Zusammensetzung der Kunststoffoberflächen nach der UV-Laser-Vorbehandlung wurden sowohl der Ausgangszustand als auch die Zustände nach der Vorbehandlung in Luft und in Sauerstoff-Atmosphäre per XPS-Analyse untersucht. Die Auswertung der C1s-Detailspektren liefern die in Tab. 2.7 angegebenen Anteile verschiedener funktioneller Gruppen in Abhängigkeit von der Vorbehandlung.

Die UV-Laser-Vorbehandlung von PMMA an der Luft führt zu kaum einer Änderung der chemischen Zusammensetzung der Oberfläche. Bei der Vorbehandlung in Sauerstoff-Atmosphäre sinkt dagegen der Anteil der C–C- bzw. C–H-Bindungen auf 63 Atom-% ab. Bei gleichbleibendem Anteil an C=O-Doppelbindungen steigt hier der Anteil an C–O-Einfachbindungen um 4 Atom-%.

Im Ausgangszustand von PP treten zu 3 Atom-% C–O-Bindungen auf. Im vorbehandelten Zustand in Luft ist im C1s-Detailspektrum nur noch die C–C- bzw. C–H-Bande zu erkennen. Eine Vorbehandlung in Sauerstoff-Atmosphäre führt zur Neubildung von C=O-Doppelbindungen, zusätzlich steigt der Anteil von C–O-Einfachbindungen im Vergleich zum Ausgangszustand von 3 auf 7 Atom-%.

2.5.7 Einfluss auf die Oberflächenenergie

Tab. 2.8 zeigt die verschiedenen OFE-Anteile nach den zwei Benetzungstheorien OWRK und Berger in Abhängigkeit von der Vorbehandlung.

Der disperse Anteil der OFE für PMMA ändert sich kaum zwischen den drei untersuchten Zuständen. Lediglich bei der Vorbehandlung in Sauerstoff-Atmosphäre ist eine leichte Steigerung zu erkennen. Der polare Anteil sinkt durch die UV-Laser-Vorbehandlung von

Tab. 2.8 Polarer und disperser Anteil γ^{AB} bzw. γ^{LW} der OFE nach OWRK und Aciditätsparameter D' von PMMA und PP in Abhängigkeit von der Vorbehandlung mittels UV-Laser. (Quelle: SKZ)

	OWRK-Methode		Berger-Methode
PMMA			
Vorbehandlung	γ^{LW} / $mN \cdot m^{-1}$	γ^{AB} / $mN \cdot m^{-1}$	D' / $mN^{0,5} \cdot m^{-0,5}$
Keine	$40,65 \pm 0,39$	$7,38 \pm 0,16$	$1,09 \pm 0,34$
UV (Luft)	$40,90 \pm 0,26$	$3,45 \pm 0,12$	$2,13 \pm 0,28$
UV (O_2)	$42,36 \pm 0,34$	$4,43 \pm 0,14$	$4,73 \pm 0,30$
PP			
Vorbehandlung	γ^{LW} / $mN \cdot m^{-1}$	γ^{AB} / $mN \cdot m^{-1}$	D' / $mN^{0,5} \cdot m^{-0,5}$
Keine	$21,67 \pm 0,13$	$1,79 \pm 0,05$	$1,02 \pm 0,37$
UV (Luft)	$23,56 \pm 0,29$	$0,36 \pm 0,04$	$1,21 \pm 0,31$
UV (O_2)	$24,95 \pm 0,12$	$2,84 \pm 0,05$	$-0,18 \pm 0,39$

7,38 mN/m im unvorbehandelten Zustand auf 3,45 mN/m an Luft bzw. auf 4,43 mN/m in Sauerstoff-Atmosphäre. Die durch die Vorbehandlung sinkende Polarität und der annähernd konstant bleibende disperse Anteil können nicht mit einer Änderung der atomaren Anteile der angegebenen funktionellen Gruppen erklärt werden. Der Parameter D' nimmt bei einer Vorbehandlung in Luft zu und steigt dann bei der UV-Laser-Vorbehandlung in Sauerstoff-Atmosphäre auf einen Wert von 4,73 $(mN/m)^{0,5}$ an.

Bei PP führt die UV-Laser-Vorbehandlung in Luft zu einer deutlichen Reduzierung des polaren Anteils. Trotzdem kommt es durch Erhöhung des dispersen Anteils zu einer Erhöhung der OFE. In Sauerstoff-Atmosphäre steigt die Polarität an, hier wird mit ebenfalls weiter steigendem dispersem Anteil die höchste OFE bei PP festgestellt. Die Entwicklung des polaren Anteils bestätigt die Ergebnisse der XPS-Analyse. Der negative Aciditätsparameter nach der UV-Laser-Vorbehandlung in Sauerstoff-Atmosphäre zeigt eine basische Oberfläche an.

2.5.8 Zugfestigkeit

Eine Bestimmung der Aciditätsparameter von Klebstoffen ermöglicht die Berechnung der $\Delta D'$-Werte nach Gl. 2.9. Diese sind zusammen mit der Zugfestigkeit in Abhängigkeit von der Vorbehandlung für die Klebstoffe Katio45952 bzw. 221i auf PMMA bzw. PP in Tab. 2.9 aufgelistet und auf dem Abb. 2.35 dargestellt. Zusätzlich ist die Bewertung der Bruchbilder aufgelistet.

Eine Bewertung der Wirkung der UV-Oberflächenvorbehandlung ergibt, dass für die Kombination PMMA mit Katio45952 geklebt die Zugfestigkeit durch Vorbehandlung in Luft von 1,12 auf 1,82 MPa gesteigert werden konnte. Wird die Vorbehandlung in einer O_2-Atmosphäre durchgeführt, so kann die Festigkeit der Verbindung weiter auf 5,50 MPa gesteigert werden. Die geprüften Klebverbindungen zeigten durchgängig Adhäsionsbrüche (AF), was auf ein weiteres Potential zur Adhäsionsverbesserung hindeutet.

Während für PP bei der Vorbehandlung in Luft eine leichte Tendenz zur Steigerung beobachtet werden konnte, führte die Vorbehandlung in O_2-Atmosphäre zu einer deutlichen Steigerung der Zugfestigkeit. Für die Vorbehandlung in O_2-Atmosphäre konnten

Tab. 2.9 Zugfestigkeit und $\Delta D'$ für Klebstoff Katio45952 auf PMMA und 221i auf PP (AF: adhäsives Versagen, CF: Kohäsives Versagen). (Quelle: SKZ)

Kombination	Vorbehandlung	Zugfestigkeit/MPa	$\Delta D'$ / $mN^{0,5} \cdot m^{-0,5}$	Bruchbild
PMMA Katio45952	Keine	$1,12 \pm 0,14$	$5,77 \pm 0,96$	AF
	UV (Luft)	$1,82 \pm 0,05$	$6,80 \pm 0,91$	AF
	UV (O_2)	$5,50 \pm 0,23$	$9,40 \pm 0,93$	AF
PP 221i	Keine	$0,24 \pm 0,10$	$1,75 \pm 0,74$	AF
	UV (Luft)	$0,29 \pm 0,07$	$1,57 \pm 0,69$	AF
	UV (O_2)	$1,18 \pm 0,16$	$2,95 \pm 0,77$	AF/CF

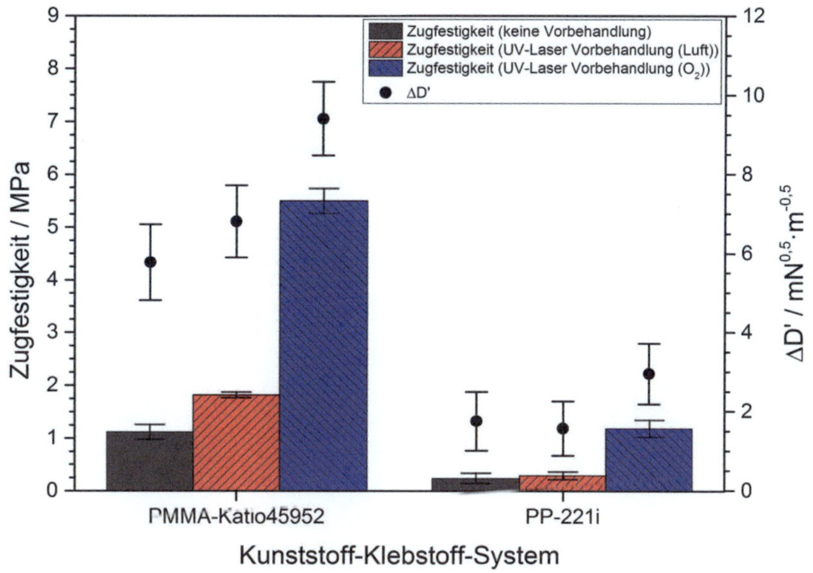

Abb. 2.35 Zugfestigkeit und $\Delta D'$ der Klebstoffe Katio45952 bzw. 221i auf PMMA bzw. PP im unvorbehandelten und im UV-Laser vorbehandelten Zustand in Luft und in Sauerstoff-Atmosphäre. (Bildquelle: SKZ)

bei der Betrachtung der Bruchbilder Mischbrüche mit Anteilen von kohäsivem Versagen festgestellt werden (Abb. 2.36).

Beachtenswert ist hier auch die Korrelation der ermittelten Zugfestigkeiten mit den dazugehörigen $\Delta D'$-Werten. Obwohl die ermittelten $\Delta D'$-Werte mit einer relativ hohen Standardabweichung behaftet waren, konnte der Trend zur Adhäsion zwischen den untersuchten vorbehandelten und nicht vorbehandelten Substraten sowie dem eingesetzten Klebstoff schon nach der Anwendung der analytischen Methode vorhergesagt werden. Auch wenn diese Trends bereits für mehrere untersuchte Kombinationen sehr gute Übereinstimmung gezeigt haben, bedarf es für eine fundierte Aussage weiterer Versuche.

2.5.9 Fazit und Ausblick

Die vorgestellten Untersuchungen zeigen, wie durch eine wirksame Oberflächenbehandlung von Kunststoffoberflächen mit kohärenter UV-Strahlung positive Effekte für die Zugfestigkeit von Verklebungen erzielt werden können. Die wesentlichen Nachteile des vorgestellten Oberflächenvorbehandlungsverfahrens liegen in einer relativ niedrigen Prozessgeschwindigkeit, dem notwendigen Strahlenschutz und relativ hohen Kosten für die Vorbehandlungsanlage (UV-Laser) im Vergleich zu den typischen Vorbehandlungsverfahren der Kunststoffindustrie. Der Einsatz der UV-Technik kann jedoch vorteilhaft in

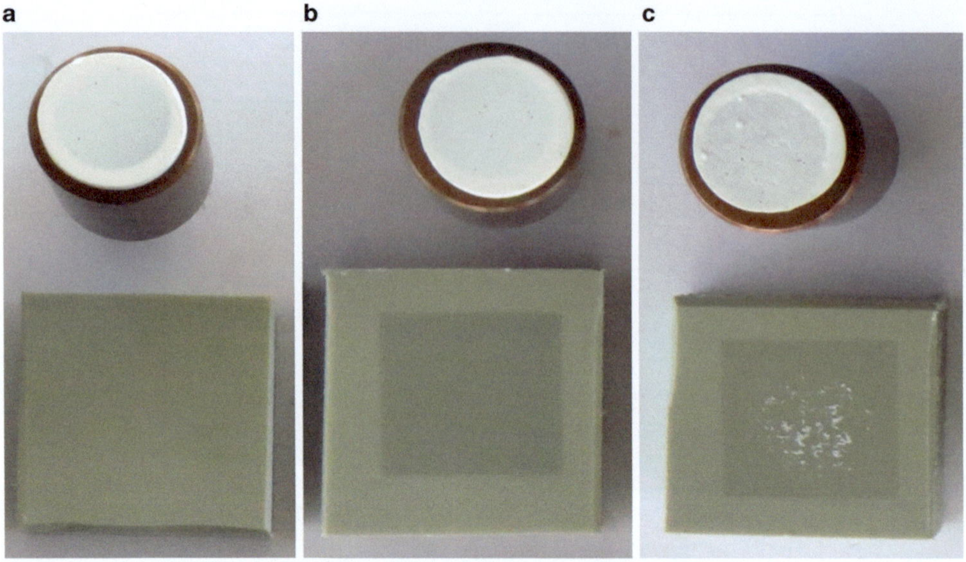

Abb. 2.36 Bruchbilder des Klebstoffs 221i auf PP im unvorbehandelten Zustand (**a**) und nach UV-Laser-Vorbehandlung in Luft (**b**) bzw. Sauerstoff (**c**). (Bildquelle: SKZ)

Bereichen mit der Notwendigkeit einer kalten Ablation oder hoher Präzision bei kleinen und dünnen Bauteilen unter normaler Atmosphäre sein. Hierbei liegt der große Vorteil der UV-Laservorbehandlung in der Kombination aus chemischer Aktivierung und Strukturierung der Polymeroberfläche. Die technologischen Entwicklungen sowie die in den letzten Jahren fallenden Preise für Laserquellen sind weitere positive Trends, welche für einen Einsatz dieser Technik sprechen.

Förderhinweis
Das IGF-Vorhaben (18249 N) der Forschungsvereinigung FSKZ e. V. wurde über die Arbeitsgemeinschaft industrieller Forschungsvereinigungen „Otto von Guericke" e. V. (AiF) im Rahmen des Programms zur Förderung der industriellen Gemeinschaftsforschung (IGF) vom Bundesministerium für Wirtschaft und Energie (BMWi) aufgrund eines Beschlusses des Deutschen Bundestages gefördert.

Die Autoren

Eduard Kraus (E.Kraus@skz.de), Lukas Orf und Michael Heilig sind am SKZ – Das Kunststoff-Zentrum, Würzburg, wissenschaftliche Mitarbeiter und Projektleiter im Bereich „Fügen von Kunststoffen".

Dr. Benjamin Baudrit leitet diesen Bereich am SKZ.

Dr.-Ing. Peter Heidemeyer ist Geschäftsführer der SKZ-KFE gGmbH.

Prof. Dr.-Ing. Martin Bastian ist Institutsdirektor des Kunststoff-Zentrums (SKZ).

2.6 Vorbehandlung von duroplastischem CFK Laserstrahlung – eine verschleißfreie Alternative für die Serie?

Stefan Kreling, David Blass und Klaus Dilger

Mit zunehmendem Einsatz von Faserverbundwerkstoffen im Flugzeugbau seit den späten 80ern des zwanzigsten Jahrhunderts und der etwa gleichzeitigen Verfügbarkeit von Excimerlasern wurden zahlreiche Forschungsarbeiten zur Laserbearbeitung von unverstärkten und faserverstärkten Polymeren veröffentlicht. Einige davon befassen sich bereits mit der Klebvorbehandlung.

In bisherigen Forschungsarbeiten zur Laserbearbeitung von unverstärkten und faserverstärkten Polymeren wurde der Einfluss verschiedener Wellenlängen vom UV-Bereich (248 nm [54, 55] und 355 nm [56]) über den sichtbaren grünen Bereich (532 nm) [57], den nahen IR-Bereich (1064 nm) [58] bis zum mittleren IR (10.600 nm) [59] untersucht.

Entscheidend für das Bearbeitungs- und damit auch für das Klebergebnis nach der Vorbehandlung von Faserverbundwerkstoffen mittels Laserstrahlung ist die Art der Wechselwirkung zwischen Laser und Verbundwerkstoff. Diese hängt neben der Pulslänge, welche die Dauer der Wechselwirkung zwischen Laserstrahlung und Material bestimmt, im Wesentlichen von der Wellenlänge der verwendeten Strahlung ab. Letztere hat in zweierlei Hinsicht einen entscheidenden Einfluss. Zum einen bestimmt sie – bedingt durch die wellenlängenabhängige Absorption insbesondere des Matrixmaterials – die Eindringtiefe der Strahlung, bzw. ob die Wechselwirkung mit der Oberfläche der Matrix oder den darunterliegenden Fasern stattfindet. Zum anderen wird in der Literatur zwischen photochemischen und photothermischen Abtrag unterschieden [60–62], die Anteile dieser Mechanismen sind wiederum wellenlängenabhängig. Photochemischer Abtrag findet dann statt, wenn die Energie eines oder weniger Photonen groß genug ist, um chemische Bindungen aufzubrechen. In einer Polymermatrix existieren hauptsächlich kovalente Bindungen zwischen den einzelnen Kohlenstoffatomen, deren Bindungsenergie in der Größenordnung von 5,0 eV liegt. Anhand der Kopplung zwischen Wellenlänge und Photonenenergie über das Planck'sche Wirkungsquantum und die Lichtgeschwindigkeit ($E = h \cdot c / \lambda$) ergibt sich die Wellenlänge eines Photons mit dieser Energie zu etwa 250 nm. Um direkt Bindungen innerhalb der Polymermatrix aufzubrechen, ist also Laserstrahlung im ultravioletten Wellenlängenbereich nötig [63, 64].

2.6.1 Photochemische und -thermische Wechselwirkung

Bei geringeren Photonenenergien, also größeren Wellenlängen, reicht die Energie eines Photons nicht aus, um direkt chemische Bindungen aufzubrechen. Die Energie wird in Form von Gitterschwingungen in das Material überführt, es kommt zur Erwärmung und bei ausreichend großem Energieeintrag zur thermischen Zersetzung des Matrixmaterials bzw. zum photothermischen Abtrag. Durch die im Vergleich zu Metallen verhältnismäßig geringe Wärmeleitung im Kunststoff kommt es bei hinreichend kurzen Laserpulsen bzw. einer geringen Wechselwirkungszeit zu keiner erheblichen Erwärmung und damit Degradation im makroskopischen Bereich um die bestrahlte Zone [62]. Dennoch können im Bereich direkt um die Abtragszone oder auch unterhalb der abgetragenen Schicht thermisch degradierte Polymerrückstände auftreten. Dies tritt insbesondere beim Einsatz von langwelliger Strahlung im mittleren Infrarotbereich (typischerweise CO_2-Laser) und längeren Pulsdauern im µs-Bereich auf.

Dieser Effekt wird auch in [65] eingehend beschrieben. Es wurde der Einfluss der Vorbehandlung mittels Excimer-Laser ($\lambda = 248$ nm), Hochleistungsdiodenlaser ($\lambda = 810$ nm), Nd:YAG-Laser ($\lambda = 1064$ nm) und CO_2-Laser ($\lambda = 10{,}6$ µm) auf die Oberflächenenergie von unverstärktem PMMA untersucht. Die Arbeit zeigt eindeutig, dass bei den drei letztgenannten Lasern nur thermischer Abtrag bzw. Aufschmelzen der Oberfläche stattfindet. Bei der Behandlung mittels Excimer-Laser kommt es zum Einbau von Sauerstoff in die Oberfläche und somit zur deutlichen Erhöhung des polaren Anteils der Oberflächenenergie.

2.6.2 Absorption der Laserstrahlung in Matrix und Fasern

Wie oben bereits benannt, ist ein weiterer entscheidender Faktor für den dominierenden Abtragprozess die Absorption der Harzmatrix im jeweiligen Wellenlängenbereich [66]. Ist diese gering, wird nur ein geringer Teil der Energie im Bereich der Oberflächenschicht absorbiert und es kommt zur Wechselwirkung der Laserstrahlung mit den Verstärkungsfasern. Das Absorptionsspektrum eines typischen Epoxidharzes ist in Abb. 2.37 dargestellt. Es wird deutlich, dass die Absorption nur für Wellenlängen im UV-Bereich unterhalb von 300 nm und für solche oberhalb von 3000 nm hoch ist. Dies bedeutet gleichzeitig, dass bei Wellenlänge von etwa 1060 nm, wie sie von den häufig verwendeten und industriell sehr verbreiteten Festkörperlasern emittiert werden, nahezu keine direkte Wechselwirkung zwischen Laserstrahlung und Matrixharz stattfindet. Bei der Verwendung von Kohlenstofffasern, welche im gesamten Wellenlängenspektrum eine sehr hohe Absorption aufweisen, führt dies dazu, dass die Oberfläche der obersten Kohlenstofffaserlage nahezu die gesamte eingebrachte Leistung absorbiert und es infolgedessen zu einer schlagartigen lokalen Erwärmung kommt, die in Kombination mit der ebenfalls thermisch bedingten Matrixdegradation an der Faseroberfläche zu einem Absprengen der Matrixdeckschicht führen kann. Dies ermöglicht zwar einerseits eine schnelle und energieeffiziente Entfer-

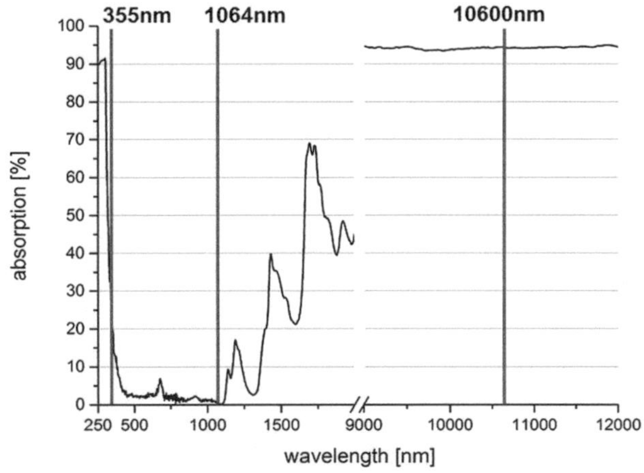

Abb. 2.37 Absorptionsspektrum eines typischen Epoxid-Matrixharzes. (Bildquelle: ifs, Uni Braunschweig)

nung der obersten Matrixlage, birgt jedoch die Gefahr einer thermischen Degradation der darunterliegenden Matrixschichten durch Wärmeleitung, welche Ursache für ein Delaminationsversagen des Faserverbundes sein kann [67].

Bei Auswahl geeigneter Parameter können nach einer Vorbehandlung von CFK mittels Festkörperlaser die Verbindungsfestigkeiten geschliffener Referenzen bei kohäsivem Versagen im Klebstoff erreicht werden, dies ist in zahlreichen Veröffentlichungen dokumentiert [68–71].

Bei der Verwendung von Glasfasern als Verstärkungsmaterial, welche eine sehr geringe Absorption für Wellenlägen im nahen Infrarot aufweisen und ohne Zugabe weiterer Füllstoffe (z. B. Ruß) ist diese Wellenlänge nicht zur Vorbehandlung geeignet. Untersuchungen an glasfaserverstärkten Materialien, welche in [68] beschrieben sind, belegen starke Schädigungen des Materials infolge optischer Brechungseffekte innerhalb der Glasfasern und als Resultat daraus Delaminationen kompletter Rovings.

Der Einsatz von Wellenlängen im ultravioletten Spektrum ($\lambda < 380\,\text{nm}$) birgt neben dem oben erwähnten Potenzial zur Oberflächenaktivierung [72–74] durch photochemische Wechselwirkungen und dem Vorteil der vergleichsweise hohen Absorption insbesondere bei Wellenlängen unterhalb von 300 nm auch einige Nachteile bzw. besondere Herausforderungen. Diese liegen sowohl auf Seiten der deutlich höheren Kosten für die Anlagentechnik, der geringeren Effizienz und Robustheit als auch darin, dass im Gegensatz zur nahen Infrarotstrahlung die Führung dieser Wellenlänge durch eine optische Faser, wie sie unter Automatisierungsaspekten hochattraktiv ist, nicht möglich ist. Bei Strahlung im besonders kurzwelligen UV-Bereich unterhalb von 200 nm besteht das zusätzliche Problem, dass diese Strahlung bereits mit den Molekülen der Atmosphäre wechselwirkt und daher die freien Weglängen stark reduziert sind, bzw. die Bearbeitung bei reduziertem Umgebungsdruck stattfinden muss. Dies führt dazu, dass diese Wellenlängen zwar unter akademischen Aspekten interessant sind, jedoch für einen weitreichenden industriellen Einsatz bisher weniger Beachtung finden.

Ein mögliches Anwendungsfeld für die UV-Laservorbehandlung ist die kombinierte Reinigung und Aktivierung von Kunststoffen, insbesondere Thermoplasten, welche mit einer alleinigen Reinigung aufgrund ihrer geringen Oberflächenenergie bzw. Polarität nur schlecht bzw. nicht klebbar sind. Untersuchungen zur Klebvorhandlung von kohlenstofffaserverstärktem PEEK mittels Excimerlaserstrahlung der Wellenlänge 193 nm in [75] zeigen eine deutliche Verbesserung der Klebfestigkeit gegenüber SiC-gestrahlten Prüfkörpern. Die Autoren beschreiben den Effekt mit der benannten Kombination von Trennmittelentfernung (Reinigung), Veränderung der Oberflächentopografie auf Mikroebene und chemischer Aktivierung in Form von Bildung von Carbonylgruppen auf den Oberflächen, die mittels XPS nachgewiesen werden konnten.

In einigen Bereichen des mittleren Infrarotspektrums, also bei Wellenlängen zwischen etwa 3 µm und 11 µm, besteht, wie aus Abb. 2.37 hervorgeht, eine hohe Absorption des Matrixmaterials. Im Gegensatz zur UV-Strahlung ist bei diesen Wellenlängen jedoch der thermische Anteil der Wechselwirkung deutlich höher, sodass die Gefahr der thermischen Degradation größer ist. Typische Laserquellen, welche im M-IR-Bereich emittieren, sind CO_2-Laser mit einer Wellenlänge von 10.600 nm. Diese weisen jedoch je nach Bauart häufig im Vergleich zu Festkörperlasern deutlich höhere Pulslängen auf (wenige µs im Vergleich zu einigen 10 ns).

Verschiedene Untersuchungen [61, 75, 76] zum Einfluss der Oberflächenvorbehandlung mit CO_2-Laserstrahlung ($\lambda = 10{,}6\,\mu m$) auf Epoxidharzen mit geringer thermischer Beständigkeit zeigen, dass durch die Vorbehandlung keine Verbesserung der Zugscherfestigkeit erzielt werden kann. Vielmehr kommt es zu einer Verringerung der Menge von Hydroxylgruppen an der Oberfläche und somit zu einer Verschlechterung der Verbindungsfestigkeit, welche die Autoren auf die unzureichende Temperaturstabilität des verwendeten Matrixharzes zurückführen. In [77] wird darüber hinaus auf die Gefahr einer thermischen Schädigung, welche durch eine Verringerung der interlaminaren Scherfestigkeit nachgewiesen werden kann, hingewiesen.

Bei der Auswahl geeigneter Parameter und von Harzsystemen mit höherer thermischer Beständigkeit wurden jedoch auch unter Verwendung von Laserquellen, welche im mittleren Infrarotbereich emittieren Verbindungsfestigkeiten, auf dem Niveau der Referenzfestigkeiten bei kohäsivem Versagen im Klebstoff realisiert [78, 79].

2.6.3 Exemplarische Ergebnisse kurz zusammengefasst

Angesichts der zahlreichen Parameter und der hohen Anzahl überlagerter Effekte bietet sich eine vereinfachende Darstellung an, anhand derer die wesentlichen Einflüsse abgeleitet werden können. Dazu werden im Folgenden in Auszügen aus [80] zusammenfassend Oberflächenbilder und auf Referenzen normierte Zugscherfestigkeiten von Prüfkörpern dargestellt, die im UV (308 nm), N-IR (1064 nm) und M-IR (9250/10600 nm) mit jeweils eher geringer, mittlerer und höherer akkumulierter Energie bearbeitet wurden. Die akku-

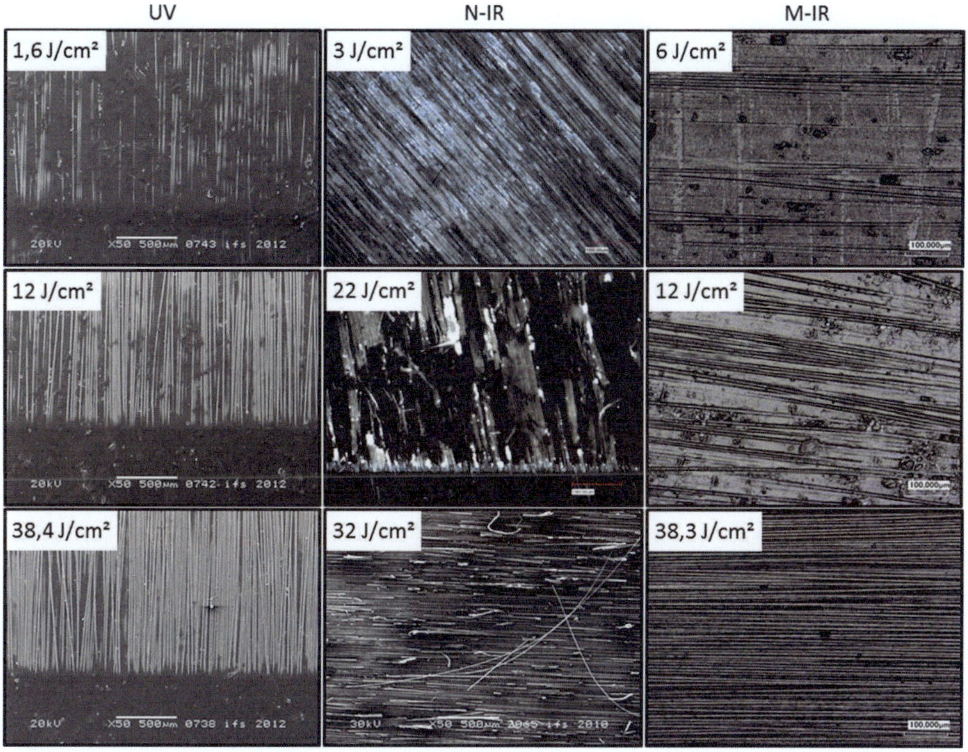

Abb. 2.38 Übersicht über mit UV-, N-IR- und M-IR-Strahlung bei geringer, mittlerer und erhöhter Intensität vorbehandelte Oberflächen. (Bildquelle: ifs, Uni Braunschweig)

mulierte Energie beschreibt dabei das Produkt aus der Pulsfluenz und der mittleren Anzahl der Pulse, mit der jedes Flächeninkrement bearbeitet wurde [81].

Für diesen Vergleich wurden bewusst Parameter ausgewählt, anhand derer sich die auftretenden Effekte möglichst anschaulich darstellen lassen. Abb. 2.38 zeigt die Übersicht der Oberflächenbilder nach der Bearbeitung mit den genannten Wellenlängen und Intensitäten. Anhand der Oberflächenbilder wird deutlich, dass das Abtragsverhalten bei UV und M-IR Strahlung ein anderes ist, als bei der Bearbeitung im nahen Infrarotbereich. Besonders bei der Bearbeitung mit geringer und mittlerer Intensität bei 1064 nm Wellenlänge sind partielle Ablösungen der Matrixharzschicht von den Fasern zu erkennen, die jedoch aufgrund des nicht ausreichenden Energieeintrags nicht vollständig von der Oberfläche entfernt werden können. Dies spiegelt den bei dieser Wellenlänge auftretenden Abtragsmechanismus wieder. Durch die geringe Absorption im Matrixharz wechselwirkt die Laserstrahlung mit den Kohlenstoffasern, es kommt zur Erwärmung und damit zur thermischen Degradation der Grenzschicht zwischen C-Faser und Matrixharz, welche zur Ablösung der Matrixharzlage führt. Durch das schlagartige Absprengen sowie durch

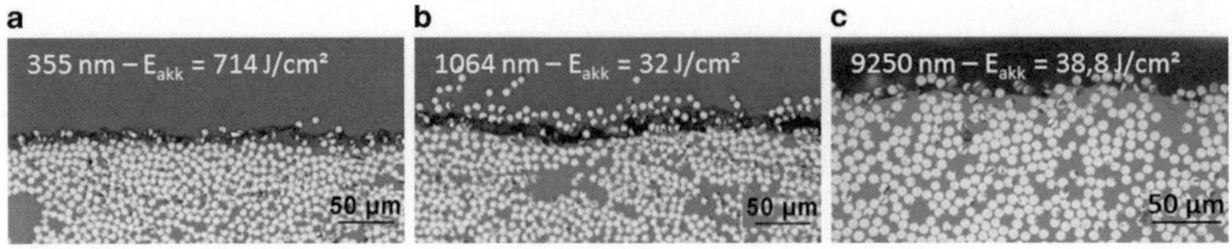

Abb. 2.39 Querschliffe von kohlenstofffaserverstärkten EP (**a** Bearbeitung mit 355 nm, **b** 1064 nm, **c** 9250 nm). (Bildquelle: ifs, Uni Braunschweig)

Wärmeleitung durch die Faser kann es dabei zur Faserschädigung und Delamination im Material kommen.

Dieser Effekt wird auch bei Betrachtung der Schliffbilder in Abb. 2.39 deutlich. Bei den im M-IR und UV-Bereich vorbehandelten Proben sind keine bzw. nur sehr wenige Ablösungen oder Degradationen zwischen der obersten Faserlage und dem Grundwerkstoff zu erkennen, während bei den im nahen Infrarot-Bereich vorbehandelten Oberflächen eine deutliche Ablösung der obersten Matrixschicht ersichtlich ist. Bei der Bearbeitung im UV- und M-IR-Bereich erfolgt ein Matrixabtrag von der Oberfläche aus ins Material hinein, da die Absorption für diese Wellenlängen hoch ist. Somit ist ein sukzessiv steigender Materialabtrag mit steigender akkumulierter Energie zu beobachten.

Abb. 2.40 zeigt die zu den dargestellten Oberflächen zugehörigen Zugscherfestigkeiten. Die mit UV-Laserstrahlung vorbehandelten Proben zeigen insgesamt hohe Verbindungs-

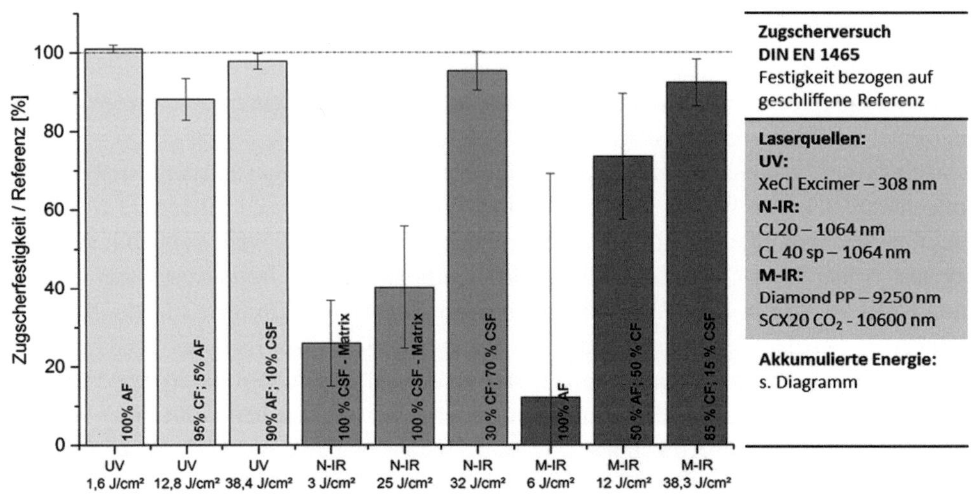

Abb. 2.40 Übersicht über normierte Zugscherfestigkeiten von mit UV-, N-IR- und M-IR-Strahlung bei geringer, mittlerer und erhöhter Intensität vorbehandelten Prüfkörpern. (Bildquelle: ifs, Uni Braunschweig)

festigkeiten in der Größenordnung der geschliffenen Referenzen bei kohäsivem Versagen im Klebstoff. Die Abweichungen des Parameters mit mittlerer Intensität sind vermutlich durch einen unvollständigen Abtrag der Schlichte, welche als Haftvermittler auf den Kohlenstofffasern vorliegt, begründet.

Bei der Bearbeitung im nahen Infrarot werden mit dem schwachen und mittleren Bearbeitungsparameter nur geringe Festigkeiten erzielt. Es kommt zum Versagen in der obersten Matrixlage, während mit der hohen akkumulierten Energie zwar die Festigkeit der geschliffenen Referenz erzielt wird, aber durch eingebrachte thermische Schädigung Delaminationsversagen (vgl. dazu auch Abb. 2.39) auftritt.

Die Proben, welche im M-IR Bereich bearbeitet wurden, versagen bei schwacher und mittlerer Bearbeitung vollständig bzw. anteilig adhäsiv, wodurch die verringerten Festigkeiten zu erklären sind. Bei intensiver Bearbeitung ist das Versagen im Wesentlichen kohäsiv und es wird die Festigkeit der geschliffenen Referenz erzielt.

Diese Ergebnisse spiegeln die im Kontext der Oberflächenbilder erörterten wellenlängen- bzw. absorptionsabhängigen Abtragsmechanismen wieder. Im Vergleich zwischen der UV- und M-IR-Wellenlänge wird jedoch deutlich, dass bei der Bearbeitung im M-IR-Bereich eine wesentlich größere akkumulierte Energie zur vollständigen Entfernung des Trennmittels bzw. auch zur Erzielung einer vergleichbaren Oberflächenstruktur benötigt wird (vgl. Abb. 2.38). Dieser Effekt kann anhand der wellenlängenabhängigen Photonenenergie erklärt werden. Bei der Bearbeitung mit Strahlung im UV-Bereich, welche einer Photonenenergie von etwa 4 eV entspricht, treten neben den photothermischen Effekten zusätzlich photochemische Wechselwirkungen auf, welche einen Abtrag von Kontamination und Matrixharz bei deutlich geringeren akkumulierten Energien erlauben.

2.6.4 Ausblick: Klebvorbehandlung in Serienprozessen

Die zahlreichen benannten Untersuchungen im akademischen Umfeld zeigen das hohe Potenzial einer Laservorbehandlung zur werkstoffgerechten und automatisierten Klebvorbehandlung von Faserverbundwerkstoffen. Dabei bieten sich die in der Industrie bereits weit verbreiteten Festkörperlaser, welche im nahen Infrarotbereich um 1000 nm Wellenlänge emittieren, sowohl was die Investitionskosten angeht als auch bzgl. ihrer Robustheit und der Möglichkeit zur Integration in automatisierte Prozessketten aufgrund der Faserführbarkeit an. Die Herausforderung an dieser Stelle ist jedoch das durch die niedrige Absorption in der Matrix meist sehr schmale Prozessfenster, welches insbesondere bei Materialien mit Schwankungen in der Dicke der obersten Matrixharzschicht zum Tragen kommt.

Bei Laserquellen im ultravioletten Bereich, deren technologisches Potenzial durch die hohe Absorption sowie die theoretische Möglichkeit zur Oberflächenaktivierung niederpolarer Kunststoffe ungleich höher ist, besteht die offene Herausforderung in der Strahlführung, welcher durch einen statischen Aufbau des Lasers und der Bewegung des Bauteils begegnet werden kann, sowie den vergleichsweise hohen Kosten pro Watt Laserleistung.

Eine vielversprechende Variante besteht im Einsatz von Strahlung im mittleren Infrarotbereich mit einer Wellenlänge unterhalb derer, die von konventionellen CO_2-Lasern emittiert wird. Viele Kunststoffe weisen im Bereich um 3 µm eine Absorptionsbande auf, die genutzt werden kann, um trotz eines im Vergleich zur Bearbeitung bei 9 µm oder 10 µm Wellenlänge geringen thermischen Eintrages eine hohe Absorption und damit den angestrebten Abtrag von der Oberfläche aus zu erreichen. Zudem ist für diese Wellenlängen die Strahlführung durch eine optische Faser im Rahmen gewisser Limitationen denkbar. Erste Untersuchungen [82] mit neu entwickelten und in diesem Bereich emittierenden Laserquellen zeigen ein hohes Potenzial der Technologie. Allerdings befinden sich diese Laserquellen noch einige Stufen vor der industriellen Umsetzung.

Die Autoren
Dr.-Ing. Stefan Kreling leitete die Arbeitsgruppe Faser- und Werkstoffverbunde am Institut für Füge- und Schweißtechnik (ifs) der TU Braunschweig und ist jetzt bei VW in Wolfsburg in der Konzernforschung Werkstoffe und Fertigungsverfahren im Bereich Fügeverfahren tätig.

David Blass (d.blass@tu-braunschweig.de) ist wissenschaftlicher Mitarbeiter am ifs und beschäftigt sich mit der Laservorbehandlung von Faserverbundwerkstoffen.

Prof. Dr.-Ing. Klaus Dilger ist Leiter des Institutes.

2.7 Faserverbundwerkstoffe unterdruckstrahlen – Sauber und prozesssicher vorbehandeln

Stefan Kreling, David Blass, Ralph Wilken und Klaus Dilger

Bei der Auswahl der jeweils richtigen Methode zum Vorbehandeln von Faserverbundwerkstoffen kommt es in erster Linie auf die zuverlässige Entfernung von Kontaminationen an. Außerdem muss sichergestellt sein, dass die Bauteiloberflächen bei der Behandlung nicht geschädigt werden. Aber auch Aspekte wie Integrierbarkeit des gewählten Verfahrens in Produktionsabläufe sowie die Höhe der Investitionskosten spielen eine Rolle.

Aus technologischen und wirtschaftlichen Gründen werden heute weiterhin Prozesse wie das manuelle Schleifen oder auch das Überdruck-Sandstrahlen trotz der Verfügbarkeit von Verfahren mit erheblichen technologischen Vorteilen wie z. B. der Laser- oder Plasmavorbehandlung in der industriellen Produktion eingesetzt. Hinzu kommt, dass im Gegensatz zu den zahlreichen eher akademisch geprägten Untersuchungen zu diesen Verfahren [z. B. 83, 84, 85] in der Realität, insbesondere im Automobilbau, häufig Schwankungen in der Materialqualität (z. B. Matrix-Deckschichtdicke) und auch eine Vielzahl verschiedener Kontaminationen in teilweise stark schwankenden Konzentrationen auftreten.

Vor diesem Hintergrund bieten sich insbesondere im Bereich kleiner und mittlerer Serien (aktuell typische Einsatzbereiche von FVK-Bauteilen) robuste Verfahren an, bei denen ein mechanischer Abtrag der obersten Matrixschicht inklusive der darauf vorhandenen Kontaminationen erfolgt. Der prominenteste Vertreter dieser Verfahren ist das manuelle Schleifen, welches im Flugzeugbau sehr verbreitet ist, aber auch in einzelnen Kleinserien- oder Prototypenanwendungen im Fahrzeugbau noch Anwendung findet. Allerdings begrenzen der hohe Personalaufwand sowie die eingeschränkte Reproduzierbarkeit, die aus der überwiegend manuellen Anwendung resultieren, die Einsetzbarkeit dieses Verfahrens in einer zukünftigen Großserienfertigung. In Richtung höherer Stückzahlen wird häufig das Überdruck-Sandstrahlen verwendet, welches sowohl manuell als auch über Portalsysteme oder robotergestützt automatisiert erfolgen kann. Nachteilig sind allerdings die starke Staubentwicklung und die dadurch notwendige Einhausung bzw. umfangreiche Nachreinigung der Fügeteile, die direkt in einer Limitierung der Integrierbarkeit in bestehende Prozessketten resultieren. Häufig werden in diesen Fällen die Einhausungen bestehender Anlagen eingesetzt, welche beispielsweise verwendet werden, um die Bauteile nach dem RTM-Prozess zu besäumen.

Eine Variante des konventionellen Sandstrahlens, welche die Notwendigkeit zusätzlicher Einhausungen sowie der nachfolgenden Reinigung der Bauteile entfallen lässt, besteht darin, den zur Beschleunigung der Partikel benötigten Luftstrom nicht durch Druckluft, sondern durch einen Unterdruck in einer direkt auf der Oberfläche befindlichen Strahlhaube zu erzielen. Dieses Verfahren wird in der Literatur als Unterdruck- oder auch als Vakuum-Saugstrahlen beschrieben [86, 87].

2.7.1 Technologie des Unterdruckstrahlens

Bei dem eingesetzten System werden wie beim konventionellen Überdruckstrahlen Partikel durch die kinetische Energie eines Luftstroms auf die Oberfläche des Fügeteils beschleunigt. Im Gegensatz zum herkömmlichen Strahlprozess wird jedoch beim Unterdruckstrahlen der Gasstrom durch einen Unterdruck in einer geschlossenen Strahlhaube erzeugt (Abb. 2.41). Der Bearbeitungsvorgang ist durch die Verwendung der Strahlhaube lokal eingehaust. Dies bietet den wesentlichen Vorteil, dass der gesamte Aufbau ein geschlossenes System bildet. Es arbeitet überwiegend staub- und emissionsfrei und saugt die Strahl- sowie Abtragprodukte direkt von der Oberfläche ab. Aufgrund dieser Tatsache kann auf eine aus Prozesssicht ungünstige Nachreinigung der bearbeiteten Oberflächen verzichtet werden. Neben den genannten Vorteilen zeichnet sich das Verfahren durch im Vergleich zu Laser- oder Plasmaanlagen geringe Investitionskosten aus. Zudem besteht eine gute Automatisierbarkeit des Bearbeitungsprozesses, da die Strahlhaube unkompliziert an einen gängigen Industrieroboter oder ein entsprechendes Portalsystem montiert

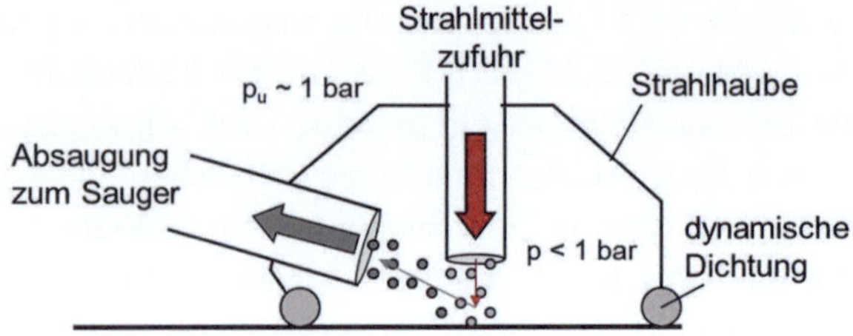

Abb. 2.41 Schematischer Aufbau der Saugstrahlhaube. (Bildquelle: IFS, TU Braunschweig)

werden kann. Somit ist auch die entsprechende Reproduzierbarkeit des Bearbeitungsprozesses durch die Einhaltung konstanter Prozessgeschwindigkeiten sichergestellt.

Der zur wirksamen Vorbehandlung nötige Abtrag von Oberflächenschichten wie beispielsweise Trennmittelkontaminationen oder fertigungsbedingten Randschichten wird wie auch beim Überdruckstrahlen oder Schleifen durch einen Erosionsvorgang an der Oberfläche hervorgerufen [88]. Beim Aufschlag der Granulatkörner auf die Oberfläche wird ihre kinetische Energie dafür genutzt, Partikel aus der Oberflächenschicht herauszuschlagen, wodurch ein lokaler Abtrag stattfindet. Dieser Abtrag wird maßgeblich von dem verwendeten Strahlgut, also Partikelgröße, -geometrie und -material, sowie der Geschwindigkeit der Partikel bestimmt, welche wiederum wesentlich von der Druckdifferenz zwischen Haube und Atmosphäre abhängig ist. Neben der sich aus diesen Größen ergebenden kinetischen Energie der einzelnen Partikel hängt das Bearbeitungsergebnis außerdem von der Bearbeitungszeit – also der Geschwindigkeit, mit der die Strahllanze über die Oberfläche bewegt wird – und dem Massenstrom des Strahlmittels ab.

2.7.2 Exemplarische Ergebnisse

In [87] werden Untersuchungen zur Klebvorbehandlung von typischen in der Automobil- und Luftfahrtbranche eingesetzten Materialkombinationen dargestellt und die grundlegende Anwendbarkeit des Verfahrens auf der Basis von Couponproben diskutiert. Dazu wurden zunächst mögliche Einflussparameter identifiziert (Vorschubgeschwindigkeit, Saugunterdruck, Granulatgröße und Granulatmaterial) und diese durch Prozessbeobachtungen charakterisiert. Im zweiten Schritt erfolgten Klebversuche von zwei deutlich unterschiedlichen Konfigurationen, eine luftfahrttypische (EP-Folienklebstoff und Prepreg-Material) und eine automobilbautypische (2K-Epoxyklebstoff und CFK/Aluminium, KTL-beschichtet), anhand derer der Einfluss der Prozessgrößen auf die Klebeigenschaften untersucht wurde.

Die Vorbehandlung der Klebfläche wurde unter Variation der identifizierten Einflussparameter durchgeführt. In einem ersten Schritt wurden die vorbehandelten Proben mit Hilfe eines Lichtmikroskops hinsichtlich der erzielten Oberfläche analysiert und im Anschluss die erzeugte Topografie mit einem konfokalen Lasermikroskop bewertet. Nach der Auswahl der Prozessparameter wurden die Proben in den beschriebenen Kombinationen

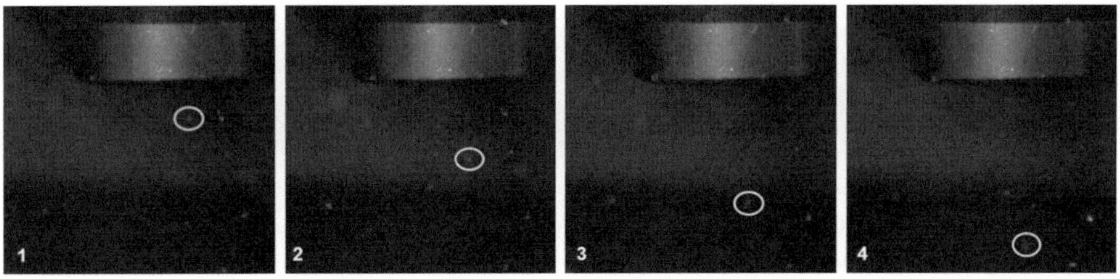

Abb. 2.42 Bildfolge zur Ermittlung der Korngeschwindigkeit. (Bildquelle: IFS, TU Braunschweig)

hergestellt und unter Zugscher- (DIN EN 1465) und schälender Beanspruchung (DIN EN 1464) geprüft.

Die kinetische Energie der einzelnen Strahlgutpartikel ist wesentliches Merkmal des Bearbeitungsprozesses. Sie hängt bekanntermaßen von Masse und Geschwindigkeit des Korns ab. Während die Masse eines Korns mit Hilfe des mittleren Durchmessers und der Dichte des verwendeten Materials verhältnismäßig einfach bestimmt werden kann, ist die Korngeschwindigkeit deutlich schwieriger zu ermitteln, da sie von Faktoren wie etwa Saugunterdruck, Korngröße, Strahlhaubengeometrie oder der Strahlgutzuführung abhängt. Zur Bestimmung der kinetischen Energie als charakteristisches Merkmal wurden für die verschiedenen untersuchten Granulate unter Variation des Saugunterdruckes Prozessaufnahmen mit einer Hochgeschwindigkeitskamera mit 11.200 Bildern pro Sekunde angefertigt. Diese Bildfolgen wurde im Anschluss ausgewertet und so für jede Parameterkombination die mittlere Korngeschwindigkeit bestimmt. Abb. 2.42 zeigt exemplarisch eine der ausgewerteten Bildfolgen.

Auf Grundlage dieser Ergebnisse konnte für die einzelnen Parameterkombinationen eine mittlere kinetische Energie der Strahlgutpartikel bestimmt werden. Abb. 2.43 zeigt für die unterschiedlichen Kombinationen aus Saugunterdruck und Granulat die kineti-

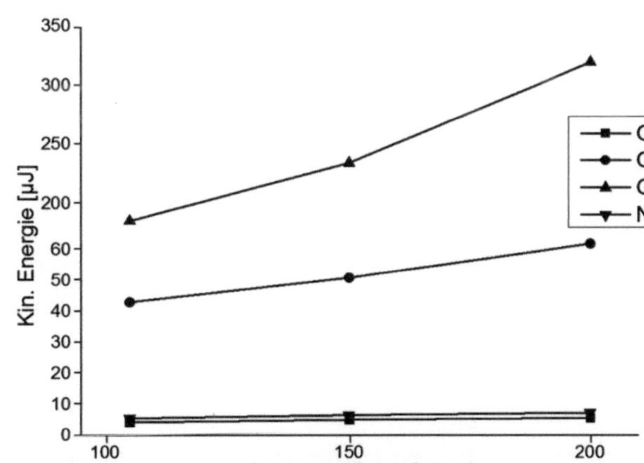

Abb. 2.43 Kinetische Energie der einzelnen Parameterkombinationen. (Bildquelle: IFS, TU Braunschweig)

sche Energie eines Korns, die Abkürzung GB steht für Glasbruch, Na_2CO_3 steht für Natriumcarbonat (Soda) als Strahlmittel. Die Zahl bezeichnet die mittlere Korngröße der Glasbruchpartikel in µm.

Nach der Prozessbeobachtung kann eine erste tendenzielle Aussage über die Wirksamkeit einer Vorbehandlungsmethode über den Vergleich des Benetzungswinkels einer nicht vorbehandelten und einer vorbehandelten Probe getroffen werden. Auf den vorbehandelten Oberflächen wurde als Indiz für die Veränderung der Oberflächenchemie zusätzlich die Oberflächenenergie mittels Kontaktwinkelmessungen bestimmt.

Es zeigt sich, dass durch die Vorbehandlung mittels Unterdruckstrahlen die Oberflächenenergie stark erhöht wird. Auffällig ist hierbei aber, dass die Verwendung von Glasbruch als Granulat nahezu ausschließlich den dispersen Anteil der Oberflächenenergie erhöht (von 17 mJ/m^2 auf 45 mJ/m^2), während die Verwendung von Natriumcarbonat als Strahlmittel beide Anteile, besonders aber den polaren Anteil stark erhöht (von 5 mJ/m^2 auf 19 mJ/m^2). Dabei gilt es jedoch zu beachten, dass es infolge der Vorbehandlung nicht nur zum Abtrag und einer möglichen chemischen Veränderung der Oberfläche kommt, sondern auch die Topografie wesentlich beeinflusst wird, wodurch die Vergleichbarkeit der gemessenen Benetzungswinkel – und damit auch der Oberflächenenergien – eingeschränkt ist. Allerdings zeigt ein Vergleich der Oberflächenenergie der unvorbehandelten und der mit Natriumcarbonat gestrahlten Proben, dass trotz annähernd vergleichbarer Rauheiten (0,142 µm bzw. 0,320 µm) eine deutliche Steigerung der Oberflächenenergie erzielt werden kann. Darüber hinaus wurde die Erhöhung der Oberflächenenergie durch Strahlprozesse bereits umfangreich in der Literatur beschrieben [89, 90].

Das Bild der gestrahlten Oberfläche zeigt sich stark abhängig von den gewählten Parametern. Am Beispiel der Variation der Vorschubgeschwindigkeit und somit der Strahldauer erfolgt die Diskussion der Beobachtungen.

Abb. 2.44 zeigt Proben mit gleichen Vorbehandlungsparametern, lediglich die Dauer der Vorbehandlung bzw. die Verfahrgeschwindigkeit der Probe wurde variiert. Bei der in Abb. 2.44a dargestellten Probe ist deutlich zu erkennen, dass die Behandlungszeit nicht ausreichend war, um eine Entfernung der obersten Matrixschicht zu erreichen. Abb. 2.44b zeigt eine Probe mit erhöhter Vorbehandlungsdauer, hier sind erste Ablösungen der Matrix zu erkennen, sodass teilweise die oberste Faserlage freigelegt wird. Eine weitere Erhöhung der Intensität durch die Verringerung der Vorschubgeschwindigkeit führt schließlich dazu, dass es zu einem nahezu vollständigen Abtrag der Matrix und somit zur Freilegung der Fasern kommt (Abb. 2.44c). Diese Beobachtungen werden von den ermittelten Oberflächenrauheiten unterstrichen. So zeigt die am kürzesten vorbehandelte Probe die relativ geringen Rauheitswerte einer intakten Matrixschicht, während eine längere Vorbehandlung die Oberflächenrauheit durch zunehmende Freilegung der Faser erhöht. Bei der Betrachtung der Abb. 2.44a–c wird ersichtlich, dass eine starke Abhängigkeit des Bearbeitungsergebnisses, bestehend aus Oberflächenrauheit und der Strahldichte, also dem Bearbeitungsgrad der Oberfläche, von der Strahldauer bzw. Vorschubgeschwindigkeit besteht.

Ähnliche Beobachtungen wurden auch für die weiteren Einflussfaktoren getroffen. So zeigt sich, dass bei der Erhöhung des Saugunterdruckes ein deutlich intensiverer Abtrag

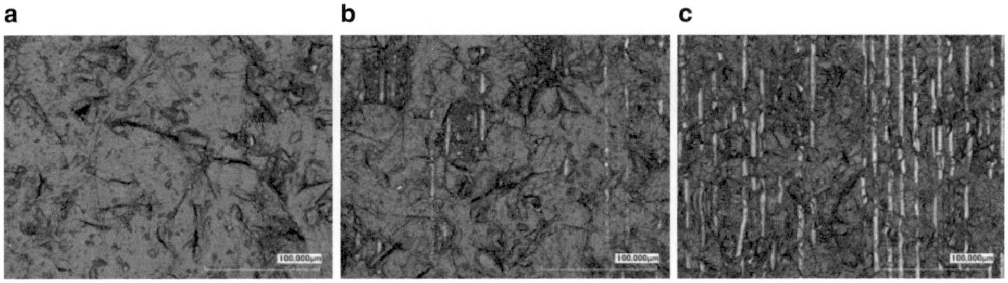

Abb. 2.44 Lichtmikroskopische Aufnahmen unterdruckgestrahlter Oberflächen. **a** Bei dieser vorbehandelten Probe war die Intensität nicht ausreichend, um die Matrix von der obersten Faserlage zu entfernen. **b** Die Erhöhung der Strahldauer und somit der Vorbehandlungsintensität führt zu ersten Ablösungen der Matrix. **c** Eine weitere Verringerung der Vorschubgeschwindigkeit und somit Erhöhung der Strahldauer führt zu einer nahezu vollständigen Freilegung der obersten Faserlage. (Bildquelle: IFS, TU Braunschweig)

der Oberfläche stattfindet, was sich ebenfalls in der Oberflächenrauheit widerspiegelt. Bei der Verwendung unterschiedlicher Korngrößen konnte beobachtet werden, dass die Verwendung größerer Granulatkörner zu einer weniger gleichmäßigen Bearbeitung der Oberfläche führt. Dies ist darauf zurückzuführen, dass in den in [87] beschriebenen Versuchen der Massenstrom über alle Versuche konstant auf 300 g/min eingestellt wurde. Bei deutlich schwereren Partikeln treffen also weniger Körner pro Zeit auf die Oberfläche. Dies führt – verbunden mit einer hohen Vorschubgeschwindigkeit – dazu, dass nicht mehr alle Bereiche der Oberfläche sicher von einem Strahlgutpartikel getroffen werden. Durch die hohe kinetische Energie der Partikel sind die Einschlagskrater deutlich ausgeprägter, sodass eine höhere Oberflächenrauheit verursacht wird (Abb. 2.45).

Im Zugscherversuch wird ein erheblicher Unterschied zwischen der automobil- und der luftfahrttypischen Konfiguration ersichtlich (Abb. 2.46). Dies gilt sowohl für die unbearbeiteten als auch für die mittels Unterdruckstrahlen vorbehandelten Prüfkörper. Die nicht vorbehandelten Referenzproben versagen bei beiden Materialtypen vollständig adhäsiv, jedoch ist die Festigkeit der Luftfahrtkombination deutlich geringer, dies ist auf die ausgeprägte Trennwirkung des verwendeten Trennmittels auf Silikonbasis zurückzuführen. Die vorbehandelten Proben aus dem Luftfahrt-CFK zeigen mit steigender Bearbeitungsgeschwindigkeit einen zunehmenden Anteil adhäsiven Versagens (AF) bei abnehmender Verbindungsfestigkeit. Dies lässt darauf schließen, dass das Trennmittel nicht vollständig von den Oberflächen entfernt wird und somit keine ausreichende Adhäsion aufgebaut werden kann.

Bei den Automobilproben zeigt sich das Bruchbild im Wesentlichen unabhängig von der Parameterkombination der Vorbehandlung, da alle vorbehandelten Proben durch eine Mischung aus Versagen in der KTL-Beschichtung und Delamination im Fügeteil (CSF) versagen. Bei dieser Werkstoffkombination stellen nach der Vorbehandlung also diese Ebenen den limitierenden Faktor für die Festigkeit der Gesamtverbindung dar. Dabei wirkt

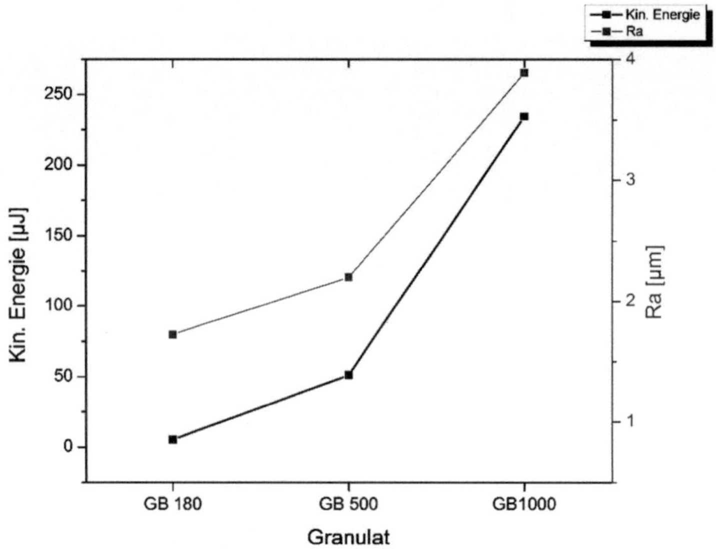

Abb. 2.45 Die Verwendung gröberen Granulats und somit eine höhere kinetische Energie der Einzelpartikel führt zu einer größeren Oberflächenrauheit. (Bildquelle: IFS, TU Braunschweig)

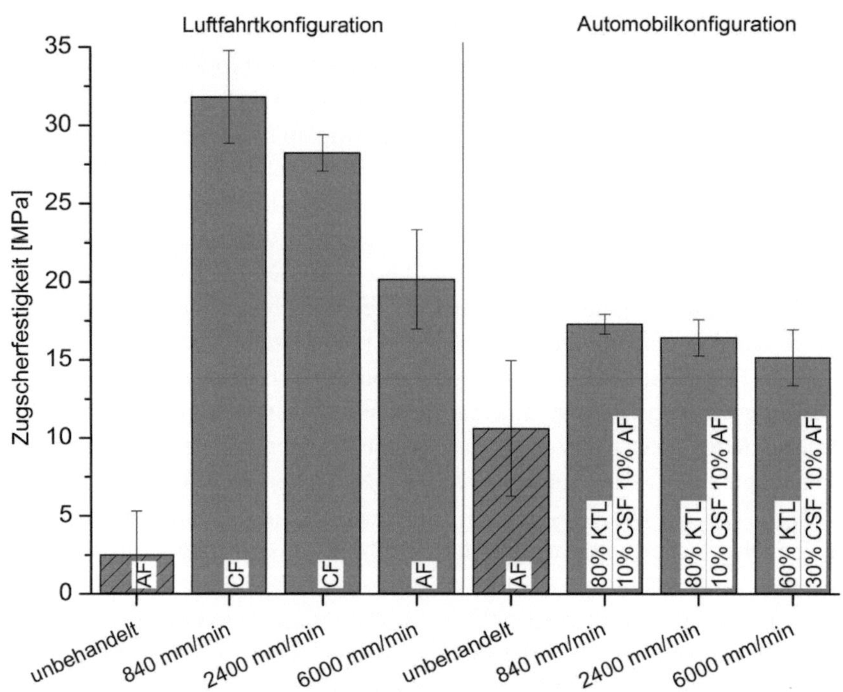

Abb. 2.46 Zugscherfestigkeiten der beiden untersuchten Materialkombinationen bei variierter Bearbeitungsgeschwindigkeit. (Bildquelle: IFS, TU Braunschweig)

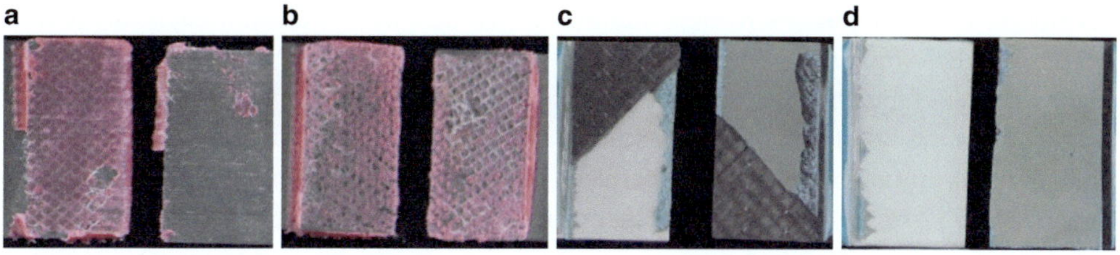

Abb. 2.47 Versagensbilder unterschiedlich vorbehandelter CFK-Proben. **a** Adhäsives Versagen (AF), **b** kohäsives Versagen (CF), **c** Mischbruch (CFK + KTL), **d** Vollständige Ablösung (KTL) (Bildquelle: IFS, TU Braunschweig)

sich auf die erzielbare Festigkeit insbesondere das frühe Versagen der KTL-Beschichtung negativ aus. Dies ist auf die durch die geringe Dicke (~ 1,1 mm) der KTL-Fügeteile verursachte hohe lokale Dehnung zurückzuführen. Da die KTL-Beschichtung eine vergleichsweise geringe Bruchdehnung besitzt, kommt es aufgrund der lokalen Dehnung des Bleches zur Ablösung der Beschichtung vom Substrat und dadurch zum Versagen der Verbindung, bevor die kohäsive Festigkeit der Klebschicht erreicht werden können. Eine Übersicht der auftretenden Bruchbilder ist in Abb. 2.47 dargestellt.

Abb. 2.48 zeigt noch einmal anschaulich den Einfluss der Bearbeitungsgeschwindigkeit auf das Versagensverhalten anhand der Bruchfläche und des Kraft-Weg-Verlaufes einer Rollenschälprobe. Auf dem dargestellten Fügeteil wurden drei Bereiche mit variierter Geschwindigkeit vorbehandelt, die Bereiche dazwischen sind jeweils unbehandelt. Aufgrund

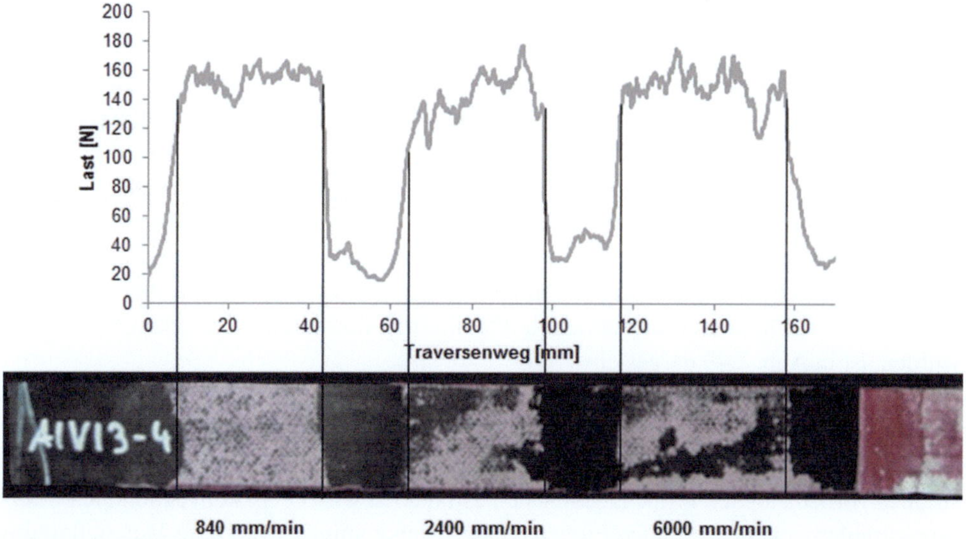

Abb. 2.48 Last-Traversenweg-Verlauf und Bruchbild einer im Rollenschälversuch geprüften Probe aus der Luftfahrtkonfiguration. (Bildquelle: IFS, TU Braunschweig)

der höheren Sensitivität des Rollenschältests gegenüber Oberflächeneffekten tritt bereits bei der Bearbeitungsgeschwindigkeit von 2,4 m/min teilweise adhäsives Versagen auf.

In weiteren Versuchen konnte anhand entsprechender Parametervariationen aufgezeigt werden, dass die übertragbaren Lasten bei der Variation von Saugunterdruck, Korngröße und Granulat-art innerhalb des Streubereichs ihres Prüfloses und somit auf einem Niveau liegen. Diese Prozessgrößen stellen also im Rahmen des untersuchten Prozessfensters keinen Einfluss auf das Bearbeitungsergebnis bzw. die erzielbaren Verbindungsfestigkeiten dar, was wiederum eine hohe Robustheit des Prozesses gegenüber Störgrößen bedeutet.

2.7.3 Einsatz alternativer Strahlmittel

Bei der Klebvorbehandlung von duromeren Faserverbundwerkstoffen ist das wesentliche Ziel die Entfernung der Oberflächenkontaminationen. Demgegenüber steht bei der Klebvorbehandlung von thermoplastischen Faserverbundkunststoffen eine Aktivierung der Oberfläche und bei der Bearbeitung von Leichtmetallen wie Magnesium oder Aluminium spielt auch der Abtrag der obersten, meist vergleichsweise undefinierten Oxidschicht eine entscheidende Rolle. Durch den Einsatz beschichteter Strahlgranulate und die Ausnutzung des tribochemischen Effektes wird in konventionellen Überdruckstrahlprozessen direkt im Strahlprozess eine Schicht abgeschieden, die zum einen die Bildung neuer Oxidschichten verhindern und zum anderen als Haftvermittlerschicht fungieren soll, was sich sowohl bei thermoplastischen FVK als auch metallischen Fügepartnern als positiv erweist [91]. Ein prominenter Vertreter dieser Strahlmittel ist SACO^{PLUS}, dessen Wirkprinzip in der Abscheidung haftvermittelnder Silan-Schichten auf Basis der Umwandlung der kinetischen Kornenergie beruht. Die Korngeschwindigkeiten beim konventionellen Überdruckstrahlen sind allerdings bedeutend höher als die beim Vakuum-Saugstrahlen, was die Wirksamkeit der SACO^{PLUS}-Behandlung theoretisch einschränkt. Im Rahmen verschiedener Untersuchungen wurde der Einsatz einer solchen In-situ-Beschichtung auch für das Vakuum-Saugstrahlen betrachtet und mit konventionellem Überdruckstrahlen verglichen. Da der Effekt der in-situ abgeschiedenen Haftvermittlerschicht häufig erst nach einer Alterungsbeanspruchung deutlich wird, wurden einige Prüfkörper zusätzlich einer Lagerung bei feuchtegesättigter Atmosphäre und 70 °C unterzogen. Ein Auszug der in [86] dargestellten Ergebnisse, die mittels Zugscherversuchen an mit einem 2-Komponenten-Epoxidharz-klebstoff gefügten Aluminium-Aluminium-Verbindungen ermittelt wurden, ist in Abb. 2.49 dargestellt.

Neben dem typischen durch die feucht-warme Alterung bedingten Nachhärtungseffekt ist deutlich die höhere Verbindungsfestigkeit der SACO-gestrahlten Proben durch die Oberflächenkonservierung abzulesen. Darüber hinaus erreichen die mittels Unterdruckstrahlen vorbehandelten Proben identische Festigkeiten wie die im konventionellen Überdruckstrahlprozess hergestellten Proben. Damit kann zumindest für diese Materialkombination der Nachweis erbracht werden, dass trotz der erheblich geringeren Druckdifferenz und damit auch geringeren Teilchenenergie beim Unterdruckstrahlen ausreichend Ener-

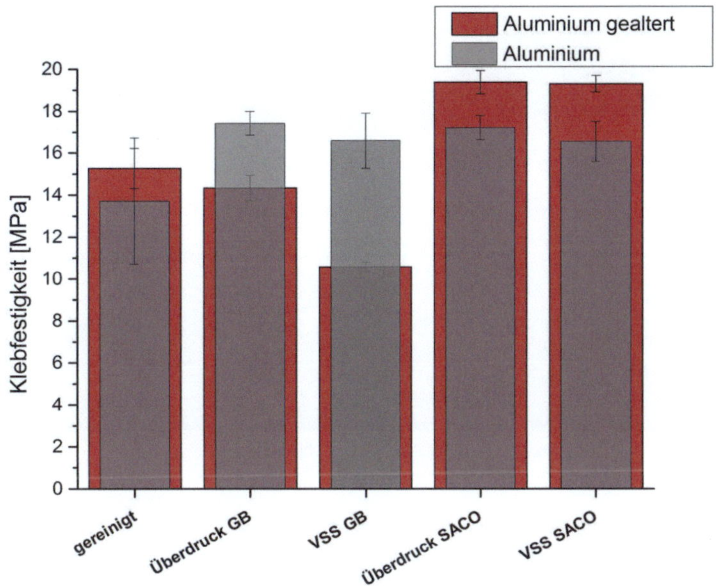

Abb. 2.49 Vergleich Überdruck- und Unterdruckstrahlen (*VSS*) mit konventionellem Strahlgut (Glasbruch *GB*) und *SACO* – Ergebnisse vor und nach feucht-warmer Alterung. (Bildquelle: IFS, TU Braunschweig)

gie zur Abscheidung der Partikelbeschichtung auf der Aluminiumoberfläche eingebracht wird.

2.7.4 Herausforderungen im Einsatz für komplexe Bauteile

Die in Abb. 2.43 dargestellte Korrelation zwischen kinetischer Energie der Strahlgutpartikel und Haubenunterdruck ist gleichzeitig ein Indiz für die größte Herausforderung beim Unterdruckstrahlen komplexerer Bauteile. Diese besteht in der Sicherstellung eines möglichst konstanten Unterdrucks innerhalb der Strahlhaube, welcher wiederum wesentlich von der verwendeten Dichtungstechnik und die Geometrie der Strahlhaube abhängt. Dabei sind die Anforderungen an die Dichtungstechnik nicht nur eine hohe Verschleißbeständigkeit, um günstige Wartungsintervalle sicherzustellen, sondern auch eine zuverlässige Abdichtung gegen evtl. auch dreidimensional gekrümmte Oberflächen und bei auftretenden Bauteiltoleranzen. Mögliche Dichtungskonzepte sind ein- oder mehrreihige Bürstendichtungen, Schaumstoff, PTFE oder Elastomerringe oder auch beschichtete Schaumstoffmaterialien.

Einige Beispiele für Dichtungsvarianten sind in Abb. 2.50 dargestellt. Neben den oben genannten Kriterien zur Auswahl der Dichtungskonzepte ist auch die mögliche Kontamination der Oberfläche durch Rückstände des Dichtungsmaterials zu berücksichtigen.

Abb. 2.50 Exemplarische Übersicht verschiedener Dichtungsvarianten. (Bildquelle: IFS, TU Braunschweig)

Zusätzlich muss ein störungsfreies Verfahren über die Bearbeitungsfläche ermöglicht werden. In [89] konnte gezeigt werden, dass bei Einsatz einer Schaumstoffdichtung, die zur Verringerung der Oberflächenreibung mit einer PTFE-Folie versehen wurde, auf den vorbehandelten Oberflächen mittels XPS Fluorrückstände detektierbar sind. Diese Kontaminationen können sich wiederum negativ auf die Haftung auswirken.

2.7.5 Berührungsloses Unterdruckstrahlen

Aufgrund der beschriebenen Herausforderungen der dynamischen Abdichtung der Strahlhaube gegenüber der Oberfläche und der Gefahr der Querkontamination durch das Dichtungsmaterial bestehen Forschungsaktivitäten zum berührungslosen Unterdruckstrahlen. Hierbei wird die Strahlhaube in einem definierten Abstand über die CFK-Oberfläche geführt, ohne die Oberfläche zu berühren.

Im Rahmen dieser Forschungsaktivitäten wurde gezielt der Abstand zwischen Strahlhaube und Bauteiloberfläche variiert. Als Ergebnis dieser Parametervariation konnte ein Prozessfenster ermittelt werden, bei dem ein Unterdruck von 200 mbar mit Hilfe eines handelsüblichen Industriesaugers erreicht wurde. Um diesen Unterdruck zu gewährleisten, war ein maximaler Spalt zwischen Strahlhaube und Substratoberfläche von 0,5 mm zulässig. Bei höheren Spaltmaßen konnte der Unterdruck von 200 mbar nicht aufrechterhalten werden, sodass die kinetische Energie des Strahlmittels deutlich absank (Abb. 2.43). Dabei ist darauf zu achten, dass das Spaltmaß zwischen Bauteil und Strahlkopf umlaufend konstant bleibt, da Asymmetrien im Abstand auch zu asymmetrischen Strahlergebnissen führen.

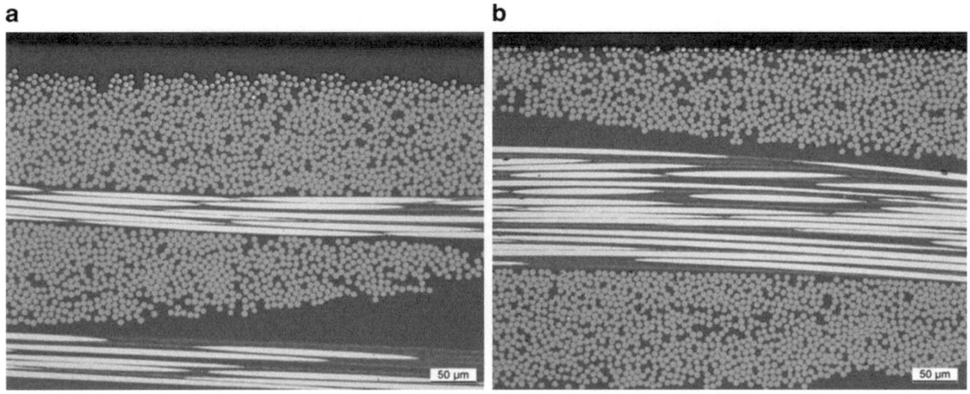

Abb. 2.51 Schliff des CFK-Substrats mit Matrixharzabdeckung vor Behandlung (**a**) und nach berührungslosem Unterdruckstrahlen ohne Faserschädigung (**b**). (Bildquelle: Fraunhofer IFAM)

Unter Verwendung eines silikatischen und eines Aluminiumoxid-Strahlmittels mit einer mittleren Körnung von 180 µm konnten über das berührungslose Unterdruckstrahlen die Trennmittelkontaminationen unterschiedlicher Entformungsprozesse abgetragen werden, ohne die Harzmatrix substantiell zu schädigen oder die Fasern in einem kritischen Maße freizulegen. Dies belegen die in Abb. 2.51 dargestellten Schliffbilder der vorbehandelten CFK-Substrate: Bei Wahl des richtigen Strahlmittels und der richtigen kinetischen Energie wird das Matrixharz abgetragen und die Fasern freigelegt, ohne eine Faserschädigung zu verursachen.

Beim berührungslosen Unterdruckstrahlen bestehen allerdings noch folgende Herausforderungen:

1. Bei einer Fläche des Saugstrahlkopfes von 65 mm × 95 mm und einem Unterdruck von 200 mbar wird das Substrat mit einer Kraft von ca. 120 N angesaugt. Um einen konstanten Dichtspalt von ca. 0,5 mm und damit einen konstanten Unterdruck zu gewährleisten, muss mit Abstandshaltern gearbeitet werden, um die notwendige Rückstellkraft ausüben zu können. Versuche, das CFK-Substrat einzuspannen und die Strahlhaube mit einem Portalsystem über die Oberfläche zu führen, hatten bei geringen Substratdicken ein „Flattern" des Bauteils zur Folge, sodass keine konstanten Saugbedingungen eingestellt werden konnten. Aufgrund der auftretenden Saugkräfte setzt die Methode also eine ausreichende Bauteilsteifigkeit voraus.
2. Die Geometrie des Saugstrahlkopfes muss exakt zur Geometrie des zu behandelnden Bauteils passen. Variiert der Spalt zwischen Strahlkopf und Substrat nur um 0,1 mm, äußert sich dies bereits in einem inhomogenen Strahlergebnis (siehe Abb. 2.52; die Homogenität des Behandlungseffekts lässt sich durch die Streulichtmesstechnik sehr gut charakterisieren).

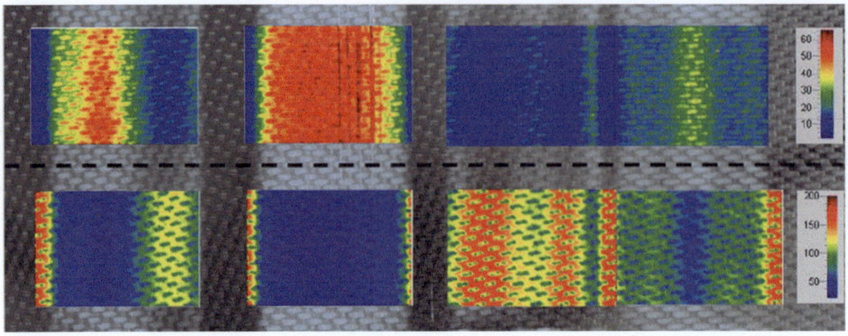

Abb. 2.52 Untersuchung verschiedener Vorbehandlungsstreifen auf einer CFK Probe mit Hilfe der Streulichtmesstechnik. (Bildquelle: Fraunhofer IFAM)

Laufende Forschungsarbeiten befassen sich daher mit der Miniaturisierung der Saugstrahlköpfe, um so einerseits die Saugkräfte zu verringern und andererseits ein homogenes Spaltmaß zwischen Strahlkopf und Bauteil gewährleisten zu können.

2.7.6 Fazit

Die beschriebenen Untersuchungen belegen, dass mit dem Unterdruckstrahlen ein umweltfreundliches, robustes und wirksames Verfahren zur Klebvorbehandlung von sowohl Faserverbundwerkstoffen als auch Metallen zur Verfügung steht. Im Vergleich zu den unvorbehandelten Proben kann bei allen Parameterkombinationen eine deutliche Steigerung der maximalen Schubspannung sowohl für ein luftfahrt- als auch ein automobilbautypisches Setup erreicht werden. Die Wirksamkeit dieser Vorbehandlungsmethode zeigte sich auch unter schälender Beanspruchung.

Es konnte ebenfalls gezeigt werden, dass es sich bei dieser Vorbehandlungsmethode um einen sehr robusten Prozess handelt, das Bearbeitungsergebnis bzw. die erzielbaren Klebfestigkeiten hängen im untersuchten Parameterfeld im Wesentlichen von der Verfahrgeschwindigkeit ab. Dies begünstigt den potenziellen Einsatz des Verfahrens in einer Serienfertigung. Offene Herausforderungen des Verfahrens bestehen insbesondere im Bereich der Dichtungstechnik. Aus diesem Grund bietet sich die Technologie insbesondere für Klebflächen an großen und nur schwach gekrümmten Bauteilen ohne enge Radien oder Hinterschnitte an.

Förderhinweis
Ein wesentlicher Anteil der dargestellten Ergebnisse wurde im Rahmen des AiF ZIM Projektes „FaVaBond“ (Laufzeit: Januar 2011 – Juni 2013) zwischen dem Institut für Füge- und Schweißtechnik und der GP Innovation erarbeitet. Das Projekt wurde gefördert durch das Bundesministerium für Wirtschaft und Technologie aufgrund eines Beschlusses

des Deutschen Bundestages. Die Ergebnisse zum berührungslosen Vakuumsaugstrahlen wurden im Rahmen des vom Bundesministerium für Bildung und Forschung geförderten Projekts „KOCOV" des Fraunhofer IFAM und GP Innovation erarbeitet.

Die Autoren

Dr.-Ing. Stefan Kreling (paul.stefan.kreling@volkswagen.de) leitete die Arbeitsgruppe Faser- und Werkstoffverbunde am Institut für Füge- und Schweißtechnik (ifs) der TU Braunschweig und ist jetzt bei VW in Wolfsburg in der Konzernforschung Werkstoffe und Fertigungsverfahren im Bereich Fügeverfahren tätig.

M. Sc. David Blass (d.blass@tu-braunschweig.de) ist wissenschaftlicher Mitarbeiter am Institut für Füge- und Schweißtechnik (ifs) der TU Braunschweig und beschäftigt sich mit Verfahren zur Klebvorbehandlung von Faserverbundwerkstoffen.

Dr. rer. nat. Ralph Wilken (ralph.wilken@ifam.fraunhofer.de) ist beim Fraunhofer-Institut für Fertigungstechnik und Angewandte Materialforschung IFAM in Bremen Leiter der Abteilung Plasmatechnik und Oberflächen.

Prof. Dr.-Ing. Klaus Dilger ist Leiter des Institutes für Füge- und Schweißtechnik (ifs) der TU Braunschweig.

Literatur

1. Fraunhofer IFAM. Kurs „DVS®/EWF-Klebfachingenieur"
2. Gleich, H., Hartwig, A., Lohse, H.: Warum das Vorbehandeln so wichtig ist. Adhäsion **60**(9), 34–38 (2016)
3. Liebel, G., Bischoff, R.: Vorbehandlung von Kunststoffoberflächen. Kunststoffe **77**(4), 373–376 (1987)
4. Armbruster, K., Osterhold, M.: Vorbehandlungsmethoden und Benetzungsfähigkeit von Kunststoffen. Metalloberfläche **44**(11), 517–519 (1990)
5. Bischoff, R.: Einfluss verschiedener Oberflächenvorbehandlungen auf Klebbarkeit, Alterung und Oberflächenbeschaffenheit von Polypropylen. Dissertation an der TU Berlin 1988, Klebstoff-Dokumentum. Hinterwaldner-Verlag, München (1988)
6. Gleich, H., Criens, R.M., Moslé, H.G., Leute, U.: The influence of plasma treatment on the surface properties of high performance thermoplastics. Int J Adhesion Adhes **9**(2), 88–94 (1989)
7. Gleich, H., Hansmann, H.: Niederdruck-Plasmabehandlung zur gezielten Modifizierung thermoplastischer Fügeflächen, Teil 1: Einfluss der Prozessparameter und Prozessoptimierung. Adhäsion **35**(1/2), 15–19 (1991)
8. Gleich, H.: Zusammenhang zwischen Oberflächenenergie und Adhäsionsvermögen von Polymerwerkstoffen am Beispiel von PP und PBT und deren Beeinflussung durch die Niederdruck-Plasmatechnologie. Dissertation an der Universität Duisburg-Essen (2004)
9. Hansmann, J.: Corona-Oberflächenbehandlung. Adhäsion **23**(5), 136–142 (1979)
10. Bloss, F.P.: Klebflächenvorbehandlung bei Formteilen mit der Freistrahlelektrode. Klebtechnisches Forum – Neue und bewährte Verfahren der Klebtechnik, Düsseldorf, 13.–14. Juni (1988)

11. Noeske, M., Jost, D., Strudthoff, S., Lommatzsch, U.: Plasma jet treatment of five polymers at atmospheric pressure: surface modifications and the relevance for adhesion. Int J Adhesion Adhesives **24**(2), 171–177 (2004)
12. Tiller, H.-J., Helbig, M., Gorski, D., Leutheuser, J.: Umweltfreundlich Vorbehandeln von Metallen, Glas, Keramik – für Lackierungen und Verklebungen – mit der Silicatortechnologie. Informationsbroschüre. SurA GmbH, Jena (1999)
13. Tiller, H.-J.: Silicoating – Grundlage für einen dauerhaften randspaltfreien, feuchtigkeitsbeständigen Metall-Kunststoff-Verbund. Jena (1999)
14. Bauer, G.P.: Gute Lackhaftung mit Fluorierung: Kunststoffoberflächen richtig vorbehandeln. besser lackieren Nr. 17., S. 7 (2000)
15. Milker, R., Koch, A.: Fluor – macht den Kunststoff gefügig. Adhäsion **33**(5), 33–35 (1989)
16. Fischer, S.: Kunststoffteile im Innen- und Außenberiech fluorieren und einschichtig lackieren. besser lackieren Nr. 17., S. 5 (2000)
17. Habenicht, G.: Kleben. Springer, Heidelberg (1997)
18. Noeske, M., Degenhardt, J., Strudthoff, S., Lommatzsch, U.: Plasma jet treatment of five polymers at atmospheric pressure. Int J Adh Adhs **24**, 171–177 (2004)
19. Liston, E., Martinu, L., Wertheimer, M.R.: Plasma surface modification of polymers for improved adhesion: a critical review. J Adhesion Sci Technol **7**, 1091–1127 (1993)
20. Römpp online Lexikon der Chemie Georg Thieme Verlag (2008)
21. Lommatzsch, U., Ihde, J.: Plasma polymerization of HMDSO with an atmospheric pressure plasma jet for corrosion protection of aluminium and low-adhesion surfaces. Plasma Process Polym **6**, 642 (2009)
22. Beer, T., Knospe, A., Buske, C.: Atmosphärisches Plasma in der Medizintechnik. In: Life Sci. Engin. Springer, Berlin (2009)
23. Melamies, I.: Klebtechnikeinsatz in gigantischen Flüssiggastankern – Sicherer LNG-Transport dank richtiger Vorbehandlung. Adhäsion **06/2007**, 12–15 (2007)
24. Lommatzsch, U.: AiF-Forschungsvorhaben 12651 N/1: Untersuchung zur Vorbehandlung von Polymerwerkstoffen und Metallen mittels potentialfreier Atmosphärendruck-Plasmen. Schlussbericht des AiF-Forschungsvorhabens 12651 N/1. Bremen (2003)
25. Noeske, M., Degenhardt, J., Strudthoff, S., Lommatzsch, U.: Plasma jet treatment of five polymers at atmospheric pressure: surface modifications and the relevance for adhesion. Int J Adhesion Adhes **24**, 171–177 (2004)
26. Lommatzsch, U., Pasedag, D., Baalmann, A., Ellinghorst, G., Wagner, H.-E.: Atmospheric pressure plasma jet treatment of polyethylene surfaces for adhesion improvement. Plasma Process Polym **4**, 1041–1045 (2007)
27. Baeuerle, D., Arenholz, E., Svorcik, V., Heitz, J., Luk'yanchuk, B.S., Bityurin, N.M.: Laser-induced surface modifications, structure formation, and ablation of organic polymers (1995)
28. Lippert, T., Dickinson, J.T.: Chemical and spectroscopic aspects of polymer ablation: special features and novel directions. Chem Rev **103**(2), 453–486 (2003)
29. Satas, D.: Plastics finishing and decoration. Van Nostrand Reinhold, New York (1986)
30. Ball, Z., Hopp, B., Csete, M., Ignácz, F., Rácz, B., Sauerbrey, R., Szabó, G.: Transient optical properties of excimer-laser-irradiated polyimide. Appl Phys A Mater Sci Process **61**(5), 547–551 (1995)
31. Lippert, T., Bennett, L.S., Nakamura, T., Niino, H., Ouchi, A., Yabe, A.: Comparison of the transmission behavior of a triazeno-polymer with a theoretical model. Appl Phys A Mater Sci Process **63**(3), 257–265 (1996)
32. Srinivasan, R., Hall, R.R., Loehle, W.D., Wilson, W.D., Allbee, D.C.: Chemical transformations of the polyimide Kapton brought about by ultraviolet laser radiation. J Appl Phys **78**(8), 4881 (1995)

33. Lu, J., Deshpande, S.V., Gulari, E., Kanicki, J., Warren, W.L.: Ultraviolet light induced changes in polyimide liquid-crystal alignment films. J Appl Phys **80**(9), 5028 (1996)
34. Achereiner, F.: Verbesserung von Adhäsionseigenschaften verschiedener Polymerwerkstoffe durch Gasphasenfluorierung. Diss. Univ. Erlangen, S. 1–156 (2009)
35. Habenicht, G.: Kleben: Grundlagen, Technologien, Anwendungen, 5. Aufl. Springer, Berlin Heidelberg New York (2009)
36. Pocius, A.V.: Adhesion and adhesives technology an introduction. Hanser, München (2012)
37. Crafer, R.C., Oakley, P.J.: Laser processing in manufacturing. Springer, Dordrecht (1993)
38. Rytlewski, P., Żenkiewicz, M.: Applications of lasers in metallization of thermoplastic and thermosetting polymers. J Achiev Mater Manuf Eng **57**(2), 59–67 (2013)
39. Serafetinides, A.A., Spyratou, E., Makropoulou, M.: Laser ablation and high precision patterning of biomaterials and intraocular lenses, S. 77470V (2010)
40. Lagiou, D.P., Evangelatos, C., Apostolopoulos, A., Spyratou, E., Bacharis, C., Makropoulou, M., Serafetinides, A.A.: UV laser ablation patterns in intraocular lenses, S. 877017 (2013)
41. Meinertz, J., Fricke-Begemann, T., Ihlemann, J.: Micron and sub-micron gratings on glass by UV laser ablation. Phys Procedia **41**, 708–712 (2013)
42. Andrew, J.E., Dyer, P.E., Forster, D., Key, P.H.: Direct etching of polymeric materials using a XeCl laser. Appl Phys Lett **43**(8), 717 (1983)
43. Srinivasan, R., Braren, B.: Ultraviolet laser ablation and etching of polymethyl methacrylate sensitized with an organic dopant. Appl Phys A Solids Surfaces **45**(4), 289–292 (1988)
44. Srinivasan, R., Braren, B., Casey, K.G.: Ultraviolet laser ablation and decomposition of organic materials. Pure Appl Chem **62**(8), 1581–1584 (1990)
45. Kawamura, Y., Toyoda, K., Namba, S.: Effective deep ultraviolet photoetching of polymethyl methacrylate by an excimer laser. Appl Phys Lett **40**(5), 374 (1982)
46. Srinivasan, R.: Self-developing photoetching of poly(ethylene terephthalate) films by far-ultraviolet excimer laser radiation. Appl Phys Lett **41**(6), 576 (1982)
47. Owens, D.K., Wendt, R.C.: Estimation of the surface free energy of polymers. J Appl Polym Sci **13**(8), 1741–1747 (1969)
48. Kaelble, D.H.: Dispersion-polar surface tension properties of organic solids. J Adhes **2**(2), 66–81 (1970)
49. Rabel, W.: Einige Aspekte der Benetzungstheorie und ihre Anwendung auf die Untersuchung und Veränderung der Oberflächeneigenschaften von Polymeren. Farbe Lack **77**(10), 997–1005 (1971)
50. Berger, E.J.: A method of determining the surface acidity of polymeric and metallic materials and its application to lap shear adhesion. J Adhes Sci Technol **4**(1), 373–391 (1990)
51. Kraus, E., Orf, L., Baudrit, B., Heidemeyer, P., Bastian, M., Bonenberger, R., Starostina, I., Stoyanov, O.: Analysis of the low-pressure plasma pretreated polymer surface in terms of acid–base approach. Appl Surf Sci **371**, 365–375 (2016)
52. Kraus, E., Baudrit, B., Heidemeyer, P., Bastian, M., Nguen, D.A., Starostina, I., Stoyanov, O.: Perspektiven der Säure-Base-Methode zur Untersuchung der Oberflächeneigenschaften von Polymeren. Chem Ing Tech **87**(10), 1334–1341 (2015)
53. Kraus, E., Baudrit, B., Heidemeyer, P., Bastian, M., Stoyanov, O.V., Starostina, I.A.: Limits and possibilities in destructive testing of bonded polymer connections. Polym Res J **9**(3), 337–342 (2015)
54. Bénard, Q., Fois, M.: Adhesion – current research and application. Wiley-VCH, Weinheim (2005)
55. Buchman, A., Dodiuk, H., Rotel, M., Zahavi, J.: Polymer surfaces and interfaces. VSP, , S. 37–69 (1997)

56. Fischer, F., Romoli, L., Kling, R.: Laser-based repair of carbon fiber reinforced plastics. CIRP Ann Manuf Technol **59**(2), 203–206 (2010)
57. Silvain, J.-F., Niino, H., Ono, S., Nakaoka, S., Yabe, A.: Appl Surf Sci **141**(1–2), 25–34 (1999)
58. Büchter, E.: mo 64, 14–15 (2008)
59. Hartwig, A., Hunnekuhl, J., Vitr, G., Dieckhoff, S., Vohwinkel, F., Hennemann, O.-D.: J Appl Polym Sci **64**(6), 1091–1096 (1997)
60. Feng, Y., Liu, Z.Q., Yi, X.S.: Appl Surf Sci **156**(1–4), 177–182 (2000)
61. Hartwig, A., Schäfer, H., Wissenbach, K., Dietz, C., Vitr, G.: BMBF Abschlussbericht 13N6042 (1996)
62. Dyer, P.E.: Appl Phys A **77**, 167–173 (2003)
63. Habenicht, G.: Kleben Grundlagen, Technologien, Anwendungen, 5. Aufl. Springer, Berlin (2006)
64. Sato, H., Nishio, S.: J Photochem Photobiol C **2**(2), 139–152 (2001)
65. Lawrence, J., Li, L.: Mater Sci Eng A **303**(1–2), 142–149 (2001)
66. Fischer, F., Kreling, S., Jäschke, P., Frauenhofer, M., Kracht, D., Dilger, K.: Laser surface pretreatment of CFRP for adhesive bonding in consideration of the absorption behaviour. J Adhes **88**, 350–363 (2012)
67. Kreling, S., Fischer, F., Frauenhofer, M., Dilger, K.: Klebvorbehandlung von Faserverbundkunststoffen mit duroplastischer Matrix mittels Laserstrahlung. In: Verbundwerkstoffe und Werkstoffverbunde 18. Symposium Verbundwerkstoffe und Werkstoffverbunde, Chemnitz, 30. März bis 1. April. Bd. 41. (2011). Bernhard Wielage; Fakultät für Maschinenbau TU Chemnitz
68. Walters, C.T., Smith, J.A.: Laser Pretreatment Of Surfaces For Adhesive Bonding. 39th ISTC, Cincinnati, OH (2007)
69. Jansen, I., Böhme, R.: Schweißen Schneid **58**(5), 247–249 (2006)
70. Büchter, E., Kreling, S., Fischer, F., Dilger, K.: Application of solid state laser for the pretreatment of CFRP: reliable bonding using mobile laser technology. Adhesion Adhes Sealants **3**, 34–39 (2012)
71. Büchter, E., Kreling, S., Fischer, F., Dilger, K.: Festkörperlaser zur Vorbehandlung von CFK-Klebflächen: Sicher kleben mit mobiler Lasertechnik. Adhäsion Kleb Dicht **56**(5), 35–39 (2012)
72. Fischer, F., Kreling, S., Dilger, K.: Surface structuring of CFRP by using modern excimer laser sources. Phys Procedia **39**, 154–160 (2012)
73. Kreling, S., Fischer, F., Delmdahl, R., Gäbler, F., Dilger, K.: Analytical characterization of CFRP laser treated by excimer laser radiation. Lasers in Manufacturing Conference 2013, München, 13.–16. Mai. Wissenschaftliche Gesellschaft Lasertechnik e. V., Physics Procedia **41**, 282–290 (2013)
74. Fischer, F., Kreling, S., et al.: Using excimer lasers to clean CFRP prior to adhesive bonding. Reinf Plast **57**(5), 43–46 (2013)
75. Rotel, M., Zahavi, J., Buchman, A., Dodiuk, H., Adhes, J.: The Journal of Adhesion **55**(1–2), 77–97 (1995)
76. Hartwig, A., Vitr, G., Dieckhoff, S., Hennemann, O.-D.: Angew Makromol Chem **238**(4187), 177–189 (1996)
77. Blass, D., Kreling, S., Dilger, K.: Comparison of UV-tp M-IR laser for surface pre-treatment based on the ILSS-test. Tagungsunterlagen WLT, Lasers in Manufacturing Conference, München, 22.–25. Juni 2015 (2015)
78. Fischer, F., Kreling, S., Dilger, K.: Laser surface pre-treatment of carbon fiber-reinforced plastics (CFRPs) for adhesive bonding. In: Mittal, K.L., Bahners, T. (Hrsg.) Laser surface modification and adhesion, S. 103–135 (2014)
79. Fischer, F., Kreling, S., Blass, D., Stähr, R., Blümel, S., Jäschke, P., Dilger, K.: Laser material machining of CFRP – An option for damage-free and flexible CFRP processing? In: Machinability of fiber-reinforced plastics, S. 1–29. de Gruyter, Berlin Boston (2015)

80. Kreling, S.: „Laserstrahlung mit unterschiedlicher Wellenlänge zur Klebvorbehandlung von CFK“ Forschungsberichte des Instituts für Füge- und Schweißtechnik, Bd. 38, ISBN 978-3-8440-3768-5 (2015)
81. Kreling, Grefe, Dilger: Surface treatment with small laser spots: an approach for the comparison of process parameters. SPIE Photonics West, 13.–14. Febr. (2016)
82. Blass, et al.: CFRP bonding pre-treatment with laser radiation of 3 μm wavelength: laser/material interaction. SPIE Photonics West (2016)
83. Fischer, F., Kreling, S., Jäschke, P., Frauenhofer, M., Kracht, D., Dilger, K.: Laser surface pre-treatment of CFRP for adhesive bonding in consideration of the absorption behaviour. J Adhes **88**, 350–363 (2012)
84. Kreling, S., Fischer, F., Delmdahl, R., Gäbler, F., Dilger, K.: Analytical characterization of CFRP laser treated by excimer laser radiation. Lasers in Manufacturing Conference 2013, München, 13.–16. Mai. Wissenschaftliche Gesellschaft Lasertechnik e. V., Physics Procedia **41**, 282–290 (2013)
85. Kreling, S., Grefe, H., Dilger, K.: Surface treatment with small laser spots: an approach for the comparison of process parameters. SPIE Photonics West (2016)
86. Blass, D., Fischer, F., Dilger, K.: Vakuumsaugstrahlen als Klebvorbehandlung von (faserverstärkten) Kunststoffen. In: (Hrsg.) DVS-Berichte 2016 5. Doktorandenseminar Klebtechnik, Vorträge der gleichnamigen Veranstaltung, Aachen, 22.–23. Sept 2014. Bd. 313, S. 13–19 (2016)
87. Kreling, S., Blass, D., Fischer, F., Dilger, K.: Sauber und prozesssicher – Klebvorbehandlung von FVK durch Unterdruckstrahlen. Adhäsion Kleb Dicht **57**(3), 24–29 (2013)
88. Poorna Chander, K., Vashista, M., Sabiruddin, K., Paul, S., Bandyopadhyay, P.P.: Effects of grit blasting on surface properties of steel substrates. Mater Des **30**, 2895–2902 (2009)
89. Boerio, F.J., Roby, B., Dillingham, R.G., Bossi, R.H., Crane, R.L.: Effect of grit-blasting on the surface energy of graphite/epoxy composites. J Adhes **82**, 19–37 (2006)
90. Chin, J.W., Wightman, J.P.: Surface characterization and adhesive bonding of toughened bismaleimide composites. Compos Part A: Appl Sci Manuf **27**, 419–428 (1996)
91. Brockmann, W.: Adhesive bonding of Polypropylene in Polypropylene – An A–Z reference. Springer, Berlin, Heidelberg (1999). ISBN 978-9401058995

Auslegung geklebter Kunststofffügeteile 3

Marc Wünsche, Katharina Henkel, Dominik Teutenberg, Gerson Meschut und Sebastian Mailänder

3.1 Multi-Material-Design – Faserverstärkte Kunststoffe strukturell kleben

Marc Wünsche und Katharina Henkel

Nur durch eine beanspruchungsgerechte Auslegung der Klebverbindung kann die Leistungsfähigkeit von FVK-Bauteilen voll ausgenutzt werden. Wichtige Einflussgrößen, die beachtet werden müssen, sind z. B. die Faserarchitektur und -orientierung sowie die Wahl eines geeigneten Klebstoffsystems.

Vor dem Hintergrund der Ressourcenverknappung und der gesetzlich vorgeschriebenen Minimierung der CO_2-Emissionen werden im Automobilbau zunehmend faserverstärkte Kunststoffe (FVK) im Multi-Material-Design eingesetzt. Zum Verbinden der faserverstärkten Kunststoffe mit Stahl- oder Aluminiumwerkstoffen stellt die Klebtechnik ein etabliertes Fügeverfahren dar, da der FVK durch die flächige Verbindung werkstoffgerecht in die Gesamtfahrzeugstruktur eingebunden werden kann.

An Metallklebungen gewonnene Erkenntnisse können nur bedingt auf FVK-Mischverbindungen übertragen werden. Zur Identifikation des mechanischen Verhaltens von FVK-Mischverbindungen sind Versuche an idealsteifen Fügepartnern unter einachsiger

M. Wünsche (✉)
Inometa GmbH
Herford, Deutschland
E-Mail: mwu@inometa.de

K. Henkel · D. Teutenberg (✉) · G. Meschut · S. Mailänder (✉)
Laboratorium für Werkstoff- und Fügetechnik, Universität Paderborn
Paderborn, Deutschland
E-Mail: sebastian.mailaender@lwf.upb.de

M. Doobe (Hrsg.), *Kunststoffe erfolgreich kleben*,
https://doi.org/10.1007/978-3-658-18445-2_3

Beanspruchung gut geeignet, da der Spannungszustand klar definiert und der Einfluss der Fügeteildehnung auf die Eigenschaften der Klebverbindung nahezu eliminiert werden kann.

Zur Untersuchung des Einflusses verschiedener Faserarchitekturen und -orientierungen oder zur Wahl einer geeigneten Oberflächenvorbehandlung des FVK eignen sich dagegen besser dünnwandige Probekörper, da sich aufgrund der Fügeteilverformung und dem auftretenden Biegemoment in der Klebschicht ein dreidimensionaler, dem Realbauteil ähnlicher Beanspruchungszustand einstellt.

3.1.1 Prüfkonzept

Zur Bewertung des Einflusses des FVK auf die Klebstoffsubstanz wurde im Rahmen des abgeschlossenen FOSTA-Projektes P 961 [1] ein Prüfkonzept entwickelt, mit dem zum einen Einflüsse des FVK auf die Klebstoffsubstanz ermittelt und zum anderen Kennwerte zur Simulation geklebter FVK-Mischverbindungen gewonnen werden können. Dazu wurden in Anlehnung an die typischerweise zur Charakterisierung von Stahl-Stahl-Klebungen eingesetzte sogenannte dicke Scherzugprobe nach DIN EN 14869 und runde Kopfzugprobe nach DIN EN 15870 laminierte Probenkörper dieser Grundversuchsproben entwickelt (Abb. 3.1). Mittels einer Hilfsklebschicht wird ein FVK-Coupon an einem der metallischen Fügepartner fixiert, sodass sich ein idealsteifer Fügepartner aus FVK ergibt. Die Verformung der Hilfsklebschicht kann bei der Scherzugprobengeometrie nach der Prüfung herausgerechnet oder bei den Kopfzugproben durch Wahl einer geeigneten Messtechnik erst gar nicht erfasst werden.

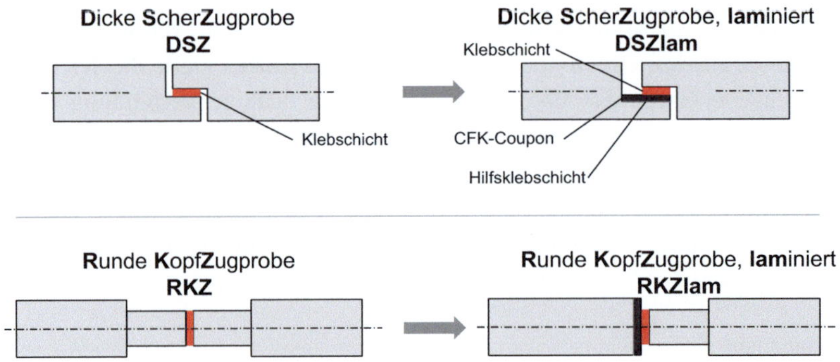

Abb. 3.1 Entwicklung laminierter, idealsteifer Grundprüfkörper. (Bildquelle: LWF, Uni Paderborn)

3.1.2 Vergleichbarkeit der Probenformen

Ein Vergleich der Schubspannung-Gleitung-Verläufe, welche an einer mit einem 2K-Epoxidharz geklebten dicken Scherzugprobe und einer dicken Scherzugprobe mit laminiertem, in Zugrichtung orientiertem UD-Gelege erzielt wurden (vergl. Abb. 3.2), zeigt, dass die an den laminierten und nicht laminierten Grundversuchskörpern gewonnenen Ergebnisse prinzipiell vergleichbar sind.

Da die Proben mit paralleler Faserausrichtung zur Zugachse einen zum verwendeten Stahlwerkstoff vergleichbaren E-Modul aufweisen, stimmen die an den idealsteifen Stahl/Stahl- und Stahl/FVK-Proben gewonnenen Kennwerte überein. Daraus ergibt sich für den Anwender, dass bei der gewählten Vorbehandlung – einem Anschleifen mit vor- und nachgeschalteter Entfettung mittels Isopropanol – des FVK-Werkstoffs und der Orientierung des FVK in Zugrichtung, keine Beeinflussung der Klebstoffsubstanz durch den FVK besteht. In Abb. 3.2 sind außerdem die Schubspannung-Gleitung-Verläufe für einen senkrecht (90°) und im 45°-Winkel zur Zugrichtung orientierten FVK-Coupon dargestellt. Für den für diese Versuche eingesetzten kalt aushärtenden 2K-Klebstoff zeigt sich ein fa-

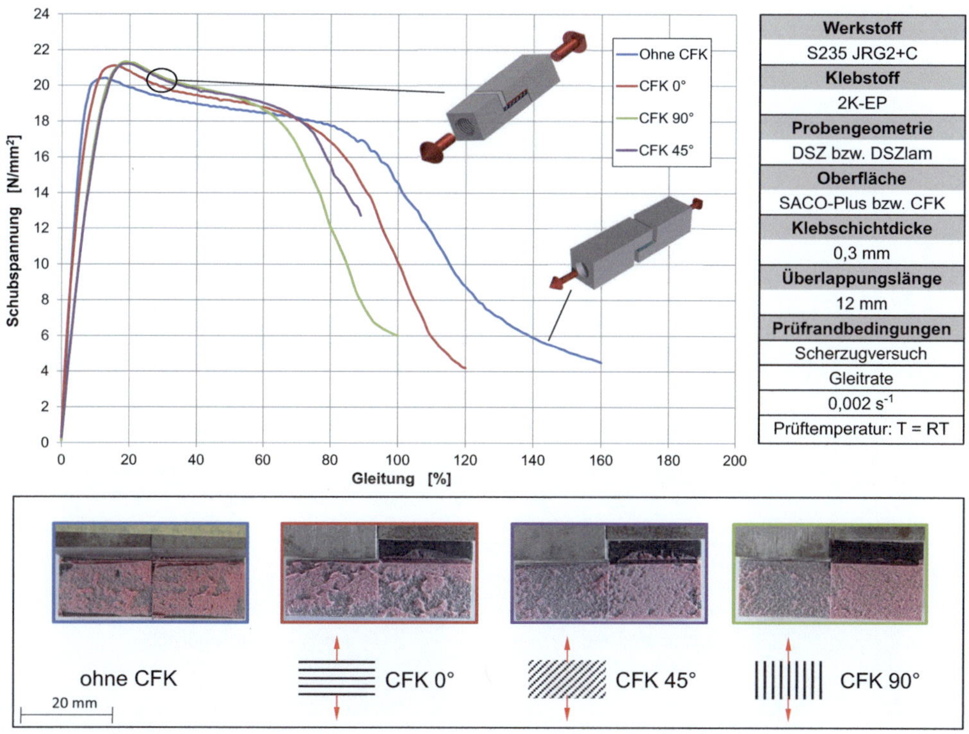

Abb. 3.2 Schubspannung-Gleitung-Mittelwertkurven bei Variation des Faserwinkels. (Bildquelle: LWF, Uni Paderborn)

serrichtungsabhängiger Verlust des Schubmoduls in Abhängigkeit von der Orientierung des FVK, welcher im niedrigeren Modul des FVK bei Faserausrichtung von 45° und 90° zur Zugrichtung während des Scherversuches begründet ist.

3.1.3 Unterschiedliches Versagensverhalten

Anders als beim zuvor eingesetzten 2K-Epoxidharzklebstoff ergeben sich unter Verwendung eines kalt aushärtenden 2K-Klebstoffs auf Polyurethan-Basis unterschiedliche Kennwerte und Bruchbilder zwischen Stahl/Stahl- und Stahl/FVK-Oberflächen, welche in Abb. 3.3 dargestellt sind. Die Untersuchungen an kathodisch tauchlackierten Probenkörpern aus Stahl zeigen ein in diversen Forschungsprojekten [2–4] ermitteltes, für den verwendeten Klebstoff typisches Bruchbild. Der Kohäsivbruch ist durch wellenförmige Verwerfungen gekennzeichnet, deren Anzahl und Ausprägung eine Funktion der Überlappungslänge und Klebschichtdicke sind. Die Schubspannung-Gleitung-Diagramme sind von geringer Streuung gekennzeichnet, die Bruchspannung liegt im Erwartungsbereich

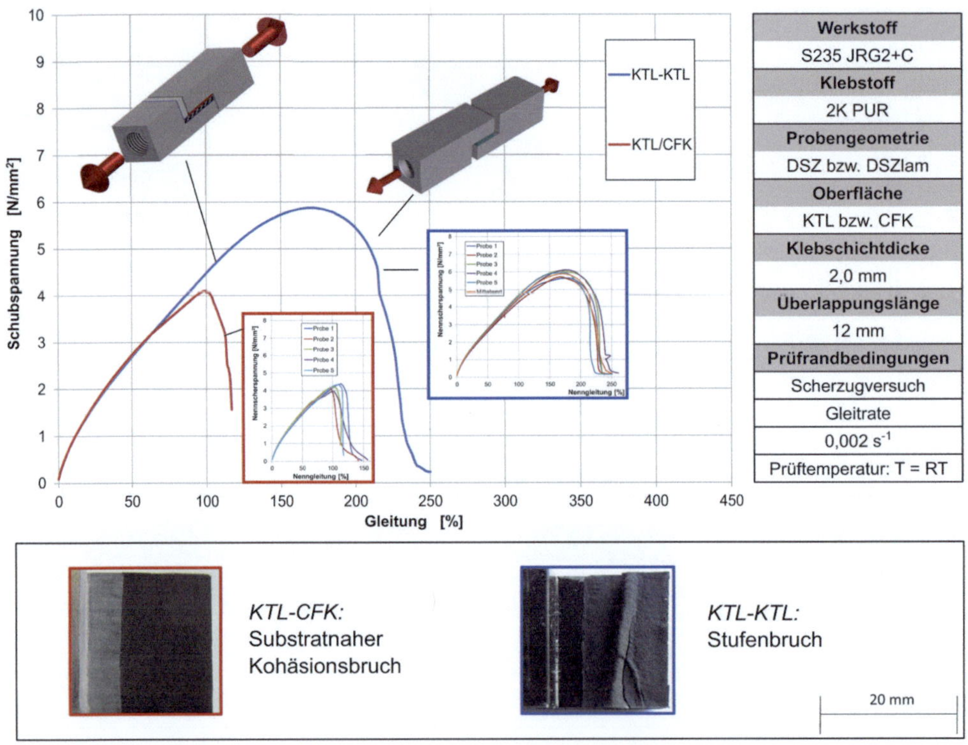

Abb. 3.3 Schubspannung-Gleitung-Mittelwertkurven bei Variation der Oberfläche bzw. Probenform. (Bildquelle: LWF, Uni Paderborn)

von 6 N/mm^2. Dem gegenüber stehen die Untersuchungen der Stahl/FVK-Verbindung. Deutlich zu erkennen ist der substratnahe Kohäsionsbruch, der in weiterführenden Untersuchungen mittels rasterelektronenmikroskopischer Aufnahmen [5] als solcher bestätigt werden konnte. Auch diese Ergebnisse zeigen geringe Streuungen, weisen jedoch eine Bruchspannung von 4 N/mm^2 auf. Das makroskopisch unterschiedliche Versagensverhalten zeigt sich also auch in der erzielten Festigkeit der Verbindung, d. h. der Einfluss des FVK auf die Klebstoffsubstanz muss für jedes FVK-Klebstoffsystem neu bewertet werden.

3.1.4 Einflussgrößen auf das Verbindungsverhalten

Aufgrund der anisotropen Struktur des FVK ist das Versagensverhalten einer geklebten dünnwandigen FVK-Mischverbindung sehr vielfältig. Neben einem rein kohäsiven oder adhäsiven Versagen der Verbindung kann der FVK innerhalb der Deckschicht, Grenzschicht oder inter- bzw. intralaminar im FVK versagen (s. Infokasten 1).

Infokasten 1: Klassifizierung und Bezeichnung des Versagensverhaltens (Quelle: LWF, Uni Paderborn)

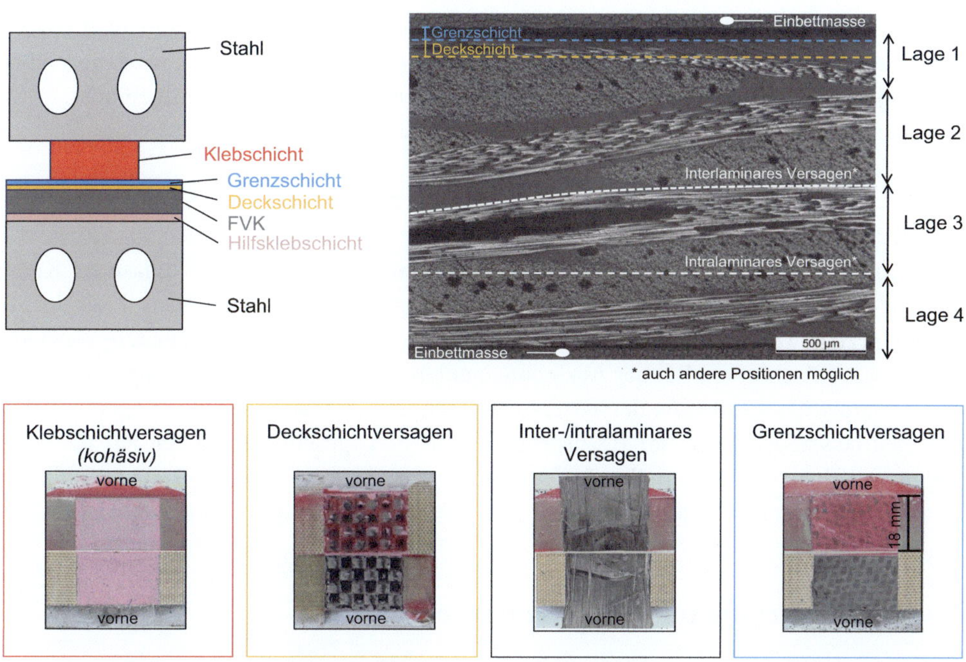

Entsprechend des Aufbaus des gewebeverstärkten FVK (im oberen Teil des Infokastens dargestellt) wird zwischen einem Grenzschichtversagen, einem Deckschichtversagen und einem inter- bzw. intralaminaren Versagen unterschieden. Darunter sind die entsprechenden charakteristischen Bruchbilder einer LWF-KS2-Halbe-Probe (s. Infokasten 2) dargestellt.

Grenzschichtversagen: Versagen innerhalb der reinen Matrix des FVK.
Deckschichtversagen: Versagen in der Ebene mit alternierend faser- und matrixdominierten Bereichen.
Interlaminares Versagen: Versagen zwischen den Lagen des FVK.
Intralaminares Versagen: Versagen innerhalb einer Lage des FVK.

▶ Infokasten 2: Aufbau LWF-KS2-Halbe-Probe

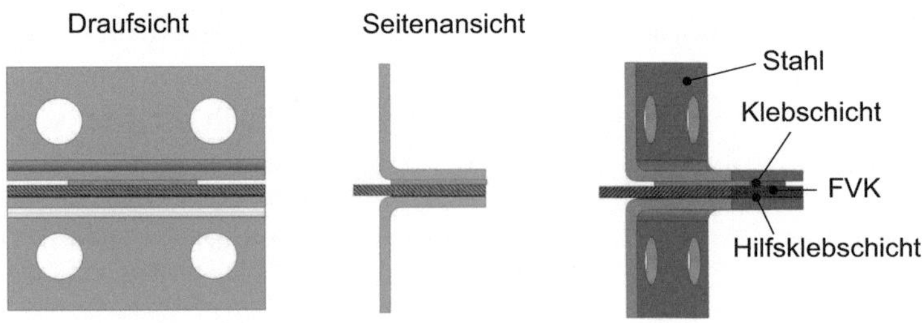

Mittels einer Hilfsklebschicht wird ein FVK Coupon am unteren Stahlwinkel fixiert. Um gezielt ein Versagen in der zu betrachtenden Klebschicht zu erzielen, wird diese über einer gegenüber der Hilfsklebschicht um die Hälfte reduzierten Fläche aufgebracht.

(Quelle: LWF, Uni Paderborn)

In vielen Fällen treten diese Versagensarten nicht alleine, sondern in Kombination, d. h. als Mischbruch, auf.

Durchgeführte Untersuchungen zeigen, dass bei Auftreten eines kohäsiven Klebschichtversagens deutlich höhere Verbindungsfestigkeiten und eine höhere Energieaufnahme erzielt werden können als z. B. bei einem inter- bzw. intralaminaren Versagen oder einem Mischbruch. Bei der Auslegung geklebter FVK-Mischverbindungen ist daher die Kenntnis des Einflusses der Faserarchitektur und -orientierung, des Lagenaufbaus, des Matrixsystems sowie der Beanspruchungsart und -geschwindigkeiten auf das Versagensverhalten von essentieller Bedeutung. Nur so kann im Crashfall eine maximale Kraftübertragung gewährleistet werden.

3.1.5 Faserarchitektur und -orientierung

Als Faserhalbzeuge werden in der Regel Gelege und Gewebe eingesetzt. Während ein Gelege innerhalb einer Lage aus unidirektional orientierten gestreckten Fasern besteht, kreuzen sich bei einem Gewebe Kett- und Schussfäden rechtwinklig. Aufgrund der Ondulation der Fasern bei einem Gewebe ergeben sich gegenüber einem Gelege geringfügig reduzierte Festig- und Steifigkeiten.

Abb. 3.4 stellt die Spannung-Weg-Verläufe einer geklebten einfach überlappten Scherzugprobe für ein biaxiales Gelege einem Gewebe mit Polyurethanmatrix gegenüber.

Um eine optimale Vergleichbarkeit der Faserarchitekturen zu ermöglichen, besitzen die FVK die gleiche Faser, das gleiche Matrixsystem, den gleichen Faservolumenanteil, die gleiche Laminatdicke sowie einen vergleichbaren Lagenaufbau, d. h. eine Lage des Gewebes mit einem Flächengewicht von 400 g/m^2 entspricht im Gelege einer in 0° und einer in 90° orientierten UD-Schicht mit einem Flächengewicht von je 200 g/m^2.

In Abhängigkeit von der Orientierung, in der der FVK aus dem Gelege entnommen wird, ergibt sich ein unterschiedliches Versagensverhalten. Liegen die äußeren Faserlagen des FVK in Beanspruchungsrichtung (PUR-Gelege 0°), kommt es zu einem kohäsiven Versagen der Klebschicht, liegen die äußeren Faserlagen des FVK orthogonal zur Beanspruchungsrichtung (PUR-Gelege 90°), kommt es zu einem interlaminaren Schubbruch. Ursachen für einen interlaminaren Schubbruch sind interlaminare Spannungen, welche durch Normalspannungen senkrecht zur Laminatebene oder Schubspannungen zwischen den Schichten verursacht werden [6]. Des Weiteren kann ein interlaminarer Schubbruch als Folge von Zwischenfaserbrüchen auftreten [7]. Das Gewebe versagt in Form eines Mischbruches aus kohäsivem Klebschichtversagen mit geringen Anteilen eines Deckschichtversagens. Für das in Beanspruchungsrichtung orientierte Gelege und

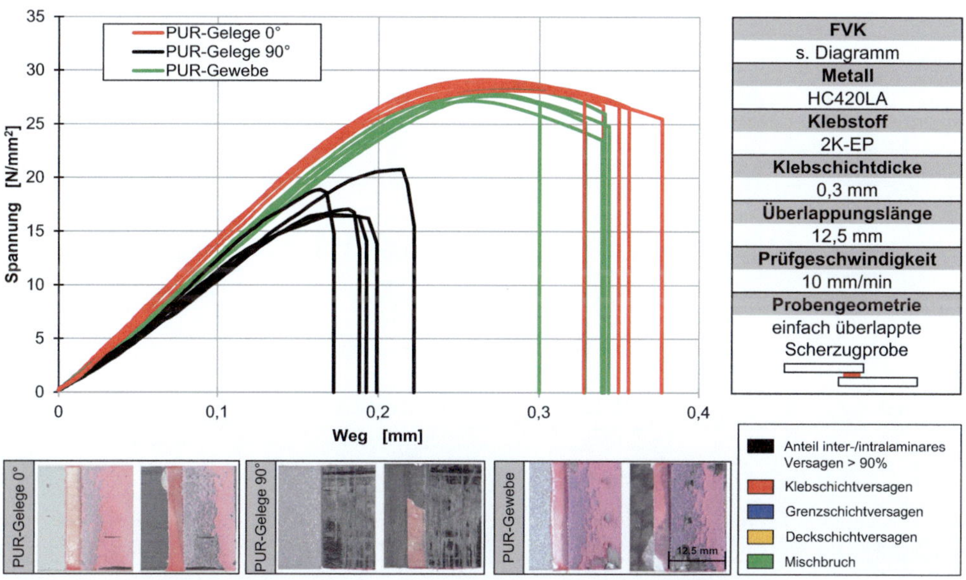

Abb. 3.4 Vergleich verschiedener Faserarchitekturen und -orientierungen unter Scherzugbeanspruchung bei Einsatz eines strukturellen Klebstoffes. (Bildquelle: LWF, Uni Paderborn)

das Gewebe ergeben sich bei Einsatz eines strukturellen Klebstoffes Verbindungsfestigkeiten zwischen 27 und 29 N/mm^2. Bei Orientierung der äußeren Faserlage senkrecht zur Beanspruchungsrichtung (PUR-Gelege 90°) ergibt sich eine auf 16 N/mm^2 reduzierte Festigkeit. In Abhängigkeit vom Klebstoffsystem, der angreifenden Last und der Beanspruchungsgeschwindigkeit kommt der Wahl der Faserarchitektur und der Orientierung eine unterschiedlich große Bedeutung zu. Je steifer das Klebstoffsystem und je höher die Beanspruchungsgeschwindigkeit, desto größer ist der Einfluss verschiedener Faserarchitekturen und Orientierungen.

3.1.6 Beanspruchungsart

Anders als unter Scherzugbeanspruchung hat die Faserarchitektur unter Schälbeanspruchung einen größeren Einfluss als die Orientierung der Fasern. Abb. 3.5 stellt die Anreißkraft und die aufgenommene Energie der Verbindung der unterschiedlich orientierten Gelege und des Gewebes unter Angabe des auftretenden Versagens gegenüber. Die in Klammern angegebene Zahl gibt jeweils die Anzahl der Proben an, bei denen das angegebene Versagensverhalten aufgetreten ist.

Während die Verbindungen des Geleges in 90°-Orientierung ausschließlich interlaminar versagen, versagt das Gelege in 0°-Orientierung nur teilweise interlaminar oder in Form eines Mischbruches durch interlaminar im FVK und kohäsiv in der Kleb-

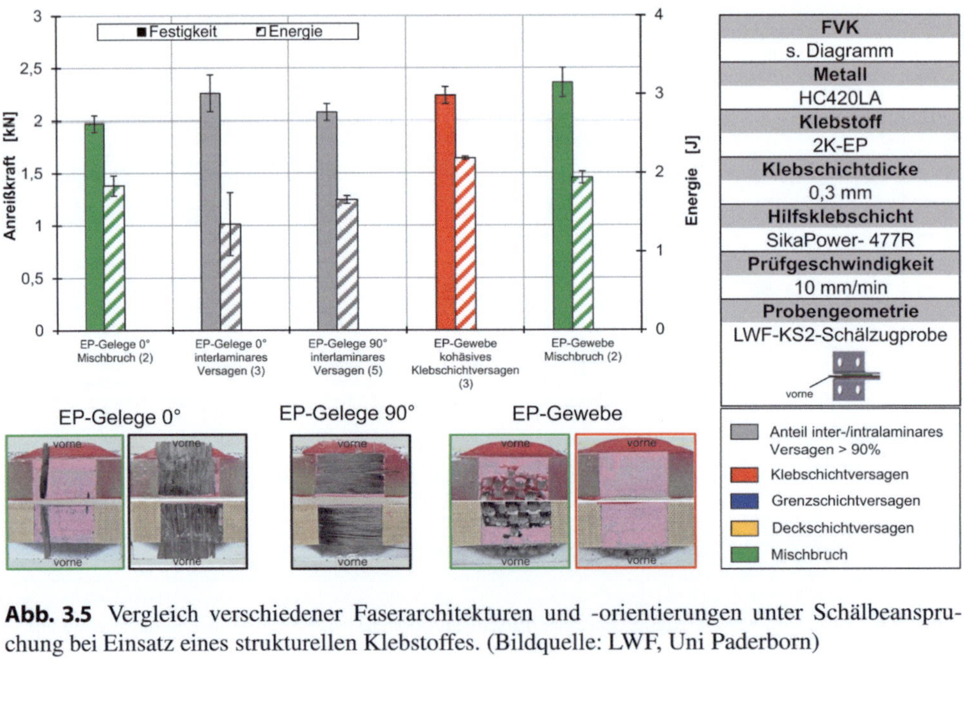

Abb. 3.5 Vergleich verschiedener Faserarchitekturen und -orientierungen unter Schälbeanspruchung bei Einsatz eines strukturellen Klebstoffes. (Bildquelle: LWF, Uni Paderborn)

schicht. Beim Gewebe kommt es dagegen teils zu einem kohäsiven Klebschichtversagen oder einem Mischbruch aus kohäsivem Klebschichtversagen und einem Versagen der Deckschicht, wobei mikroskopische Untersuchungen zeigen, dass das Versagen der Deckschicht durch Imperfektionen im Inneren des Laminates hervorgerufen wird. Bei Vergleich der unterschiedlich auftretenden Versagensarten wird deutlich, dass sich für die Anreißkraft ein vom auftretenden Versagen unabhängiger Wert ergibt, die aufgenommene Energie jedoch von einem kohäsiven Klebschichtversagen hin zu einem interlaminaren Versagen abnimmt, sodass der Einsatz eines Gewebes einem Gelege unter Schälbeanspruchung vorzuziehen ist.

3.1.7 Matrixsystem

Als Matrixsysteme werden sowohl thermoplastische als auch duroplastische Systeme (häufig auf Basis von Epoxidharz, Polyurethan und Polyamid 6) eingesetzt. Der Einfluss des Matrixsystems auf die mechanischen Eigenschaften einer geklebten Verbindung ist unter Voraussetzung einer ausreichenden Adhäsion geringer als der Einfluss der Faserarchitektur und Orientierung. Der Einfluss des Matrixsystems auf das Versagensverhalten ist stark vom eingesetzten Klebstoffsystem abhängig. Bei Wahl eines semistrukturellen Klebstoffes und eines geeigneten Oberflächenvorbehandlungsverfahrens sind keine Unterschiede zwischen den Verbindungskennwerten verschiedener Matrices sichtbar. Bei

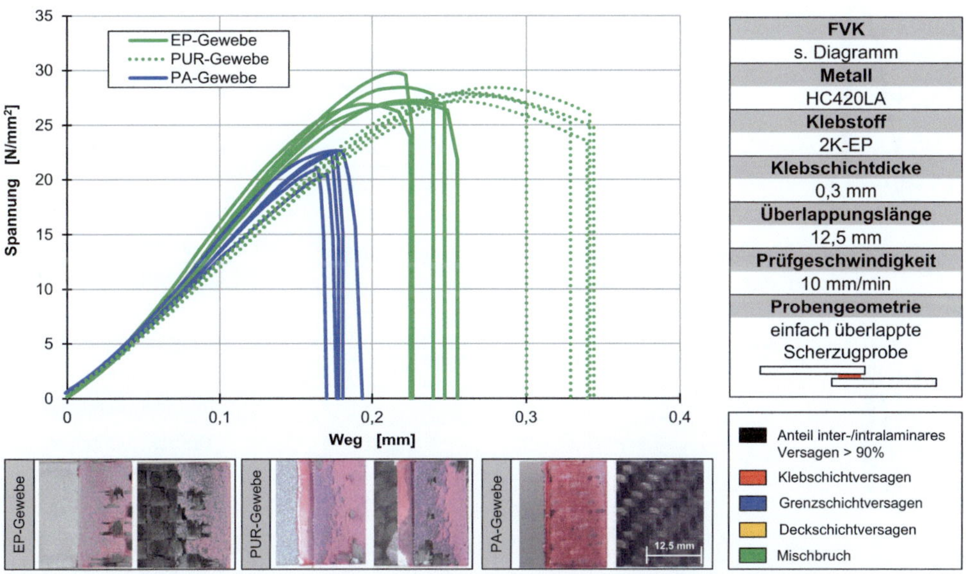

Abb. 3.6 Vergleich verschiedener Faserarchitekturen und -orientierungen unter Scherzugbeanspruchung bei Einsatz eines strukturellen Klebstoffes. (Bildquelle: LWF, Uni Paderborn)

Einsatz eines strukturellen Klebstoffes können sich, wie in Abb. 3.6 dargestellt, Unterschiede im Versagensverhalten ergeben.

Die Gewebe mit EP-Matrix und PUR-Matrix versagen durch eine Kombination aus kohäsivem Klebschichtversagen und einem Versagen der Deckschicht, wobei der Anteil des Deckschichtversagens bei den Verbindungen mit PUR-Matrix geringer ist als bei den Verbindungen mit EP-Matrix, was auf die größere Bruchdehnung der PUR-Matrix gegenüber der EP-Matrix zurückgeführt werden kann. Anders als bei den duroplastischen Systemen kommt es bei der thermoplastischen Matrix auf Basis von Polyamid zu einem Versagen innerhalb der Grenzschicht. Mittels mikroskopischer Untersuchung können auf der Seite des metallischen Fügepartners, auf der die Klebschicht verblieben ist, großflächig Faserrückstände nachgewiesen werden.

3.1.8 Klebstoffsystem

Für geklebte FVK-Mischverbindungen ist sowohl eine hohe Festigkeit als auch eine hohe Energieaufnahme der Verbindung von Bedeutung. Eine hohe Festigkeit ist durch Verwendung eines strukturellen Klebstoffes erreichbar, wobei jedoch nur eine im Vergleich zu einem semistrukturellen Klebstoff geringe Energieaufnahme erzielt werden kann.

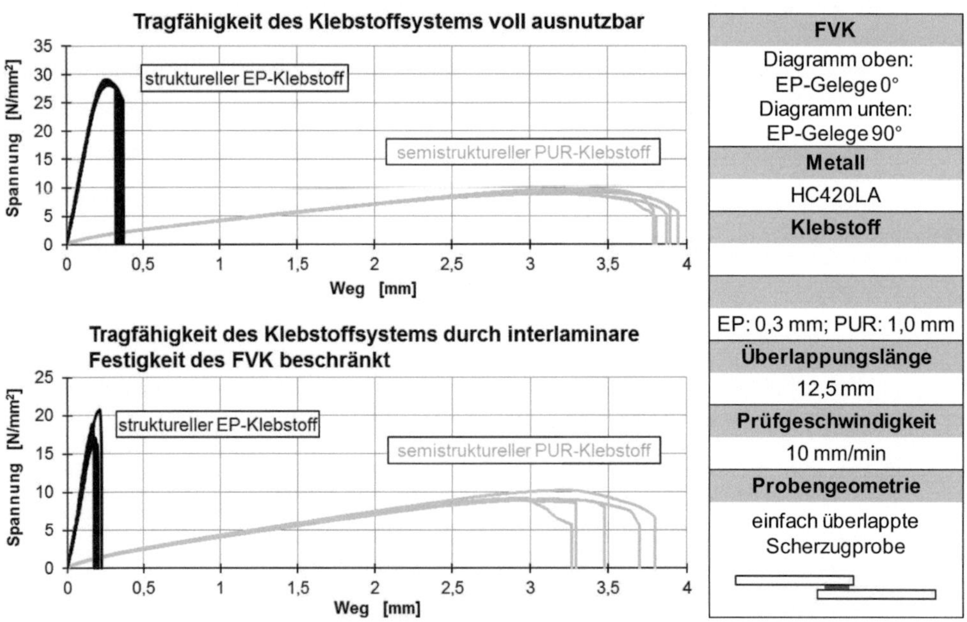

Abb. 3.7 Vergleich eines strukturellen und eines semistrukturellen Klebstoffes unter Scherzugbeanspruchung in Abhängigkeit der auftretenden Versagensart. (Bildquelle: LWF, Uni Paderborn)

Bei FVK-Mischverbindungen mit einem KTL-beschichteten metallischen Fügepartner als Verbundpartner ist je nach Spannungszustand innerhalb der Verbindung die Verbindungsfestigkeit durch die Festigkeit der KTL-Schicht limitiert. Deshalb kann hier die Festigkeit eines strukturellen Klebstoffes nicht ausgenutzt werden, sodass ein semistruktureller Klebstoff aufgrund seiner in der Regel höheren Energieaufnahme Vorteile bietet.

Für den Fall, dass der metallische Fügepartner nicht KTL-beschichtet ist, sind im Abb. 3.7 die Spannung-Weg-Verläufe eines semistrukturellen Klebstoffes und eines strukturellen Klebstoffes gegenübergestellt. Dabei wird unterschieden, ob die maximale Tragfähigkeit des Klebstoffes ausgenutzt werden kann (Abb. 3.7 oben) oder ob es vorher zu einem interlaminaren Versagen innerhalb des FVK kommt (Abb. 3.7 unten).

Kommt es zu einem interlaminaren Versagen, nähern sich die erzielten Festigkeiten der beiden Klebstoffe an. Die Unterschiede hinsichtlich der aufgenommenen Energie werden dagegen größer.

3.1.9 Konstruktive Gestaltung

Untersuchungen im Rahmen des Forschungsprojektes FOSTA P 1006 zeigen, dass die Wahl der Überlappungslänge und der Klebschichtdicke in Abhängigkeit von der Beanspruchungsart einen großen Einfluss auf das Versagensverhalten der Verbindung haben. Unter Scherzugbeanspruchung kommt es mit zunehmender Klebschichtdicke zu einem größeren Biegemoment und dadurch unabhängig vom eingesetzten FVK zu einem reduzierten Anteil eines Klebschichtversagens und einem größeren Anteil eines interlaminaren Versagens. Infolgedessen können keine höheren Festigkeiten und Energieaufnahmen erzielt werden, sodass unter Scherzugbeanspruchung bei Einsatz eines strukturellen Klebstoffes eine geringe Klebschichtdicke zu wählen ist. Bei Einsatz eines semistrukturellen Klebstoffes kann unter Scherzugbeanspruchung durch Steigerung der Klebschichtdicke ein interlaminares Versagen bei Orientierung der äußeren Faserlage senkrecht zur Beanspruchungsrichtung verhindert werden. Mit zunehmender Klebschichtdicke nimmt die Festigkeit der Verbindung leicht ab, die Energieaufnahme wird geringfügig erhöht. Durch Variation der Überlappungslänge im Bereich von 5 bis 20 mm kann das Versagensverhalten der untersuchten Verbindungen nicht beeinflusst werden.

Anders als unter Scherzugbeanspruchung wirkt sich unter Schälzugbeanspruchung bei Einsatz eines strukturellen Klebstoffes eine größere Klebschichtdicke günstig auf das Versagensverhalten der Verbindung aus. Mit zunehmender Klebschichtdicke nimmt die Anzahl der Proben zu, die kohäsiv versagen. Bei Einsatz eines semistrukturellen Klebstoffes sind das Versagensverhalten und die gewonnenen Kennwerte unter Schälzugbeanspruchung unabhängig von der gewählten Klebschichtdicke.

Durch Variation der Überlappungslänge kann das Versagensverhalten einer kalt geklebten FVK-Mischverbindung nicht beeinflusst werden [5].

Förderhinweis
Die IGF-Vorhaben 16584 N (FOSTA-Nr: P 961) und 17834 N (FOSTA-Nr: P 1006) der Forschungsvereinigung Stahlanwendung e. V. – FOSTA, Sohnstraße 65, 40237 Düsseldorf wurde über die AiF im Rahmen des Programms zur Förderung der Industriellen Gemeinschaftsforschung (IGF) vom Bundesministerium für Wirtschaft und Energie aufgrund eines Beschlusses des Deutschen Bundestages gefördert.

Die Autoren
M. Sc. Marc Wünsche war wissenschaftlicher Mitarbeiter der Fachgruppe Klebtechnik am Laboratorium für Werkstoff- und Fügetechnik (LWF) der Universität Paderborn und ist jetzt bei der Inometa GmbH in Herford als Entwicklungsingenieur für Faserverbundbauteile tätig.

M. Sc. Katharina Henkel ist wissenschaftliche Mitarbeiterin der Fachgruppe Klebtechnik am Laboratorium für Werkstoff- und Fügetechnik (LWF) der Universität Paderborn.

Dr.-Ing. Dominik Teutenberg ist Oberingenieur dieser Forschungsstelle.

Prof. Dr.-Ing. Gerson Meschut leitet das LWF.

3.2 Stahl mit Kunststoffen kleben – Relativverschiebungen elastisch ausgleichen

Sebastian Mailänder

Die Verkleidung von Stahlrahmen mit Schubfeldern aus Faserverbundkunststoffen ist im Automobil-, im Nutzfahrzeugbau und im Schienenfahrzeugbau eine kosteneffiziente Möglichkeit, leichte und zugleich hochfeste Strukturen zu konstruieren. Eine Herausforderung dabei ist aber, die Materialien mit unterschiedlichen Wärmeausdehnungskoeffizienten so zu verbinden, dass Relativverschiebungen sicher ausgeglichen werden können.

Als Beplankung wird im Allgemeinen die Außenhülle bezeichnet, mit der eine steife Rahmenkonstruktion verkleidet wird. Im Holzschiffbau wird ein Skelett aus massiven Spanten mit dünnen Planken verkleidet. Dieses Prinzip findet sich in verschiedenen Konstruktionen wieder, wie beispielsweise im Karosseriebau, im Nutzfahrzeugbau sowie im Schienenfahrzeugbau und in den Konstruktionen von Flugzeugen. In diesen Anwendungsfällen werden oftmals steife Stahlrahmenkonstruktionen mit leichten Faserverbundkunststoffen beplankt. Zur Verbindung eignen sich besonders elastische Klebstoffe, welche die bei Temperaturänderungen auftretenden Relativverschiebungen ausgleichen können, ohne gleichzeitig hohe Spannungen in die Kunststoffbeplankung einzuleiten, die zum Beulen bzw. Knicken führen können. Die Relativverschiebung ergibt sich jeweils aus den Abmaßen der Konstruktion, der Differenz des Wärmeausdehnungskoeffizienten der für Rahmen und Beplankung eingesetzten Materialien sowie aus der maximal zu erwartenden Temperaturdifferenz. Die Temperaturdifferenz wird aus der Temperatur bei der Herstellung der Klebung – also der Temperatur, bei der der Klebstoff ausgehärtet ist – und der Betriebstemperatur mit der größten Abweichung zur Aushärtungstemperatur gebildet.

3.2.1 Auswahl des Klebstoffs

Für elastische Dickschichtklebungen, die die Relativverschiebungen optimal ausgleichen können, eignen sich besonders Polyurethanklebstoffe. Diese sind in unterschiedlichen „Festigkeitsklassen" verfügbar. Für die Untersuchungen wurden ein semistruktureller zweikomponentiger Polyurethanklebstoff (2K-PUR) sowie ein einkomponentiger elastischer Polyurethanklebstoff (1K-PUR) ausgewählt. Die Festigkeit des Klebstoffs muss bei der Auswahl an die Festigkeit der Decklage des Faserverbundkunststoffes angepasst werden. Lokale Spannungsspitzen werden von den elastischen Klebstoffen umgelagert, jedoch können diese in den meist spröden Faserverbundkunststoffen zum Ablösen der Decklage beziehungsweise der Beschichtung führen. Insbesondere Faserverbundsysteme mit besonderen Decklagen für eine bessere Optik oder auch Lackierbarkeit neigen hier zum Versagen. Daher sollte in diesen Fällen ein möglichst niedermoduliger Klebstoff ver-

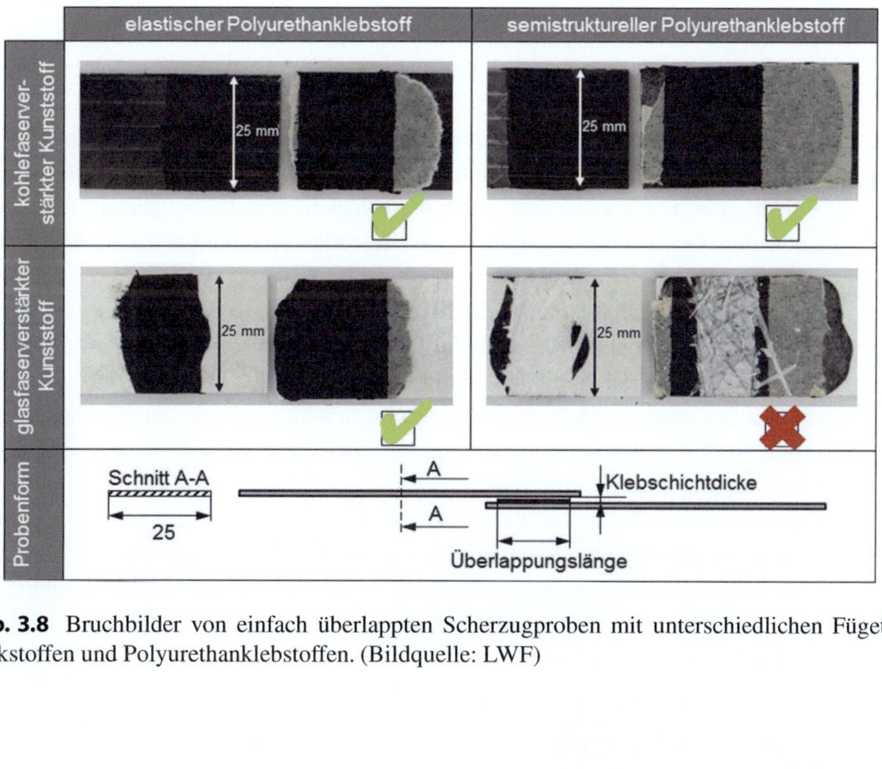

Abb. 3.8 Bruchbilder von einfach überlappten Scherzugproben mit unterschiedlichen Fügeteilwerkstoffen und Polyurethanklebstoffen. (Bildquelle: LWF)

wendet werden. In Abb. 3.8 sind die Bruchbilder von einfach überlappten Scherzugproben dargestellt. Untersucht wurde zum einen ein kohlefaserverstärktes unidirektionales Gelege. Dieser Fügeteilwerkstoff wird in hochbeanspruchten Strukturen wie zum Beispiel in Sportwagen eingesetzt. Als Ergebnis zeigte sich, dass beide Klebstoffe in der Klebschicht versagten. Beim zweiten Fügeteilwerkstoff handelt es sich um einen für den Nutzfahrzeugbau typischen Glasfaserwerkstoff. Im Kern ist die Glasfaser als Endlosfaser verwebt. Außen ist eine Wirrfaserschicht aufgebracht, welche die Oberfläche glättet und somit die Optik und Lackierbarkeit verbessert. Es ist zu erkennen, dass sich diese Wirrfaserdecklage bei der mit dem semistrukturellen Klebstoff geklebten Scherzugprobe ablöst. Dies sollte unbedingt vermieden werden, da die Tragfähigkeit des Klebstoffes so nicht vollständig ausgenutzt werden kann. Daher wird im Folgenden bei der Beschreibung der Auslegungsmethode nur noch auf den elastischen einkomponentigen Klebstoff eingegangen.

3.2.2 Bestimmung der Klebschichtgeometrie

Nach der Auswahl eines für den Kunststoff geeigneten Klebstoffsystems folgt die Festlegung der Klebschichtgeometrie. Diese wird durch die Klebschichtdicke und die Überlappungslänge beschrieben. Abhängig von der jeweiligen Konstruktion muss zunächst die maximal zu erwartende Relativverschiebung ermittelt werden. Für diese Bestimmung wird die Differenz der Wärmeausdehnungskoeffizienten der zu verbindenden Werkstoffe mit der Temperaturdifferenz sowie der Ausgangslänge multipliziert. Die Ausgangslänge entspricht dem Bereich, in dem sich die Fügeteilwerkstoffe frei ausdehnen können. Dabei wird die Temperaturdifferenz immer auf die Herstellungstemperatur der Verbindung bezogen. Die abweichende Temperatur kann sowohl niedriger als auch höher sein als die Herstellungstemperatur, jedoch gilt zu beachten, dass die Steifigkeit der Polyurethanklebstoffe im Kaltbereich stark zunimmt. Grundsätzlich sollten Herstellungstemperatur sowie Einsatztemperatur im Bereich des im Klebstoffdatenblatt angegebenen Bereiches liegen. Die Klebschicht muss in der Lage sein, auftretende Relativverschiebungen auszugleichen, ohne Schaden zu nehmen. Zudem sollten die auftretenden Spannungen in der Klebschicht gering sein.

Aus der maximal zu realisierenden Relativverschiebung in der Verbindungsstelle ergibt sich die minimal einzustellende Klebschichtdicke. Umfangreiche Untersuchungen haben gezeigt, dass der Verlauf der Schubspannung in Abhängigkeit vom Verformungswinkel der Klebschicht bei elastischen Klebstoffsystemen unabhängig von der Klebschichtgeometrie ist. In Abb. 3.9 ist das Schubspannungsverhalten für den elastischen Klebstoff dargestellt. Untersucht wurden die drei Klebschichtdicken 1, 2 und 5 mm in Kombination mit den Überlappungslängen 5, 12 und 20 mm. Das Verhältnis von 5 mm zu 5 mm wurde nicht betrachtet. Zu jeder untersuchten Kombination wurden fünf Proben geprüft. Im Diagramm ist jeweils eine Referenzkurve zu jeder Kombination dargestellt. Die Schubspannung verhält sich unabhängig von der Klebschichtdicke und proportional zum Verformungswinkel. Somit kann die Klebschichtdicke entsprechend der maximal zulässigen Relativverschie-

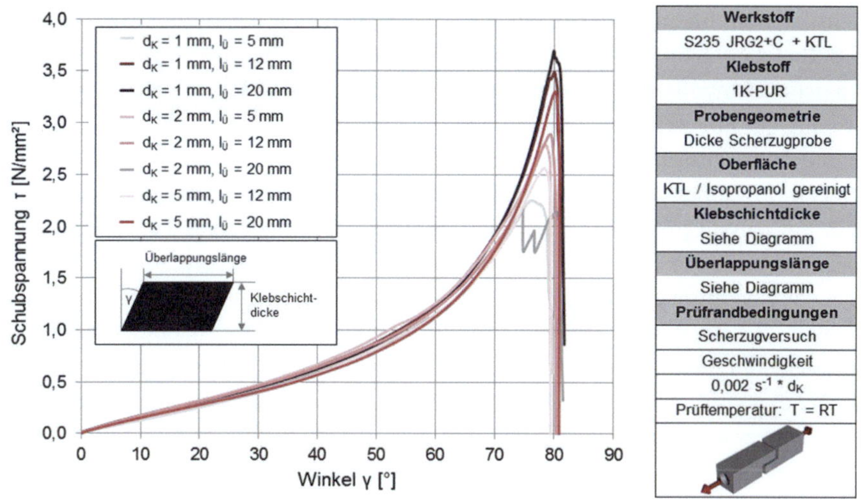

Abb. 3.9 Schubspannung in Abhängigkeit des Winkels γ für unterschiedliche Verhältnisse aus Klebschichtdicke und Überlappungslänge, ermittelt an dicken Scherzugproben. (Bildquelle: LWF)

bung dimensioniert werden. Bei dem gewählten Klebstoff liegt der maximal ertragbare Winkel oberhalb von 70°. Ein Winkel von 45° sollte jedoch nicht überschritten werden, da ab diesem Winkel zusätzlich die Normalspannung im Klebstoff ansteigt. Außerdem steigt die Kraft, die in den Kunststoff eingeleitet wird, exponentiell an.

Ausgehend von der festgelegten Klebschichtdicke lässt sich die Überlappungslänge bestimmen. Die bei einer Relativverschiebung der Bauteile übertragene Kraft steigt in dem hier untersuchten Bereich proportional mit der Überlappungslänge. Um das beschriebene Beulen der Kunststoffbeplankung zu vermeiden, sollte daher die Überlappungslänge möglichst gering gehalten werden, jedoch ausreichend groß, um weitere Betriebslasten wie Wind oder Fahrzustände zu ertragen. Mit steigender Steifigkeit des Klebstoffsystems steigt auch der Einfluss des Verhältnisses aus Überlappungslänge und Klebschichtdicke. Bei elastischen Klebstoffen sollte die Überlappungslänge mindestens das Doppelte der Klebschichtdicke betragen.

3.2.3 Experimentelle Auslegung der Verbindung

Für die Auslegung sollten Scherzugproben aus den relevanten Fügeteilwerkstoffen mit der zuvor festgelegten Klebschichtdicke und Überlappungslänge hergestellt werden. Hierbei ist unbedingt die Biegung des Grundwerkstoffes zu berücksichtigen. Diese Biegung führt zu einer Schälbelastung in der Klebschicht und damit meist zum Versagen der Faserverbundmaterialien. Wenn die experimentell ermittelten Daten dazu dienen, eine Materialkarte für ein Simulationsmodell aufzustellen, sollte die Durchführung der Versuche an möglichst steifen Fügeteilen erfolgen. Dann verringert sich der Einfluss des Grundwerkstoffs. Sollen die Versuchsergebnisse jedoch direkt für eine iterative Auslegung verwendet werden, ist es sinnvoll, die Probengeometrie an das jeweilige Bauteil anzupassen, um die Verformung der Fügeteilwerkstoffe zu berücksichtigen.

Für die quasistatische Untersuchung werden drei Probensätze benötigt. Es ist empfehlenswert, je Probensatz fünf Proben herzustellen. Nach der vollständigen Aushärtung wird ein Probensatz in Wasser bei Raumtemperatur für mindestens 14 Tage ausgelagert. Die weiteren beiden Probensätze werden unter Raumklima gelagert.

Nach der Konditionierung erfolgt die Prüfung der Proben mit konstanter Geschwindigkeit. Sowohl die im Wasser eingelagerten Proben werden sofort nach der Entnahme bei Raumklimabedingungen geprüft als auch einer der beiden Probensätze aus dem Raumklima. Der Zugversuch an dem nun noch übrigen Probensatz wird in einer Kammer bei erhöhter Temperatur durchgeführt. Aus den gemessenen Daten lässt sich nun die Schubspannung bei der maximal zu erwartenden Relativverschiebung ermitteln. Zwischen den identisch eingelagerten Proben kann ein linearer Zusammenhang über die Temperatur aufgestellt werden. Dabei muss beachtet werden, dass dieser nur in einem genügenden Abstand von der Glasübergangstemperatur des Klebstoffes gilt.

Die in Abb. 3.10 ablesbaren Ergebnisse bestätigen dies. Im Diagramm ist die Steifigkeit, beschrieben durch den Schubmodul, bei verschiedenen Prüftemperaturen dargestellt. Zwischen der Raumtemperatur von 23 °C und der Prüfung bei 70 °C wurde ein linearer Zusammenhang aufgestellt und damit die theoretischen Werte bei −10 °C und bei −40 °C

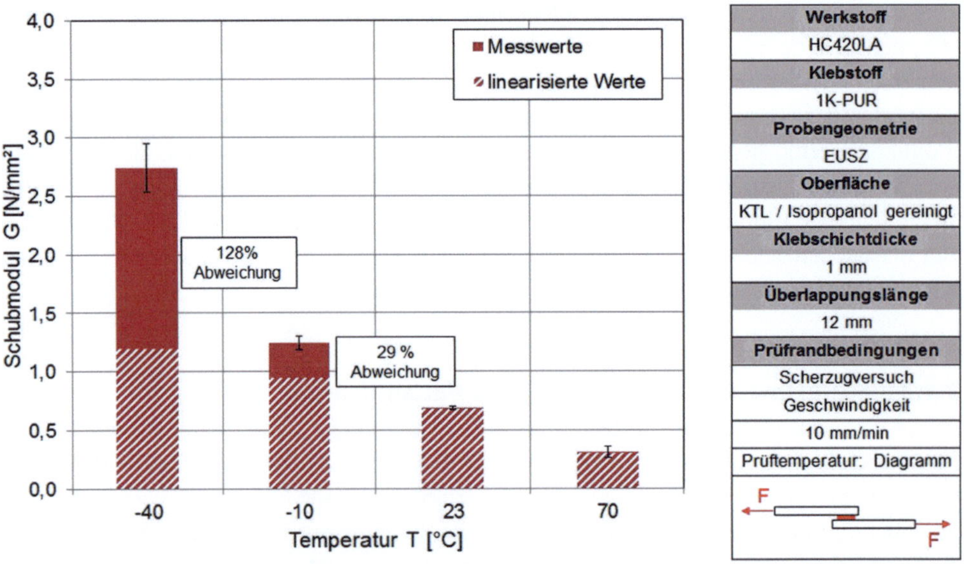

Abb. 3.10 Schubmodul, ermittelt an einfach überlappten Scherzugproben bei unterschiedlichen Prüftemperaturen. (Bildquelle: LWF)

ermittelt. Diese Werte sind gestreift dargestellt; dahinter sind die gemessenen Werte mit der jeweiligen Streubreite gezeigt. Die Glasübergangstemperatur des betrachteten Klebstoffsystems liegt bei circa −50 °C. Es wird deutlich, dass der Fehler einer Linearisierung bei der Näherung an diesen Wert zunimmt.

Ein Vergleich der Ergebnisse der im Wasser ausgelagerten Proben mit den im Raumklima ausgelagerten zeigt, dass obwohl der Klebstoff Feuchtigkeit aufnimmt, dies nur geringe Auswirkungen auf die mechanischen Eigenschaften hat. Im Gegensatz dazu zeigt der parallel untersuchte 2K-PUR-Klebstoff bei identischer Wasseraufnahme einen deutlichen Steifigkeitsverlust. Da die Auswirkungen von aufgenommenem Wasser auf die mechanischen Eigenschaften abhängig von den Füllstoffen und dem Grad der Vernetzung sind, müssen diese für jedes PUR-System überprüft werden. Bei deutlicher Abweichung der mechanischen Eigenschaften der feucht eingelagerten Proben sollte die Klebschicht je nach Einsatzbereich versiegelt werden. Zusätzlich muss berücksichtigt werden, dass auch durch den Kunststoff Feuchtigkeit in die Klebschicht diffundieren kann. Die Diffusionsgeschwindigkeit in den Polyurethanklebstoff ist bei Raumtemperatur gering, sie steigt jedoch exponentiell mit der Temperatur.

3.2.4 Fazit

Dieser kurze Einblick in die Auslegung elastischer Klebungen mit Polyurethanklebstoffen geben dem Anwender Hinweise, welche Randbedingungen zu berücksichtigen sind und welche Einflüsse kritisch betrachtet werden müssen. Für die Beplankung mit leichten Kunststoffmaterialien und die Betrachtung der Relativverschiebung liefert die vorgestellte Methode einen wertvollen Ansatz für eine bessere Auslegung. In einem weiteren Projekt wird der Einfluss von zeitabhängigen Effekten wie der Relaxation, dem Kriechen sowie der Belastungsgeschwindigkeit aufgezeigt und in die Methode integriert.

Förderhinweis
Das IGF-Vorhaben 17752 N (FOSTA-Nr: P 985) der Forschungsvereinigung Stahlanwendung e. V. – FOSTA, Sohnstraße 65, 40237 Düsseldorf wurde über die AiF im Rahmen des Programms zur Förderung der Industriellen Gemeinschaftsforschung (IGF) vom Bundesministerium für Wirtschaft und Energie aufgrund eines Beschlusses des Deutschen Bundestages gefördert.

Die Autoren
M.Sc. Sebastian Mailänder (sebastian.mailaender@lwf.upb.de) ist Gruppenleiter der Fachgruppe Klebtechnik am Laboratorium für Werkstoff- und Fügetechnik (LWF) der Universität Paderborn.

Dr.-Ing. Dominik Teutenberg ist Oberingenieur dieser Forschungsstelle.

Prof. Dr.-Ing. Gerson Meschut leitet das LWF.

Literatur

1. Meschut, G., Teutenberg, D., Wünsche, M., Matzenmiller, A., Schmerbauch, M.: Beanspruchungs- und fertigungsgerechtes Kleben von Faserverbundkunststoffen im Multi-Material-Design. Abschlussbericht zum IGF-Vorhaben 16584 N. Forschungsvereinigung Stahlanwendung (FOSTA) e. V., Düsseldorf (2015)
2. Meschut, G., Teutenberg, D., Mailänder, S.: Experimentell basierte Auslegungs- und Qualifizierungsmethode für Montageklebverbindungen im Mischbau unter Berücksichtigung von Fertigungseinflüssen und Betriebsbedingungen. DVS Schriftenreihe, Bd. 309. Düsseldorf, S. 17–21 (2015). ISBN 978-3945023396
3. Meschut, G., Teutenberg, D., Henkel, K.: Design of cold-bonded FRP-steel hybrids. Tagungsband 38th Annual Meeting The Adhesion Society, Savannah, 20.–25. Febr. (2015)
4. Laufendes IGF/FOSTA-Projekt P 1086: Numerische Modellierung und Kennwertermittlung für das Versagensverhalten von hyperelastischen Klebverbindungen, LWF Paderborn, Fraunhofer IFAM Bremen, IfM Kassel, Laufzeit: 01.04.2015–30.09.2017
5. Meschut, G., Teutenberg, D., Wünsche, M.: Prüfkonzept für geklebte Stahl/CFK-Strukturen. Adhäsion Kleb Dicht **03/2015**, 16–21 (2015)
6. Schürmann, H.: Konstruieren mit Faser-Kunststoff-Verbunden. Springer, Berlin Heidelberg (2007)
7. Puck, A.: Festigkeitsanalyse von Faser-Matrix-Laminaten Modelle für die Praxis. Hanser, München Wien (1996)

Qualitätssicherung und Prüfverfahren

4

Andreas Groß, Hartwig Lohse, Henning Gleich, Jens Holtmannspötter, Michael Wetzel, Jürgen von Czarnecki, Rolf Brucksch, Eduard Kraus, Benjamin Baudrit, Peter Heidemeyer, Martin Bastian und Frank Thomsen

4.1 Qualitätssicherung in der Klebtechnik – Die neue DIN 2304 und ihr Nutzen für die Praxis

Andreas Groß und Hartwig Lohse

Moderne Industrie-Klebstoffe sind vielfach Hightech-Produkte, deren fachgerechter Einsatz eine Null-Fehler-Produktion im Betrieb ermöglicht. Versagen trotzdem Klebungen, ist dieses Verhalten in der Regel auf Anwendungsfehler zurückzuführen. Genau hier setzt die DIN 2304-1 [1] **an: Sie regelt die organisatorische Qualitätssicherung und sorgt damit für die Beherrschung von Klebprozessen.**

A. Groß (✉)
Bereich Klebtechnik und Oberflächen, Fraunhofer-Institut für Fertigungstechnik und Angewandte Materialforschung IFAM
Bremen, Deutschland
E-Mail: andreas.gross@ifam.fraunhofer.de

H. Lohse (✉)
Klebtechnik Dr. Hartwig Lohse e.K.
Breitenberg, Deutschland
E-Mail: hlohse@hdyg.de

H. Gleich (✉)
inpro Innovationsgesellschaft für fortgeschrittene Produktionssysteme in der Fahrzeugindustrie mbH
Berlin, Deutschland
E-Mail: henning.gleich@inpro.de

J. Holtmannspötter (✉) · M. Wetzel · J. von Czarnecki
Wehrwissenschaftliches Institut für Werk- und Betriebsstoffe (WIWeB)
Erding, Deutschland
E-Mail: jensholtmannspoetter@bundeswehr.org

M. Doobe (Hrsg.), *Kunststoffe erfolgreich kleben*,
https://doi.org/10.1007/978-3-658-18445-2_4

Die Klebtechnik gilt unbestritten als eine Schlüsseltechnologie des 21. Jahrhunderts. Es gibt kaum einen Industrie- oder Handwerkszweig, in dem sie nicht innovativ eingesetzt wird. Deutschland gilt hierbei weltweit als Technologieführer. Die volkswirtschaftliche Bedeutung der Klebtechnik ist inzwischen ebenfalls unstreitig [2].

Bei den für den industriellen Einsatz bestimmten Produkten der Klebstoffhersteller handelt es sich um hochwertige Qualitätsprodukte, deren Herstellungsverfahren im normgerechten Sinn „beherrschte" Prozesse sind. Der – von der Planung bis zum geklebten Produkt – fachgerechte Einsatz dieser Klebstoffe führt i. d. R. zu einer Null-Fehler-Produktion in der Anwendung. Dem widerspricht die Tatsache, dass leider noch zu häufig Klebungen nicht die in sie gestellten Anforderungen erfüllen und es im Gebrauch zu Ausfällen kommt. Objektiv betrachtet beruhen etwa 90 % der auftretenden Klebfehler auf klebtechnischer Unkenntnis. Dieser objektiven Tatsache steht gegenüber, dass der Anwender in seiner subjektiven Wahrnehmung natürlich alles richtig gemacht hat (Wer macht schon bewusst Fehler?) und daher ebenso automatisch wie fälschlich die Verantwortung für das Versagen der Klebung dem Produkt „Klebstoff" zuschreibt: „Da hat der Klebstoff schuld!" (Abb. 4.1).

Genau diesen Widerspruch, dass Klebstoffe einerseits eine Null-Fehler-Produktion ermöglichen und Klebfehler andererseits diese verhindern, nimmt die „neue" **DIN 2304-1: Klebtechnik – Qualitätsanforderungen an Klebprozesse (im Folgenden DIN 2304**

Abb. 4.1 Reihenweises Versagen der Klebverbindungen nach hoher Windbelastung zwischen Solar-Modulen und Aluminium-Unterkonstruktion infolge gravierender Klebfehler. (© Klebtechnik Dr. Hartwig Lohse e. K.)

R. Brucksch
Patent- und Markenamt München
München, Deutschland

E. Kraus (✉) · B. Baudrit · P. Heidemeyer · M. Bastian
SKZ - Das Kunststoff-Zentrum
Würzburg, Deutschland
E-Mail: e.kraus@skz.de

F. Thomsen (✉)
Krüss GmbH
Hamburg, Deutschland
E-Mail: f.thomsen@kruss.de

genannt) auf: Wenn der wesentliche Grund für Klebfehler nicht Klebstofffehler, sondern Anwendungsfehler sind, muss im Bereich der Anwendung nachgebessert werden.

Folglich handelt es sich bei der DIN 2304 um eine Anwender-Norm. Sie hat zum konkreten Ziel, klebtechnische Anwendungsprozesse organisatorisch so zu gestalten, dass seitens des Anwenders der gesamte Prozess von der Idee über die Entwicklung bis hin zur Fertigung des geklebten Produkts im normentechnischen Sinne „beherrscht“, also robust und reproduzierbar gestaltet wird. Daneben besteht das übergeordnete Ziel der DIN 2304 darin, das in manchen Bereichen immer noch schlechte Image des Klebens zu relativieren und somit durch qualifiziertere Klebstoffanwendungen die Anwendungsgebiete der Schlüsseltechnologie Kleben qualifiziert weiterzuentwickeln.

Bei der Schaffung der DIN 2304 war man sich durchaus der Problematik bewusst, so unterschiedliche Bereiche wie die industrielle Fertigung einerseits und z. B. das Handwerk andererseits mit einer Norm erschöpfend abzudecken. In der industriellen Fertigung gibt es alles, von der Losgröße Eins bis zur Großserie mit vielen Tausend identischen Teilen. Im Handwerk dominiert eher die Kleinserie oder die Einzelfertigung. Andererseits ist es aber nicht erklärbar, warum hinsichtlich der sicheren Haltbarkeit einer Klebung, z. B. an einem serienmäßig gefertigten Bauteil andere Anforderungen als an eine Einzelanfertigung des gleichen Bauteils gestellt werden sollten.

Aus diesem Grund gilt die DIN 2304 bewusst nicht nur für alle Klebstoffklassen – unabhängig von ihren Verfestigungsmechanismen, Festigkeits- sowie Verformungseigenschaften – und Werkstoffkombinationen, sondern auch für alle Branchen und jegliche Klebungen (Abb. 4.2), deren Hauptfunktion in der Übertragung mechanischer Lasten besteht. Um trotzdem den jeweiligen Besonderheiten gerecht zu werden, werden von dem zuständigen Arbeitsausschuss beim DIN zur Unterstützung der konkreten Anwendung

Abb. 4.2 DIN 2304 – eine branchenunabhängige Anwendernorm für Klebungen jeglicher Art. (© Fotolia)

dieser Norm weitere spezifische Umsetzungshinweise erstellt. So wird derzeit an zwei weiteren Dokumenten gearbeitet. Eines thematisiert die klebtechnische Fertigung, das zweite die Besonderheiten beim Kleben von Faserverbundwerkstoffen. Diese Dokumente, gedacht als Ergänzung der DIN 2304 und nicht als deren alternativen Ersatz, geben den Betrieben auf ihre jeweiligen Belange zugeschnittene Hilfestellungen.

4.1.1 Kerngedanke der ISO 9001

Die Basis der DIN 2304 bildet die ISO 9001. Ganz abgesehen davon, dass in der Industrie der Ruf der ISO 9001 gelitten hat, ihr Kerngedanke ist und bleibt ebenso einfach wie genial: Wenn ein Fertigungsschritt oder ein fertiges Produkt nicht zerstörungsfrei einhundertprozentig auf etwaige Fehler geprüft werden kann, es sich also um einen sogenannten „speziellen Prozess" handelt, müssen auf dem Weg zum fertigen Produkt alle Fehlermöglichkeiten ausgeschlossen und der Prozess dadurch „beherrscht" werden (Abb. 4.3).

Auf Basis der Prämisse, dass der Klebstoff ein Qualitätsprodukt ist, welches bei fachgerechtem Einsatz von sich aus eine Null-Fehler-Produktion ermöglicht, heißt das nichts anderes, als dass auf dem Weg zum fertigen Produkt alle Anwendungsfehlermöglichkeiten ausgeschlossen werden müssen.

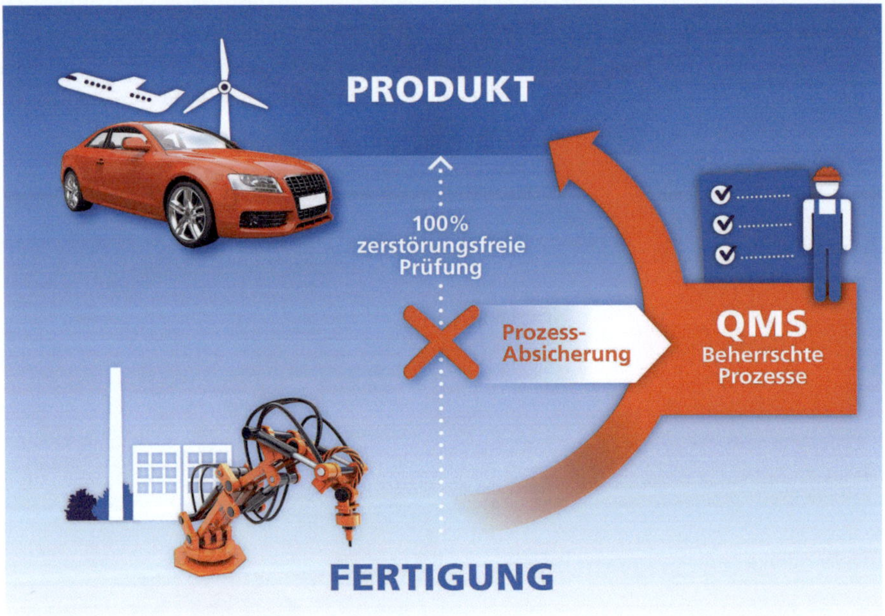

Abb. 4.3 Kerngedanke der ISO 9001: Beherrschung der Prozesse durch ein umfassendes Qualitätsmanagementsystem. (© Fraunhofer IFAM)

Folglich hat das oft gescholtene Qualitätsmanagementsystem (QMS) der ISO 9001 vom Grundsatz her zum Ziel, Fehlermöglichkeiten in der Anwendung möglichst auszuschließen. „Fehlerprophylaxe“ bei den „speziellen Prozessen“ durch Umsetzung des QMS heißt die Zauberformel. Spezielle Prozesse gemäß ISO 9001 umfassen genau die Fertigungsschritte bzw. Produkte, die eben nicht einhundertprozentig zerstörungsfrei zu prüfen sind. Und wenn etwaige Fehler nicht nachgewiesen werden können, müssen sie halt vermieden werden. Ein Gedanke übrigens, der in der im Vergleich zum Kleben wesentlich jüngeren Schweißtechnik längst verinnerlicht ist. Die Schweißtechnik war der eigentliche Grund, den Begriff „spezieller Prozess“ zu kreieren und ihn in die ISO 9001 aufzunehmen.

4.1.2 Qualitätssicherung auf Basis der ISO 9001

Abstrakt betrachtet setzt sich die Qualitätssicherung von Prozessen und Produkten in einem Betrieb aus den Bereichen „Technische Qualitätssicherung“ und „Organisatorische Qualitätssicherung“ zusammen (Abb. 4.4).

Abb. 4.4 ISO 9001 – technische und organisatorische Qualitätssicherung als „Umweg“ zur Sicherstellung der Produktqualität bei speziellen Prozessen, weil Qualität nicht zu 100 % zerstörungsfrei prüfbar ist. (© Fraunhofer IFAM)

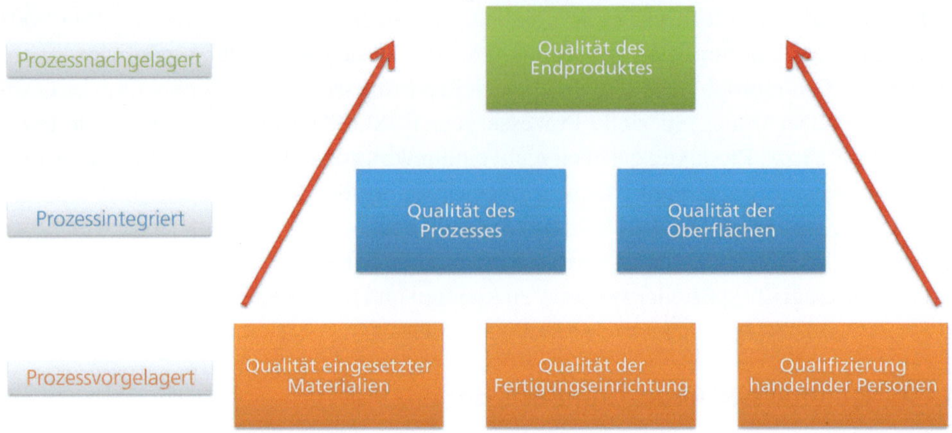

Abb. 4.5 Prozessvorgelagerte, -integrierte und -nachgelagerte Qualitätssicherung. (© Fraunhofer IFAM)

Die „Technische Qualitätssicherung" dient der Absicherung technischer Unwägbarkeiten im Prozess und umfasst – ob akkreditiert bzw. normiert oder nicht – alle Prüftechniken, Prüfverfahren, Prüfbedingungen, Versuchsdurchführungen, Probekörper etc., die prozessvorgelagert, prozessintegriert und prozessnachgelagert zur Qualitätscharakterisierung des Endproduktes herangezogen werden (Abb. 4.5).

Die „Organisatorische Qualitätssicherung" dient der Absicherung organisatorischer Unwägbarkeiten in der Fertigung und bezieht alle qualitätssichernden Normen, Richtlinien, Vorgaben und Maßnahmen zur Gestaltung und Umsetzung von Prozessen und Fertigungsschritten sowie den notwendigen personellen, geräte- und raumtechnischen sowie organisatorischen Aufbau von Betrieben ein (Klebpersonal und dessen Verantwortungen, Gestaltung der Räumlichkeiten, Gerätetechnik, Beschreibung betrieblicher Abläufe und Schnittstellendefinition, Fehlerlenkung, Dokumentation etc.).

Natürlich hat die ISO 9001 ihre Grenzen, legt sie doch lediglich die Mindestanforderungen an ein Qualitätsmanagementsystem (QMS) fest. Dieses wird (formal) zertifiziert und nicht (fach-)inhaltlich der dahinterstehende (Anwendungs-)Prozess. Sie legt zwar die Basis der Qualitätssicherung, ist aber als alleiniges Qualitätssicherungsinstrument zu allgemein. Sie muss konkretisiert werden, wozu es fachspezifischer Regelwerke wie z. B. Normen bedarf, die qualifiziert die Strukturen einer „Organisation" – also eines klebtechnischen Anwenderbetriebes – hinsichtlich einer fachgerechten Technologieanwendung organisatorisch festlegen.

4.1.3 DIN 2304 – eine Norm für Anwender

Genau an dieser Stelle, wo es die ISO 9001 für die klebtechnische Anwendung zu konkretisieren gilt, setzt die neue DIN 2304 „Klebtechnik – Qualitätsanforderungen an Klebprozesse" inhaltlich an. Sie legt den im Produktsicherheitsrecht verbindlichen derzeitigen Stand der Technik für die Organisation der fachgerechten Umsetzung klebtechnischer Prozesse im Betrieb fest und ist dabei branchen- und produktübergreifend auf die Herstellung aller Klebungen mit der Hauptfunktion der Übertragung mechanischer Lasten ausgerichtet.

Ihrer Konkretisierungswirkung kommt die DIN 2304 exakt nach, indem sie die Anforderungen an eine qualitätsgerechte Ausführung von Klebverbindungen entlang der gesamten Prozesskette Kleben von der Entwicklung über die Fertigung bis zur Instandhaltung festschreibt und allgemeine organisatorische, vertragliche und fertigungstechnische Grundlagen für die Herstellung klebtechnischer Verbindungen festlegt (Abb. 4.6).

1 Anwendungsbereich: alle Klebungen, bei denen die Übetragung mechanischer Lasten eine Hauptfunktion darstellt - von der Planung über die Fertigung bis zur Instandsetzung / Reparatur

2 Normative Verweisungen

3 Begriffe

4 Auswahl der klebtechnischen Anforderungen (Sicherheitsanforderungen)

5 Anforderungen an die Prozesskette

5.1 Infrastruktur: Fertigungsumgebung, Ausstattung der Fertigungsstätte, Transport, Infrastruktur, Instandhaltung und Anpassung

5.2 Personal: Klebaufsicht (KAP)

5.3 Vertragsprüfung

5.4 Entwicklungsprozess und Konstruktion: Allgemeines, Einteilung in die Stufen, Anforderungen an Klebverbindungen, Gestaltung von Klebverbindungen, Fügeteile, Klebstoff, Oberflächenbehandlung, Klebablauf, Nachweisführung

5.5 Unterauftragsvergabe: Grundsätze, Entscheidung über Unterauftragsvergabe, Beschaffungsangaben / -dokumentation, Lieferantenauswahl und Vertragsverhandlung, Lieferantenmanagement

5.6 Prozessplanung: Einbindung in den Gesamtfertigungsprozess, Arbeitsumgebung, Arbeitsfolge und Fertigungstechnologie, Planen von Fertigungshilfsmitteln (FHM), Prozessfreigabe

5.7 Lagerung und Logistik (Fügeteile, Kleb- und Klebhilfsstoffe): Wareneingangskontrolle, Lagerung, innerbetrieblicher Transport

5.8 Fertigung: Vorbereitung, Vorbehandlung, Applikation, Kleben, Verfestigung, Überwachung

5.9 Nacharbeit, Reparatur und (vorbeugende) Instandsetzung

5.10 Überwachung von Mess-, Prüf-, und Fertigungshilfsmitteln

5.11 Arbeitssicherheit und Umweltschutz

5.12 Qualitätsmanagement

Abb. 4.6 Inhalte der DIN 2304 [1]

Neben den im Folgenden weiter erläuterten drei Kernelementen der DIN 2304:

- der Klassifizierung der Klebungen nach Sicherheitsanforderungen,
- der Einsetzung von Klebaufsichtspersonal (KAP),
- der Nachweisführung, dass über den gesamten Lebenszyklus einer Klebverbindung die auftretenden Beanspruchungen stets kleiner als ihre Beanspruchbarkeit sind,

wird – außerhalb der Norm – mit der Betriebszertifizierung nach DIN 2304 den Klebstoff verarbeitenden Betrieben eine Perspektive eröffnet, die normgerechte Qualität ihrer klebtechnischen Anwendung nachweisen und dokumentieren zu lassen.

An dieser Stelle sei darauf hingewiesen, dass derartige Kernelemente und Betriebszertifizierungen kein Novum darstellen. Beispiele dafür sind u. a. die DIN 6701 für das Kleben (s. u.) und die EN 15085 für das Schweißen jeweils im Schienenfahrzeugbau.

4.1.4 Kernelement 1: Klassifizierung der Klebungen

Gemäß DIN 2304 werden grundsätzlich alle Klebungen in die Sicherheitsklassen S 1 bis S 4 eingeteilt:

S 1 hohe Sicherheitsanforderungen
S 2 mittlere Sicherheitsanforderungen
S 3 geringe Sicherheitsanforderungen
S 4 keine Sicherheitsanforderungen

Vereinfacht gesagt erfolgt die Einstufung, die der verantwortliche Konstrukteur bzw. Bauteilverantwortliche vorzunehmen hat, auf Basis der Folgenabschätzung, sollte die Klebung versagen. Anders ausgedrückt heißt das, die Einstufung der Klebung erfolgt hinsichtlich potenzieller Auswirkungen auf das Versagen der Hauptfunktion der Übertragung mechanischer Lasten, unabhängig von den Festigkeits- und Verformungseigenschaften sowie den Verfestigungsmechanismen des im jeweiligen Fall eingesetzten Klebstoffs.

Weitere Anforderungen wie z. B. Lebensmitteltauglichkeit, Brandschutzbestimmungen, Einhaltung von Emissionsvorschriften und auch hinsichtlich der Arbeitssicherheit bei der Ausführung der Klebung werden für die Klassifizierung innerhalb dieser Norm nicht betrachtet. Hierfür existieren bereits andere Normen, Vorschriften und Regelwerke.

Die Sicherheitsanforderungen hinsichtlich möglicher Auswirkungen auf die o. g. Funktionen sind gem. der DIN 2304 [1] wie folgt definiert:

S1 – Hohe Sicherheitsanforderung
Das Versagen der Klebverbindung

- bedeutet mittel- oder unmittelbar eine unabwendbare Gefahr für Leib und Leben
- führt zu einem Ausfall der Funktionalität, deren Auswirkungen höchstwahrscheinlich eine unabwendbare Gefahr für Leib und Leben darstellen.

S2 – Mittlere Sicherheitsanforderung
Das Versagen der Klebverbindung

- kann Leib und Leben gefährden
- führt zu einem Ausfall der Funktionalität, deren Auswirkungen wahrscheinlich mit Schäden gegenüber Personen oder großen Umweltschäden verbunden sind
- verursacht einen Ausfall der Funktionalität, deren Auswirkungen höchstwahrscheinlich mit weitreichenden Vermögensschäden verbunden sind.

S3 – Geringe Sicherheitsanforderung
Das Versagen der Klebverbindung

- führt zu einem Ausfall der Funktionalität, deren Auswirkungen wahrscheinlich nicht mit Schäden gegenüber Personen oder großen Schäden an der Umwelt verbunden sind
- führt zu einem Ausfall der Funktionalität, deren Auswirkungen maximal mit Komfort- oder Leistungseinbußen verbunden sind. Bei einem Ausfall der Funktionalität sind die Auswirkungen wahrscheinlich nicht mit größeren Vermögensschäden verbunden.

S4 – Keine Sicherheitsanforderung
Das Versagen der Klebverbindung

- führt zu einem Ausfall der Funktionalität, deren Auswirkungen unter vorhersehbaren Bedingungen nicht mit Schäden gegenüber Personen oder der Umwelt verbunden sind
- führt zu einem Ausfall der Funktionalität, deren Auswirkungen ausschließlich mit Komfort- oder Leistungseinbußen verbunden sind
- führt zu einem Ausfall der Funktionalität, deren Auswirkungen nicht mit größeren Vermögensschäden verbunden sind.

Die DIN 2304 ersetzt dabei keine anerkannten und bestehenden Regelwerke zur bisherigen Klebstoffanwendung. Im Zweifelsfall wird grundsätzlich immer die höchste geforderte Sicherheitsstufe angenommen.

4.1.5 Kernelement 2: Klebaufsichtspersonal (KAP)

Bei dem seitens des Anwenderbetriebes zu benennenden Klebaufsichtspersonal (KAP) handelt es sich um Mitarbeiter, die im Betrieb Verantwortung für die Klebtechnik und damit verbundene Tätigkeiten tragen. Ihre Eignung und ihre fachspezifischen Kenntnisse z. B. durch Schulungen, Ausbildung und/oder entsprechende Erfahrung müssen nachgewiesen werden und dokumentiert sein.

Das Klebaufsichtspersonal (KAP) ist im Betrieb die zentrale Ansprechstelle für alle qualitätsbeeinflussenden Faktoren des „speziellen Prozesses" Kleben – von der Planung über die Fertigung bis zur Instandhaltung und Reparatur. Der Anwenderbetrieb muss gemäß DIN 2304 ausreichendes und befähigtes Personal für die genannten Aufgaben vorhalten und ihre Benennung dokumentieren. Als Nachweis klebspezifischer Qualifikation zur Rechtfertigung der Benennung als KAP kann in Abhängigkeit zur Klebungsklassifizierung (erstes Kernelement) die berufliche Ausbildung (Schreiner, Bodenleger, Maler o. a.) oder berufsbegleitende Weiterbildungen herangezogen werden.

4.1.6 Kernelement 3: Nachweisführung

Dass eine Klebverbindung so zu bemessen ist, dass ihre Beanspruchung stets kleiner ist als die Beanspruchbarkeit, ist Stand der Technik – nicht nur beim Kleben, sondern bei allen anderen Verbindungstechniken und darüber hinaus. Neu im Rahmen der DIN 2304 ist, dass dieses unter Mitwirkung des Klebaufsichtspersonals (KAP) sichergestellt und die Nachweisführung nachvollziehbar dokumentiert werden muss. Die Nachweisführung selbst kann auf folgenden vier Wegen erfolgen:

1. Bemessung

Auf Basis des zu erstellenden Anforderungsprofils wird die Beanspruchung durch Versuche, Berechnungen, Standards, Realdaten oder einer Kombination daraus ermittelt und dokumentiert. Die Beanspruchbarkeit ist versuchstechnisch in angemessener Statistik unter Berücksichtigung von Alterungen, Testmedien, Wirkkombinationen u. a. zu ermitteln. Dabei ist sicherzustellen, dass Laborergebnisse den unter realen Fertigungsbedingungen erreichbaren Ergebnissen entsprechen. Die Versuche können an Probekörpern, als Bauteilversuche oder am Realteil erfolgen. Realistisch im Bauteil auftretende Spannungen und Dehnungen werden für jede Klebverbindung berechnet und mit zulässigen Spannungen bzw. zulässigen Dehnungen verglichen. Die Datenermittlung muss nachvollziehbar sein und ebenfalls dokumentiert werden. Gleiches gilt für den Vergleich Beanspruchung/Beanspruchbarkeit.

2. Bauteilprüfung

Die Bauteilprüfung kann durch Prüfen eines Gesamtsystems oder eines Teilsystems unter Realbedingungen oder unter Bedingungen, die der Realität nachempfunden sind, erfolgen.

Hierbei müssen die Testbedingungen in Bezug auf ihre Wirkung auf die Klebverbindung nachweislich eine vergleichbare Wirkung auf das Gesamtsystem zeigen. Bei Teilsystem-Prüfungen ist zusätzlich die gegenseitige Beeinflussung zwischen Teilsystem und Gesamtsystem zu betrachten und nachzuweisen, dass diese das Ergebnis nicht unzulässig verfälscht. Ein Versagenskriterium zur Versuchsauswertung inklusive eines integrierten Sicherheitsfaktors ist zu definieren. Der gesamte Prozess ist nachvollziehbar zu dokumentieren.

3. Dokumentierte Erfahrung
Ein Nachweis aufgrund von Erfahrungswerten ist grundsätzlich genauso möglich. Dafür ist nachvollziehbar nachzuweisen, dass sich die Konstruktion bewährt hat. Die Übertragbarkeit auf die im Betrieb befindliche Klebverbindung ist – ebenfalls nachvollziehbar – zu dokumentieren.

4. Kombination aus 1.–3.
Der Nachweis der Kombination oben beschriebener Wege stellt sicher, dass alle Anforderungen in geeigneter Weise zu bewerten sind und dass die einzelnen Bestandteile des Nachweises kompatibel zueinander sind. Der Prozess ist ebenfalls nachvollziehbar zu dokumentieren.

4.1.7 Perspektive: Zertifizierung gemäß DIN 2304

Grundsätzlich verschafft die DIN 2304 Anwenderbetrieben die Möglichkeit, sich gemäß dieser Norm zertifizieren zu lassen. Im Gegensatz zu einer Betriebsauditierung, einem Prozessreview oder einer Begutachtung verschafft die Zertifizierung nach DIN 2304 dem Betrieb gegenüber Auftraggebern den Vertrauensvorschuss, Klebungen grundsätzlich wie in der DIN 2304 festgelegt, und damit nach dem derzeitigen Stand der Technik, fachgerecht auszuführen. Dies ist der grundsätzliche Unterschied zu den genannten Audits, Reviews oder Begutachtungen, die ohne Zertifizierung abschließen und lediglich Momentaufnahmen sind. Sie bestätigen nur, dass am Audittermin der Anwenderbetrieb nach DIN 2304 gearbeitet hat, geben aber definitiv keine Auskunft darüber, was vorher geschah oder nachher geschehen wird.

Dagegen dokumentiert die Betriebszertifizierung nach DIN 2304, dass der Anwenderbetrieb sich auch in den Zeiten zwischen Erst-Zertifizierung, Überwachungsaudit und Re-Zertifizierungen nach den in der DIN 2304 festgelegten Regularien klebtechnisch arbeitet. Dieser fundamentale Unterschied zwischen Auditierung und Zertifizierung wiegt umso schwerer, da der Klebstoffhersteller im Anwenderbetrieb hinsichtlich des fachgerechten Einsatzes seiner Produkte keine Entscheidungskompetenz besitzt und lediglich beratend tätig sein kann.

Diese Betriebszertifizierungen, die derzeit noch ausschließlich auf zivilrechtlicher Basis erfolgen, werden von Zertifizierungsstellen durchgeführt, die von der Deutschen Akkreditierungsgesellschaft (DAkkS) nach DIN EN ISO 17065 offiziell für Zertifizierungen nach DIN 2304 akkreditiert sind.

Sicher ist, dass es auch in Zukunft definitiv keine Klebstoffzertifizierung nach DIN 2304 geben wird. Der Klebstoff stellt lediglich nur ein Glied in der Prozesskette Kleben dar und die Qualität einer Klebung wird anwendungsspezifisch von einer Vielzahl von weiteren Parametern bestimmt (vgl. Abb. 4.5). Die Praxis zeigt immer wieder, dass Klebungen an nahezu identischen Bauteilen mit identischen Anforderungen durchaus mit sehr unterschiedlichen Klebstoffsystemen erfolgreich durchgeführt werden können.

4.1.8 DIN 6701 – ein Erfolgsmodell

Die Entwicklungsperspektive des Klebens im Schienenfahrzeugbau für das 21. Jahrhundert und ihre notwendige Strukturierung hat das Eisenbahn-Bundesamt (EBA) um die Jahrtausendwende veranlasst, nach der erfolgreichen Fertigstellung der DIN 6700 für das Schweißen im Schienenfahrzeugbau die Entwicklung der DIN 6701 „Kleben von Schienenfahrzeugen und -fahrzeugteilen" zu initiieren. Mit Ausnahme des Holzverarbeitungsbereichs wurde mit dieser Norm erstmalig eine verbindliche DIN zur Qualitätssicherung der klebtechnischen Anwendung geschaffen.

Mit der Normenreihe DIN 6701 „Kleben von Schienenfahrzeugen und -fahrzeugteilen" und ihrer Verknüpfung mit der ISO 9001 liegt ein von Klebstoffanwendern, deren Kunden, Klebstoffherstellern und dem Eisenbahnbundesamt als Initiator gleichermaßen akzeptiertes Erfolgsmodell vor. Es zeigt, wie die eingangs dargestellte organisatorische Qualitätssicherung erfolgreich umgesetzt werden kann. Das wird dadurch unterstrichen, dass die ursprünglich auf Deutschland ausgerichtete Normenreihe DIN 6701 mittlerweile international als Grundlage für Klebprozesse dient und derzeit durch Überführung in eine Europäische Norm (EN) internationalisiert wird.

Die klebtechnischen Anwenderbetriebe im Schienenfahrzeugbau haben sich auf Basis der ISO 9001 personal-, geräte- und raumtechnisch sowie organisatorisch entsprechend der DIN 6701 aufgestellt. Die inzwischen langjährige – und internationale – Erfahrung mit der DIN 6701 zeigt, dass die oben genannten Aufwendungen, die der Anwenderbetrieb anfangs tätigen muss, zweifelsohne leistbar sind und sich bereits mittelfristig sowohl technologisch als auch ökonomisch auszahlen.

Mittlerweile sind 593 Betriebe – rund um die Welt – nach DIN 6701 zertifiziert – Tendenz steigend (Stand: 31.12.2016).

Bei der Erstellung der DIN 2304 wurde daher der prinzipielle Aufbau mit den drei genannten Kernelementen „Klassifizierung der Klebverbindungen", „Klebaufsichtspersonal" und „Nachweisführung" sowie als Perspektive eine freiwillige „Betriebszertifizierung" übernommen.

4.1.9 Fazit

Die Qualität der heutigen Klebstoffprodukte ermöglicht bei fachgerechtem Einsatz der Klebstoffe eine Null-Fehler-Produktion. Die Tatsache, dass es trotzdem immer wieder zu Klebfehlern kommt, führt zu der Schlussfolgerung, dass das Optimierungspotenzial eindeutig im Bereich der Klebstoffanwendung liegt.

Anders ausgedrückt: Die Qualität des Klebstoffanwendungsprozesses muss der Qualität des Klebstoffherstellungsprozesses angepasst werden.

Solange es jedoch für klebtechnische Anwendungsprozesse keine 100 %ige zerstörungsfreie Prüftechnik gibt und es sich somit beim Kleben gemäß ISO 9001 um einen „speziellen Prozess“ handelt, ist der in ISO 9001 gelegte und in der DIN 2304 konkretisierte Weg der Fehlerprophylaxe über ein umfassendes QMS zur „Beherrschung der Klebprozesse“ alternativlos. Klebtechnische Qualitätssicherung in der Anwendung – fachgerecht eingesetzt und durch Zertifizierungen dokumentiert – minimiert Fehler, spart Geld, schafft Vertrauen, erhöht dadurch den erfolgreichen Einsatzumfang der Klebtechnik und verbessert gleichzeitig das Image des Klebens nachhaltig. Die angesprochene DIN 6701 beweist das.

Die Autoren
Prof. Dr. Andreas Groß (andreas.gross@ifam.fraunhofer.de) leitet die Abteilung „Weiterbildung und Technologietransfer“ im Fraunhofer IFAM.

Dr. Hartwig Lohse (hlohse@hdyg.de) bietet mit seinem Beratungsunternehmen Klebtechnik Dr. Hartwig Lohse e. K. unabhängige Unterstützung bei klebtechnischen Fragestellungen an.

4.2 Lebensdauervorhersage – Alterungseffekte im Zeitraffertest

Henning Gleich und Hartwig Lohse

Legt man ein Stück Glas in die Sonne, so wird es sich in 100 Jahren nicht verändern. Legt man einen Metallwürfel in die Sonne, so rostet er allenfalls oberflächlich. Bei einem Würfel aus Kunststoff oder auch bei Klebungen ist es anders. Ihre Veränderungen lassen sich durch Zeitraffertests bei relativ kurzen Prüfzeiten zuverlässig und schnell ermitteln.

Ein der Witterung ausgesetzter Kunststoff verfärbt sich und wird spröde, seine mechanischen Eigenschaften verändern sich. Im Rahmen der durch die DIN 2304-1 [1] für alle Klebungen mit der Hauptfunktion einer Lastübertragung geforderten Nachweisführung, dass, „... das konstruierte (geklebte) Bauteil die Anforderungen in allen Lebenszyklen über die beabsichtigte Gebrauchsdauer erfüllt ...“ müssen also in der Entwicklungspha-

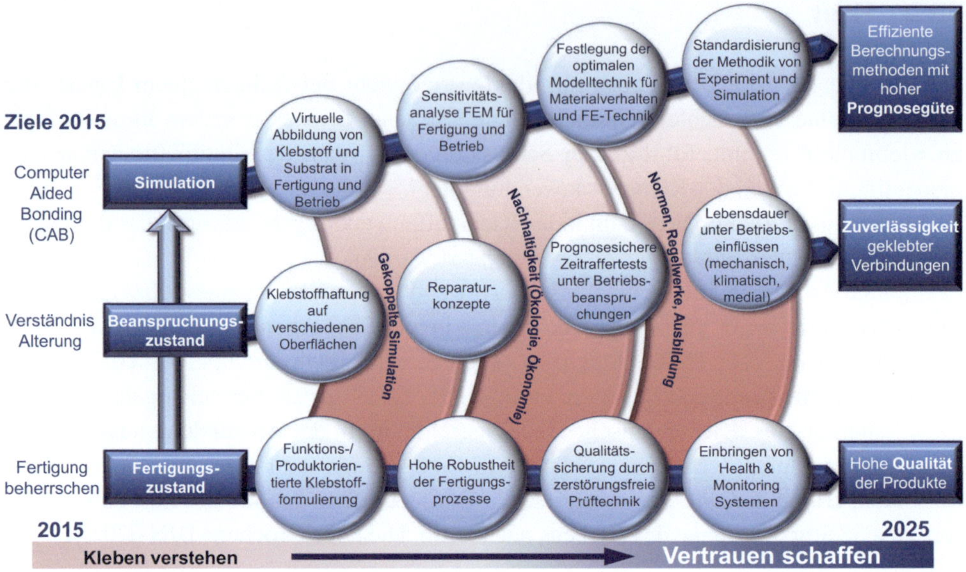

Abb. 4.7 Roadmap Kleben [3]. (Bildquelle: Dechema e. V.)

se von geklebten Kunststoffteilen die Alterungseffekte der Fügeteile, des verwendeten Klebstoffs und sich ggf. aus deren Kombination ergebende weitere Effekte berücksichtigt werden. Vor dem Hintergrund der einerseits erwarteten, teilweise sehr langen Lebensdauern und der anderseits immer wichtiger werdenden Verkürzung von Entwicklungszeiten kommt dem auch in der aktuellen Roadmap Kleben (Abb. 4.7) des Gemeinschaftsausschusses Klebtechnik (GAK) [3] als wichtiges Forschungs- und Entwicklungsziel genannten Ziel, die Zuverlässigkeit von Klebungen zu erhöhen und durch prognosesichere Zeitraffertests unter Betriebsbeanspruchungen zu validieren, eine hohe Bedeutung zu.

4.2.1 Die Idee der Zeitraffertests

Die Motivation für die Durchführung von Zeitraffertests liegt in der Tatsache begründet, dass Klebverbindungen altern. Dies geschieht u. a. durch die Einwirkung von

- mechanischen Belastungen,
- Sonnenlicht,
- Wärme,
- Wasser,
- Sauerstoff und
- sonstiger flüssiger, gasförmiger oder fester Stoffe

sowohl auf den Klebstoff als auch auf die Fügeteile.

Diese Alterung äußert sich, je nach Art und Zeitdauer der Einwirkung, nicht nur in sichtbaren Effekten, wie Aufquellen, Rissbildung, Versprödung oder Verfärbung, sondern auch in einer Veränderung der mechanischen Eigenschaften und einem Nachlassen der Adhäsion zwischen Klebstoff und Fügeteiloberflächen. Auch Wechselwirkungen zwischen den Fügeteilen und dem Klebstoff sowie Veränderungen und Alterungseffekte der Fügeteile selbst müssen berücksichtigt werden. Alles in allem verändert sich das Lasttragevermögen der Klebung meist zum Nachteil. Genau diese Veränderungen gilt es durch geeignete Zeitraffertests bei möglichst kurzen Prüfzeiten zuverlässig zu ermitteln.

Die Philosophie der Zeitraffertests ist es, die unter realen Gebrauchsbedingungen über die erwartete Lebensdauer verteilt einwirkenden Belastungen zu verschärfen und zeitlich zu komprimieren. Es werden entweder reale Bauteile oder standardisierte Prüfkörper (z. B. Zugscherproben gemäß DIN EN 1465 [4]) unter festgelegten Bedingungen ausgelagert und anschließend zerstörend geprüft. Das Ergebnis hinsichtlich Festigkeit und Versagensart (gemäß DIN EN ISO 10365 [5]) wird dann mit den ohne Auslagerung erzielten Werten verglichen und beurteilt. Bei der Festlegung der Auslagerungsbedingungen hilft die Tatsache, dass die bei der Klebstoffalterung ablaufenden Vorgänge wie alle chemischen und biologischen Reaktionen durch eine Erhöhung der Temperatur beschleunigt werden. Eine Faustformel besagt, dass eine Erhöhung der Prüftemperatur um 10 K eine chemische Reaktion um den Faktor 2 bis 4 beschleunigt. Dabei muss jedoch beachtet werden, dass das sinnvolle Ausmaß der Beschleunigung begrenzt ist. Eine höhere Temperatur kann neben der Beschleunigung von Alterungsreaktionen auch den Ablauf von Reaktionen ermöglichen, die aufgrund ihrer Aktivierungsenergien unter den normalen Betriebsbedingungen des zu prüfenden Bauteils prinzipiell nicht ablaufen. Bei der zeitlichen Komprimierung werden die Zeiträume, in denen das Bauteil unkritischen Bedingungen (z. B. normalen Raumbedingungen) ausgesetzt ist, zugunsten von kritischen (z. B. erhöhter Temperatur, Medieneinfluss, mechanischer Belastung) ersetzt. Der dadurch bedingte Wegfall von „Erholungsphasen" hat ohne Frage einen Einfluss und muss berücksichtigt werden.

4.2.2 Exemplarische Tests

Der Begriff „Zeitraffertest" umfasst Prüfungen, bei denen die Auswirkung

- einer mechanischen Belastung,
- einer klimatischen Belastung,
- einer Belastung durch Medien (z. B. Feuchte, Chemikalien)
- oder einer Kombination der drei erstgenannten Belastungen

auf eine Klebung simuliert wird. Ziel ist es, mit möglichst kurzen Prüfzeiten Hinweise auf die Langzeitbeständigkeit einer Klebung unter Realbedingungen zu erhalten.

Der Einfluss von mechanischen Belastung kann, in Anhängigkeit von der Art der Belastung, für statische Lasten z. B. im Zeitstandversuch (DIN EN 15336 [6]) und für dynamische Lasten im Dauerschwingversuch (DIN EN ISO 9664 [7]), auch als Wöhler-Versuch bekannt, ermittelt werden.

Eine Beschreibung von Labor-Alterungsbedingungen, unter denen Klebverbindungen verschiedenartigen Umweltbedingungen – klimatisch oder chemisch – ausgesetzt werden, um die Wirkungen dieser Einflüsse auf bestimmte Eigenschaften zu erfassen, gibt z. B. die DIN EN ISO 9142 [8].

Im einfachsten Fall werden zur Ermittlung der Temperaturbeständigkeit geklebte Prüfkörper in Umluftöfen bei erhöhter oder definiert ansteigender Temperatur unter Belastung gelagert, die Zeit bis zum Versagen der Klebverbindung ermittelt und das Versagensbild anschließend bewertet. Es werden aber auch Prüfkörper bei Prüfzeiten von bis zu mehreren 1000 h bei erhöhter Temperatur ausgelagert und nach einer anschließenden Rekonditionierung im Vergleich zu ungealterten Prüfkörpern zerstörend geprüft.

In einfachen Versuchen können ohne langwierige Ofenlagerung mittels TGA (Thermogravimetrie, Thermogravimetric Analysis) oder DSC (Dynamische Differenzkalorimetrie, Differential Scanning Calorimetry) erste Erkenntnisse über das thermische Verhalten von Klebstoffen gewonnen werden. So gibt die TGA Hinweise darauf, bei welcher Temperatur Zersetzungsprozesse beginnen und die DSC gibt Hinweise auf u. a. Phasenumwandlungen und die Glasübergangstemperatur T_g, bei der sich bekanntlich die mechanischen Eigenschaften, aber auch das Wärmeausdehnungsverhalten signifikant ändern. Beides liefert wertvolle Hinweise für die Klebstoffauswahl. Die Methode der OIT (Oxidations-Induktions-Zeit/Temperatur), d. h. die Durchführung von DSC-Messungen unter definierter Sauerstoffatmosphäre, bietet die Möglichkeit einer schnellen Ermittlung der Temperaturstabilität von Kleb- und Dichtstoffen. In dem IGF-Projekt VaTherm [9] und [10] konnte gezeigt werden, dass bei reaktiven Klebstoffen die Wirksamkeit verschiedener Stabilisatoren verglichen werden kann und eine Berechnung der Langzeitbeständigkeit bei höheren Gebrauchstemperaturen möglich ist. Die Versuchsparameter müssen jedoch jeweils an die Basischemie der Klebstoffe angepasst und in Korrelation zu Ergebnissen aus Ofenlagerungen erstellt werden. Es muss ebenfalls berücksichtigt werden, dass alle diese Methoden zwar Hinweise zum Langzeitverhalten des Klebstoff-Bulks bei erhöhter Temperatur, aber nicht bezüglich seiner Adhäsion zu einem Fügeteil liefern.

Da es derzeit noch keine zerstörungsfreie Prüfmethode für Klebverbindungen gibt, die sicher und reproduzierbar Aussagen zur Haftung zwischen Klebschicht und Fügeteil liefert, sind zur Ermittlung der Langzeitbeständigkeit einer Klebverbindung zerstörende Prüfungen an entsprechend belasteten, d. h. gealterten Klebverbindungen erforderlich.

Während in der Vergangenheit vornehmlich statische Tests (z. B. der sogenannte Schwitzwassertest gemäß DIN EN ISO 6270-2 (Auslagerung bei 40 °C und 100 % rel. Feuchte) [11]) zum Einsatz kamen, sind es heute vermehrt sogenannte Klimawechselprüfungen, bei denen die Prüfkörper periodisch wechselnden Bedingungen ausgesetzt werden. Beispiele sind der in der DIN EN ISO 11997-1 [12] als Zyklus B beschriebene VDA-Wechseltest (ehemals VDA 321-415), bei dem die Prüflinge nacheinander einer 24-stündigen Salzsprühnebelprüfung, einer 4-tägigen Kondenswasser-Klimawechselprüfung mit einer 2-tägigen Erholungsphase ausgesetzt werden und der von der BMW AG ent-

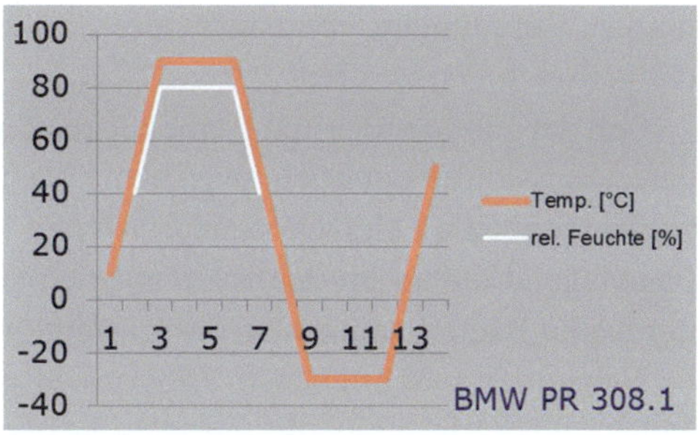

Abb. 4.8 Klimawechseltest gemäß BMW PR 308.1 (Die Anzahl der zu durchlaufenden Prüfungen hängt vom Anwendungsbereich ab.) [13]. (Bildquelle: Klebtechnik Dr. Hartwig Lohse e. K.)

wickelte Test gemäß BMW PR 308.1 ([13]; Abb. 4.8). Bei reinen Kunststoff-Kunststoff-Verbindungen ist eine Salzsprühbelastung in der Regel unkritisch, anders sieht es bei Kunststoff-Metall-Klebungen aus. Hier kann die korrosive Wirkung des Salznebels die Klebstoffhaftung zum Metall negativ beeinflussen.

Um die Testbedingungen erfüllen zu können, erfordern diese Klimawechselprüfungen den Einsatz spezieller Klimaprüfschränke. Deutlich geringer ist der apparative Aufwand bei Zeitrafferuntersuchungen mit dem Kataplasmatest, wie er z. B. in der DIN EN ISO 13523-27 [14] oder der DIN 55657 [15] beschrieben wird. Bei diesem Test werden Prüfkörper (meist Zugscherprüfkörper gemäß DIN EN 1465 [4]) in Baumwolle eingewickelt und so zusammen mit einer bestimmten Menge demineralisiertem Wasser in einen dicht schließenden Kunststoff-Beutel gegeben. Nach Verschließen der Beutel werden diese für eine festgelegte Zeit (meist 7, 14 oder 21 Tage) bei 70 °C gelagert. Die Prüfkörper werden entweder nach Entnahme aus dem Beutel und Abkühlen auf Raumtemperatur zerstörend geprüft oder aber unmittelbar nach Ofen-Entnahme des Beutels in eine Tiefkühltruhe mit −20 °C gegeben, dort 2 h belassen und nach weiteren 2 h Rekonditionierung bei Raumtemperatur geprüft.

Im Gegensatz zu den langsamen Aufheiz- bzw. Abkühlraten des BMW PR 308.1 werden bei sogenannten Thermoschock-Prüfungen (z. B. gem. DIN EN 60068-2-14) [16] wesentlich höhere Aufheiz- und Abkühlraten realisiert, indem die Prüfkörper zwischen zwei Prüfkammern mit unterschiedlichen Temperaturen wechseln. Die untere und obere Temperatur (z. B. –40/+120 °C) sowie die Überführungsdauer von der einen in die andere Kammer (z. B. 2–3 min, 20–30 s oder < 10 s) hängen von den schärfsten im Einsatzfall zu erwartenden Temperaturwechselbedingungen ab. Die Verweildauer bei der oberen bzw. unteren Temperatur muss in Abhängigkeit von der Wärmekapazität der Prüfkörper so gewählt werden, dass jeweils vor dem erneuten Wechsel in die andere Kammer der Prüfkörper sich im Temperaturgleichgewicht mit der aktuellen Kammer befindet. Derartige Prüfungen eignen sich für Tests z. B. an elektrotechnischen Kfz-Bauteilen, die zum Schutz vor Feuchtigkeit entweder mit einem Polymer vergossen oder in einem geklebten Gehäuse untergebracht, aber an spritwasserexponierter Stelle im Motorraum montiert sind. Untersucht wird damit u. a. die Beständigkeit der Klebverbindung gegenüber mechanischen Belastungen, verursacht durch das unterschiedliche Wärmeausdehnungsverhalten der gefügten Werkstoffe.

Soll der Einfluss der unterschiedlichen thermischen Ausdehnungskoeffizienten der Fügeteilwerkstoffe oder auch zwischen Klebstoff und Fügeteil auf die Klebung untersucht werden, geben an kleinen standardisierten Prüfkörpern durchgeführte Zeitraffertests nur ungenügend die an großen Realbauteilen auftretenden Kräfte wieder. Die Dimensionen der realen Bauteile muss also berücksichtigt werden.

Neben den beschriebenen Prüfnormen gibt es eine Vielzahl weiterer Normen. Dazu zählen solche, die nationale, europäische oder internationale Gültigkeit besitzen, aber auch solche, die von Anwendern gezielt für ihren Anwendungsbereich entwickelt wurden. Hierbei handelt es sich teilweise um Methoden mit nur geringfügig voneinander abweichenden Prüfbedingungen. Diese wurden in der Vergangenheit von den jeweiligen Anwendern unabhängig voneinander entwickelt und die erhaltenen Ergebnisse kontinuierlich mit dem Verhalten von real gealterten Teilen verglichen. Über die Zeit entstanden somit umfangreiche Datensätze, die eine gute Grundlage für die Beurteilung der Langzeitbeständigkeit von geklebten Bauteilen mit einem ähnlichen Aufbau und Einsatzgebiet darstellen. Eine Harmonisierung der verschiedenen, wenn auch z. T. nur geringfügig unterschiedlichen Testbedingungen wäre wünschenswert, würde aber den Wert dieser Datensätze und die umfassende Weiternutzung des oft über Jahrzehnte erarbeiteten Prüfwissens infrage stellen.

4.2.3 Grenzen der Zeitraffertests

Allen genannten Methoden ist gemeinsam, dass die erzielten Ergebnisse nicht ohne Weiteres Aussagen zur Beständigkeit von Klebverbindungen unter Praxisbedingungen erlauben. Gründe hierfür liegen z. B. darin, dass

- eine unmittelbare Beziehung zwischen Prüfergebnissen und Realbelastungen nicht gegeben ist, da die Belastungen im Gegensatz zum Realfall verschärft sind und zum anderen zeitlich komprimiert erfolgen;
- die auf ungealterte Prüfkörper bezogene Angabe von prozentualen Restfestigkeiten nach einer bestimmten Alterung zwar die Gesamtänderung der Verbundfestigkeit nach einer bestimmten Zeit wiedergeben, jedoch wegen der nicht gegebenen Linearität des Festigkeitsabfalls keine Aussagen über den zeitlichen Verlauf machen. So kann bereits nach kurzer Zeit ein deutlicher Festigkeitsverlust eintreten, der sich aber asymptotisch einem Grenzwert nähert – oder aber die Festigkeit bleibt zunächst unverändert, um dann innerhalb kürzester Zeit deutlich abzufallen;
- bei der Verwendung von standardisierten Prüfkörpern wie z. B. dem Zugscherprüfkörper darauf zu achten ist, dass die Bedingungen des Zeitraffertests keinen im Vergleich zum realen Bauteil verstärkten Effekt auf die Eigenfestigkeit des Fügeteils haben. So kommt es bei der Prüfung von mittels 2K-PUR- oder 2K-Epoxidklebstoffen hergestell-

ten SMC-Klebverbindungen (SMC: Sheet Moulded Compound, d. h. Glasfaser- und Füllstoff enthaltendes Polyesterharz) im Zugscherversuch in der Regel zu einer Delamination im Fügeteil wobei die erreichte Festigkeit mit ca. 5–6 MPa deutlich unter dem Festigkeitsniveau des eingesetzten Klebstoffs (je nach Klebstoff ca. 10–25 MPa) liegt. Nach Alterung findet man meist, ebenfalls bei Fügeteildelamination einen z. T. deutlichen von den Bedingungen des Zeitraffertests abhängigen Festigkeitsabfall. Dieser kann, da nicht der Klebstoff, sondern das Fügeteil versagt, nicht auf eine Alterung der Klebung zurückgeführt werden. Vielmehr wurde das Fügeteil geschwächt. Die Ursache liegt darin, dass über die bei der Herstellung der Prüfkörper entstandenen Schnittkanten Feuchtigkeit wesentlich leichter in das SMC eindringen kann. Die Schnittkanten sollten also vor der Auslagerung versiegelt werden.

- es ein grundlegender Unterschied ist, ob die mit den Zeitraffertests simulierten Bedingungen auf mechanisch unbelastete oder belastete Klebungen einwirken. Mechanische Belastungen führen zu einer Verformung der Fügeteile und der Klebschicht, was wiederum ein verändertes, meist beschleunigtes Diffusionsverhalten von Medien, z. B. von Wassermolekülen in die Kleb- und Grenzschicht zur Folge hat. Sicherlich sind Prüfbedingungen, bei denen Prüfkörper sowohl klimatisch als auch chemisch und mechanisch belastet werden, denkbar und werden auch angewendet. Diese sind jedoch in der Regel mit einem sehr hohen apparativen Aufwand verbunden, sodass die pro Zeiteinheit zu prüfende Anzahl an Prüfkörpern stark eingeschränkt ist.

Aus diesem Grund fordert die bereits erwähnte DIN 2304-1 [1], dass die Prüfbedingungen bezüglich der Wirkung auf die Klebverbindung eine ausreichend ähnliche Wirkung wie die in der Realität auftretenden Bedingungen haben müssen.

4.2.4 Festlegung von Bedingungen für Zeitraffertests

Ziel eines Zeitraffertests ist es, wie bereits dargelegt, die unter realen Bedingungen während der verschiedenen Lebenszyklen auf ein Bauteil einwirkenden Belastungen unter Berücksichtigung der Gesamtlebensdauer zu simulieren und am Ende des Tests eine „gut/schlecht-Aussage“ zu erhalten. Es gilt also, die Bedingungen so scharf wie nötig, aber auch nicht unnötig scharf zu wählen – „kaputt prüfen kann man alles“.

Es kann jedoch auch sinnvoll sein, bewusst übertrieben scharfe Bedingungen zu wählen. Dann sollte man jedoch akzeptieren, dass ein Versagen des Bauteils unter den extremen Prüfbedingungen keinesfalls bedeutet, dass das Bauteil unter Realbedingungen die spezifizierten Anforderungen nicht erfüllt. Für den umgekehrten Fall, dass das Bauteil den übertrieben scharfen Zeitraffertest besteht, kann jedoch davon ausgegangen werden, dass auch die Realbedingungen erfüllt werden.

So hat man z. B. bei der Entwicklung einer Glaskanne für eine Kaffeemaschine mit angeklebtem Griff aus ABS die Klebung zur Prüfung der Heißwasserbeständigkeit eine Woche lang bei 140 °C/3 bar im Druckkochtopf geprüft und zur Simulation der Tempe-

Abb. 4.9 Geklebte Kaffeekanne nach Kochtest bei 140 °C/3 bar. (Bildquelle: Fraunhofer IFAM)

raturschockbeständigkeit die mittels kochenden Wassers auf nahezu 100 °C aufgeheizte Kanne in flüssigen Stickstoff (−196 °C) getaucht. Die Tatsache, dass die Klebung beide Prüfungen ohne Schäden überstand (Abb. 4.9), hat die positiven Ergebnisse der anderen durchgeführten Zeitraffertests bestätigt, das Vertrauen in die Klebung gestärkt und stark zur weiteren Beruhigung der Entscheidungsträger beim Hausgerätehersteller beigetragen.

Bei der Auswahl der Methoden für beschleunigte Alterungsprüfungen sollten zunächst die während des Lebenszyklus des Produkts real auftretenden Belastungen hinsichtlich ihrer

- Art,
- Höhe,
- Häufigkeit des Auftretens und
- jeweiligen Einwirkdauer

analysiert und zusammengestellt werden (Abb. 4.10), um dann unter Berücksichtigung der erwarteten Lebensdauer die Bedingungen und die Dauer eines oder mehrerer Zeitraffertests festzulegen. Sicherlich ist es vorteilhaft, möglichst auf solche Tests zurückzugreifen, für die aufgrund einer langjährigen Erfahrung schon eine breite Datenbasis bestehender Versuchsergebnisse in Korrelation zu Langzeiterfahrungen aus dem realen Betrieb ähnlicher Produkte zur Verfügung steht.

Bei völlig neuen Bauteilkonstruktionen steht der Entwickler jedoch vor einer fast nicht lösbaren Aufgabe, wenn er bereits in der Entwicklungsphase zuverlässige Ergebnisse zum Nachweis der Belastbarkeit des geklebten Verbundes und somit zur Lebensdauerprognose abgeben soll. Sicherlich kann eine grobe Abschätzung anhand von bewusst unter stark

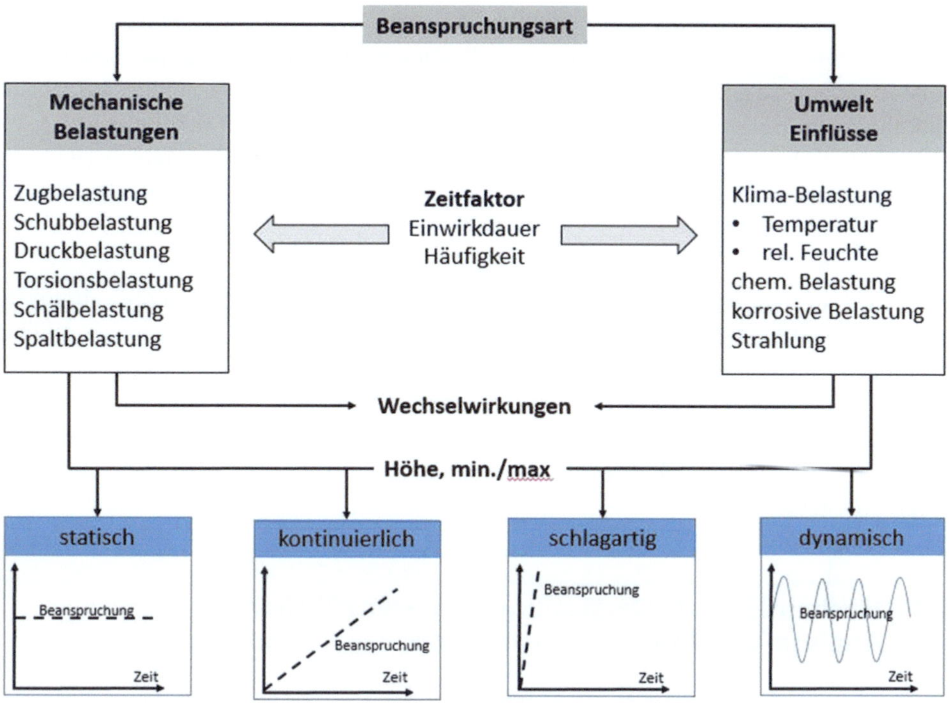

Abb. 4.10 Beanspruchungsarten. (Bildquelle: Klebtechnik Dr. Hartwig Lohse e. K.)

verschärften Bedingungen durchgeführten Zeitraffertests an Prüfkörpern oder besser an Bauteilen Hinweise auf das Verhalten unter Realbedingungen geben. Je nach Qualität der Informationen über die real auftretenden Beanspruchungen und die über zerstörende Prüfungen nach Zeitraffertests ermittelte Belastbarkeit muss dann, wie auch in der DIN 2304-1 [1] gefordert, ein Sicherheitsfaktor festgelegt werden.

4.2.5 Fazit

Allgemein sollte man, insbesondere wenn keine Erfahrungen hinsichtlich der Korrelation von Ergebnissen einer beschleunigten Alterungsprüfung mit denen nach Realalterung vorliegen, die Aussagekraft eines „nicht-Bestehens" von Zeitraffertests hinterfragen. Es kann auch sinnvoll sein, die Bedingungen des Zeitraffertests zu überdenken oder sogar weiter zu verschärfen, auch wenn damit eine Verlängerung der Prüfdauer verbunden ist. Dies kann zwar – wie oben erläutert – dazu führen, dass eine Klebung aufgrund zu scharfer Bedingungen verworfen wird und neu entwickelt werden muss. Auf der anderen Seite erhöht diese Vorgehensweise die Sicherheit, dass die Klebung tatsächlich allen real auftretenden Belastungen über die erwartete Lebensdauer standhält und es nicht zu einem vorzeitigen

Versagen kommt. Aus einer Korrelation der Ergebnisse der bei der Produktentwicklung durchgeführten Zeitraffertests mit unter Realbedingungen gealterten Teilen können wertvolle Erkenntnisse gewonnen werden. Ihre Nutzung für nachfolgende ähnlich aufgebaute und ähnlichen Belastungen ausgesetzte Produkte ermöglicht dann möglicherweise, eine eventuell überdimensionierte Klebverbindung im Sinne von Kostenreduzierung und Leichtbau abzuspecken.

Die Autoren
Prof. Dr.-Ing. Henning Gleich (henning.gleich@inpro.de) leitet bei der inpro – Innovationsgesellschaft für fortgeschrittene Produktionssysteme in der Fahrzeugindustrie mbH in Berlin den Bereich Füge- und Werkstofftechnik.

Dr. Hartwig Lohse (hlohse@hdyg.de) unterstützt mit seinem Beratungsunternehmen Klebtechnik Dr. Hartwig Lohse e. K. Anwender bei der Lösung von klebtechnischen Fragestellungen.

4.3 Hochauflösende Darstellung von Grenzflächen – Analyse- und Präparationsmethoden gut kombiniert

Jens Holtmannspötter, Michael Wetzel, Jürgen von Czarnecki und Rolf Brucksch

Moderne Feldemissionsrasterelektronenmikroskope erlauben bei Verwendung von Elektronenstrahlung mit niedriger Beschleunigungsspannung eine deutlich realere Darstellung von Oberflächen im Mikro- und Nanometerbereich als bisher möglich. In Kombination mit neuartigen Präparationsmethoden können damit bei relativ geringem Aufwand Grenzflächen mit hoher Auflösung dargestellt werden.

Sollen Oberflächen durch Einsatz der Klebtechnik stoffschlüssig verbunden werden, ist für die Ausbildung einer lasttragenden Adhäsion der Zustand der Oberflächen (Topografie, Chemie) von vorrangiger Bedeutung.

Für die Analyse von Oberflächen im Millimeter- bis Nanometerbereich empfiehlt sich der Einsatz der Rasterelektronenmikroskopie [17], die in den letzten Jahren weiterentwickelt wurde und gerade für die Untersuchung von Fragestellungen in der Klebtechnik entscheidende Vorteile bietet. Darüber hinaus wurden neue Probenpräparationssysteme entwickelt, die eine einfache Probenpräparation für hochauflösende Aufnahmen von Grenzflächen ermöglichen. In Kombination erlauben diese Methoden eine Darstellung von Grenzflächen mit sehr hoher Auflösung bei relativ geringem Aufwand.

Im Folgenden wird zunächst die besondere Eignung von modernen Feldemissionsrasterelektronenmikroskopen zur Darstellung von Oberflächen aufgezeigt. Außerdem wird mit der Ionenstrahlpräparation ein Verfahren vorgestellt, das sich in den letzten Jahren bewährt und in verschiedenen Forschungsvorhaben zu neuen Erkenntnissen geführt hat. Gerade für die Klebtechnik können durch die Möglichkeit der Darstellung von Grenzschichten im Nanometerbereich Modellvorstellungen über adhäsionsrelevante Vorgänge an Grenz- und Oberflächen verbessert werden.

Moderne Feldemissionsrasterelektronenmikroskope erlauben die Betrachtung von Oberflächen im Nanometermaßstab bei deutlich geringeren Beschleunigungsspannungen. Wurden in früherer Zeit Beschleunigungsspannungen von 15–30 kV zur hochauflösenden Betrachtung von Oberflächen verwendet, ist es nun möglich, ähnliche und zum Teil auch noch höhere Auflösungen mit einer Beschleunigungsspannung von 1 kV und weniger zu erzielen. Es sind derzeit Geräte auf dem Markt, die bereits bei einer Beschleunigungsspannung von 1 kV Auflösungen im Subnanometerbereich (< 1 nm) erreichen [18]. Dabei ergeben sich wesentliche Vorteile. Durch die geringe Eindringtiefe der Elektronen und das günstigere Verhältnis von eindringenden zu emittierten Elektronen ist die Aufladung der Proben oder gar Beschädigung durch den Elektronenstrahl gering. So kann auf eine Beschichtung der Proben durch die üblichen Sputter- und Coaterprozesse bei fast allen Proben verzichtet werden. Somit bleibt der Elementkontrast erhalten, der bei niedrigen Beschleunigungsspannungen außerdem erheblich höher ausfällt. Die zur Bilderzeugung genutzten Sekundärelektronen kommen aus oberflächennahen Bereichen der Probe. Es ergeben sich deutlich realistischere, d. h. oberflächensensitivere Abbildungen. Insbesondere nichtleitende und polymere Werkstoffe können unbeschichtet mit höchster Auflösung betrachtet werden. So gelingt es, auf Oberflächen vorhandene dünnste Schichten (≥ 10 nm) und feinste Strukturen aufzulösen, wenn sie bei höheren Beschleunigungsspannungen durchstrahlt werden. Die derart mit den Feldemissionsrastelektronenmikroskopen erstellten Aufnahmen weisen auch bei polymeren Werkstoffen eine hohe Übereinstimmung bezüglich der Topografie mit Aufnahmen der Rasterkraftmikroskopie auf. Darüber hinaus können mit neuartigen Detektoren für Sekundär(SE)- und Rückstreuelektronen (RE), die z. T. direkt in die Elektronensäule integriert sind, sogar verschiedene Oxidationsgrade und Polymertypen dargestellt bzw. qualitativ unterschieden werden.

► **Vorteile der Rasterelektronenmikroskopie** Die Lichtmikroskopie ist nicht zuletzt aufgrund der Wellenlänge des Lichtes auf Untersuchungen im µm-Bereich begrenzt. Mit Rasterelektronenmikroskopen sind dagegen Auflösungen bis in den Subnanometerbereich bei wesentlich höherer Tiefenschärfe möglich. Dabei können Proben über einen enorm großen Vergrößerungsbereich in einem Gerät betrachtet werden (1×–1 000 000×). Simultan zur Darstellung der Topografie kann durch Detektion und Auswertung der elementcharakteristischen Röntgenstrahlung, die durch den Elektronenbeschuss der Oberfläche entsteht, diese hinsichtlich ihrer Zusammensetzung analysiert werden. Allerdings müssen die Proben in einem Hochvakuum untersucht werden. Die Abmessungen der Probenkammer begrenzen die Probengröße in der Regel auf ca. 10 cm.

► **Wie funktioniert ein Rasterelektronenmikroskop (REM)?** Durch den fokussierten, scannenden Elektronenstrahl kommt es zu einer Vielzahl von Wechselwirkungen mit der zu untersuchenden Probe. Elektronen, Licht, Strom, Wärme und Röntgenstrahlung entstehen und können mit geeigneten Detektoren erfasst werden. Zur Darstellung der Probentopografie werden niederenergetische Sekundärelektronen (< 50 eV) ausgewertet. Üblich sind Everhard-Thornley-Detektoren, die in der Probenkammer mit einem Potential (typischerweise 300 V) die Sekundärelektronen (SE) anziehen und diese mithilfe eines Szintillators und einem Photonenmultipliers detektieren. Bei modernen Geräten werden mithilfe von Detektoren in der Elektronensäule bei geringem Arbeitsabstand höhere Auflösungen erreicht. Dabei haben das Funktionsprinzip und die Anordnung der Detektoren einen erheblichen Einfluss auf das bildliche Ergebnis. Diese meist als Abkürzung in REM-Aufnahmen angegebenen Informationen sind wichtig für deren richtige Interpretation.

4.3.1 REM-Aufnahmen im Vergleich

Abb. 4.11 zeigt beispielhaft eine relativ saubere Metalloberfläche (angeätzter Schliff einer Wolframsinterlegierung) mit hoher Vergrößerung bei einer Beschleunigungsspannung von 10 kV und 1 kV. Bei einer Betrachtung mit 1 kV wird die Oberfläche wesentlich schärfer dargestellt. Feinste Oberflächendetails lassen sich erkennen. Die Rückstreubilder zeigen bei 10 kV keine Hinweise auf Materialinhomogenitäten oder Beläge. Mit einer Beschleunigungsspannung von 1 kV ist dagegen deutlich eine inhomogene Oberfläche zu erkennen. Oxide (hell) und Fremdstoffe (Kohlenstoff, dunkel) auf den Oberflächen sind deutlich sichtbar. Die Eindringtiefe der Elektronen ist stark abhängig von der Ordnungszahl der

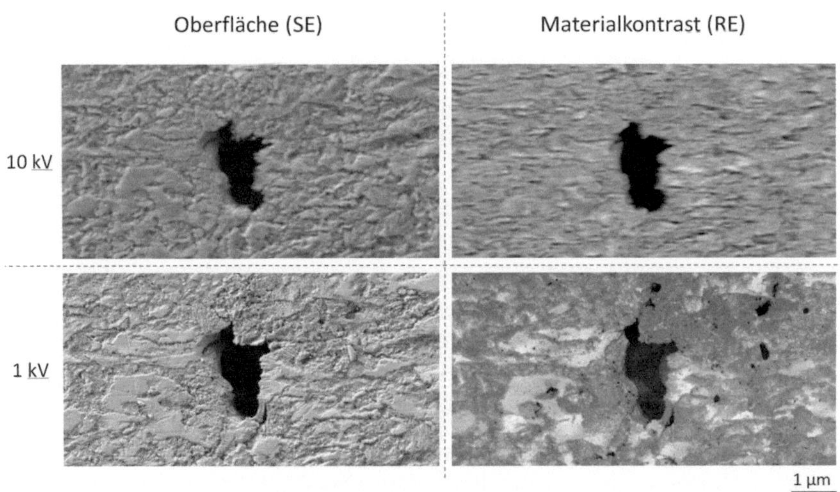

Abb. 4.11 REM-Aufnahmen einer Wolframlegierung mit verschiedenen Beschleunigungsspannungen (*oben*: 10 kV, *unten*: 1 kV) und Detektoren (*links*: Detektoren für Sekundärelektronen (*SE*), *rechts*: Detektoren für Rückstreuelektronen (*RE*)). (Bildquelle: WIWeB)

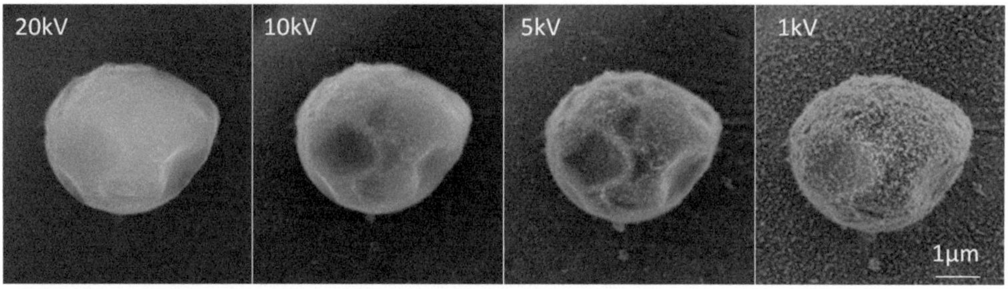

Abb. 4.12 SE-Aufnahme einer Schmelzperle einer Magnesiumlegierung – aufgenommen mit verschiedenen Beschleunigungsspannungen. (Bildquelle: WIWeB)

betrachteten Elemente. Je leichter das Element, desto größer sind die Eindringtiefe und die Auswirkungen der geringeren Beschleunigungsspannungen.

Abb. 4.12 zeigt eine Schmelzperle aus einer Magnesiumlegierung bei höherer Vergrößerung mit vier verschiedenen Beschleunigungsspannungen. Nur mit einer geringen Beschleunigungsspannung von 1 kV sind die feinen Oxidstrukturen der Oberfläche erkennbar. Bei höheren Beschleunigungsspannungen erscheint die Kugel- und Materialoberfläche zunehmend glatt. Die dünnen Strukturen auf der Oberfläche werden durchstrahlt und erzeugen ein diffuses, verschwommenes Bild. Erst die Verwendung der niedrigen Beschleunigungsspannung ermöglicht die Darstellung der feinen Oberflächenstruktur.

4.3.2 Analyse nichtleitender Oberflächen

Auch sämtliche nichtleitenden Oberflächen können direkt ohne Aufbringen von leitfähigen Beschichtungen untersucht werden. Abb. 4.13 zeigt eine Oberfläche eines koh-

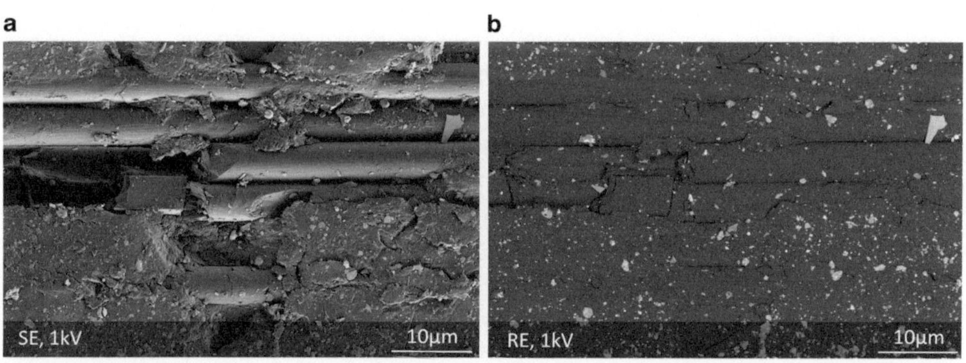

Abb. 4.13 REM-Aufnahmen einer mit Keramikgranulat gestrahlten CFK-Oberfläche bei einer Beschleunigungsspannung von 1 kV. **a** SE-Bild, **b** energieselektives Rückstreuelektronenbild mit einem Gegenpotential von 900 V. (Bildquelle: WIWeB)

lenstofffaserverstärkten Kunststoffes (CFK), der zur Oberflächenvorbehandlung für das Kleben mit Keramikgranulat gestrahlt wurde. Im Sekundärelektronenbild (Abb. 4.13a) wird die teilweise schlecht leitende Oberfläche sehr detailliert ohne Aufladungsartefakte dargestellt. Da die Probe nicht beschichtet wurde, ist es nun möglich, auch Materialkontrastaufnahmen durch Detektion und Auswertung der Rückstreuelektronen zu erzeugen. Abb. 4.13b zeigt ein energieselektives Rückstreuelektronenbild (ESB-Detektor der Fa. Zeiss, in der Elektronensäule verbaut), das zeit- und ortsgleich mit dem Sekundärelektronenbild aufgenommen wurde. Bei der gewählten Kontrasteinstellung kann deutlich zwischen dem faserverstärkten Kunststoff (dunkel) und den Resten des Strahlguts (helle Partikel) unterschieden werden.

4.3.3 Angepasste Probenpräparation

Die nun möglichen hohen Auflösungen erfordern aber auch eine entsprechend angepasste Probenpräparation. So ist die sonst übliche Fixierung der Proben über z. B. Klebepads für höchstauflösende Aufnahmen nicht möglich, da durch die Relaxation der Klebpads bei hohen Vergrößerungen ein starkes Wandern des Bildes auftreten würde. Als Alternative hat sich aber eine Probenfixierung mit leitenden Klebstoffen (z. B. Leitsilber, silbergefüllte Epoxidharze) bewährt. Weiterhin ist die Sauberkeit der Proben für die Qualität der Aufnahmen entscheidend. Fingerabdrücke erreichen schnell eine Dicke von mehreren Hundert Nanometer, sodass in der Nähe derartiger Verunreinigungen auch mit einem leistungsstarken REM keine Nanostrukturen mehr darstellbar sind. Höchstauflösende Untersuchungen sollten in der Regel unmittelbar nach der Probenpräparation erfolgen, um eine Beeinflussung der Ergebnisse durch Veränderungen der Oberflächen auszuschließen.

Für die Darstellung von Grenzflächen, Schichtaufbauten oder der Morphologie von Oberflächen können z. T. durch das Brechen von spröden Proben (auch nach vorherigem Abkühlen mit flüssigem Stickstoff) sehr gute Ergebnisse erzielt werden. Konventionelle Schliffe aus der Metallografie können dagegen nur bei Betrachtungen bis in den Mikrometerbereich genutzt werden. Die metallografische Präparation mit einer Vielzahl von Schleif- und Polierschritten erlaubt es nicht, das Auflösungspotential der Feldemissionsrasterelektronenmikroskope auszunutzen. Es kommt zu Präparationsartefakten wie Verschmierungen, lokalen Spannungen, Materialverschleppungen und Einbringen von Fremdstoffen, wie z. B. dem Poliermaterial.

4.3.4 Präparation per Ionenstrahl

Ein bekanntes Verfahren zur Probenpräparation für die Transmissionselektronenmikroskopie ist die Ionenstrahlpräparation. Ionenstrahlen werden seit Jahrzehnten zur Dünnung von durchstrahlbaren Proben eingesetzt. Seit ein paar Jahren sind Ionenstrahlpräparationssysteme von verschiedenen Herstellern auf dem Markt, die auch das Erstellen eines

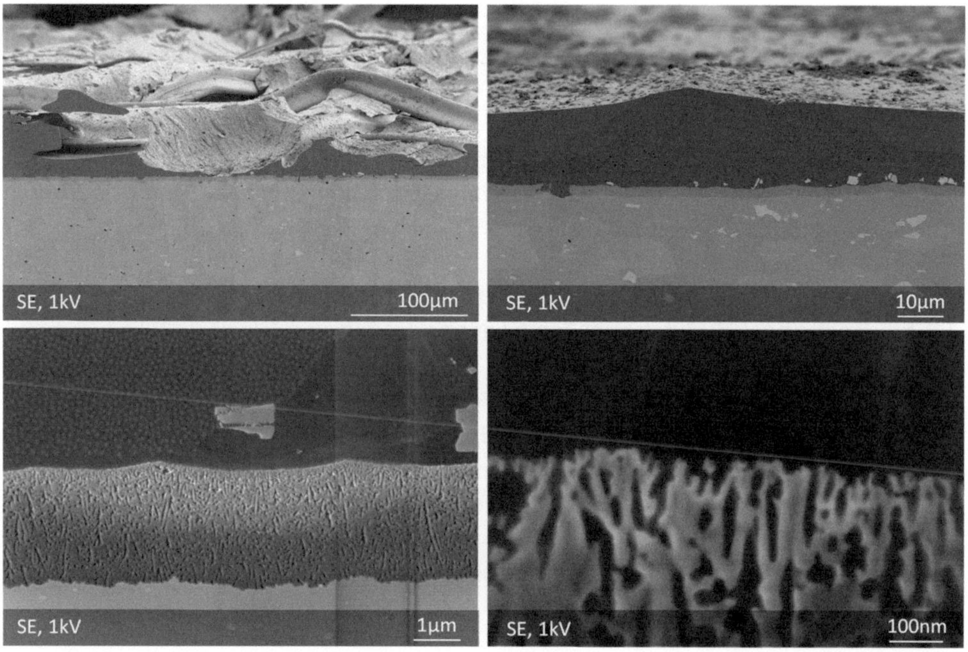

Abb. 4.14 REM-Aufnahmen mit zunehmender Vergrößerung einer Seite einer zerstörend geprüften Aluminiumverklebung, die mit einem Ionenstrahl geschnitten wurde. (Bildquelle: WIWeB)

Schnittes in Millimetergröße mit einem Ionenstrahl erlauben. Für die hier beschriebenen Untersuchungen stand der Cross Section Polisher (CSP) IB-9100 der Fa. Jeol zur Verfügung, dessen Ionenquelle (Argon) mit einer Beschleunigungsspannung von bis zu 8 kV arbeitet. Dabei deckt eine Blende einen Teil der Probe ab. An der Kante der Blende wird die Probe durch einen defokussierten Ionenstrahl abgetragen [19]. Die entstandene Schnittkante kann nun im Rasterelektronenmikroskop mit hoher Vergrößerung betrachtet werden. Der Ionenstrahl ermöglicht einen Materialabtrag ohne das Einbringen von mechanischen Spannungen ins Material.

Die Präparation läuft wie folgt ab: Die Probe wird zunächst auf ein Maß von ca. 10 × 10 × 2 [mm] gebracht und auf einen Metallklotz (Halterung) geklebt. Auf einer Schleifscheibe erfolgt eine grobe Vorpräparation. Die Probe wird gereinigt, getrocknet und zusammen mit einer Blende in dem CSP mit Hilfe eines integrierten Digitalmikroskops ausgerichtet. Nach dem Einstellen der Präparationszeit von typischerweise 1–10 h wird der Schnitt vollautomatisch erstellt. Der Zeitaufwand des Personals für die Präparation ist angenehm gering und beträgt typischerweise weniger als eine Stunde.

Abb. 4.14 zeigt einen derart hergestellten Ionenschnitt einer vorab zerstörend geprüften strukturellen Aluminiumverklebung aus der Luftfahrt in verschiedenen Vergrößerungen. Die Verklebung besteht aus einer Aluminiumknetlegierung, die chromsäureanodisiert (CAA) und im Anschluss mit einem chromathaltigen Primer versehen wurde. Der verwendete Folienklebstoff ist mit einem Stützgitter versehen. Die Probe musste für die Präparation nicht eingebettet werden. Somit ist eine gezielte Untersuchung von Auffälligkeiten, wie z. B. Bereiche mit adhäsivem Versagen, möglich.

Die hohe Präparationsqualität lässt den Abbildungen viele Informationen entnehmen: Gefügestruktur der Legierung, Verteilung der Legierungselemente, CAA-Schicht, Primerschicht, Primerfüllstoffe. Auch Poren und Homogenität des Klebstoffes sind klar darstellbar und können im Detail bei höheren Vergrößerungen betrachtet werden.

4.3.5 Vorbehandlungsprozesse besser verstehen

Auch zum besseren Verständnis von Oberflächenvorbehandlungsprozessen wird das Präparationsverfahren seit Jahren mit großem Erfolg eingesetzt. Abb. 4.15 zeigt die Oberfläche einer Aluminiumlegierung, die mit einem hochenergetischen, gepulsten Laser vorbehandelt wurde. Durch die Laservorbehandlung wird die Oberfläche umgeschmolzen. Neben den eher makroskopischen Umschmelzungen des Materials entsteht eine feine Oxidstruktur, die wesentlich die Adhäsion und Korrosionsbeständigkeit der Klebung be-

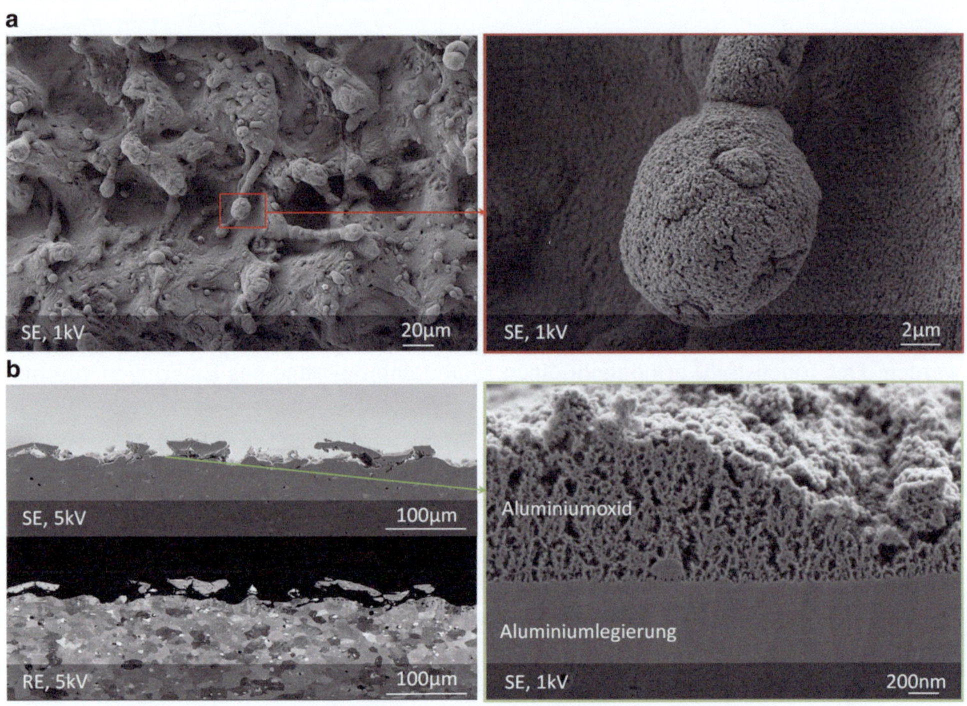

Abb. 4.15 REM-Aufnahmen einer mittels Laser vorbehandelten Aluminiumlegierung (**a** Draufsicht, **b** Querschnitt). (Bildquelle: WIWeB)

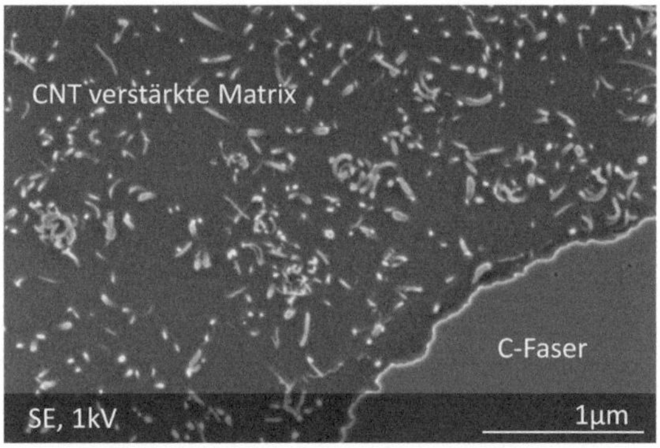

Abb. 4.16 Plasmabehandelter CSP-Schnitt eines mit Kohlenstoffnanoröhrchen (*CNT*) verstärkten Matrixwerkstoffes eines kohlenstofffaserverstärkten Kunststoffes. (Bildquelle: WIWeB)

einflusst. Zur Optimierung der Laserparameter und zur Korrelation mit Festigkeits- und Umweltversuchen kann die Struktur, Gleichmäßigkeit und Höhe der Oxidschichten dargestellt werden. Über die Gefügedarstellung, die durch die hohe Präparationsqualität ermöglicht wird, können oberflächennahe Materialveränderungen durch den Laser (Rekristallisation, Risse) untersucht werden. Elektronenstrahlmikroanalysen an den Schnitten sind möglich. Allerdings wird hier die laterale Auflösung der Analytik durch die höheren Anregungsspannungen auf ca. 100 nm (bei 5 kV) begrenzt.

Ähnlich wie bei metallografischen Schliffen können die Proben durch physikalische (z. B. Plasma, Ionenbeschuss) und chemische Ätzprozesse (Säuren, Basen) weiter präpariert werden. So hat sich z. B. das Anätzen von Polymerproben in einem Niederdruckplasma mit verschiedenen Prozessgasen (z. B. Sauerstoff, Stickstoff, Argon) bewährt, um Unterschiede im Polymer besser differenzieren zu können. Durch die Ätzprozesse entstehen stoffspezifische Oberflächenstrukturen, die zu einer Zunahme der Rauigkeit führen und durch eine veränderte Emission an Sekundärelektronen (u. a. Kanteneffekte, veränderte Austrittsarbeit) die Auflösung steigern. Abb. 4.16 zeigt den Ionenschnitt eines kohlenstofffaserverstärkten Kunststoffes, bei dem in das Matrixsystem Kohlenstoffnanoröhren (Carbon Nano Tubes = CNTs) mit einem Durchmesser von ca. 15 nm eingebracht wurden. Diese sind erst nach einer Ätzung im Niederdrucksauerstoffplasma gut darstellbar und ermöglichen die mikro- und makroskopische Untersuchung der Verteilung der Partikel im Kunststoff. Dabei bestehen alle drei Komponenten im Wesentlichen aus Kohlenstoff und sind damit üblicherweise, gerade bei Schnitten mangels Kontrast, nur schwer im REM unterscheidbar. Durch die Plasmabehandlung werden die Oberflächen bezüglich ihres Elektronenemissionsverhaltens und ihrer Topografie derart modifiziert, dass sich ein ausreichender Kontrast zur Darstellung ergibt.

4.3.6 Fazit

Die hier gezeigte Kombination von moderner Analytik und Probenpräparation erlaubt Schnitte von Nanostrukturen und Grenzflächen, die relativ einfach und reproduzierbar herzustellen sind. Die Präparationsgröße mit mehreren Quadratmillimetern erlaubt es, an einer Probe in nur einem Präparationsdurchgang gleich mehrere Stellen zu untersuchen und somit repräsentative Aussagen zu tätigen. Die neuen Analysemöglichkeiten, die sich durch die Verwendung moderner Feldemissionsrasterelektronenmikroskope und deren Abbildungsqualitäten bei niedrigen Beschleunigungsspannungen ergeben, erlauben eine deutlich präzisere Darstellung von Oberflächen als vorher möglich und sind von hohem Wert für die klebtechnische Forschung.

Die Autoren

Dr.-Ing. Jens Holtmannspötter ist im Wehrwissenschaftlichen Institut für Werk- und Betriebsstoffe (WIWeB) Geschäftsfeldmanager des Geschäftsfeldes 220 („Additive Fertigung, Fügeverfahren, Zerstörungsfreie Prüfverfahren") und leitet die Forschungsaktivitäten der Klebtechnik und Reparaturverfahren.

Dr.-Ing. Michael Wetzel war wissenschaftlicher Mitarbeiter in diesem Forschungsschwerpunkt.

Prof. Dr. phil. Jürgen von Czarnecki ist ehemaliger Leiter des Geschäftsbereiches Oberflächentechnologie, Materialschutz, Ausrüstung Soldat des WIWeB und Honorarprofessor an der Universität der Bundeswehr München.

Dr.-Ing. Rolf Brucksch, M. Bc. war wissenschaftlicher Mitarbeiter im WIWeB und ist nun Patentprüfer im deutschen Patent- und Markenamt in München.

4.4 Neue Methoden zur Prüfung geklebter Kunststoffe – Der Festigkeit schnell auf der Spur

Eduard Kraus, Benjamin Baudrit, Peter Heidemeyer und Martin Bastian

Dem Prüfen kommt in der Klebtechnik immer dann eine besondere Bedeutung zu, wenn spezielle Festigkeitswerte für eine Auslegung in der Entwicklung gefragt sind. Im Rahmen eines kürzlich abgeschlossenen Forschungsvorhabens zum Thema „Kleben von hochgefüllten holzfaserverstärkten Kunststoffen u. a. für Außenanwendungen" wurde ein neues Prüfverfahren entwickelt. Es eignet sich besonders gut zur Bestimmung von Druckscherfestigkeiten klebtechnisch gefügter Kunststoff-Verbindungen.

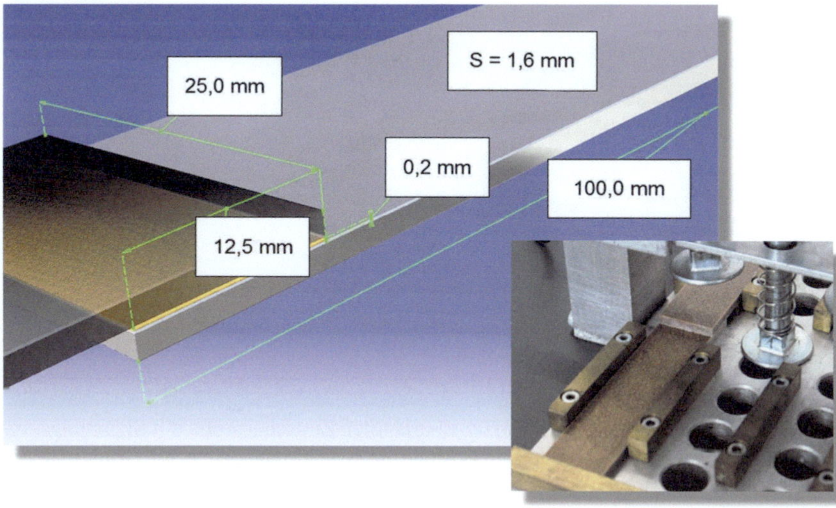

Abb. 4.17 Abmessungen einer Zugscherprobe nach DIN 1465 sowie eine Klebvorrichtung zum Fixieren geklebter Probekörper. (Bildquelle: SKZ)

Zur Bestimmung der Kurzzeit-Zugscherfestigkeit wird in der Klebtechnik oft die Prüfnorm DIN 1465: „Klebstoffe – Bestimmung der Zugscherfestigkeit von Überlappungsklebungen" hinzugezogen. Zur Ermittlung der Zugschereigenschaften wird in dieser Norm bekanntlich eine einfach überlappte Zugscherprobe eingesetzt. Diese besteht aus zwei Streifenproben mit einer Materialstärke von je S = 1,6 mm, einer Länge von 100 mm und Breite von 25 mm (ohne Toleranzangaben). Die Streifenproben werden mit einer Überlapplänge von üblicherweise 12,5 mm in speziellen Klebvorrichtungen mit Fixierungen geklebt (Abb. 4.17).

Diese Prüfung wird standardmäßig bei der Ermittlung der Zugscherfestigkeit von Metallklebungen eingesetzt und weist insbesondere für klebtechnisch gefügte polymere Verbindungen einige Nachteile auf.

Neben dem aus einem Biegemoment sowie einer Scherbelastung resultierenden unerwünschten mehraxialen Belastungszustand während der Prüfung kann die in der Norm festgelegte Materialstärke zusammen mit der vorgeschriebenen Überlapplänge bei Kunststoffklebungen oft dazu führen, dass die zu prüfende Verbindung im Grundmaterial (aufgrund der Spannungsverteilung im gesamten Probekörper) neben der eigentlichen Klebfläche bricht. Hierdurch wird nicht die eigentliche Zugscherfestigkeit der Klebung geprüft, sondern die „Zugfestigkeit des Grundmaterials" ermittelt (Abb. 4.18). In solchen Fällen sind auch keine Bruchbildbewertungen von geprüften Proben möglich, die in der Klebtechnik eine sehr große Rolle spielen und somit eine unabdingbare Prüfungsvoraussetzung darstellen. Aus den Prüfungsergebnissen können allerdings Kennwerte zur Mindestfestigkeit, bezogen auf den Anwendungsfall der Klebung, berechnet werden.

Abb. 4.18 Mehraxialer Zustand einer einfach überlappten Zugscherprobe mit Spannungs- und Biegemomentverteilung vor und während der Prüfung nach [20] (**a**). Bruch im Grundmaterial einer Kunststoffprobe (**b**)

Für viele Anwendungsfälle ist allerdings die tatsächliche Festigkeit der Verbindung sehr interessant und wichtig, insbesondere, wenn z. B. der Festigkeitsvergleich nach einer künstlichen Alterung der Klebverbindung verlangt wird oder die geometrische Auslegung des Bauteils eine geringere Klebfläche (z. B. < 12,5 mm) besitzt.

Eine Abhilfe an dieser Stelle stellt die Möglichkeit dar, die Materialstärke der eingesetzten Substrate so zu erhöhen, dass der Bruch in der Klebebene initiiert wird. Hierzu kann ebenso eine dicke Zugscherprobe eingesetzt werden, wie dies in DIN EN 14869-2:2011-07 beschrieben ist (Abb. 4.19).

Neben den geringen Normalspannungsspitzen sei bei dieser Probekörperform eine deutlich geringere Fügeteilverformung als Vorteil erwähnt. Zu den Nachteilen dieser Probekörperform zählen allerdings eine aufwendige Probenfertigung und eine schwer einstellbare Klebschichtdicke. Die Herstellung solcher Proben ist somit mit einem deutlich höheren Aufwand verbunden und für manche Anwendungen bzw. Werkstoffe nicht immer möglich.

Als eine weitere Möglichkeit zur Prüfung der Zugscherfestigkeit von Kunststoffverbindungen kann ein Probekörper mit einer reduzierten Überlappfläche hinzugezogen werden. Eine Änderung der Überlapplänge wirkt sich allerdings auf die gemessene Zugscherfestigkeit durch eine Änderung der Spannungsverteilung in der Fügeebene aus (Abb. 4.20).

Neben der geänderten Spannungsverteilung besteht ein weiterer Nachteil dieser Änderung in einer großen Auswirkung von Klebfehlern in der Klebebene auf die ermittelten Festigkeiten. Kleine Fehler wirken sich dabei stark festigkeitsmindernd aus, was oft zu einer großen Streuung der ermittelten Zugscherwerte und somit zu einer nach der entsprechenden Norm unzulässigen Varianz führt. Solche Prüfungen müssen aus diesem Grund oft wiederholt werden.

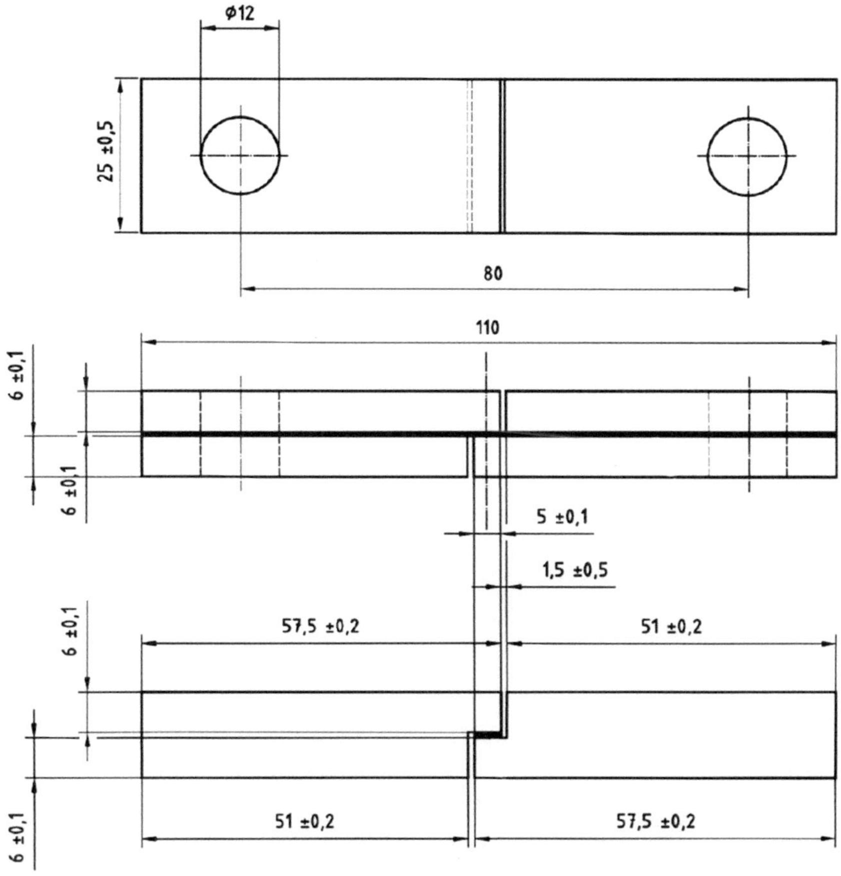

Abb. 4.19 Abmessungen einer dicken Zugscherprobe nach DIN EN 14869-2:2011-07

Um die tatsächliche Festigkeit des geklebten Verbunds bestimmen zu können, wurde am Kunststoff-Zentrum (SKZ) der Linear-Scher-Versuch (LSV) entwickelt und für diese Problematik eingesetzt. Der LSV ist ein nicht genormtes Prüfverfahren, mit dem die Druckscherfestigkeiten von Klebverbindungen bestimmt werden können. Die Prüfmethode wurde ursprünglich zur Bestimmung der mechanischen Eigenschaften von Muffenverbindungen im Rohrleitungsbau am Kunststoff-Zentrum in Zusammenarbeit mit der Widos GmbH entwickelt und validiert [21].

Für den Einsatz des Verfahrens in der Klebtechnik wurde eine neue Prüfkörpergeometrie entwickelt. Der Prüfkörper für den LSV besteht aus einer runden Deckplatte mit einem Durchmesser von 25 mm, einer Grundplatte mit den Maßen 25 × 50 mm sowie einer ausgestanzten einseitig klebbaren PTFE-Folie mit $D_A = 25$ mm sowie $D_i = 16$ mm (Abb. 4.21). Die sich daraus ergebende Klebfläche beträgt somit ca. 200 mm^2. Die PTFE-Folie kann in verschiedenen Stärken zwischen den Fügepartnern eingesetzt werden und

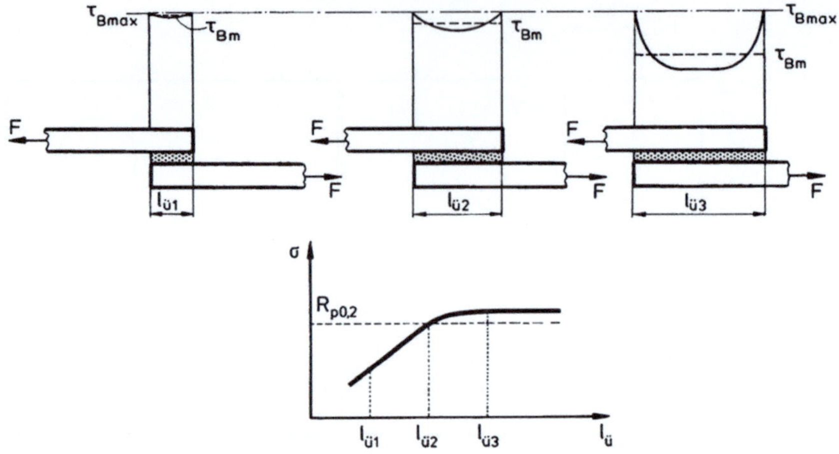

Abb. 4.20 Spannungsverteilung einer einfach überlappten Zugscherprobe in Abhängigkeit von der Überlapplänge [20]

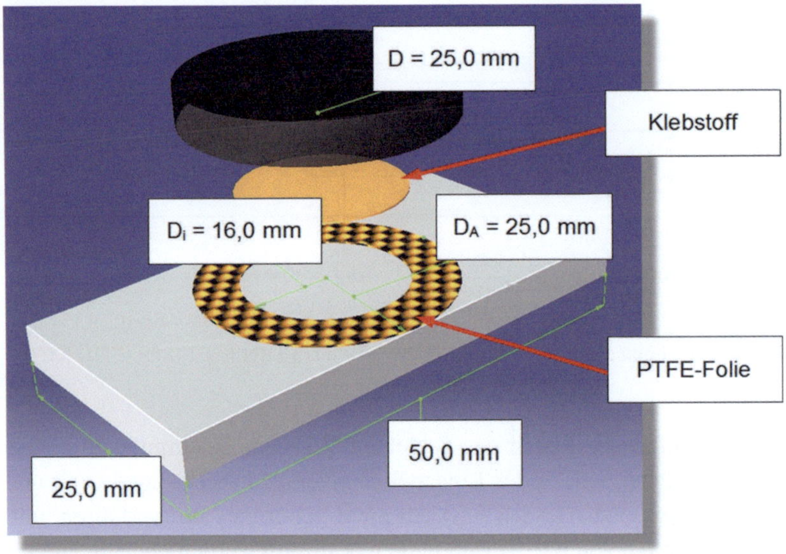

Abb. 4.21 Aufbau des Probekörpers für Prüfungen mit dem Linear-Scher-Versuch (LSV). (Bildquelle: SKZ)

dient dabei zur Einhaltung der gewünschten Klebschichtdicke. Nach dem Aufbringen einer definierten Menge Klebstoff (die notwendige Klebstoffmenge hängt dabei von der gewünschten Klebschichtdicke ab) werden die beiden Fügepartner (die runde Deckplatte mit der rechteckigen Grundplatte im Abb. 4.21) klebtechnisch gefügt. Der Probekörper kann anschließend aufgrund seiner Abmessungen in den üblichen Klebvorrichtungen mit

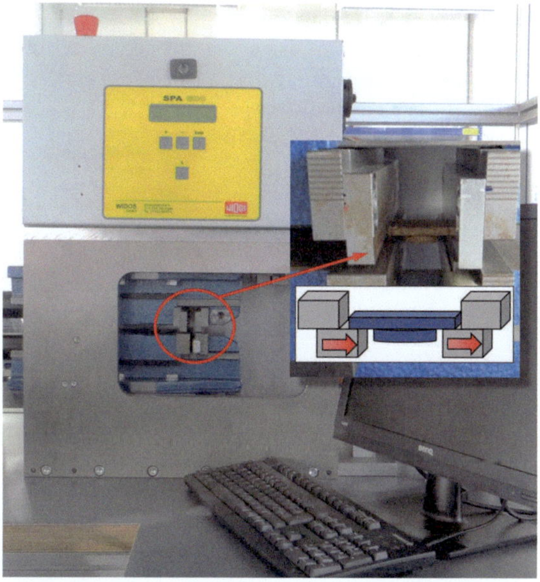

Abb. 4.22 LSV-Prüfapparatur, Einspannung des Probekörpers sowie Bewegungsführung während der LSV-Prüfung. (Bildquelle: SKZ)

einem Stempel bis zur vollständigen Aushärtung fixiert werden. Nach dem vollständigen Aushärten des Klebstoffes werden die Probekörper im LSV-Prüfgerät geprüft (Abb. 4.22). Die LSV-Prüfapparatur belastet dabei den geklebten Probekörper nur auf Scherung.

Die Kraft wird dabei während der Versuche mit einer Kraftmessdose kontinuierlich aufgenommen. So sind auch zeitliche oder örtliche Verläufe der Schubkraft möglich. Die Prüfgeschwindigkeit kann von 1 bis 5 mm/min variieren und hängt im Wesentlichen von den Eigenschaften des Verbunds (mechanische Festigkeiten der Substrate sowie Flexibilität des Klebstoffs) ab. Hierdurch sind Ermittlungen von Druckscherfestigkeiten möglich. Derzeit werden die Korrelationen zwischen den beiden Verfahren LSV sowie Zugscherversuch am SKZ untersucht. Das Ziel ist, nach der Ermittlung von Korrelationen einen theoretisch berechneten Umrechnungsfaktor zu bestimmen. Des Weiteren wird das neu entwickelte Prüfverfahren für diverse Klebstoffe sowie polymere Materialien validiert.

Eine weitere Möglichkeit, zuverlässige Aussagen über die Haftung des Klebstoffs an der Kunststoffoberfläche zu treffen, bietet das Adhäsions-Prüfgerät „Adhesion Analyser Lumifrac 200“ des Unternehmens Lum GmbH (Abb. 4.23). Die temperierte Prüfkammer sowie eine computergesteuerte Zentrifuge erlauben dabei dem Benutzer, neben Kurzzeit- auch Langzeit- sowie dynamische Eigenschaften von geklebten Verbindungen in einer temperierten Umgebung (−30 bis +80 °C) bei diversen Lastfällen zu ermitteln. Des Weiteren ist eine Ermittlung der Zugfestigkeit nach ISO 4624 Beschichtungsstoffe – Abreißversuch zur Beurteilung der Haftfestigkeit sowie nach DIN EN 15870 Klebstoffe – Bestimmung der Zugfestigkeit von Stumpfklebungen möglich.

Die Funktion des Adhäsions-Prüfgeräts basiert dabei auf der Ermittlung der Abreißkraft durch einen definierten Abstand zur Rotationsachse sowie die vom Prüfgewicht

Abb. 4.23 Dieses Adhäsions-Prüfgerät erlaubt zuverlässige Aussagen über die Haftung des Klebstoffs an Kunststoffoberflächen. (Bildquelle: SKZ)

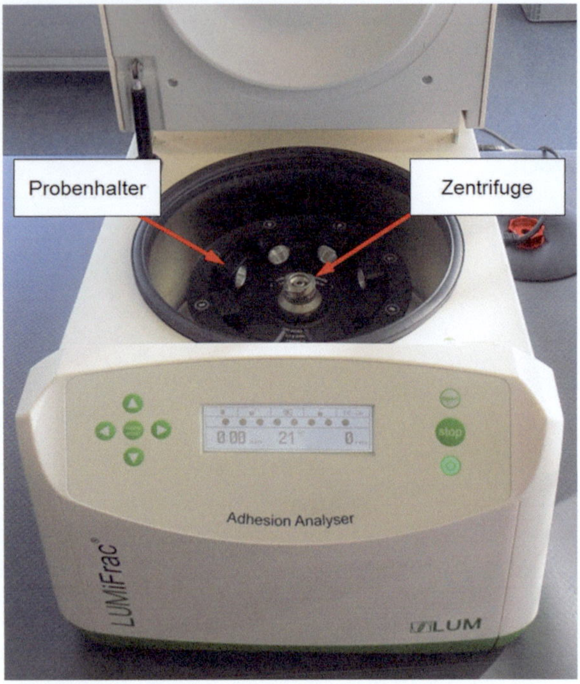

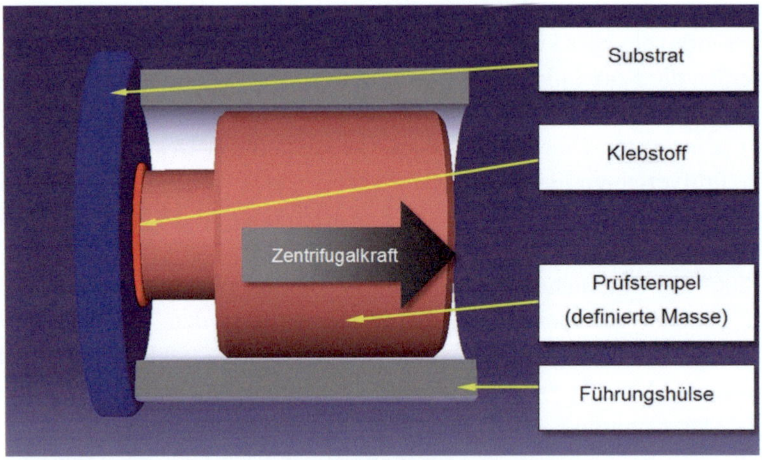

Abb. 4.24 Dem Adhäsionsprüfgerät Lumifrac angepasster Prüfkörper. (Bildquelle: SKZ)

abhängende Zentrifugalkraft (Abb. 4.24). Hierzu müssen die definierten Gewichtstempel in Führungshülsen gesetzt und auf die zu testenden Prüfobjekte geklebt werden. Die so vorbereiteten Proben werden anschließend in den Rotor des Lumifrac positioniert und die Zentrifuge über ein vorgegebenes Messprogramm gestartet. Die Kraftverläufe und die Bruchkräfte werden von einem Computer aufgezeichnet und ausgewertet.

Der große Vorteil dieses Prüfverfahrens gegenüber den klassischen Zug- bzw. Kopfzug-Prüfungen ist neben einer relativ unabhängigen Probekörpergeometrie der große materialunabhängige Messbereich (theoretisch sind Belastungen von bis zu 80 MPa durch Wahl eines passenden Prüfstempels möglich) sowie eine zeitsparende Möglichkeit zur temperaturabhängigen Ermittlung von mechanischen Eigenschaften durch Temperierung des Messraumes. Des Weiteren sind die relativ komplizierten, anwendungsnahen Programme mit diversen dynamischen (sinusförmig, Sägezahn, usw.) Belastungen möglich. Nach der Prüfung kann analog zu den anderen Prüfverfahren auch eine mikroskopische Beurteilung der Bruchfläche durchgeführt werden.

Als Nachteil dieses Verfahrens ist die fehlende Möglichkeit zur Ermittlung von Dehnungen (z. B. Bruchdehnung usw.) sowie Dehnungs- und Spannungsverläufen zu erwähnen. Des Weiteren muss bei der Probekörperherstellung sehr genau gearbeitet werden – insbesondere bei der Dosierung von Klebstoff auf die Klebfläche.

4.4.1 Zusammenfassung und Ausblick

Die vorgestellten Prüfmöglichkeiten können mit den beschriebenen Vorteilen zur Bestimmung von mechanischen Verbindungseigenschaften von klebtechnisch gefügten Polymerverbindungen sowie zur Prüfung der Adhäsion an diversen Oberflächen eingesetzt werden. Derzeit laufen am SKZ Untersuchungen zum Validieren der beiden vorgestellten Prüfverfahren insbesondere für Kunststoff-Klebverbindungen. Das Herausarbeiten der möglichen Vorteile sowie Potentiale erfolgt in enger Zusammenarbeit mit den Unternehmen Widos, Ditzingen, sowie Lum, Berlin.

LumiFrac ist eine Marke der Lum GmbH, Berlin.

Die Autoren

M.Sc. Eduard Kraus (Tel.:+49 9314104-480, e.kraus@skz.de) ist als Projektleiter und stellvertretender Gruppenleiter im Bereich „Fügen von Kunststoffen“ der SKZ-KFE (Kunststoff-Forschung und -Entwicklung) gGmbH tätig. Dr. Benjamin Baudrit leitet den Bereich „Fügen von Kunststoffen“ und Dr.-Ing. Peter Heidemeyer ist Geschäftsführer der SKZ-KFE gGmbH. Prof. Dr.-Ing. Martin Bastian ist Institutsdirektor des Kunststoff-Zentrums (SKZ).

4.5 Benetzung und Haftung normgerecht messen – Was die DIN 55660 regelt

Frank Thomsen

Mit der kürzlich erschienenen siebenteiligen Norm DIN 55660 liegt ein umfassendes Regelwerk für die zerstörungsfreie Prüfung der Benetzung von Kleb- und Beschichtungsstoffen vor. Messungen nach dieser Norm erlauben es, Benetzung, Haftung und Langzeitstabilität bereits im Vorfeld der Verklebung zu beurteilen.

Die umfangreichen Vorbereitungen des Werkstoffs auf die Verklebung durch Reinigen, Aufrauen oder Oberflächenaktivierung dienen in erster Linie der Benetzbarkeit des Materials durch den Klebstoff. Die Benetzbarkeit steht in einem engen Zusammenhang mit der Initialhaftung und der Langzeitstabilität.

Ebenso wichtig für die Benetzung und Adhäsion sind die einzelnen Bestandteile des jeweils eingesetzten flüssigen Klebstoffes. Die Klebfestigkeit entsteht in der Regel durch die Anziehungskräfte zwischen den angrenzenden Oberflächen. Daher sind die Oberflächenspannung des Klebstoffs und die Oberflächenenergie des festen Werkstoffs Schlüsseldaten für eine Qualitätsbeurteilung im Vorfeld der Klebung (Abb. 4.25).

Die mehrteilige Norm DIN 55660 (Tab. 4.1) definiert Rahmenbedingungen und Methoden für eine umfassende Oberflächencharakterisierung der beiden beteiligten Phasen. Der Normenausschuss für DIN 55660 bestand aus Vertretern renommierter Forschungsinstitute und Hersteller von Messgeräten, darunter auch das Unternehmen Krüss. Abb. 4.26 zeigt ein beispielhaftes Messgerät zur Bestimmung der Oberflächenenergie.

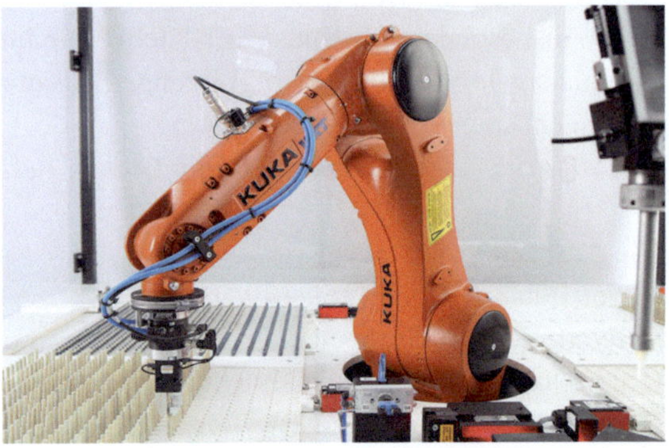

Abb. 4.25 Maschinelles Kleben von Kunststoffen: Die DIN 55660 definiert notwendige Benetzungsuntersuchungen. (Bildquelle: Kuka Roboter GmbH)

Tab. 4.1 Die siebenteilige Norm DIN 55660 Beschichtungsstoffe – Benetzbarkeit

Teil 1:	Begriffe und allgemeine Grundlagen
Teil 2:	Bestimmung der freien Oberflächenenergie fester Oberflächen durch Messung des Kontaktwinkels
Teil 3:	Bestimmung der Oberflächenspannung von Flüssigkeiten mit der Methode des hängenden Tropfens
Teil 4:	Bestimmung des polaren und dispersen Anteils der Oberflächenspannung von Flüssigkeiten aus einer Grenzflächenspannung
Teil 5:	Bestimmung des polaren und dispersen Anteils der Oberflächenspannung von Flüssigkeiten aus Kontaktwinkelmessungen auf einem Festkörper mit rein dispersem Anteil der Oberflächenenergie
Teil 6:	Messung des dynamischen Kontaktwinkels
Teil 7:	Messung des Kontaktwinkels bei Neigetischexperimenten (Abrollwinkel)

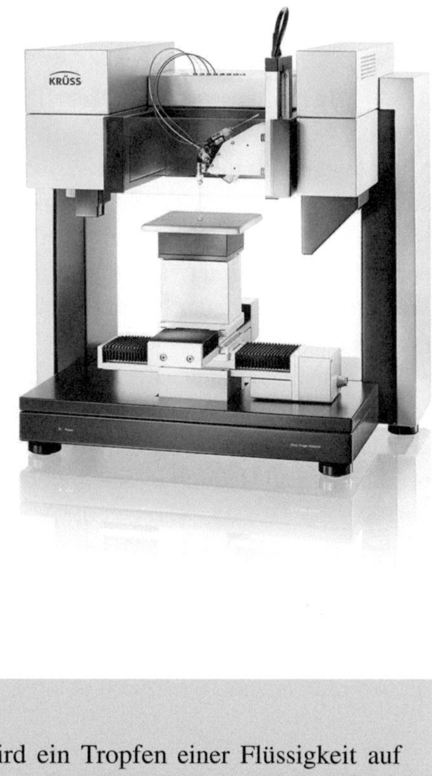

Abb. 4.26 Kontaktwinkelmessinstrument zur Bestimmung der Oberflächenenergie. (Bildquelle: Krüss)

Infokasten 1: Kontaktwinkelmessung

Bei der optischen Kontaktwinkelmessung wird ein Tropfen einer Flüssigkeit auf einen Festkörper platziert. Durch ein Wechselspiel der Oberflächenenergie des Festkörpers, der Oberflächenspannung der Flüssigkeit und der Grenzflächenspannung zwischen den beiden Phasen entsteht die charakteristische Rundung der Tropfenform. Anhand eines Videobildes des Tropfens wird dessen Kontur optisch ermittelt. Der Kontaktwinkel ist dabei der Winkel zwischen der Tropfenkontur und der Grenzfläche am Berührungspunkt. Er ist ein direktes Maß für die Benetzbarkeit des Festkörpers durch den Tropfen: je kleiner der Kontaktwinkel, desto besser die Benetzung (Abb. 4.27).

Abb. 4.27 Kontaktwinkel eines Tropfens auf einer festen Oberfläche. (Bildquelle: Krüss)

4.5.1 Bestimmung der Oberflächenenergie

Mit gängigen Zugfestigkeitstests sind zerstörungsfreie Untersuchungen und eine Qualitätssicherung im Vorfeld des Klebvorgangs nicht möglich. Um Aussagen über die zu erwartende Qualität einer Klebung treffen zu können, bedient sich die Industrie zunehmend der optischen Kontaktwinkelmessung (siehe Infokasten 1), wie sie für zu verklebende Werkstoffe schon in der Norm DIN EN 828 beschrieben wird. Mit der Kontaktwinkelmethode kann bekanntlich die Oberflächenenergie des Festkörpers bestimmt werden.

Bei hoher Oberflächenenergie ist die Benetzung mit einer angrenzenden flüssigen Phase – dem Klebstoff oder Beschichtungsstoff – energetisch günstig und wird deshalb gegenüber dem Kontakt mit Luft bevorzugt. Mit der Oberflächenenergie stehen daher Benetzbarkeit und Haftung in einem unmittelbaren Zusammenhang.

Teil 2 der DIN 55660 regelt die Messung der Oberflächenenergie anhand des Kontaktwinkels mit mehreren Flüssigkeiten. Bei den vorgeschlagenen Testflüssigkeiten ist nicht nur die jeweilige Oberflächenspannung, sondern auch deren polarer und dispersiver Wechselwirkungsanteil (siehe Infokasten 2) bekannt. Mit Hilfe dieser Informationen lässt sich aus den Kontaktwinkeldaten ein Energieprofil der Werkstoffoberfläche erstellen, mit dem die Affinität zu unterschiedlich polaren Klebstoffen ermittelt werden kann.

Infokasten 2: Polare und dispersive Anteile

Die Oberflächenspannung bzw. Oberflächenenergie wird aufgrund der Wechselwirkungen zwischen den Molekülen einer Flüssigkeit bzw. eines Festkörpers ausgebildet (Abb. 4.28). Die beiden in der Norm 55660 vorgeschlagenen Modelle (Owens-Wendt-Rabel-Kaelble bzw. Wu) gehen davon aus, dass dabei zwei Arten von Wechselwirkungen eine Rolle spielen: polare und dispersive.

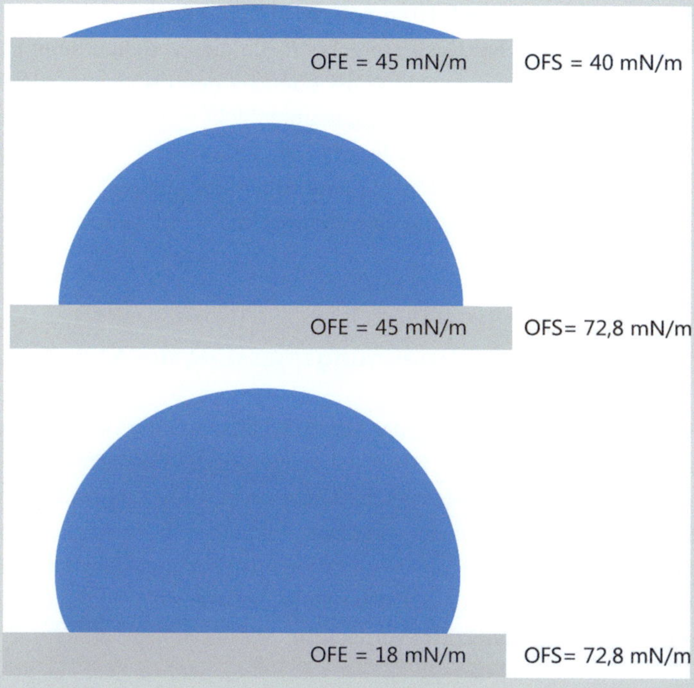

Abb. 4.28 Die Benetzung einer festen Probe durch einen Tropfen hängt von der Oberflächenenergie (*OFE*) des Werkstoffs und der Oberflächenspannung (*OFS*) der Flüssigkeit ab. (Bildquelle: Krüss)

Polare Wechselwirkungen kommen durch permanente Dipole, also eine lokale Ungleichverteilung der Elektronendichte innerhalb eines Moleküls, zustande. Die so entstehenden Teilladungen bewirken Anziehungskräfte zu anderen polaren Molekülen derselben oder der angrenzenden Phase.

Die schwächeren dispersiven Wechselwirkungen entstehen durch zufällige temporäre Elektronendichtefluktuationen, die zur kurzzeitigen Ausbildung von Ladungsschwerpunkten führen. Diese können mit angrenzenden Molekülen, die ebenfalls temporär asymmetrisch sind, Anziehungskräfte ausbilden. Beim Kontakt zwischen Festkörper und Flüssigkeit entstehen nach Owens-Wendt-Rabel-Kaelble bzw. Wu jeweils nur gleichartige Wechselwirkungen zwischen den angrenzenden Phasen. Demnach wechselwirken polare Anteile nur mit polaren, dispersive nur mit dispersiven.

Lässt eine geringe Oberflächenenergie des zu fügenden festen Materials eine schlechte Benetzung erwarten, wird häufig eingegriffen. So können unpolare Kunststoffe wie Polyethylen durch die Wirkung chemischer Mittel oder den Einsatz von Verfahren wie

Plasma- oder Koronabehandlung auf die Verklebung vorbereitet werden. Die Aktivierung erhöht die Oberflächenenergie und deren polaren Anteil, was besonders bei Verwendung wässriger Klebstoffe wichtig ist. Die Erfolgskontrolle dieser Behandlung kann mit Kontaktwinkelmessungen erfolgen, wie sie in DIN 55660-2 beschrieben werden.

Anhand des Kontaktwinkels kann außerdem untersucht werden, wie homogen die Festkörperoberfläche ist. Teil 6 der Norm beschreibt, auf welche Weise solche Tests mit dynamischen Kontaktwinkeln durchführbar sind. Bei einer glatten Oberfläche deutet eine starke Streuung des Kontaktwinkels auf eine chemische Inhomogenität hin – zum Beispiel durch unvollständige Reinigung.

4.5.2 Optische Oberflächenspannungsmessung des Klebstoffs

Der dritte Teil der Norm widmet sich der Oberflächenspannung des flüssigen Beschichtungsstoffs. Liegt diese höher als die Oberflächenenergie des Festkörpers, ist eine verminderte Benetzung zu erwarten. Schwierigkeiten können besonders beim Kleben von Kunststoffen mit Systemen auf Wasserbasis entstehen, da hier eine Flüssigkeit mit tendenziell hoher Oberflächenspannung auf einen Festkörper mit eher niedriger Oberflächenenergie trifft. Klebstoffrezepturen enthalten deshalb häufig Tenside, welche die Oberflächenspannung verringern und so die Benetzung verbessern.

Infokasten 3: Optische Messung der Oberflächenspannung

Mit der Methode des hängenden Tropfens (Pendant-Drop-Methode) kann die Oberflächenspannung einer Flüssigkeit anhand des Videobildes eines Tropfens bestimmt werden, der an einer Kanüle hängt. Aufgrund der Oberflächenspannung strebt der Tropfen eine möglichst kleine Oberfläche an, idealerweise die Kugelform. Durch sein Eigengewicht wird der Tropfen jedoch deformiert. Es entsteht eine charakteristische Birnenform, deren Krümmungsverlauf aus dem Verhältnis zwischen Oberflächenspannung und Gewichtskraft resultiert. Bei Kenntnis des Volumens und der Dichte des Tropfens kann die Oberflächenspannung aus der Kontur des hängenden Tropfens ermittelt werden.

DIN 55660-3 beschreibt Rahmenbedingungen und Durchführung einer Oberflächenspannungsmessung mit der „Pendant"-Drop-Methode (siehe Infokasten 3, Abb. 4.29). Sie bietet sich an, weil sie dem Versuchsaufbau der Kontaktwinkelmessung ähnelt und in der Regel mit denselben Instrumenten durchgeführt werden kann. Allerdings gibt die Norm an, dass die Methode bei nicht-newtonschen Flüssigkeiten nur eingeschränkt verwendet werden kann – um solche Flüssigkeiten handelt es sich bei flüssigen Klebstoffen in der Regel. Wird dem Tropfen aber Zeit gelassen, bis er seine endgültige Form angenommen

Abb. 4.29 Kontur eines hängenden Tropfens zur Messung der Oberflächenspannung. (Bildquelle: Krüss)

hat, können auch viele strukturviskose Flüssigkeiten gemäß DIN 55660-3 vermessen werden. Mit anderen klassischen Verfahren der Tensiometrie wie Ring- oder Plattenmethode ist das in der Regel gar nicht möglich.

Mit Hilfe von Temperiereinheiten kann die Methode des hängenden Tropfens auch bei hohen Temperaturen eingesetzt werden, sodass auch Schmelzklebstoffe messbar sind. In Kombination mit einer Temperierkammer für die Kontaktwinkelmessung können für den Festkörper und den Klebstoff die Bedingungen höherer Prozesstemperaturen nachgestellt werden.

4.5.3 Adhäsionsarbeit – Maß für initiale Klebfestigkeit

Dank der getrennten Charakterisierung von Klebstoff und Festkörperoberfläche kann die zu erwartende Adhäsion berechnet werden. So ist es möglich, die beiden Komponenten unabhängig voneinander zu untersuchen und hinsichtlich Vorbehandlung oder Rezeptur aufeinander abzustimmen.

Festkörperseitig werden dazu die Ergebnisse aus der Oberflächenenergiebestimmung gemäß DIN 55660-2 benötigt: der polare und der dispersive Anteil der Oberflächenenergie. Die erforderliche Oberflächenspannung der Flüssigkeit wird nach DIN 55660-3 bestimmt. Die Teile 4 und 5 der Norm regeln unterschiedliche Methoden, mit denen der polare und dispersive Anteil der Oberflächenspannung des flüssigen Klebstoffs bestimmt werden können. Damit liegen alle Informationen für die Berechnung der Adhäsion vor.

Das der Berechnung zugrunde liegende Modell besagt, dass die erreichbare Adhäsionsarbeit für die Verklebung mit einem Festkörper maximal doppelt so groß ist wie die Oberflächenenergie des Festkörpers. Dieser optimale Zustand wird bei der größtmöglichen Ähnlichkeit zwischen Klebstoff und Werkstoff erreicht: gleiche Oberflächenenergie bzw. -spannung und gleiche polare und dispersive Anteile. Liegt eine solche Paarung vor, ist die Benetzung optimal. Der Umkehrschluss gilt nicht: Auch bei vollständiger Benetzung lässt sich die Klebfestigkeit in den meisten Fällen noch verbessern.

4.5.4 Grenzflächenspannung: Maß für Langzeitstabilität

Die Grenzflächenspannung zwischen Klebstoff und Fügewerkstoff – ein weiteres Ergebnis aus den Berechnungen nach DIN 55660 – kann auch bei guter Adhäsion langfristig einen destabilisierenden Einfluss ausüben (Abb. 4.30). So konnte zum Beispiel einem Verpackungshersteller durch entsprechende Messungen nachgewiesen werden, dass eine hohe Grenzflächenspannung die Ursache für das häufige Ablösen eines Schmelzklebstoffs bei hoher Luftfeuchtigkeit war. Die Grenzflächenspannung verringert die energetische Barriere für das Umnetzen durch eine andere Phase – im beschriebenen Fall Wasser.

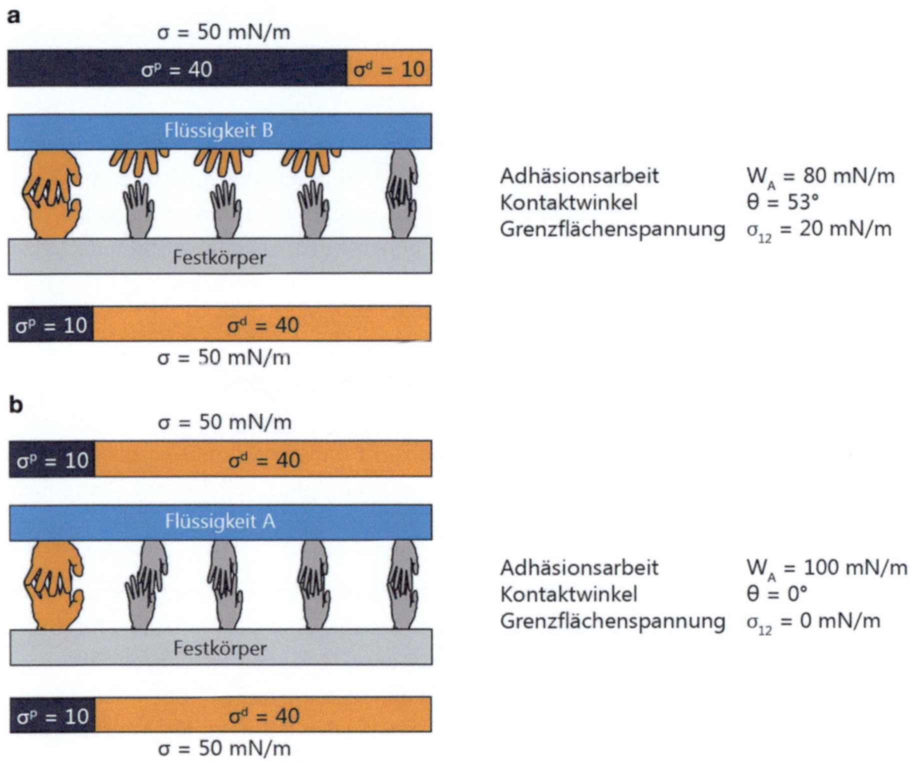

Abb. 4.30 Die großen Hände symbolisieren polare Kräfte, die kleinen Hände dispersive. Nur die passenden Hände können ineinandergreifen. **a** Flüssige und feste Phase passen nicht zusammen (geringere Adhäsion, unvollständige Benetzung, hohe Grenzflächenspannung). **b** Flüssige und feste Phase passen genau zusammen (maximale Adhäsion, optimale Benetzung, keine Grenzflächenspannung). (Bildquelle: Krüss)

Wenn alterungs- und belastungsbedingt Risse in der Klebverbindung auftreten, kann sie leichter gelöst werden. Stimmen hingegen – wie zuvor beschrieben – die Oberflächeneigenschaften zwischen Klebstoff und Werkstoff weitgehend überein, liegt eine geringe Grenzflächenspannung vor und eine langlebige Verklebung ist zu erwarten.

4.5.5 Fazit

Die neue siebenteilige Norm DIN 55660 Beschichtungsstoffe – Benetzbarkeit eignet sich dank der Festlegung der einzusetzenden Verfahren für eine umfassende oberflächenenergetische Charakterisierung der am Beschichtungsprozess beteiligten flüssigen und festen Komponenten. So entsteht ein Gesamtbild des Grenzflächenkontakts, aus dem wichtige Größen wie die Adhäsionsarbeit als Maß für die Festigkeit und die Grenzflächenspannung als Kenngröße für die Langzeitstabilität abgeleitet werden können

Der Autor
Dr. Frank Thomsen (f.thomsen@kruss.de) ist bei der Krüss GmbH in Hamburg als technischer Redakteur tätig.

Literatur

1. DIN 2304-1 Klebtechnik – Qualitätsanforderungen an Klebprozesse – Teil 1 Prozesskette Kleben, Beuth Verlag 2015
2. Handbuch Klebtechnik 2014, Springer Vieweg (2004)
3. Roadmap Klebtechnik – Dem Kleben Vertrauen schenken – Herausgegeben vom Gemeinschaftsausschuss Klebtechnik (GAK) April 2016
4. DIN EN 1465:2009 – Klebstoffe – Bestimmung der Zugscherfestigkeit von Überlappungsklebungen – Beuth Verlag
5. DIN EN ISO 10365:1995 – Klebstoffe – Bezeichnung der wichtigsten Bruchbilder – Beuth Verlag
6. DIN EN 15336:2007 – Klebstoffe – Bestimmung der Zeit bis zum Bruch geklebter Fügeverbindungen unter statischer Belastung – Beuth Verlag
7. DIN EN ISO 9664:1995 – Klebstoffe – Verfahren zur Prüfung der Ermüdungseigenschaften von Strukturklebungen bei Zugscherbeanspruchung – Beuth Verlag
8. DIN EN ISO 9142 – Klebstoffe – Auswahlrichtlinien für Labor-Alterungsbedingungen zur Prüfung von Klebverbindungen – Beuth Verlag
9. IGF-Vorhaben 17.712N der Dechema: Validierung der Aussagekraft von OIT-Messungen hinsichtlich der thermo-oxidativen Beständigkeit von reaktiven Klebstoffsystemen – Etablierung einer kostengünstigen Methode zur schnellen Optimierung von Klebstoffformulierungen – Institut für Füge- und Schweißtechnik (ifs) der TU Braunschweig – Abschlussbericht 28. Mai 2015
10. Stammen, E., Bunzel, F., Dilger, K.: Beständigkeit von Klebstoffen schnell einschätzen. Adhäsion **60**(7/8), 28–33 (2016)

11. DIN EN ISO 6270-2:2005 – Beschichtungsstoffe – Bestimmung der Beständigkeit gegen Feuchtigkeit – Teil 2: Verfahren zur Beanspruchung von Proben in Kondenswasserklimaten – Beuth Verlag
12. DIN EN ISO 11997-1:2006 – Beschichtungsstoffe – Bestimmung der Beständigkeit bei zyklischen Korrosionsbedingungen – Teil 1: Nass (Salzsprühnebel)/trocken/Feuchte – Beuth Verlag
13. BMW PR 308.1 Hausnorm der BMW Group
14. DIN EN ISO 13523-27:2009 – Bandbeschichtete Metalle – Prüfverfahren – Teil 27: Beständigkeit gegen feuchte Verpackung (Kataplasma-Test) – Beuth Verlag
15. DIN 55657:2016 – Beschichtungsstoffe – Prüfverfahren zur Beurteilung der Haftfestigkeit von elastischen Klebstoffen auf Beschichtungen durch Prüfen der Schälhaftung, Schälfestigkeit und Zugscherfestigkeit mit zusätzlicher Beanspruchung durch Kondenswasserprüfung oder Kataplasmalagerung – Beuth Verlag
16. DIN EN 60068-2:1995 – Umweltprüfungen – Teil 2: Prüfungen – Prüfung N: Temperaturwechsel – Beuth Verlag
17. Goldstein, J.: Scanning electron microscopy and X-Ray microanalysis, 3. Aufl. Kluwer (2003)
18. Rousel, L.Y., et al.: Extreme high resolution scanning electron microscopy (XHR SEM) and beyond. Scanning Microsc (2009)
19. Erdmann, N., et al.: Precise SEM cross section polishing via argon beam milling. Micros Today **14**(3), 22–25 (2006)
20. Habenicht, G.: Kleben – Grundlagen, Technologien, Anwendungen, 6. Aufl. Springer, Berlin Heidelberg (2008)
21. Ausführliche Informationen zur LSV-Prüfapparatur: AiF-ProInno II Forschungsbericht Nr. KF 0031314 FK 7: Entwicklung eines Prüfgeräts zur Ermittlung der mechanischen Eigenschaften an HM und HD-Schweißnähten, SKZ, 2009

Teil II
Klebstofftechnologien

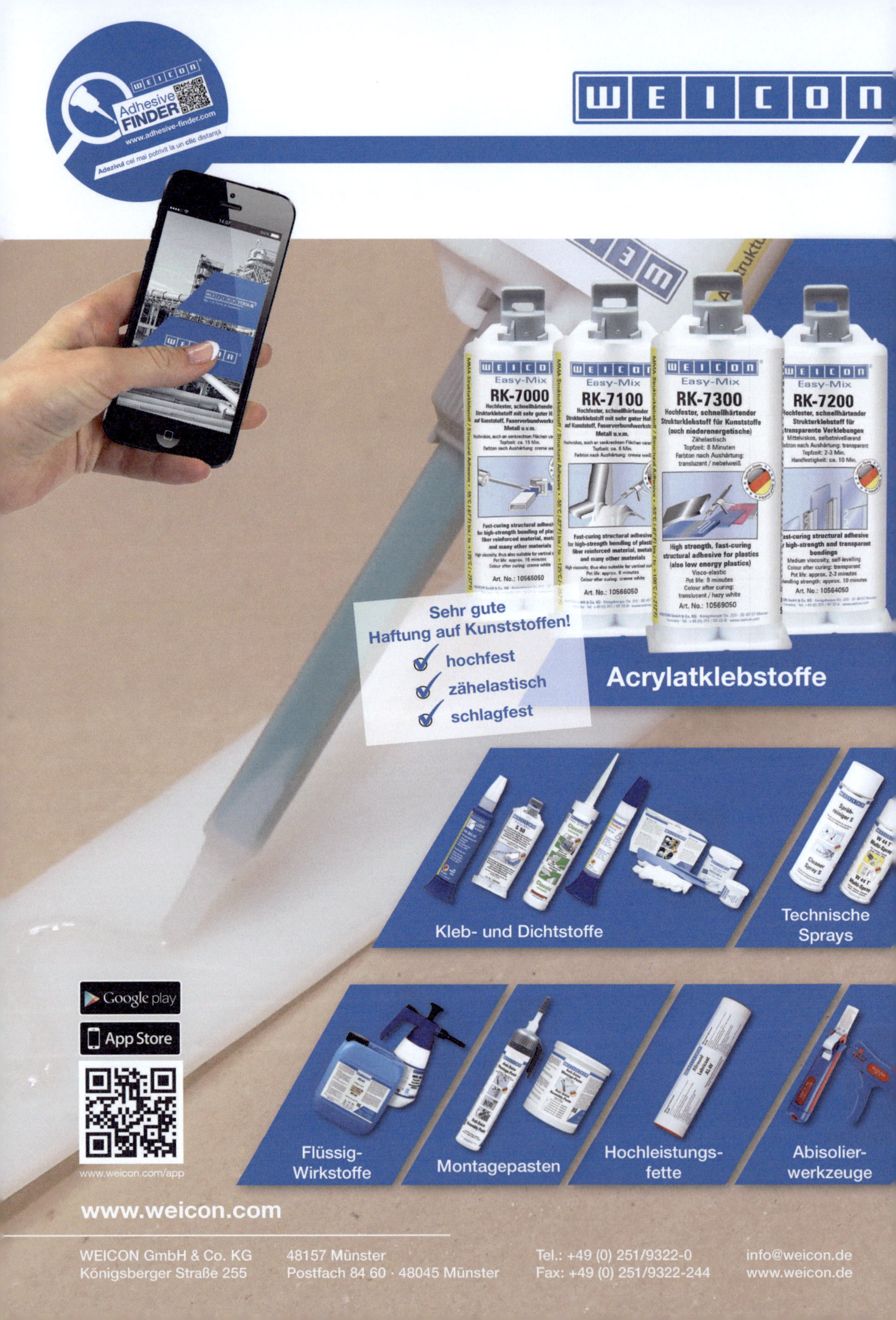

Adhesive FINDER
www.adhesive-finder.com
Adezivul cel mai potrivit la un clic distanță
WEICON
Easy-Mix
RK-7000
RK-7100
RK-7300
RK-7200
Sehr gute Haftung auf Kunststoffen!
hochfest
zähelastisch
schlagfest
Acrylatklebstoffe
Kleb- und Dichtstoffe
Technische Sprays
Google play
App Store
www.weicon.com/app
Flüssig-Wirkstoffe
Montagepasten
Hochleistungs-fette
Abisolier-werkzeuge
www.weicon.com
WEICON GmbH & Co. KG
Königsberger Straße 255
48157 Münster
Postfach 84 60 · 48045 Münster
Tel.: +49 (0) 251/9322-0
Fax: +49 (0) 251/9322-244
info@weicon.de
www.weicon.de

Polyurethanklebstoffe zum Kleben von Kunststoffen 5

Sergio Grunder, Stefan Schmatloch und Andreas Lutz

5.1 1K-PUR-Klebstoffe für Mischkonstruktionen – Dynamisch hoch belastbar

Sergio Grunder, Stefan Schmatloch und Andreas Lutz

Beim Fügen unterschiedlicher Werkstoffe dominieren in der Automobilmontage bisher 2K-PUR-Klebstoffe. Durch ihren Einsatz sind dauerhaft hohe statische und dynamische Festigkeiten erzielbar. Einfacher verarbeiten lassen sich aber strukturelle 1K-PUR-Systeme. Mittlerweile stehen 1K-Klebstoffe auf Polyurethanbasis zur Verfügung, deren Leistungsfähigkeit mit der von 2K-PUR-Systemen vergleichbar ist.

Um gesetzliche Auflagen hinsichtlich Flottenverbrauch und CO_2-Emissionen erfüllen zu können, müssen die Automobilhersteller bei Modellwechsel auf ein möglichst geringes Gewicht ihrer Karossen achten. Dies gelingt nur durch den verstärkten Einsatz von Leichtbaumaterialien wie Aluminium und/oder Faserverbundwerkstoffen. Immer häufiger wird im Rohbau Aluminium neben Stahl eingesetzt. So bestehen heute viele Anbauteile wie Türen, Dächer oder Klappen aus Aluminium, das aber auch vermehrt in der Fahrzeugstruktur z. B. in Form von Gussteilen Verwendung findet.

S. Grunder (✉) · S. Schmatloch (✉) · A. Lutz (✉)
Dow Europe GmbH
Horgen, Schweiz
E-Mail: sgrunder@dow.com

S. Schmatloch
E-Mail: sschmatloch@dow.com

A. Lutz
E-Mail: alutz@dow.com

M. Doobe (Hrsg.), *Kunststoffe erfolgreich kleben*,
https://doi.org/10.1007/978-3-658-18445-2_5

Faserverbundwerkstoffe werden in der Montage hauptsächlich für Klappen- oder Dachkonstruktionen eingesetzt. Als Beispiel sei hier die Faserverbund-Fahrgastzelle der BMW i-Serie erwähnt. Einige namhafte Fahrzeughersteller haben Anwendungen vom Rohbau in die Montage verlegt. Dies erlaubt zum Beispiel die Montage von Dächern aus Aluminium oder Faserverbundwerkstoffen auf die Karosse. Der Einsatz von Materialien mit unterschiedlichen Eigenschaften ist mit vielen Vorteilen verbunden, aber auch mit Herausforderungen, die es beim Fügen zu meistern gilt. Herkömmliche Verfahren wie zum Beispiel Schweißen oder Nieten stoßen bei einer Mischbauweise an Grenzen oder verschlechtern die Materialeigenschaften. Eine zusätzliche Herausforderung stellen unterschiedliche Wärmeausdehnungskoeffizienten ($\Delta\alpha$-Problematik) zweier gefügter Werkstoffe dar. Die jeweils eingesetzte Fügetechnik muss dieses Problem sowohl in der Fahrzeugherstellung als auch während der gesamten Produktlebensdauer zuverlässig lösen. Klebstoffe erfüllen in diesem Kontext alle gestellten Anforderungen und bieten eine perfekte Möglichkeit, unterschiedliche Materialien im automobilen Herstellungsprozess zu verbinden. So kommen z. B. im Rohbau heiß härtende strukturelle 1K-Epoxidklebstoffe zum Fügen verschiedener Metalle zum Einsatz, strukturelle Zweikomponenten(2K)-Polyurethan(PUR)-Klebstoffe dienen der Verklebung von z. B. Faserverbundwerkstoffen im Montagebau und elastische Einkomponenten(1K)PUR-Klebstoffe werden zum Kleben von Mischkonstruktionen (z. B. Glas-Metall) verwendet. Polyurethanklebstoffe sind in der Montage unverzichtbar, um Bauteile dauerhaft bei hohen statischen und dynamischen Festigkeiten zu verbinden. Ihr breites Haftungsspektrum erlaubt das Kleben der unterschiedlichsten Werkstoffe – von lackierten Oberflächen über KTL-beschichtete Substrate bis hin zu Faserverbundwerkstoffen. Bisher dominierte der Einsatz von 2K-PUR-Systemen, die bei Umgebungstemperatur in kurzer Zeit und bei Wärmezufuhr noch schneller vollständig aushärten. Sie zeichnen sich außerdem durch einen relativ großen Modulbereich (G-Modul: 5–200 MPa) aus. Allerdings erfordert der Einsatz von 2K-Systemen die Investition in eine spezielle Applikationsanlage, die beide Komponenten entweder statisch oder dynamisch miteinander mischt.

Zu den Vorteilen von 1K-PUR-Klebstoffen zählen die einfache Applikation und die langen Offenzeiten. Der Modulbereich herkömmlicher elastischer 1K-PUR-Klebstoffe ist allerdings begrenzt und liegt typischerweise unterhalb von 5 MPa (G-Modul). Allerdings stehen heute auch hochmodulige 1K-Klebstoffe auf Polyurethanbasis zur Verfügung, die sehr große Dehnungen aushalten. Entsprechende Klebungen zeigen dadurch hohe Festigkeiten und können unter dynamischer oder zyklischer Wechselbelastung sehr hohe Energien aufnehmen. Der hohe Modul im Verhältnis zur Bruchdehnung wirkt sich zudem positiv auf die Zugscher- oder Weiterreißfestigkeit aus.

Ein Einsatzbeispiel bei der Herstellung von gewichtsoptimierten Fahrzeugen ist das Verbinden von Aluminium- oder Faserverbunddächern auf eine Stahlkarosse. Der Einbau solcher Dächern gestaltet sich im Rohbau schwierig und erfolgt deshalb im Montagebau unter Einsatz von Klebstoffen. Abb. 5.1 zeigt beispielhaft einen entsprechenden Prozess, bestehend aus dem Aufbringen des Aluminiumdaches auf die Stahlkarosse mittels Abstandshaltern (Spacern) im Rohbau, dem anschließenden Durchgang dieses Aufbaus

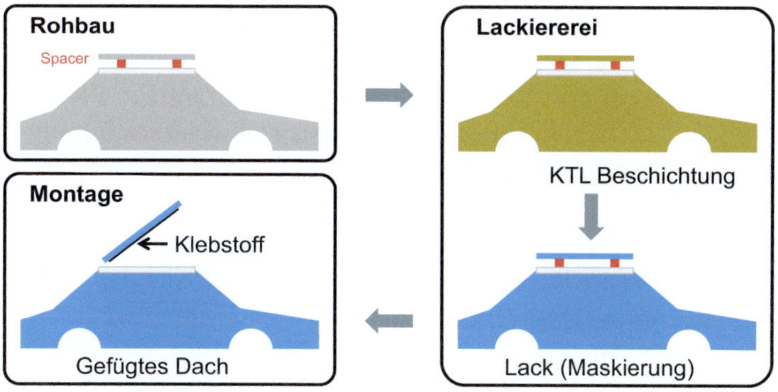

Abb. 5.1 Beispielhafter Fügeprozess eines Daches in der automobilen Montage. (Bildquelle: Dow Automotive)

durch das Kataphoresetauchlackbad (KTL) und durch den folgenden Ofen für das Aufbringen der Korrosionsschutz-KTL-Beschichtung. In einem weiteren Schritt durchläuft das Fahrzeug mit dem per Abstandshaltern befestigten Dach die Lackiererei. Zum Schluss werden im Montagebau die Abstandshalter entfernt, der Klebstoff auf das Dach aufgebracht und das Dach mit der Karosse gefügt.

Der Einsatz von elastischen 1K-PUR-Klebstoffen für die Dachklebung bietet den großen Vorteil, dass sowohl das Dach als auch die Scheiben zum Teil an derselben Station

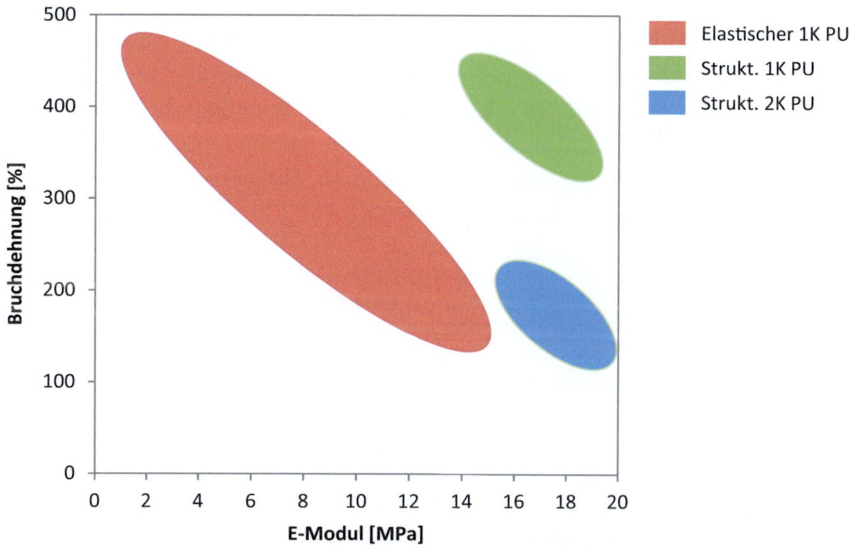

Abb. 5.2 E-Modul-/Bruchdehnungsbereiche klassischer elastischer 1K-PUR-Klebstoffe (*rot*), struktureller 2K-PUR-Klebstoffe sowie der Bereich (*grün*), den strukturelle 1K-PUR-Klebstoff für die Dachverklebung erfüllen müssen. (Bildquelle: Dow Automotive)

verklebt werden können. Um eine bessere Steifigkeit der gesamten Karosse und dadurch bessere Fahreigenschaften sowie Stabilität zu erlangen, sind allerdings Klebstoffe mit einer höheren Steifigkeit, also mit einem höheren Modul gefragt. 2K-PUR-Klebstoffe erfüllen zwar diese Anforderung, bieten aber den Nachteil einer relativ aufwändigen Verarbeitung. Möchte man nicht auf die Applikationsvorteile von 1K-Klebstoffen verzichten, empfiehlt sich somit der Einsatz moderner struktureller 1K-PUR-Klebstoffe wie das Produktbeispiel (Betaforce 1K-PUR) in Abb. 5.2. Das Erhöhen des Moduls elastischer 1K-PUR-Klebstoffe führt in der Regel zu einer unerwünschten Reduktion der Bruchdehnung (Abb. 5.2, rot). Ein für die Dachverklebung bestens geeigneter 1K-PUR-Klebstoff muss sowohl hochmodulig formuliert sein als auch eine hohe Bruchdehnung (Abb. 5.2, grün) aufweisen.

5.1.1 Eigenschaften im Vergleich

Die allgemeinen Materialeigenschaften eines hochmoduligen strukturellen 1K-PUR-Klebstoffes sind in Tab. 5.1 den Eigenschaften eines elastischen 1K-PUR-Klebstoffes gegenübergestellt, der sowohl für Scheiben als auch Dachklebungen genutzt werden kann. Im Vergleich zu herkömmlich verfügbaren 1K-PUR-Klebstoffen mit einem Schubmodul (G-Modul) von circa 3 MPa und einem E-Modul (Youngs Modul) von circa 7 MPa zeigt der hier beschriebene strukturelle 1K-PUR-Klebstoff bei ähnlicher Bruchdehnung von circa 350 % deutlich höhere Modulwerte. So beträgt der G-Modul etwa 8 MPa und der E-Modul circa 20 MPa. Diese höhere Steifigkeit zeigt sich außerdem in einer hohen Zugfestigkeit (13 MPa) sowie einer hohen Zugscherfestigkeit von circa 13 MPa. Der Verlauf des Moduls dieses strukturellen 1K-PUR-Klebstoffes im Verhältnis zur Temperatur kann über die dynamisch mechanische Analyse (DMA) gemessen werden. In Abb. 5.3 sind die Speicher(G')- und Verlustmodul(G'')-Kurven für einen Temperaturbereich von −75 bis 120 °C dargestellt. Es zeigt sich ein relativ stabiler Verlauf im typischen Anwendungsbereich von −30 bis 80 °C, der bei höheren Temperaturen nur wenig abfällt.

Tab. 5.1 Mechanische Eigenschaften eines elastischen 1K-PUR-Klebstoffes und eines strukturellen 1K-PUR-Klebstoffes im Vergleich. (Quelle: Dow Automotive)

	Elastischer 1K-PUR-Klebstoff	Struktureller 1K-PUR-Klebstoff
G-Modul [MPa]	3	8
E-Modul [MPa]	7	20
Zugfestigkeit [MPa]	8	13
Bruchdehnung [%]	350	350
Zugscherfestigkeit [MPa], 2 mm Klebhöhe		
Nach 1 Tag	4	4
Nach 3 Tagen	5	9
Nach 7 Tagen	6	13

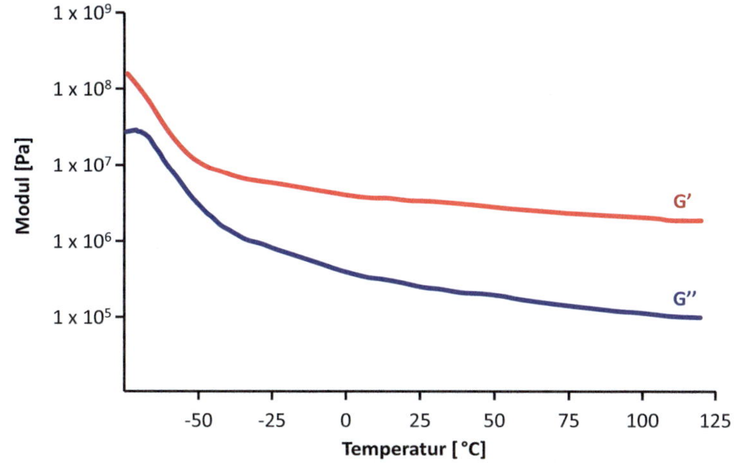

Abb. 5.3 Ergebnisse der Dynamisch Mechanischen Analyse (DMA) eines strukturellen 1K-PUR-Klebstoffes, gemessen über einen Temperaturbereich von −75 bis 120 °C bei 5 °C/min, Temperaturrampe oszillierend bei 1 Hz. (Bildquelle: Dow Automotive)

Diese elastischen strukturellen 1K-PUR-Klebstoffe basieren auf einer funktionellen Isocyanat-Prepolymer-Technologie, welche die Möglichkeit bietet, Klebstoffe mit jeweils gewünschtem Modul-Bereich zu formulieren. Dabei bleibt die Fähigkeit der Aushärtung mit Feuchtigkeit erhalten. Abb. 5.4 zeigt die Aushärtekurven, gemessen während des Zugscherfestigkeitsaufbaus nach einem, drei und sieben Tagen bei kalt/trockenem (18 °C, 25 % relative Feuchtigkeit (r. h.)), normalem (23 °C, 50 % r. h.) und bei warm/feuchtem

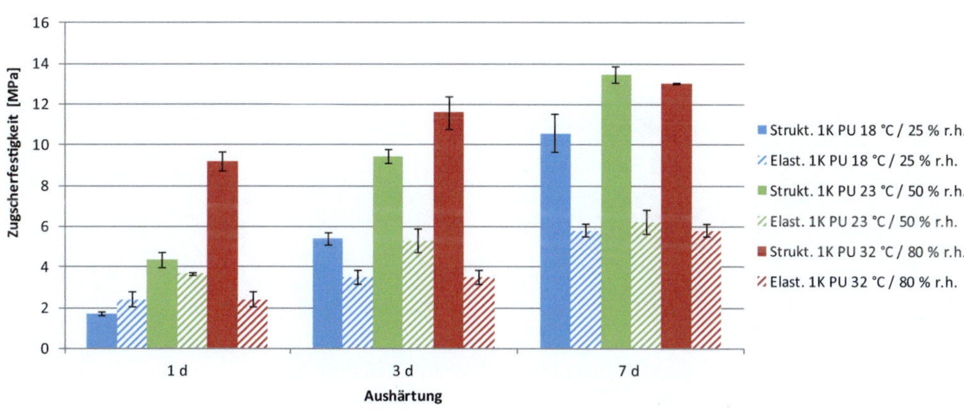

Abb. 5.4 Zugscherfestigkeitsaufbau eines elastischen 1K-PUR-Klebstoffes (*gestreift*) und eines strukturellen 1K-PUR-Klebstoffes (*farbig gefüllt*) bei kalt/trockenem Klima (*blau*), Normalklima (*grün*) und bei warm/feuchtem Klima (*rot*). (Bildquelle: Dow Automotive)

(32 °C, 80 % r. h.) Klima. Ablesbar ist, dass die Klebstoffe über einen breiten Bereich in angemessener Zeit einwandfrei aushärten.

5.1.2 Breites Einsatzfeld

Die strukturellen 1K-PUR-Klebstoffe eignen sich bestens für die Verklebung von Dächern im Montagebau. Dazu sollte in der Lackiererei vor dem Farbauftrag eine Maskierung der Klebstellen erfolgen, die unmittelbar vor dem Klebstoffauftrag wieder entfernt wird, sodass auf eine intakte KTL-Beschichtung gefügt werden kann. Die einwandfreie Haftung auf KTL lässt sich nach verschiedenen klimatischen Auslagerungen durch Raupenschältests und durch Zugscherprüfungen nachweisen. Die Klebstoffe können aber auch so weiterentwickelt werden, dass nicht nur auf KTL, sondern auch auf ausgewählten Lacken ohne Vorbehandlung eine gute Haftung erzielbar ist. Die vorbehandlungsfreihe Haftung auf schwierig zu verklebenden Lackoberflächen ist ein weiterer anwendungstechnischer Vorteil. Als weiteres Einsatzbeispiel für strukturelle 1K-PUR-Klebstoffe sei neben der Dachverklebung das strukturelle Fügen von Faserverbundwerkstoffen (z. B. kohlefaserverstärkte Polymere (CFK)) untereinander oder in Kombination mit Metallen erwähnt. Abb. 5.5 zeigt die Ergebnisse gezogener Zugscherproben von mit strukturellem 1K-PUR-Klebstoff verklebten KTL-beschichteten Stahlsubstraten (KTL-KTL, Abb. 5.5a), Kohlefaserverbundsubstraten (CFK-CFK, Abb. 5.5b) sowie von Kohlefaserverbund/KTL-beschichteten Aluminiumsubstraten (CFK-Alu, Abb. 5.5c). Alle Prüflinge zeigen ein kohäsives Bruchbild. Die Haftung und Zugscherfestigkeiten sind stabil – auch wenn die Prüflinge nach Aushärtung zusätzlich bei Hitze (100 °C) oder bei Frost und warm-feuchtem Wechselklima ausgelagert werden. Auch der E-Modul bleibt nach Temperaturbelastung und Wechselklima-Auslagerung stabil (Abb. 5.6).

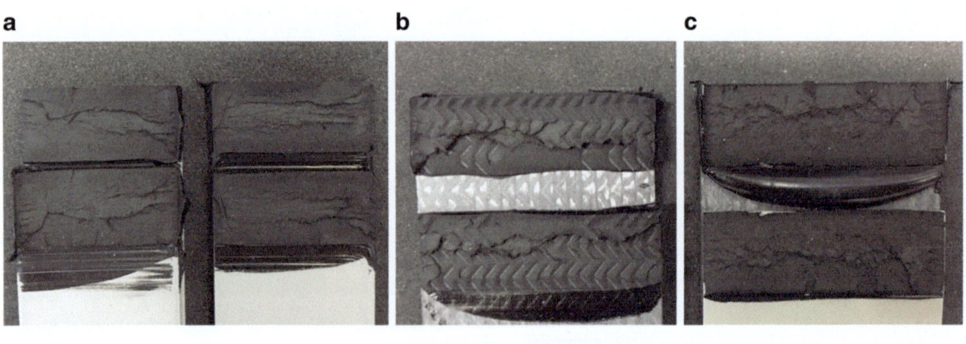

Abb. 5.5 Gezogene Zugscherprüflinge, gefügt mit strukturellem 1K-PUR-Klebstoff, sieben Tage lang bei 23 °C und 50 % r. h. ausgehärtet auf **a** KTL-KTL (KTL-beschichtete Stahlsubstrate), **b** CFK-CFK (Kohlefaserverbundsubstrate) und **c** CFK-Alu (KTL-beschichtetes Aluminium). Alle Prüflinge zeigen ein kohäsives Bruchbild. (Bildquelle: Dow Automotive)

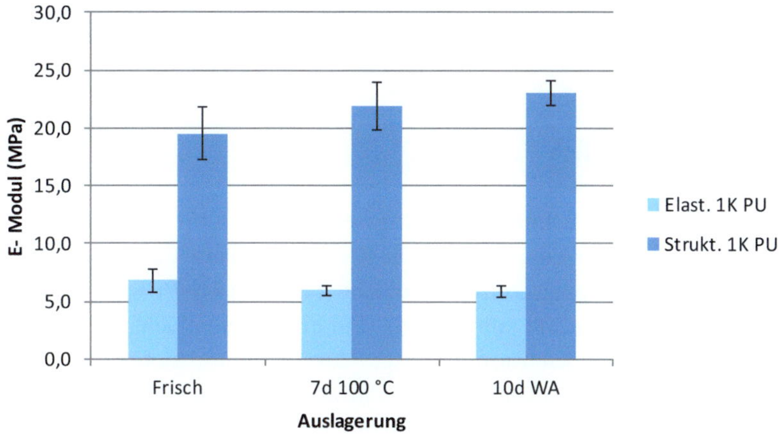

Abb. 5.6 Bei Auslagerung unter Hitze und Feuchte (*WA*) zeigen die elastischen und strukturellen 1K-PUR-Klebstoffe beste Ergebnisse. (Bildquelle: Dow Automotive)

5.1.3 Maschinell gut zu verarbeiten

Strukturelle 1K-PUR-Klebstoffe können ebenso wie elastische Vorteile in der Applikation bieten, da sich im Gegensatz zu 2K-PUR-Systemen das Mischen von Komponenten erübrigt. Die Applikationsdrücke, die beim Klebstoffauftrag mit einer Flussgeschwindigkeit von 8 bis 24 ml/s und bei Temperaturen von 35 °C, 45 °C und 55 °C entstehen (Abb. 5.7), zeigen, dass der Klebstoff ähnlich wie elastische 1K-PUR-Klebstoffe gut maschinell ver-

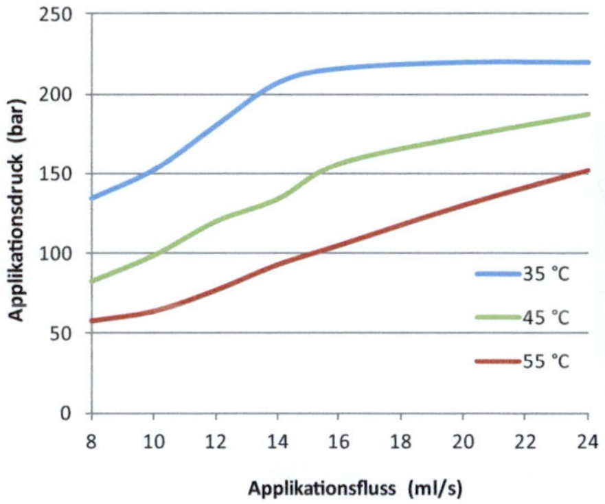

Abb. 5.7 a Maschinelle Applikation eines strukturellen 1K-PUR-Klebstoffes. Die Applikationsdrücke bei unterschiedlichem Applikationsfluss (8–24 ml/s) und verschiedenen Temperaturen (35, 45, 55 °C) sind denen elastischer 1K-PUR-Klebstoffe vergleichbar. **b** dokumentiert die guten rheologischen Eigenschaften, die eine problemlose Roboterapplikation standfester Raupen ohne Fadenzug ermöglichen. (Bildquelle: Dow Automotive)

arbeitbar sind. Außerdem können gute rheologische Eigenschaften hinsichtlich Fadenzug und Standfestigkeit gewährleistet werden (Abb. 5.7b).

5.1.4 Fazit und Ausblick

Der derzeitige Trend hin zu immer vielfältigeren Materialkombinationen im Mischbau von Automobilen erfordert eine Palette von Klebstoffen zum Fügen der verschiedensten Werkstoffe. In der Montage kommen sowohl elastische 1K-PUR-Klebstoffe als auch strukturelle 2K-PUR-Klebstoffe zum Einsatz. Für einen vereinfachten Prozess sind aber auch strukturelle 1K-PUR-Klebstoffe gefragt. Zur Verfügung stehen heute strukturelle 1K-PUR-Systeme, die nach vollständiger Feuchtigkeitsaushärtung mit Zugscherfestigkeiten von circa 13 MPa aufwarten. Diese Klebstoffe eignen sich besonders für Dachklebungen im Automobilbau und dürften sich zukünftig ein breites strukturelles Anwendungsgebiet erschließen. Sie haften z. B. bestens auf KTL, Lack und Faserverbundwerkstoffen, um nur einige zu nennen.

An der Optimierung von Härtungsgeschwindigkeit und Temperaturtoleranz dieser Einkomponentensysteme wird weiter gearbeitet. Ziel ist, eine deutlich schnellere Härtung zum Beispiel durch Wärmezufuhr zu erreichen. Zu erwarten ist, dass diese modernen Klebstoffsysteme verstärkt für die Anbringung von Anbauteilen aus Kunstoffen und Faserverbundwerkstoffen zum Einsatz kommen und Zweikomponentensysteme zum Teil ersetzen.

Die Autoren
Dr. Sergio Grunder (sgrunder@dow.com) arbeitet im Unternehmen Dow Europe in Horgen (Schweiz) im Bereich Dow Automotive Adhesives Research & Development an der Entwicklung von Klebstoffen.

Dr. Stefan Schmatloch (sschmatloch@dow.com) leitet dort die Forschung & Entwicklung von Polyurethan-Klebstoffen und Vorbehandlungen in Europa.

Dr. Andreas Lutz (alutz@dow.com) ist der globale Direktor des Bereichs Dow Automotive Adhesives Research & Development.

5.2 Composites strukturell kleben – Effizient und dauerhaft gefügt mit 2K-PUR-Systemen

Andreas Lutz und Stefan Schmatloch

Im Kontext zum derzeitigen Leichtbautrend wird den Composites ein enorm steigendes Einsatzpotenzial prognostiziert. Und immer, wenn zuverlässige und wirtschaftli-

che Lösungen zum Verbinden von Verbundwerkstoffen gesucht werden, kommt die moderne Klebtechnik ins Spiel. Für die strukturelle Verklebung von Faserverbundwerkstoffen steht ein interessantes 2K-Polyurethansystem zur Verfügung.

Der Einsatz von carbon- oder glasfaserverstärkten Verbundwerkstoffen erlaubt den Konstrukteuren, optimale Leichtbaulösungen in der Fahrzeugindustrie zu entwickeln. Composites vereinen eine hohe Teilesteifigkeit mit äußerst geringem Gewicht, auch im Vergleich zu metallischen Leichtbaumaterialien wie Aluminium. Die Entwicklung leichterer Fahrzeugstrukturen ist bekanntlich nötig, um gesetzliche Regulierungen hinsichtlich einer signifikanten Senkung des Kraftstoffflottenverbrauchs und der CO_2-Emissionen zu erfüllen. Neuere Fahrzeugmodelle weisen bereits eine Gewichtsreduktion von bis zu 80 kg im Vergleich zu den entsprechend älteren Modellen auf. Außerhalb des klassischen Fahrzeugrohbaus werden organische Leichtwerkstoffe wie Faserverbundwerkstoffe für Anwendungen

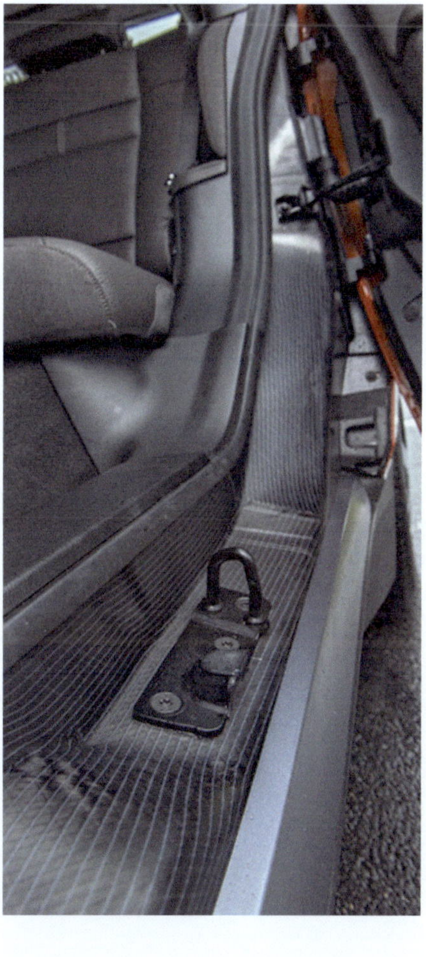

Abb. 5.8 Die Fahrgastzelle des BMW i3 besteht aus CFK-Einzelteilen, die in der Serienproduktion klebtechnisch strukturell gefügt werden. (Bildquelle: Dow Automotive)

wie Dachmodule, Klappen oder gar ganze Fahrzeugstrukturen verwendet. Erst kürzlich startete die Massenproduktion eines ersten Fahrzeuges, das vorwiegend aus Faserverbundwerkstoffen auf Basis duroplastischer Polymere und Carbonfasern in der Fahrzeugstruktur besteht. Der BMW i3 ist ein sehr gutes Beispiel für die Verbindung von optimalem Leichtbau und elektrischem Antrieb mit neuen Produktionskonzepten und neuer Fügetechnik (Abb. 5.8).

Die verwendete strukturelle Verklebung auf Basis eines modernen Zweikomponenten-Polyurethansystems (Betaforce) garantiert eine effiziente und dauerhafte Verklebung des Faserverbundwerkstoffes. Eigenschaften wie Dauerbetriebsfestigkeit oder Crashfestigkeit werden durch den flächigen Auftrag des Strukturklebstoffes gesteigert (Abb. 5.9).

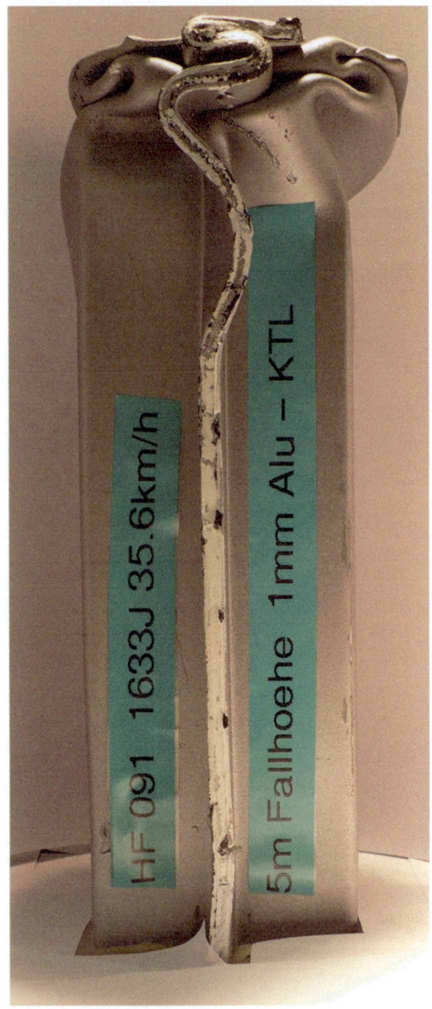

Abb. 5.9 Durch den flächigen Auftrag des Strukturklebstoffs lässt sich zum Beispiel die Crashfestigkeit steigern. (Bildquelle: Dow Automotive)

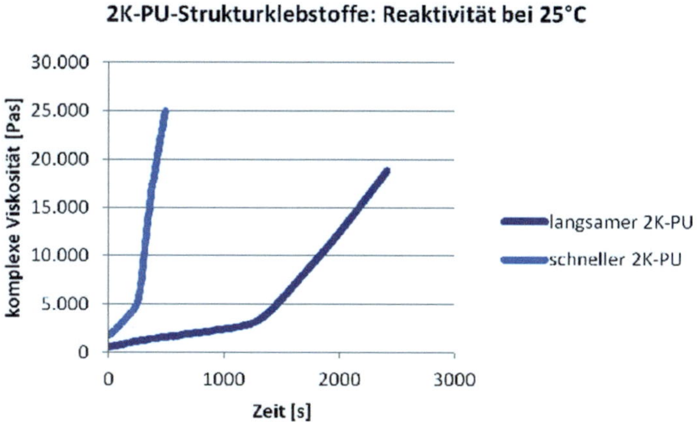

Abb. 5.10 Reaktivität eines langsamen im Vergleich zu einem schnellen 2K-PUR-Klebstoff. (Bildquelle: Dow Automotive)

Diese Klebstofftechnik sorgt für eine Modulstabilität über einen größeren Temperaturbereich und damit eine große Stabilität der statischen und dynamischen Festigkeiten. Die Kombination von unterschiedlichen Offenzeiten mit schneller bzw. einstellbarer Aushärtung ermöglicht Freiheiten im Montageprozess und in der Reparatur. Abb. 5.10 zeigt den zeitlichen Aufbau der Viskosität eines langsamen und eines schnellen Klebstoffsystems.

So eignen sich langsam aushärtende Materialien besonders für die Montage großer Bauteile, während schnell aushärtende Materialien schnelle Montageprozesse in der Fahrzeugherstellung unterstützen. Hohe Handlingsfestigkeiten können zum Beispiel durch induktive Erwärmung oder durch Infraroterwärmung innerhalb von wenigen Minuten erreicht werden. Und spezielle Vorbehandlungssysteme können den Haftungsaufbau noch beschleunigen. Prinzipiell bieten diese Polyurethanklebstoffe aber die Möglichkeit, auf eine zusätzliche Oberflächenaktivierung zu verzichten.

5.2.1 Allgemeine Eigenschaften

Für die Verklebung von Faserverbundwerkstoffen stehen Systeme mit unterschiedlichen Modulen und Bruchdehnungen zur Verfügung. Es handelt sich hierbei um Zweikomponentensysteme, welche in einem Mischungsverhältnis von 1:1 appliziert werden. Tab. 5.2 zeigt Eigenschaftsprofile zweier verschieden schneller und moduliger Zweikomponenten-PUR-Strukturklebstoffe.

Niedrigmodulige Klebstoffe zeigen sehr hohe Dehnungen und können deshalb bei hohen Klebstoffschichtstärken relativ viel Energie absorbieren. Der niedrige Modul belastet die Faserverbundoberfläche wenig und vermeidet somit Schichtdelamination unter Bruchbelastung (Abb. 5.11).

Tab. 5.2 Mechanische Eigenschaften eines niedrig und eines hochmoduligen Zweikomponenten-Polyurethanstrukturklebstoffes. (Quelle: Dow Automotive)

	Niedrigmoduliger 2K-PUR-Klebstoff, langsam reagierend	Hochmoduliger 2K-PUR-Klebstoff, schnell reagierend
E-Modul [MPa]	17	250
Zugfestigkeit [MPa]	10	15
Bruchdehnung [%]	250	130
Zugscherfestigkeit [MPa], 2 mm Klebhöhe		
Nach 1 h	0	1,4
Nach 2 h	0,1	5,7
Nach 4 h	0,2	11,2
Nach 24 h	0,3	15,9

Der Klebstoff versagt in Abhängigkeit von der Substratfestigkeit bei Belastung weitestgehend kohäsiv. Höhermodulige Klebstoffe zeigen immer noch hohe Dehnungen. Die statischen Festigkeiten liegen allerdings bereits auf einem sehr hohen Niveau (Abb. 5.12).

Die Versteifung des verklebten Bauteiles ist durch den höheren Modul deutlich höher. Typischerweise eignen sich derartige Systeme zum Kleben bei geringeren Schichtdicken. Bei Faserverbundwerkstoffen mit niedrigeren Festigkeiten kommt es unter Belastung allerdings oft zu einer Delamination der Oberfläche. Die relativ hohen Moduln resultieren aus einer stärkeren Klebstoffvernetzung und einer Balance von polymeren Weich- und Hartsegmenten. Die Adhäsion zu verschiedenen Oberflächen wie lackierten metallischen Substraten oder Verbundwerkstoffen ist allgemein sehr gut und kann zusätzlich bei Bedarf

Abb. 5.11 Unter Bruchbelastung versagen 2K-PUR-Klebverbindungen kohäsiv. (Bildquelle: Dow Automotive)

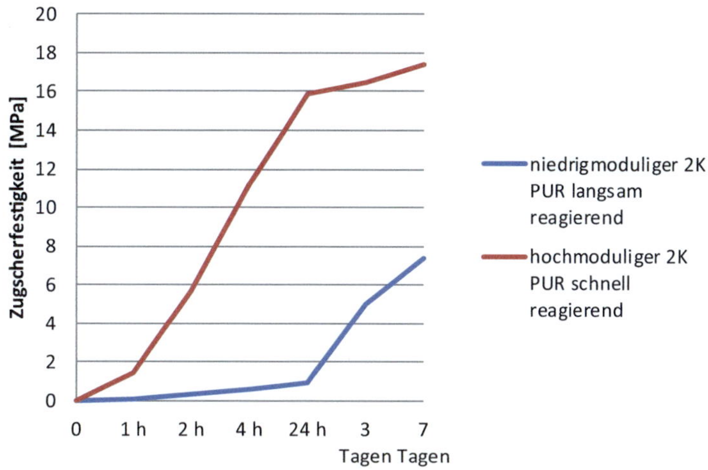

Abb. 5.12 Festigkeitsaufbau eines niedrigmoduligen im Vergleich zu einem hochmoduligen Klebstoff. (Bildquelle: Dow Automotive)

durch Primer oder durch die Applikation von Oberflächenaktivatoren optimiert werden. Diese moderne Generation von Klebstoffsystemen zeichnet sich durch eine erhöhte Stabilität von Modul- und Festigkeitswerten über einen breiteren Temperaturbereich aus. Der Abfall des Moduls mit steigender Temperatur ist im Vergleich zu herkömmlichen Produkten deutlich flacher und zeigt keine Glasübergangstemperatur im Anwendungsbereich. Abb. 5.13 zeigt das Modulverhalten in Abhängigkeit von der Temperatur.

Die Klebstoffe mittels speziell entwickelter Katalysatorsysteme sind derartig katalysiert, dass Offenzeiten und Reaktivitäten variabel eingestellt werden können. Dadurch lassen sich Fügezeiten je nach Anforderungen entsprechend verkürzen oder verlängern.

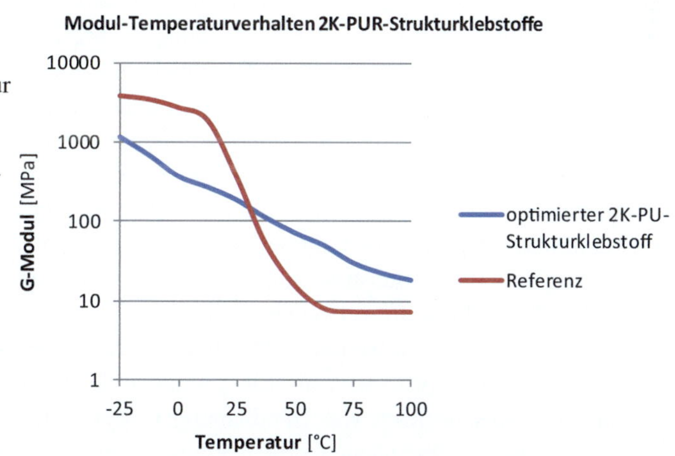

Abb. 5.13 Bei den optimierten PUR-Klebstoffen zeigt sich mit steigender Temperatur beim Abfall des Moduls im Vergleich zu herkömmlichen Produkten ein deutlich flacherer Verlauf. (Bildquelle: Dow Automotive)

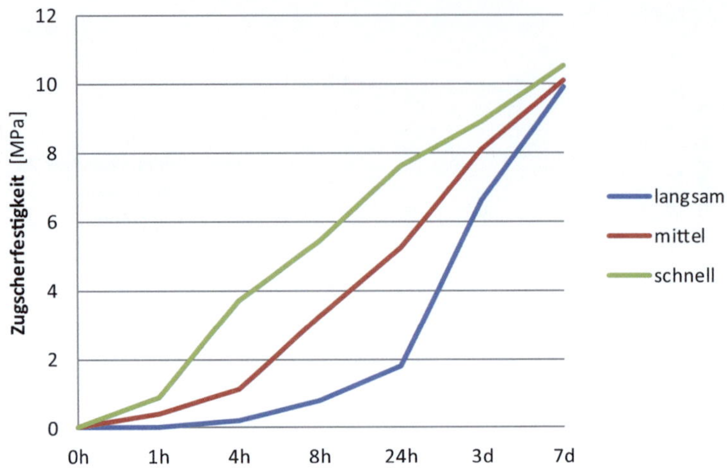

Abb. 5.14 Festigkeitsaufbau von langsam, mittelschnell und schnell reagierenden 2K-PUR-Struktur-klebstoffen im Vergleich. (Bildquelle: Dow Automotive)

Abb. 5.14 zeigt den Aufbau statischer Festigkeiten von unterschiedlich schnellen Systemen über die Zeit.

5.2.2 Composites vorbehandlungsfrei kleben

Kohlefaserverstärkte Kunststoffe (CFK) werden in der Endfertigung für den Aufbau von Modulen wie z. B. Heckklappen oder Dachmodulen verwendet. Führende Automobilhersteller planen außerdem, CFK als verstärkende Materialien im Rohbau einzusetzen. Als Kunststoffmatrizes stehen vornehmlich Epoxidharze für höchstfeste Applikation, aber auch Thermoplaste wie z. B. Polyamide für Applikationen mit niedrigeren Festigkeitsanforderungen zur Auswahl. Bei der Anwendung hochfester Substrate kommt die Kombination von hohen Moduln mit hohen Bruchdehnungen der optimierten PUR-Klebstoffe besonders zur Geltung: Realisierbar sind flexible hochfeste Kleblösungen. Kostengünstigere glasfaserverstärkte Verbundwerkstoffe finden ebenfalls eine breite Anwendung überall dort, wo geringere Festigkeitsanforderungen gestellt werden. Als Kunststoffmatrizes kommen in diesen Fällen Epoxide, Polyester, aber auch Polyolefine (insbesondere Polypropylen) und entsprechende Polymerblends – z. B. mit Polyamid – zum Einsatz. Für die Verklebung mittelfester Substrate können wahlweise niedrigmodulige, aber auch hochmodulige 2K-PUR-Klebstoffe verwendet werden.

Zielsetzung bei der Anwendung der Fügetechnik Kleben sollte generell die Optimierung der Produktionsprozesse sein. Sie gelingt in der Regel durch schnellen Klebstoffauftrag, schnelles Erzielen von Handhabungsfestigkeiten und nicht zuletzt durch eine möglichst einfache Oberflächenvorbehandlung. Konventionelle klebtechnische Prozesse sind teilweise sehr aufwendig und erfordern kostenintensive Substratvorbehandlungen: physikalische Vorbehandlungen wie z. B. Plasmabehandlungen oder die Anwendung von chemisch aktiven Haftvermittlern, die eine Emissionskontrolle bzw. die Installation von Abluftsystemen erforderlich machen. Durch Einsatz der hochfesten PUR-Klebstoffsysteme können robuste Verklebungen auf Faserverbundstoffen erzielt werden – und zwar ohne Vorbehandlung. Auf unterschiedlichen kohlefaserverstärkten Kunststoffen werden nach Aushärtung Zugscherfestigkeiten von ca. 18 MPa erzielt – unabhängig davon, ob das Substrat nach erfolgter physikalischer Reinigung zusätzlich mechanisch angeschliffen oder chemisch aktiviert wurde. Die verbesserte Untergrundhaftung der optimierten Klebstoffe ermöglicht auch eine beschleunigte Aushärtung bei erhöhter Temperatur: Selbst bei beschleunigtem Festigkeitsaufbau lässt sich adhäsives Versagen zum Untergrund ausschließen und eine stabile Verklebung garantieren. So können bei temperaturbeschleunigten Klebungen schon nach wenigen Minuten kohäsive Bruchbilder und Festigkeiten von 2 bis 5 MPa erreicht werden (Abb. 5.15, 5.16, 5.17 und 5.18). Beschleunigte Aushärtungen werden typischerweise bei Temperaturen von ca. 90 bis 110°°C durchgeführt. Der Temperatureintrag erfolgt dabei über Durchlaufofenprozesse, Induktion, Mikrowellen oder IR-Technologie. 2K-PUR-Klebverbindungen weisen eine hohe Feuchteresistenz auf. Der Verlust von Festigkeit nach mehreren Tagen Feuchtebelastung ist minimal (Abb. 5.19).

Durch Einsatz spezieller Aktivatoren (Betawipe) und filmbildender Haftvermittler (Betaprime) gelingt es, Haftung auch bei schwer klebbaren Oberflächen wie z. B. Poyolefinen (nach Beflammung oder entsprechender physikalischer Vorbehandlung) oder unbeschichteten Metallen (Stahl, Aluminium) aufzubauen. Hochfeste Klebstoffe werden vorzugsweise mit nicht filmbildenden Aktivatoren, mittelfeste Klebstoffe vorzugsweise mit filmbildenden Haftvermittlern kombiniert. Mit erwähnten Vorbehandlungen lassen sich die

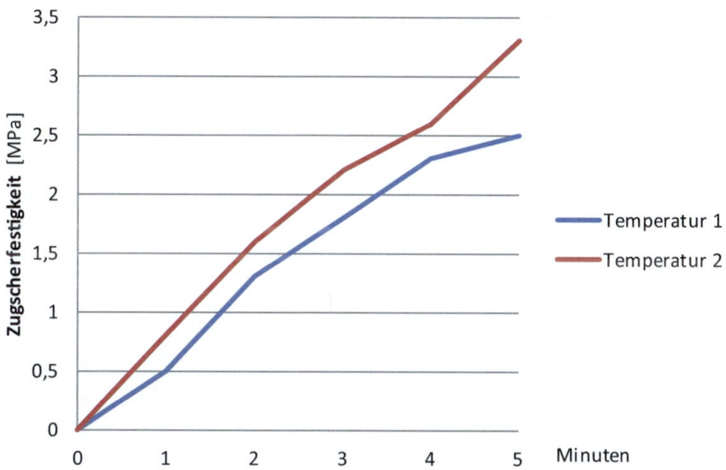

Abb. 5.15 Zugscherfestigkeiten temperatur-beschleunigter Klebungen im Vergleich. (Bildquelle: Dow Automotive)

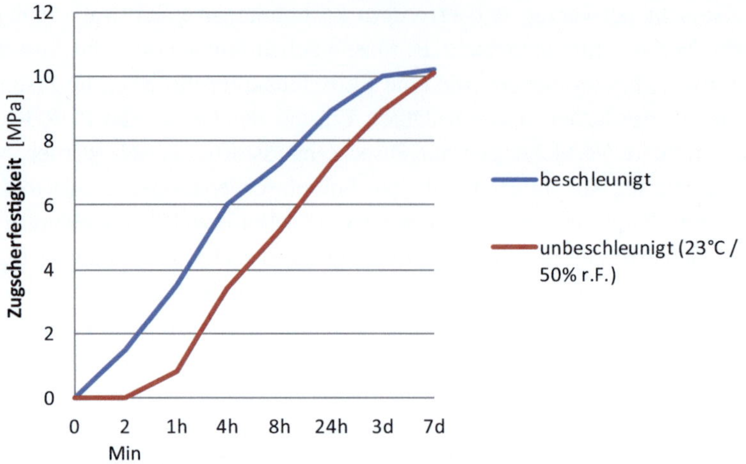

Abb. 5.16 Dank Wärmebehandlung bauen sich bereits nach wenigen Minuten Festigkeiten von 2 bis 5 MPa auf. (Bildquelle: Dow Automotive)

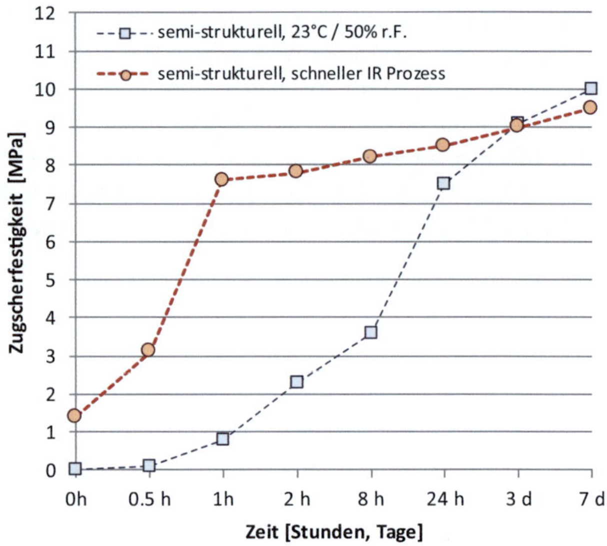

Abb. 5.17 IR-Technik ist eine von verschiedenen Möglichkeiten, die Klebstoffhärtung zu beschleunigen. (Bildquelle: Dow Automotive)

Designmöglichkeiten bei Mischbauweise noch erweitern. Bei Verwendung von speziell auf die Verbesserung der Untergrundhaftung abgestimmten Aktivatoren können Klebprozesse unter Beibehaltung kohäsiver Bruchbilder extrem beschleunigt werden.

Abb. 5.18 Nach beschleunigtem Festigkeitsaufbau von CFK-Metallklebungen ergeben sich kohäsive Bruchbilder. (Bildquelle: Dow Automotive)

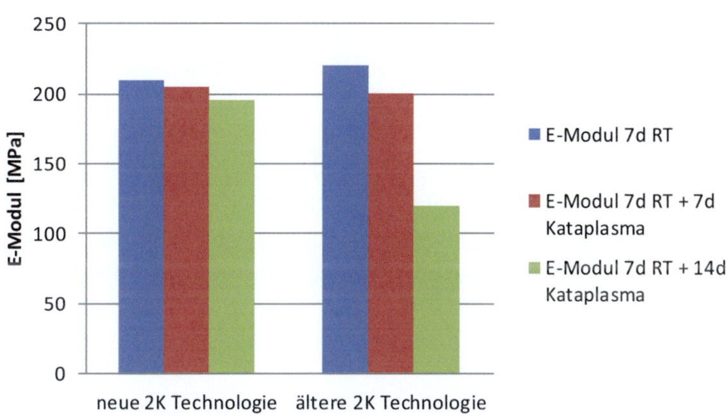

Abb. 5.19 Bei Auslagerung unter Feuchtebelastung zeigen die modernen 2K-PUR-Klebstoffe beste Ergebnisse. (Bildquelle: Dow Automotive)

5.2.3 Mischen und Dosieren

Ein typisches Mischungsverhältnis von 1:1 prädestiniert die hier beschriebenen 2K-PUR-Klebstoffe sowohl für den Einsatz in der Serienproduktion als auch für das Applizieren aus Kartuschensets mit einer handelsüblichen 2K-Kartuschenpistole. Die offene Zeit des statisch gemischten Klebstoffs, unter Normklimakonditionen (23 °C, 50 % rel. F.) kann je nach Version zwischen 5 und zirka 40 min betragen. Bei schnellen reagierenden Klebstoffsystemen beträgt die Offenzeit typischerweise zwischen 5 und 10 min. Diese Zeit setzt sich aus der maximal möglichen Zeit zusammen, die den Haftaufbau zum Untergrund garantiert, und der Zeit, in der die Raupe noch verquetscht werden kann. Im Großserieneinsatz reicht diese Offenzeit aus, um den Klebstoff mittels Roboter auf diverse Bauteile zu applizieren. Die Applikation kann auch mit Hilfe eines dynamischen Mischkopfs erfolgen. Die Offenzeit ist in diesem Fall stark von den Kenngrößen Materialfluss, der Drehzahl und der Mischtemperatur abhängig. Sollte die Reaktivität unter Normklimabedingungen nicht ausreichen, kann sie beschleunigt werden. Wird durch Lagerung des Bauteils in einem Ofen, mittels Induktion oder Infrarotstrahlung Wärme zugeführt, sind Zugscherfestigkeiten von mehr als 1,0 MPa erreichbar.

Wie bereits erwähnt, sorgt der Einsatz spezieller Aktivatoren für einen optimalen Haftungsaufbau und kohäsives Bruchverhalten. Der Auftrag dieser Aktivatoren kann auf vielfältige Weise erfolgen: automatisiert durch einen robotergesteuerten Sprühauftrag oder auch per Handauftrag mithilfe eines Applikators. Je nach aufgetragener Menge liegt die Ablüftzeit zwischen 20 s und einer Minute. Das Bauteil sollte danach innerhalb von 72 h verklebt werden. Neben dieser schnellen Anwendung, die vor allem auf den Einsatz an der Produktionslinie abzielt, sind auch Klebstoffe mit verlängerten Offenzeiten entwickelt worden. Diese Klebstoffe werden benötigt, wenn sehr große bzw. komplexe Bauteile miteinander verklebt werden oder die Applikation des Klebstoffs aus Kartuschen erfolgen soll. Derzeit verfügbar sind Offenzeiten von 10 bis zu 40 min.

Betaforce, Betawipe und Betaprime sind Marken des Unternehmens Dow Automotive.

Die Autoren

Dr. Andreas Lutz (ALutz@dow.com) ist bei der Dow Europe GmbH in Horgen (Schweiz) als Assoc. Director Adhesives tätig. Dr. Stefan Schmatloch (SSchmatloch@dow.com) leitet hier die Abteilung R&D Montage und Scheibenverklebung Europe.

6 Epoxidharzklebstoffe zum Kleben von Kunststoffen

Arno Maurer, Christian Lammel, Mathias Beck, Elmar Moritzer, Norman Friedrich und Julian Berger

6.1 Kleben und Vergießen per Induktionshärtung – Auch Kunststoffe sekundenschnell fügen

Arno Maurer, Christian Lammel und Mathias Beck

Das Kleben mittels elektromagnetischer Induktion ermöglicht schnelle Prozesse und eine Aushärtung über das gesamte Volumen auch dicker oder schwer zugänglicher Klebspalte. Für dieses Induktionskleben stehen 1K- und 2K-Systeme zur Verfügung, mit denen sowohl metallische Werkstoffe als auch nichtleitende Substrate geklebt bzw. vergossen werden können.

Analog zu Induktionskochfeldern, die in modernen Küchen aufgrund der schnellen und sehr genau dosierbaren Energiezufuhr sehr beliebt und inzwischen weit verbreitet sind, ist die Erwärmung von Materialien mittels elektromagnetischer Induktion ein industriell etablierter Prozess, beispielsweise in der Metallurgie. Die Energie wird dabei durch elektromagnetische Wechselfelder im kHz-Bereich in das Material eingetragen und über Wirbelstrom- und Magnetverluste in Wärme umgewandelt.

A. Maurer (✉)
Polytec PT GmbH
Waldbronn, Deutschland
E-Mail: a.maurer@polytec-pt.de

C. Lammel · M. Beck (✉)
IFF GmbH - Induktion, Fügetechnik, Fertigungstechnik
Ismaning, Deutschland

E. Moritzer (✉) · N. Friedrich · J. Berger
Kunststofftechnik Paderborn, Universität Paderborn
Paderborn, Deutschland
E-Mail: elmar.moritzer@ktp.upb.de

M. Doobe (Hrsg.), *Kunststoffe erfolgreich kleben*,
https://doi.org/10.1007/978-3-658-18445-2_6

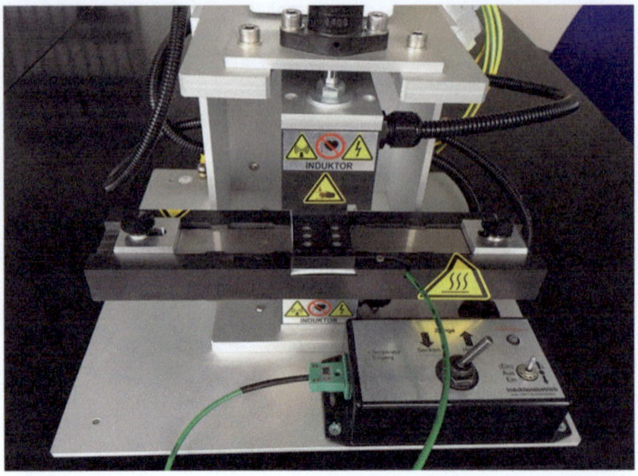

Abb. 6.1 Verklebung metallischer Fügepartner mittels elektromagnetischer Induktion. (Bildquelle: IFF GmbH)

Diese Methode kann zum schnellen Verkleben von Werkstoffen mit heißhärtenden Klebstoffen eingesetzt werden, insbesondere dann, wenn die Klebfuge durch andere Wärmequellen schwer zu erreichen ist oder der konventionelle Prozess zu lange dauert.

Im Fall elektrisch leitfähiger, metallischer Werkstücke (gilt eingeschränkt auch für CFK-Substrate) erwärmen sich dabei die Fügepartner induktiv sehr schnell und leiten dann die Wärme unverzüglich an die angrenzende Klebschicht weiter (Abb. 6.1). Da im Vergleich mit einer konventionellen Beheizung die Zeit für die Wärmezufuhr aus der Umgebung entfällt, lassen sich die Klebstoffe im Bereich weniger Minuten oder sogar Sekunden aushärten.

Ein anderes Vorgehen wird angewendet, wenn es um die Verklebung nichtleitender Substrate geht, z. B. Keramik, Kunststoffe oder Verbundmaterialien, darunter auch solcher, die selbst nicht zu stark erwärmt werden sollen, beispielsweise Thermoplaste. Zu diesem Zweck kann man Klebstoffe durch eine geeignete Modifikation, beispielsweise den Zusatz magnetischer Füllstoffe, suszeptibel für das elektromagnetische Feld machen. Dies bewirkt einen Energieeintrag in die dispergierten Partikel und somit eine Erwärmung der Klebschicht von innen heraus, was zu einer homogeneren Aushärtung im Vergleich zu konventionellen Verfahren führt.

6.1.1 Bisherige Projekte und Ergebnisse

Erste Hinweise auf eine Anwendung dieser Technologie finden sich den frühen 90er-Jahren [1, 2]. In Deutschland begann 1994 eine Serie von AIF-geförderten Projekten am Laboratorium für Werkstoff- und Fügetechnik (LWF) der Universität-GH Paderborn. Ein in der Zeitschrift Adhäsion 10/2001 veröffentlichter Artikel berichtet über die Prüfung und Charakterisierung der wesentlichen Parameter und geeigneter Materialien [3]. 1998 bis 2003 wurde das Thema von der US Army unter verschiedenen Fragestellungen betrachtet [4, 5]. Tay et al. zeigten 1999 die grundsätzliche Machbarkeit von Schnellhärteverfahren von Klebstoffen mithilfe von Partikeln und Induktion und untersuchten die Unschädlichkeit bezüglich der resultierenden Klebfestigkeit [6]. In Deutschland wurde die Technologie zwischen 2003 und 2009 in mehreren vom BMBF geförderten Verbundprojekten behandelt: „NanoMobil" [7], „Induflex" [8] und „NanoBond" [9], letzteres allerdings unter Anwendung von Mikrowellenenergie. Dazu kamen ab 2005 Aktivitäten am Fraunhofer-Institut für Fertigungstechnik und Angewandte Materialforschung IFAM [10] in Zusammenarbeit mit Degussa (jetzt Evonik) und der IFF GmbH (Induktion Fügetechnik Fertigungstechnik). Miller et al. erwärmten ein Epoxidharz in circa 70 s auf über 100 °C und verwendeten hierfür FeCo-Partikel und eine Frequenz von 267 kHz [11]. Am Institut für Füge- und Schweißtechnik der TU Braunschweig entstand 2010 eine Dissertation über die Schnellhärtung struktureller Verbundklebungen mittels elektromagnetischer Wechselfelder [12]. Auch am Laboratorium für Werkstoff- und Fügetechnik der Universität Paderborn wurden die Untersuchungen mit einer Reihe von Arbeiten fortgesetzt, um unter anderem die Schlag- und Schwingfestigkeit induktiv geklebter Verbindungen zu charakterisieren [13, 14]. Ye et al. betrachteten die Temperaturprofile aufgrund der Reaktion sowie des Energieeintrags durch ferritische Nanopartikel in Abhängigkeit von verschiedenen Parametern und entwickelten hierfür ein Modell für ihren Versuchsaufbau [15].

Die IFF GmbH ist weiterhin auf diesem Sektor aktiv und bietet anwendungsspezifische Prozessentwicklungen einschließlich Induktorenbau und -anpassung bis zur Qualifizierung von Serienprozessen. Sie ist weiterhin an der Erforschung verschiedener Parameter der induktiven Erwärmung von Partikeln für den industriellen Einsatz beteiligt.

Beim Großteil der erfassten Projekte wurden als magnetisch suszeptible Partikel Eisen(II,III)-oxid (Magnetit) und verschiedene Reineisenoxide erfolgreich eingesetzt, daneben vereinzelt auch andere Stoffe, die allerdings keine bessere Erwärmung bewirkten (wie z. B. NiZnFeO, MnFeO, YFeO).

In einer Reihe von Projekten wird zur Wärmeerzeugung Mikrowellenenergie verwendet [16]. Mit Mikrowellenstrahlung lassen sich prinzipiell auch funktionelle Gruppen der Klebstoffkomponenten selbst erwärmen, insbesondere wenn diese polar sind. Als Suszeptoren für nicht mit Mikrowelle erwärmbare Kunststoffe eignen sich unter anderem Rußpartikel.

6.1.2 Entwicklung und Qualifizierung induktionsgeeigneter Klebstoffe

Polytec PT fertigt und vertreibt ein umfangreiches Programm an elektrisch und thermisch leitfähigen Klebstoffen für die Mikroelektronik und Elektrotechnik, transparente und UV-härtende Klebstoffe für optische Glas- und Kunststoff-Klebungen sowie biokompatible Spezialitäten für Anwendungen in der Medizintechnik. Hinzu kommt der Vertrieb von Kleb- und Dichtmassen für Hochtemperaturanwendungen. Die Flexibilität in der Produktentwicklung ermöglicht es, auf Kundenwünsche individuell einzugehen, was auch vermehrt zu Anfragen nach induktiv härtbaren Klebstoffen führt.

Ziel von Untersuchungen war zunächst die Identifizierung von Harz-/Härtersystemen, die für eine Schnellhärtung geeignet sind, nach folgenden Kriterien:

1. tolerant gegenüber hohen Heizraten
   (stabiler Reaktionsmechanismus, möglichst niedrige Reaktionsenthalpie)
2. schnelle Aushärtung bei hohen Temperaturen
3. stabile Dispersion der magnetisch suszeptiblen Partikel
4. einfach in der Anwendung (z. B. 1K-Systeme)

Weiterhin sollten die Harze bezüglich Viskosität, Temperaturbeständigkeit, mechanischer Eigenschaften etc. geeignet für die jeweils vorgesehenen Anwendungen sein.

Aus dem Polytec-Produktspektrum standen dazu gefüllte und ungefüllte, heißhärtende 1K- und 2K-Epoxidharz-Systeme zur Verfügung mit nominellen Härtungstemperaturen, die im Allgemeinen bei 120–150 °C liegen. Diese Temperaturen wurden zum Zweck der schnelleren Aushärtung im Folgenden gezielt überschritten. Daneben gibt es auch prinzipiell bei Raumtemperatur härtende 2K-Systeme, die bei der Induktionshärtung den Vorteil bieten, dass bei inhomogenen Temperaturverteilungen solche Partien, die ungenügend erwärmt wurden, später auch von selbst aushärten.

Die Reaktionsenthalpien der gefüllten Klebstoffe sind aufgrund des niedrigeren Harzanteils kleiner als die der ungefüllten. Mittels Differential Scanning Calorimetry (DSC) wurde jeweils der Einfluss von Aufheizraten zwischen 10 und 100 K/min auf den Reaktionsverlauf untersucht. Alle untersuchten Systeme erwiesen sich als stabil gegenüber hohen Heizraten. Zur Bewertung der Schnellhärtbarkeit wurden Mengen zwischen 10 und 20 mg in DSC-Tiegeln im Ofen bei 150 °C/5 min, 175 °C/1 min und 200 °C/10 s erwärmt und anschließend mittels DSC die Restenthalpie der Nachhärtung bestimmt. Die Proben erwiesen sich jeweils als ausreichend durchreagiert mit Aushärtungsgraden (als Verhältnis von Nachhärtungsenthalpie zu Standard-Reaktionsenthalpie) zwischen ca. 83 und 97 % (Tab. 6.1).

Als Ergebnis bleibt festzuhalten, dass die untersuchten induktiv härtbaren Epoxid-Klebstoffe je nach Fragestellung gezielt ausgewählt bzw. modifiziert werden können, je nachdem, ob es um den Einsatz eines fließfähigen oder standfesten 1K- oder 2K-Klebstoffs geht oder ob weitere spezielle Eigenschaften benötigt werden. Zu beachten ist allerdings, genauso wie bei konventioneller Härtung, die Exothermie der Epoxidharz-Systeme.

Tab. 6.1 Aushärtungsgrade verschiedener Klebstoffe nach Schnellhärtung. (Quelle: Polytec-PT)

Klebstoff		2K, gefüllt			1K, ungefüllt			2K, ungefüllt		
Temperatur	°C	150	175	200	150	175	200	150	175	200
Dauer	s	300	60	10	300	60	10	300	60	10
Aushärtegrad	%	87,7	83,3	87,7	95,8	95,0	95,8	95,9	96,7	97,1

Tab. 6.2 Auswahl magnetischer Füllstoffe. (Quelle: Polytec-PT)

Bezeichnung, Hersteller	Beschreibung	Eigenschaften	Mittlere Korngröße
Bayferrox® 318M, Lanxess	Schwarzpigment auf Eisenoxid-(Magnetit-)basis	Mikronisiert, unbehandelt	0,2 µm
MnZn-Ferrit, Tridelta	Ferritpulver	Aufgemahlen, unbehandelt	8 µm

Um die Klebstoffe selbst induktiv erwärmbar zu machen, werden sie mit magnetisch suszeptiblen Partikeln gefüllt. Ein weiterer Versuchsabschnitt umfasste daher die Auswahl von Pulvern, die

1. sich in den Harzen gut dispergieren lassen und sich nicht absetzen,
2. ausreichend Energie absorbieren, um die benötigte Härtungstemperatur etwa innerhalb einer Minute zu erreichen,
3. über einen möglichst breiten Frequenzbereich einsetzbar und
4. kostengünstig sind.

Zur Auswahl (Tab. 6.2) kamen u. a. ein Schwarzpigment auf Eisen(II,III)-oxidbasis, ein MnZn-Ferritpulver und mehrere metallische Präparate, die aber bei den Vorversuchen keinen Energieeintrag zeigten und hier nicht weiter aufgeführt werden.

Zur Bewertung der dispergierenden Eigenschaften wurden verschiedene niederviskose und thixotropierte Klebstoffsysteme mit jeweils 10 Gewichtsprozent der verschiedenen Pulver mittels Speedmixer gemischt. Durch Zentrifugieren unter verschiedenen Bedingungen und durch Stehenlassen über mehrere Tage zeigte sich, dass die feinen Pulver (< 1 µm) auch in niederviskosen Systemen stabil gegen Absetzen sind. Dies gilt für MnZn-Ferritpulver sowie einige andere hier nicht weiter betrachtete grobkörnigere oder schwere Pulver allerdings nur in thixotropierten (standfesten) Klebstoffen.

6.1.3 Bestimmung der Aufheizparameter

Die Versuche zum induktiven Härten der Klebstoffe wurden im Versuchslabor der IFF GmbH durchgeführt. Hier wurde das Aufheizverhalten bei induktiver Erwärmung bei verschiedenen Frequenzen (von 25 bis circa 1000 kHz) bestimmt. Die Pulver bzw. Klebstoffproben wurden dazu drei Millimeter hoch in Pyrex-Glasschälchen gefüllt und der Temperaturverlauf an der Oberfläche mit einem Pyrometer, z. T. auch mit einer IR-Kamera, gemessen. Die Heizdauer lag zwischen 3,8 und 15 s und es wurden Heizraten zwischen 48 und 2400 K/min ermittelt. Die Heizraten sind in Abb. 6.2 gegen die Induktionsfrequenz für die Klebstoffe mit 10 % und 20 % Partikelanteil aufgetragen. Sie steigen in etwa proportional zur Induktionsfrequenz und zum Gewichtsanteil der zugesetzten Partikel – unabhängig vom verwendeten Klebstoff.

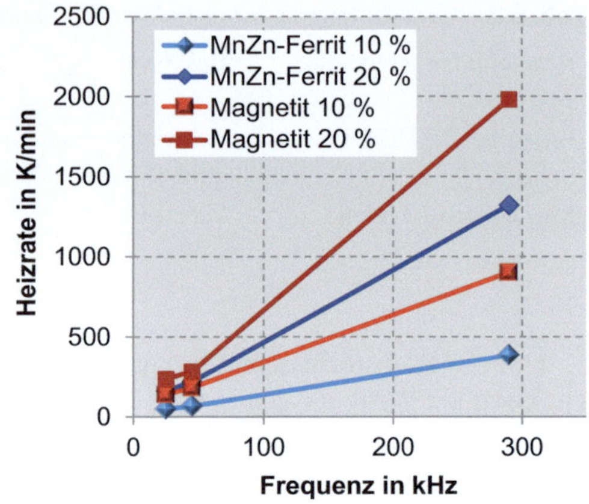

Abb. 6.2 Aufheizraten in Abhängigkeit von der Induktionsfrequenz. (Bildquelle: Polytec-PT)

Die Ergebnisse lassen darauf schließen, dass sämtliche Klebstoffe mit beiden untersuchten Partikeln aufgeheizt werden können. Die Klebstoffe sollten innerhalb von etwa einer Minute auf Reaktionstemperatur erwärmt werden können, was Heizraten von ca. 150 bis 200 K/min entspricht. Schnellere Aushärtungen im Bereich einiger 10 s sind möglich. Die Heizraten sollten weder zu niedrig, da der Prozess sonst zu lange dauert, noch zu hoch sein, da sonst das Klebstoffsystem zu stark beansprucht und ggf. auch exotherme Effekte weniger gut abgefangen werden können. Die Energieabsorption lässt sich für eine gegebene Induktionsfrequenz durch Variation des Partikelanteils und der Generatorleistung entsprechend einstellen. Weitere Untersuchungen zeigen, dass die Erwärmung in etwa quadratisch mit der elektromagnetischen Feldstärke ansteigt. Dies führt dazu, dass speziell bei hohen Feldstärken sehr hohe Heizraten erzielt werden können. Dies ist bei gut zugänglichen und kleinflächigen Klebungen möglich, die von einem Induktor vollständig umschlossen werden können. Lässt die Bauteilgeometrie nur eine einseitige Erwärmung mit großem Kopplungsabstand zu und sollen großflächige Klebungen ausgehärtet werden, sinken die Aufheizraten allerdings signifikant.

6.1.4 Schlussfolgerung und Ausblick

Epoxidharze sind für die Formulierung induktiv härtender Klebstoffe gut geeignet und können entsprechend den gewünschten Verarbeitungsparametern und den thermisch/mechanischen Eigenschaften ausgewählt werden. Als magnetisch suszeptible Partikel können kommerziell verfügbare Materialien verwendet werden, wobei fein dispergierte Pulver von Vorteil sind. Die untersuchten Partikel absorbieren bei allen Induktionsfrequenzen genügend Leistung.

Es hat sich bestätigt, dass die Wärmeeinbringung mit steigendem Füllgrad linear, mit steigender Frequenz des Wechselfelds linear und mit steigender Feldstärke (Leistung) in zweiter Potenz zunimmt. Als Parameter eignen sich demnach generell Induktionsfrequenzen im 2- und 3-stelligen kHz-Bereich, Leistungen von 1 bis mehreren kW und Feststoffanteile von 5 bis 20 %. Damit lassen sich die Harze innerhalb weniger Minuten aushärten.

Mögliche Anwendungen sind der Verguss oder die Verklebung nichtmetallischer Komponenten (Glas, Keramik, Kunststoffe, Leiterplatten ...), insbesondere bei Klebschichtdicken größer als ca. 0,5 mm und nicht zu großen Flächen. Besondere Vorteile weist die Methode dort auf, wo die direkte Energiezufuhr kritisch ist, kurze Prozesszeiten gefordert sind sowie bei langen Bauteilen oder Endlosfertigung z. B. bei Profilen. Je nach Anwendung muss das Verfahren in Bezug auf Proben- und Induktorgeometrie, Induktionsfrequenz und Leistung getestet und durch eine geeignete Temperaturführung bzw. -steuerung optimiert werden.

Die Autoren

Dr. Arno Maurer (a.maurer@polytec-pt.de) ist bei der Polytec PT GmbH in Waldbronn in der Entwicklung tätig.

Prof. Dr.-Ing. Christian Lammel ist Geschäftsführer der IFF GmbH in Ismaning, Dipl.-Ing. Mathias Beck sein wissenschaftlicher Mitarbeiter.

6.2 Laserdurchstrahlkleben von opaken Kunststoffen – Schnell und zuverlässig

Elmar Moritzer, Norman Friedrich und Julian Berger

Um die hohen Anforderungen in der industriellen Serienfertigung erfüllen zu können, müssen klebtechnische Fügeprozesse so konzipiert sein, dass die Klebstoffaushärtung innerhalb kürzester Taktzeiten mit hoher Zuverlässigkeit erfolgt. Beim Kleben von Kunststoffbauteilen birgt hier das Laserdurchstrahlkleben wegen der lokalen und direkten Wärmeeinbringung ein großes Potential.

Die Minimierung der Prozesszeit beim Kleben ist häufig das Mittel zum Zweck, wenn es um Kosteneinsparungen und somit um die Realisierung industriell attraktiver Prozesse geht. Besonders die Zeit für die Aushärtung vernetzender Klebstoffe wirkt sich negativ auf die Prozesszeit aus, sodass häufig nach Möglichkeiten gesucht wird, den Aushärteprozess zu optimieren. Hier bietet das Verfahren des Laserdurchstrahlklebens eine Beschleunigung der Prozesszeiten [17].

6.2.1 Laserdurchstrahlkleben

Das Verfahren des Laserdurchstrahlklebens stellt einen Ansatz zur Aushärtung von warmhärtenden Klebstoffen dar. Über einen IR-Laser wird Wärmeenergie transmissiv in die Fügenaht zweier Bauteile eingebracht. Die Strahlung wird nur in einem geringen Masse von den verwendeten Bauteilen absorbiert und trifft auf den mit Additiven gefüllten Klebstoff, der die eingebrachte Laserstrahlung absorbiert und sich erwärmt. Die so eingebrachte Aktivierungsenergie initiiert die Reaktionskinetik [17, 18].

Da die Aushärtungszeit von warmhärtenden Klebstoffen in einem engen Zusammenhang mit der Temperaturführung steht, ermöglicht das Laserdurchstrahlkleben zusätzlich eine Beschleunigung der Prozesszeiten beim Kleben.

6.2.2 Auswahl der Materialien

Als Grundlage der experimentellen Untersuchungen wurden zunächst geeignete Kleb- und Kunststoffe zur Realisierung des Laserdurchstrahlklebens ausgewählt. Ziel war es, eine Kombination aus transparentem Kunststoff und absorbierendem Klebstoff für die Laserstrahlung eines vorhandenen YAG-Lasers zu finden [19].

Als absorbierende Komponente wurde ein Klebstoff aus dem Bereich der warmhärtenden, hochtemperaturfesten 1-Komponenten-Epoxidharze verwendet, der die elektromagnetische Strahlung (1064 nm) mit Hilfe eines Aluminiumpulveradditivs in Wärme umwandelt und so aushärtet. Der Aushärteprozess lässt sich durch steigende Temperaturen beschleunigen [20].

Bei der Polymermaterialwahl galt es, die wichtigsten Eigenschaften der Kunststoffe in Bezug auf das Laserdurchstrahlkleben wie die Temperaturbeständigkeit und die strahlungsoptischen Eigenschaften der Kunststoffe zu berücksichtigen. Die erforderlichen Temperaturen im Bereich von 150 bis 180 °C zur Aushärtung des Klebstoffs durften die Schmelztemperaturen der Kunststoffe nicht überschreiten. Für erste Untersuchungen wurde Polyamid 66 (im Folgenden als PA 66 bezeichnet) für die Hauptuntersuchungen ausgewählt. Seine Schmelztemperatur liegt mit 260 °C deutlich über der Aushärtungstemperatur des Klebstoffs. Untersuchungen des Transmissionsgrades von PA 66 ergaben unter Berücksichtigung des 4 mm dicken Kunststoffbauteils eine Transmission von 15 % der eingesetzten Laserleistung.

6.2.3 Untersuchung der Einflussparameter

Im Anschluss an die Auswahl der Materialien galt es, die identifizierten Einflussparameter Laserleistung und Einwirkzeit zu untersuchen. Mit dem Ziel, die Klebstoffaushärtung deutlich schneller zu gestalten, wurden Untersuchungen mit Einwirkzeiten zwischen 10 und 55 s durchgeführt. Um einen Zusammenhang beider Größen identifizieren zu kön-

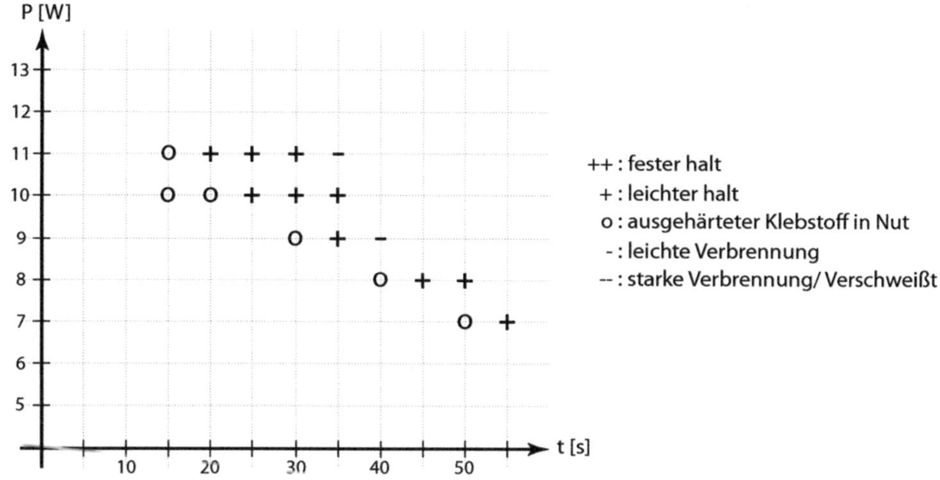

Abb. 6.3 Systematisches Versuchsraster der PA 66-Proben mit 0,25 mm dicker Klebschicht. Die Leistung entspricht der eingestellten Laserleistung. (Bildquelle: Kunststofftechnik Paderborn, Universität Paderborn)

nen, wurden die Ergebnisse anhand eines Versuchsrasters visualisiert. Abb. 6.3 stellt ein exemplarisches Raster für eine Klebschichtdicke von 0,25 mm dar.

Mithilfe der so gefundenen Ergebnisse konnten die Verbindungszustände in drei Kategorien eingeteilt werden. Bei zu geringer Laserleistung besaß die Verbindung keine Festigkeit und es konnten lediglich leichte Aushärtungskegel auf den Fügeteilinnenseiten beobachtet werden. Im Fall einer mittleren Laserleistung bildete sich eine nur sehr schwache Verbindung zwischen den Fügepartnern aus. Wurde die eingesetzte Laserleistung zu groß, entstanden Zersetzungen und somit Schädigungen der Materialien in der Fügenaht.

Anhand der Versuchsraster ergab sich, dass die Klebschichtdicke einen wichtigen Einfluss auf den Prozess des Laserdurchstrahlklebens nimmt. Bei Verwendung von zu großen Klebschichtdicken gestaltete es sich aufgrund des großen Abstands zwischen den beiden Fügeteilen und der vergleichsweise geringen Wärmeleitfähigkeit schwierig, eine vollständige Aushärtung des Klebstoffs zu erreichen. Zu geringe Klebschichtdicken konnten nicht genügend Laserstrahlung absorbieren. Daraus folgte eine zum Aushärten des Klebstoffs unzureichende Wärmeentwicklung. Eine mittlere Klebschichtdicke im Bereich von 0,2 mm bis 0,4 mm erwies sich somit als optimal.

Nach der Identifikation des Parameters Klebschichtdicke wurde eine DSC-Analyse (Differential Scanning Calorimetry) des Klebstoffs durchgeführt, um Aufschluss über den Aushärtungsprozess zu erhalten. Die durchgeführte Analyse fand auf den beiden konstanten Temperaturniveaus 150 °C und 180 °C statt. Bei 150 °C zeigte sich ein Abschluss der Aushärtung nach ca. zehn Minuten (vgl. Abb. 6.4 roter Graph).

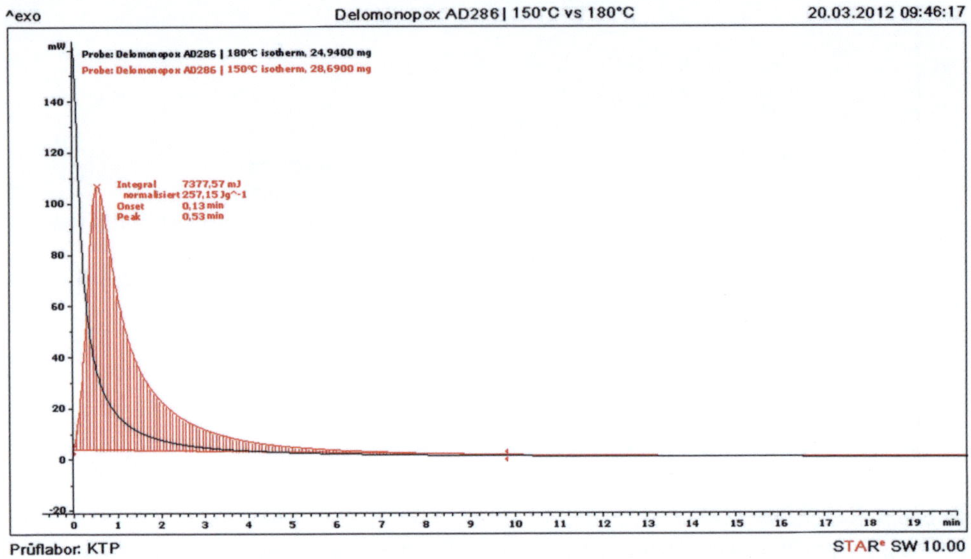

Abb. 6.4 DSC-Analyse des Klebstoffs bei 150 und 180 °C. (Bildquelle: Kunststofftechnik Paderborn, Universität Paderborn)

Nach der Bestimmung von Klebschichtdicke und Einwirkzeit konnte in weiteren Untersuchungen eine geeignete Laserleistung zur Erzeugung einer erfolgreichen Laserdurchstrahlklebung ermittelt werden. Frequenz und Amplitude wurden auf 50 Hz bzw. 15 mm

Abb. 6.5 Prinzipieller Aufbau einer Laserdurchstrahlklebung mit Abstandsblech. Die *Pfeile* deuten die quasisimultane Strahlungsführung des *rot* dargestellten Lasers an. (Bildquelle: Kunststofftechnik Paderborn, Universität Paderborn)

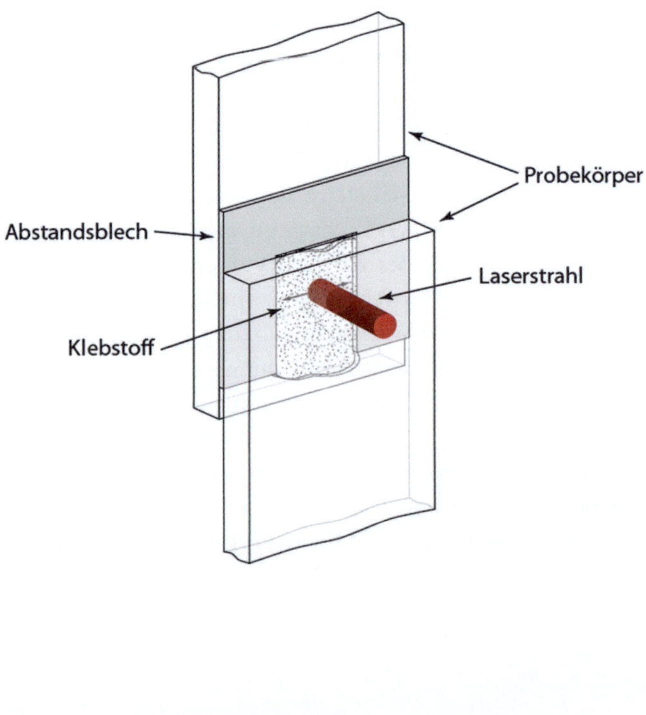

eingestellt. Für eine gleichmäßige Bestrahlung und Erwärmung der Fläche wurde der Laser nach dem Prinzip einer Sägezahnfunktion mit Hilfe eines Spiegels abgelenkt. Die initiierte Leistung betrug 8,73 W, was bei einem Transmissionsgrad von ca. 15 % einer effektiven Leistung von ca. 1,35 W entspricht.

Der verwendete experimentelle Aufbau gewährleistete, dass die Klebung zentral zwischen den sich überlappenden Probekörpern lag und die beiden Fügeteile durch einen zentrisch aufgebrachten Fügedruck fixiert wurden. Um unter diesen Bedingungen die benötigten Klebschichtdicken (d_k) einhalten zu können, wurden Abstandsbleche mit den entsprechenden Dicken zwischen die beiden Probekörper gelegt (Abb. 6.5).

6.2.4 Statistischer Versuchsplan

Die erfolgreiche Herstellung einer festen Klebung mit den in den Voruntersuchungen ermittelten Prozessgrößen zeigte zwar die Möglichkeit der laserinduzierten Aushärtung von Klebstoffen, ließ allerdings noch keine Rückschlüsse auf die Festigkeitswerte der entstehenden Verbindungen zu. Um die Festigkeiten und Zusammenhänge zwischen den drei gewählten Parametern zu ermitteln, sollten in den Hauptuntersuchungen Kombinationen der jeweiligen Parameterbereiche anhand eines statistischen Versuchsplans (vgl. Tab. 6.3) im Zugversuch untersucht werden [21].

6.2.5 Einfluss der Klebschichtdicke

Da der Einflussparameter Klebschichtdicke bereits im Rahmen der Voruntersuchungen in einem Bereich von 0,2 bis 0,4 mm als optimal identifiziert wurden, erfolgten die experimentellen Folgeuntersuchungen mit den drei Klebschichtdicken 0,2; 0,3 und 0,4 mm. Der in Abb. 6.6 dargestellte Konturplot ermöglicht die bereichsweise Erfassung der Klebschichtfestigkeiten.

Anhand des Maximums des 3D-Konturplots und den abgetragenen Krafteinleitungspotenzialen im unteren Bereich der Abb. 6.6 kann die Parameterkombination einer maximalen Krafteinleitung ermittelt werden. Eindeutig zu identifizieren ist die Klebschichtdicke von 0,3 mm. Bei dieser Klebschichtdicke und bei einer Laserleistung im Bereich von 7,63 W lässt sich eine Klebung mit einer maximalen Widerstandskraft von ca. 1090 N herstellen. Bei Betrachtung steigender und abfallender Klebschichtdicken bis zu den Werten 0,4 und 0,2 mm ist ein Abfallen der Kraftwerte auf 970 N erkennbar. Anhand dieser Erkenntnisse wird deutlich, dass die Qualität der Klebung bei ansonsten gleichbleibenden Parametern mit sinkender Laserleistung von 7,63 W bis auf 3,24 W abnimmt.

Tab. 6.3 Versuchsplan für die Durchführung von Laserdurchstrahlklebversuchen, erstellt mit dem DoE-Programm Design Expert 8. (Quelle: Kunststofftechnik Paderborn, Universität Paderborn)

Run	Std.	Klebstoffschichtdicke d_k [mm]	Laserleistung P [W]	Einwirkzeit [min]
1	6	0,40	3,24	17,00
2	15	0,30	5,99	12,00
3	1	0,20	3,24	7,00
4	19	0,30	5,99	12,00
5	5	0,20	3,24	17,00
6	3	0,20	8,73	7,00
7	7	0,20	8,73	17,00
8	10	0,47	5,99	12,00
9	12	0,30	10,6	12,00
10	18	0,30	5,99	12,00
11	8	0,40	8,73	17,00
12	11	0,30	3,24 (1,37)	12,00
13	17	0,30	5,99	12,00
14	16	0,30	5,99	12,00
15	14	0,30	5,99	20,41
16	9	0,13	5,99	12,00
17	4	0,40	8,73	7,00
18	20	0,30	5,99	12,00
19	13	0,30	5,99	3,59
20	2	0,40	3,24	7,00

6.2.6 Einfluss der Laserleistung

Für die Auswertung der Hauptuntersuchungen bezüglich der verschiedenen Laserleistungen wurde ebenfalls ein 3D-Konturplot erstellt. Erkennbar ist, dass durch Variation der Laserleistung das Kraftmaximum ab der ersten Leistung von 3,24 W bis zu einer Leistung von 7,37 W ansteigt, aber nach weiterer Leistungssteigerung bis 8,73 W wieder abfällt (Abb. 6.6). Bei der verwendeten maximalen Leistung von 8,73 W wird das Festigkeitsmaximum mit einem Wert von ca. 1090 N erreicht. In diesem Fall beträgt die Klebschichtdicke 0,3 mm und die Einwirkzeit 7 min. Der Graph besitzt eine parabelförmige Wölbung bei abnehmender und zunehmender Klebschichtdicke. Der 3D-Konturplot der Laserleistung 7,37 W erreicht seinen maximalen Festigkeitswert von ca. 1090 N mit einer 0,3 mm dicken Klebschicht und einer Einwirkzeit von ca. 7 min (Abb. 6.7). Besonderheit dieses Graphen ist bei dieser Parameterkombination seine annähernd ebene Ausrichtung. Daraus folgt, dass die Parameter Klebschichtdicke und Einwirkzeit bei der Leistung von 7,37 W richtig gewählt sind und somit nur noch geringen Einfluss auf die Qualität der Klebnaht besitzen.

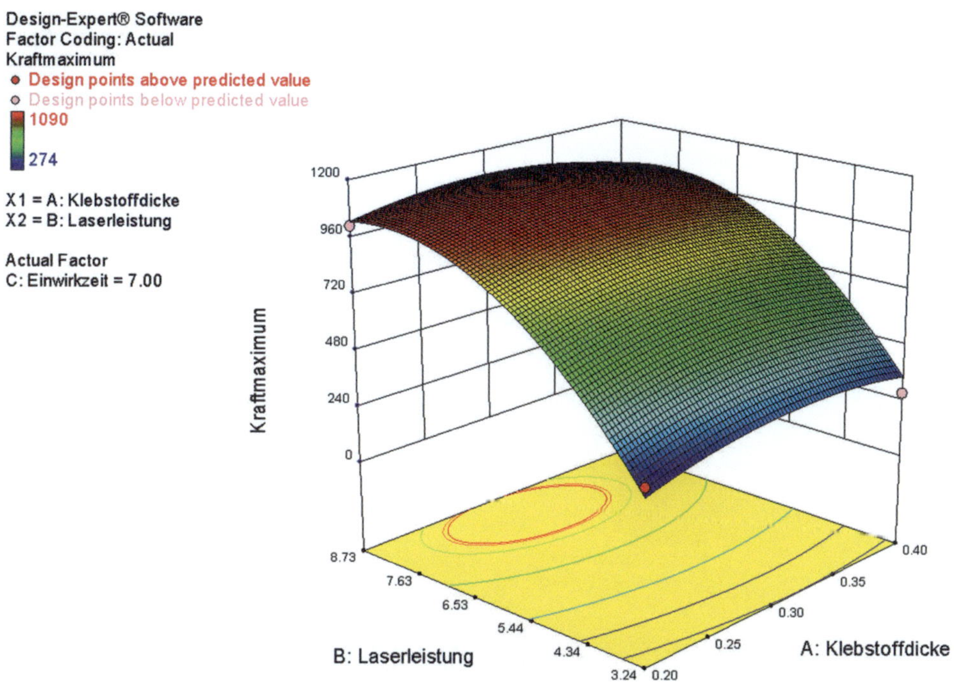

Abb. 6.6 Das Kraftmaximum, aufgetragen bei Einwirkzeiten von 7 min über die Prozessgrößen Klebschichtdicke und Laserleistung. (Bildquelle: Kunststofftechnik Paderborn, Universität Paderborn)

Anhand dieser Ausrichtung des Graphen wird deutlich, dass der Einfluss der beiden Parameter Klebschichtdicke und Einwirkzeit mit steigender und sinkender Leistung um den Wert von 7,37 W wieder zunimmt. Die eingestellte Leistung von 7,37 W stellt somit ein Optimum zum Erreichen der größtmöglichen Festigkeit der Klebung dar. Neben dieser Leistung existieren auch andere Parameterkombinationen, die eine maximale Festigkeit bewirken. Bei ihnen ist es jedoch notwendig ein geeignete Einstellung aller Einflussgrößen zu erzielen.

6.2.7 Einfluss der Einwirkzeit

Bei der Analyse des Einflussparameters Einwirkzeit zeigte sich, dass ein Kraftmaximum mit der Einwirkzeit von 7 min erzielt werden kann (Abb. 6.8).

Das Kraftmaximum fällt von 1090 N bei einer Einwirkzeit von 7 min auf ca. 990 N bei einer Einwirkzeit von 17 min ab. Das Abfallen der Kraft um 100 N bei den Parameterkombinationen mit langen Einwirkzeiten und hohen Laserleistungen ist auf die hohe Energieeinbringung zurückzuführen, die für die lokale Schädigung der Materialen im Fall

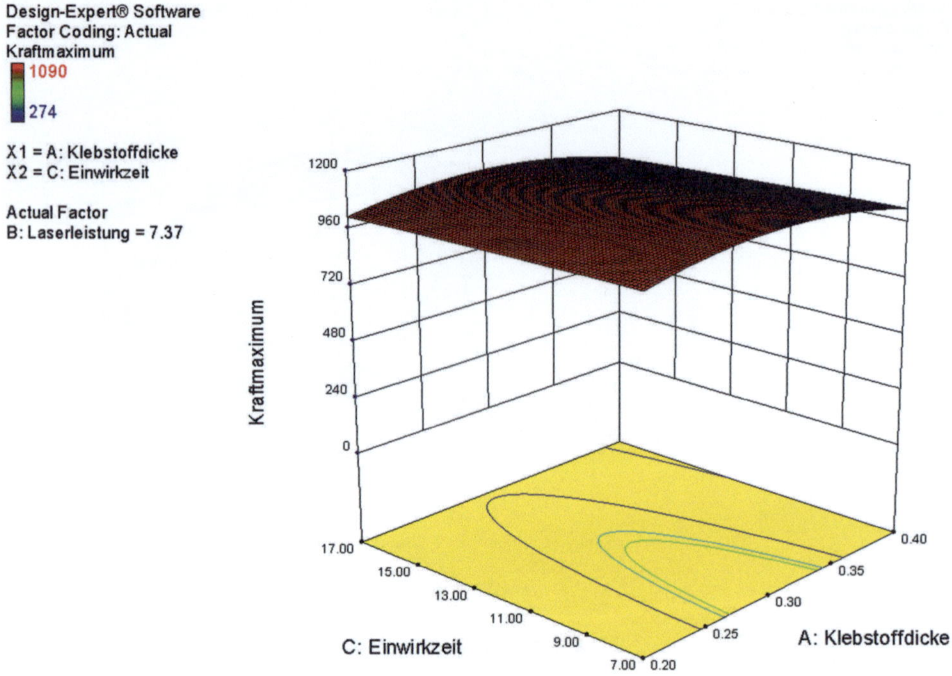

Abb. 6.7 Das Kraftmaximum, aufgetragen bei einer Laserleistung von 7,37 W über die Faktoren Klebschichtdicke und Einwirkzeit. (Bildquelle: Kunststofftechnik Paderborn, Universität Paderborn)

dieser Versuchspunkte im Bereich der Bestrahlung verantwortlich ist. Die durchgeführten Analysen ergaben, dass eine Einwirkzeit von 7 min die besten Ergebnisse erzielte.

6.2.8 Fazit und Ausblick

In den experimentellen Untersuchungen konnte gezeigt werden, dass das Laserdurchstrahlkleben von technischen Kunststoffen grundsätzlich möglich ist. Das Verfahren erfordert die Verwendung eines temperaturbeständigen und warmhärtenden Klebstoffs sowie gewisse strahlungsoptische Eigenschaften auf beiden Seiten. Wichtigste Einflussparameter sind die Klebschichtdicke, die Laserleistung und die Einwirkzeit.

Die Auswertung der Untersuchungen ergab, dass eine Laserdurchstrahlklebung von PA 66-Proben mit den Parametern 0,3 mm Klebschichtdicke, 7,37 W Laserleistung und 7 min Einwirkzeit zu den besten Ergebnissen führt.

Der Vergleich der optimalen Einwirkzeit (7 min) im Prozess des Laserdurchstrahlklebens mit der Aushärtungszeit 15 min in einem Umluftofen mit 180 °C aus dem Datenblatt des Klebstoffherstellers ergibt eine effektive Zeitersparnis von ca. 53,3 %.

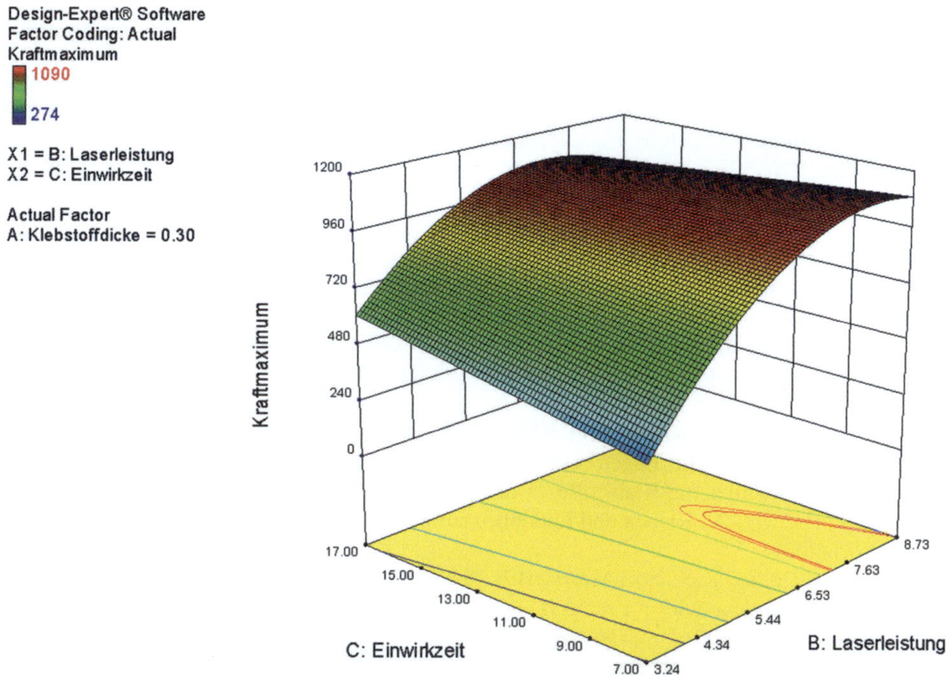

Abb. 6.8 Das Kraftmaximum bei einer Klebschichtdicke von 0,3 mm, aufgetragen über die Faktoren Laserleistung und Einwirkzeit. (Bildquelle: Kunststofftechnik Paderborn, Universität Paderborn)

Damit wird deutlich, welches grundsätzliche Potential mit dieser Klebmethode verbunden ist. Für die verfahrenstechnische Umsetzung in industrielle Anwendungsfelder bedarf es jedoch weiterer Forschungsaktivitäten.

Die Autoren

Prof. Dr.-Ing. Elmar Moritzer (elmar.moritzer@ktp.upb.de) ist Professor für Kunststofftechnologie an der Universität Paderborn.

Dipl.-Wirt.-Ing. Norman Friedrich war wissenschaftlicher Mitarbeiter an der Kunststofftechnik Paderborn (Universität Paderborn) und betreute währenddessen B. Sc. Julian Berger bei der Ausarbeitung seiner Bachelorarbeit zum Thema „Untersuchungen der Prozessparameter beim Laserdurchstrahlkleben von Kunststoffen“.

Literatur

1. Induction Heating Curing Type Adhesive. JP3045683 (A) – 1991-02-27
2. Induction Curing Epoxy Resin System. JP2115257 (A) – 1990-04-27

3. Hahn, O., Kaimann, A.: Schnelle und schonende Aushärtung von Kunststoffklebungen. Adhäsion **10**, 35–38 (2001)
4. Fink, B.K., McKnight, S.H., Gillespie Jr., J.W., Yarlagadda, S.: Ferromagnetic nano-particulate and conductive mesh susceptors for induction-based repair of composites. Proceedings of Army Science Conference, Norfolk, 15.–17. June (1998)
5. Yungwirth, C.J., Wetzel, E.D., Sands, J.M.: Induction curing of a phase-toughened adhesive. ARL-TR-2999. US Army Research Laboratory, Aberdeen Proving Ground, MD (2003)
6. Tay, T.E., Fink, B.K., McKnight, S.H., Yarlagadda, S., Gillespie Jr, J.W.: Accelerated curing of adhesives in bonded joints by induction heating. J Compos Mater **33**(17), 1643–1664 (1999)
7. Dilger, K., Frauenhofer, M.: Innovative CFK-Fertigungsverfahren. DLR Wissenschaftstag, Braunschweig (2008)
8. Rippl, P.: Wirtschaftliches Fügen von Faser-Kunststoff-Verbundstrukturen mittels induktiver Erwärmung unter Einsatz flexibler Handhabungssysteme. Abschlusspräsentation, KUKA Systems, Augsburg (2009)
9. Koyro, M.: Abschlussbericht zum BMBF-Verbundprojekt „Nanobond – Entwicklung von Verfahrenstechniken zum Fügen und Entfügen lackierter Bauteilkomponenten auf der Basis nanopartikel-modifizierter Klebstoffe“. Universität Paderborn, Paderborn (2006)
10. Kolbe, J., Hartwig, A.: Kleben und Entkleben auf Knopfdruck. IFAM Jahresbericht 2006/2007, S. 72–75 (2007)
11. Miller, K.J., Collier, K.N., Soll-Morris, H.B., Swaminathan, R., McHenry, M.E.: Induction heating of FeCo nanoparticles for rapid rf curing of epoxy composites. J Appl Phys **105**, 07E714 (2009)
12. Frauenhofer, M.: Schnellhärtung struktureller Verbundklebungen mittels elektromagnetischer Wechselfelder. Forschungsberichte des Instituts für Schweißtechnik, Bd. 26. Shaker, Aachen (2010). Dissertation, TU Braunschweig 2010
13. Hahn, O., Schmale, H.C.: Einfluss einer induktiv beschleunigten Härtungsreaktion auf die mechanisch-technologischen Eigenschaften einer Klebverbindung unter Schlagbeanspruchung. LFW-Schriftenreihe, Bd. 85. Shaker, Aachen (2009)
14. Hahn, O., Girolstein, C.: Schwingfestigkeitsverhalten induktiv schnell gehärteter Klebverbindungen im automobilen Leichtbau. LFW-Schriftenreihe, Bd. 98. Shaker, Aachen (2012)
15. Ye, S., Cramer, N.B., Stevens, B.E., Sani, R.L., Bowman, C.N.: Induction curing of thiol-acrylate and thiolene composite systems. Macromolecules **44**(12), 4988–4996 (2011)
16. Maurer, A., Lammel, C., Emmerich, R.: Beschleunigte thermische Härtung reaktiver Kleb- und Dichtstoffe durch elektromagnetische Wechselfelder. In: Berger, K.-F., Kiefer, S. (Hrsg.) Dichtungstechnik Jahrbuch 2015, S. 133–138. ISGATEC Media, Mannheim (2014)
17. Ehrenstein, G.W.: Handbuch Kunststoff-Verbindungstechnik. Hanser, München (2004)
18. Schulz, J.-E.: Werkstoff-, Prozess- und Bauteiluntersuchungen zum Laserdurchstrahlschweißen von Kunststoffen. Dissertation. Aachen (2002)
19. Fiegler, G.: Ein Beitrag zum Prozessverständnis des Laserdurchstrahlschweißens von Kunststoffen anhand der Verfahrensvarianten Quasi-Simultan- und Simultanschweißen. Dissertation. Paderborn (2007)
20. Habenicht, G.: Kleben. Grundlagen, Technologien, Anwendungen. Springer, Berlin (2009)
21. Siebertz, K., v. Bebber, D.T., Hochkirchen, T.: Statistische Versuchsplanung. Design of Experiments (DOE). Springer, Heidelberg, Dordrecht (2010)

Acrylatklebstoffe zum Kleben von Kunststoffen 7

Stefanie Wellmann, Jutta Messering und Nico Nuyts

7.1 Schnelles Kleben mit UV-Klebstoffen – Lichthärtung auch im Schatten

Stefanie Wellmann, Jutta Messerig und Nico Nuyts

Der riesige Vorteil der UV-härtenden Klebstoffe ist bekannt – die extrem schnelle Härtung „auf Knopfdruck". Der Nachteil der UV-Härtung ist ebenfalls bekannt – keine Härtung in Schattenzonen. Dank einer neuen Technologie namens Dominocure ist es möglich, den Klebstoff ohne weitere Energiezufuhr nur mit UV-Bestrahlung auszuhärten, auch wenn sich der Klebstoff größtenteils in Schattenzonen befindet. Die Härtung pflanzt sich dabei von selbst fort.

UV-härtende Klebstoffe und Beschichtungen werden bereits seit vielen Jahren in den vielfältigsten Anwendungen eingesetzt. Die Systeme sind einkomponentig, lösemittelfrei und härten unter Bestrahlung im Wellenlängenbereich von 300 nm–420 nm aus. Wenn die Photoinitiatoren und Lichtquellen optimal aufeinander abgestimmt sind, die Strahlungsquelle eine sehr hohe Intensität aufweist und die zu durchstrahlenden Schichtdicken nur sehr dünn sind, kann die Aushärtezeit Millisekunden betragen. Die Parameter zur UV-Härtung müssen genau ermittelt werden, um eine zuverlässige und sichere Aushärtung zu erhalten. Zu den wichtigen Parametern zählen Intensität und Wellenlängenbereich der Strahlungsquelle, der Abstand der Strahlung zur Klebstelle, Transmission der Substrate sowie die Dicke der Klebfuge. Chemisch unterscheidet man grundsätzlich zwischen den radikalisch und den kationisch vernetzenden Systemen.

S. Wellmann (✉) · J. Messering · N. Nuyts
Wellmann Technologies GmbH
Friedelsheim, Deutschland
E-Mail: stefanie@wellmanntech.de

M. Doobe (Hrsg.), *Kunststoffe erfolgreich kleben*,
https://doi.org/10.1007/978-3-658-18445-2_7

Radikalische Härtung: UV-Acrylate

Vorteile	Nachteile
• Kurze Härtungszeit, hohe Härtungsgeschwindigkeit • Sehr große Rohstoffvielfalt verfügbar • Stufenlos einstellbar in Viskosität, Rheologie, mechanischen Eigenschaften und Farbe • Gute Haftung auf vielen unterschiedlichen Substraten	• Sauerstoffinhibierung • Genaue Ermittlung und Einstellung der Härtungsparameter erforderlich • Begrenzte Temperaturbeständigkeit • Begrenzte Chemikalienbeständigkeit

Abb. 7.1 UV-härtende Acrylate – Vor- und Nachteile. (Quelle: Wellmann)

7.1.1 Radikalische Härtung

Bei UV-Acrylaten handelt es sich um radikalisch vernetzende Systeme. Zur vollständigen Härtung müssen sie mit den entsprechenden Strahlungsparametern bis zum Endpunkt der Polymerisation bestrahlt werden. UV-härtendes Material, das in Schattenbereiche fließt oder nicht der Strahlungsquelle zugänglich ist, härtet nicht aus. Auch wenn die Strahlungsquelle vor dem Endpunkt der vollständigen Polymerbildung ausgeschaltet wird, stoppt die Aushärtung. Vorteile der UV-Acrylate sind neben der enorm schnellen Aushärtegeschwindigkeit die großen Freiheitsgrade bei der Formulierung – sie lassen sich quasi stufenlos in Viskosität, Rheologie, Farbe und im ausgehärteten Zustand in den mechanischen Eigenschaften wie Flexibilität und Schlagzähmodifizierung einstellen (Abb. 7.1). Diesen positiven Eigenschaften gegenüber stehen die Nachteile der UV-Acrylate wie Sauerstoffinhibierung, die zu einer klebrigen Oberfläche führt, sowie die Notwendigkeit der genauen Überwachung und Einstellung der Härtungsparameter. Diese Nachteile können durch Einsatz der sogenannten Dominocure-Technologie aufgehoben werden.

7.1.2 Kationische Härtung

UV-härtende Epoxidharze sind kationisch vernetzende Systeme und können unter direkter Bestrahlung ebenso wie die UV-Acrylate zum Kleben von transparenten oder transluzenten Substraten eingesetzt werden. Weiterhin lassen sich diese Systeme auch durch UV-Licht voraktivieren und können dann zum Kleben von nicht transparenten Substraten verwendet werden. Hierzu muss allerdings der Klebstoff komplett und überall einmal belichtet werden. Nicht belichteter Klebstoff härtet auch im Dunkeln nicht. Das heißt, hier pflanzt sich die Härtung nicht wie bei Dominocure in den Schattenbereich fort. Zur Voraktivierung müssen die Härtungsparameter, zugeschnitten auf die jeweilige Anwendung, exakt ermittelt werden. Nur dann lässt sich eine erfolgreiche Verklebung erreichen. Die volle Leistungsfähigkeit erhält das UV-härtende Epoxidharz nur nach einer zusätzlichen kurzzeitigen Temperung bei moderaten Temperaturen (ca. 80 °C). Vorteile der UV-

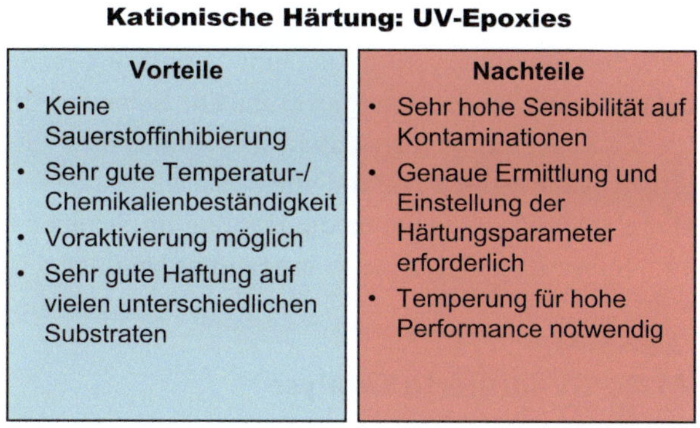

Abb. 7.2 UV-härtende Epoxies – Vor- und Nachteile. (Bildquelle: Wellmann)

Epoxidharze sind die sehr gute Temperatur- und Chemikalienbeständigkeit sowie die trockene Oberfläche nach der Härtung (keine Sauerstoffinhibierung). Größter Nachteil ist die starke Sensibilität der Härtung auf Kontaminationen wie Basen (Amine, Thiole etc.) sowie eine stark schwankende Luftfeuchtigkeit. Dosiersysteme und Substratoberflächen müssen absolut frei von Kontaminationen sein, um eine Inhibierung der Härtung zu verhindern (Abb. 7.2).

7.1.3 Dualhärtung

Die Schattenhärtung der UV-härtenden Klebstoffe ist durch eine Kombinationshärtung möglich. So können UV-Acrylate mit entsprechenden zusätzlichen Initiatoren über Wärmezufuhr oder über die anaerobe Härtung im Schattenbereich nachgehärtet werden. Hierzu sind entsprechende Voraussetzungen wie die Wärmestabilität der Substrate beziehungsweise der Metallkontakt für die anaerobe Härtung notwendig. Auch kationisch härtende Epoxidharze mit zusätzlichen Initiatoren können dual (mit UV-Licht und Wärme ab 90 °C) gehärtet werden. Eine Sonderstellung nehmen die UV-feuchtigkeitsvernetzenden

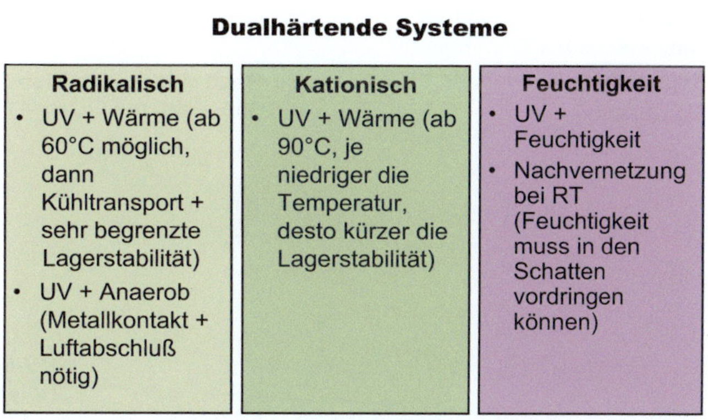

Abb. 7.3 Verfügbare Dualhärtende Systeme. (Bildquelle: Wellmann)

Systeme ein. Hier müssen keine außerordentlichen Voraussetzungen an das System für die Schattenhärtung erfüllt sein, eine Vernetzung im Schatten erfolgt durch die Luftfeuchtigkeit – ohne weitere Energiezufuhr. Die Schattenhärtung erfolgt allerdings sehr langsam (in der Regel einige Tage) und setzt voraus, dass die Feuchtigkeit in den Schatten vordringen kann (Abb. 7.3). Von allen dual-härtenden Systemen grenzt sich die Technologie Dominocure deutlich ab, da die Härtung im Schatten relativ schnell verläuft, unabhängig vom Substrat ist und keine Wärmezufuhr benötigt.

7.1.4 UV-initiierte Katalyse

Mit der Dominocure-Technologie gelingt mittels UV-Härtung die sehr schnelle Herstellung von Klebverbunden, auch wenn große Bereiche dem UV-Licht nicht zugänglich sind. Einzige Voraussetzung ist, dass ein Teil des Klebstoffes dem UV-Licht zugänglich sein muss. In dem direkt bestrahlten Bereich findet eine sehr schnelle radikalische Polymerisation statt. Gleichzeitig werden durch die UV-Bestrahlung Katalysatoren freigesetzt, die klein genug sind, in den Schattenbereich diffundieren zu können, um dort die Schattenhärtung zu gewährleisten. Die Funktionsweise von Dominocure wurde in Zugschertests demonstriert. Hierzu wurden nicht transparente ABS-Substrate gefügt, der aus der Klebfuge austretende Klebstoff belichtet (Abb. 7.4) und der zeitabhängige Festigkeitsaufbau mit unterschiedlichen Katalysatoren gemessen (Abb. 7.5).

Nach drei Stunden erhält man in diesem Versuch eine Handlingsfestigkeit, die Endfestigkeit ist nach 28 h erreicht. Die belichtete Fläche des Klebstoff-Fillets beträgt etwa 8 % der Gesamtklebfläche. Ist der Anteil der belichteten Klebfläche größer, baut sich die Festigkeit insgesamt sehr viel schneller auf. So können beispielsweise Chips auf bedruckten Folien extrem schnell fixiert werden, eine Warmnachhärtung ist nicht erforderlich. Die Eigenschaften der Technologie Dominocure sind in Abb. 7.6 zusammengefasst.

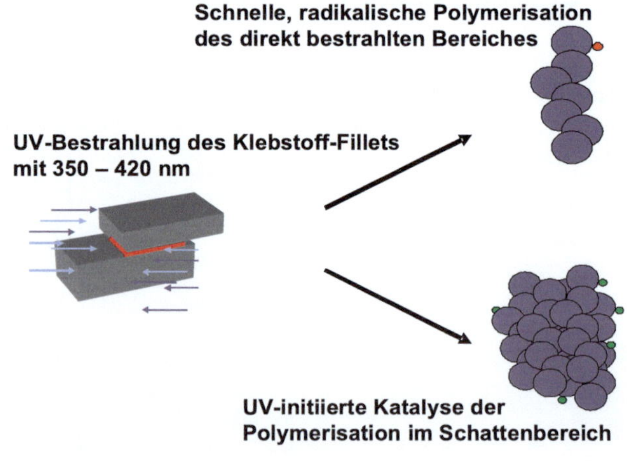

Abb. 7.4 Schematische Darstellung der Herstellung der Zugscherprüfkörper zur Demonstration der Dominocure-Technologie. (Bildquelle: Wellmann)

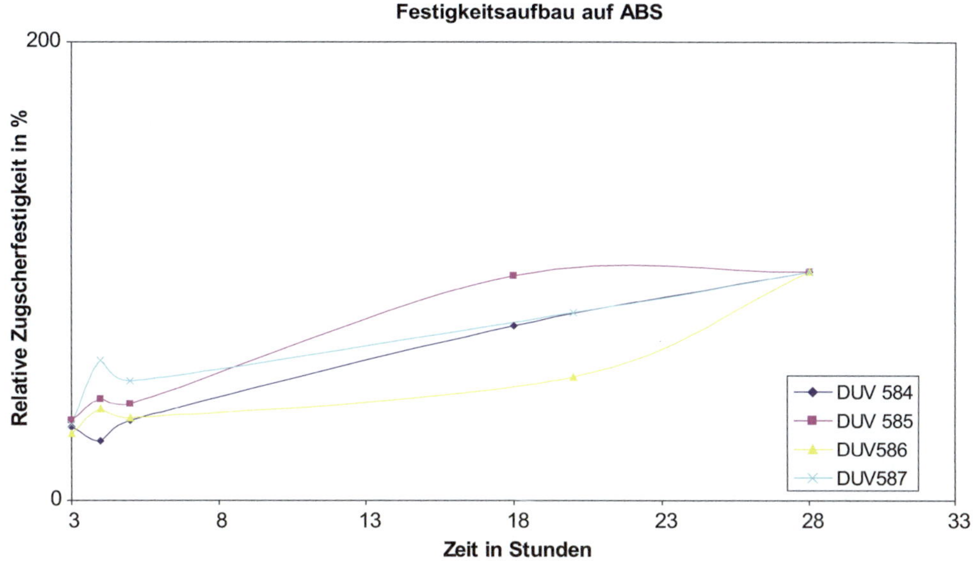

Abb. 7.5 Festigkeitsaufbau auf nicht transparenten ABS-Prüfkörpern mit unterschiedlichen Dominocure-Katalysatoren in der gleichen Klebstoffbasis: Das Klebstoff-Fillet auf den Prüfkörpern wurde 15 s mit einer UVA-Intensität von 50 mW/cm^2 im Abstand von 11 cm bestrahlt. Anschließend wurden die Proben bei Raumtemperatur gelagert und nach unterschiedlichen Zeiten die Festigkeit bestimmt. (Bildquelle: Wellmann)

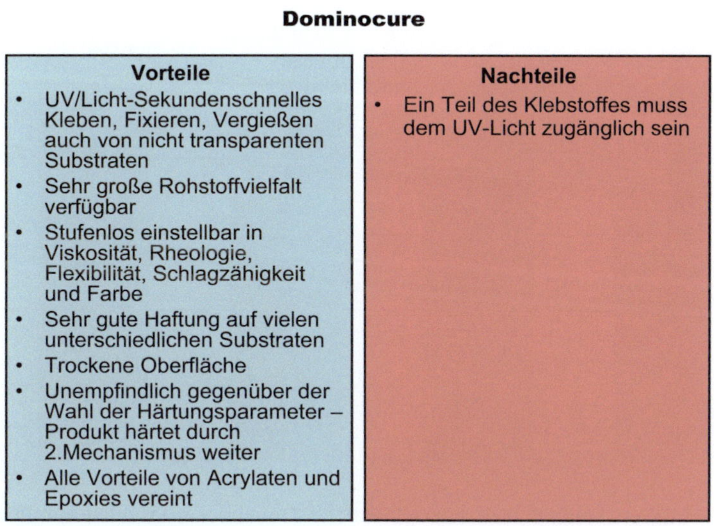

Abb. 7.6 Die Vor- und Nachteile der Dominocure-Technologie im Überblick. (Quelle: Wellmann)

7.1.5 Alterungsverhalten

Um das Alterungsverhalten einiger Produkte mit der Dominocure-Technologie zu überprüfen, wurden Klebverbunde, wie in Abb. 7.4 beschrieben, aus nicht transparentem ABS und Edelstahl hergestellt und nach 28-stündiger Lagerung bei Raumtemperatur im Feuchtklima gealtert (Abb. 7.7 und 7.8).

Es wurden unterschiedliche Katalysatoren auf der gleichen Produktbasis vergleichend getestet. Grundsätzlich ist das Alterungsverhalten bei allen Produkten sehr gut, einige Katalysatoren zeigen auf Edelstahl ein anderes Alterungsverhalten als auf ABS. Auch in Feldversuchen wurde die Technologie getestet und unter extremen Bedingungen geprüft (Abb. 7.9). Eingesetzt wird diese Technologie u. a. für den Verguss von Sensoren und Schaltern (Abb. 7.10).

Die Gefahr, dass Material an den Kontakten in den Schalter dringt und im nicht ausgehärteten Zustand Schaden anrichtet, ist bei Einsatz dieses neuen Härtungsmechanismus gebannt. Bei diesen Anwendungen ist eine sehr gute Haftung auf schwierigen Kunststoffen, oft Polyamid 6.6 oder PBT und auf versilberten, vergoldeten oder vernickelten Kontakten gefordert. Standardmäßig getestet wurden die Lagerung bei 85 °C/85 % r. H. und die Löttauglichkeit. Außerdem wurden T-Schocktests durchgeführt.

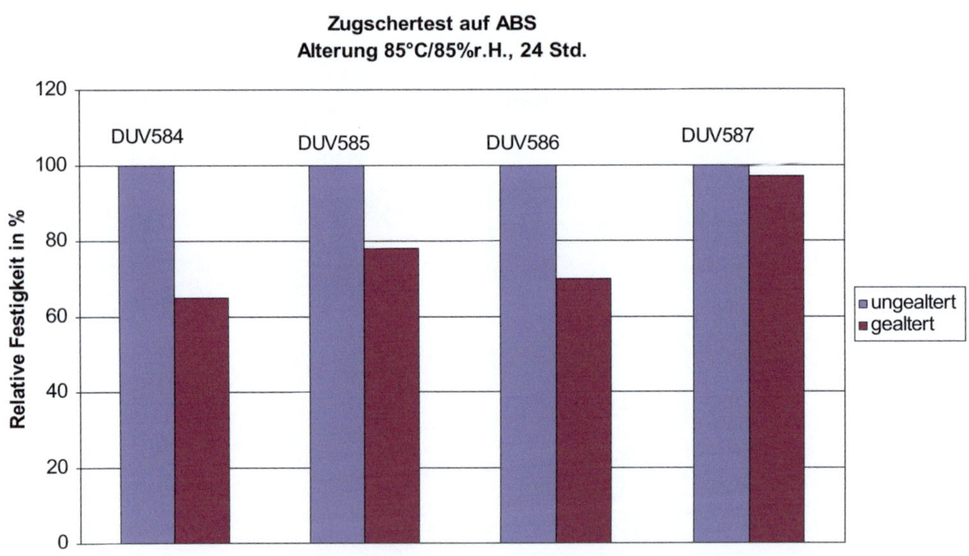

Abb. 7.7 Feuchtigkeitsbeständigkeit unterschiedlicher Dominocure-Produkte auf nicht transparentem ABS. Zur Herstellung der Prüfkörper wurde das Klebstoff-Fillet belichtet und anschließend bei Raumtemperatur 28 h gelagert. Danach erfolgte die Auslagerung im 85 °C/85 % r. H.-Klima. (Bildquelle: Wellmann)

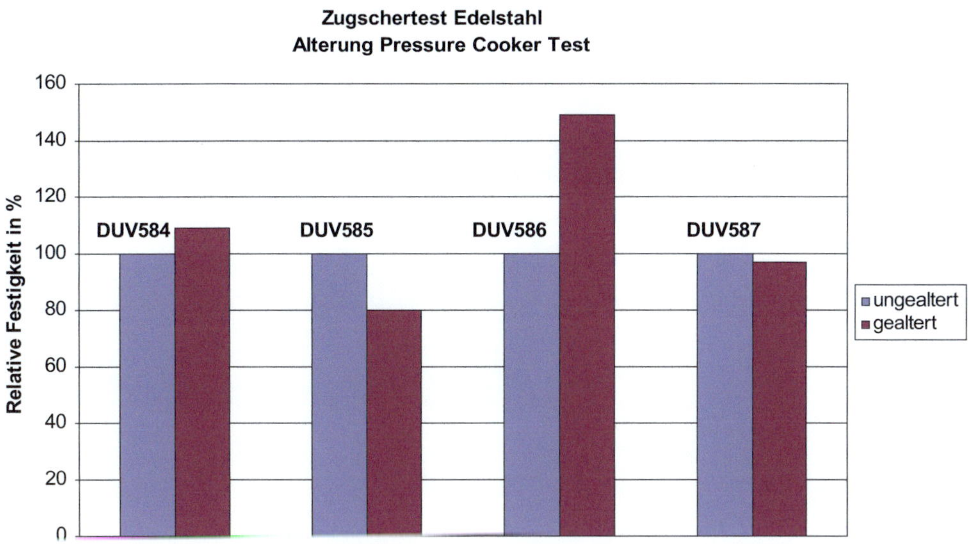

Abb. 7.8 Feuchtigkeitsbeständigkeit unterschiedlicher Dominocure-Produkte auf Edelstahl: Zur Herstellung der Prüfkörper wurde das Klebstoff-Fillet belichtet und anschließend bei Raumtemperatur 28 h lang gelagert. Danach erfolgte die Auslagerung im Pressure Cooker Test. (Bildquelle: Wellmann)

Abb. 7.9 Mit Dominocure-Produkten im Feld bestandene Tests. (Quelle: Wellmann)

Anforderungsprofil Schalterverguß

- Sehr gute Haftung auf PA6.6, PBT, PC, Gold, Silber, Nickel
- Löttauglich
- Beständig im 85°C/85% r.H.-Klima
- T-Schock-beständig von -40°C - +95°C
- Ausgasungsarm
- Nicht-Korrosiv

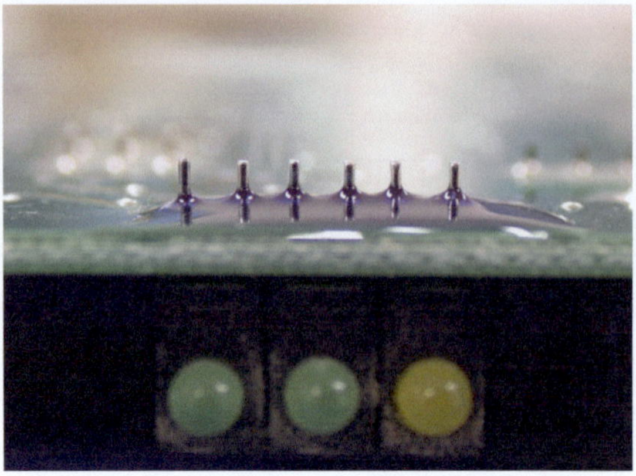

Abb. 7.10 Beispiel eines vergossenen Schalters. (Bildquelle: Wellmann)

7.1.6 Fazit

Die vorgestellte Dominocure-Technologie macht es möglich, auch nicht transparente Substrate mit einem Einkomponentenklebstoff und UV-Licht sehr schnell zu kleben, ohne weitere Energie zuführen zu müssen. Dank dieser Entwicklung lassen sich Anwendungsbereiche erschließen, die bislang für den Einsatz von UV-Klebstoffen nur umständlich oder gar nicht infrage kamen.

Die Autoren

Dr. Stefanie Wellmann (stefanie@wellmanntech.de) ist Gesellschafterin und Geschäftsführerin der Wellmann Technologies GmbH in Friedelsheim.

Jutta Schulze und Nico Nuyts waren dort in der Entwicklung tätig.

Teil III
Best-Practice-Beispiele

8 Transportwesen und allgemeine Industrieanwendungen

Tobias Reincke, David Blass, Stefan Kreling, Klaus Dilger, Henning Gleich, Manfred Peschka, Andreas Hartwig, Matthias Popp, Andreas Lühring, Sascha Gramsch-Kempkes, Christian Walther, Robert Hailer, Hermann Sedlmaier, Roland Schumacher, Hartwig Lohse, Jens Holtmannspötter, Florian Feucht, Jean Christjan Meyer, Jens Freese und Jürgen von Czarnecki

T. Reincke (✉) · D. Blass (✉) · K. Dilger (✉)
Institut für Füge- und Schweißtechnik (ifs), Technische Universität Braunschweig
Braunschweig, Deutschland
E-Mail: t.reincke@tu-braunschweig.de

D. Blass
E-Mail: d.blass@tu-braunschweig.de

K. Dilger
E-Mail: k.dilger@tu-braunschweig.de

S. Kreling (✉)
Konzernforschung Werkstoffe und Fertigungsverfahren Fügeverfahren, Volkswagen Aktiengesellschaft
Wolfsburg, Deutschland
E-Mail: paul.stefan.kreling@volkswagen.de

H. Gleich (✉)
inpro Innovationsgesellschaft für fortgeschrittene Produktionssysteme in der Fahrzeugindustrie mbH
Berlin, Deutschland
E-Mail: henning.gleich@inpro.de

M. Peschka (✉) · A. Hartwig (✉) · M. Popp (✉) · A. Lühring (✉)
Bereich Klebtechnik und Oberflächen, Fraunhofer-Institut für Fertigungstechnik und Angewandte Materialforschung IFAM
Bremen, Deutschland
E-Mail: manfred.peschka@ifam.fraunhofer.de

A. Hartwig
E-Mail: andreas.hartwig@ifam.fraunhofer.de

M. Popp
E-Mail: matthias.popp@ifam.fraunhofer.de

M. Doobe (Hrsg.), *Kunststoffe erfolgreich kleben*,
https://doi.org/10.1007/978-3-658-18445-2_8

8.1 Kleben von Faserverbundwerkstoffen – Beispiele aus dem Flugzeug- und Automobilbau

Tobias Reincke, David Blass, Stefan Kreling und Klaus Dilger

Die Einsatzbreite von Faserverbundkunststoffen (FVK) wächst kontinuierlich. Zum Fügen dieser Kunststoffe eignet sich am besten das Kleben. Insbesondere duromere Matrixsysteme werden bereits in diversen Industriebranchen klebtechnisch gefügt, während sich das Kleben von FVK mit thermoplastischen Matrixsystemen vorwiegend noch in der Entwicklung befindet.

A. Lühring
E-Mail: andreas.luehring@ifam.fraunhofer.de

S. Gramsch-Kempkes (✉)
Stanley Engineered Fastening Tucker GmbH
Gießen, Deutschland
E-Mail: sascha.gramsch-kempkes@sbdinc.com

C. Walther (✉)
Delo Industrie Klebstoffe GmbH & Co. KGaA
Windach, Deutschland
E-Mail: christian.walther@delo.de

R. Hailer (✉) · H. Sedlmaier
BMW Group
München, Deutschland
E-Mail: robert.hailer@bmw.de

H. Sedlmaier
E-Mail: hermann.sedlmaier@bmw.de

R. Schumacher
Dürr Systems AG
Wolfratshausen, Deutschland

H. Lohse (✉)
Klebtechnik Dr. Hartwig Lohse e.K.
Breitenberg, Deutschland
E-Mail: hlohse@hdyg.de

J. Holtmannspötter (✉) · J. C. Meyer · J. Freese · J. von Czarnecki
Wehrwissenschaftliches Institut für Werk- und Betriebsstoffe (WIWeB)
Erding, Deutschland
E-Mail: jensholtmannspoetter@bundeswehr.org

F. Feucht
Hufschmied Zerspanungssysteme GmbH
Bobingen, Deutschland

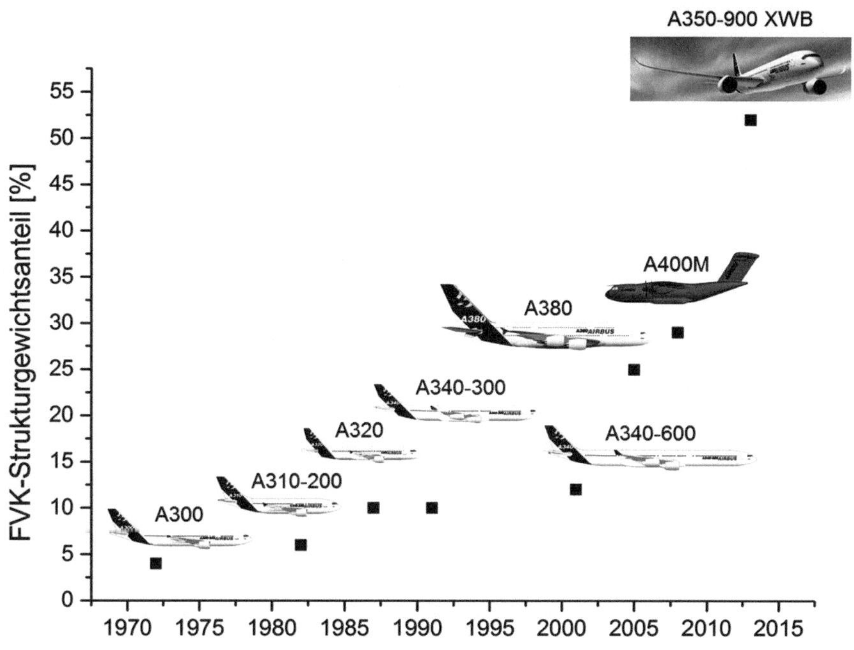

Abb. 8.1 Steigende Bedeutung von FVK im Flugzeugbau. (In Anlehnung an [2])

Die vorteilhaften gewichtsspezifischen Eigenschaften von Faserverbundkunststoffen und ihr damit verbundenes Leichtbaupotenzial führen zu einem stetig wachsenden Einsatz diese Werkstoffklasse im Automobilbau und in der Luftfahrtindustrie. Der in der Abb. 8.1 dargestellte steigende Stellenwert der Faserverbundwerkstoffe im Flugzeugbau wird insbesondere anhand des wachsenden Strukturgewichtsanteils der Verbundwerkstoffe im Flugzeug ersichtlich. Vor allem beim Boeing 787 Dreamliner und beim Airbus A350-900 XWB wurde der Einsatz von Faserverbundwerkstoffen signifikant erhöht und befindet sich beim Airbus A350-900 XWB bereits bei ca. 52 % der Werkstoffanteile [1, 2]. Der Rumpf, das Höhen- und Seitenleitwerk sowie der Flügel des Airbus A350-900 XWB sind Beispiele für Bauteile aus kohlenstofffaserverstärktem Kunststoff (CFK). Einsatzgebiete von FVK sind neben der Automobilindustrie auch die Windindustrie sowie der Schienenfahrzeugbau.

8.1.1 Kleben versus mechanische Verbindungsverfahren

Eine wichtige Herausforderung für die Integration von Faserverbundwerkstoffen in eine Leichtbaustruktur besteht in der richtigen Wahl der Fügetechnik. Im Folgenden werden daher geklebte und mechanische Fügeverbindungen für FVK gegenübergestellt, um die verfahrensspezifischen Vor- und Nachteile aufzuzeigen.

Kleben bietet sich insbesondere bei dünnen Strukturen an, wohingegen mechanische Fügeelemente bei dickeren Strukturen Vorteile aufweisen. Durch die Verwendung von Klebstoffen werden im Vergleich zu mechanischen Fügeverfahren keine Fasern durchtrennt, sodass die Strukturauslegung die eigenschaftsspezifischen Vorteile von FVK besser berücksichtigen kann. Zudem kann durch Verzicht auf mechanische Fügeelemente, beispielsweise Hi-Loks im Flugzeug oder Halbhohlstanzniete im Automobil, eine Gewichtsreduktion erreicht werden. Die Betrachtung der Spannungsverteilungen stellt einen weiteren Unterschied dar. Mechanische Fügeelemente verursachen die in Abb. 8.2 dargestellten individuellen Spannungskonzentrationen, während geklebte Fügeverbindungen eine gleichmäßigere Spannungsverteilung ermöglichen. Daraus resultiert wiederum ein besseres Ermüdungsverhalten von Klebungen gegenüber mechanischen Fügeelementen. Des Weiteren wird durch die flächige Anbindung beim Kleben im Vergleich zur eher lokalen Anbindung bei mechanischen Fügeelementen eine wie in Abb. 8.2 dargestellte Versteifung einer stringerversteiften Flugzeugstruktur erzielt. Diese Versteifung kann zu einer Erhöhung der Beulsteifigkeit um 30 bis 100 % führen [3].

Sowohl geklebte als auch mechanische Verbindungen ermöglichen das Fügen artungleicher Materialien in der Automobilindustrie. Im Gegensatz zu mechanischen Fügeelementen können jedoch die durch die unterschiedlichen Wärmeausdehnungskoeffizienten der beiden Materialien induzierten thermischen Eigenspannungen durch Gleitungsbewegungen des Klebstoffes abgebaut werden [4]. Darüber hinaus lässt sich klebtechnisch die Korrosionsgefahr im Vergleich zur Verwendung von mechanischen Fügeelementen bei Mischbaustrukturen deutlich reduzieren.

Die Nachteile von Klebverbindungen gegenüber mechanischen Fügeelementen bestehen neben der oftmals nur durch eine Beschädigung der Struktur realisierbaren Demontage in der begrenzten Verarbeitungszeit bei der Verwendung von Klebstoffen. Insbesondere

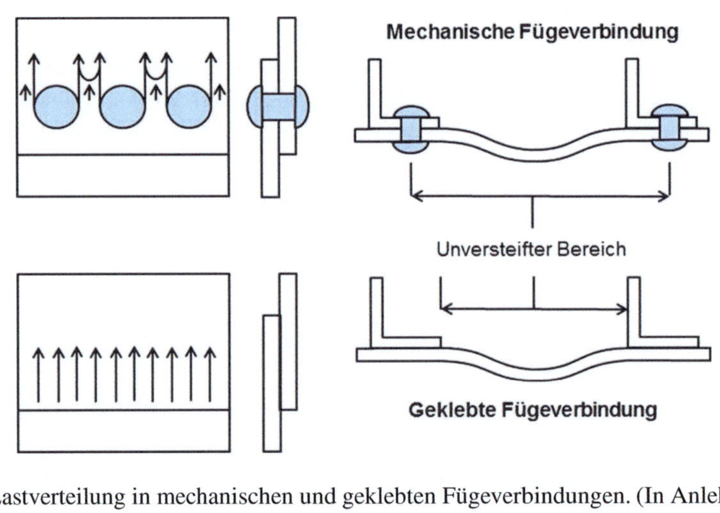

Abb. 8.2 Lastverteilung in mechanischen und geklebten Fügeverbindungen. (In Anlehnung [3])

vor dem Hintergrund der Kleinserienfertigung in der Luftfahrtindustrie kann eine zu kurze Verarbeitungszeit als nachteilig bewertet werden. Zudem bestehen für die Durchführung einer beständigen Klebung gegenüber einer mechanischen Fügeverbindung höhere Anforderungen an den Prozess, zum Beispiel die Oberflächenvorbehandlung, und die Umgebungsbedingungen, sodass beispielsweise eine entsprechende Kontrolle der Temperatur und Luftfeuchtigkeit vonnöten ist. Die größte Herausforderung, insbesondere für die Anwendung im Flugzeug, besteht in der aus der Qualitätssicherung motivierten zerstörungsfreien Prüfung einer geklebten Fügeverbindung, auch als Non-Destructive Testing (NDT) bezeichnet. Im Gegensatz zu beispielsweise Delaminationen in einem FVK können „Kissing Bonds" aktuell noch nicht zerstörungsfrei nachgewiesen werden. Mit Kissing Bonds ist hierbei keine Fehlstelle im Bereich zwischen dem Klebstoff und dem FVK gemeint, sondern eine nur sehr geringe Adhäsion zwischen dem Fügepartner und dem Klebstoff. Als Folge werden bei sicherheitskritischen Strukturen im Flugzeug zusätzliche Nieten in die Struktur eingebracht, die zu einer Gewichtssteigerung und einer Zerstörung der lasttragenden Fasern des FVK führen [5].

8.1.2 Branchentypisches Kleben von FVK

Faserverbundbauteile werden in unterschiedlichsten Branchen mittels Kleben gefügt. In Tab. 8.1 sind beispielhafte Anwendungen für verschiedene Industriebranchen unter Einbezug der Kriterien für die Klebstoffauswahl dargestellt.

Vor dem Hintergrund der Bedeutung der Automobil- und Luftfahrtindustrie als Entwicklungstreiber und aufgrund ihrer wirtschaftlichen Bedeutung sowohl für die Faserverbund- als auch die Klebstoffindustrie werden im Folgenden die Klebstoffsysteme und die Einsatzgebiete von Klebstoffen für die ausgewählten Bereiche Flugzeug sowie Automobil vorgestellt.

Des Weiteren werden die Herausforderungen und Prozessketten für Klebungen von FVK in den beiden ausgewählten Bereichen erläutert und Praxisbeispiele gegeben.

8.1.3 Klebstoffsysteme zum Kleben von FVK

In der Industrie werden abhängig von den Anforderungen an die spätere Fügeverbindung verschiedene Klebstoffsysteme eingesetzt. Die Klebstoffsysteme werden in Einkomponenten(1K)- und Zweikomponentensysteme (2K) unterteilt. Die 1K-Systeme werden nach der Applikation beispielsweise unter Temperatur (z. B. epoxidbasierte Klebstoffe) oder durch Feuchtigkeitseinfluss (z. B. polyurethanbasierte Klebstoffe) ausgehärtet. Bei 2K-Systemen erfolgt die Mischung der beiden Komponenten direkt vor der Applikation, allerdings ist eine nachträgliche Temperaturerhöhung zur Aushärtung nicht zwingend erforderlich. In der Luftfahrt- und Automobilindustrie werden für FVK-Strukturbauteile vorwiegend duromere, insbesondere epoxid- oder polyurethanbasierte Klebstoffe, ein-

Tab. 8.1 Anwendungen von Klebstoffsystemen in verschiedenen Industriebranchen. (Quelle: ifs)

Industrie-branche	Bauteil	Klebstoffsystem	Auswahl/Kriterium	Bilder aus [6–8]
Windenergie	GFK-Rotor-blatthalbschale	Epoxy oder PUR (2-K)	Fläche/Verarbeitungszeit/ Schwingbelastung	
Schienen-fahrzeuge	GFK-Energie-absorber	z. B. 2K-Epoxy	Schwingbelastung, Crash, Alterung	
Auto	Crashrelevante Bauteile (z. B. Dachquerträger, Tunnel)	i. d. R. 2K-PUR	Applizierbarkeit, Energieaufnahme, Strukturelle Performance, Delta-Alpha	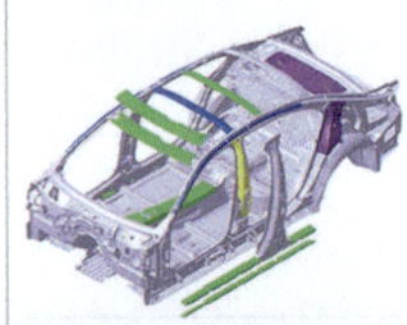
Flugzeug	CFK-Struktur-klebung/ Reparatur	Epoxy (1K)	Qualität, Dauerbeständigkeit, Strukturelle Performance	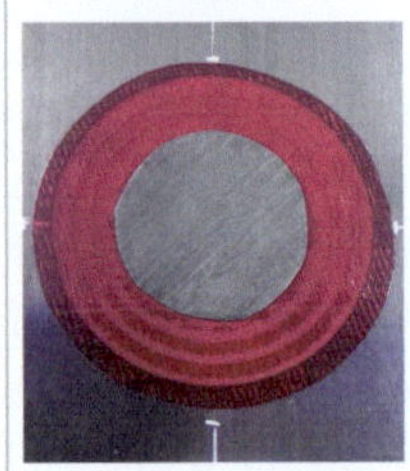

gesetzt, da diese aufgrund ihrer dreidimensionalen Vernetzung eine erhöhte strukturelle Performance in Hinblick auf ihre mechanischen Eigenschaften aufweisen [9].

Eine Betrachtung der klassischen strukturellen Klebverbindungen in der Automobilindustrie zeigt, dass die Klebstoffapplikation zumeist im Rohbau und somit vor der kathodischen Tauchlackierung (KTL) erfolgt, welche vor dem Hintergrund der verwendeten metallischen Bauteile aus korrosionsschutztechnischen Gründen unerlässlich ist. Nach der Durchfahrt der Karosserie durch das Tauchbecken wird der Lack für eine Dauer von etwa 30 min bei einer Temperatur von etwa 180 °C eingebrannt. Dieser Trockenprozess wird in aktuellen Anwendungen dafür genutzt, die Aushärtung des Klebstoffs zu ermöglichen, sodass im klassischen Rohbau in der Regel 1K-Klebstoffsysteme mit verhältnismäßig kurzen Aushärtezeiten verwendet werden [4].

Diese Tatsache beeinflusst die Auswahl der Klebstoffsysteme für das Kleben von Faserverbundstrukturen in der Automobilindustrie. Im Bereich des Mischbauansatzes, wo existierende metallische Bauteile durch FVK-Bauteile substituiert werden, ist es somit entscheidend, ob die FVK-Bauteile vor dem KTL-Prozess in die Karosserie integriert werden (im Rohbau) oder erst nach dem KTL-Prozess in der Montage eingesetzt werden. Für erstere Variante existieren zwar erste industrielle Ansätze, aufgrund der Temperaturbeständigkeit der Matrices und insbesondere der resultierenden Delta-Alpha-Problematik findet die Integration der FVK-Bauteile bei bestehenden Lösungen (z. B. Audi R8/Lamborghini Huracan) in der Regel nach dem KTL Prozess statt. Dies führt dazu, dass überwiegend kaltaushärtende 2K-Klebstoffsysteme und nicht die oben genannten 1K-Epoxidklebstoffsysteme zum Einsatz kommen, da nachgeschaltete Aushärtungsprozesse unter erhöhter Temperatur die Kosten wesentlich steigern und zudem die Temperaturbeständigkeit von Matrix und Lack zu beachten ist. Vor dem Hintergrund der besseren Dämpfungseigenschaften und der besseren Möglichkeit des Toleranzausgleichs kommen in diesen Bereichen somit häufig Polyurethan(PUR)-Klebstoffe mit verhältnismäßig großen Klebschichtdicken von 0,5 bis 1 mm (in einzelnen Anwendungen auch bis 5 mm) zum Einsatz, um ggf. vorhandene Fertigungstoleranzen auszugleichen. Vor dem Hintergrund der Delta-Alpha-Problematik, die beim Fügen von Materialien mit unterschiedlichen Wärmeausdehnungskoeffizienten auftritt, ermöglichen diese Klebstoffe einen Ausgleich der im Betrieb auftretenden Relativbewegungen der Fügepartner zueinander, ohne dass es zu einem Versagen der Klebverbindung kommt. Diese Klebstoffe kommen ebenfalls bei Fahrzeugkonzepten zum Einsatz, die nicht auf einer Substitution von metallischen Bauteilen basieren, sondern komplett als FVK-Strukturen ausgelegt wurden. Insbesondere bei den im RTM-Prozess eingesetzten Materialien ist darüber hinaus die innere Festigkeit des FVK verhältnismäßig gering, sodass steifere Klebstoffsysteme zum Versagen im FVK führen können. Daher können niederfeste elastische und kostengünstige 2K-PUR-Klebstoffsysteme eingesetzt werden.

Im Gegensatz zur Automobilindustrie werden für strukturelle Klebverbindungen in der Flugzeugindustrie für Bauteile und Reparaturen epoxidbasierte 1K-Filmklebstoffe, die bei Temperaturen von ca. 120 °C oder 180 °C aushärten, verwendet. Die Vorteile liegen vor dem Hintergrund der hohen Qualitätsanforderungen in der Reproduzierbarkeit der Klebung und der Anwendung bei großflächigen Bauteilen bei gleichzeitiger manueller Handhabung (s. nachfolgende Kapitel). Nachteilig sind Filmklebstoffe bei gekrümmten Strukturen (beispielsweise einer Druckkalotte) zu bewerten, da hier Falten im Filmklebstoff entstehen können.

Die Kennwerte beispielhafter, in der Flugzeugindustrie eingesetzter epoxidbasierter Filmklebstoffe im Vergleich zu typischen PUR-Automobilklebstoffen für FVK-Klebungen sind in der Tab. 8.2 dargestellt.

8.1.4 Einsatzgebiete von Klebstoffen im Flugzeug

Klebstoffe finden in einem Flugzeug ein breites Anwendungsspektrum, das von Strukturklebungen in sicherheitskritischen FVK-Bauteilen über FVK-Reparaturen bis hin zu Klebungen von Kunststoffbauteilen im Flugzeuginnenraum reicht. Die vorwiegend verwendeten FVK im Flugzeug, die durch Kleben gefügt werden, besitzen hierbei eine Ma-

Tab. 8.2 Kennwerte in der Flugzeug- und Automobilindustrie eingesetzter Klebstoffe für FVK-Klebungen. (Quelle: ifs)

Klebstoffkennwerte	Typischer 1K-Epoxy (Flugzeug)	Typischer 2K-PUR (Automobil)
E-Modul [MPa]	~2500	~300
Zugscherfestigkeit [MPa]	~35	~15
Klebschichtdicke [mm]	<0,3	0,5–1
Bruchdehnung [%]	~8	~80
Klebstofftyp	Filmklebstoff	Pastös
Klebstoffsystem	1-komponentig	2-komponentig
Temperaturbeständigkeit	−55 °C < T < 150 °C	−40 °C < T < 90 °C

trix aus duromeren Epoxidharzen, Phenolharzen oder Bismaleimidharzen (BMI) sowie aus thermoplastischen Polyphenylensulfid (PPS) oder Polyetheretherketon (PEEK) [10, 11]. In Abb. 8.3 wird beispielhaft ein Überblick über die Verwendung von Klebstoffen im Airbus A380 gegeben.

Bei Strukturklebungen von zwei Bauteilen im Flugzeugbereich wird zwischen den drei Technologien Co-Curing, Co-Bonding sowie Secondary Bonding unterschieden [5, 10]. Hierbei werden aufgrund ihrer strukturellen Performance, der reproduzierbaren Klebschichtdicke, dem Handling, der Verwendung bei großen Bauteilen und der aktuell noch

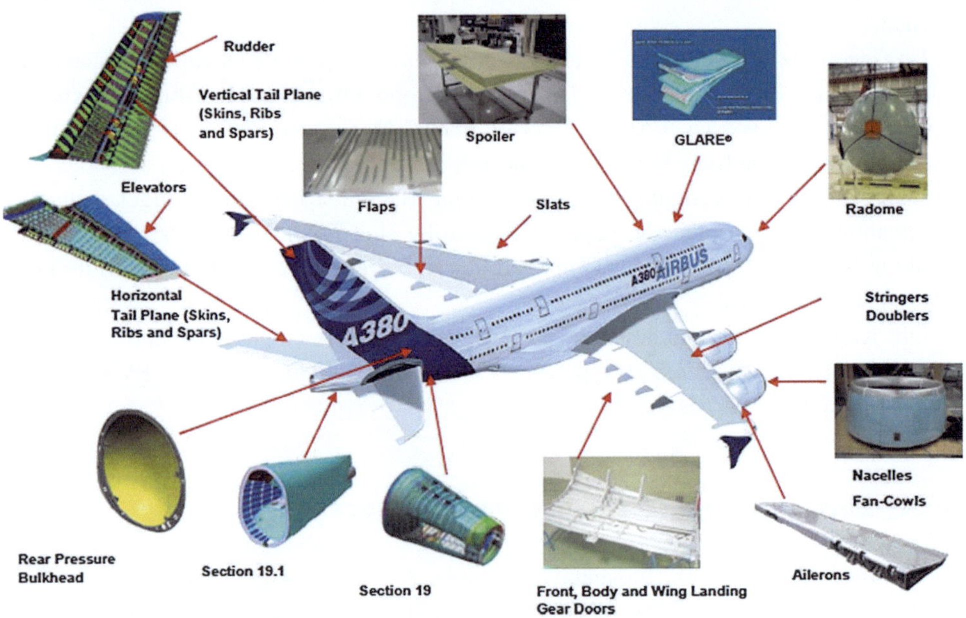

Abb. 8.3 Verwendung von Klebstoffen im Airbus A380 [12]

manuellen Applikation epoxidbasierte Filmklebstoffe mit einem Trägergewebe eingesetzt. Beim Co-Curing erfolgt eine gemeinsame Aushärtung des Prepregs von Haut und Stringern in einem Autoklavprozess, sodass kein zusätzlicher Klebstoff in die Fügestelle appliziert werden muss. Als Beispiel kann die Seitenleitwerks-Mittelkastenschale des Airbus A310-300 angeführt werden. Beim Co-Bonding wird eine Komponente bereits in einem vorgeschalteten Prozess ausgehärtet und in einem weiteren Autoklavprozess mit der zweiten Komponente unter Zuhilfenahme eines Klebstoffes gefügt. Diese Technologie wird beispielsweise bei der Verklebung der Stringer mit der Haut bei der Airbus A350-900 XWB Flügelschale [5, 13] oder der Boeing 787 Flügelschale [14] eingesetzt. Secondary Bonding setzt eine separate Aushärtung beider Komponenten voraus, die in einem anschließenden Prozess miteinander verklebt werden. Die Auswahl der Klebtechnologie erfolgt unter verschiedenen Gesichtspunkten, beispielsweise dem Zeitpunkt der Integration in die Fertigungskette, der Prozesskomplexität, dem Toleranzausgleich oder den Taktzeiten. Beispielsweise muss beim Co-Curing der Lagenaufbau zeitnah vor dem Fügeprozess erfolgen, da die Verarbeitungszeiten bzw. Offenzeiten des Prepregs zeitlich begrenzt sind. Insbesondere vor dem Hintergrund einer internationalen Bauteilfertigung im Flugzeugbau ist dieses zu beachten. Des Weiteren liegt beim Co-Curing eine höhere Prozesskomplexität zum Beispiel in Hinblick auf die zu verwendenden Werkzeuge vor, da die noch nicht ausgehärteten Bauteile eine definierte Werkzeuggeometrie für die Formgebung erfordern. Allerdings ist beim Co-Curing im Vergleich zum Co-Bonding oder Secondary Bonding keine Oberflächenvorbehandlung durchzuführen, da beide Bauteile gemeinsam in einem Autoklavprozess aushärten. Zudem reduziert sich die Anzahl der zeitintensiven Autoklavprozesse.

Bei der Reparatur von FVK-Strukturen werden ebenfalls epoxidbasierte Filmklebstoffe verwendet. Nach einem Schäftungsprozess des bereits ausgehärteten FVK-Bauteiles erfolgen die Applikation des Filmklebstoffes und der anschließende Lagenaufbau. Bei Sandwichstrukturen werden epoxidbasierte Filmklebstoffe in die Grenzschicht zwischen Wabenkernen und Decklagen aus nicht ausgehärteten CFK-Decklagen eingelegt [15]. Weiterhin werden in der Flugzeugmontage Shimmassen oder im Flugzeuginnenraum Klebungen für Kunststoffbauteile (z. B. Displays, Beleuchtungen, Befestigungen etc.) eingesetzt. Die Nutzung von epoxidbasierten Filmklebstoffen bei Faser-Metall-Laminaten (FML) wird als Praxisbeispiel ausführlich im Kapitel Praxisbeispiele aus dem Flugzeugbau behandelt.

8.1.5 Herausforderungen beim Kleben von FVK im Flugzeug

Aufgrund der hohen Sicherheitsanforderungen für Verkehrsflugzeuge besitzt der Nachweis einer fehlerfreien Klebung sowie der Schadenstoleranz der geklebten Fügeverbindung und in diesem Zusammenhang das Verhindern des Rissfortschritts in der Klebung einen hohen Stellenwert. Die Anforderungen bei einer Zertifizierung sind hierbei in Abschn. 6b[3](a) der AC20-107B der Federal Aviation Administration (FAA) festgehalten und sollen die geforderte Einhaltung der „Limit Load“ sicherstellen. Dies kann durch drei verschiedene Methoden erfolgen [16]:

- Schaffung von reproduzierbaren und zuverlässigen zerstörungsfreien Prüfmethoden zur Sicherstellung der Festigkeit von jeder Fügeverbindung
- Komplette Prüfung von geklebten Fügeverbindungen jedes einzelnen Bauteiles
- Verhinderung der Ablösung jeder geklebten Fügeverbindung, die eine maximale kritische Ablösungslänge überschreitet, durch konstruktive Maßnahmen

Eine Ablösung des Klebstoffes im Herstellungsprozess, eine Beschädigung der Klebverbindung aufgrund eines Impacts im Herstellungsprozess oder im späteren Flugbetrieb können durch eine zerstörungsfreie Prüfung nachgewiesen werden. Allerdings können „Kissing Bonds“ (s. Kap. „Kleben versus mechanische Verbindungsverfahren“) nicht detektiert werden. Somit können die Anforderungen der FAA, die eine Verhinderung der Ablösung über eine maximale kritische Ablösungslänge durch konstruktive Maßnahmen erfordern, nur durch Zuhilfenahme von zusätzlichen mechanischen Fügelementen sichergestellt werden.

Im Gegensatz zu mechanischen Fügeelementen sind für die Realisierung einer beständigen Klebung und der damit verbundenen hohen Qualität der Klebung eine kontaminationsfreie Oberfläche sowie entsprechende klimatische Bedingungen für die Verarbeitbarkeit des Klebstoffes erforderlich. Daher erfolgt im Flugzeugbau die Herstellung von Strukturklebungen, beispielsweise die Verklebung von vorausgehärteten Stringern mit einer Seitenleitwerks-Mittelkastenschale, unter einer definierten Temperatur und Luftfeuchtigkeit. Die zulässigen klimatischen Bedingungen für die Verarbeitung von CFK-Bauteilen sind in der Abb. 8.4 dargestellt.

Bereiche, in denen beispielsweise geschliffen oder eingetrennt wird, sind vor dem Hintergrund der hohen Qualitätsanforderungen von dem Klebbereich zu separieren. Zur Vermeidung der Kontamination oberflächenvorbehandelter Bauteile ist eine persönliche Schutzausrüstung der Mitarbeiter vorgeschrieben. Die hohe Qualität der Klebverbindung wird hierbei durch eine kontinuierliche Qualitätssicherung, beispielsweise durch optische Sichtprüfungen oder zerstörungsfreie Ultraschalluntersuchungen, sichergestellt. Die hohen Qualitätsanforderungen an eine reproduzierbare Klebung werden außerdem durch den Einsatz epoxidbasierter 1K-Filmklebstoffe mit einem Trägergewebe gewährleistet. Aufgrund ihrer einfachen Handhabung, der gleichbleibenden Eigenschaften und der Anwendung bei großen Bauteilen erweisen sich 1K-Filmklebstoffe als vorteilhaft. Durch die Verwendung von 1K-Filmklebstoffen ist im Vergleich zu 2K-Klebstoffsystemen keine Mischung erforderlich, welche unter den hohen Qualitätsanforderungen in der Luftfahrt stetig überprüft werden müsste. Die im Flugzeugbau eingesetzten FVK besitzen in der Regel eine Epoxidmatrix und weisen daher eine hohe Kompatibilität mit dem ebenfalls epoxidbasierten Klebstoff auf. Das Trägergewebe eines Filmklebstoffes dient der Einstellung einer reproduzierbaren Klebschichtdicke. Die Aushärtung erfolgt bei Strukturbauteilen meistens bei einer Temperatur von 120 °C oder 180 °C in einem Autoklavprozess. Dieser

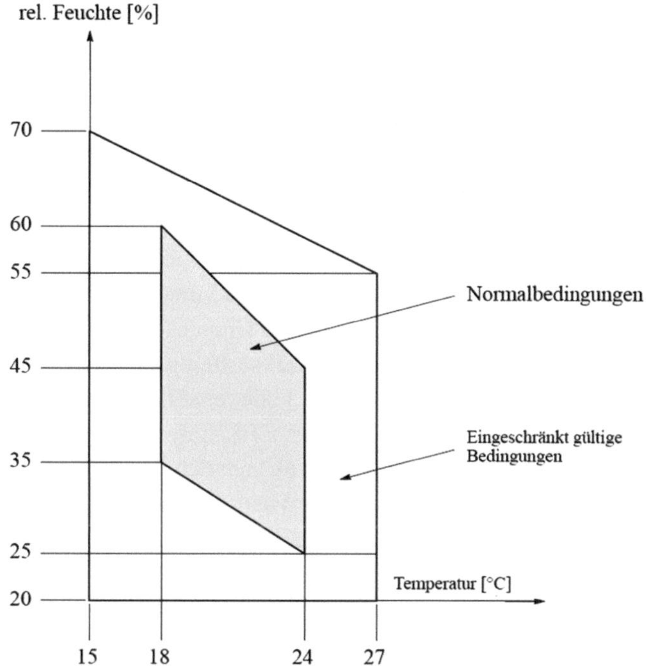

Abb. 8.4 Zulässige klimatische Bedingungen für die Verarbeitung von CFK-Bauteilen in der Flugzeugindustrie [17]

ist zwar im Vergleich zur Automobilindustrie sehr kosten- und zeitintensiv, jedoch können hohe Bauteilqualitäten erreicht und hohe Klebfestigkeiten erzielt werden. Bei FVK-Reparaturen mit Filmklebstoffen werden auch Infrarotlampen oder Heizmatten zur Aushärtung des Klebstoffes eingesetzt [18, 19]. Durch die kostenintensive Nutzung eines 1K-Klebstoffes muss im Vergleich zu Prepregs zur Verlangsamung der Klebstoffvernetzung eine Lagerung bei −18 °C erfolgen.

Ein weiterer Grund für die Verwendung von epoxidbasierten Klebstoffen ist die Beständigkeit gegen Umwelteinwirkungen. Neben der Höhenstrahlung sind die Einflüsse von Luftfeuchtigkeit und Temperatur auf den Klebstoff zu beachten. Die Klebverbindung muss hierbei Temperaturschwankungen von −55 °C bis höher als 150 °C über ein Flugzeugleben ertragen [11]. Im Rahmen der Materialqualifizierung wird in diesem Zusammenhang die Beständigkeit der Klebverbindung gegen eine Alterung überprüft.

Im Flugzeugbau werden Trennmittel zur Entformung der FVK-Bauteile aus den Vorrichtungen eingesetzt. Diese Trennmittel befinden sich auf der Oberfläche des FVK und können die Klebung in einem signifikanten Maße beeinflussen. Daher ist eine Oberflächenvorbehandlung, beispielsweise durch die Verwendung von Abreißgewebe (Peel-Ply [20]) oder eine Entfernung des Trennmittels mit einem Laser [21] durchzuführen.

8.1.6 Prozesskette für das Kleben von FVK im Flugzeug

Bei der Co-Bonding-Strukturklebung einer Primärstruktur im Flugzeug wie beispielsweise eines vorausgehärteten Stringers mit einer nicht ausgehärteten Haut werden Peel-Plys auf die spätere Fügestelle aufgelegt. Diese wird in den Lagenaufbau integriert und gemeinsam mit dem Stringer in einem Autoklavprozess ausgehärtet. Somit kann die Stringerfertigung unabhängig von der Herstellung der Haut in einem vorgeschalteten Prozess durchgeführt werden. Als Beispiel sind hierfür die Airbus A400M Flügelunterschale [2] oder die Airbus A380 Seitenleitwerks-Mittelkastenschale anzuführen [22]. Alternativen zu einer Oberflächenvorbehandlung sind das Sandstrahlen, das Vakuumsaugstrahlen (siehe Buchkapitel „Faserverbundwerkstoffe unterdruckstrahlen – Sauber und prozesssicher vorbehandeln" von Kreling et al.) oder eine Laservorbehandlung (siehe Buchkapitel „Vorbehandlung von duroplastischem CFK-Laserstrahlung – eine verschleißfreie Alternative für die Serie?" von Kreling et al.). Zudem werden in der Flugzeugindustrie auch Co-Bonding Prozesse, in denen die Haut vorausgehärtet und mit unausgehärteten Stringern verklebt wird, durchgeführt. Als Beispiel kann hierfür die Airbus A350-900 XWB Flügelunterschale [1] angeführt werden. Das Schaubild einer typischen Prozesskette für eine Strukturklebung in der Flugzeugindustrie ist in Abb. 8.5 dargestellt.

Die Prozesskette für das Kleben von FVK in der Flugzeugindustrie wird von dem kontinuierlichen Qualitätssicherungsprozess, der insbesondere vor dem Hintergrund der Anforderungen der FAA an eine Klebverbindung nachgewiesen werden muss, dominiert. Neben den kontinuierlich durchgeführten prozessbegleitenden Sichtkontrollen werden zusätzlich auch die Materialdaten des Klebstoffes (z. B. Haltbarkeitsdatum, restliche Verarbeitungszeit, Offenzeit), die Autoklavdaten (z. B. Temperatur und Druck) zur Aushärtung

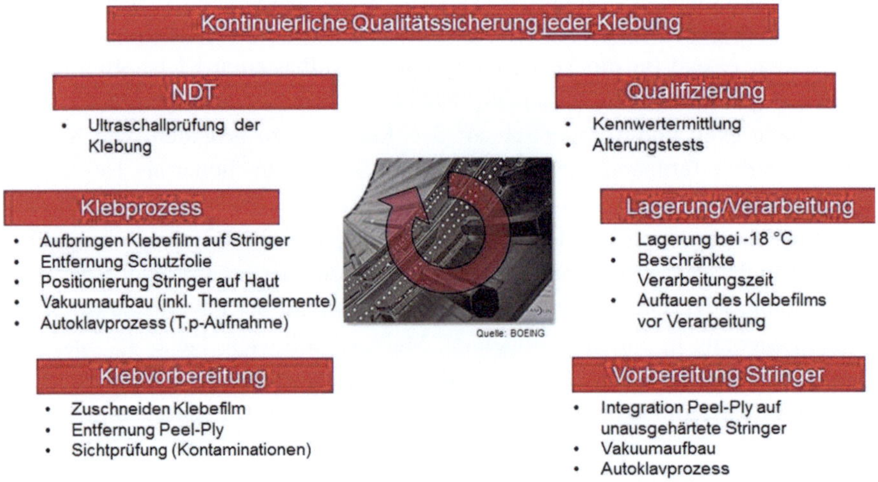

Abb. 8.5 Beispielhafte Prozesskette für eine Strukturklebung im Flugzeugbau. (Bildquelle: ifs)

des Klebstoffes sowie eine anschließende zerstörungsfreie Ultraschallprüfung eines jeden FVK-Bauteiles aufgenommen. Zudem muss die Verarbeitung des Klebstoffes unter definierten klimatischen Bedingungen in Hinblick auf Temperatur und Feuchtigkeit (s. auch Abb. 8.4) erfolgen. Aufgrund der signifikant geringeren monatlichen Produktionsrate eines Flugzeuges (z. B. 60 Flugzeuge der A320-Familie ab 2019 [23]) im Vergleich zur Automobilindustrie ist diese umfangreiche Qualitätssicherung realisierbar und wird aktuell noch manuell ausgeführt. Bei FVK-Reparaturen wird beispielsweise zusätzlich nach dem erfolgten Schäftungsprozess und einer Oberflächenreinigung ein Waterbreak-Test verwendet [10]. Bei diesem Test wird Wasser auf die vorbehandelte CFK-Oberfläche appliziert und die Benetzung bewertet.

8.1.7 Praxisbeispiel: Kleben im Flugzeug

Das Praxisbeispiel zum Kleben im Flugzeug befasst sich mit der Verwendung von epoxidbasierten Filmklebstoffen zur Herstellung einer Rumpfschale des Airbus A380 aus GLARE (Glass Laminate Aluminium Reinforced Epoxy). GLARE zählt zu den Faser-Metall-Laminaten und besteht bei der Rumpfschale des Airbus A380 aus alternierenden Lagen aus glasfaserverstärktem Kunststoff (GFK) mit einer Lagendicke von ca. 0,133 mm und Aluminium mit einer Lagendicke zwischen 0,3 und 0,4 mm. Der Lagenaufbau aus den alternierenden Aluminium- und GFK-Lagen variiert hierbei in Abhängigkeit des Bauteiles [24]. Die Vorteile des Materials liegen in der hohen Impactbeständigkeit, der hohen Schadenstoleranz gegenüber Rissfortschritt sowie der hohen Korrosionsbeständigkeit durch die Nutzung von GFK. Im Airbus A380 wird GLARE u. a. in den in Abb. 8.6 schraffierten stark ermüdungsbelasteten Bereichen des Rumpfes eingesetzt [25].

Aufgrund der Verwendung von FML ist vor dem Kleben eine Oberflächenreinigung sowie -vorbehandlung des Aluminiums erforderlich. Hierzu werden die Aluminiumlagen mit organischen Lösungsmitteln gereinigt und alkalisch entfettet sowie gebeizt. Abschließend erfolgen eine Phosphor-Schwefelsäure-Anodisierung sowie der Auftrag eines Haftvermittlers mit dem Ziel der Konservierung der behandelten Aluminiumoberfläche und zur besseren Klebstoff- und Prepreghaftung [27]. Vergleichbar zu der zuvor vorgestellten Prozesskette wird bei GLARE ebenfalls ein epoxidbasierter 1K-Filmklebstoff eingesetzt.

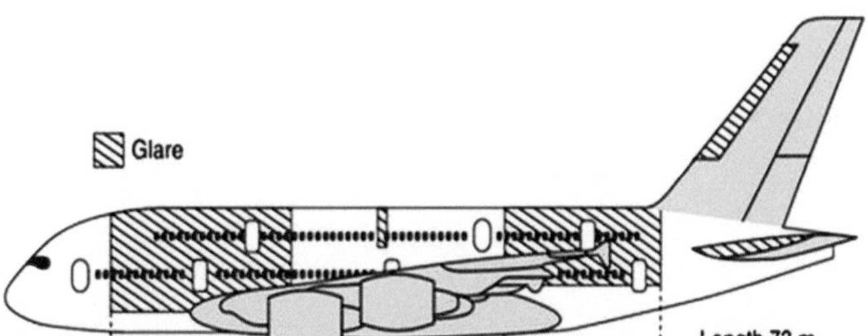

Abb. 8.6 Einsatz von GLARE im Airbus A380 [26]

Die Gründe liegen zum einen in der strukturellen Performance sowie der Kompatibilität zur epoxidbasierten Matrix der unausgehärteten GFK-Lagen vor dem Hintergrund großer Bauteile und der aktuell noch manuellen Applikation in der einfachen Handhabung des Klebefilms sowie der Realisierung einer großflächig gleichmäßigen Klebschichtdicke. Analog zu der im vorherigen Kapitel vorgestellten Prozesskette wird ebenfalls eine kontinuierliche Qualitätssicherung verfolgt, sodass beispielsweise alle Herstellungsprozesse unter definierten klimatischen Bedingungen durchgeführt werden. Die Applikation des Klebefilms erfolgt beispielsweise im Bereich der Überlappungen der einzelnen Aluminiumbleche innerhalb einer Aluminiumlage oder in Außenbereichen zwischen Aluminium- und GFK-Lagen. Nach dem Vakuumaufbau wird der Klebefilm gemeinsam mit den GFK-Lagen in einem Autoklavprozess ausgehärtet. Abschließend wird das Bauteil zerstörungsfrei geprüft. Die Integration der Stringer und Doppler erfolgt in einem weiteren Autoklavprozess.

Das Ziel aktueller Forschungs- und Entwicklungsvorhaben ist die Erhöhung der Produktionsraten von GLARE-Strukturbauteilen. Die automatisierte Ablage des GFK-Prepregs (Abb. 8.7a) [28] und Klebefilms besitzt hierbei einen hohen Stellenwert zur Verringerung der Taktzeiten. In der Abb. 8.7b [28] ist beispielhaft die großflächige Ablage des GFK-Prepregs bei einem GLARE-Bauteil, die in einem nächsten Schritt auch für den Klebefilm umgesetzt werden soll, dargestellt.

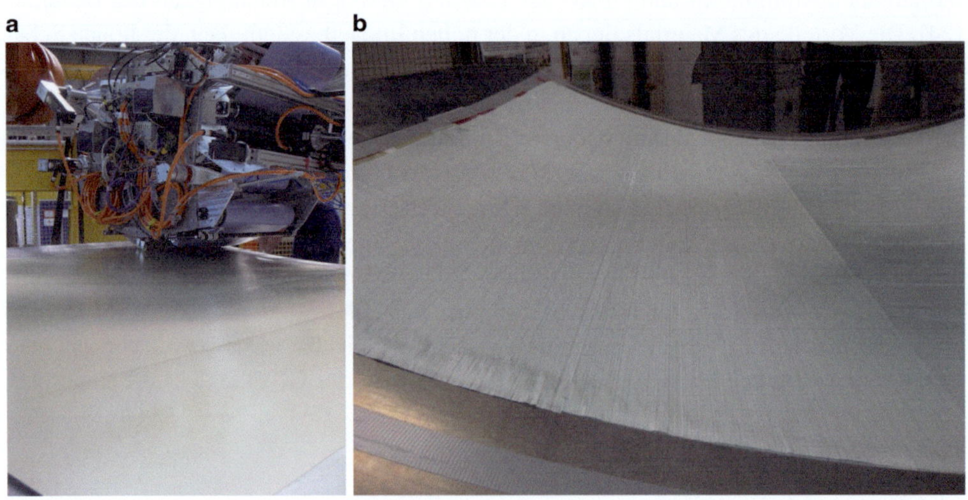

Abb. 8.7 Automatisierte GFK-Prepregablage für GLARE-Strukturbauteile – Ablegeeinheit (**a**) und Bauteil mit GFK-Prepreg (**b**) [28]

8.1.8 Einsatzgebiete von Klebstoffen im Automobilbau

Die Klebtechnik wird im Bereich der Automobilindustrie seit mehreren Jahrzehnten erfolgreich eingesetzt, wobei sich Beispiele für Klebverbindungen in nahezu allen Fahrzeugbereichen finden [9]. Beispiele für klebtechnische Lösungen im Automobilbau sind neben den zuvor genannten strukturellen Klebungen semi-strukturelle Klebverbindungen für FVK-Bauteile (z. B. Unterfütterungsklebungen) oder auch Klebverbindungen zur Befestigung von Innenausstattungs- oder Anbaukomponenten [29, 30]. Als Matrixmaterialien der zu verbindenden Bauteile kommen aufgrund der automobilen FVK-Fertigungstechnologien zur Fertigung von Strukturbauteilen (RTM, SMC, Nasspressen etc.) in der Regel Duromere (vorwiegend Epoxidharze) zum Einsatz [31], wobei aktuelle Weiterentwicklungen im Bereich der faserverstärkten Thermoplaste einen Anstieg der Verwendung dieser Materialien vermuten lassen.

Im Gegensatz zur Luftfahrtindustrie besitzen die Prozesstechnologien Co-Curing und Co-Bonding in der Automobilindustrie keine nennenswerte Relevanz, vielmehr findet stets eine separate Aushärtung von FVK-Bauteil und Klebstoff statt.

Strukturelle Klebverbindungen zeichnen sich bekanntermaßen durch hohe Festigkeiten und in der Regel hohe Crashperformance aus [9]. Vor dem Hintergrund, dass Faserverbundbauteile in strukturellen Anwendungen im Vergleich zur Luftfahrtindustrie aufgrund der geringen Kostenakzeptanz erst verhältnismäßig kurz im Einsatz sind, lassen sich Beispiele für CFK-Strukturbauteile und deren Fügetechnik zur Zeit vor allem im Hochpreissegment finden. Als Beispiel sei hierfür der Aston Martin V12 Vanquish genannt, bei dem als einem der ersten Serienfahrzeuge strukturelle Bauteile (wie etwa der Tunnel oder die A-Säule) aus Faserverbundkunststoffen gefertigt und anschließend auch mittels eines polyurethanbasierten 2K-Klebstoffsystems gefügt wurden [32]. Als weiteres Beispiel können Strukturbauteile beim Audi R8 (z. B. Tunnel und B-Säule) [33] oder auch strukturelle CFK-Metall-Klebungen bei den Dachholmen des BMW 7er der sechsten Generation (Abb. 8.8a) [34] genannt werden.

Unterfütterungsklebungen können aufgrund der dafür verwendeten Klebstoffe (geringe Steifigkeit und Festigkeit) nahezu keine bedeutenden Lasten übertragen und dienen vielmehr zur geometrischen Versteifung der Gesamtstruktur und zur Vermeidung von Bauteilschwingungen und daraus resultierenden Klappergeräuschen [9]. Allerdings liegen bei Unterfütterungsklebungen große Klebflächen vor, woraus sich die Forderung nach kostengünstigen Klebstoffen ergibt. Als Beispiel für eine Unterfütterungsklebung von FVK-Bauteilen sei hier auf den BMW M3 CSL der Baureihe E46 verwiesen, bei dem ein CFK-Dach strukturell eingeklebt wurde und diese Strukturklebung um Unterfütterungsklebungen zur Verbesserung des akustischen Verhaltens ergänzt wurden (Abb. 8.8b) [35].

Neben diesen semi-strukturellen Klebverbindungen werden auch Anbauteile aus Faserverbundkunststoffen geklebt. Als Beispiel für die klebtechnische Anbindung eines Anbauteils kann die Befestigung der Frontscheinwerfer beim Dodge Viper der zweiten Generation (ab Baujahr 2003) genannt werden. Bei diesem Fahrzeug wird die Scheinwerferhalterung an eine Kotflügelhalterung aus SMC geklebt (Abb. 8.8c) [10]. Darüber hinaus

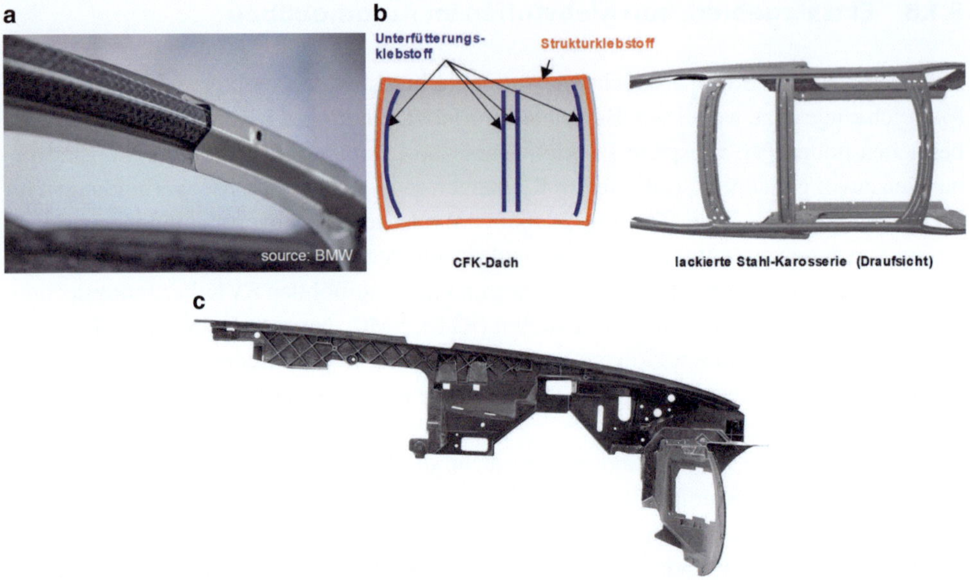

Abb. 8.8 Beispiele für Strukturklebung (**a**), Unterfütterungsklebung (**b**) und Befestigungsklebung (**c**) [10, 34, 35]

existiert eine Vielzahl an Lösungen, bei denen sogenannte Onserts als Befestigungselemente an CFK-Komponenten angeklebt werden [36].

8.1.9 Herausforderungen beim Kleben von FVK im Automobil

Im Vergleich mit der Luftfahrtindustrie ist die Kostenakzeptanz in der Automobilindustrie bedeutend geringer und auch die Reduzierung der Prozesszeit besitzt eine höhere Relevanz, sodass sich daraus zum Teil andere Herausforderungen an die Klebtechnik als die zuvor beschriebenen luftfahrtspezifischen Aspekte ergeben [10, 37]. Die Gewährleistung einer ausreichenden Adhäsion auf Basis der Entfernung von Trennstoffkontaminationen stellt jedoch auch für die Automobilindustrie eine wesentliche Herausforderung dar.

Die vorrangige Aufgabe liegt in der Implementierung des Klebens von FVK (mit den beschriebenen typischen Klebstoffen) in die bestehenden Fertigungsabfolgen der Automobilproduktion. Vor diesem Hintergrund können einzelne Verfahren wie sie in der Luftfahrt zum Einsatz kommen nicht verwendet werden [10]. Als Beispiel hierfür seien die manuelle Applikation des Klebstoffs oder der ebenfalls manuell durchgeführte Klebvorbehandlungsprozess (etwa Schleifen oder das Entfernen der Peel-Ply-Gewebe) genannt. Hierfür müssen für die Anwendung in der automobilen Serienproduktion Lösungen bereitgestellt werden, die eine bedeutend höhere Prozessgeschwindigkeit erlauben, was allerdings im Bereich der Klebstoffapplikation bereits realisiert werden kann.

Weitere Herausforderungen ergeben sich aus der geringen Kostenakzeptanz in der Automobilindustrie. Während in der Luftfahrt Kosten von bis zu 500 € pro reduziertes Kilogramm an Bauteilgewicht akzeptiert werden, fällt dieser Kennwert in der Automobilindustrie um nahezu eine Größenordnung geringer aus [37]. Dies führt dazu, dass die bestehenden Hochleistungsklebstoffe der Luftfahrtindustrie für den automobilen Massenmarkt nicht eingesetzt werden können und ein Optimum zwischen verringertem Klebstoffpreis und erhöhter Klebstoffperformance gefunden werden muss. Gleiches gilt für die eingesetzten Grundmaterialien (Fasern und Matrices), die ebenfalls in aller Regel nicht hinsichtlich der Klebbarkeit, sondern vielmehr hinsichtlich einer möglichst guten und somit zeit- und kosteneffizienten Prozessierbarkeit entwickelt werden.

Vor diesem Hintergrund ergibt sich als eine wesentliche Anforderung an den Klebprozess von Faserverbundstrukturen in der Automobilindustrie, dass dieser eine sehr hohe Robustheit aufweist. Im Gegensatz zur Luftfahrtindustrie ist eine zerstörungsfreie 100 %-Prüfung der Klebverbindungen nicht möglich, sodass die Qualität der Klebverbindungen durch die Robustheit der Einzelprozesse und einzelnen Stichprobenprüfungen sicherzustellen ist. Dies umfasst unterschiedlichste Aspekte des Fügeprozesses, wie etwa die Klebvorbehandlung, in der die Entfernung der prozesstechnisch stark schwankenden Trennstoffkontaminationen ohne Materialschädigung gewährleistet werden muss, oder auch die Applikation (ausreichend viel Klebstoff ohne Kavitäten).

8.1.10 Prozesskette für das Kleben von FVK im Automobilbau

In Analogie zur dargestellten Prozesskette in der Luftfahrtindustrie wird nachfolgend eine typische Prozesskette für die Automobilindustrie am Beispiel einer Strukturklebung von RTM-Bauteilen (z. B. Tunneleinbau beim Audi R8) dargestellt. Im Gegensatz zur Luftfahrtindustrie kommen die dort häufig verwendeten Abreißgewebe in der Automobilindustrie nicht zum Einsatz, vielmehr wird hier auf automatisierbare Vorbehandlungsverfahren (z. B. Strahlprozesse und/oder Plasmavorbehandlung) zur Klebvorbehandlung zurückgegriffen [21]. Diese Klebvorbehandlung ist in der Fertigungskette integriert und erfolgt zum Teil unmittelbar (insbesondere bei einer Plasmavorbehandlung) vor der Applikation des Klebstoffs. Vor dem Hintergrund, dass die verwendeten Klebstoffe direkt nach dem Auftragen noch keine ausreichende Festigkeit besitzen, um eine schädigungsfreie Handhabung zu gewährleisten [27], können im Nachgang an den Applikationsprozess unterschiedliche Prozesse zur Gewährleistung der Positionstreue erfolgen. Als Beispiele hierfür sind ein Vorhärten der Klebstoffe [38] (z. B. mittels Infrarotstrahler beim aktuellen BMW i3 [39]) oder die Verwendung von mechanischen Fügeelementen zur Gewährleistung der Anfangsfestigkeit zu nennen [33]. Anschließend erfolgt die vollständige Aushärtung der gesamten Klebung im weiteren Verlauf des Montageprozesses.

Die Prozesskette des Klebens von FVK im Automobilbau wird somit durch einen hohen Automatisierungsgrad bestimmt, wohingegen Fragestellungen der 100 %-Prüfung nur eine untergeordnete Rolle spielen. Vielmehr werden die einzelnen Schritte des Klebprozesses (z. B. Vorbehandlung, Applikation, Aushärtungsbedingung etc.) im Vorhinein für den Fertigungsprozess und die verwendeten Materialien qualifiziert und daher im Nachgang lediglich stichprobenartig geprüft. Vor diesem Hintergrund untergliedert sich die automobile Prozesskette zwar in die gleichen grundlegenden Prozessschritte (Vorbehandlung, Applikation, Aushärtung), zeichnet sich in den einzelnen Gliederungsschritten allerdings durch eine bedeutend geringere Anzahl an Einzeloperationen aus.

8.1.11 Praxisbeispiel: Kleben im Automobilbau

Als Praxisbeispiel für das Kleben von FVK-Bauteilen im Automobilbau kann hier die Verbindung der CFK-Seitenteile mit den Dachquerträgern und der Bodengruppe des BMW i3 aufgeführt werden [6]. Von diesem Fahrzeug werden täglich 100 Fahrzeuge produziert [40], sodass bereits akzeptable Taktzeiten in der Serienproduktion erreichbar sind. Dabei kommt ein polyurethanbasierter 2K-Klebstoff zum Fügen der genannten RTM-Bauteile zum Einsatz, der zum einen eine sehr geringe Topfzeit von etwa 90 s besitzt [39] und zum anderen eine Schnellaushärtung durch gezielte Erwärmung von Heftstellen ermöglicht. Die finale Aushärtung erfolgt nach 90 min bei Raumtemperatur [39].

Der oben beschriebenen Prozesskette folgend findet zunächst die Oberflächenvorbehandlung der CFK-Bauteile statt. Im fokussierten Fertigungsprozess geschieht die Oberflächenvorbehandlung durch einen Strahlprozess [41] zur Entfernung der Trennstoffkontaminationen auf den CFK-Bauteilen und anschließenden Haftvermittlerauftrag zur Aktivierung der Oberfläche (Abb. 8.9a). Im Gegensatz zum dargestellten Praxisbeispiel aus der Luftfahrtindustrie kommt bei dem Verkleben der Bauteile kein Folienklebstoff, sondern ein pastöser 2K-PUR-Klebstoff zum Einsatz, der mittels Roboter automatisch gemischt und appliziert wird (Abb. 8.9b). Anschließend folgen die Positionierung der Bauteile und eine lokale Erwärmung mittels Infrarotstrahlern, um eine ausreichende Handhabungsfestigkeit zu erzielen (Abb. 8.9c; [39]).

a b c

Abb. 8.9 Automobile Prozessfolge (BMW i3-Produktion) – Vorbehandlung (Haftvermittlerauftrag) (**a**), Applikation (**b**) und Aushärtung (**c**). (Bildquelle: BMW AG)

8.1.12 Zusammenfassung und Ausblick

Das Kleben als Fügetechnologie für Faserverbundwerkstoffe findet aufgrund seiner vielfältigen Vorteile eine verbreitete Anwendung in diversen Industriebereichen – angefangen von der Windenergie über den Automobilbau bis zum Flugzeug. Insbesondere im Automobilbau werden komplette CFK-Strukturen im Rahmen einer Serienfertigung ohne Einsatz zusätzlicher mechanischer Fügelemente geklebt. Die Herausforderungen an die Klebstoffsysteme variieren hierbei aufgrund der verschiedenen Anforderungsprofile, vor allem in Hinblick auf die Klebstoffeigenschaften und ihren Verarbeitungsprozess. Im Flugzeug erfolgt der Klebprozess vor dem Hintergrund eines kontinuierlichen Qualitätssicherungsprozesses, während im Automobilbau durch die hohen Taktraten und den erheblich höheren Kostendruck keine Prüfung jeder Klebung durchführbar ist. Weitere Unterschiede zwischen den beiden Bereichen liegen beispielsweise in den verkürzten Verarbeitungs- und Aushärtungszeiten in der Automobilindustrie gegenüber der Flugzeugindustrie sowie der aktuell noch manuellen Applikation des Klebstoffes bei Strukturklebungen im Flugzeug. Diese Unterschiede können auch anhand der genannten Praxisbeispiele aus den beiden Bereichen belegt werden.

Aktuelle Ansätze zur Verbesserung der Klebverbindungen im Flugzeugbau befassen sich beispielsweise mit der Einbringung von Pins senkrecht zur Klebefilmlage [5] oder der gemeinsamen Integration von thermoplastischen und duromeren Klebstoffen zwischen FVK-Bauteile [42]. Die größte Herausforderung besteht weiterhin in der Detektion von Kissing Bonds, um die aktuell noch erforderlichen zusätzlich zur Klebung eingesetzten Niete und die damit verbundene Zerstörung der Fasern des FVK zu verhindern. Im Automobilbau liegen wesentliche Forschungsaktivitäten im Bereich der weiteren Erhöhung der Produktionsgeschwindigkeit. Im Fokus stehen dabei zum einen die Verwendung schneller reagierender Klebstoff- bzw. Matrixsysteme oder zum anderen der Verzicht auf einzelne Prozessschritte. In diesem Zusammenhang ist beispielsweise die bedeutende Reduzierung des Vorbehandlungsaufwandes auf Grundlage der Verwendung interner Trennmittel, die der Harzkomponente zugegeben werden, zu nennen. Dadurch wird einerseits eine Entformung ermöglicht und andererseits eine verhältnismäßig gute Klebbarkeit der unvorbehandelten Oberflächen gewährleistet.

8.1.13 Dank

Die Autoren danken Dr. Hilmar Apmann und Patrick Köhnke von der Premium Aerotec GmbH aus Varel für die Bereitstellung der Bilder für das Praxisbeispiel Kleben im Flugzeug.

Die Autoren
M. Sc. Tobias Reincke (t.reincke@tu-braunschweig.de) ist wissenschaftlicher Mitarbeiter am Institut für Füge- und Schweißtechnik der TU Braunschweig und beschäftigt sich mit der Fertigungstechnologie und Prüfung von hybriden Bauteilen aus Faserverbundwerkstoffen und Metallen.

M. Sc. David Blass (d.blass@tu-braunschweig.de) ist wissenschaftlicher Mitarbeiter am Institut für Füge- und Schweißtechnik der TU Braunschweig und beschäftigt sich mit Verfahren zur Klebvorbehandlung von Faserverbundwerkstoffen.

Dr.-Ing. Stefan Kreling (paul.stefan.kreling@volkswagen.de) ist jetzt in der Konzernforschungsbereich im Bereich Werkstoffe und Fertigungsverfahren bei VW tätig und leitete vorher die Arbeitsgruppe Faser- und Werkstoffverbunde am ifs.

Prof. Dr.-Ing. Klaus Dilger (k.dilger@tu-braunschweig.de) ist Leiter dieses Instituts.

8.2 Kunststoffe fügen im Aggregatbereich – Dichtkleben von Motoranbauteilen

Henning Gleich

Gewichtsreduzierung und Downsizing sind seit einigen Jahren Schlagwörter, wenn es um neue Motorenkonzepte im Pkw-Bereich geht. Hier bieten faserverstärkte Kunststoffe und insbesondere glasfaserverstärkte Thermoplaste ein hohes Potenzial. Wegen der Kriechproblematik unter Belastung stellt sich beim Einsatz von Motoranbauteilen aus Kunststoffen die Frage nach der Wirtschaftlichkeit einer dichten Montage. Im Vergleich zu aufwändigen Formdichtungen und Distanzhülsen beim Schrauben ist das Dichtkleben eine interessante Alternative.

Kleben erlaubt die Verbindung unterschiedlichster Werkstoffe und ist im Karosseriebau ein eingeführtes Fügeverfahren, das die Steifigkeit der Struktur erhöht, mit anderen Fügeverfahren kombinierbar ist und neben Festigkeit noch weitere Funktionen erfüllt. So dient der Karosserieklebstoff in vielen Fällen gleichzeitig auch als Nahtabdichtung.

Diese Vorteile sollen sinnvoll auch in andere Bereiche der Automobilfertigung überführt werden. Im Powertrain – insbesondere am Motor – wird heute noch klassisch geschraubt. Neue Hochleistungsklebstoffe eröffnen ein weites Anwendungsfeld für den Einsatz der Klebtechnik im Motorumfeld. Dieses neue Einsatzgebiet ist mit neuen Anforderungen und Randbedingungen verknüpft und erfordert somit innovative Lösungen.

8.2.1 Dichtkleben unterschiedlicher Werkstoffpaarungen

Gewichtsreduzierung und Downsizing sind aktuelle Schlagwörter bei der Entwicklung neuer Motorenkonzepte im Pkw-Bereich. Durch ihre geringe Dichte und wirtschaftliche Herstellung (Spritzgießverfahren) bieten Motoranbauteile aus Kunststoff große Vorteile. Des Weiteren erlauben insbesondere thermoplastische Werkstoffe eine Vielzahl von Funktionsintegrationen und eine besonders hohe Designfreiheit bei der Bauteilgestaltung.

Wegen der im Vergleich zu Metallen jedoch geringen Steifigkeit von Kunststoffen ergeben sich an Flanschen häufig Abdichtprobleme. Diese lassen sich bei Schraubverbindungen durch geeignete konstruktive Gestaltung, z. B. durch ballige und kammartig profilierte Elastomer-Feststoffdichtungen (Abb. 8.10a), realisieren [43].

Im Gegensatz zum Einsatz aufwändiger Formdichtungen und Distanzhülsen beim Schrauben stellt das Dichtkleben eine neue innovative und wirtschaftliche Fügetechnik für Metall-Kunststoff-Verbindungen dar. Ein Vorteil des Dichtklebens (Abb. 8.10b – adhäsive Dichtung) ist zudem, dass keine Kompressionskräfte auftreten und der Kunststoff somit nicht kriecht.

Untersuchungen zeigen, dass adhäsiv abgedichtete Motoranbauteile aus Kunststoff sogar ohne Verschraubungspunkte befestigt werden können, vorausgesetzt, dass der eingesetzte Klebstoff ausreichend alterungsbeständig und insbesondere gegen die im Motorenumfeld auftretenden Medien weitestgehend resistent ist und über die Lebensdauer an den zu fügenden Partnern haftet.

Eine Verschraubung mit Flüssigdichtung, wie sie z. B. in der Ölwannenmontage bei Gusseisen-Aluminium- und Aluminium-Aluminium-Paarungen bereits seit langer Zeit in der Serie umgesetzt wird, funktioniert bei der Werkstoffkombination Metall-Thermoplast auf Grund der unterschiedlichen thermischen Wärmeausdehnungskoeffizienten beider Werkstoffe nicht. Während der Rumpfmotor aus Metall bei Temperaturerhöhungen auf bis zu 150 °C nur eine sehr geringe thermische Dehnung erfährt, ist bei Thermoplasten die wärmeinduzierte Längenausdehnung in Bezug auf die Dichtigkeit der Flanschverbindung problematisch.

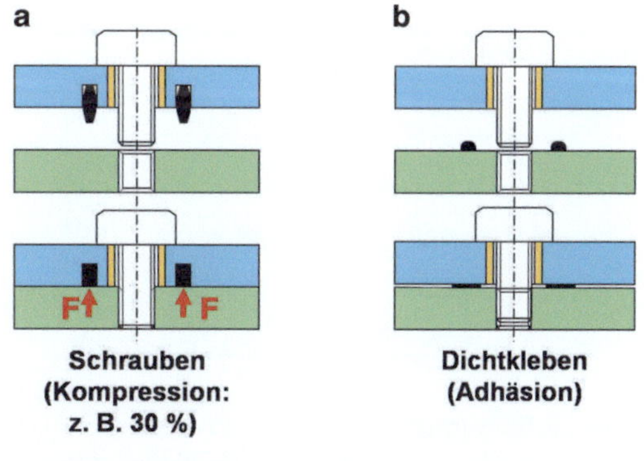

Abb. 8.10 Dichtigkeit durch Kompression (**a**) oder Adhäsion (**b**) [44]. (Bildquelle: inpro)

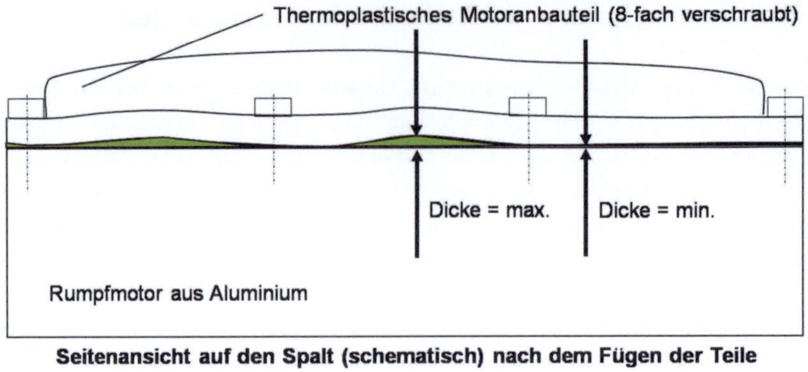

Abb. 8.11 Wärmeinduziertes „Ausbeulen" des thermoplastischen Motoranbauteils zwischen den Schrauben [44]. (Bildquelle: inpro)

Bedingt durch die Fixierung beider Bauteile mit Schrauben (Abb. 8.11) kann sich das thermoplastische Bauteil nur zwischen den Schrauben ausbeulen und der daraus resultierende Spalt zwischen beiden Flanschen führt zur Leckage.

Das „Ausbeulen" des thermoplastischen Motoranbauteils würde im Fallbeispiel gemäß Abb. 8.12 bei Erwärmung auf 150 °C eine Klebschichtdehnung von ca. 500 % erfordern, um die Dichtigkeit aufrechtzuerhalten (Abb. 8.12a). Derartig hohe Dehnungswerte sind nicht realisierbar. Beim Dichtkleben (Abb. 8.12b) ohne Einschränkung durch die fixen Schraubpunkte kann sich das thermoplastische Bauteil in alle Richtungen ausdehnen. Die in diesem Fall abgeschätzte erforderliche Dehnung der Klebschicht beträgt nur ca. 140 % und liegt deutlich unterhalb der Bruchdehnung vieler Silikonklebstoffe.

Eine zentrale Bedeutung kommen der Dicke des Dichtspaltes und der Deformation der Bauteile aufgrund von Temperaturschwankungen zu. Kunststoffbauteile weisen nicht die Ebenheit von gefrästen, metallischen Bauteilen auf. Hier kann der Klebstoff toleranzaus-

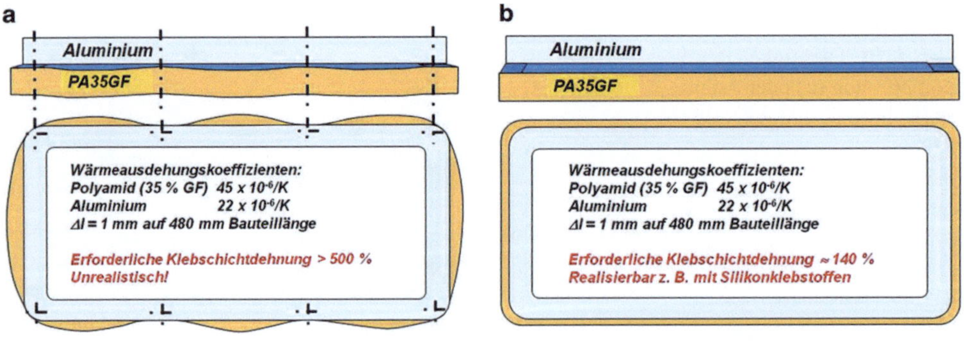

Abb. 8.12 Vergleich der beiden Prozesse „Flüssigdichtung mit Verschraubung" (**a**) und „Dichtkleben" (ohne Verschraubung) (**b**). (Bildquelle: inpro)

gleichend wirken. Zudem führt die unterschiedliche Wärmeausdehnung der Materialien dazu, dass sich die Spaltweite bei Temperaturerhöhung verändert.

8.2.2 Klebstoffscreening

Eine im Kreis der inpro-Partner durchgeführte Anforderungsanalyse zur Identifikation geeigneter Klebstoffsysteme berücksichtigte verschiedene Werkstoffkombinationen aus dem Otto- und Dieselmotorbereich. Die sich ergebenden Werkstoffpaarungen umfassten auf der metallischen Seite Grauguss-Aluminium- und Aluminium-Aluminium-Verbindungen. In Kombination mit Polymerwerkstoffen wurden Polyamid-Aluminium-Verbindungen betrachtet.

Im Folgenden sind die ermittelten Anforderungen in Haupt-, erweiterte und spezielle Anforderungen unterteilt zusammengestellt:

Hauptanforderungen

- Generelle Dichtigkeit
- Automobilspezifischer Temperatureinsatzbereich −40 °C bis +150 °C
- Resistenz gegen Motorenöl
- Resistenz gegen motorraumspezifische Medieneinwirkungen

Erweiterte Anforderungen

- Haftung auf unterschiedlichen Substraten (GG, Aluminium, Polyamid)
- Beständigkeit gegen Kraftstoffanteile im Motorenöl
- Möglichst kein Adhäsionsversagen
- Bruchdehnung möglichst > 250 %
- Möglichst sofortige Dichtwirkung
- Anfangsfestigkeit (Handlingsfestigkeit) möglichst ≥ 0,1 MPa

Spezielle Anforderungen

- Resistenz gegenüber Blow-By-Medien (nur für Otto-Kraftstoff-Motoren)
- Beständigkeit bei 120 °C Kühlmittelkontakt (bei Einsatz im Kühlmittelkreislauf)

Die im Folgenden diskutierten Ergebnisse beziehen sich auf Aluminium-Polyamid-Verbindungen.

Im Rahmen eines Klebstoffscreenings wurden insgesamt 12 unterschiedliche Klebstoffsysteme auf ihre Eignung für den Einsatz im Motorenbereich hin untersucht. Die Abmessungen der untersuchten Kopf-Zug-Probe sind in Abb. 8.13 wiedergegeben.

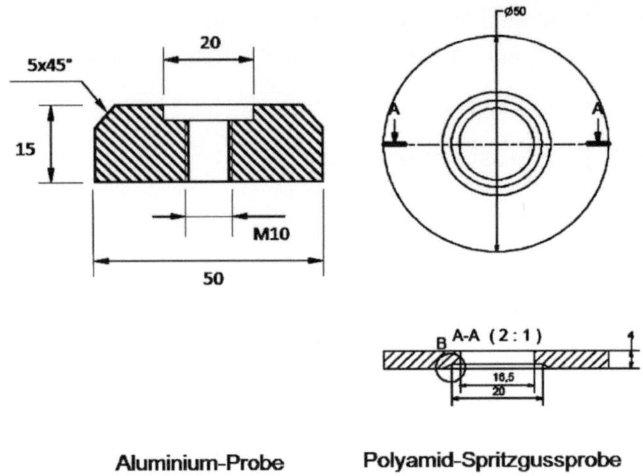

Abb. 8.13 Abmessungen der Aluminium- und Polyamid-Probe (Kopf-Zug-Versuch). (Bildquelle: inpro)

Während die Aluminiumoberfläche spanend endbearbeitet wurde (Rz = 12–16 µm, // ±0,05 mm), erfolgte bei den thermoplastischen Probekörpern die Klebstoffapplikation direkt auf die spritzgegossene Oberfläche. Die Substratoberflächen wurden vor dem Klebstoffauftrag mit Isopropanol gereinigt.

Die Aushärtung aller Klebverbunde erfolgte sieben Tage lang in einem Klimaschrank bei Normklima (23 °C/50 % relative Luftfeuchte). Danach fand die Auslagerung in unterschiedlichen thermischen und medialen Klimata statt.

Die Verbundfestigkeiten der mit Elastosil® 76540 A/B geklebten Polyamid-Aluminium- und Aluminium-Aluminium-Proben nach Auslagerung sind in Abb. 8.14 zusammengefasst. Dabei geben die dargestellten Balken den arithmetischen Mittelwert von jeweils fünf geprüften Proben, die Fehlerindikatoren den jeweils kleinsten und größten Einzelwert der Versuchsreihe an. Die zu Anfang der Untersuchungen geforderte Mindestfestigkeit von 1 MPa ist bei allen Auslagerungsvarianten gewährleistet.

Auch die Verbundfestigkeit der Polyamid-Aluminium-Klebung nach zyklischem Temperaturwechseltest (TWT) und 500-stündiger Auslagerung in +150 °C heißem Motorenöl (Lubrizol) bei drei unterschiedlichen Objekttemperaturen (Prüftemperaturen) wurde untersucht (Abb. 8.15). Neben Raumtemperatur (+22 °C) wurden die Grenzen des motorspezifischen Temperaturbereichs −40 °C und +150 °C herangezogen.

Die Ergebnisse bei unterschiedlichen Prüftemperaturen sind in Abb. 8.15 zusammengestellt. Die weißen Zahlen im unteren Bereich der Balken geben die einzelnen Versagensanteile der Bruchbilder wieder (CF = cohesion failure, SCF = substrat near cohesion failure, AF = adhesive failure) und zeigen, dass auch bei extremen Prüftemperaturen zum größten Teil kohäsives Versagen, jedoch nie reine Adhäsionsbrüche auftreten.

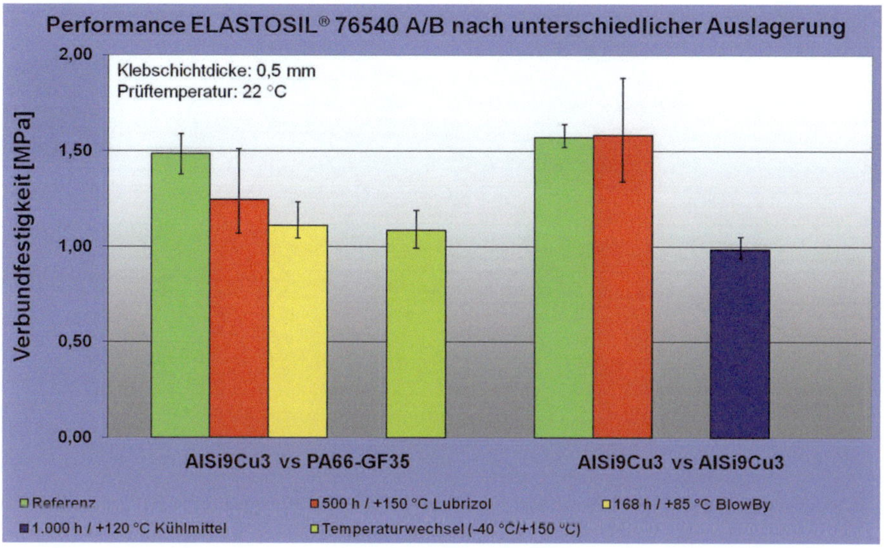

Abb. 8.14 Verbundfestigkeiten nach unterschiedlicher Auslagerung. (Bildquelle: inpro)

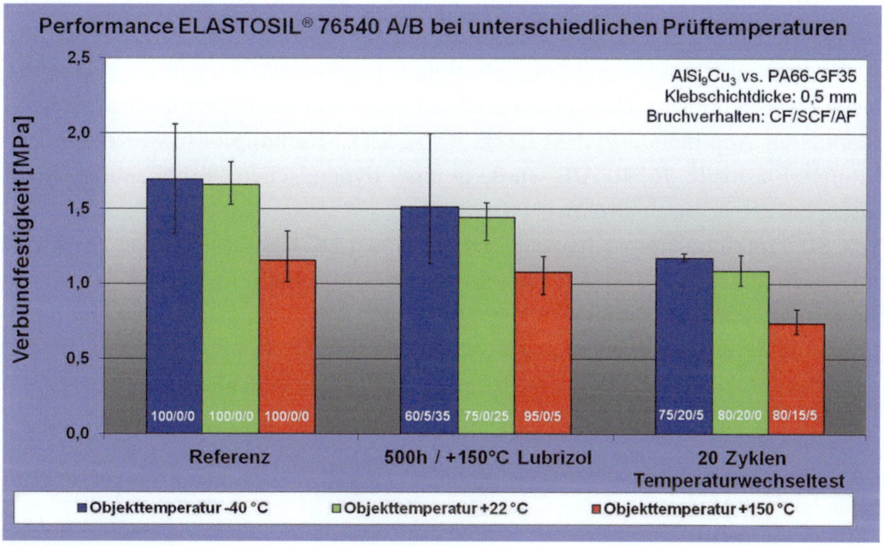

Abb. 8.15 Verbundfestigkeiten bei unterschiedlichen Prüftemperaturen. (Bildquelle: inpro)

8.2.3 Prozess- und Prüftechnik

Nach der Qualifizierung eines geeigneten Klebstoffsystems muss insbesondere die dynamische Belastbarkeit der Klebung untersucht werden. Hierzu wurden die in Abb. 8.16 dargestellten Prinzipbauteile, bestehend aus einem spritzgegossenen Kunststoffbauteil

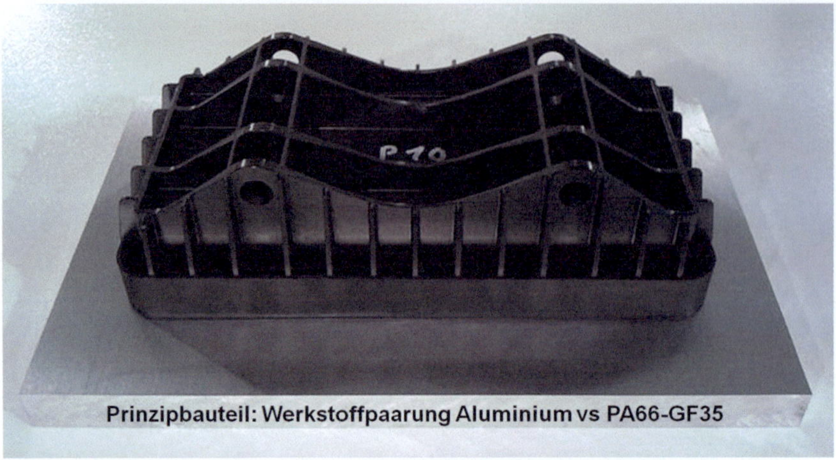

Abb. 8.16 Prinzipbauteil (Werkstoffpaarung: PA66-GF35 und Aluminium). (Bildquelle: inpro)

(PA66-GF35) und einer Aluminiumplatte als Kurbelgehäuse-Ersatz (KGH), nach unterschiedlichen Vorbehandlungen der Flanschoberflächen geklebt und anschließend nach unterschiedlichen Auslagerungen (Heißölspülung, zyklischer Temperaturwechseltest und VDA-Wechseltest 621-415) in Schwingfestigkeitsuntersuchungen getestet und erprobt.

Die Klebstoffapplikation erfolgte dabei mit einer automatischen und an einen Roboter adaptierten Applikationseinheit (Abb. 8.17). Die Mischung des zweikomponentigen Klebstoffes Elastosil® 76540 A/B wurde in einer dynamischen Mischkammer direkt vor dem Raupenauftrag durchgeführt.

Abb. 8.17 zeigt die inpro-Klebzelle, mit der neben 1K-Klebstoffen auch 2K-Klebstoffsysteme nach dynamischer Mischung vollautomatisch appliziert werden können.

Die Schwingfestigkeitsuntersuchungen wurden in Anlehnung an Wöhler im Laststeigerungsversuch durchgeführt. Die Laststeigerungen erfolgten in 0,1 bzw. 0,05 MPa-Schritten. Das Bauteil wurde mit einer sinusförmigen Belastung geprüft.

Abb. 8.17 Robotergestützte Klebzelle im inpro-Versuchsfeld. (Bildquelle: inpro)

Abb. 8.18 Geklebtes Prinzipbauteil für die Schwingfestigkeitsprüfung aufgespannt. (Bildquelle: inpro)

Die für die Prüfung relevanten Parameter wurden mittels Computer und dazugehöriger Software eingestellt. Mit einer Kraftmessdose wurden die Kräfte in Belastungsrichtung aufgezeichnet. Diese dienten dann zur Regelung des Hydraulikzylinders.

Der Versuch wurde so lange durchgeführt, bis die Grenz-Schwingspielzahl ($N = 2 \cdot 10^6$) erreicht war. Danach wurde die folgende Laststufe automatisch gestartet.

Während der Prüfdauer wurden jeweils nach 1000 Schwingungsperioden die Kraftwerte sowie der Weg des Hydraulikzylinders aufgezeichnet. Abb. 8.18 zeigt das eingespannte Prinzipbauteil. Die Ergebnisse der Schwingfestigkeitsuntersuchungen sind in Abb. 8.19 zusammengestellt.

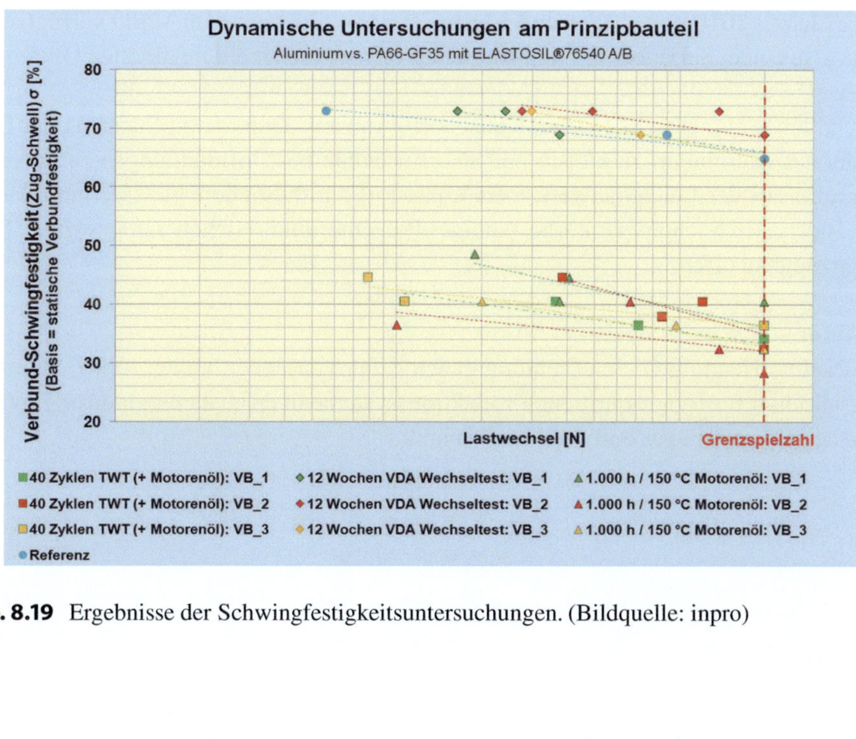

Abb. 8.19 Ergebnisse der Schwingfestigkeitsuntersuchungen. (Bildquelle: inpro)

Solange die Klebungen nicht gleichzeitig Motorenöl und hohen Temperaturen (bis 150 °C) ausgesetzt waren, wurden nach Dauerschwingbelastungen Verbundfestigkeiten bis ca. 65 % der statischen Verbundfestigkeit erreicht. Diese lagen damit deutlich über den in der Literatur üblicherweise genannten Dauerfestigkeiten von 25–40 % der statischen Festigkeit.

Nach 1000-stündiger Auslagerung in Motorenöl bei erhöhten Temperaturen (150 °C) fällt die dynamische Belastbarkeit der Klebungen zwar signifikant ab, erfüllt jedoch immer noch die zu erwartenden Belastungsanforderungen.

Auch bei zerstörender Belastung der Klebungen zeigte das mit dem qualifizierten Klebstoffsystem Elastosil® 76540 A/B erreichte Bruchbild zum größten Teil kohäsives Versagen.

8.2.4 Zusammenfassung und Ausblick

Mit dem dargestellten Prinzipbauteil entwickelte inpro die Prozesskette „Dichtkleben am Motor“ und verifizierte sie unter produktionsnahen Randbedingungen (Konzepttauglichkeit). Das hierfür von Wacker und inpro gemeinsam entwickelte Klebstoffsystem Elastosil® 76540 A/B erfüllt auch nach Alterung in unterschiedlichen Klimata (Heißölspülung, zyklischer Temperaturwechseltest, VDA-Wechseltest) ohne Ausnahme seine dichtende Funktion.

Mit zahlreichen Validierungsversuchen und Prüfstandläufen zur Absicherung der Betriebsfestigkeit, bei denen fertigungstechnische Rahmenbedingungen simuliert wurden, wurde das Projekt „Kleben von Motoranbauteilen“ erfolgreich abgeschlossen. Seit Anfang des Jahres 2010 ist der Klebstoff Elastosil® 76540 A/B auf dem Markt verfügbar und wird u. a. in einem Serienbauteil im Motorenbereich, jedoch nicht im direkten Ölkreislauf, eingesetzt.

Dichtkleben eignet sich u. a., um Kunststoffölwannen, Zylinderkopfhauben oder Ölabscheider auf Aluminium zu kleben und so aufwändige Feststoffdichtungen zu umgehen. Für den Einsatz des Leichtbauwerkstoffs Kunststoff – insbesondere glasfasergefülltes Polyamid oder auch hochtemperaturbeständiges Polyetherimid – stehen damit weitere Türen im Fahrzeugbau offen.

Der Autor

Prof. Dr.-Ing. Henning Gleich (henning.gleich@inpro.de) leitet bei der inpro – Innovationsgesellschaft für fortgeschrittene Produktionssysteme in der Fahrzeugindustrie mbH in Berlin den Bereich Füge- und Werkstofftechnik.

8.3 Multi-Material-Design – Kleben – so einfach wie Bolzenschweißen

Manfred Peschka, Andreas Hartwig, Matthias Popp, Andreas Lühring und Sascha Gramsch-Kempkes

Leichtbau im Automobilbau ist gleichbedeutend mit Materialmix, der die Befestigungstechnologie vor immer größere Herausforderungen stellt. Bei Aluminium- sowie hochfesten Stahlblechen mit reduzierten Wandstärken und faserverstärkten Kunststoffen geraten die bislang eingesetzten Fügeverfahren an ihre Grenzen. Hier spielt die Klebtechnik ihre Vorteile aus.

Mit Klebstoffen können alle technisch relevanten Materialien verbunden werden. Allerdings gibt es heute immer noch Vorbehalte gegenüber dieser Fügetechnik. Der Umgang mit dem flüssigen oder pastösen Medium in der Fertigung erfordert eine hohe Sorgfalt sowie speziell geschultes Personal. Leider wird vielfach die Meinung vertreten, dass wir alle seit unseren Kindergartentagen kleben können. Das mag im privaten Bereich richtig sein, im beruflichen Umfeld führt diese Meinung zu einer Unterschätzung der Anforderungen.

Bei den für den industriellen Einsatz bestimmten Produkten der Klebstoffhersteller handelt es sich um hochwertige Qualitätsprodukte, deren fachgerechter Einsatz in der Regel zu einer Null-Fehler-Produktion führt. Dem steht die Tatsache gegenüber, dass 90 % aller trotzdem – und leider zu häufig – auftretenden Klebfehler Anwendungsfehler sind, die meist aus klebtechnischer Unwissenheit heraus begangen werden. Erschwerend kommt noch hinzu, dass der Anwender in seiner subjektiven Wahrnehmung alles richtig gemacht hat und die Verantwortung für das Versagen ebenso automatisch wie fälschlich dem Produkt „Klebstoff" zuschreibt.

8.3.1 Klebtechnische Prozessschritte trennen

Um die Anwendungssicherheit von Klebstoffen zu erhöhen, ist es sinnvoll, die Prozessschritte Klebstoffaufbereitung, Mischen, Applizieren von den darauffolgenden Prozessschritten Fügen, Fixieren, Aushärten zeitlich und räumlich zu trennen (Abb. 8.20). Diese Trennung führt zu der Situation, dass in der Fertigung die technisch vorteilhafte Fügetechnik Kleben eingesetzt werden kann, ohne mit Klebstoff hantieren zu müssen.

Zur Realisierung dieser Vision ist die Entwicklung eines neuen Klebstoffsystems erforderlich, welches über zwei unterschiedliche Abbindemechanismen verfügt. Nach der Applikation auf das erste Fügeteil bildet der Klebstoff eine trockene, nicht klebrige Oberfläche aus. Gleichwohl ist der Klebstoff in diesem Zustand noch reaktiv. Nach dem Fügen mit dem zweiten Bauteil wird durch Wärme der Klebstoff geschmolzen und die finale Reaktion setzt ein. Aus dem nach dem ersten Schritt vorliegenden Thermoplast hat sich ein Duromer gebildet. Dieser zweite Härtungsschritt vollzieht sich in wenigen Sekunden, wie Abb. 8.21 illustriert.

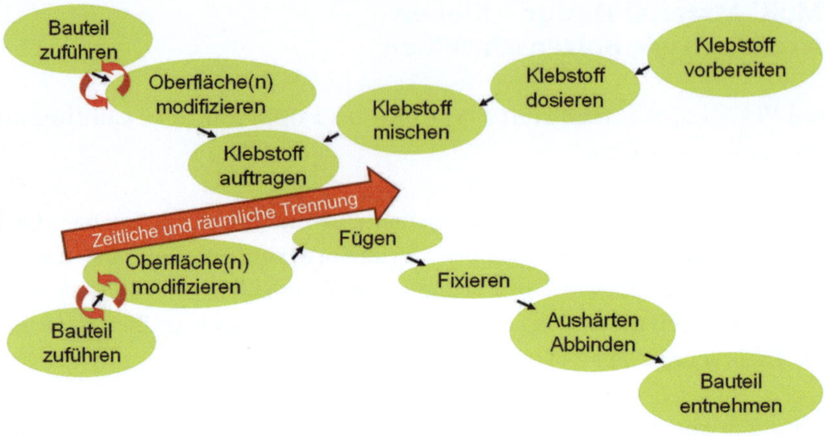

Abb. 8.20 Die zugrunde liegende Idee: Trennung der Prozesskette Kleben. (Bildquelle: Fraunhofer IFAM)

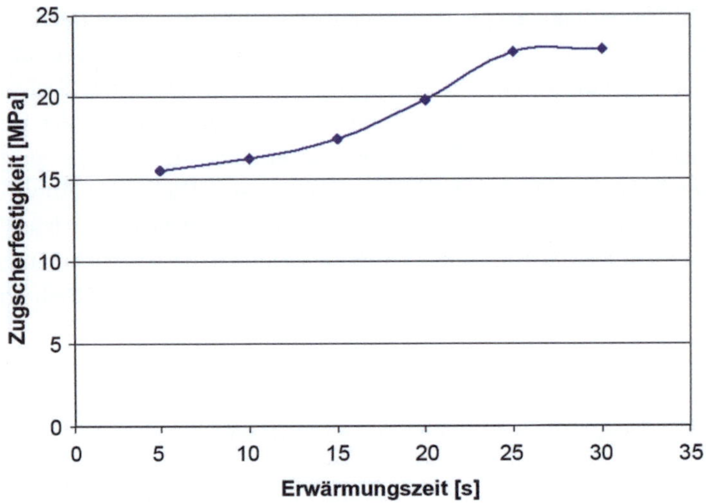

Abb. 8.21 Zugscherfestigkeit eines epoxidbasierten Klebstoffs (Markenname: PASA) auf $AlMg_3$ ohne Oberflächenvorbehandlung in Abhängigkeit der Aushärtedauer. (Bildquelle: Fraunhofer IFAM)

Die sogenannten Pre-Applicable Structural Adhesives (PASA) wurden vom Fraunhofer-Institut für Fertigungstechnik und Angewandte Materialforschung IFAM entwickelt. Besonderer Vorteil dieser strukturellen Klebstoffe ist, dass sie vorab zum Beispiel auf Bolzen aufgetragen und trocken in den Fügeprozess eingebracht werden können. Die beschichteten Teile lassen sich somit gut transportieren und lagern. Damit der Klebstoff später dennoch sehr reaktiv ist und schnell aushärtet, enthält er Harze und Härter mit unterschiedlichen Schmelzpunkten. Der Härter, der bei deutlich höheren Temperaturen schmilzt, wird ganz fein im Harz verteilt. Im Fügeprozess erhitzt man ihn kontrolliert auf mehr als 150 °C, um die Härtung zu aktivieren. So lassen sich Teile in wenigen Sekunden fest verbinden. Pre-Applicable Structural Adhesives lassen sich für zahlreiche Anwendungen nutzen. Dafür wurde ein variabler Baukasten mit PASA-Klebstoffen entwickelt, die auf verschiedenen Rohstoffen und Härtungsprinzipien basieren. Die Zusammensetzung der Werkstoffe ist darin jeweils so verändert, dass sie ein für die jeweilige Anwendung optimiertes Eigenschaftsprofil aufweisen. Für diese Entwicklung wurde das IFAM mit dem Joseph-von-Fraunhofer-Preis 2014 ausgezeichnet.

8.3.2 Kein Hantieren und Dosieren

Basierend auf der neu entwickelten Klebstoffklasse PASA (Pre-Applicable Structural Adhesive) bietet die Stanley Engineered Fastening Tucker GmbH eine klebtechnische Befestigungslösung mit zum etablierten Bolzenschweißen vergleichbarer Prozesskette an – das Stud Gluing System – kurz SGS (Abb. 8.22).

Im Kern bedeutet dies:

- Verarbeitung der Klebbolzen als Schüttgut
- Verzicht auf Dosiertechnik in der Endverarbeitung
- Verarbeitung mit vollautomatisierter Setztechnik analog zum Bolzenschweißen.

Das vom Fraunhofer-Institut für Fertigungstechnik und Angewandte Materialforschung (IFAM, Bremen) entwickelte Klebstoff-System ermöglicht die Verlagerung des Klebstoffauftrags in die Produktion der Befestigungselemente.

Abb. 8.22 Auf CFK geklebter Bolzen. (Bildquelle: Stanley Engineered Fastening Tucker GmbH)

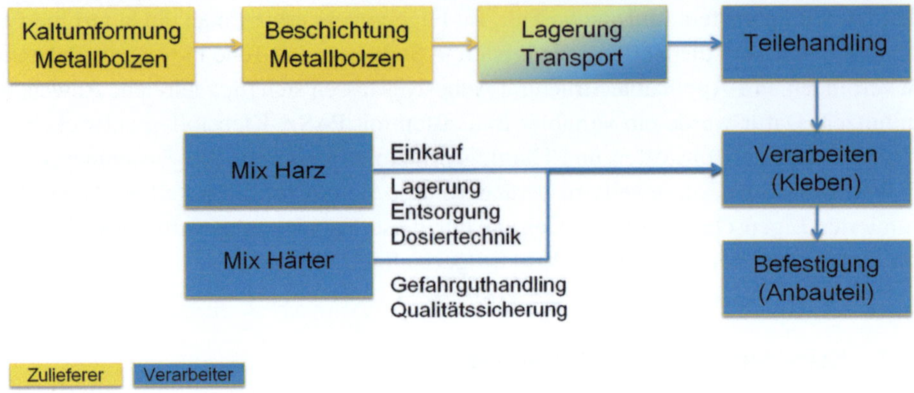

Abb. 8.23 Fiktive, in der Produktion nur mit Einschränkungen umsetzbare Prozesskette mit herkömmlichem Klebstoff. (Bildquelle: Stanley Engineered Fastening Tucker GmbH)

Klebstoffrelevante Prozesse wie Gefahrstoffhandling, die Qualitätssicherung des Klebstoffs und der Einsatz von Dosiertechnik entfallen in der Produktion der OEM und deren Zulieferer. Die unterschiedlichen Prozessketten bei Einsatz herkömmlicher sowie PASA-Klebstoffe sind in Abb. 8.23 und 8.24 dargestellt.

Der PASA-Klebstoff ist bei Raumtemperatur fest und tackfrei, sodass die Klebbolzen ähnlich dem Schweißbolzen als Schüttgut verpackt, geliefert und verarbeitet werden können (Abb. 8.25). Eine Erwärmung auf mehr als 70 °C überführt den Klebstoff in einen flüssigen benetzungsfähigen Zustand. Die Vernetzung zum Duromer erfolgt analog zu heißhärtenden Epoxidharzklebstoffen bei 150–200 °C, dauert aber nur wenige Sekunden. Die Handlingsfestigkeit liegt unmittelbar vor, die Endfestigkeit dann nach Abkühlen

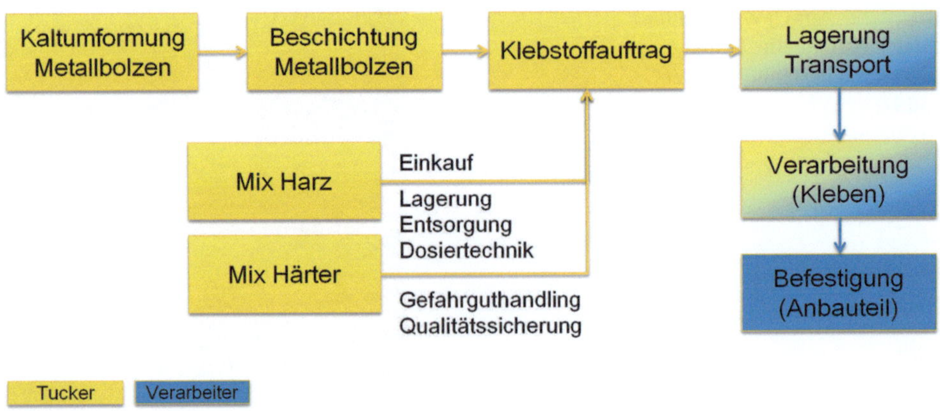

Abb. 8.24 Bei Einsatz vorapplizierter Klebstofftechnik profitiert der Verarbeiter durch eine deutlich vereinfachte Prozesskette. (Bildquelle: Stanley Engineered Fastening)

Abb. 8.25 Als Schüttgut verpackte Klebbolzen mit vorappliziertem Klebstoff. (Bildquelle: Stanley Engineered Fastening Tucker GmbH)

der Fügezone auf Umgebungstemperatur. Die rasante Vernetzungsgeschwindigkeit macht eine gekühlte Lagerung und temperaturgeführten Transport notwendig, wie er beispielsweise in der Lebensmittelbranche grundlegender Standard ist.

Das vollautomatisierte Aufkleben der Bolzen erfolgt mit dem eigens für diese Befestigungslösung entwickelten Inductive Fastening System (IFS). Die Vernetzung des Klebstoffs erfolgt durch Erhitzen des Bolzens via Induktion. Es stehen robotergestützte Klebanlagen mit integrierter Bolzenzuführung (Abb. 8.26), Pick & Place-Geräte für schwer zugängliche Bereiche sowie Handanlagen (Abb. 8.27) für die Nacharbeit und Reparatur zur Verfügung.

Die Zuführung kann vollautomatisch mit einem nach dem First-In-First-Out-Prinzip arbeitenden Zuführsystem erfolgen. Eine Überalterung der Klebbolzen wird damit ausgeschlossen.

In Abhängigkeit vom Bauteil werden Zugfestigkeiten bis zu 18 N/mm^2 und Drehmomente bis zu 16 Nm erreicht. Das Versagen bei der mechanischen Prüfung erfolgt in der Regel durch Fügeteilbruch (Abb. 8.28). Zudem ist der strukturelle Klebstoff für nachgeschaltete KTL-Prozesse ausreichend wärmebeständig.

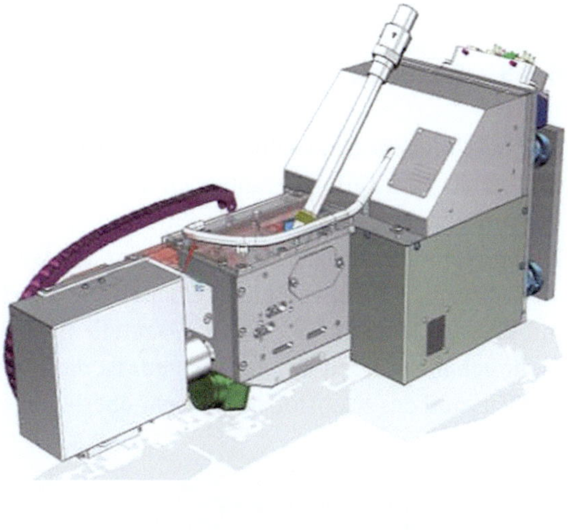

Abb. 8.26 Klebwerkzeug zum vollautomatisierten Bolzenkleben. (Bildquelle: Stanley Engineered Fastening Tucker GmbH)

Abb. 8.27 Klebwerkzeug zum manuellen Bolzenkleben. (Bildquelle: Stanley Engineered Fastening Tucker GmbH)

a b c

Abb. 8.28 Versagensbilder mechanisch geprüfter Klebverbunde. (Bildquelle: Stanley Engineered Fastening Tucker GmbH)

8.3.3 Ausblick

Das beschriebene Stud-Glueing-System ist die erste Serienanwendung eines strukturellen und bereits vom Teilelieferanten auf das Bauteil vorbeschichteten Klebstoffs mit zwei Härtungsmechanismen. Die hierdurch ermöglichte Trennung von Klebstoffapplikation und Klebprozess führt zu smarten Prozessen, die weniger fehleranfällig sind. Neben der Ausweitung auf neue Anwendungsfelder konzentriert sich die Weiterentwicklung darauf, dass mit PASA-Klebstoff beschichtete Bauteile bei Raumtemperatur lagerfähig sind und nicht mehr gekühlt werden müssen. Zudem ist die Integration einer Farbreaktion in Arbeit, die den Zustand des Klebstoffes – frisch, überlagert oder durchgehärtet – anzeigt.

Die Autoren

Dipl.-Ing. Manfred Peschka, (manfred.peschka@ifam.fraunhofer.de) leitet die Abteilung Klebtechnische Fertigung des Fraunhofer IFAM in Bremen.

Prof. Dr. Andreas Hartwig (andreas.hartwig@ifam.fraunhofer.de) leitet am Fraunhofer IFAM die Abteilung Klebstoffe und Polymerchemie.

Dr. Matthias Popp (matthias.popp@ifam.fraunhofer.de) ist Leiter der Gruppe Klebstoffformulierung in dieser Abteilung.

Dipl.-Ing. (FH) Andreas Lühring (andreas.luehring@ifam.fraunhofer.de) ist hier als wissenschaftlicher Mitarbeiter tätig.

Dr.-Ing. Sascha Gramsch-Kempkes (sascha.gramsch-kempkes@sbdinc.com) ist bei der Stanley Engineered Fastening Tucker GmbH in Gießen in der Forschung und Entwicklung als Teamleiter Adhesive Technologies beschäftigt.

8.4 Lichthärtung – Transparente Kunststoffe prozesssicher kleben

Christian Walther

Lichthärtende Klebsysteme sind die wahren „Sekundenklebstoffe“. Aushärtezeiten von weniger als einer Sekunde sind prozesssicher möglich. Dabei lassen sich ihre mechanischen Eigenschaften, z. B. Reißdehnung oder E-Modul, über einen weiten Bereich variieren. Dank ihrer geringen Oberflächenspannung benetzen sie die meisten Kunststoffe ohne spezielle Vorbehandlung und sorgen nach ihrer Aushärtung für hochtransparente strukturelle Klebungen.

Für die photoinitiierte Aushärtung benötigen lichthärtende Klebstoffe Strahlung der passenden Wellenlänge, welche der Photoinitiator absorbiert. Durch die eingebrachte Energie zerfällt er in reaktive Gruppen, die wiederum die Polymerisation des Klebstoffs starten. Dabei verwendet man typischerweise Strahlung der Wellenlänge von $\lambda = 360$ nm bis 460 nm, also UVA- bis blaues Licht.

Damit die Strahlung den Klebstoff erreichen kann, muss ein Bauteil für die Strahlung transparent sein. Das erfordert nicht die hohe Transparenz von Fensterglas; auch opake Materialien sind häufig ausreichend transparent. Analytisch lässt sich die Transmission der Kunststoffe bei unterschiedlichen Wellenlängen im UV-VIS-Spektrometer bestimmen. Die vom Licht in den Klebstoff eingebrachte Energie ist dabei umgekehrt proportional zur Wellenlänge ($E = h \cdot c / \lambda$). UV-Licht ist also energiereicher als blaues Licht und führt zu schnelleren Reaktionen.

Sind beide zu fügende Bauteile nicht lichtdurchlässig, empfiehlt sich der Einsatz der weiter unten beschriebenen voraktivierbaren Klebstoffe. Als chemische Basis für strahlungshärtende Klebstoffe werden üblicherweise Acrylate, Epoxide oder Silikone verwendet. Letztere werden hier nicht weiter betrachtet.

8.4.1 Der Verarbeitungsprozess

Da lichthärtende Klebstoffe erst durch die passende Strahlung reagieren, lässt sich die Prozessführung sehr flexibel gestalten und der Prozess gut automatisieren. Man dosiert den Klebstoff, fügt die Teile, kann diese bei Bedarf justieren. Erst nach dem Einschalten der Strahlungsquelle erfolgt die dann sehr schnelle Aushärtung („curing on demand"). Schirmt man den Klebstoff gegen die relevante Strahlung ab, bleibt er flüssig.

Wie bereits erwähnt, muss ein Fügeteil durchstrahlbar sein. Allerdings sind viele Kunststoffe wie PC oder PMMA nicht unbedingt für Strahlung im UV-Bereich transparent, obwohl sie dem menschlichen Auge transparent erscheinen. Hier müssen lichthärtende Klebstoffe eingesetzt werden, die zusätzlich Photoinitiatoren im sichtbaren blauen Lichtbereich ($\geq 400\,\text{nm}$) beinhalten. Da langwelligere Strahlung durch eine höhere Eindringtiefe gekennzeichnet ist, können damit auch dickere Schichten ausgehärtet werden.

Acrylate erreichen aufgrund ihrer radikalischen Polymerisation die schnellste Aushärtung aller Klebsysteme. Aushärtungszeiten von unter einer Sekunde sind prozesssicher möglich. Dabei findet die vollständige Polymerisation nur statt, wenn das gesamte Klebstoffvolumen lange genug bestrahlt wird. Schaltet man die Strahlungsquelle zu früh ab, endet die Polymerisation und der Klebstoff ist nicht vollständig ausgehärtet. Die Abbruchreaktionen überwiegen. Schaltet man die Strahlungsquelle wieder ein, reagiert der Klebstoff weiter. Es besteht also die Möglichkeit, die Aushärtung auch in zwei oder mehr Schritten durchzuführen.

Epoxidharze sind etwas temperatur- und chemikalienbeständiger und weisen höhere Glasübergangstemperaturen auf. Sie härten durch eine kationische Polymerisation aus. Diese Reaktion ermöglicht zwei Vorgehensweisen. Zum einen lassen sich Epoxidharze wie Acrylate unter Licht polymerisieren, was einige Sekunden dauert. Zum anderen kann man mit der Voraktivierung arbeiten. Bei der Voraktivierung wird das gesamte Volumen nur so lange belichtet (typisch 2–5 s) bis die Reaktion startet. Der Klebstoff bleibt noch temporär flüssig, während die Reaktion voran schreitet. In dieser sogenannten Offenzeit (typ. 10–30 s) müssen die Bauteile gefügt werden. Die Aushärtung erfolgt anschließend ohne weitere Lichtzufuhr (typ. einige Minuten). Dieser Prozess sollte automatisiert werden (Abb. 8.29).

Die Einflüsse auf den Aushärtungsprozess von lichthärtenden Klebsystemen lassen sich in vier Bereiche clustern und sollten im Prozess innerhalb gewisser Grenzen konstant gehalten werden:

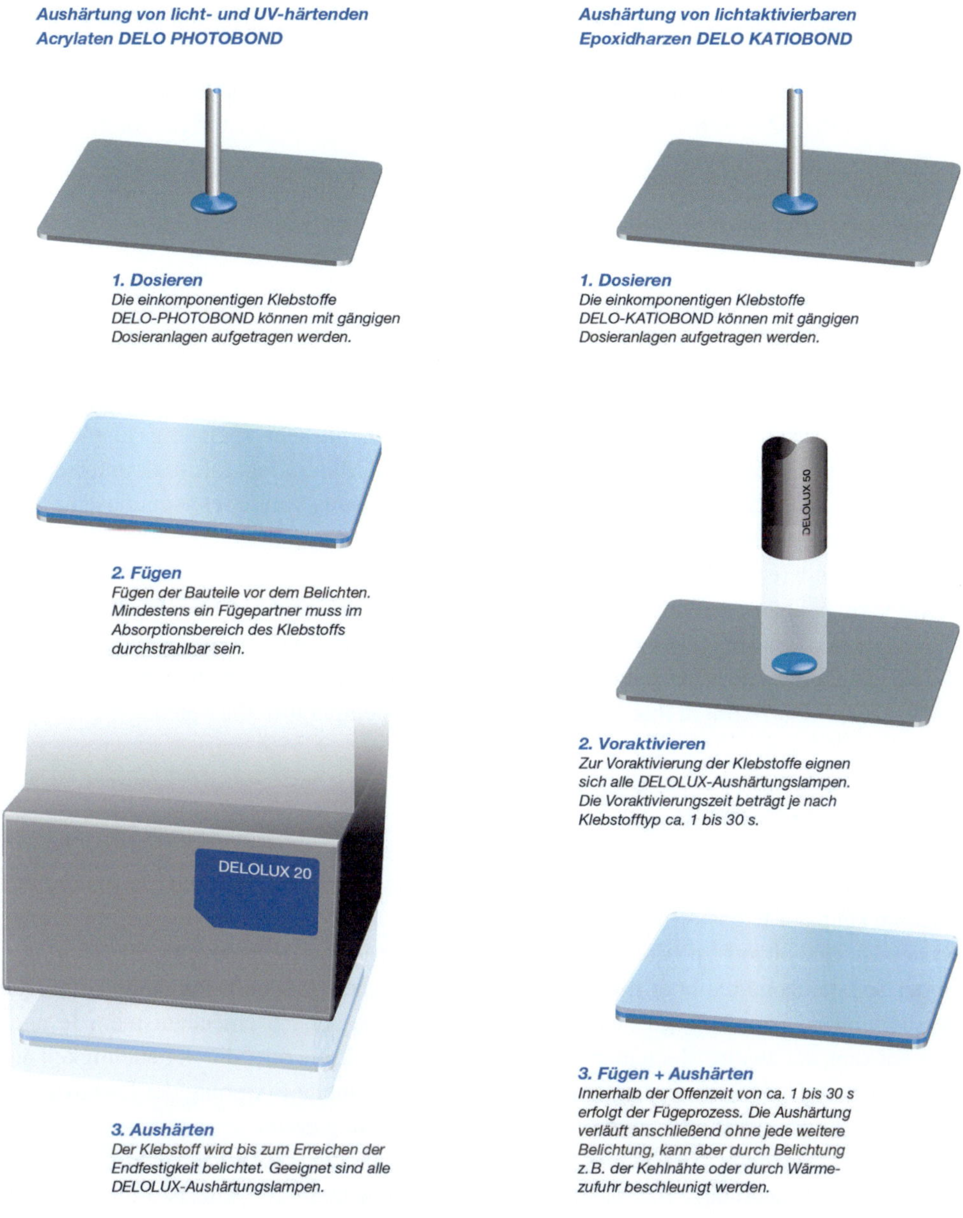

Abb. 8.29 Prozessvergleich der klassischen Lichthärtung mit der Voraktivierung. (Bildquelle: Delo)

- Umgebungseinflüsse (umgebende Lichtquellen oder Sonneneinstrahlung, Umgebungstemperatur)
- Einfluss der Bauteile (Absorption/Reflektion, Wärmeleitfähigkeit, Geometrie)
- Einfluss des Klebstoffs (chemische Basis, Photoinitiatoren, Füllstoffe, Volumen, Geometrie)
- Einfluss der Aushärtungslampe (Abstand, Intensität, Wellenlänge, Alterung, Lampentyp, z. B. LED oder Entladungslampe)

8.4.2 Mechanische Eigenschaften

Beide Klebstoffgruppen lassen sich sowohl als hochfeste als auch sehr flexible Systeme formulieren. Insbesondere die Acrylate können damit sehr spannungsausgleichend wirken, ob nun im Einsatz für Hybridverbindungen von Materialien mit stark unterschiedlicher Wärmeausdehnung oder zur großflächigen Verklebung von sehr spannungsempfindlichen Bauteilen wie Displays.

Auf der anderen Seite erreichen hochfeste lichthärtende Epoxidharz- und Acrylatklebstoffe vergleichbare Verbundfestigkeiten in Kunststoffverklebungen wie zweikomponentige Systeme. Scherfestigkeiten von 20 MPa und mehr sind ohne weiteres möglich. Sind hohe Festigkeiten auch bei höheren Temperaturen gefordert, so zeigen sich die lichthärtenden Epoxidharze durch ihre höhere Glasübergangstemperatur überlegen.

8.4.3 Duale Härtung

Bei einigen Anwendungen ist nicht der komplette zu verklebende Bereich transparent, bei anderen kann der Klebstoff in Schattenzonen fließen. Jedoch härtet bei rein lichthärtenden Systemen, egal ob auf Epoxidharz- oder auf Acrylatbasis, nur der bestrahlte Klebstoff aus, in der Schattenzone bleibt er flüssig. Um auch bei solchen Anwendungen eine komplette Aushärtung zu erreichen, gibt es Klebstoffe mit dualen Aushärtemechanismen. Je nach System kann der zweite Mechanismus entweder durch Wärme oder durch Feuchtigkeit aus der Umgebung aktiviert werden. Damit lässt sich die schnelle Fixierung der Lichthärtung nutzen und auch in Schattenzonen eine sichere Aushärtung erzielen.

Die drei folgenden Anwendungen zeigen Möglichkeiten sowohl hinsichtlich der Eigenschaften als auch der Prozesse beim Kleben von transparenten Kunststoffen mit lichthärtenden Klebsystemen.

8.4.4 Beispiel: Lautsprecherklebung

Insbesondere Minilautsprecher kommen in sehr hohen Stückzahlen in diversen Anwendungsbereichen vor. Damit ergeben sich unterschiedlichste Anforderungen, sowohl was

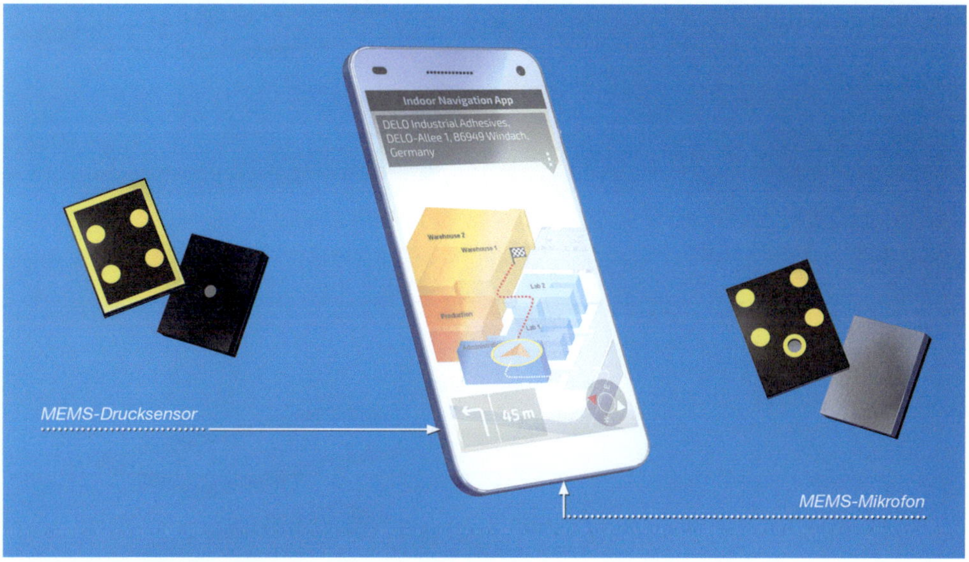

Abb. 8.30 Lautsprecheranwendungen in einem Smartphone. (Bildquelle: Delo)

die einzelnen Klebungen betrifft als auch hinsichtlich der Einsatzgebiete. Typische Felder sind dabei Smartphones, Tablets, Laptops, Telefone usw. im Consumer-Bereich wie auch der Automobilbau, in dem Minilautsprecher etwa das Blinkgeräusch der Fahrtrichtungsanzeige übernehmen (Abb. 8.30). Was alle Felder infolge der hohen Stückzahlen eint, ist die Notwendigkeit von sehr kurzen Taktzeiten und damit möglichst schnell härtender Klebstoffe.

Um die schnellstmöglichen Systeme verwenden zu können, wird die Lautsprechermembran (Abb. 8.31) als durchstrahlbare Verbundfolie (3: z. B. aus PEEK, PEI, PEN, PAR, PI) ausgeführt. An diese werden Cover (1: z. B. PC), Versteifungsplatte (2: Al-Verbundmaterial) und die Spule (4: polyamidbeschichteter Kupferdraht) mit einem lichthärtenden Acrylatklebstoff geklebt, der in 0,3 s ausgehärtet werden kann. Anschließend wird dieser Verbund mit demselben System noch in den Lautsprecherkorb (5: z. B. aus PC, PC-ABS, PPA, PBT, COP, LCP) geklebt.

Eigenschaften, die erfüllt werden müssen

Neben der sehr hohen Aushärtegeschwindigkeit gibt es noch einige weitere Anforderungen, die der Klebstoff erfüllen muss. Zunächst ist dies die gute Haftung auf den gegebenen vielfältigen Substraten, und zwar meistens ohne vorherige Oberflächenvorbehandlung. Gemeinsam mit einer hohen Flexibilität (siehe Anstieg des E-Moduls für nachlassende Flexibilität, Abb. 8.32) sorgt dies nicht nur für eine ausgezeichnete Schlagzähigkeit, die im Falle des herabfallenden Handys vonnöten ist, sondern auch für einen sehr hohen Schälwiderstand. Letzterer ist wegen der im Einsatz schwingenden Membran notwendig.

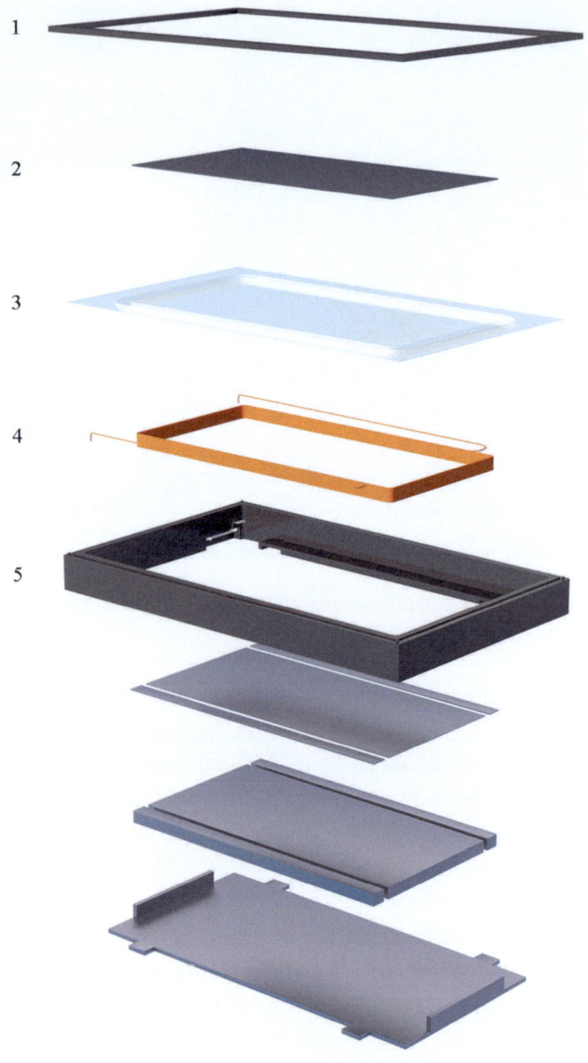

Abb. 8.31 Schematischer Aufbau Lautsprecher. (Bildquelle: Delo)

Immer kleinere Bauformen zusammen mit höheren Leistungen führen zu höheren Leistungsdichten und damit Temperaturen. Für den Klebstoff bedeutet dies, dass Schälwiderstand und Schlagzähigkeit auch unter erhöhten Temperaturen gegeben sein muss. So geht die Entwicklung aktuell hin zu Acrylaten, die Temperaturen bis zu 150 °C überstehen.

Außerdem dürfen sich diese Eigenschaften nicht durch Einflüsse wie Temperaturwechsel und Feuchtigkeit über die Lebensdauer ändern. Im Vergleich dazu erscheint es geradezu einfach, dass der Klebstoff die akustischen oder optischen Eigenschaften des Gesamtsystems nicht negativ beeinflussen darf

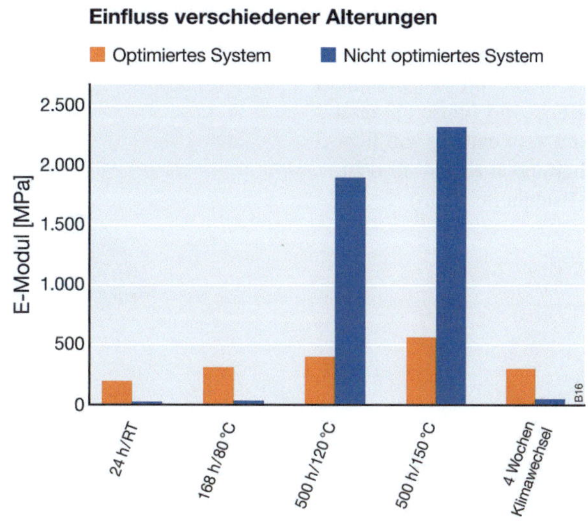

Abb. 8.32 Einfluss verschiedener Alterungen. (Bildquelle: Delo)

8.4.5 Beispiel: Kleben von mechanischen Befestigungselementen

Die Idee, mechanische Befestigungselemente auf Oberflächen zu kleben, ist nicht neu und z. B. beim Flugzeugbau seit Jahren Stand der Technik. Hier sollen Befestigungspunkte geschaffen werden, die Kräfte flächig ins (dünne) Substrat einleiten, ohne das Substrat zu verletzen. Insbesondere im Bereich der Faserverbundwerkstoffe ist das von großer Bedeutung, da Bohrungen oder Blindnieten dort ausscheiden und auch Umformen aufgrund der mangelnden Duktilität der Fasern nicht möglich ist.

Allerdings ist der bisherige Prozess bei größeren Serien aufwendig, da standardmäßig verfügbare 2-Komponenten-Epoxidharze verwendet werden, die aufgrund ihrer langsamen Aushärtung eine zusätzliche Fixierung benötigen. Diese Fixierung kostet Geld, muss nach erfolgter Aushärtung entfernt werden und stellt zusätzlichen Abfall dar.

Durch das Umspritzen von mechanischen Verbindungselementen mit transparentem Kunststoff (Abb. 8.33) kann man diese Nachteile aber umgehen, da ein transparenter Kunststoff (hier multikristallines Polyamid) die Verwendung von lichthärtenden Klebstoffen zulässt. Das multikristalline Polyamid besitzt eine relativ geringe Neigung zu Spannungsrissen (insbesondere im Vergleich mit PC) und ist ab einer Wellenlänge von 400 nm transparent. So lässt sich lichthärtender Klebstoff unterhalb des Fußes mit der entsprechenden Wellenlänge erreichen.

Dazu wird ein hochviskoser und damit standfester Klebstoff auf die mechanischen Befestigungselemente dosiert. Die Befestigungselemente können anschließend von einem Handlingsystem gesetzt werden, ohne dass der Klebstoff abläuft. Im Setzkopf ist eine Lampe integriert, die den Klebstoff direkt nach dem Setzen aushärtet (Abb. 8.34). Dafür werden typisch 4 bis 10 s benötigt, wobei die Einflussparameter (siehe oben) wählbar sind.

Abb. 8.33 Das Umspritzen mechanischer Verbindungselemente mit transparentem Kunststoff (Onsert®) lässt die Verwendung von lichthärtenden Klebstoffen zu. (Bildquelle: Delo)

Mechanische Belastung

Da die mechanischen Befestigungselemente aus Metall mit einem thermoplastischen Kunststofffuß umspritzt werden, bestimmt der Kunststoff auch die Eigenschaften und Festigkeiten der Verklebung. So wird bei der Bestimmung der maximalen Lasten eigentlich immer das Metallelement aus dem Kunststofffuß gerissen. Die Lasten bewegen sich typisch in einem Bereich von 1500 bis 2000 N, damit sind die Elemente nicht für höhere statische Lasten geeignet. Die Befestigung von Kabelbäumen oder Schallschutz sind aber mögliche Anwendungsfälle.

Es muss vor allem die Haftung auf dem Substrat geprüft werden, da Klebstoff und der Klebbolzen namens Onsert® aufeinander abgestimmt sind. Lichthärtende Acrylate besitzen eine recht universelle Haftung und lassen sich breit einsetzen. Dabei sind auch die vorhandenen Ergebnisse zur Alterung gut, sowohl Festigkeit als auch Beständigkeit müssen aber im Einzelfall geprüft werden. Im Abb. 8.35 sind die Referenzwerte im Vergleich

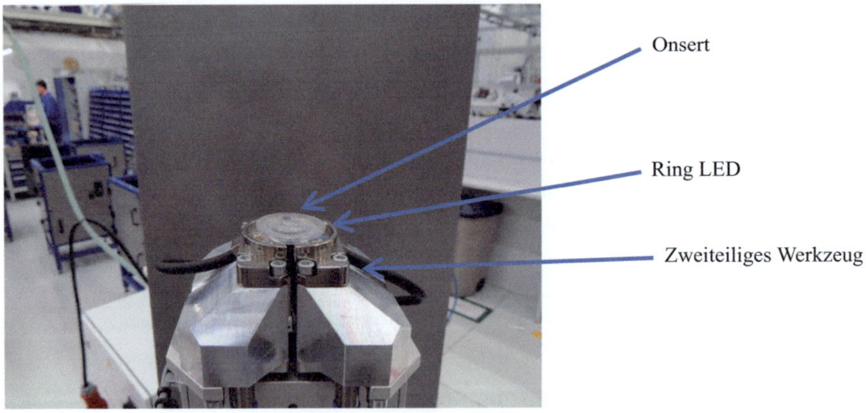

Abb. 8.34 Handlingsystem mit Setzkopf. (Bildquelle: Böllhoff)

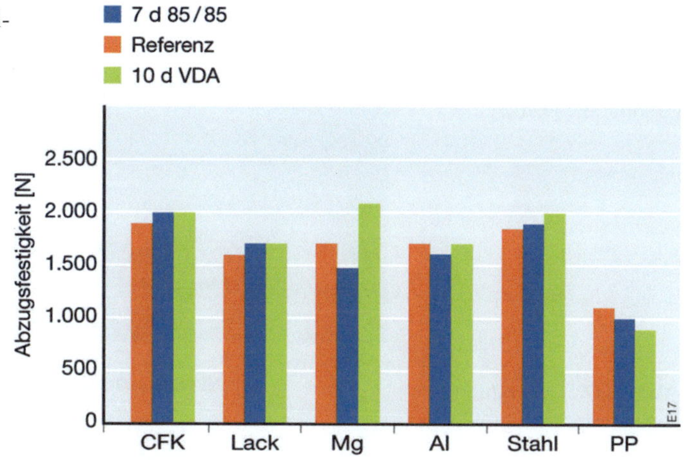

Abb. 8.35 Verbundfestigkeiten. (Bildquelle: Delo)

zu den Alterungen nach 7 Tagen 85 °C und 85 % rel. Luftfeuchte sowie 10 Tagen VDA-Klimawechseltest dargestellt. Die Alterung bewegt sich im Bereich der Standabweichung, teilweise sind Nachhärtungseffekte durch Wärme zu beobachten (Anstieg der Abzugsfestigkeit).

8.4.6 Beispiel: LED-Blitzlicht für Mobiltelefone

Der Entwicklung in der Unterhaltungselektronik ist von einer stetig steigenden Leistungsdichte und Miniaturisierung der Komponenten bei gleichzeitig sinkenden Kosten pro Bauteil gekennzeichnet. Das alles führt zu schnellen, automatisierten, hochvolumigen Prozessen, die hier am Beispiel eines Blitzgerätes für Mobiltelefone dargestellt werden sollen.

Aufbau und Anforderungen

Ein Blitzlicht besteht aus einer oder mehreren LEDs, die auf eine Leiterplatte geklebt werden. Über bzw. um die LED werden ein Reflektor, sowie eine Linse ausgerichtet, die dann fixiert werden müssen (Abb. 8.36). Aufgrund der hohen Stückzahlen ist Geschwindigkeit eine zentrale Forderung. Da es sich um eine optische Komponente handelt, sind alle Arten von kondensierbaren Ausgasungen aus den Materialien sehr kritisch, denn sie würden Licht abschirmen oder könnten die Farbe des LED-Lichts verändern (Abb. 8.37, Ausgasung in %). Gleiches gilt für eine mögliche Vergilbung des ursprünglich transparenten Klebstoffs (Abb. 8.38).

Anforderungen an die Baugruppe sind Feuchteeinlagerung, Temperaturschock oder Hochtemperaturlagerung sowie teils wiederholte Reflow-Tests, bei denen kurzzeitig Temperaturen von 250 °C auftreten.

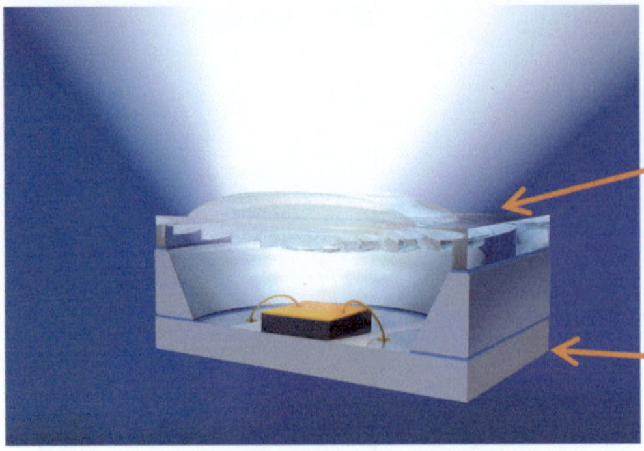

Abb. 8.36 Über der LED wird eine Linse ausgerichtet, die dann fixiert werden muss. (Bildquelle: Delo)

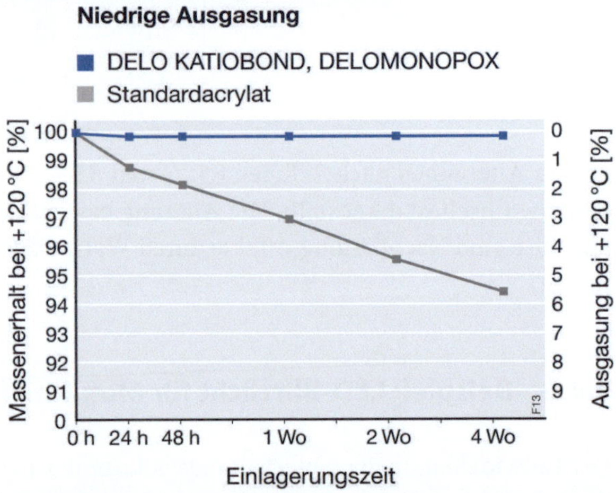

Abb. 8.37 Darstellung der Ausgasung. (Bildquelle: Delo)

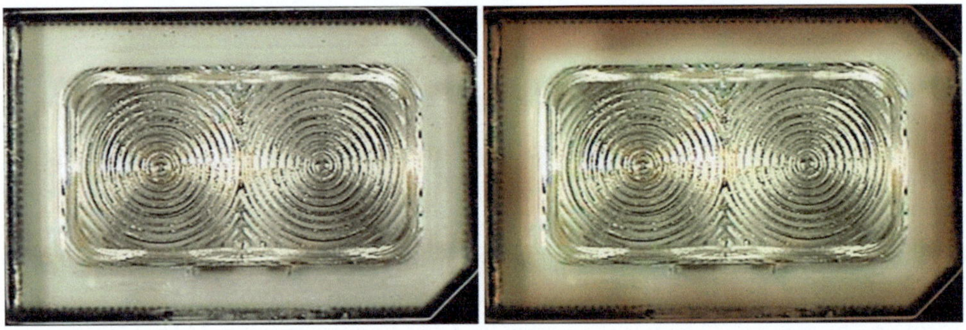

Abb. 8.38 Linse eines Blitzgerätes in Mobiltelefonen vor und nach Alterung. (Bildquelle: Delo)

Der Klebprozess
Um diese Anforderungen zu erfüllen, kommen lichthärtende Epoxidharzklebstoffe zum Einsatz. Dabei wird der Klebstoff in einem Transferverfahren in Form eines Rahmens auf die Leiterplatte (typisch FR4) dosiert, womit die Geometrie der Klebstoffraupe klar

definiert ist. In diese Raupe wird nun in einem Pick and Place-Prozess die Linse gesetzt und anschließend mit einem Lichtblitz von 0,25 s fixiert. Danach beginnt der Prozess mit dem Dosieren erneut und wiederholt sich, bis alle Leiterplatten im Nutzen verarbeitet sind. Diese Prozessschritte bilden den Engpass, weil die Setzmaschinen teuer sind. Da es dabei zu Vibrationen kommt, muss eine ausreichende Fixierung der Linse zur LED durch den kurzen Lichtimpuls erreicht werden. Anschließend wird der Klebstoff auf dem gesamten Nutzen in einem weiteren Belichtungsschritt unter einem Flächenstrahler für 60 s weiter verfestigt.

An der zweiten Klebstelle (dem Reflektor) arbeitet man analog. Der Reflektor ist nicht transparent, hier wird der zugängliche Teil in der Kehlnaht mit Licht ausgehärtet und anschließend die vollständige Aushärtung bei 100 °C etwa 15 min lang mit Wärme im Schattenbereich erreicht (Dualhärtung).

Klassische lichthärtende Epoxidharzsysteme (Abb. 8.39, grauer Balken) müssen in der Regel zwar nur kurz belichtet werden, die Netzwerksausbildung ist aber vergleichsweise langsam, sodass eine Handlingsfestigkeit (ca. 1 MPa) der verklebten Teile erst nach Minuten erreicht wird. Diese Systeme wären für den beschriebenen Prozess ungeeignet. Die schnellen Acrylate (Abb. 8.39, oranger Balken) scheiden aufgrund ihrer Ausgasungen (Abb. 8.37) und Neigung zur Vergilbung aus. Ursache für die Ausgasungen kann die Verflüchtigung nicht vernetzter oder nur lose gebundener Bestandteile sein. Dabei können bei hohen Temperaturen ganze Bruchstücke durch oxidativen Angriff aus dem polymeren Netzwerk herausgelöst werden oder das Netzwerk depolymerisieren.

Die Lösung bietet ein ausgasungsarmes Epoxidharz, das ausreichende Festigkeiten (Abb. 8.39, blauer Balken) in der relevanten Prozesszeit zur Verfügung stellt. Die Endfestigkeit wird deutlich später erreicht.

Abb. 8.39 Alterung. (Bildquelle: Delo)

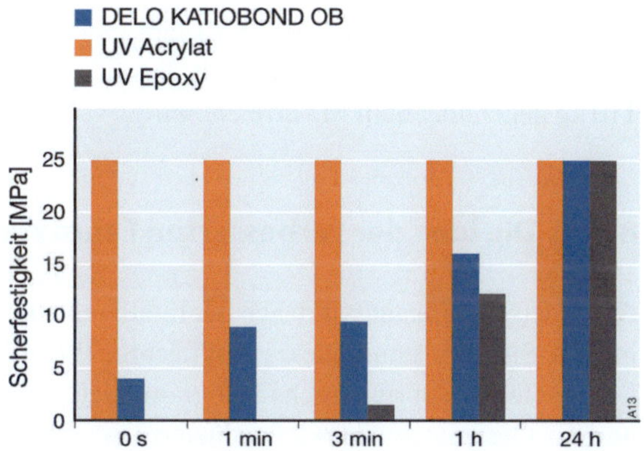

8.4.7 Fazit

Transparente Kunststoffe lassen sich grundsätzlich gut mit strahlungshärtenden Klebstoffen fügen, da die Klebstoffe ähnliche Eigenschaften und Einsatzgrenzen aufweisen. Dabei sind schnelle (automatisierte) Prozesse möglich.

Wie die Beispiele zeigen, müssen bei der Auswahl des jeweils richtigen Klebstoffs sowohl der Prozess, als auch die Anforderungen an die Baugruppe berücksichtigt werden.

Der Autor
Dipl.-Ing. Phys. Tech. (FH) Christian Walther (christian.walther@delo.de) ist Mitglied der Geschäftsleitung des Unternehmens Delo Industrie Klebstoffe in Windach.

8.5 CFK-Dach M3 CSL – Erfolgreiche Leichtbaustrategie dank Klebtechnik

Robert Hailer, Hermann Sedlmaier, Roland Schumacher und Hartwig Lohse

Ein gelungenes Beispiel für den Serieneinsatz des Leichtbau-Verbundwerkstoffes CFK (Kohlefaserverstärkte Kunststoffe) ist das Dach des BMW M3 CSL in Sichtoptik. CFK bietet sowohl hohe Gewichtsvorteile als auch gute Crasheigenschaften. Die Fügetechnologie Kleben leistet einen wesentlichen Beitrag zur Realisierung dieses Sondermodells von BMW.

Der BMW M3 CSL basiert auf dem Konzept des intelligenten Leichtbaus – d. h. konsequente Gewichtsreduzierung durch den Einsatz der jeweils am besten geeigneten Werkstoffe am richtigen Ort. Abb. 8.40 gibt einen Überblick der beim BMW M3 CSL verwendeten Leichtbauwerkstoffe, mit denen in der Summe eine Gewichtsreduzierung von 110 kg gegenüber dem M3 erreicht wird.

8.5.1 Die Idee der verbesserten Fahrdynamik

Besonders signifikant wirkt sich der intelligente Leichtbau des BMW M3 CSL beim Dach in CFK-Sichtoptik aus. Dieses großflächige Bauteil, im BMW-Werk Landshut von Spezialisten gefertigt, ist rund sechs Kilogramm leichter als das herkömmliche Stahldach. Nicht nur das Gesamtgewicht wird reduziert, auch der Fahrzeugschwerpunkt wird nach unten verlagert. Abb. 8.41 zeigt einen Vergleich der Gewichte von Dächern aus verschiedenen Materialien bei vergleichbaren mechanischen Eigenschaften.

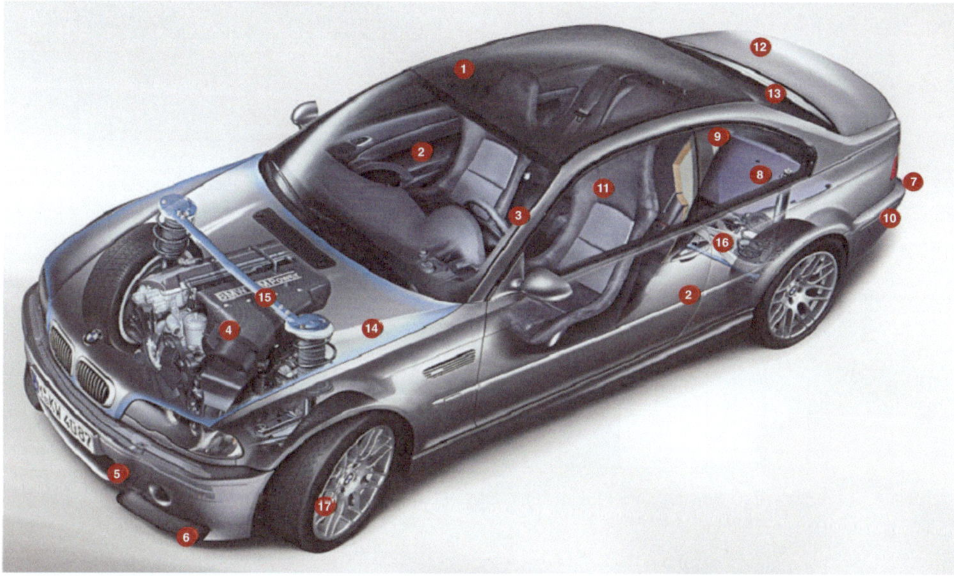

CFK – der Werkstoff der Formel 1
1 Dach
2 Tür- und Seitenverkleidung
3 Mittelkonsole
4 Luftsammler
5 Frontschürze
6 Flaps
7 Diffusor

Papierwaben-Sandwich
8 Gepäckraumboden

Endlos-Glasfaser-Thermoplast
9 Durchlade/Rücksitzlehnen
10 Stoßfängerträger hinten

Glasfaserverstärkter Kunststoff
11 Sitzschalen

SMC
12 Heckklappe

Dünnglas
13 Heckscheibe

Aluminium
14 Motorhaube
15 Domstrebe
16 Querlenker
17 Felgen

Abb. 8.40 Leichtbaumaterialien im BMW M3 CSL. (Bildquelle: BMW)

8.5.2 Auswahl des Fügeverfahrens

Das Fügen des CFK-Dachs stellt einen neuen Montageprozess dar. Bei der Auswahl des Fügeverfahrens sind folgende Kriterien von ausschlaggebender Bedeutung:

- Integration in den bestehenden Serienprozess der 3er-Fertigung, bei weitgehend vorbestimmter Fahrzeugkonstruktion
- Designvorgaben (Außenhaut in Class-A-Qualität des CFK Daches)
- geringe Stückzahl über eine Laufzeit von 7 Monaten (ca. 1500 Einheiten, max. 15 pro Tag).

So muss der lackierte Punktschweißflansch der Serienkarosse als Klebflansch dienen und darf aus Korrosionsschutzgründen mechanisch nicht mehr bearbeitet werden. Das Fügen des Daches sollte ohne kostenaufwändige Anlagentechnik in den Montageablauf neu integriert werden. Alle diese Anforderungen führen zu einer reinen Klebverbindung und einem manuellen Prozess.

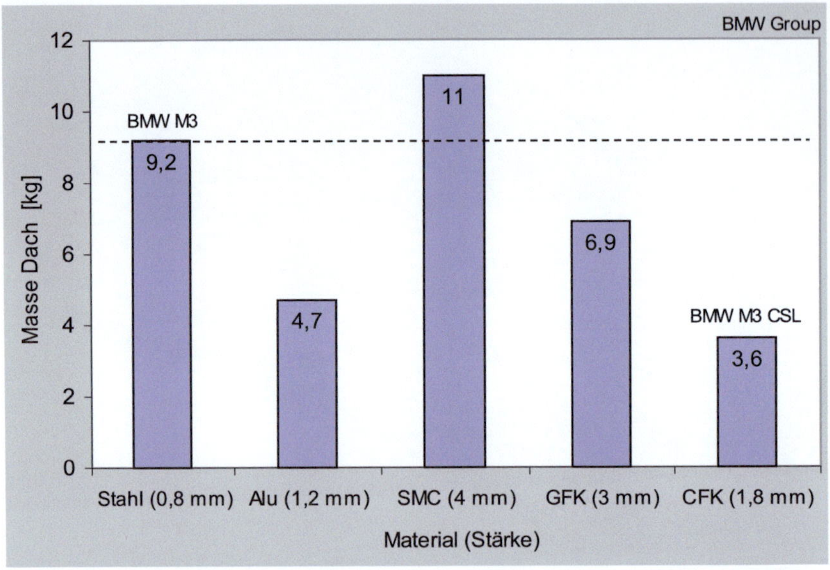

Abb. 8.41 Gewichtsvergleich verschiedener Materialien beim Dach. (Bildquelle: BMW)

8.5.3 Darstellung der Fügeteile

Abb. 8.42 zeigt die beiden Fügeteile, das CFK-Dach und den lackierten Karosserierahmen. Rückseitig auf dem CFK-Dach ist die Lage der Klebstoffraupen dargestellt. Es kommen zwei verschiedene Klebstoffe, umlaufend ein Strukturklebstoff und im Bereich der Dachspriegel ein Unterfütterungsklebstoff zum Einsatz.

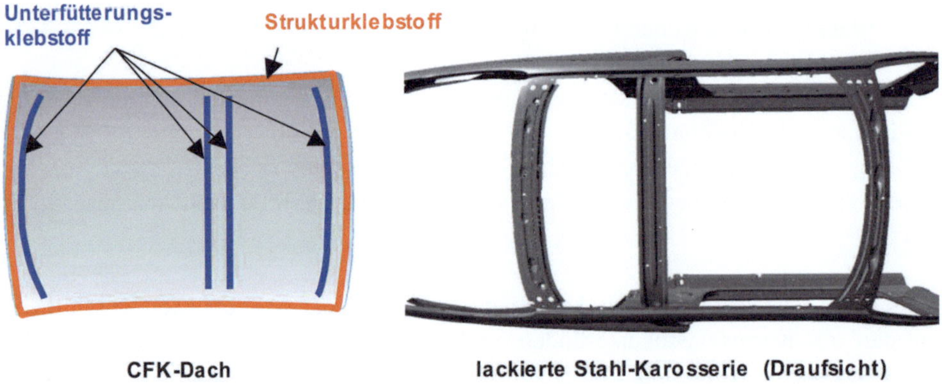

Abb. 8.42 Darstellung der Fügeteile. (Bildquelle: BMW)

8.5.4 Anforderungen an das Klebstoffsystem

Nachdem die Entscheidung gefallen war, die Fügetechnologie Kleben für diesen Montageschritt zu nutzen, wurden die Anforderungen an den zu verwendeten Klebstoff unter Berücksichtigung der o. g. Besonderheiten wie folgt definiert:

- Gewährleistung einer sicheren Verbindung der CFK-Außenhaut mit dem Dachrahmen
  - Gute Haftung auf decklackiertem Blech und auf CFK mit Epoxidharzbasis
  - Dichtheit
  - Festigkeit
  - Ausgewogenes Verhältnis von Steifigkeit und Elastizität
  - Alterungsbeständigkeit
- Klebstoffhärtung bei Raumtemperatur
- Erreichen einer Handhabungsfestigkeit innerhalb von 100 min bei einer minimalen offenen Zeit von 20 min
- Manuelle Verarbeitbarkeit aus Kartuschen
- Standfeste Klebstoffraupe.

8.5.5 Auswahl des Klebstoffs

Die Klebstoffauswahl wurde erheblich durch die vorgegebenen Prozessvorgaben bestimmt. Aufgabe des Klebstoffherstellers zu diesem Zeitpunkt war es, geeignete Klebstoffsysteme vorzustellen. Aus den zur Verfügung stehenden Klebstofftechnologien

- höchstfeste Phenolharzklebstoffe, aber nur mit minimaler Dehnfähigkeit
- hochfeste 1K- und 2K-Epoxidharzklebstoffe mit Reißdehnungen bis ca. 10–15 %
- 2K-Acrlylat-Klebstoffe, die bei nur wenig geringeren Festigkeiten Vorteile in der Dehnfähigkeit zeigen
- strukturelle 2K-Polyurethanklebstoffe mit guten Festigkeiten und Dehnungen um die 50 %
- hochelastische semi-strukturelle 1K- oder 2K-Polyurethanklebstoffe

fiel für die strukturelle Klebung die Wahl auf einen 2K-Polyurethanklebstoff. Diese Klebstoffgruppe verbindet die für die Anwendung notwendige hohe Steifigkeit mit einer guten Elastizität, wie sie für das große Bauteil Fahrzeugdach erforderlich ist.

Es ist bekannt, dass die Abhängigkeit der resultierenden Steifigkeit einer geklebten Konstruktion von dem Schubmodul des verwendeten Klebstoffs in etwa einer e-Funktion folgt. Der deutlich höhere Schubmodul z. B. eines Epoxidharzklebstoffs von etwa 3000 MPa gegenüber ca. 500–700 MPa der strukturellen 2K-Polyurethanklebstoffe würde sich hinsichtlich der Fahrzeugsteifigkeit nur unwesentlich in einem Steifigkeitsgewinn bemerkbar machen; der Vorteil der höheren Elastizität überwiegt hier bei Weitem.

Das Kraft-Dehnungs-Diagramm für einen typischen strukturellen 2K-Polyurethanklebstoff zeigt ein E-Modul von 660 MPa, eine Reißdehnung von ca. 75 % und eine Zugfestigkeit von 25 MPa.

Für die Klebstoffauswahl durch den Klebstoffhersteller war es hilfreich, dass neben Erfahrungen auf lackierten Blechen auch solche auf CFK vorlagen. So konnte auf Ergebnisse aus Zugscherversuchen zurückgegriffen werden, die sich im Rahmen eines früheren Projektes ergaben.

Die in Abb. 8.43 zusammengefassten Festigkeitswerte für CFK-Klebungen zeigen, dass eine für die gestellte Klebaufgabe ausreichende Festigkeit auch nach Alterung gewährleistet bleibt. Bei den damaligen Prüfungen wurde in allen Fällen Faserausriss beobachtet, d. h. der Klebstoff zeigt eine höhere Festigkeit als das Substrat.

Da die Klebung aufgrund der geringen Stückzahl nicht automatisiert werden sollte, war eine wesentliche Anforderung an den Klebstoff eine ausreichend lange Offene Zeit von mindestens 20 min, um die umlaufende Klebstoffraupe mit der notwendigen Sorgfalt auftragen zu können. Gleichzeitig galt es aber auch, eine ausreichende Handhabungsfestigkeit zu erzielen, die es erlaubt, die Karosserie nach 100 min weiter zu transportieren. Abb. 8.44 zeigt die Handhabungsfestigkeit verschiedener raumtemperaturhärtender 2K-Polyurethanklebstoffe.

Die Abhängigkeit des Zeitpunktes des Erreichens einer Handhabungsfestigkeit – im Allgemeinen reichen 0,7 bis 0,8 MPa aus – hängt bekanntlich mit der offenen Zeit des Klebstoffs zusammen. Die Klebstoffvariante mit der offenen Zeit von 30 min erfüllt die Vorgabe des Erreichens der Handhabungsfestigkeit nach bereits 100 min. Um eine gute Verarbeitbarkeit aus Kartuschen mit einem ansprechenden Applikationsbild zu erreichen, dürfen die Viskositäten der Einzelkomponenten nicht zu hoch sein. Nur dann lässt sich der notwendige Auspressdruck gering halten, was Voraussetzung für die Verarbeitung

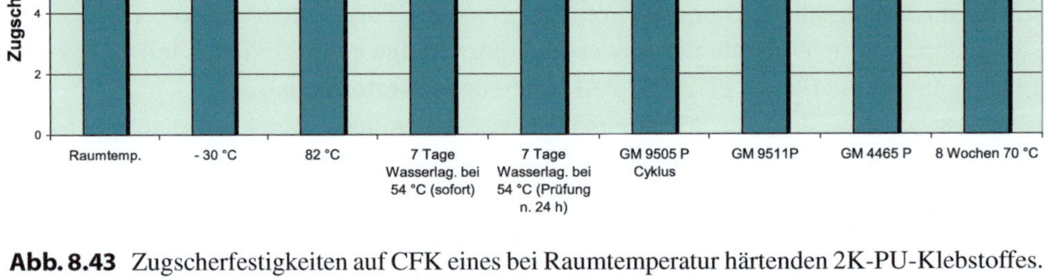

Abb. 8.43 Zugscherfestigkeiten auf CFK eines bei Raumtemperatur härtenden 2K-PU-Klebstoffes. (Bildquelle: BMW)

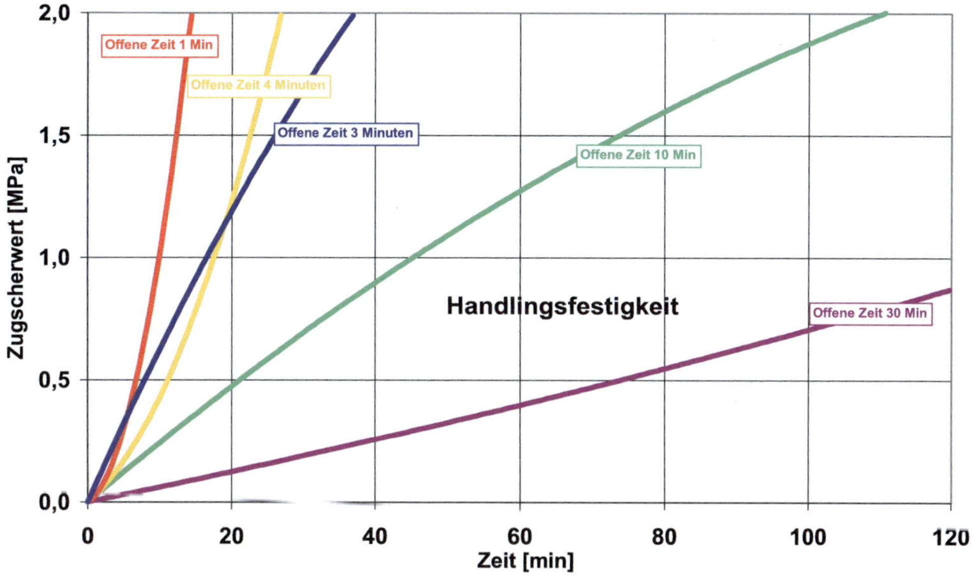

Abb. 8.44 Handhabungsfestigkeiten von raumtemperaturhärtenden 2K-PU-Klebstoffen. (Bildquelle: BMW)

mittels handelsüblicher, per Druckluft betriebener Pistolen ist. Andererseits ist eine standfeste Klebstoffraupe unbedingte Voraussetzung, um ein unkontrolliertes Verlaufen zu verhindern. Um dies zu erreichen, enthält der ausgewählte 2K-PU-Klebstoff lediglich eine geringe Menge pyrogener Kieselsäure zur Thixotropierung, sodass eine einfache Verarbeitung aus Kartuschen gewährleistet ist. Die Standfestigkeit der gemischten Raupe wird durch Zugabe einer sehr geringen Menge eines chemisch wirkenden Thixotropierungsmittels zu der Polyolkomponente erreicht. Dieses reagiert nach Mischen der Komponenten

Abb. 8.45 Viskositäts-Zeit-Verlauf eines Systems mit und ohne chemischer Thixotropierung. (Bildquelle: BMW)

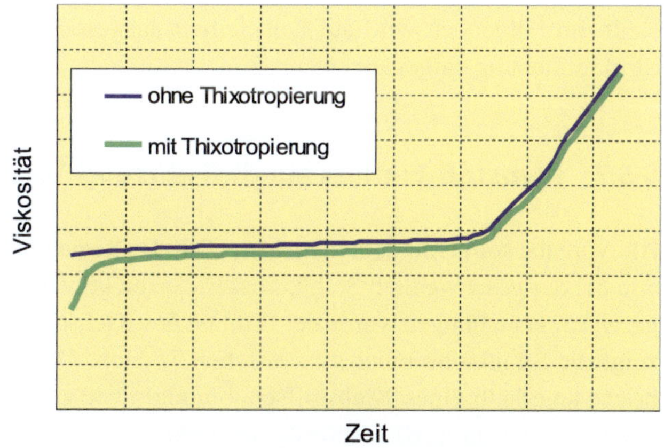

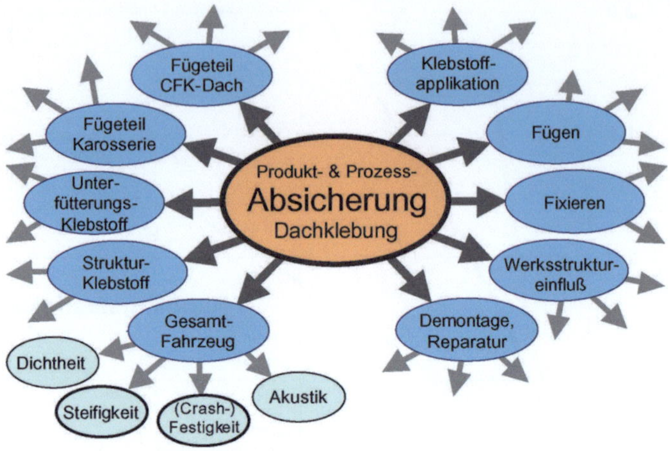

Abb. 8.46 Absicherung Produkt und Prozess – Auf der *linken Seite* sind die produktspezifischen, auf der *rechten Seite* die prozessspezifischen Themen aufgeführt. (Bildquelle: BMW)

sehr schnell mit einem Teil der Isocyanatgruppen und bewirkt so einen Viskositätsanstieg. Parallel dazu erfolgt die wesentlich langsamer ablaufende eigentliche Härtungsreaktion des Klebstoffs. Abb. 8.45 zeigt den zeitlichen Viskositäts-Verlauf eines chemisch thixotropierten Klebstoffs im Vergleich zu einem herkömmlichen System. Die geringere Anfangsviskosität des chemisch thixotropierten Systems bei ansonsten gleicher Raupen-Standfestigkeit resultiert in einem deutlich verringerten Druckaufbau im Mischer und somit in einer verbesserten manuellen Applizierbarkeit aus Kartuschen.

8.5.6 Absicherungsmaßnahmen bei Produkt und Prozess

Das Dach hat als Teil der Fahrzeug-Struktur und Außenhaut funktionelle Anforderungen wie z. B. Crashsicherheit, Steifigkeit, Festigkeit und akustische Dämpfung zu erfüllen. Daraus resultiert die Notwendigkeit einer umfangreichen Absicherung. In Abb. 8.46 sind die Absicherungsmaßnahmen zum Projekt der Dachklebung beim BMW M3 CSL dargestellt. Im Folgenden wird auf beispielhaft ausgesuchte Maßnahmen und Ergebnisse der Strukturklebung eingegangen.

8.5.7 Klebstoff-Einfluss auf die Fahrzeug-Torsionssteifigkeit

Als Vorgabe sollte mit dem geklebten CFK-Dach die gleiche Fahrzeug-Torsionssteifigkeit wie bei der geschweißten Stahlkarosserie erreicht werden. In zwei voneinander unabhängigen Untersuchungen wurde der Einfluss des Klebstoff-Schubmoduls ermittelt. Abb. 8.47 zeigt die Simulation einer dynamischen Torsion. Die Torsionssteifigkeit der Karosserie bricht unterhalb eines Klebstoffschubmoduls von ca. 7 MPa ein. Bei einem Klebstoff-Schubmodul von 5 MPa wird die Referenzkurve des geschweißten Stahldachs erreicht.

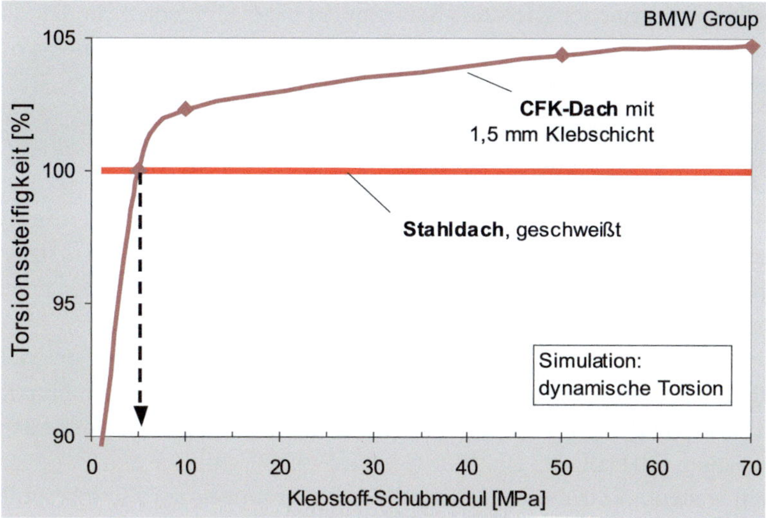

Abb. 8.47 Ermittlung des Soll-Klebstoff-Schubmoduls in der Simulation. (Bildquelle: BMW)

Die statische Torsion im Fahrzeugprüfstand (Abb. 8.48) kommt zu einem ähnlichen Ergebnis. Hier wurde ein Versuchs-Klebstoff verwendet, dessen Schubmodulverlauf über der Temperatur bekannt ist. Durch Temperieren des Fahrzeugs ließen sich somit unterschiedliche Klebstoffschubmodule einstellen. Die Torsionssteifigkeit der Karosse fällt bei dieser

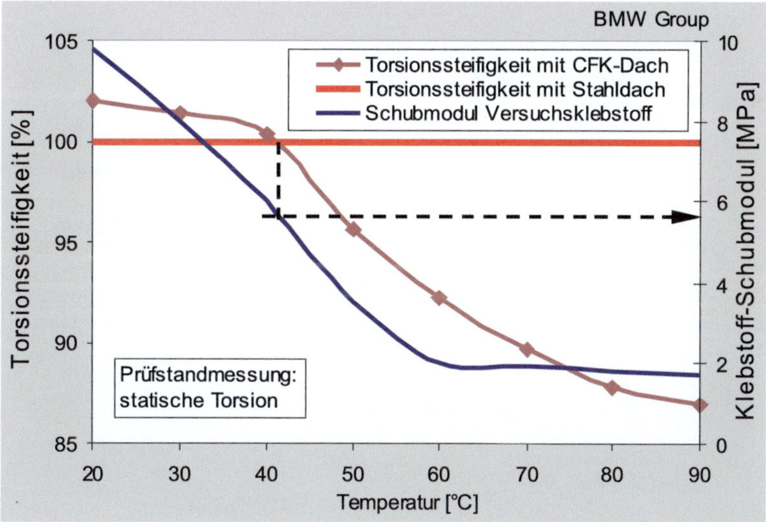

Abb. 8.48 Ermittlung des Soll-Klebstoff-Schubmoduls im Fahrzeugprüfstand. (Bildquelle: BMW)

Methode stark ab, wenn der Klebstoff-Schubmodul ca. 6 MPa unterschreitet. Die beiden Untersuchungen machen deutlich, dass mit einem Klebstoff-Schubmodul von 6 MPa eine ausreichende Fahrzeug-Torsionssteifigkeit erreicht wird.

8.5.8 Umfangreiche mechanische Prüfungen

Mechanische Prüfungen erfolgten unter Einsatz verschiedener Methoden in insgesamt 136 Untersuchungsreihen. In Abb. 8.49 sind schematisch die Inhalte, Methoden und Ergebnisse dargestellt.

Aus der Abb. 8.50 sind beispielhaft die Ergebnisse der dynamischen Methode zur Ermittlung des Klebstoff-Schubmoduls ablesbar. Gewählt sind eine Amplitude im linear-viskoelastischen Bereich und eine Prüffrequenz am unteren Ende der Fahrzeug-Gebrauchsbelastung (10 Hz).

In einem weiteren sehr umfangreichen Prüfprogramm wurden Zugscherprüfungen an geklebten Original-Fügematerialien durchgeführt. Geprüft wurden zwei Lackarten, verschiedene Oberflächenvorbehandlungen, unterschiedliche Abbindezeiten, Alterungen und Klimabelastungen. Besonders hervorzuheben aus der Fülle der Prüfungen ist ferner die Abschätzung der Crash-Festigkeit des Fügeverbunds, die mit Hilfe von Hochgeschwindigkeits-Scherzugprüfungen erfolgte. Die in Abb. 8.51 dargestellten ausgewählten Ergebnisse zeigen Festigkeiten in Abhängigkeit der Lackoberfläche, der Alterung, der Prüftemperatur und der CFK-Vorbehandlung. Bei höheren Temperaturen ergeben sich höhere Crash-Festigkeiten aufgrund des niedrigeren Klebstoff-Schubmoduls mit besserem Dämpfungsverhalten.

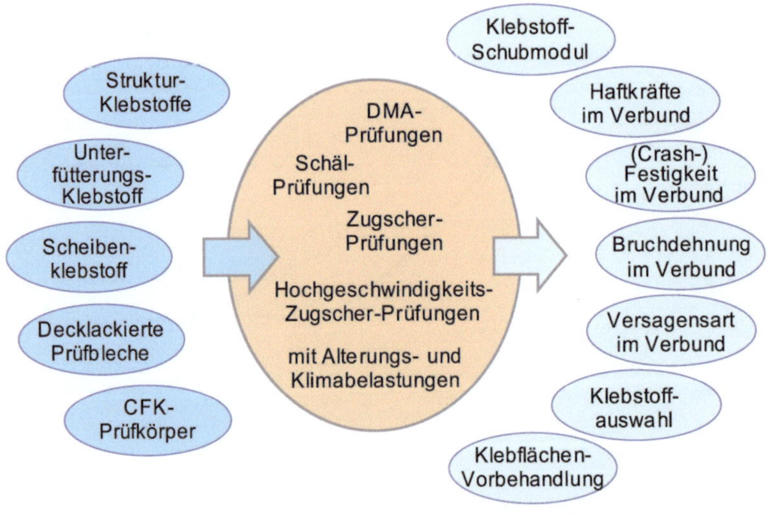

Abb. 8.49 Inhalte, Methoden und Ergebnisse der mechanischen Prüfungen. (Bildquelle: BMW)

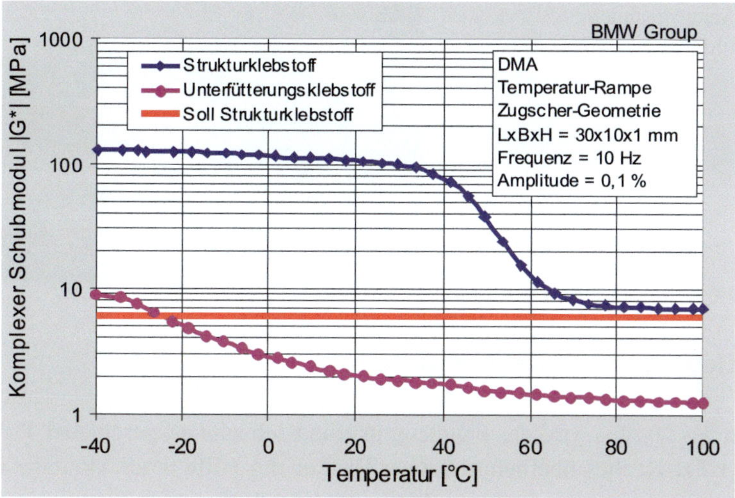

Abb. 8.50 Ermittlung der Ist-Klebstoff-Schubmodule in der DMA. (Bildquelle: BMW)

Abb. 8.51 Prüfung des Hochgeschwindigkeits-Zugscher-Verhaltens. (Bildquelle: BMW)

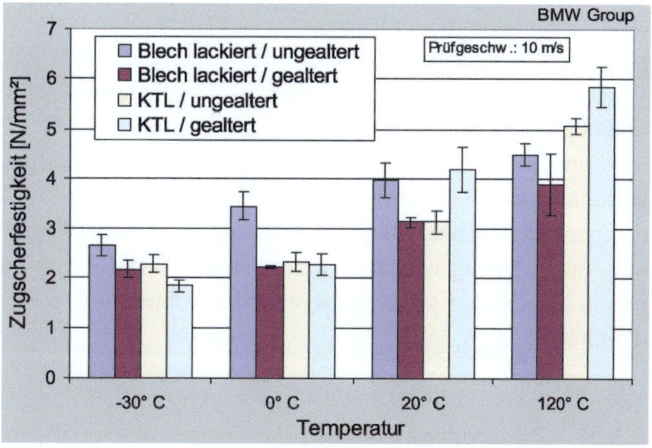

8.5.9 Crashfestigkeit des gesamten Fahrzeuges

Um eine größtmögliche passive Fahrzeugsicherheit zu gewährleisten, wurden alle BMW-intern vorgeschriebenen Crashtests durchgeführt (Abb. 8.52). Alle Anforderungen wurden erfüllt, sodass sich damit die Abschätzung aus den Hochgeschwindigkeitsprüfungen an Probekörpern bestätigte. Insbesondere ist kein großflächiges Versagen der Klebung aufgetreten.

Abb. 8.52 Seitencrash am M3 CSL. (Bildquelle: BMW)

8.5.10 Klebprozess in der Montage

Zum Fügen des Daches wird das Fahrzeug in eine Klebzelle ausgeschleust. Das manuelle Fügen des CFK-Daches übernehmen zwei Werker mit Hilfe einer Montagevorrichtung, die das Dach auch zwecks Vorbehandlung der Klebflächen und Kartuschenapplikation der Klebstoffe hält. Die Vorbehandlung des Roh-CFKs beinhaltet eine manuelle Reinigung mit Isopropanol-Wasser-Gemisch, gefolgt von einem mechanischen Aufrauen und abschließender erneuter Reinigung. Der Klebstoffauftrag erfolgt aus Kartuschen mit einer pneumatisch betriebenen Kartuschenpistole.

Auf den gereinigten Fahrzeug-Karosserieflansch wird in einigen Bereichen zum Stufenausgleich ebenfalls Strukturklebstoff appliziert.

Gemeinsam von beiden Werkern wird das Dach innerhalb der Offenen Zeit gefügt, ausgerichtet und mit den integrierten Schnellspannern fixiert (Abb. 8.53). Anschließend werden punktuelle Klebstoffaustritte verstrichen. Nach 100 min wird die Vorrichtung entfernt und das Fahrzeug wieder in den weiteren Fertigungsablauf eingeschleust. Die intensiv geschulten Werker dokumentieren jede Klebung und prüfen jedes Fahrzeug auf Wasserdichtheit.

8.5.11 Zusammenfassung

Bei dem auf die Fahrzeugstruktur geklebten CFK-Dach des neuen Modells BMW M3 CSL bestand die Hauptaufgabe aus Sicht der Klebtechnik in der Schaffung einer strukturellen

Abb. 8.53 Fügeprozess. (Bildquelle: BMW)

Verbindung zwischen lackiertem Stahl und CFK. Ausgehend von den Anforderungen der Kleinstserie mit nur etwa 1500 produzierten Fahrzeugen (manuelle Applikation, Klebstoffhärtung bei Raumtemperatur) und den üblichen Anforderungen an Klebungen im Automobilbau fiel die Wahl auf einen 2K-PU-Strukturklebstoff für die strukturelle Klebung im Bereich des vorgegebenen Punktschweißflansches und ein elastisches 1K-PU-System für die Unterfütterungsklebungen. Besonderes Augenmerk wurde hier auf die resultierenden Fahrzeugeigenschaften (Steifigkeit, Crashverhalten, Akustik) gelegt.

Nach den erforderlichen Produkt- und Prozessabsicherungsmaßnahmen gelang die Integration des Klebprozesses in die bestehende Serienfertigung der 3er Baureihe. Die Fügetechnik Kleben hat somit einen wesentlichen Beitrag zur Realisierung des Sondermodells BMW M3 CSL geleistet. Die hierbei gewonnenen Erfahrungen wurden bei nachfolgenden BMW M Fahrzeugen genutzt und das CFK-Dach in Form einer automatisierten Fertigung für die nachfolgenden Fahrzeugmodelle umgesetzt. Darüber hinaus lieferten die gewonnen Erfahrungen aus diesem Projekt auch für den innovativen Karosseriebau der BMWi-Fahrzeuge und des neuen 7er wertvolle Erkenntnisse.

Die Autoren

Dipl.-Ing. Robert Hailer war bis 2006 in der Technologie Montage bei der BMW Group in München als Leiter der Gruppe Verbindungstechnik tätig; Hermann Sedlmaier (Tel. 0 89/3 82-6 16 86, hermann.sedlmaier@bmw.de) ist in dieser Gruppe als Klebtechniker tätig;

Dipl.-Ing. Roland Schumacher ist bei der Dürr AG in Bietigheim-Bissingen im Unternehmensbereich Application Technology tätig.

Dr. Hartwig Lohse (hlohse@hdyg.de) unterstützt mit seinem Beratungsunternehmen Klebtechnik Dr. Hartwig Lohse e. K. Anwender bei der Lösung von klebtechnischen Fragestellungen.

8.6 Thermoplastische Systemlösungen im Automobilbau – Langzeitbeständig und wirtschaftlich

Hartwig Lohse

Thermoplastische Kunststoffe gewinnen im Automobilbau zunehmend an Bedeutung, sodass auch die Frage der einzusetzenden Verbindungstechnik immer wichtiger wird. Welche Maßnahmen sind zu ergreifen, um in der Automobilproduktion langzeitbeständige Klebverbindungen unter Beachtung wirtschaftlicher Aspekte herzustellen, und welche Beispiele gibt es bereits?

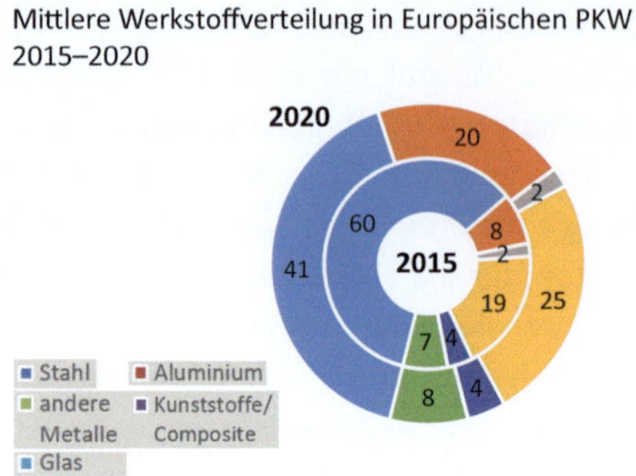

Abb. 8.54 Mittlere Werkstoffverteilung in europäischen PKW 2015 mit Ausblick auf 2020 nach [45]

Der Anteil von Kunststoffen am Materialmix der im Automobilbau verwendeten Werkstoffe nimmt nicht nur kontinuierlich zu, sondern die Kunststoffe erobern sich auch neue Anwendungsgebiete im Bereich der Anbauteile (Abb. 8.54). Neben den fast schon traditionellen Anwendungen im Innenraum haben die Kunststoffe mittlerweile auch im Außenbereich an Bedeutung gewonnen. Die Anwendungen beschränken sich schon lange nicht mehr auf Spoiler, Stoßfänger und Heckdeckel bzw. -klappen. So werden mittlerweile auch zunehmend Türen, Fronthauben und Dächer aus Kunststoffen in Serie gefertigt.

Während bisher Außenhautteile vorwiegend aus faserverstärkten Duroplasten (SMC, BMC, etc.) hergestellt wurden, gewinnen die Thermoplaste immer mehr an Bedeutung. Die Gründe für diese Entwicklung hin zu einer verstärkten Verwendung von Kunststoffen liegen nicht allein in ihrer Korrosionsbeständigkeit sowie ihrem Potenzial zur Gewichtsreduzierung, sondern auch in der Designfreiheit. Darüber hinaus haben Kunststoffe bei kleineren Serien bzw. bei der Individualisierung von Großserien-Plattformen den Vorteil geringerer Werkzeugkosten. Neben den erwähnten Vorteilen zeigen Kunststoffe jedoch auch einige Nachteile von denen ohne Anspruch auf Vollständigkeit an dieser Stelle die Punkte

- Class A Oberfläche, Lackierfähigkeit, Colormatching, Kratzfestigkeit
- Chemikalienbeständigkeit
- Crash-Verhalten, insbesondere bei niedrigen Temperaturen
- Relativ lange Taktzeiten in der Produktion
- Recyclingfähigkeit (Thermoplasten werden bevorzugt)

genannt werden sollen.

Ein weiterer Problempunkt der Kunststoffe ist in der Auswahl des für den jeweiligen Anwendungsfall optimalen Fügeverfahrens zu sehen. Während für Duroplasten neben Schrauben und Nieten überwiegend das Kleben infrage kommt, kann das Verbinden von thermoplastischen Werkstoffen untereinander auch mittels thermischer Schweißverfahren erfolgen. Die im Vergleich zu Duroplasten wesentlich größere Vielfalt in der Zusammensetzung von Thermoplasten und den daraus resultierenden großen Unterschieden in ihren Eigenschaften macht diese Materialgruppe nicht nur für unterschiedlichste Anwendungen sehr interessant, sondern führt auch zu der Überlegung, dass es ein universelles Fügeverfahren nicht geben kann. Dem Kleben kommt sicherlich eine große Bedeutung zu, erfordert aber oft eine Anpassung an die jeweilige Aufgabe.

8.6.1 Richtig vorbehandeln

Wie im Abschn. 2.1 („Kunststoffe richtig vorbehandeln") ausführlich beschrieben, kommt der Oberfläche der zu verbindenden Substrate beim Kleben eine besondere Bedeutung zu. Viele Thermoplaste zeigen eine geringe Oberflächenenergie und bedürfen daher vor dem Kleben einer Oberflächenvorbehandlung. In manchen Fällen reicht eine Reinigung nicht aus, die Oberfläche muss aktiviert werden. Hier haben sich neben der Verwendung von speziellen Primern Verfahren wie das Beflammen, die Corona-, aber auch die Plasmavorbehandlung, insbesondere das Atmosphärenplasma, bewährt. Beim Beflammen erfolgt durch Behandeln der Fügeteiloberfläche mit einer Gas-Sauerstoff-Flamme (Propan, Acetylen) eine chemische und mechanische Modifizierung der Oberfläche. Der resultierende Effekt wird im Wesentlichen durch

- die Flammentemperatur, die kurzzeitig im Sekundenbereich zu Temperaturen von 200–400 °C an der Grenzschicht führt,
- die oxidative Wirkung, bestimmt durch den Sauerstoffüberschuss in der Flamme,
- die Vorbehandlungsgeschwindigkeit und
- den Abstand der Flamme zur Oberfläche

bestimmt. Wie Oberflächenanalysen gezeigt haben, nimmt bei der Flammenvorbehandlung der Sauerstoffanteil in der oberflächennahen Schicht des Fügeteils zu, d. h., es werden polare Gruppen eingebaut. Ein ähnlicher Effekt lässt sich durch die Corona-Vorbehandlung (Abb. 8.55) erzielen.

Die Corona-Entladung erfolgt als leuchtende Hochspannungs-Entladung zwischen zwei Elektroden bei einer Wechselspannung im Bereich von 10–20 kV und Frequenzen von 10–30 kHz. Die austretenden Elektronen werden im elektrischen Feld beschleunigt und geben einen Teil ihrer Energie bei Zusammenstößen an Sauerstoff- und Stickstoffmoleküle der Umgebungsluft ab, die dadurch dissoziieren bzw. unter Freisetzung von Elektronen ionisiert werden. Als Folge kommt es zur Bildung von Ozon und Stickoxiden. Die Energie der auf die Fügeteiloberfläche auftretenden Elektronen liegt über der Bindungsenergie für Kohlenstoff-Kohlenstoff-Bindungen, sodass es zur Spaltung einzelner solcher Bindungen in der Substratoberfläche kommt. Die entstandenen freien Valenzen reagieren mit dem erzeugten Ozon bzw. freiem Sauerstoff unter Einbau von Sauerstoff in die Oberfläche.

Der Effekt der Corona-Vorbehandlung wird im Wesentlichen durch die Entladungsspannung, den Abstand der Substratoberfläche zur Coronadüse und der Vorbehandlungsgeschwindigkeit bestimmt. Das Atmosphärenplasma stellt insofern eine Weiterentwick-

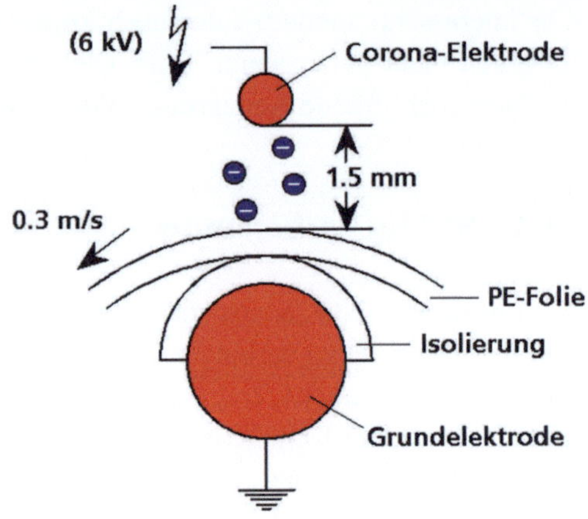

Abb. 8.55 Schematische Darstellung einer Anlage zur Corona-Vorbehandlung [46]

lung des Niederdruckplasmas dar, als es eine kontinuierliche Vorbehandlung bei Normaldruck erlaubt. Das Niederdruckplasma erfolgt dagegen chargenweise im Vakuum, was in vielen Fällen die Anwendung beim Kleben erschwert, da oft nur kleine Bereiche verklebt und somit vorbehandelt werden müssen und ein kontinuierliches Arbeiten gewünscht wird.

Das Atmosphären-Plasma (Abb. 8.56) beruht auf einem elektrischen Potenzial von etwa 20 kV, durch das eine Entladungsreaktion in der Plasma-Kammer initiiert wird. Das dadurch entstandene Plasma (ein ganz oder teilweise ionisiertes, auch radikalische Verbindungen enthaltenes sehr reaktionsfähiges Gas) wird durch einen Gasstrom auf das

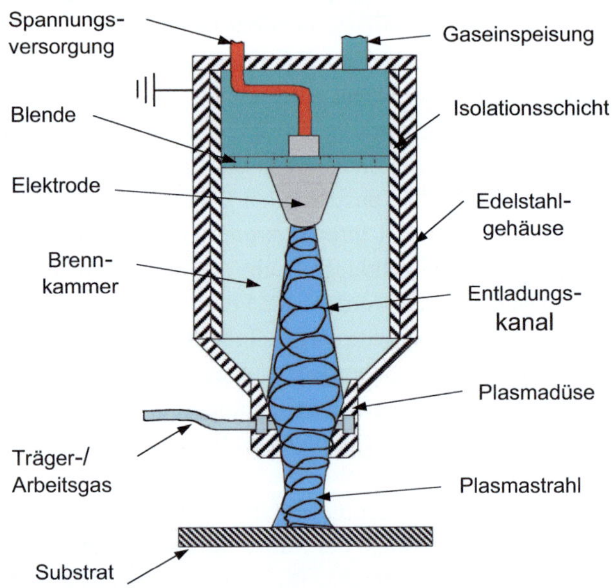

Abb. 8.56 Schematische Darstellung einer Anlage zur Vorbehandlung mittels Atmosphären-Plasma [47]

Substrat geleitet und reagiert dort mit der Oberfläche. Durch Auswahl des Trägergases können gezielt chemische Funktionalitäten in die Substratoberfläche eingebaut werden, was nicht nur eine Erhöhung des polaren Anteils der Fügeteiloberfläche bewirkt, sondern auch eine Erhöhung der Adhäsionskräfte ermöglicht. Prozess-Parameter sind neben dem verwendeten Gas im Wesentlichen die Vorbehandlungsgeschwindigkeit und der Abstand der Plasma-Kammer zur Fügeteiloberfläche. Daneben werden häufig auch klebstoff- und fügeteilspezifische Primer sowie Aktivatoren verwendet.

8.6.2 Prüfmethoden

Sowohl bei der Entwicklung als auch bei der Auswahl eines Klebstoffs für eine spezielle Klebanwendung ist die Durchführung von standardisierten Prüfungen an Laborprüfkörpern unumgänglich, um Vorhersagen über das Langzeitverhalten von Klebungen machen zu können. Allerdings gibt es für Kunststoffklebungen bisher nur wenige allgemeingültige Normen. Der weit verbreitete Zugscherversuch nach DIN EN 1465 bzw. dessen amerikanisches Äquivalent nach ASTM D 1002 sind auf metallische Substrate beschränkt, werden aber trotzdem auch vielfach für Kunststoffe eingesetzt. Im ASTM Normenwerk ist hierfür mit der ASTM D 3163 eine nur leicht abgewandelte Form veröffentlicht. Die sowohl in der DIN- als auch in den beiden ASTM-Normen empfohlene Überlappungslänge von 12,5 mm bezieht sich auf Fügeteil-Werkstoffe mit einem dem Aluminium ähnlichen Elastizitätsmodul bzw. ähnlicher Streckgrenze. Im Prinzip müsste die Überlappungslänge den jeweiligen Eigenschaften des Fügeteil-Werkstoffs angepasst werden. Auf jeden Fall sollte darauf geachtet werden, dass das Versagen im Bereich der Klebung auftritt (Adhäsion-, Kohäsionsbruch oder ggf. Laminatausriss; Fügeteilbruch, auch in der Nähe der Klebung, ist wenig aussagekräftig). Gegebenenfalls muss die Überlappungslänge verringert werden. Neben dem hinlänglich bekannten Phänomen der inhomogenen Spannungsverteilung kommt es bei der Anwendung des Zugscherversuchs auf Kunststoff-Prüfkörper zum Auftreten von Biegemomenten aufgrund der Fügeteilnachgiebigkeit (Abb. 8.57), was im Endeffekt zu einer wenig definierten Mischung aus verschiedenen Belastungsarten (Scher- und Schälbelastung) mit einer entsprechend hohen Streuung der Messergebnisse führt. Da in den meisten Fällen einer Aussage über die Haftung des Klebstoffs zu den jeweili-

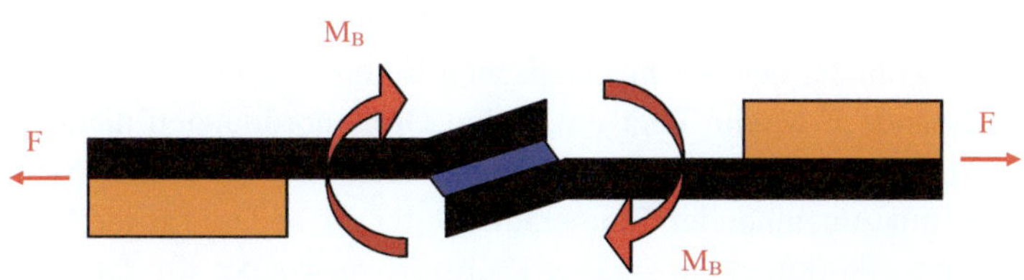

Abb. 8.57 Auftretende Biegemomente aufgrund der Fügeteilnachgiebigkeit beim Zugscherversuch [47]

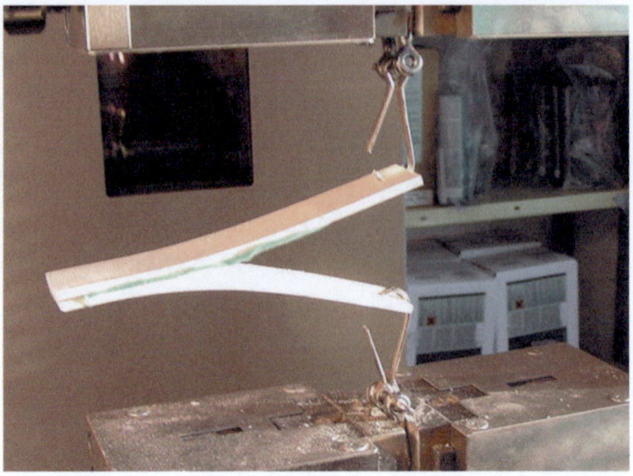

Abb. 8.58 Cleavage Peel Test. (Bildquelle: Klebtechnik Dr. Hartwig Lohse e. K.)

gen Kunststoffsubtraten (Versagensbild) eine wesentlich höhere Bedeutung zukommt als dem Wissen um die unter bestimmten Bedingungen zu erreichende Klebfestigkeit, werden Schälversuche wie z. B. der Cleavage Peel Test nach ASTM D 3807 (Abb. 8.58) eingesetzt. Dieser Versuch erlaubt eine sehr gute Differenzierung der Haftungseigenschaften.

Im Arbeitskreis von Prof. Schlimmer an der Universität Kassel wurde im Rahmen eines durch die AIF geförderten Forschungsprojekt [48] mit der sogenannten Schmetterlingsprobe ein Prüfkörper zur Bestimmung des mechanischen Verhaltens von geklebten Kunststoffverbindungen entwickelt. Es stellte sich heraus, dass die entwickelte Methode hervorragend zur vergleichenden Beurteilung von Klebverbindungen und zur rechnerischen Auslegung von Bauteilen geeignet ist.

8.6.3 Klebstoffauswahl

Bei der Auswahl eines für das Kleben von Thermoplasten geeigneten Klebstoffsystems müssen neben den üblichen Parametern wie Haftung und Festigkeitsniveau im infrage kommenden Temperaturbereich sowie dem Alterungsverhalten auch die mechanischen Eigenschaften der jeweiligen Fügeteile berücksichtigt werden. Insbesondere sind hier die Fügeteilfestigkeiten und -verformungen sowie deren Abhängigkeiten von der Temperatur zu nennen. In jedem Fall kann davon ausgegangen werden, dass der Klebstoff eine entsprechende Elastizität haben muss, um die bei Belastung auftretenden Spannungsspitzen kompensieren zu können. Der die mechanischen Eigenschaften des jeweiligen Thermoplasten beschreibende E-Modul liegt um einige Größenordnungen niedriger als der E-Modul der im Automobilbau immer häufiger durch Kleben verbundenen Metalle. Darüber hinaus nimmt er mit zunehmender Temperatur weiter ab, sodass für die Verklebung z. B. von einem Kunststoffkotflügel ein anderer Klebstoff verwendet werden sollte als für die Verklebung eines ähnlichen Teils aus Metall. Aus der Gruppe der reaktiven Klebstoffsysteme (Abb. 8.59) kommen daher primär die reaktiven 2K-Polyurethanklebstoffe infrage.

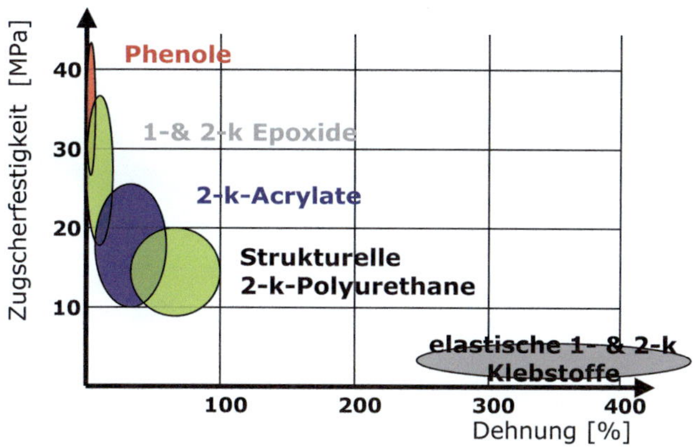

Abb. 8.59 Festigkeits-Dehnungsverhalten von kommerziell verfügbaren reaktiven Klebstoffgruppen. (Bildquelle: Klebtechnik Dr. Hartwig Lohse e. K.)

Sie zeigen ein ausgewogenes Verhältnis von Festigkeit und Elastizität und gewährleisten auch bei höheren Gebrauchstemperaturen eine ausreichende Festigkeit. Mit Ausnahme der elastischen 1K- und 2K-Klebstoffe zeigen die in Abb. 8.59 angeführten Klebstoffe den Nachteil einer im Temperatureinsatzbereich liegenden Glasübergangtemperatur. Bei neuen Entwicklungen ist es gelungen, den Effekt des T_g auf die mechanischen Eigenschaften des Klebstoffs deutlich zu verringern. Damit ist es möglich, geringermodulige Klebstoffe einzusetzen und trotzdem bei erhöhter Temperatur eine ausreichende Festigkeit zu gewährleisten.

8.6.4 Reduzierte Fertigungskosten

Um zu zeigen, dass durch den Einsatz von großen im Spritzgussverfahren hergestellten Kunststoffbauteilen neben einer deutlichen Gewichtsreduzierung auch deutliche Kosteneinsparungen in der Fertigung erzielt werden können, startete Chrysler in den 90er-Jahren die Entwicklung eines Konzeptfahrzeuges (CCV). Die Karosse besteht im Wesentlichen aus nur vier (Abb. 8.60) faserverstärkten thermoplastischen Polyesterteilen, die mittels eines auf das Substrat abgestimmten 2K-PUR-Klebstoffs miteinander verbunden wurden. Um die notwendige Fahrzeugsteifigkeit zu gewährleisten, wurde ein System mit einem E-Modul von etwa 700 MPa ausgewählt. Wie für ein Konzeptfahrzeug üblich, wurden nur wenige Fahrzeuge aufgebaut, sodass sich der Aufbau einer beheizten Fügevorrichtung zur wärmebeschleunigten Klebstoffaushärtung nicht gerechnet hätte. Es wurde also auf einen bei Raumtemperatur härtenden Klebstoff zurückgegriffen. Zur Fixierung während der Härtung wurden einige wenige Bolzen verwendet. Um eine gute Haftung zum thermoplastischen Polyester bei alleiniger Raumtemperaturhärtung zu erzielen, erwies sich die Verwendung eines isocyanathaltigen Primers als hilfreich. Das positive Gesamtergebnis einer deutlichen Gewichtsreduzierung (95 kg gegen gegenüber 167 kg der Audi A2 Aluminiumkarosse) die Verringerung der Anzahl der zu verbindenden einzelnen Bauteile

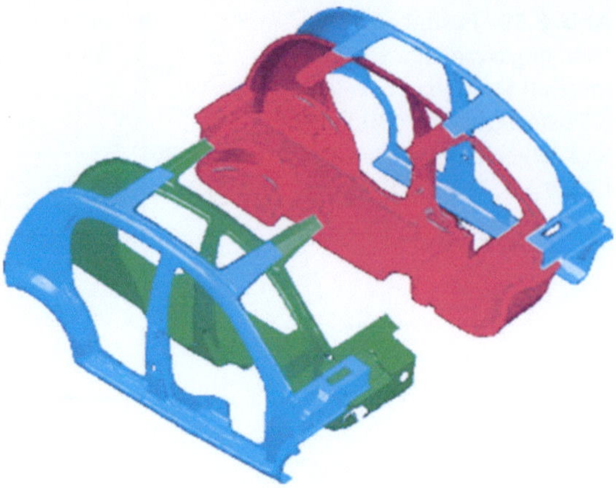

Abb. 8.60 Aufbau der CCV Karosserie [49]

um 75 % von ca. 4000 auf 1100 und die daraus resultierende Arbeitskosteneinsparung von 40 % hat dazu geführt, dieses Konzept im kleineren Maßstab für die Serienfertigung von Hardtops der Chrysler Jeep Fahrzeuge zu übernehmen.

8.6.5 Intelligenter Leichtbau

Vor dem Hintergrund der Gewichtsreduzierung werden zunehmend Karosseriebestandteile aus Leichtwerkstoffen gefertigt. Ziel ist nicht nur, das Gesamtgewicht zu reduzieren, sondern auch durch eine ausgewogene Gewichtsverteilung einen positiven Einfluss auf die Fahreigenschaften auszuüben. So ist es durchaus sinnvoll, im Bereich des Vorderwagens, der bei den meisten Fahrzeugen gewichtsmäßig durch den Motor stark belastet ist, Leichtwerkstoffe zu verwenden.

So wurden beim 6er BMW Coupé und Cabrio Kotflügel Außenhautteile aus PPE (Polyphenylen-Ether-Polymer) verstärktem Polyamid mit Verstärkungselementen aus dem gleichen Werkstoff verklebt. Für das gleiche Bauteil verwendete VW beim Tuareg (ca. 180 Fahrzeuge/Tag), Phaeton (ca. 15 Fahrzeuge/Tag) und Bentley (ca. 5 Fahrzeuge/Tag) PUR-RRIM für die Außenhaut und Verstärkungsteile modelabhängig aus PUR-RRIM, PPE verstärktem Polyamid bzw. KTL-beschichtetem Metall [50]. Auch hier wurden die Verstärkungselemente in das Außenhautbauteil eingeklebt. Neben den hinreichend bekannten Anforderungen an das Klebstoffsystem hinsichtlich Festigkeit und Zuverlässigkeit war hier wichtig, dass der Klebstoff

- die Qualität der Kotflügeloberfläche nicht nachteilig beeinflussen darf (keine Abzeichnungen),
- den nachfolgenden Lackierprozess mit Temperaturbelastungen von 20 min bei 160 °C, gefolgt von 25 min bei 145 °C, unbeschadet übersteht,

- sowohl für die Serie beim Tuareg mit 180 Fahrzeugen am Tag (automatisiertem Klebstoffauftrag, maximale Fixierzeit bis zum Erreichen der Handhabungsfestigkeit von 40 min bei Raumtemperaturhärtung) als auch für die Kleinserie des Bentley (manueller Klebstoffauftrag aus Kartuschen mit mindestens 8 min offener Zeit) geeignet ist.

Bei beiden Anwendungen kommen auf den jeweiligen Fertigungsablauf abgestimmte 2K-Polyurethanklebstoffe zum Einsatz. Während man sich bei BMW für eine Oberflächenvorbehandlung mittel Atmosphärenplasma entschieden hat, wählte man bei VW nach entsprechenden Laborversuchen das Reinigen mit n-Heptan. Die Reinigung ist ausreichend, wenn das verwendete n-Heptan die PUR-RIM-Oberfläche benetzt; es werden dann

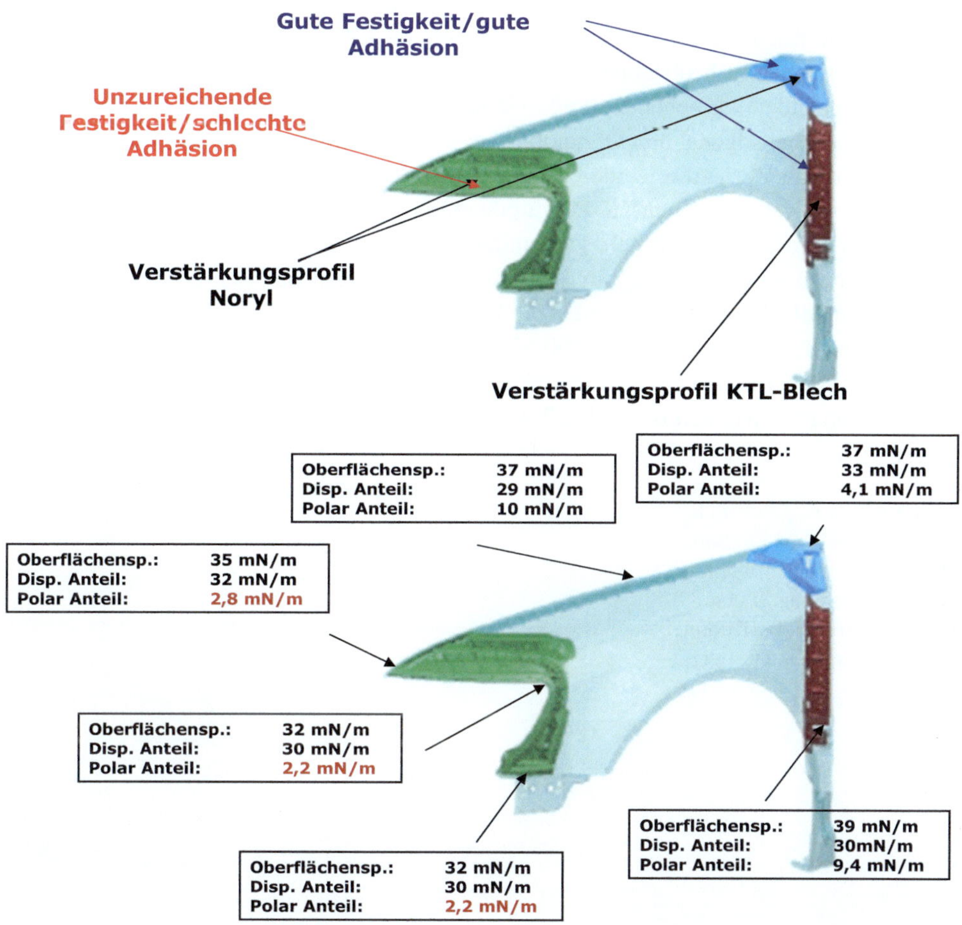

Abb. 8.61 VW Phaeton Kotflügel – Bereiche mit guter und solche mit mangelnder Klebstoffhaftung – Korrelation mit dem jeweils vorliegen polaren Anteil der Oberflächenspannung [51]. (Bilderquelle: VW AG)

Oberflächenspannungen von etwa 40 mN/m mit einem polaren Anteil von > 5 mN/m erreicht. In der Praxis erwies es sich dennoch als problematisch, da reproduzierbar in einigen Bereichen gute und in anderen Bereichen schlechte Haftungsergebnisse auftraten. Bei der Messung der Oberflächenspannung fand man, wenn nur der Gesamtwert betrachtet wurde, keine signifikanten Unterschiede. Eine differenzierte Messung des polaren und dispersen Anteils zeigte jedoch eine deutliche Korrelation zwischen dem polaren Anteil der Oberflächenspannung und den beobachteten Haftungseigenschaften (Abb. 8.61).

Dieses Beispiel verdeutlicht zum einen, dass die Klebbarkeit eines Kunststoffes sich sogar an verschiedenen Stellen des gleichen Bauteils unterscheiden kann. Da die Klebbarkeit durch die Oberfläche entscheidend mitbestimmt wird, diese aber wiederum durch den Herstellprozess beeinflusst wird, sollten, wenn immer möglich, im Rahmen der Klebstoffauswahl auch Klebversuche am realen Bauteil durchgeführt werden, um spätere unliebsame Überraschungen zu vermeiden. Ein weiterer Effekt, der bei der Verklebung von Thermoplasten häufig beobachtet wird, ist die Verbesserung der Klebstoffhaftung durch eine nachfolgende Wärmebehandlung, wie sie z. B. bei der Lackierung des Bauteils erfolgt. Am Beispiel sogenannter Organobleche (mit Glasgewebe verstärktes Polyamid) soll dieser Effekt näher erläutert werden. Bei orientierenden Versuchen zur Verklebung dieses Werkstoffs mit verschiedenen 2K-Polyurethanklebstoffen mit E-Moduln im Bereich von 5–700 MPa wurde nach wärmebeschleunigter Aushärtung (3′ bei 60 °C) im Zugscherversuch nahezu ausschließlich adhäsives Klebstoffversagen mit Festigkeiten von knapp 2 bis circa 7 MPa beobachtet. Wurden die Prüfkörper jedoch 72 h nach der Härtung einer Wärmebehandlung von 20 min bei 160 °C unterzogen, verbesserte sich nicht nur das Versagensbild, sondern auch die Klebfestigkeit (Abb. 8.62). Diese guten Werte blieben auch nach Alterung (10 Runden BMW PR 308.1 (siehe auch Abschn. 4.2)) erhalten.

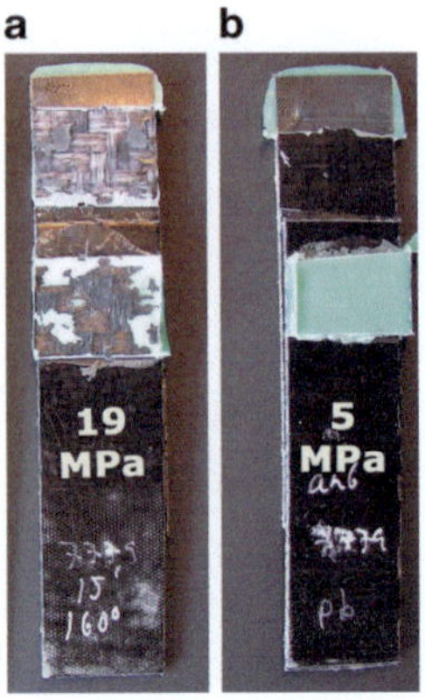

Abb. 8.62 Versagensbild bei der Verklebung von Organoblechen (**a** mit nachfolgender Wärmebehandlung, **b** ohne Wärmebehandlung). (Bildquelle: Klebtechnik Dr. Hartwig Lohse e. K.)

8.6.6 Elektromagnetisches Fügen

In diesem Zusammenhang sei auf das sogenannte „Emabond“-Verfahren hingewiesen, das sich zur sicheren, dauerhaften und absolut dichten Verbindung von thermoplastischen Kunststoffen empfiehlt und prinzipiell in Konkurrenz zu den typischen Schweißverfahren steht. Alle diese Verfahren wie Reib-, Laser-, Ultraschallschweißen, das Schweißen mittels heißer Werkzeuge und auch das „Emabond“-Verfahren haben ihre offensichtlichen Vorteile, aber auch einige oft nicht auf den ersten Blick ersichtlichen Nachteile.

Das „Emabond“-Verfahren beruht auf der Anregung von Metallpartikeln im elektromagnetischen Wechselfeld und der daraus resultierenden Erzeugung von kontrollierter Wärme (Abb. 8.63).

Vorkonfektionierte Bänder oder Stränge, bestehend aus in eine Polymermatrix eingebetteten ferromagnetischen Rezeptoren, werden in den Klebflansch des einen Bauteils eingelegt. Im nächsten Schritt werden die zu verbindenden Bauteile unter leichtem Druck zusammengefügt, wobei gleichzeitig über eine Induktionsspule die Rezeptoren in dem „Emabond“-Material durch das elektromagnetische Wechselfeld angeregt werden und Wärme erzeugen, die nun die Polymermatrix erweichen lässt. Ergebnis ist eine feste, sichere, absolut dichte und ästhetisch ansprechende Verbindung beider Bauteile.

Dieses Verfahren wird hauptsächlich für schlecht zu klebende Thermoplasten wie Polyethylen und Polypropylen eingesetzt. Aber auch die sogenannten Engineered Plastics, wie sie im Automobilbau vielfach für Anwendungen im Motorraum zum Einsatz kommen, können auf diese Weise oft gut und zuverlässig miteinander verbunden werden (Abb. 8.64, 8.65 und 8.66). Ausführliche Beschreibungen liefert die weiterführende Literatur unter [50, 52, 53].

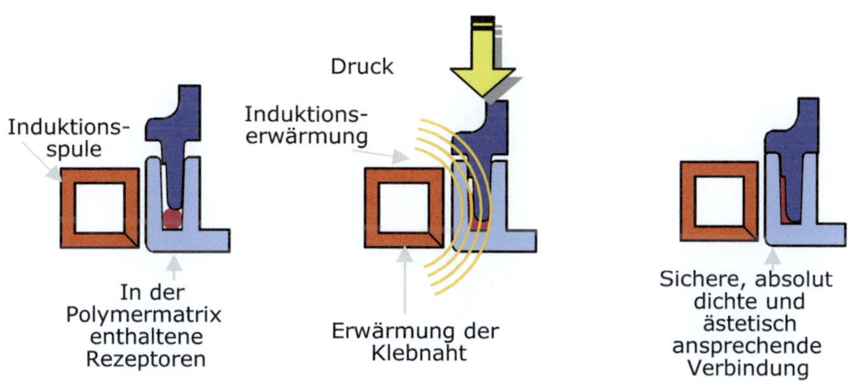

Abb. 8.63 Prinzip des „Emabond“-Verfahrens. (Bildquelle: Emabond Solutions, Norwood, USA)

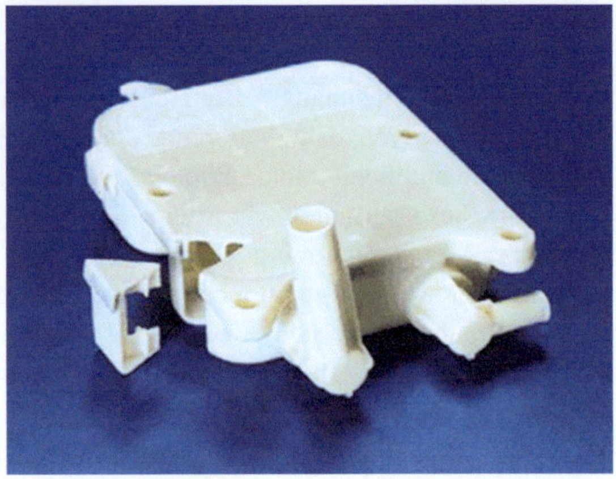

Abb. 8.64 Bremsflüssigkeitsbehälter, PA 6 mit 33 % Glasfaser, vier druckdichte (4,8 bar) Verbindungen. (Bildquelle: Emabond Solutions, Norwood, USA)

Anforderungen:

- Verbindung von PA 6 GF 30
- 100%ige Dichtigkeit
  - Dauerbetrieb 210 mbar
  - Testdruck 6 bar
- Drei Verklebungen in einem Durchgang (2,4 m Klebnaht)
- Komplexe 3-dimensionale Klebung
- Kompensierung der Spritzguss Toleranzen

Abb. 8.65 Ansaugstutzen. (Bildquelle: Emabond Solutions, Norwood, USA)

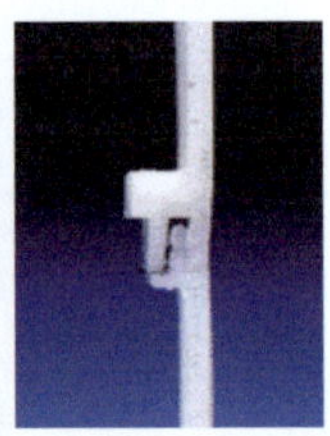

Anforderungen:

- Verbindung von PA 6 GF 30, Durchmesser 20 cm
- 100 %ige Dichtigkeit
  - Dauerbetrieb 3,5 bar
  - Druckprüfung mit Helium
- Null Fehler Forderung

Abb. 8.66 Kühlwasserausgleichsbehälter. (Bildquelle: Emabond Solutions, Norwood, USA)

8.6.7 Fazit und Ausblick

Bedingt durch den verstärkten Einsatz neuartiger Kunststoffe und insbesondere von Thermoplasten, auch im Materialmix mit anderen Werkstoffen, gewinnt die Auswahl des jeweiligen Fügeverfahrens immer mehr an Bedeutung. Wenn auch in Zukunft der „Universalklebstoff" zum Verbinden der vielfältigen Thermoplaste nicht realisiert werden kann, so können doch heute unter Beachtung verschiedener Randbedingungen nahezu alle Kunststoffe miteinander durch Kleben bzw. die beschriebene elektromagnetische Variante sicher und dauerhaft verbunden werden. Dem prognostizierten weiteren Anstieg des Kunststoffanteils im Automobil (Abb. 8.54) steht somit aus Sicht der Verbindungstechnik nichts im Wege.

Der Autor
Dr. Hartwig Lohse (hlohse@hdyg.de) unterstützt mit seinem Beratungsunternehmen Klebtechnik Dr. Hartwig Lohse e. K. Anwender bei der Lösung von klebtechnischen Fragestellungen.

8.7 Schnelle Reparatur faserverstärkter Kunststoffe – Dauerhaft und wirtschaftlich

Jens Holtmannspötter, Florian Feucht, Jean Christjan Meyer, Jens de Freese und Jürgen von Czarnecki

Im Betrieb von Luftfahrzeugen kommt es unweigerlich zu Beschädigungen, die am Luftfahrzeug repariert werden müssen. Mit dem Einsatz der modernen Klebtechnik können dauerhafte Reparaturen wirtschaftlich durchgeführt werden. Zur Steigerung der Wirtschaftlichkeit und Zuverlässigkeit klebtechnischer Reparaturen werden Lösungen zur Automatisierung entwickelt.

Hochleistungsfaserverbundwerkstoffe werden zunehmend in Leichtbaustrukturen eingesetzt. Die hohen Festigkeiten bei niedrigem Gewicht, das gute Ermüdungsverhalten und die Unempfindlichkeit gegenüber äußeren Einflüssen (Korrosion) haben dazu geführt, dass der Anteil der Faserverbundkunststoffe (FVK) an der Strukturmasse von Luftfahrzeugen deutlich steigt. Nach einer Reihe von erfolgreichen Konstruktionen in der Militärluftfahrt, sind mit der Boeing 787 und dem Airbus 350 erstmals auch zwei zivile Luftfahrzeuge auf dem Markt, die zum überwiegenden Teil aus den neuen Werkstoffen bestehen. Dabei wird die Klebtechnik beim Bau der Luftfahrzeuge noch zurückhaltend eingesetzt. Hauptsächlich werden die seit Jahrzehnten bewährten Nietverbindungen zum Fügen großer Teilstrukturen eingesetzt, deren Qualität sich sehr gut mit zerstörungsfreien Verfahren überprüfen lässt. Das Kleben kommt im tragenden Bereich vorwiegend nur für Klebungen nass in nass (Co-Curing) oder nass in hart (Co-Bonding) zum Einsatz.

8.7.1 Kleben als werkstoffgerechte Fügetechnik für die Reparatur

Im Betrieb von Leichtbaustrukturen aus FVK kommt es zwangsläufig zu Beschädigungen. In der Luftfahrt sind es Überlasten, Materialermüdung, Blitz- und Vogelschläge und insbesondere Kollisionen jeglicher Art am Boden, die Reparaturen erforderlich machen. Durch die integralen Bauweisen ist ein Austausch von Teilstrukturen oftmals unmöglich oder unwirtschaftlich. Angestrebt wird eine Reparatur am Luftfahrzeug, die in kurzer Zeit die strukturelle Integrität dauerhaft wiederherstellt und mit geringem Gewichtszuwachs einhergeht.

Mechanische Fügeverfahren werden seit Jahrzehnten zum Aufdoppeln (Patchen) von Material auf den Schadstellen metallischer Strukturen verwendet. Allerdings ist diese Art von Reparaturen oft nicht von langer Haltbarkeit. Durch Spannungsspitzen in den Nietbohrungen und Unstetigkeiten durch abrupte Steifigkeitsänderungen entstehen im Betrieb neue Risse um die Reparaturstelle herum. Auch für FVK stellt das zeitintensive Nieten keine ideale Fügetechnik dar. In den Nietbohrungen werden die Fasern getrennt und im Betrieb entsteht durch Lochlaibung und die weiche Matrix ein Spiel, welches die Dauerfestigkeit entscheidend herabsetzt. Darüber hinaus sind derart aufgedoppelte Reparaturen abweichend von der Ausgangsgeometrie, d. h. die Reparatur ist sichtbar und kann die Funktion (z. B. Aerodynamik) beeinträchtigen.

Geschäftete und geklebte Reparaturen bieten für FVK hier eine Reihe von Vorteilen. Sie ermöglichen die gewünschte Reparatur am Luftfahrzeug, eine werkstoffgerechte Krafteinleitung und sind aerodynamisch und optisch unauffällig. Dabei kommen für kohlenstofffaserverstärkte Kunststoffe (CFK) verschiedenste Prozesse mit warm- und kaltaushärtenden Klebstoffen auf Epoxidharzbasis zum Einsatz. Unter anderem werden Nasslaminierverfahren, das Kleben von ausgehärteten Pflastern (Patches), das Auflegen von Prepreg und Infusionsverfahren in einer Vielzahl von Varianten angewendet.

▶ **Schäften von Faserverbundkunststoffen** Für die klebtechnische Reparatur von faserverstärkten Werkstoffen wie z. B. CFK müssen diese geschäftet werden. Durch das Schäften wird die Klebfläche um ein Vielfaches vergrößert und die Ausgangsfestigkeit kann annähernd wieder erreicht werden. Dazu kann das Material gestuft oder kontinuierlich geschäftet werden. Wegen den sehr hohen Festigkeiten der Kohlenstofffasern im Vergleich zu der Festigkeit der Epoxidharzmatrix bzw. den Epoxidharzklebstoffen sind die Schäftungswinkel bzw. Schäftverhältnisse sehr gering [54].

Bei geklebten Reparaturen ist es im Hinblick auf die Luftverkehrszulassung problematisch, dass nach der Reparatur keine Aussage zur Qualität der erzielten Adhäsion möglich ist. Die zerstörenden Prüfverfahren können hierzu keinen Beitrag liefern. Von daher ist das zuverlässige, reproduzierbare Erstellen einer gut klebbaren Oberfläche Voraussetzung.

Entscheidend für die Qualität und Prozesssicherheit der klebtechnischen Reparatur ist insbesondere die Vorbereitung der Reparaturstelle. Dies beinhaltet das Schäften der Faserverbundstruktur und das Vorbereiten der Oberflächen.

8.7.2 Stand der Technik

Stand der Technik zur Reparaturstellenvorbereitung sind Schleifprozesse. Um die beschädigte Stelle wird z. B. mit einem rotierenden Druckluftschleifer das Material in Form der gewünschten Schäftung abgetragen. Dabei wird sowohl trocken als auch nass geschliffen. Auch die Schleifmittel sind nicht einheitlich. Sowohl Schleifvliese als auch Schleifpapiere werden eingesetzt. Mit dem Prozess des Materialabtrags wird ist in der Regel auch Oberflächenvorbehandlung für das Kleben. Zur Freilegung der Faserlagen beim Schäften wird die unterschiedliche Lichtreflektion der einzelnen Faserlagen genutzt.

Die bewährten Schleifverfahren sind zeitintensiv und in Ihrem Ergebnis sehr stark von dem Können des Durchführenden abhängig. Selbst bei geringen Lagenstärken von z. B. 0,125 mm kann ein lagengenaues Abtragen des Werkstoffes erreicht werden. Abb. 8.67 zeigt eine Schäftung, die sehr präzise mit einem Schleifverfahren erstellt wurde. Die Erstellung einer derartigen Schäftung per Hand dauert allerdings mehrere Stunden.

Das augenscheinlich exakte Freilegen der Lagen ist aber keine Garantie für klebbare Oberflächen und daraus resultierende ausreichende Festigkeiten [55]. Hier ist die Güte der Oberflächen in weit kleineren Dimensionen entscheidend. Abb. 8.68 zeigt rasterelektronmikroskopische Aufnahmen einer CFK-Oberfläche, die mit einem Druckluftschleifer und

Abb. 8.67 Rechteckige Schäftung eines CFK-Bauteils, die mit einem manuellen Schleifverfahren erstellt wurde. (Bildquelle: WIWeB)

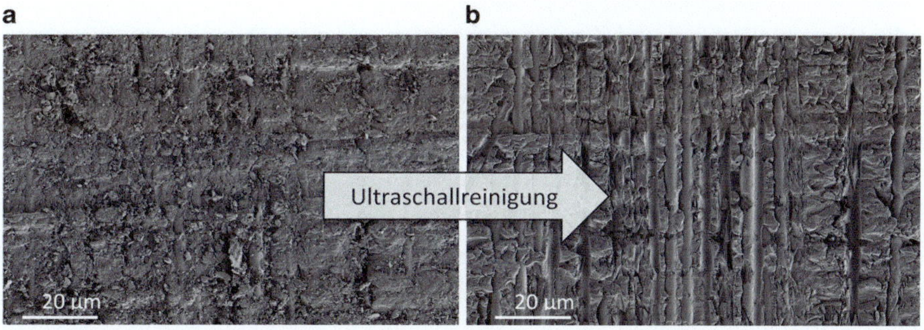

Abb. 8.68 REM-Aufnahmen einer geschliffenen Oberfläche vor (**a**) und nach (**b**) dem Reinigen in einem Ultraschallbad. (Bildquelle: WIWeB)

einem Schleifvlies nass bearbeitet wurde. Die linke Aufnahme zeigt den Zustand der Probe, nach dem Schleifen und der anschließenden Druckluftreinigung. Die rechte Abbildung zeigt die gleiche Probe nach einer zusätzlichen Reinigung im Ultraschallbad für 30 min in Ethanol bei einer Badtemperatur von 50 °C. Es wird deutlich, dass die Oberflächen durch das Schleifen schnell verschmieren. Auch ist die schlechte Faser-Matrix-Haftung beim Schleifen ein Problem. Durch zu hohe Drücke und Scherkräfte auf den Oberflächen kommt es zu Ablösungen von Fasern, die eine lasttragende Verbindung verhindern. Schleifen ist somit ein problematischer Prozess, der sich zudem nur schwer automatisieren lässt.

In aktuellen Forschungsvorhaben wird der Einsatz von hochenergetischen gepulsten Lasern zur Schäftung von Faserverbundwerkstoffen untersucht. So könnte man mit optischen Systemen berührungsfrei das Material entfernen. Allerdings ist die Wechselwirkung der Laser mit verschiedenen Wellenlängen stark materialabhängig. So sind z. B. die aus Anwendungssicht interessanten Faserlaser (mit einer Wellenlänge von < 1 µm) für die Matrix von FVK auf Epoxidharzbasis transparent. Somit wird der Großteil der Laserenergie in die Fasern eingekoppelt und führt in unmittelbarer Umgebung der Bearbeitungsstelle zu einer Materialzerstörung in der Tiefe, die nach dem Kleben eine geringere Festigkeit bewirkt. Das Ziel des berührungslosen Verfahrens wird auch noch nicht erreicht. Meist müssen die verbrannten Rückstände nach jedem Bearbeitungsschritt noch manuell weggebürstet werden.

Auch mit Strahlprozessen und dem Wasserstrahlen können Schäftungen erstellt werden. Allerdings ist ein Einsatz am Luftfahrzeug durch die Medienexposition nur schwer vorstellbar. Auch ist die Präzision des Materialabtrages noch nicht ausreichend. Vorteil ist aber, dass beim Strahlen kein Material verschmiert wird. Allerdings ist eine Abstimmung von Material, Strahlgut und den wesentlichen Prozessparametern notwendig, um Schäden durch Delaminationen zu vermeiden.

8.7.3 Automatisierung der Reparaturstellenvorbereitung

Um die Wirtschaftlichkeit und Zuverlässigkeit der geklebten Reparaturen zu verbessern, werden eine Beschleunigung der Reparaturstellenvorbereitung (des Schäftens) und eine reproduzierbare Erstellung der zu verklebenden Oberflächen angestrebt. Gelingt es, mit hoher Präzision reproduzierbare Oberflächen zu erstellen, könnten Reparaturstellen in den Abmessungen reduziert werden. Auch wären neuartige Ansätze zu last- und fasergerechten Schäftungen mit automatisierten Verfahren realisierbar.

Um diese Ziele zu erreichen, sind Verfahren, die auf Fräsprozessen basieren, derzeit Gegenstand der Forschung. Das WIWeB Erding beschäftigt sich im Rahmen eines Forschungsschwerpunktes zu dem Thema „Klebtechnik und Reparaturverfahren" intensiv mit der Weiterentwicklung von Reparaturverfahren.

Nach ersten Versuchen auf einer 3-Achs-CNC-Fräsanlage mit Laserpunktscanner wurde das Konzept einer mobilen 5-Achs-Fräsmaschine mit adaptiven Fräsprozessen entwia

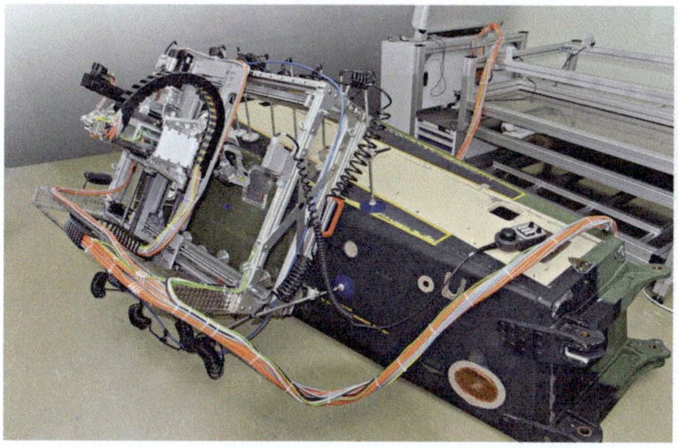

b

Abb. 8.69 Erster Prototyp einer mobilen 5-Achs-Fräszelle; montiert auf einer Luftfahrzeugstruktur im Labor (**a**) und Montageversuche mit einem Leichtbausaugrahmen an einem Luftfahrzeug (**b**). (Bildquelle: WIWeB)

ckelt und mit Partnern aus der Industrie realisiert. Abb. 8.69 zeigt das System montiert auf einer CFK-Hubschrauberstruktur. Es besteht aus einer mobilen, hochpräzisen Fräseinheit mit fünf Achsen. Über ein Vakuumsystem wird die Fräsmaschine an der zu reparierenden Struktur fixiert. Das System ist nach einer Reihe von Montageversuchen an Luftfahrzeugen so gestaltet, dass es den Großteil der Außenfläche bearbeiten kann.

Über eine rechnergesteuerte Kontrollstation lässt sich der gesamte Reparaturablauf über eine grafische Oberfläche über Dialoge steuern. Zugleich wird der gesamte Reparaturablauf protokolliert und unterstützt somit die Dokumentation bei der Nachweisführung und Zulassung der Reparatur.

Mit einem Laserpunktscanner wird zunächst in einem groben Raster die Kontur der Oberfläche bestimmt. Dies dient dem nachfolgenden exakten Abfahren des Reparaturbereiches mit einem Laserlinienscanner. Die aufbereiteten Messwerte ergeben nun ein exaktes geometrisches Modell der Oberfläche im Rechner (Abb. 8.70). Über weitere Dialoge kann nun die durchzuführende Schäftung eingegeben werden. Es sind diverse Schäftungsarten (z. B. kreisförmig, rechteckig, ellipsenförmig mit wahlweise kontinuierlichem oder gestuftem Profil) mit einer Vielzahl von Parametern (z. B. Stufentiefe, Stufenbreite, Versatz) möglich. Nach der Eingabe wird zunächst ein 3-Achs-Fräsprogramm erzeugt. Dieses 3-Achs-Fräsprogramm wird im Anschluss geometrisch korrekt auf die gescannte Oberfläche abgewickelt und der Maschinencode für die 5-Achs-Kinematik erzeugt. Somit bleiben die für die Leistungsfähigkeit der Klebverbindung wichtigen Abmessungen, wie z. B. die Stufenbreite, erhalten. Diese Technologie der adaptiven Fräsbearbeitung wird bereits seit Jahren für die Instandsetzung von Triebwerksschaufeln eingesetzt [56] und hat sich auch für die Reparaturvorbereitung von CFK als sehr gut geeignet erwiesen [57].

Um die richtige Starthöhe für den Fräsprozess zu ermitteln, werden nach einer vollautomatischen Werkzeugvermessung in der Schadensnähe sechs Probefräsungen mit zunehmender Tiefe durchgeführt und über ein integriertes Kamerasystem aufgenommen. Der

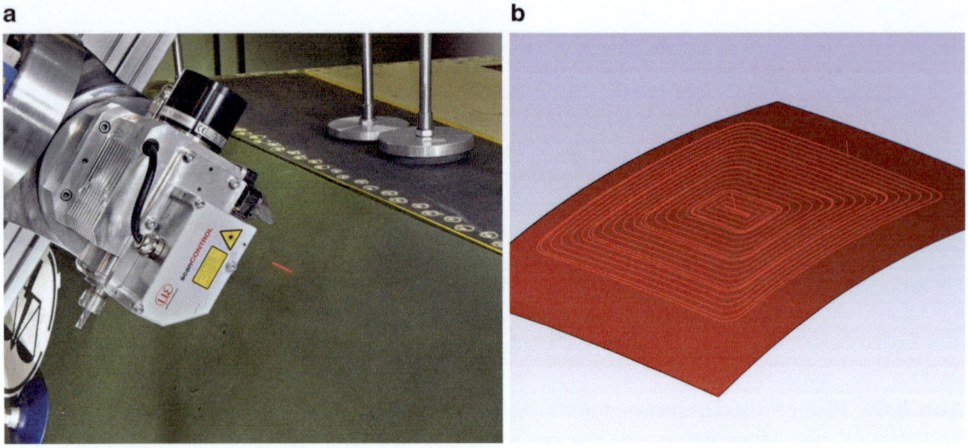

Abb. 8.70 Scan der Oberfläche mit einem Laserlinienscanner zur Erfassung der Oberflächengeometrie (**a**) und auf der gescannten Oberfläche abgewickeltes Fräsprogramm (**b**) für die Schäftung. (Bildquelle: WIWeB)

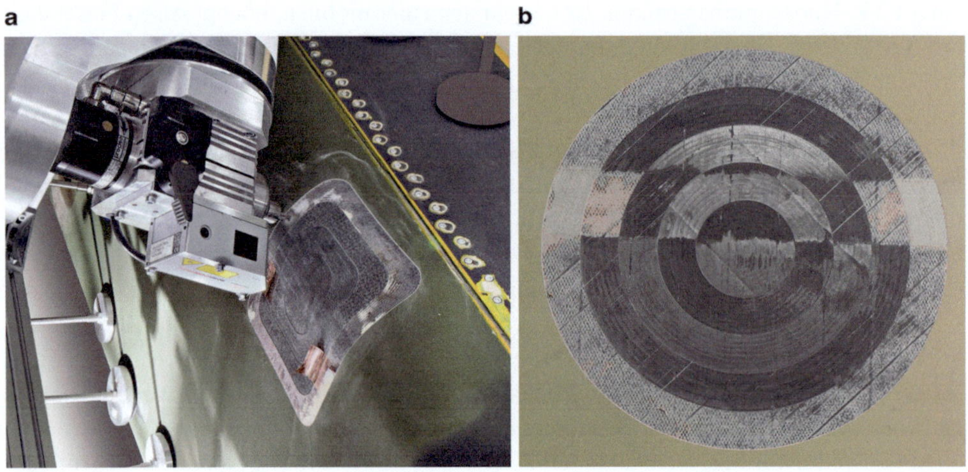

Abb. 8.71 Schäftung nach dem Fräsprozess in einer Gewebestruktur (**a**) und in einem gewölbten, unregelmäßigen UD-Aufbau mit einer Lagenstärke von 0,125 mm. (Bildquelle: WIWeB)

Benutzer kann anhand der Probefräsungen nun die Tiefe der ersten Lage exakt auswählen und den Fräsprozess starten. Die mobile Fräszelle entfernt nun mit einer hohen Präzision das Material. Die Genauigkeit wird hauptsächlich durch den tatsächlichen Lagenaufbau des CFK bestimmt. Abb. 8.71b zeigt eine Schäftung auf einer gewölbten CFK-Schale mit einer Lagendicke von 0,125 mm. Durch eine Anschlussstruktur hinter der Schale kommt es zu einer lokalen Verdichtung des Lagenaufbaus, was allerdings durch den Decklack kaschiert wurde und im Vorfeld der Bearbeitung nicht erkennbar war.

Abb. 8.72 Mobile Fräszelle FMRS an einem Luftfahrzeug. (Bildquelle: WIWeB)

Mit der Integration einer ultraschallbasierten Schadens- und Lagendetektion (Tiefe, Orientierung) kann das Verfahren in seiner Genauigkeit verbessert werden.

In einem weiteren Demonstrator für die automatisierte Reparatur (FMRS Future Mobile Repair System, Abb. 8.72) im WIWeB, Erding, wurden weitere Technologien (z. B. Oberflächenaktivierung mit Plasma, ultraschallunterstützter Auftrag eines Primers) integriert, um weiteres Verbesserungspotential klebtechnischer Reparaturverfahren für FVK aufzuzeigen. Auch wurden Ansätze zum lastpfadgerechten Schäften von FVK implementiert. Mit diesen Ansätzen ist eine deutliche Reduktion der Größe der Reparaturstellen möglich [58, 59].

Das stirnseitige Fräsen von FVK stellt eine weitere Herausforderung für die Reparatur dar. Mit der Forderung nach einer konstant hohen Qualität der gefrästen Oberfläche im Hinblick auf die spätere Verklebung darf der Verschleiß der Werkzeuge nicht zu hoch sein. Durch systematische Untersuchung des Fräsprozesses konnten hierfür in enger Zusammenarbeit mit einem Industriepartner sowohl neuartige Fräser entwickelt als auch Frässtrategien und -parameter optimiert werden. Die so erstellten Oberflächen zeichnen sich durch eine höhere Oberflächenenergie, gleichmäßige Rauheit und damit deutlich bessere Oberflächenvorbehandlung als bei Schleifprozessen aus. Weiter sind die gewonnenen Forschungsergebnisse nicht nur auf die Zerspanung von CFK beschränkt. So konnte erstmals ein spezielles Werkzeug für die stirnseitige Bearbeitung von Kevlar-verstärkten Kunststoffen entwickelt werden.

Zur Optimierung und Validation der Ergebnisse wurden neben oberflächenanalytischen und mikroskopischen Untersuchungen an CFK-Substraten und Fräswerkzeugen auch Proben (Zugscher- und Rollenschäl-Proben sowie komplette Reparaturstellen) geklebt und zerstörend geprüft (Abb. 8.73). Hierbei konnte in mehreren Versuchsreihen nachgewiesen werden, dass die Festigkeit der Reparatur wieder die des Ausgangsmaterials erreicht.

Abb. 8.73 Zerstörende Prüfung einer CFK-Reparaturstelle. (Bildquelle: WIWeB)

8.7.4 Fazit

Der hier vorgestellte adaptive, mobile Fräsprozess ermöglicht eine erhebliche Zeitersparnis bei der Reparaturstellenvorbereitung. Das adaptive Fräsen von Verbundwerkstoffen ist nicht nur für die Reparaturstellenvorbereitung interessant. Auch zur Vorbereitung von Fügestellen von CFK-Strukturen in der Fertigung ermöglicht es einen automatisierten, definierten Abtrag trennmittelbehafteter, undefinierter Schichten und den Ausgleich von Fertigungstoleranzen. Deshalb wird auf diesem Gebiet weiter geforscht.

Die Autoren

Dr.-Ing. Jens Holtmannspötter ist im Wehrwissenschaftlichen Institut für Werk- und Betriebsstoffe (WIWeB) Geschäftsfeldmanager des Geschäftsfeldes 220 („Additive Fertigung, Fügeverfahren, Zerstörungsfreie Prüfverfahren") und leitet die Forschungsaktivitäten der Klebtechnik und Reparaturverfahren.

Dipl.-Ing. (FH) Florian Feucht war wissenschaftlicher Mitarbeiter im WIWeB und ist nun leitender Angestellter der Hufschmied Zerspanungssysteme GmbH.

Dipl.-Ing. Jean Christjan Meyer war wissenschaftlicher Mitarbeiter und M. Eng. Jens de Freese ist Sachbearbeiter am WIWeB in Erding.

Prof. Dr. Jürgen von Czarnecki ist der ehemaliger Bereichsleiter Oberflächentechnologie, Materialschutz, Ausrüstung Soldat des WIWeB.

Literatur

Verwendete Literatur

1. Kako, J.C., Etzkorn, A., Roth, Y.: A350XWB Wing upper cover stringer production. 7th International CFK-Valley Stade Convention, Stade (2013)
2. Body, J.: Airbus future: composite wing. Composite Materials, Glasgow (2007)
3. Campbell, F.C.: Manufacturing technology for aerospace structural materials. Aerospace engineering materials science, 1. Aufl. Elsevier, Amsterdam (2006)
4. Eichleiter, F.: Fertigungs- und prozessbedingte Eigenschaften von Klebverbindungen im Karosseriebau. Forschungsberichte des Instituts für Füge- und Schweißtechnik, Bd. 29. Shaker, Aachen (2012). Techn. Univ., Diss. – Braunschweig, 2011
5. Kruse, T.: Bonding of CFRP primary aerospace structures – boundary conditions for certification. 7th International CFK-Valley Stade Convention, Stade (2013)
6. Wolff, T.: Herausforderungen von CFK in der Serienanwendung. Faszination Hybrider Leichtbau. Wolfsburg (2016)
7. Schmidt, U.: Rotorblatt Kleben: Konzeptvorstellung. Bietigheim-Bissingen (2012)
8. Krause, R., Heinisch, A.: Long Beach Convention Center/Long Beach, California. Vortragsreihe VDI Arbeitskreis Bahntechnik, Braunschweig (2014)
9. Habenicht, G.: Kleben: Grundlagen, Technologien, Anwendungen, 6. Aufl. VDI-Buch. Springer, Berlin, Heidelberg (2009)
10. Dillard, D.A. (Hrsg.): Advances in structural adhesive bonding. Woodhead Publishing Series in Welding and Other Joining Technologies. Woodhead Pub, Boca Raton (2010)
11. Schürmann, H.: Konstruieren mit Faser-Kunststoff-Verbunden. VDI-Buch. Springer, Berlin Heidelberg (2005)
12. Markatos, D.N., Tserpes, K.I., Rau, E.: The effects of manufacturing-induced and in-service related bonding quality reduction on the mode-I fracture toughness of composite bonded joints for aeronautical use. Compos Part B: Eng **45**(1), 556–564 (2013). https://doi.org/10.1016/j.compositesb.2012.05.052
13. Reckers, B.: Verfahren zur Herstellung einer verstärkten Schale zur Bildung von Teilkomponenten für Luftfahrzeuge (DE102005026010 B4) (2005)
14. Degischer, H.-P., Lüftl, S.: Leichtbau, 1. Aufl. Wiley Online Library. Wiley-VCH (2009)
15. Köber, M., Eberth, U.: Laminieren für Profis: Ein Trainingshandbuch für Faserverbundwerkstoffe, 2. Aufl. Airbus Deutschlanf GmbH, Hamburg (2007)
16. (2009 / 2009) COMPOSITE AIRCRAFT STRUCTURE: 20-107B
17. Meiners, D.: Beitrag zur Stabilität und Automatisierung von CFK-Produktionsprozessen. Techn. Univ., Diss. – Clausthal, 2007. Universitätsbibliothek Clausthal, Clausthal-Zellerfeld (2011)
18. Gaab, L.: Optimierung der Heizprozesse von CFK- und GFK-Strukturen mit Infrarot-Strahlung. In: Siebenpfeiffer, W. (Hrsg.) Leichtbau-Technologien im Automobilbau, S. 23–28. Springer, Wiesbaden (2014)
19. Hocheng, H. (Hrsg.): Machining technology for composite materials: principles and practice. Woodhead Publishing in materials. Woodhead Pub, Philadelphia (2012)
20. Benard, Q., Fois, M., Grisel, M.: Influence of the polymer surface layer on the adhesion of polymer matrix composites. J Thermoplast Compos Mater **22**(1), 51–61 (2009). https://doi.org/10.1177/0892705708091606
21. Kreling, P.S.: Laserstrahlung mit unterschiedlicher Wellenlänge zur Klebvorbehandlung von CFK. Forschungsberichte des Instituts für Füge- und Schweißtechnik, Bd. 38. Shaker, Aachen (2015). Techn. Univ., Diss. – Braunschweig, 2015
22. Hinrichsen, J.: Airbus A380: vertical tailplane. Praxis-Seminar Luftfahrt, Hamburg (2013)

23. Airbus Group: Airbus steigert Produktion der A320-Familie ab Mitte 2019 auf monatlich 60 Flugzeuge (2015). http://www.airbus.com/presscentre/pressreleases/press-release-detail/detail/airbus-steigert-produktion-der-a320-familie-ab-mitte-2019-auf-monatlich-60-flugzeuge/, Zugegriffen: 10. Aug. 2016
24. Apmann, H.: Automatisierte Herstellung von Faser-Metall-Laminaten für hohe Produktionsraten. Luftfahrt innovative – Aviation innovative, Berlin (2016)
25. Beumler, T.: Fiber metal laminate structures – from laboratory to application. Hamburg (2009)
26. Tong, L., Camanho, P. (Hrsg.): Composite joints and connections: principles, modelling and testing. Woodhead Publishing Series in Composites Science and Engineering. Woodhead Pub, Cambridge (2011)
27. Brockmann, W.: Klebtechnik: Klebstoffe, Anwendungen und Verfahren. Wiley-VCH, Weinheim (2008)
28. Premium Aerotec GmbH
29. Beck, F.U.: Verbindungstechnik strukturell tragender CFK-Al-Mischverbindungen im Automobilbau, 1. Aufl. Audi-Dissertationsreihe, Bd. 76. Cuvillier, Göttingen (2013). Stuttgart, Univ., Diss., 2013
30. Beck, A.: Qualifizierung von PU-Klebstoffen für den Einsatz auf lackierten Oberflächen (semi-)struktureller und crashrelevanter Strukturen eines Automobils, 1. Aufl. Berichte aus dem Laboratorium für Werkstoff- und Fügetechnik, Bd. 119. Shaker, Herzogenrath (2016)
31. Friedrich, K., Almajid, A.A.: Manufacturing aspects of advanced polymer composites for automotive applications. Appl Compos Mater **20**(2), 107–128 (2013). https://doi.org/10.1007/s10443-012-9258-7
32. Hill, J.: Adhesiely bonded structural composites for Aston Martin vehicles. SPE Automotive Composites Conference, Troy (2003)
33. Mlekusch, B., Venier, F.: Hybrid Structures in Series Production – The R8 Body. Faszination Hybrider Leichtbau, Wolfsburg (2016)
34. Mailänder, S., Teutenberg, D., Meschut, G.: Semi-structural adhesives as enabler for CFRP multimaterial design – challenges and opportunitues. Fügen im Karosseriebau, Bad Nauheim (2016)
35. Hailer, R., Sedlmaier, H., Schumacher, R., Lohse, H.: CFK-Dach M3 CSL – erfolgreiche Leichtbaustrategie dank Klebtechnik. Adhäsion Kleb Dicht **48**(12), 11–16 (2004)
36. Kluke, M.: Kombiniertes Fügeverfahren verbindet Kleben und Schrauben. Lightweight Des **9**(2), 10–15 (2016)
37. Klein, B.: Leichtbau-Konstruktion: Berechnungsgrundlagen und Gestaltung, 10. Aufl. Springer, Wiesbaden (2013)
38. Schmatloch, S.: Strukturelles Verkleben von Faserverbundwerkstoffen im Fahrzeugbau. Lightweight Des **7**(3), 58–62 (2014). https://doi.org/10.1365/s35725-014-0378-x
39. Schulze, M.: Produktion des BMW i3 setzt neue Maßstäbe (2013). http://www.vdi-nachrichten.com/Technik-Wirtschaft/Produktion-BMW-i3-setzt-neue-Massstaebe, Zugegriffen: 11. Aug. 2016
40. Eckl-Dorna, W.: BMW fährt i3-Produktion um 40 Prozent hoch (2014). http://www.manager-magazin.de/unternehmen/autoindustrie/elektroauto-herstellung-bmw-faehrt-i3-produktion-um-40-prozent-hoch-a-964633.html
41. Eisenmann, S.: Carbonteile automatisiert reinigen und kleben. J Oberfl Techn **55**(11), 14–15 (2015). https://doi.org/10.1007/s35144-015-0789-1
42. Löbel, T., Holzhüter, D., Hühne, C.: Disbond-stopping concepts for bonded composite joints. SAMPE Conference 2016, Long Beach Convention Center (2016)

43. Beringer, H.-P., Keim, D.: Konstruktive Gestaltung von Flanschen bei Kunststoffbauteilen. Kunststoffe **78**(9), 817–823 (1988)
44. Völker, M.: Dichtkleben von Kunststoffölwannen aus Ultramid. 2. Workshop „Umsetzung – Kleben im Powertrain“, inpro, Berlin, 10.02.2010 (2010)
45. JEC Composites Magazine No 107 Aug–Spt. 2016/PSA
46. Groß, A.: Vortrag Otti Februar 2004
47. Schlimmer, Foschum: Seminar „Deformation und Bruchverhalten von Kunststoffen“. Merseburg, 17.6.2005 (2005)
48. AiF-Nr. 13.675 N/DVS-Nr. 11.005; Gemeinsame Forschung in der Klebtechnik 7. Kolloquium 2007
49. Chrysler
50. Chookazian, S.: "Bonding with Electromagnetic Energy" Assembly (2000)
51. Stege, M., Jozwowicz, R.: „Kunststoff-Kleben am Beispiel des Kotflügels des VW Phaeton“ Adhesive Bonding in Automobile Production. Conference, Bad Nauheim (2002)
52. Wu, C.-Y., Agosto, B.: Implant induction welding of nylon 6.6. ANTEC (2005)
53. Kagan, V.A., Nichols, R.J.: Recent advances and challenges in induction welding of reinforced nylon in automotive applications. SAE Conference (2004)
54. Wolfrum, J., Schade, M., Rapp, H.: Vorhersage der Festigkeit geschäfteter Klebeverbindungen. Adhäsion **9/2007**, 46–48 (2007)
55. Holtmannspötter, J., v. Czarnecki, J., Wetzel, M., Gudladt, H.-J.: Zuverlässiges Kleben von Faserverbundkunststoffen. Lightweight Des **4**, 24–28 (2011)
56. Bremer, C.: Automated repair and overhaul of aero-engine and industrial gas turbine components. ASME Turbo Expo 2005, Reno (2005)
57. Bremer, C., Holtmannspötter, J.: Geometrical adaptive machining for efficient composite repair. AVK Tagung, Düsseldorf (2012)
58. Holtmannspötter, J., v. Czarnecki, J., Feucht, F., Wetzel, M., Gudladt, H.-J., Hofmann, T., Meyer, J.C., Niedernhuber, M.: On the fabrication and automation of reliable bonded composite repairs. J Adhes **91**(1–2) (2015)
59. Niedernhuber, M., Holtmannspötter, J., Ehrlich, I.: Fiber-oriented repair geometries for composite materials. Compos Part B Eng **94** (2016)

Weiterführende Literatur

60. Brenneis, H.: Konstruieren mit Verbund- und Hybridwerkstoffen. Tagung Fellbach, 7.–8. Mai 1985. VDI-Berichte, Bd. 563. VDI-Verlag, Düsseldorf (1985)

Bauwesen

9

Till Vallée, Simon Fecht, Cordula Grunwald, Michael Adam und Hartwig Lohse

9.1 Einsatz von Faserverbundwerkstoffen im Bauwesen – Tragend geklebt

Till Vallée, Simon Fecht, Cordula Grunwald und Michael Adam

Faserverbundwerkstoffe gewinnen auch im Bauwesen zunehmend an Bedeutung. Aus Kostengründen werden vorzugsweise gasfaserverstärkte Verbundwerkstoffe (GFK) verwendet. Für die Verbindung einzelner GFK-Bauteile zu kompletten Tragwerken kommen mechanische Methoden zum Einsatz, aber auch das Kleben. Nach welcher Methode gelingt die rechnerische Auslegung der geklebten Anschlüsse am einfachsten?

T. Vallée (✉) · S. Fecht (✉) · C. Grunwald (✉) · M. Adam (✉)
Bereich Klebtechnik und Oberflächen, Fraunhofer-Institut für Fertigungstechnik und Angewandte Materialforschung IFAM
Bremen, Deutschland
E-Mail: till.vallee@ifam.fraunhofer.de

S. Fecht
E-Mail: simon.fecht@ifam.fraunhofer.de

C. Grunwald
E-Mail: cordula.grunwald@ifam.fraunhofer.de

M. Adam
E-Mail: michael.adam@ifam.fraunfofer.de

H. Lohse (✉)
Klebtechnik Dr. Hartwig Lohse e.K.
Breitenberg, Deutschland
E-Mail: hlohse@hdyg.de

M. Doobe (Hrsg.), *Kunststoffe erfolgreich kleben*,
https://doi.org/10.1007/978-3-658-18445-2_9

Faserverbundwerkstoffe sind nicht nur leicht, sondern auch korrosionsbeständig und wurden zunächst in Form von Carbon-Faserlaminaten (CFK) zur Ertüchtigung sowie Verstärkung von Stahl-, Beton- und Holztragwerken verwendet. Allerdings ist die Errichtung von Baugruppen oder ganzen Tragwerken aus CFK sehr teuer. Deshalb geht hier der Trend in Richtung der kostengünstigeren gasfaserverstärkten Verbundwerkstoffe (GFK). Die Herstellung von GFK-Profilen für das Bauwesen erfolgt meistens mithilfe des Pultrusionsverfahrens. Verschiedene Hersteller bieten mittlerweile ein ganzes Sortiment von Produkten an, welches sich meistens an den typisierten Querschnittformen aus dem Stahlbau orientiert.

Bei der Pultrusion von GFK-Profilen werden Glasfaserbündel (sog. rovings) über Faserführungen entweder durch ein Harzbad gezogen (offenes Verfahren) oder durch ein spezielles Werkzeug unter Druck imprägniert (geschossenes Verfahren). Dabei kommen sowohl thermoplastische als auch duroplastische Harze zum Einsatz. Auch wenn bei der Pultrusion an den Außenseiten der Profile Gewebematten (sog. mats, bzw. fleece) eingebracht werden, entstehen durch Pultrusion ausschließlich unidirektionale Verbundwerkstoffe. Die unidirektionale Ausrichtung der Fasern ist dabei eng verbunden mit einer sehr ausgeprägten Orthotropie der mechanischen Eigenschaften: Sowohl Steifigkeit als auch Festigkeit von GFK-Werkstoffen sind längs der Faserrichtung deutlich größer als quer dazu. Geregelt wird der konstruktive Einsatz von GFK im Bauwesen durch die DIN 13706-1/3. GFK-Materialien finden im Bauwesen bevorzugt dort Verwendung, wo ihre Qualitäten die höheren Kosten im Vergleich zu konventionellen Werkstoffen rechtfertigen. Beispiele hierfür sind der Einsatz im Anlagenbau aufgrund des erhöhten Korrosionsschutzes gegenüber aggressiven Chemikalien sowie im Leichtbau wegen des geringeren Gewichtes.

9.1.1 Geklebte Anschlüsse

Für die Herstellung von Tragwerken aus einzelnen GFK-Bauteilen müssen diese untereinander angeschlossen werden. Hierbei kommen entweder mechanische (Nieten bei dünnwandigen, bzw. Schrauben bei dickwandigen Profilen) oder geklebte Verbindungen zum Einsatz. In Abhängigkeit von Anzahl, Anordnung und Durchmesser der Verbindungselemente liegen Tabellenwerke vor, aus welchen die Tragfähigkeit ganzer Anschlüsse ermittelt werden kann. Die stiftförmigen mechanischen Verbindungsmittel sind allerdings aufgrund der faserigen Natur der pultrudierten GFK-Profile, insbesondere bei unidirektionalem Faserverlauf, ungeeignet. Viel angepasster an den spezifischen, uniaxial dominierten Faseraufbau sind geklebte Verbindungen, insbesondere weil sie den Kraftfluss durch die Fasern nicht unterbrechen. Durch Klebverbindungen wird der Kraftverlauf großflächig über die Klebfuge verteilt. Trotz ihrer Nachteile liegen die meisten Bemessungsregeln für geschraubte Verbindungen vor, unter anderem im EuroComp [1].

Geklebte GFK-Anschlüsse können prinzipiell – wie alle geklebten Anschlüsse – nach folgenden Modi versagen: Einerseits kann die Verbindung adhäsiv versagen, wenn der ge-

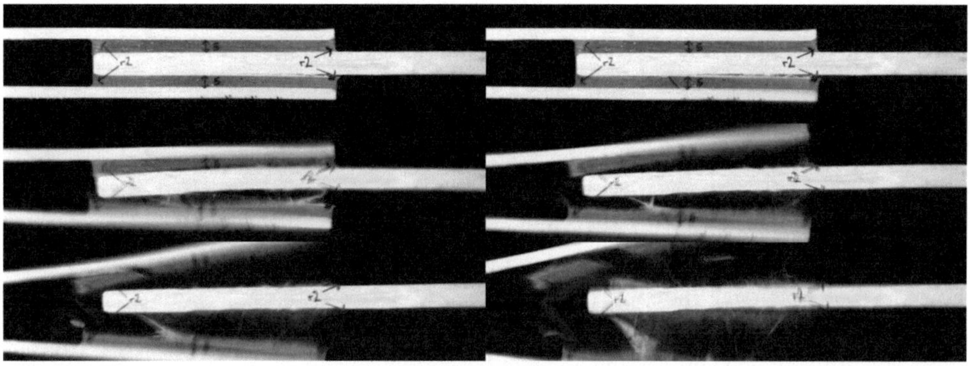

Abb. 9.1 Sequenz von mit Hilfe einer Hochgeschwindigkeitskamera aufgenommenen Versagens einer typischen geklebten GFK-Verbindung [2]. (Bildquelle: Till Vallée)

wählte Klebstoff keine ausreichende Haftung auf dem GFK aufbauen kann, insbesondere wenn keine ausreichende Oberflächenvorbehandlung vorgenommen wurde. Andererseits besteht die Möglichkeit, dass der Klebstoff – zumindest theoretisch – kohäsiv versagt, also das schwächste Glied der Klebverbindung darstellt. Der dritte Versagensmodus – Fügeteilbruch – ist bei GFK in der Regel der maßgebende, vorausgesetzt der Klebstoff weist ausreichende Adhäsion und Kohäsion auf. Durch Anwendung der Pultrusion als Herstellungsverfahren ist die Festigkeit quer zu den Fasern allerdings um Größenordnungen kleiner als längs zu dieser. Dementsprechend manifestiert sich Fügeteilversagen bei GFK in den allermeisten Fällen durch das Abreißen der äußersten Deckschicht: Abb. 9.1 zeigt eine Sequenz des Versagens einer typischen geklebten GFK-Verbindung, welche mit Hilfe einer Hochgeschwindigkeitskamera aufgenommen wurde. Die begrenzenden mechanischen Größen für die Tragfähigkeit geklebter GFK-Anschlüsse sind die Schub- und Querzugfestigkeit des Laminats.

9.1.2 Rechnerische Auslegung geklebter Anschlüsse

Die Bemessung von Bauteilen und Anschlüssen erfolgt ingenieurwissenschaftlich wie folgt: Die aus den Lasten erzeugten Beanspruchungen (abgekürzt: S) werden dem mechanischen Widerstand (abgekürzt: R) gegenübergestellt. Ist die Beanspruchung kleiner als der Widerstand, also $S \leq R$, gilt der Anschluss als sicher bemessen. Neben der ingenieurmäßigen Herangehensweise wird im akademischen Umfeld nach Lösungen der Traglastbestimmung geklebter Anschlüsse auf Grundlage der Bruchmechanik geforscht [3–6]. Bei der Vorgehensweise auf Grundlage der Bruchmechanik werden eine ganze Reihe von Konzepten (Rissfortschritt, Bruchenergie, Kohäsivzonenmodelle, Mode I/II/III etc.) verwendet, deren physikalisch-mechanische Bedeutung dem Ingenieur schwer zu vermitteln ist. Entsprechend ist die Bestimmung der dazugehörigen Werkstoffparameter (oft) aufwendig [7, 8], und meistens (doch) nicht (allein) dem Werkstoff zuzuweisen.

Zur Abschätzung der Beanspruchung in Klebfugen liegen zahlreiche analytische Formeln vor. Von Volkersen [9] mit seinem sehr vereinfachten Ausdruck für einfache linear-elastische Überlappungen, über Goland und Reissner [10] mit einem verfeinerten Ansatz, wurden (und werden immer noch) in beständiger Regelmäßigkeit verbesserte – aber auch kompliziertere – Formeln veröffentlicht [11, 12]. Allerdings kann keine analytische Formel die Orthotropie von GFK-Material ausreichend nachbilden. Zudem sind fast alle Formelzusammenhänge auf einfache bzw. doppelte Überlappungen beschränkt. Sie setzen auch voraus, dass alle Werkstoffe ein linear-elastisches Verhalten aufweisen, womit duktile Klebverbindungen von Anfang an nicht beschrieben werden können. Seit den 1960er-Jahren wird die Beanspruchung in geklebten Verbindungen zunehmend numerisch ermittelt. Wie da Silva et al. [13, 14] gezeigt haben, ist die numerische Modellierung der analytischen vorzuziehen, auch und insbesondere weil keine Einschränkungen hinsichtlich der Modellierung des Materialverhaltens bestehen. Letzteres ist bei GFK vor allem wegen der stark ausgeprägten Orthotropie des Werkstoffes unabdingbar.

Analytische Formeln sowie numerische Modellierung zeigen, dass in geklebten Anschlüssen eine äußere Last F die Klebfuge in Form von Schubspannungen und Querzugspannungen beansprucht (Abb. 9.3). Weder Schub- noch Querzugspannungen sind dabei konstant: Es kommt vielmehr zur Bildung ausgeprägter Spannungsspitzen an den Enden der Überlappung, deren Magnitude im Wesentlichen von der Überlappungslänge und der Steifigkeit der Fügeteile bzw. des Klebstoffes abhängt [15]. Hierbei besitzen ausgeprägt duktile – insbesondere plastische – Klebstoffe das Potential, die Verteilung beider Spannungskomponenten zu „glätten" [16].

Um die Tragfähigkeit einer geklebten Verbindung zu ermitteln, muss auch dessen Widerstand gegenüber den wirkenden Schub- und Querzugspannungen bekannt sein. Dabei ist zu bedenken, dass die Spannungskomponenten gleichzeitig wirken. Demnach muss nicht nur der Widerstand des GFK gegenüber den einzelnen Spannungskomponenten gemessen werden: Neben der experimentellen Bestimmung der Schubfestigkeit und Querzugfestigkeit muss auch der Einfluss der Interaktion beider Spannungskomponenten untereinander erfasst werden. Um diese Ausführungen nicht zu überfrachten, wird an dieser Stelle auf [17–20] verwiesen: Diese im Literaturverzeichnis aufgeführten Beiträge befassen sich detailliert mit der Thematik der für Verbundwerkstoffe (insbesondere GFK) relevanten Bruchkriterien.

9.1.3 Geklebte Anschlüsse und deren Auslegung

Die Schwierigkeit des direkten Spannungsnachweises wird nachfolgend am Einfluss eines lokalen geometrischen Parameters, dem Ausrundungsradius der Klebfuge, auf die Tragfähigkeit dargestellt. Zu diesem Zweck wurden 5 mm und 10 mm starke GFK-Profile mittels eines Epoxidklebstoffes zu Doppellaschen-Anschlüssen geklebt. Dabei wurden

Abb. 9.2 Typologie der geklebten Anschlüsse, hier mit Ausrundungsradius 6 mm. (Bildquelle: Till Vallée)

die in Abb. 9.2 dargestellten Ausrundungsradien (von $r=2$ bis 10 mm) durch kalibrierte Stangen hergestellt.

Der Effekt der verschiedenen Ausrundungsradien wurde vorab mit Hilfe der numerischen Simulation abgeschätzt. Das Ergebnis, dargestellt in Abb. 9.3, zeigt erwartungsgemäß, dass mit zunehmendem Ausrundungsradius die Spannungskomponenten der Schubspannung τ_{xz} und der Querzugspannung σ_z deutlich abnehmen (um bis zu 50 %). Gäbe es eine direkte Korrelation zwischen Spannungsniveau und Bruchlasten, würden die Bruchlasten mit zunehmendem Ausrundungsradius zunehmen. Die experimentell bestimmten Bruchlasten der entsprechenden Klebverbindungen zeigen allerdings, dass die Ausrundungsradien nur einen unwesentlichen Einfluss auf die Tragfähigkeit haben (Abb. 9.3).

Die Festigkeit der GFK-Lamellen gegenüber Schub- und Querzugspannungen wurde experimentell ermittelt. Es konnte gezeigt werden, dass sich das Versagen des GFK am besten durch eine quadratische Interaktionsformel gemäß Gl. 9.1 darstellen lässt.

$$\varphi\left(\tau_{xz},\sigma_z\right) = \left(\frac{\tau_{xz}}{f_{xz}}\right)^2 + \left(\frac{\sigma_z}{f_z}\right)^2 \tag{9.1}$$

In Gl. 9.1 stehen τ_{xz} und σ_z für die wirkenden Spannungen, f_{xz} und f_z für Schub- und Querzugfestigkeit – Versagen tritt ein, wenn $\varphi > 1$. Beim Versagenskriterium des GFK ist Folgendes zu beachten:

1. Die (hohe) Zugfestigkeit (f_x im Mittel: 340 MPa) des GFK-Materials spielt beim Versagen keine Rolle.
2. Die Festigkeiten des GFK auf Schub ($f_{xz} = 20{,}4$ MPa) und Querzug ($f_z = 8{,}1$ MPa) sind im Vergleich zur Längszugfestigkeit äußerst gering.

Es ist das Zusammentreffen der hohen Spannungsspitzen bei den Schub- und Querzugspannungen auf die entsprechenden geringen Festigkeiten, die das Versagen des Anschlusses steuern.

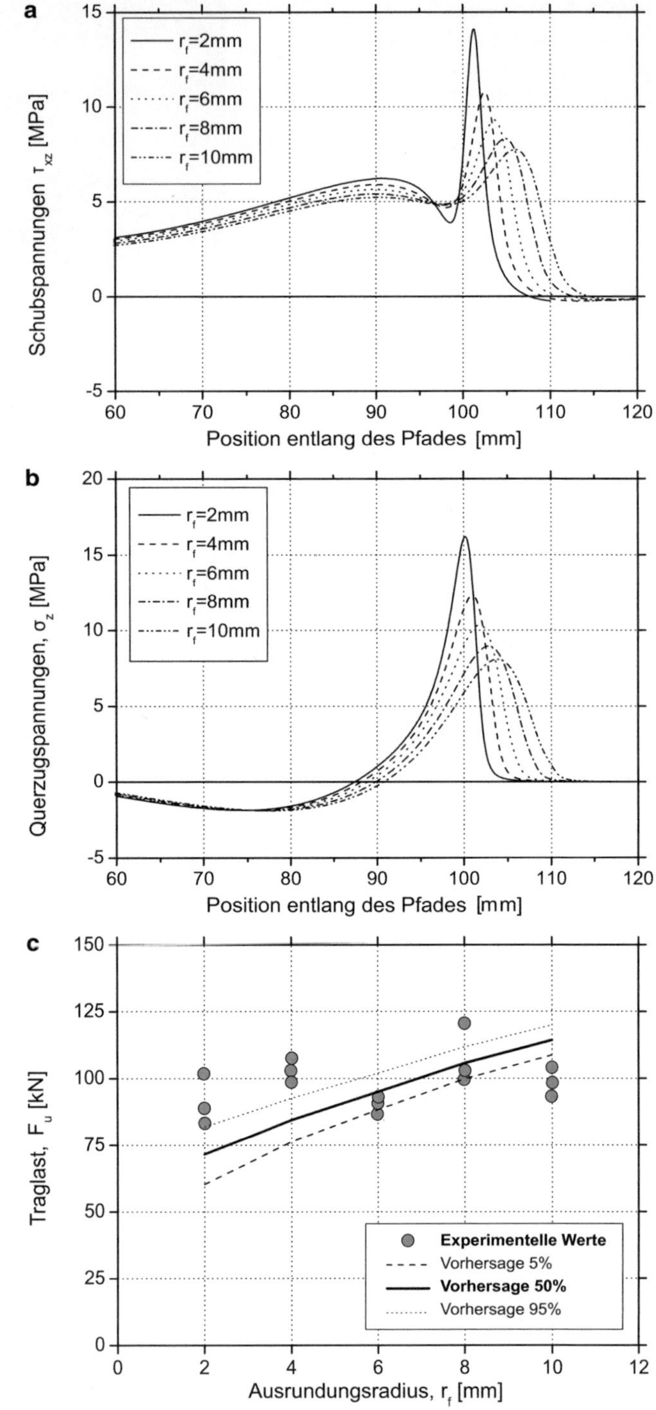

Abb. 9.3 Einfluss des Ausrundungsradius auf die **a** Schubspannungen, **b** Querzugspannungen, **c** Tragfähigkeiten. (Bildquelle: Till Vallée)

9.1.4 Bemessung unter Berücksichtigung der lokalen Spannungsspitzen

Das gezeigte Beispiel, bei dem die am Anschluss wirkenden Spannungen deutlich die Materialfestigkeiten übersteigen bzw. bei denen die Magnitude der wirkenden Spannungen nicht mit den Bruchlasten korreliert, steht stellverstretend für die Schwierigkeit, mit üblichen Ingenieurmethoden geklebte Anschlüsse zu bemessen. Ein konzeptueller Ausweg aus dieser Schwierigkeit stellt ein von den Verfassern seit Jahren erfolgreich in der AG Strukturelles Kleben am Fraunhofer IFAM verwendetes probabilistisches Bemessungsverfahren dar.

Grundgedanke des Verfahrens ist die Feststellung, dass Spannungsspitzen in geklebten Anschlüssen eine lokale Erscheinung darstellen, welche lediglich auf sehr begrenzte Volumen der Werkstoffe wirken. Das Versagen geklebter Anschlüsse ist fast immer ein ausgeprägt sprödes Phänomen. Seit längerer Zeit ist aber bekannt, dass ein Zusammenhang zwischen Festigkeit (f_i) und Größe des Bauteils (V_i) besteht. Dieser Zusammenhang basiert auf den Annahme, dass das Versagen von einem einzigen Defekt ausgeht, und dass dieser statistisch verteilt im Bauteil vorkommen kann. Je größer das Bauteil, desto größer ist die Wahrscheinlichkeit, dass dieser Fehler auftritt. Hierfür wird meistens davon ausgegangen, dass die Weibull-Verteilung für die Beschreibung der Festigkeit am geeignetsten ist [21]. Festigkeit wird dann nicht mehr binär dadurch definiert, dass ein Element entweder „überlebt" ($\varphi \leq 1$), oder „versagt" ($\varphi > 1$), sondern jedem Spannungszustand φ wird eine Überlebenswahrscheinlichkeit $0 < P_s(\varphi) < 1$ gemäß Gl. 9.2 zugewiesen.

$$P_s = \exp\left[-\left(\frac{\varphi}{k}\right)^m\right] \tag{9.2}$$

Dabei sind m und k statistische Parameter, die bestimmt werden [22]. Bei Zugrundelegung aller oben genannten Postulate kann gezeigt werden, dass die Festigkeiten (f_i und f_j) zweier Proben der Volumen (V_i und V_j) eines ansonsten gleichen Materials gemäß Gl. 9.3 in Relation stehen.

$$\frac{f_i}{f_j} = \left(\frac{V_i}{V_j}\right)^{-\frac{1}{m}} \tag{9.3}$$

Gl. 9.3 lässt sich so interpretieren, dass „kleinere" Materialvolumen bzw. Bereiche von Bauteilen, in denen nur in „kleinen" Bereichen Spannungen anliegen, sich so verhalten, als wiesen sie eine „höhere" Festigkeit auf als diejenigen, die an einem Referenzvolumen V_0 bestimmt wurden. Der Anschluss wird dann als ein aus n Bestandteilen bestehendes Kontinuum betrachtet, wobei jedes dem Spannungszustand φ_i unterworfen ist. Die gesamte Überlebenswahrscheinlichkeit des Anschlusses ergibt sich aus dem Produkt aller einzelnen Wahrscheinlichkeiten über die betrachtete Domäne, gemäß Gl. 9.4 und auch [23].

$$P_{s,\mathrm{Total}} = \prod_{i=1}^{n} \exp\left[-\frac{V_i}{V_0} \times \left(\frac{\varphi_i}{k}\right)^m\right] = \exp\left\{\sum_{i=1}^{n}\left[-\frac{V_i}{V_0} \times \left(\frac{\varphi_i}{k}\right)^m\right]\right\} \tag{9.q4}$$

Um die Brücke von der probabilistischen auf eine deterministische Formulierung (zurück) zu schlagen, wird dem Begriff des Mittelwertes die Überlebenswahrscheinlichkeit 50 % zugewiesen. Die für das Vorgehen relevanten Parameter sind neben der genauen Geometrie des Anschlusses und seiner elastischen (oder elasto-plastischen [24]) Steifigkeiten vor allem die Festigkeitseigenschaften. Bei den Festigkeitseigenschaften sind neben der Magnitude aber auch die statistischen Eigenschaften sowie deren Verteilung von Relevanz. Bemessung heißt in diesem Zusammenhang, Material, Geometrie oder Werkstoffe so auszuwählen, dass der Wert von $P_{s,\mathrm{Total}} = 50\,\%$ erzielt wird.

9.1.5 Anwendung

Diese beschriebenen Zusammenhänge wurden auf die Vorhersage von experimentell untersuchten Versuchsserien angewandt. Das Ergebnis der Bruchlastvorhersage in Abb. 9.3 zeigt, dass eine gute Übereinstimmung zwischen experimentellen und numerischen Bruchlasten erzielbar ist. Die einzigen Kennwerte, die in das Modell einfließen, sind neben der Geometrie werkstoffbezogene Parameter, die jedem Praktiker zugänglich sind. Benötigt werden weder Anpassungsfaktoren (wie Spannungsintensitätsfaktor) noch Systemkennwerte (wie Freisetzungsrate der Formänderungsarbeit), die dem Praktiker wenig weiterhelfen, weil sie weder direkt verfügbar sind noch alleinig dem Material zugewiesen werden können. Die beschriebene Methode hat sich sowohl für die Bemessung von geklebten Verbindungen von GFK-Bauteilen verschiedener Komplexität [25–27], aber auch für andere Werkstoffe [28–32] bewährt.

9.1.6 Zusammenfassung

Eine große Hürde für die weitere Verbreitung geklebter Anschlüsse von GFK-Bauteilen stellt immer noch deren sichere Bemessung dar. Weil es im Wesentlichen Ingenieure sind, die mit dem Entwurf und der Auslegung betraut werden, ist es wichtig, Bemessungsverfahren zu erarbeiten, welche in deren normatives Umfeld passen. In diesem Beitrag wurde aufgezeigt, dass es durchaus möglich ist, geklebte Anschlüsse von GFK-Bauteilen mit Methoden zu rechnen, die als einzige Eingabeparameter Geometrie und Materialkennwerte erfordern.

Die Autoren
Till Vallée (till.vallee@ifam.fraunhofer.de), Simon Fecht (simon.fecht@ifam.fraunhofer.de), Cordula Grunwald (cordula.grunwald@ifam.fraunhofer.de) und Michael Adam (michael.adam@ifam.fraunfofer.de) sind wissenschaftliche Mitarbeiter der Arbeitsgruppe Strukturelles Kleben, Abteilung Klebtechnische Fertigung am Fraunhofer-Institut für Fertigungstechnik und Angewandte Materialforschung IFAM in Bremen.

9.2 Faserverbundstrukturen im Baubereich – Klebstoffe ermöglichen neue Wege

Hartwig Lohse

Kleben als innovatives Fügeverfahren trägt auch im Baubereich dazu bei, die steigenden Anforderungen hinsichtlich Nachhaltigkeit zu erfüllen. Geklebte Brücken aus Faserverbundwerkstoffen zeigen zum Beispiel eine im Vergleich zu solchen aus Stahl oder Beton deutlich höhere Lebenserwartung. Klebstoffe helfen bei der Restaurierung von maroden Gebäudeteilen und vereinen als Fassadenelemente die Vorteile der klassischen Fassaden in einem System. Zudem ermöglichen sie neue architektonische Wege.

Unter Faserverbundwerkstoffen (Composite) versteht man heute üblicherweise Materialien, die aus einer synthetischen Harzmatrix und verstärkenden Fasern (z. B. Glas-, Natur- oder Kohlefasern) aufgebaut sind [33].

Im Vergleich zu herkömmlichen Werkstoffen zeigen Faserverbundwerkstoffe vielfältige Vorteile, sodass es nicht verwunderlich ist, dass diese modernen Systeme in der Bauindustrie zunehmend Verwendung finden. Etwa ein Drittel der in 2016 europaweit produzierten rund 1000 kt glasfaserverstärkten duroplastischen Kunststoffe finden im Baubereich Verwendung [34]. Ohne Frage haben Rotorblätter für Windkraftanlagen hieran einen beträchtlichen Anteil. Über das Kleben von Rotorblättern wurde in früheren Ausgaben der „adhäsion KLEBEN + DICHTEN“ bereits ausführlich berichtet [35–39]. Im Folgenden wird beispielhaft über die klebtechnischen Aspekte von Anwendungen im Bereich der Infrastruktur, der Gebäuderestaurierung und im Fassadenbau berichtet.

Warum Composite-Werkstoffe im Baubereich eingesetzt werden

- Geringes Gewicht
- Hohe Festigkeit
- Möglichkeit die Bauteile hinsichtlich auftretender Belastungen maßgeschneidert zu konstruieren
- Hohe Beständigkeit gegen Witterungseinflüsse und korrosive Medien und damit verbunden lange Lebenserwartung
- Geringer Instandhaltungsaufwand
- Thermische Isolation
- Anti-statische Eigenschaften
- Brandverhalten
- Ästhetik, Designfreiheit

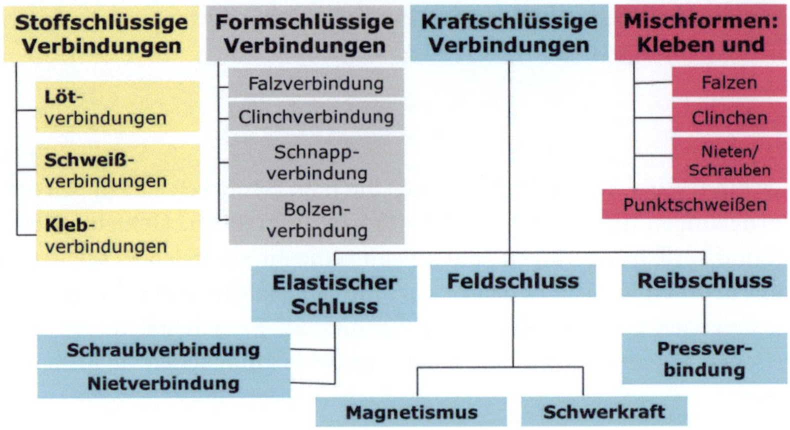

Abb. 9.4 Systematik der Verbindungstechniken. (Bildquelle: Klebtechnik Dr. Hartwig Lohse e. K.)

9.2.1 Fügeverfahren für Faserverbundwerkstoffe

Als Folge der sprödharten Faserstruktur und des anisotropen Charakters lassen sich Faserverbundwerkstoffe nur schwierig miteinander oder mit anderen Werkstoffen verbinden. Somit ist die Wahl der Verbindungstechnik von ausschlaggebender Bedeutung. Aus der Vielzahl der Fügeverfahren (Abb. 9.4) kommen prinzipiell das Kleben als stoffschlüssiges Fügeverfahren, das Schrauben bzw. Nieten als kraftschlüssiges, Bolzenverbindungen als formschlüssiges Verfahren bzw. Mischformen mit dem Kleben infrage.

Die Vorteile des Klebens sind hinlänglich bekannt. Viele Klebstoffe zeigen ohne aufwendige Vorbehandlung eine gute und dauerhafte Haftung zu den bei der Herstellung der Faserverbundwerkstoffe verwendeten Harzen, wobei jedoch Klebstoff- und Harzchemie aufeinander abgestimmt werden müssen. Bei allen Vorteilen hat das Kleben jedoch den Nachteil der nicht gegebenen Sofortfestigkeit.

Vorteile des Fügeverfahrens Kleben

- Kombination verschiedener Werkstoffe
- Erhalt der Werkstoffeigenschaften
  - Vermeidung von thermischen Schädigungen
  - Keine mechanische Schädigung durch Bohrlöcher
  - Weitgehende Vermeidung von Oberflächenstörungen
- Gleichmäßige Spannungsverhältnisse und flächige Kraftübertragung (erlaubt u. a. geringere Materialstärken, Gewichtsersparnis)
- Ausgleich von Fügeteildehnung infolge von Temperatureinflüssen

- Integration zusätzlicher Eigenschaften
  - Dichtigkeit
  - Thermische/elektrische Leitfähigkeit bzw. Isolation
  - Schwingungs- und Schalldämpfung
  - Korrosionsschutz
  - Toleranzausgleich

Hierin liegt der Vorteil der Schraub- und Nietverbindungen. Die notwendige Festigkeit für eine Weiterbe- oder -verarbeitung ist praktisch sofort erreicht. Andererseits ist zwingend das Bohren entsprechender Löcher erforderlich. Dies ist aber naturgemäß mit einer örtlichen Schädigung der Faserstruktur verbunden. Hinzu kommt die punktförmige Krafteinleitung, die für Faserverbundwerkstoffe alles andere als optimal ist. Es kann, insbesondere bei Schwingungsbelastung, zu einer Aufweitung der Bohrlöcher in Schwingungsrichtung mit nachfolgendem Ausriss der Bohrlöcher oder zum Blockversagen (Abb. 9.5) kommen. Abhilfe schaffen können z. B. eingeklebte Stahlverstärkungsbleche, d. h. eine Verteilung der auftretenden Kräfte auf eine größere Fläche, oder ebenfalls eingeklebte Kragenhülsen [40].

Insbesondere für leichtbauoptimierte Verbindungen mit schwingenden Belastungen, bei denen aus Fertigungssicht eine schnelle Weiterver- oder -bearbeitung notwendig ist, bietet sich eine Kombination aus Kleben und mechanischer Fixierung (z. B. Schrauben) an. Man nutzt dabei die Vorteile der flächigen Kraftverteilung und vermeidet gleichzeitig lange Wartezeiten, bis der Klebstoff die zur Weiterverarbeitung des Bauteils notwendige Festigkeit erreicht hat.

Abb. 9.5 Blockversagen an einem verschraubten Faserverbundwerkstoff-Bauteil. (Quelle: [40])

9.2.2 Beispiel 1: Geklebte Brücke

In der Zeitschrift „adhäsion KLEBEN + DICHTEN“ wurde bereits über eine im Herbst 2001 bei Senftenberg in der Nähe von Dresden errichtete Kunststoffbrücke berichtet [41]. Sowohl die Fachwerkkonstruktion als auch das Brückendeck bestehen im Wesentlichen aus Pultrusionsprofilen (Abb. 9.6).

Aufgrund der beschriebenen Problematik hatte man sich entschieden, für den Aufbau der Fachwerkkonstruktion eine Kombination aus Kleben und Schrauben einzusetzen. Die flächige Verbindung mittels Kleben gewährleistet die Langzeitbeständigkeit, die Schraubverbindung die sofortige Handhabungsfestigkeit.

Aufgrund der großflächigen Verklebung und der guten Möglichkeit, die einzelnen Segmente für die Zeit der Klebstoffhärtung zu fixieren, konnte für das Brückendeck Kleben als alleiniges Fügeverfahren eingesetzt werden. Hierbei wurden zunächst einzelne Profile beim Hersteller zu Sektionen verklebt. Diese wurden dann auf der Baustelle miteinander und mit der Fachwerkkonstruktion verklebt.

Bei der Planung der Brücke ging man bei minimalem Instandhaltungsaufwand von einer 40-jährigen und damit im Vergleich zu herkömmlichen Stahl- oder Betonbrücken von einer doppelt so langen Lebensdauer aus. Soweit man heute, 16 Jahre nach dem Bau der Brücke, sagen kann, werden die Erwartungen sicher erfüllt, wenn nicht sogar übertroffen. Wie erwartet, sind bislang keine Schäden aufgetreten.

Die Qualität einer Klebung wird bekanntlich nicht alleine durch den Klebstoff, sondern durch eine Vielzahl von Parametern bestimmt. Um zuverlässig dauerhafte Klebungen herzustellen, bedarf es einer Abstimmung dieser Parameter untereinander; es muss „alles zueinander passen“.

Abb. 9.6 Fußgängerbrücke in Senftenberg. (Bildquelle: Klebtechnik Dr. Hartwig Lohse e. K.)

Die Qualität einer Klebung wird im Wesentlichen bestimmt durch:

- den Klebstoff, d. h. dessen
  - Art
  - Transport und Lagerbedingungen
  - Dosierung und ggf. Mischqualität
  - Auftrag auf das Bauteil
  - Aushärteverhalten und -bedingungen
- die Fügeteile, d. h. deren
  - Werkstoff
  - Oberfläche und ggf. Vorbehandlung
  - Design, Konstruktion
  - Maßhaltigkeit
  - Herstellungs-, Transport- und Lagerbedingungen
- die verwendete Anlagentechnik zum
  - Dosieren, ggf. Mischen und Applizieren des Klebstoffs
  - Teilehandling (Fügen, Fixieren)
  - Härten des Klebstoffs
  - Transport zur weiteren Bearbeitung des Bauteils
- Qualifikation des Personals, das die Klebung ausführt

Bei der Klebstoffauswahl war z. B. zu beachten, dass der Klebstoff im ausgehärteten Zustand relativ hohe Kräfte übertragen und gleichzeitig auftretenden Schwingungsbelastungen zuverlässig standhalten muss. Aufgrund des ausgewogenen Verhältnisses zwischen Festigkeit und Dehnvermögen wurde für diese Brücke ein struktureller 2K-Polyurethanklebstoff verwendet. Auf leicht angeschliffenen Pultrusionsprofilen zeigt dieser bei Raumtemperatur, bei Minusgraden und in der Wärme gute Verbundfestigkeiten, die auch durch Feuchtigkeitsbelastung nicht signifikant beeinflusst werden. Die relativ hohe Dehnfähigkeit kompensiert in Verbindung mit der Klebschichtdicke von ca. 1 mm auftretende zyklische Belastungen. Für weitere Details bezüglich des verwendeten Klebstoffs sei auf [41] verwiesen.

Seit der Errichtung der Brücke in Senftenberg wurde in Deutschland, anderen europäischen Ländern und insbesondere in den USA eine Vielzahl weiterer Kunststoffbrücken auch für den normalen Straßenverkehr errichtet. Eine Zusammenstellung mit Beschreibungen einzelner Projekte findet man in [42]. Neben 2K-PUR-Klebstoffen werden auch zähelastische 2K-Epoxid- oder 2K-MMA-Klebstoffe verwendet. Welche Klebstofftechnologie bzw. welches Produkt für eine Anwendung am besten geeignet ist, bedarf im Einzelfall des Abgleichs der Klebstoffeigenschaften mit dem anwendungsspezifischen Lastenheft.

Dem Design der Klebverbindungen und somit auch der Fügeteile kommt eine besondere Bedeutung zu. Bekanntlich stellen Scher- oder Schubbelastungen die optimalen Belastungsformen für Klebungen dar. Dagegen müssen Schälbeanspruchungen und allgemein das Auftreten von Spannungsspitzen vermieden werden. Auf der anderen Seite muss durch die Fügeteilgeometrie eine der Anwendung adäquate Klebfläche und Klebschichtdicke sichergestellt sein.

Kleben des Brückendecks

Abb. 9.7 zeigt das Brückendeck der Firma Fiberline AS. Die Dreieckform der Profile bietet nicht nur eine ausreichend große Klebfläche, sondern definiert auch den Klebspalt. Die in die Profilbasis integrierten Verlängerungen sorgen im Zusammenspiel mit der korrespondierenden Aussparung in der Profilbasis des Nachbarelements für ein definiertes Spaltmaß. Der Spalt im Bereich der Profilspitzen ist von untergeordneter Bedeutung, da dieser Klebflansch flächenmäßig deutlich kleiner ist. Durch zusätzliche, leicht in die Profile zu integrierende Abstandshalter, z. B. an den Spitzen der Profile, kann hier ein definierter Spalt sichergestellt werden.

Die Verwendung eines Rakels zum Klebstoffauftrag, wie in Abb. 9.7 unten links gezeigt, erlaubt im Vergleich zum Auftrag mehrerer nebeneinander oder geschlängelt liegender Raupen eine wesentlich exaktere Dosierung des Klebstoffs. Die Menge von herausquellendem überschüssigen Klebstoff und daraus resultierende Nacharbeit werden minimiert sowie Lufteinschlüsse vermieden. Die Fixierung der verklebten Profile während der Aushärtung kann im Werk bei der Vorfertigung der Decksegmente einfach durch entspre-

Abb. 9.7 Das Fiberline AS Brückendeck, **a** schematische Darstellung, **b** v. l. n. r.: Klebstoffauftrag mittels Rakel, Entfernen überschüssigen Klebstoffs, Decksegmente fertig zur Montag. (Bilderquelle: Fiberline Composites AS)

Abb. 9.8 Fixieren der verklebten Segmente mittels Streben und Spanngurten. (Bildquelle: Klebtechnik Dr. Hartwig Lohse e. K.)

chende Fixiervorrichtungen, später auf der Baustelle durch in die Hohlräume eingelegte Streben und Spanngurte erfolgen (Abb. 9.8).

9.2.3 Kleben der Fachwerkstruktur

Bei der Herstellung von Steckverbindungen mittels Klebstoffen unterscheidet man zwischen dem sogenannten „nassen Längsfügen", bei dem der Klebstoff vor dem Fügen auf eines der Fügeteile aufgetragen wird und dem „trockenen Längsfügen", bei dem die beiden Fügeteile zunächst ohne Klebstoff gefügt werden und der Klebstoff anschließend über eine Injektionsöffnung in den Klebspalt eingebracht wird (Abb. 9.9). Um die notwendige

Abb. 9.9 Steckverbindungen – Vergleich der Klebverfahren nach [43]

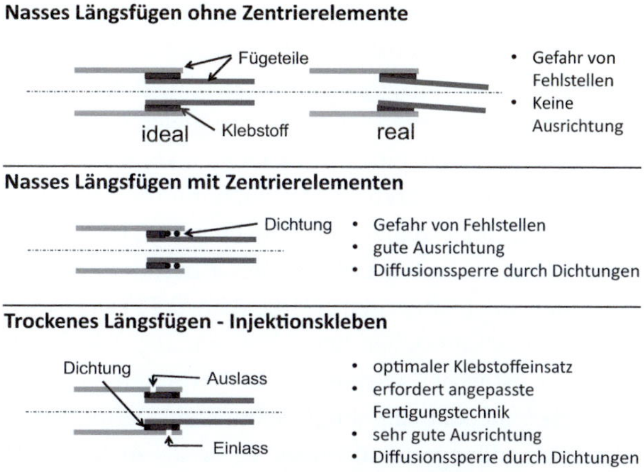

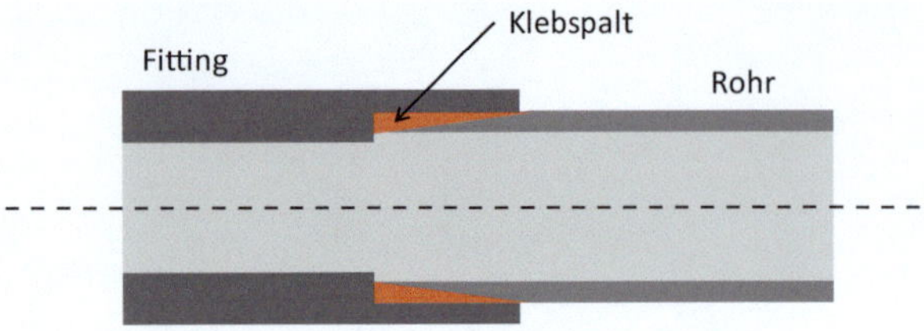

Abb. 9.10 Rohrverklebung mit keilförmigem Klebspalt. (Bildquelle: Klebtechnik Dr. Hartwig Lohse e. K.)

definierte Ausrichtung der Profile und einen definierten Spalt zu gewährleisten, ist eine Zentrierung (z. B. durch zusätzliche Verschraubungen), die Fixierung an einer Hilfskonstruktionen oder die Verwendung von Dichtringen (z. B. O-Ringe) notwendig. Letztere wirken gleichzeitig als Dichtung und verhindern das Herauslaufen von Klebstoff sowie das Eindringen von Feuchtigkeit.

Beim nassen Längsfügen besteht grundsätzlich die Gefahr, dass es beim Fügevorgang zu einem partiellen Abstreifen von Klebstoff und somit zu Fehlstellen in der Klebfuge kommt. Dieser Gefahr kann durch eine keilförmige Ausbildung des Klebspaltes entgegengewirkt werden (Abb. 9.10). Dieses Verfahren, bei dem das innenliegende Rohr zunächst auf Länge geschnitten, dann im Bereich der Klebfläche keilförmig angeschliffen, gereinigt und nach dem Klebstoffauftrag in den Fitting eingeschoben wird, hat sich bei der Verklebung von GFK-Rohren z. B. im Chemieanlagenbau, bei Abwasserbehandlungsanlagen, im Off-Shore-Bereich und im Schiffbau bewährt.

Prinzipiell besteht jedoch auch hier die Gefahr einer ungenügenden Ausrichtung der Profile. Eine Korrektur muss noch vor Ablauf der Topfzeit des Klebstoffs erfolgen, um eine Schädigung der Klebung zu vermeiden. Nach Aushärtung ist eine Korrektur nur bedingt möglich und führt zu einer ständigen statischen Belastung der Klebung.

Beim sogenannten Injektionskleben erfolgt das Fügen zunächst „trocken", d. h. ohne Klebstoff. Dieser wird nachträglich über eine im Profil angebrachte Bohrung von unten gegen die Schwerkraft unter leichtem Druck injiziert. Hierzu können handelsübliche Kartuschenpistolen und wie in [43–45] beschrieben, an die jeweilige Rohrgeometrie angepasste Applikationseinheiten verwendet werden. Sobald an der gegenüberliegenden Entlüftungsbohrung Klebstoff austritt, kann bei Verwendung eines entsprechend fließfähigen Klebstoffs davon ausgegangen werden, dass der Klebspalt vollständig gefüllt ist [43].

Bei runden Profilen lässt sich die gleichmäßige Verteilung des Klebstoffs durch eine Rotationsbewegung eines der beiden zu verbindenden Rohre während der Klebstoffinjektion weiter unterstützen, sodass auch mit relativ hochviskosen Klebstoffen Verbindungen mit dünnen Klebspalten im Bereich von 0,05–0,1 mm sicher realisiert werden können [45]. Diese Technik wurde bei der Errichtung der 52 m hohen Mae West Skulptur auf dem Münchner Effnerplatz (siehe Abb. 9.11) angewendet.

Das Injektionskleben unter Verwendung von Dichtringen erlaubt die Herstellung optisch und ästhetisch ansprechender Verbindungen ohne zusätzliche das Erscheinungsbild störende Unterstützung durch Schrauben. Damit verbunden sind weitere Vorteile: Mittels Hinterschneidungen sind sowohl form- als auch stoffschlüssige Verbindungen realisierbar

Abb. 9.11 Die in München auf dem Effnerplatz aufgebaute 52 m hohe Skulptur „Mae West", hergestellt aus CFK-Bauteilen unter Einsatz des Injektionsklebens. (Bildquelle: cgb Carbon Großbauteile GmbH/Stefan Hoferer)

und es können schnell- härtende 2K-Klebstoffe verwendet werden. Die Länge der offenen Zeit wird nur noch durch die für die Injektion des Klebstoffs benötigte Zeit bestimmt. Das Fügen und die Ausrichtung der Bauteile erfolgt vorher, muss also nicht mit berücksichtigt werden. Das Verfahren könnte die schon für Industrieanlagen genutzten Vorteile der Faserverbundwerkstoffe auch für andere Anwendungen, z. B. die Fertigung ästhetisch anspruchsvoller Geländer, nutzbar machen.

9.2.4 Beispiel 2: Restaurierung von Stuckdecken mit GFK

Faserverbundwerkstoffe haben sich in Verbindung mit der Klebtechnik, wie das Beispiel Schloss Wörlitz zeigt, auch bei der Restaurierung historischer Bauten als Problemlöser bewährt. Die hölzernen Deckenbalken zeigten an den Stellen, an denen sie in das Mauerwerk eingelassen waren, eine massive Schädigung durch Kondenswasserbildung, sodass einzelne Gebäudeteile einsturzgefährdet waren. Um die wertvollen Stuckdecken zu erhalten, mussten die Deckenträger zumindest partiell erneuert werden. Aufgrund der räumlichen Verhältnisse war es nicht möglich, neue Holzträger einzubringen und Stahlträger schieden wegen der Bildung von Kältebrücken aus. Nach Entfernen der morschen Holzteile wurden daher GFK-Profile mit den gesunden Trägerteilen verklebt und verschraubt (Abb. 9.12). Dies ermöglichte eine schonende und wirtschaftlich akzeptable Restaurierung ohne den sonst notwendig gewordenen Einsatz von schwerem Hebegerät.

Neben einer guten Haftung zu den GFK-Profilen muss der verwendete Klebstoff auch eine dauerhafte Verbindung zu den vorhandenen Holzträgern eingehen, eine entsprechende Feuchtigkeitsbeständigkeit aufweisen und in seinen Verarbeitungseigenschaften den Anforderungen einer Baustelle genügen. Verwendet wurde ein thixotropes hochmoduliges 2K-Epoxid-System mit einer relativ langen Verarbeitungszeit von 90 min bei 20 °C, der aber auch noch bei Temperaturen bis zu 8 bzw. 35 °C (natürlich mit einem entsprechenden Effekt auf die Topfzeit und die Aushärtegeschwindigkeit) verarbeitet werden kann.

Abb. 9.12 Restaurierung von Deckenträgern unter Einsatz von GFK-Profilen. (Bildquelle: Fiberline Composites AS)

Die bereits für andere Anwendungen erteilte DIBT-Zulassung erleichterte die erforderliche bauamtliche Zulassung für diese Anwendung. Nach der Restaurierung durchgeführte Messungen des zuständigen Materialprüfungsamtes bescheinigten den Decken die erforderliche Tragfähigkeit [46].

9.2.5 Beispiel 3: Kleben von Fassadenelementen

Fassadenelemente auf Basis von Faserverbundwerkstoffen vereinen praktisch alle positiven Eigenschaften bisheriger Fassaden in einem System und haben so wesentlich zu der bestechenden innovativen Architektur des Betriebszentrums der Luxemburgischen Gemeinde Leudelange beigetragen (Abb. 9.13). Die hohe Transluzens der eingesetzten Fassadenelemente lässt einerseits das Tageslicht weit ins Rauminnere gelangen, andererseits bestimmen die hinterleuchteten Flächen das nächtliche Erscheinungsbild. Hinzu kommt, dass die verwendeten Fassadenelemente mit einem Ug-Wert von bis zu 0,6 W/(m^2K) eine sehr gute Wärmedämmung aufweisen und in ihrem Energiedurchlassgrad einer Sonnenschutzverglasung nahekommen.

Abb. 9.13 Transluzente Composite-Fassadenelemente am Betriebszentrum der Gemeinde Leudelange. (Bild: Butzbach GmbH)

Abb. 9.14 Belastungsprobe an einem realen Fassadenelement. (Bildquelle: Butzbach GmbH)

Um den bei derart großen Fassadenelementen (Höhe 10 m) auftretenden hohen Windlasten ohne Schaden standzuhalten, war es notwendig, die als Doppelstegplatten konstruierten Elemente mit einem umlaufenden U-Profil aus Aluminium zu versteifen. Für das Verbinden des Rahmens mit der Doppelstegplatte ist das Kleben geradezu prädestiniert. Die Krafteinleitung erfolgt flächig, Spannungsspitzen werden vermieden, Bohrungen für Schrauben oder Nieten sind nicht notwendig und die Klebung verhindert zuverlässig das Eindringen von Feuchtigkeit. Für die Herstellung der Stegplatten wurde ein in seinem thermischen Ausdehnungsverhalten auf die Aluminiumprofile abgestimmtes Harzsystem verwendet. Trotzdem kann es aufgrund von unterschiedlichen Aufheiz- oder Abkühlgeschwindigkeiten zu Unterschieden in der thermischen Längenausdehnung kommen, was gerade bei derart großen Bauteilen zu erheblichen Kräften führt. Es musste also ein Klebstoff mit einem hohen Dehnvermögen in einer entsprechenden Klebschichtdicke eingesetzt werden. Bei der Klebstoffauswahl galt es ebenfalls zu berücksichtigen, dass die Fassadenelemente durch eine spezielle Oberflächenveredelung dauerhaft gegen Witterungseinflüsse geschützt sind. Diese Oberflächenbeschichtung darf die Klebfestigkeit natürlich nicht negativ beeinflussen. Realisiert wurde das Projekt mittels eines niedrigmoduligen elastischen 1K-feuchtigkeitshärtenden Klebstoffsystems.

Die im Rahmen der Verfahrensentwicklung im Labor durchgeführten Versuche wurden an Versuchen an realen Bauteilen durch Belastung mit Stahlrohlingen bestätigt. Wie Abb. 9.14 zeigt, wurde ein Fassadenelement mit einer Stärke von 150 mm in einer Art Drei-Punkt-Biegeversuch geprüft. Der Auflager-Abstand beträgt 9 m, die aufliegende Last liegt bei ca. 3,5 kN/m^2. Ohne Einsatz der Klebtechnik versagt ein Element dieser Größe bei etwa 2/3 der aufliegenden Last [47].

9.2.6 Zusammenfassung und Ausblick

Nicht nur die zahlreichen Veröffentlichungen zu neuen Anwendungen von Faserverbundwerkstoffen im Baubereich [48–50], sondern auch die zahlreichen Forschungsanträge, die sich mit dem Verkleben von FVK u. a. in Bauanwendungen beschäftigen, machen deutlich, dass sich Faserverbundwerkstoffe und somit auch die Klebtechnik im Baubereich laufend neue Anwendungen erschließen und weiter an Bedeutung gewinnen.

Der Autor

Dr. Hartwig Lohse (Tel.: 04822 95180, hlohse@hdyg.de, www.how-do-you-glue.de) ist Inhaber des unabhängigen Beratungsunternehmens Klebtechnik Dr. Hartwig Lohse e. K.

Literatur

Verwendete Literatur

1. Structural Design of Polymer Composites: Eurocomp Design Code and Background Document. CRC Press (2003)
2. Vallée, T.: Adhesively bonded lap joints of pultruded GFRP shapes. EPFL, Lausanne (2004)
3. Griffith, A.A.: The phenomena of rupture and flow in solids. Philos Trans R Soc A Math Phys Eng Sci **221**, 163–198 (1921). https://doi.org/10.1098/rsta.1921.0006
4. Kinloch, A.J.: Interfacial fracture mechanical aspects of adhesive bonded joints – a review. J Adhes **10**, 193–219 (1979). https://doi.org/10.1080/00218467908544625
5. Fernlund, G., Spelt, J.K.: Mixed-mode fracture characterization of adhesive joints. Compos Sci Technol **50**, 441–449 (1994). https://doi.org/10.1016/0266-3538(94)90052-3
6. Choupani, N.: Mixed-mode cohesive fracture of adhesive joints: Experimental and numerical studies. Eng Fract Mech **75**, 4363–4382 (2008). https://doi.org/10.1016/j.engfracmech.2008.04.023
7. Marzi, S., Biel, A., Stigh, U.: On experimental methods to investigate the effect of layer thickness on the fracture behavior of adhesively bonded joints. Int J Adhes Adhes **31**, 840–850 (2011). https://doi.org/10.1016/j.ijadhadh.2011.08.004
8. Greer, J.M., Galyon Dorman, S.E., Hammond, M.J.: Some comments on the Arcan mixed-mode (I/II) test specimen. Eng Fract Mech **78**, 2088–2094 (2011). https://doi.org/10.1016/j.engfracmech
9. Volkersen, O.: Die Nietkraftverteilung in zugbeanspruchten Nietverbindungen mit konstanten Laschenquerschnitten. Luftfahrtforschung **15**, 41–47 (1938)
10. Goland, M., Reissner, E.: The stresses in cemented joints. J Appl Mech **11**, A17–A27 (1944)
11. Oplinger, D.W.: Effects of adherend deflections in single lap joints. Int J Solids Struct **31**, 2565–2587 (1994). https://doi.org/10.1016/0020-7683(94)90037-X
12. Tsai, M.Y., Oplinger, D.W., Morton, J.: Improved theoretical solutions for adhesive lap joints. Int J Solids Struct **35**, 1163–1185 (1998). https://doi.org/10.1016/S0020-7683(97)00097-8
13. da Silva, L.F.M., das Neves, P.J.C., Adams, R.D., Spelt, J.K.: Analytical models of adhesively bonded joints – Part I: literature survey. Int J Adhes Adhes **29**, 319–330 (2009). https://doi.org/10.1016/j.ijadhadh.2008.06.005

14. da Silva, L.F.M., das Neves, P.J.C., Adams, R.D., Wang, A., Spelt, J.K.: Analytical models of adhesively bonded joints-Part II: comparative study. Int J Adhes Adhes **29**, 331–341 (2009). https://doi.org/10.1016/j.ijadhadh.2008.06.007
15. Campilho, R.D.S.G., Moura, D.C., Banea, M.D., Da Silva, L.F.M.: Adhesive thickness effects of a ductile adhesive by optical measurement techniques. Int J Adhes Adhes **57**, 125–132 (2015). https://doi.org/10.1016/j.ijadhadh.2014.12.004
16. da Silva, L.F.M., Lopes, M.J.C.Q.: Joint strength optimization by the mixed-adhesive technique. Int J Adhes Adhes **29**, 509–514 (2009). https://doi.org/10.1016/j.ijadhadh.2008.09.009
17. Hart-Smith, L.J.: The role of biaxial stresses in discriminating between meaningful and illusory composite failure theories. Compos Struct **25**, 3–20 (1993). https://doi.org/10.1016/0263-8223(93)90146-H
18. Hart-Smith, L.J.: Predictions of a generalized maximum-shear-stress failure criterion for certain fibrous composite laminates. Fail Crit Fibre Reinf Polym Compos, (2004). https://doi.org/10.1016/B978-008044475-8/50010-X
19. Echaabi, J., Trochu, F., Gauvin, R.: Review of failure criteria of fibrous composite materials. Polym Compos **17**, 786–798 (1996). https://doi.org/10.1002/pc.10671
20. Deuschle, H.M., Puck, A.: Application of the puck failure theory for fibre-reinforced composites under three-dimensional stress: comparison with experimental results. J Compos Mater **47**, 827–846 (2012). https://doi.org/10.1177/0021998312462158
21. Bažant, Z.P., Xi, Y., Reid, S.G.: Statistical size effect in quasi-brittle structures: I. Is Weibull Theory applicable? J Eng Mech **117**, 2609–2622 (1991). https://doi.org/10.1061/(ASCE)0733-9399(1991)117:11(2609)
22. Langlois, R.: Estimation of Weibull parameters. J Mater Sci Lett **10**, 1049–1051 (1991). https://doi.org/10.1007/BF00720121
23. Freudenthal, A.M.: Statistical approach to brittle fracture. Fracture **2**, 591–619 (1968)
24. Vallée, T., Correia, J.R.J.R.J.R., Keller, T.: Optimum thickness of joints made of GFPR pultruded adherends and polyurethane adhesive. Compos Struct **92**, 2102–2108 (2010). https://doi.org/10.1016/j.compstruct.2009.09.056
25. Vallée, T., Tannert, T., Meena, R., Hehl, S.: Dimensioning method for bolted, adhesively bonded, and hybrid joints involving Fibre-Reinforced-Polymers. Compos Part B Eng **46**, 179–187 (2013). https://doi.org/10.1016/j.compositesb.2012.09.074
26. Vallée, T., Correia, J.R.J.R.C.J.R., Keller, T.: Probabilistic strength prediction for double lap joints composed of pultruded GFRP profiles part I: Experimental and numerical investigations. Compos Sci Technol **66**, 1915–1930 (2006). https://doi.org/10.1016/j.compscitech.2006.04.001
27. Correia, J.R.R., Vallée, T., Keller, T.: Optimum thickness of joints made of GFRP pultruded adherends and polyurethane adhesive. ICCM Int. Conf. Compos. Mater. (2009)
28. Tannert, T., Hehl, S., Vallee, T.: Probabilistic design of adhesively bonded timber joints. Bautechnik **87**, 623–629 (2010). https://doi.org/10.1002/bate.201010043
29. Tannert, T., Vallée, T., Hehl, S.: Probabilistic strength prediction of adhesively bonded timber joints. Wood Sci Technol **46**, 503–513 (2011). https://doi.org/10.1007/s00226-011-0424-0
30. Hahn, B., Vallée, T., Stamm, B., Weinand, Y.: Experimental investigations and probabilistic strength prediction of linear welded double lap joints composed of timber. Int J Adhes Adhes **39**, 42–48 (2012). https://doi.org/10.1016/j.ijadhadh.2012.06.004
31. Fecht, S., Vallée, T., Tannert, T., Fricke, H.: Adhesively bonded hardwood joints under room temperature and elevated temperatures. J Adhes **90**, 401–419 (2014). https://doi.org/10.1080/00218464.2013.836968
32. Grunwald, C., Fecht, S., Vallée, T., Tannert, T., Vallée, T., Tannert, T.: Adhesively bonded timber joints – Do defects matter? Int J Adhes Adhes **55**, 12–17 (2014). https://doi.org/10.1016/j.ijadhadh.2014.07.003

33. www.de.wikipedia.org/wiki/Faserverbundwerkstoff. Zugegriffen: Oktober 2011
34. Witten, E.: Der GFK-Markt Europa in Composites-Marktbericht (2016)
35. Adhäsion Kleb Dicht **10**, 28 (2011)
36. Sayer, F., Kleiner, F.: Adhäsion Kleb Dicht **6**, 16 (2011)
37. Tartler, U.: Adhäsion Kleb Dicht **12**, 28 (2010)
38. Gansow, M.: Adhäsion Kleb Dicht **06**, 28 (2010)
39. Nagel, C., Brede, M.: Adhäsion Kleb Dicht **06**, 38 (2009)
40. Sedlacek, G., et al.: Geklebte Verbindungen im Stahlbau. 5. Klebkolloquium Gemeinsame Forschung in der Klebtechnik, Frankfurt, 16.–15. Febr. (2005)
41. Donner, A., Lohse, H.: Adhäsion Kleb Dicht **1–2**, 10 (2002)
42. Potyrala, P.B.: Use of Fiber Reinforced Polymer Composite in Bridge Construction, Diplomarbeit Universtat Politècnica de Catalunya
43. Siebert, M., Schlimmer, M.: Prozesssicheres Kleben von Rundsteckverbindungen aus metallischen Werkstoffen unter rauen Fertigungsbedingungen. 5. Klebkolloquium Gemeinsame Forschung in der Klebtechnik, Frankfurt, 16.–15. Febr. (2005)
44. Schlimmer, M., Siebert, M.: EP 1 552 906 A2
45. Ridzewski, J., Kästner, L.: DE 103 48 820 B3 2004.08.26
46. Priv. Mitteilung: S. Wischnewski, Fiberline Composites A/S
47. Priv. Mitteilung: M. Neumann, Butzbach GmbH, Industrietore
48. Reinforced Plastics, July/August 2011, S. 16
49. Reinforced Plastics, July/August 2011, S. 18 ff
50. http://www.reinforcedplastics.com/view/8898/composites-clad-sheraton-hotel-milan/. Zugegriffen: 31. Juli 2017

Weiterführende Literatur

51. Siebert, M.: EP 1 553 311 A2
52. Reinforced Plastics, July/August 2011, S. 7
53. Priv. Mitteilung: A. Verheus, Lightweight Structures B. V.

Verpackungsindustrie 10

Hermann Onusseit, Zbigniew Czech, Agnieszka Kowalczyk und Adrian K. Antosik

10.1 Kleben in der Verpackungsindustrie – Kunststoffe ökonomisch und ökologisch fügen

Hermann Onusseit

Das überall und jederzeit erhältliche und nahezu unendliche Angebot an Waren wäre ohne die moderne Verpackungstechnik nicht vorstellbar. Bedeutende Fortschritte in diesem Bereich sind dabei eng mit den Innovationen der modernen Kunststofftechnik verbunden. In Deutschland werden heute circa 35 % der Kunststoffproduktion im Verpackungsbereich eingesetzt.

Einer der wichtigsten Trends im Verpackungsmaterialbereich der letzten Jahre war und ist der vermehrte Einsatz von Kunststofffolien für flexible Verpackungen. Hergestellt werden sie sowohl aus Monofolie, häufiger jedoch aus dem Verbund verschiedener Kunststofffolien oder aus Kombinationen von Kunststofffolien, Metallfolien oder Papier. Hierbei ist das grundlegende Prinzip die Kombination verschiedener Materialien mit ausgewählten Eigenschaften, um einen überproportionalen Anstieg in der Leistungsgüte, bezüglich Eigenschaften wie Temperaturbeständigkeit, Barriereeigenschaften, mechanischer Festigkeit oder optischer Attraktivität mit möglichst wenig Materialeinsatz zu erzielen. Die Palette der Materialien, die für Verbundkombinationen eingesetzt werden, reicht von Po-

H. Onusseit (✉)
Onusseit Consulting
Haan, Deutschland
E-Mail: h.onusseit@t-online.de

Z. Czech (✉) · A. Kowalczyk · A. K. Antosik
Institute of Chemical Organic Technology, West Pomeranian University of Technology, Szczecin
Szczecin, Polen
E-Mail: psa_czech@wp.pl

M. Doobe (Hrsg.), *Kunststoffe erfolgreich kleben*,
https://doi.org/10.1007/978-3-658-18445-2_10

lyethylen (PE), Polypropylen (PP) und Papier bis zu Polyvinylchlorid (PVC), Zellglas, Polyester (z. B. PET), Polyamid (PA) und Aluminium. Die Kunststofffolien können dabei mit Aluminium oder Siliziumdioxid (SiO_x), bzw. Aluminiumoxid (AlO_x) bedampft bzw. mit Polyvinylidenchlorid (PVDC) oder Acryl beschichtet sein, um die Barriereeigenschaften oder auch den Lichtschutz zu erhöhen. Aufgrund ihrer Vielfältigkeit werden flexible Verpackungen für unterschiedliche Endanwendungen im Bereich Lebensmittel, aber auch zum Verpacken anderer Produkte eingesetzt.

Auch im Zusammenhang mit dem Thema Ressourcenschonung gewinnen Folienverbunde an Bedeutung. Die eingesetzten Materialien werden immer dünner – und somit im Produktionsprozess empfindlicher. Das stellt höchste Ansprüche an Kaschierer, die das Web-Handling beherrschen müssen, um beste Ergebnisse zu erhalten.

Für die Vielzahl der Materialkombinationen und die unterschiedlichsten Anforderungen in der Anwendung ist eine Vielzahl spezieller Kaschierklebstoffe entwickelt worden. Eine wichtige Gruppe der Kaschierklebstoffe sind dabei die Polyurethan-Kaschierklebstoffe (PUR-Kaschierklebstoffe), die entweder auf aromatischen oder aliphatischen Isocyanaten basieren. Lösemittelhaltige PUR-Kaschierklebstoffe zeichnen sich durch eine ausgezeichnete klebtechnische Performance aus, erfordern aber einen höheren Aufwand bei der Verarbeitung (z. B. Absauganlagen, möglichst mit energetischer Nutzung oder Lösemittelrückgewinnungsanlagen). Ferner ist durch das zugesetzte Lösemittel eine größere Rohstoffmenge notwendig. Durch den beträchtlichen Energieaufwand für die Trocknung bei der Herstellung von Verbunden mit diesen Klebstoffen sind solche Systeme jedoch unter dem Gesichtspunkt von „Nachhaltigkeit“ nicht optimal, auch wenn das Produktionssystem mit einer Lösemittelrückgewinnungsanlage gekoppelt ist.

Um diesen Nachteil zu verhindern, werden die in der Vergangenheit dominierenden lösemittelhaltigen Systeme mehr und mehr von Systemen wie „High Solid“ und lösemittelfreien PUR-Kaschierklebstoffen abgelöst. Die ersten Produkttypen der lösemittelfreien PUR-Kaschierklebstoffe waren einkomponentige, feuchtigkeitshärtende Systeme. Hergcstellt als NCO-terminierte Polyether- bzw. Polyester-Prepolymere sind sie auf vorhandene oder zugeführte Feuchtigkeit angewiesen, um zu einem Polyharnstoff-Polyurethan zu vernetzen. Heute werden diese Systeme vorzugsweise nur noch für Kunststoff/Papierverbunde eingesetzt, z. B. aus gereckten Polypropylen mit Papier. Um diesen Limitierungen der lösemittelfreien, feuchtigkeitsvernetzenden Einkomponenten-Systeme zu entgehen, wurden Zweikomponenten-Systeme entwickelt. Diese Zweikomponenten-Standard-Systeme sind in der Regel polyester- bzw. polyetherbasiert und werden mit einer Isocyanatkomponete kombiniert. Beide Komponenten sind bei Raumtemperatur flüssig und können kalt vorzugsweise zwischen 25 und 45 °C verarbeitet werden. Seit Jahren gibt es weitere Entwicklungen von Systemen, die bei Temperaturen von 40 bis 70 °C zu verarbeiten sind. Diese neue Generation lösemittelfreier Kaschierklebstoffe verbindet die Vorteile der Anfangshaftung eines „High-Solid-Systems“ mit der leichten Verarbeitbarkeit einer lösemittelfreien Flüssigphase. Die Prepolymere werden so synthetisiert, dass eine schnelle Aushärtung mit dem Härter in Stufen erfolgt, beginnend mit der gewünschten und vollständigen Abreaktion der Monomere. Vergleicht man die Anfangshaftung von PUR-Kaschierklebstoffen, so ist zu erkennen, dass lösemittelfreie Systeme eine wesentlich niedrigere Anfangshaftung aufweisen als lösemittelhaltige Systeme. Die Gründe dafür sind der deutlich niedrigere Molekulargewichtsbereich und die Molekulargewichtsverteilung, die eine so niedrige Viskosität möglich macht, dass man die Systeme ohne Verdünnung durch Lösemittel auftragen kann.

Eine besonders effektive Verlängerung der Haltbarkeit verpackter Lebensmittel kann beispielsweise durch einen Sterilisationsprozess erreicht werden, der wiederum eine gute Füllgut- und Temperaturbeständigkeit des Verpackungsmaterials voraussetzt. Für sterilisierbare Aluminium/Kunststoff-Verbunde (Abb. 10.1) wurden daher lösemittelfreie Kaschierklebstoffe auf Basis aliphatischer Isocyanate entwickelt. Diese sogenannten aliphatischen PUR-Kaschierklebstoffe werden bei 50 bis 70 °C mit herkömmlichen Kaschiermaschinen, Dosier- und Mischgeräten verarbeitet. Modulare aliphatische Klebstoffsysteme wurden gezielt für Hochleistungsanwendungen mit geringer Migration und einer schnellen Aushärtung entwickelt. Sie liefern optimale Ergebnisse bei Film/Film-Verbundkombinationen inklusive SiO_x- oder AlO_x-beschichteter Barrierefolien sowie für Aluminiumverbunde. Sie sind für Sterilisationsprozesse von bis zu 60 min und Temperaturen bis 134 °C geeignet. Dank nur eines Systems für die Innen- und Außenlage und eines hohen Verarbeitungsfeststoffanteils von bis zu 40 % reduzieren solche Systeme den Verbrauch von Lösemitteln. Gleichzeitig bieten sie beste Benetzungseigenschaften und eine hohe Füllgutbeständigkeit. Ein weiterer Vorteil ist die Abwesenheit aromatischer Isocyanate – ein Aspekt, der im Hinblick auf lebensmittelrechtliche Bestimmungen an Bedeutung zunimmt. Da das Ausgangsmaterial der Klebstoffe ein aliphatisches Isocyanat ist, sind keine

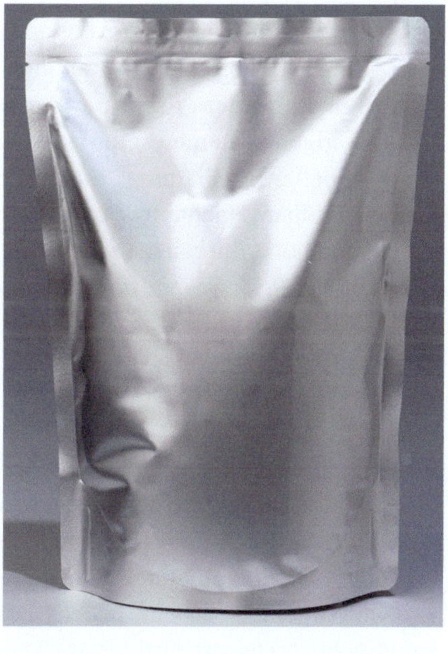

Abb. 10.1 Flexible Verpackungen können aus Monofolien bestehen, werden häufiger jedoch aus Verbundfolie oder aus Kombinationen von Kunststofffolien, Metallfolien oder Papier hergestellt. (Bildquelle: Henkel)

Tests auf primäre aromatische Amine erforderlich. Ferner gibt es heute Systeme am Markt, bei denen für die Herstellung weder Zinnkatalysatoren noch Bisphenol-A-Epoxidharze zum Einsatz kommen.

Die Voraussetzung für den Einsatz aller erwähnter PUR-Kaschierklebstoffe ist, dass nur nach vollständiger Aushärtung die thermische und mechanische Beständigkeit im Verbund erreicht wird. In Abhängigkeit vom Klebstofftyp, der Folienkombination und der Aushärtetemperatur kann das Aushärten bis zu eine Woche und länger dauern. Eine Verkürzung diese Aushärteperiode durch Temperung ist aber möglich.

Aufgrund des hohen Kostendrucks im Verpackungsmarkt ist der generelle Zeitbedarf für die Produktion von Verbunden inklusive Bedruckung, Schneiden usw. von großer Bedeutung. So ist es keine Überraschung, dass man nach Kaschierklebstoffen gesucht hat, die in sehr kurzen Zeiten – sozusagen „auf Kommando" – aushärten. Erfüllen lässt sich dieser Wunsch durch den Einsatz von strahlenhärtenden Systemen. Mit solchen Systemen besteht die Möglichkeit, einen niedrigviskosen Klebstoff lösemittelfrei aufzutragen und nach der Bestrahlung sehr schnell sowohl eine hohe Anfangshaftung als auch Endfestigkeit zu erreichen. Die verschiedenen Vernetzungsmechanismen der radikalischen und kationischen Polymerisation erlauben verschiedene Prozessschritte bezüglich Bestrahlung und Kaschiervorgang.

Eine sehr schnelle Gebrauchsfähigkeit versprechen auch neue Systeme, die als Zweikomponentensysteme angeboten werden. Dabei werden die beiden Komponenten separat auf eine der zu kaschierenden Folien aufgetragen. Die Reaktion des Klebstoffs erfolgt nach dem Zusammenfügen der Folien.

Eine weitere Möglichkeit, auf Lösemittel in der Produktion zu verzichten, besteht im Einsatz von wässrigen Kaschierklebstoffen. Als Basis für solche Systeme werden ein- oder zweikomponentige Polyurethandispersionen oder Acrylatdispersionen eingesetzt. Diese Kaschierklebstoffe können auf existierenden Kaschiermaschinen eingesetzt werden und erfordern daher nur geringe Investitionen bei einer Umstellung. Beim Einsatz wässriger Systeme ergibt sich zudem der Vorteil einer hohen Anfangshaftung und einer schnellen Aushärtung. Ein weiterer Vorteil ist, dass keine Restlösemittel im Verbund verbleiben. Nachteilig bei den wässrigen Kaschierklebstoffen ist jedoch, dass für die Trocknung hohe Energiemengen benötigt werden. Außerdem erreichen sie im Allgemeinen nicht die Performance der lösemittelhaltigen und lösemittelfreien Systeme.

10.1.1 Tüten, Beutel und Säcke

Kunststofffolien werden häufig zur Herstellung von Tüten, Beuteln und Säcken eingesetzt. Dabei können diese Verpackungen, ganz gleich ob es sich um einfache Spitztüten oder um aufwändigen Block- und Kreuzbodenbeutel handelt, ausschließlich aus Kunststoff bestehen oder aus Kombinationen mit Papier. Zum Teil sind die Materialien noch bedruckt, was im Allgemeinen beim Kleben berücksichtigt werden muss. Eingesetzt werden hier hauptsächlich Dispersionsklebstoffe und Schmelzklebstoffe.

Abhängig von der Applikation (z. B. Längsnahtklebungen, Bodendeckblattklebungen oder Teilkaschierungen) sind für die jeweils genutzten Auftragssysteme spezielle Klebstoffe entwickelt worden. Je nach geforderter Adhäsion kommen Dispersionsklebstoffe auf Basis von weichgemachten Polyvinylacetat-Homopolymeren-, Ethylen-Vinylacetat-Copolymeren- oder Acrylat-Dispersionen, die zur Verbesserung der Adhäsion auch noch mit Harzdispersionen abgemischt werden können, zum Einsatz. Schmelzklebstoffe werden dort eingesetzt, wo nichtsaugende Materialien wie z. B. Polypropylenfolien geklebt werden. Hier kommen Schmelzklebstoffe auf Basis thermoplastischer Kautschuke (z. B. Styrol-Butadien-Styrol- oder Styrol-Isopren-Styrol-Blockcopolymere) zum Einsatz, die je Anforderungsprofil und Anwendung mit Harzen und Ölen abgemischt werden.

Bei der Herstellung von sogenannten Ventilsäcken (aus Papier) werden für das Einkleben der Ventile in die Säcke und für eine mögliche Polyethylen-Innenlagenklebung Dispersionsklebstoffe mit besonders breiten Adhäsionsspektren eingesetzt. Je nach geforderter Adhäsion kommen hierbei Ethylen-Vinylacetat-Copolymer-, Acrylat-Dispersionen oder Naturlatex, abgemischt mit Harzdispersionen, zum Einsatz.

Bei reinen Polyethylensäcken werden reaktive zweikomponentige Polyurethanklebstoffe eingesetzt. Hierbei wird der Klebstoff für die Klebung der Deckblätter im Allgemeinen mit Hilfe von Walzen aufgetragen. Das Einkleben der Ventile erfolgt entweder ebenfalls mit reaktiven zweikomponentigen Polyurethanklebstoffen oder mit Schmelzklebstoffen auf Basis von synthetischen thermoplastischen Kautschuken, die mit Harzen und Ölen abgemischt werden.

10.1.2 Kunststoffflaschen/Etikettierung

Kunststoffflaschen als Verpackungen für Getränke und andere Flüssigkeiten wie z. B. Reinigungsmittel oder Kosmetika sind heute nicht mehr wegzudenken. Im Vergleich zu den früher hauptsächlich eingesetzten Glasflaschen zeichnen sie sich durch ein deutlich geringeres Gewicht und eine hohe Stabilität gegen Zerbrechen aus. Im Bereich der Getränkeverpackungen besonders erfolgreich ist dabei der Einsatz von Polyethylenterephthalat (PET), während Reinigungsmittel häufig in Polyolefinflaschen abgefüllt werden. Um den Inhalt der Flaschen kenntlich zu machen, werden sie in der Regel etikettiert. Bei den meisten Flaschen werden die Etiketten mithilfe von Klebstoffen auf der Flasche fixiert.

Prinzipiell gibt es hierbei die Möglichkeit, die Klebstoffe direkt bei der Etikettierung aufzutragen, oder man verwendet vorbeschichtete Etiketten, sogenannte Haftetiketten. Vorbeschichtete Kunststofffolien werden beispielsweise für sogenannte „No-Label-Look"-Haftetiketten eingesetzt. Diese Art der Etikettierung findet man häufig bei Kosmetikverpackungen (Abb. 10.2). Die transparenten Kunststofffolienetiketten, die nur teilweise bedruckt sind, lassen den Behälter auf den ersten Blick so aussehen, als ob die Beschriftung im Direktdruck entstanden sei. Von den hier eingesetzten Klebstoffen (eingesetzt werden häufig Acrylatsysteme) wird verlangt, dass sie völlig transparent sind, um optisch nicht zu stören.

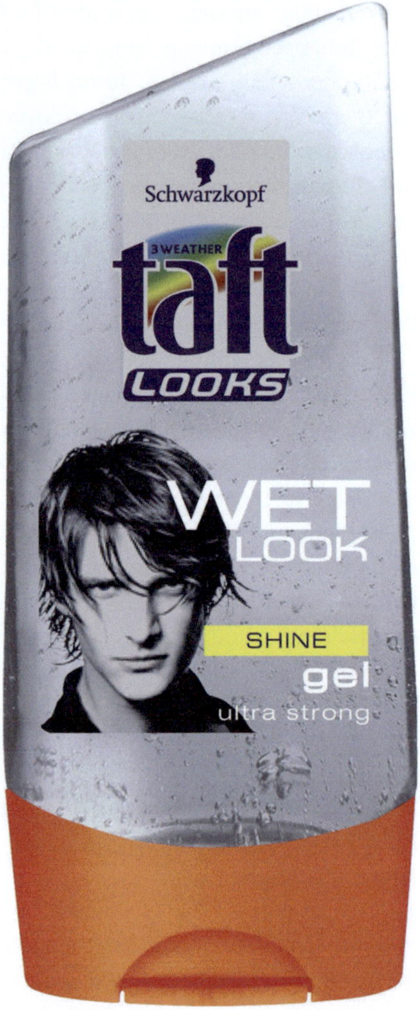

Abb. 10.2 Verpackung, etikettiert mit „No-Label-Look"-Haftetiketten. (Bildquelle: Kosme)

Neben den klassischen wasserbeständigen Haftetiketten gibt es auch Kunststofffolienetiketten, die für den Mehrweg geeignet sind. Hier kommen laugenlösliche Haftklebstoffbeschichtungen zum Einsatz, die unter den Bedingungen der Flaschenwaschanlagen ihre Adhäsion verlieren und zusammen mit den Kunststoffetikettenmaterialien sicher entfernt werden können.

Beim direkten Einsatz von Klebstoffen im Etikettierprozess von Kunststoffgebinden ist zwischen Schild- und Rundumetikettierung zu unterscheiden. Bei Schildetiketten werden ein oder mehrere Etiketten vollflächig auf die Oberfläche der Behälter geklebt. Zum Einsatz kommen wasserbasierende Klebstoffe, die über Walzen und Paletten auf die Rückseite der Etiketten aufgetragen werden. Während anfangs modifizierte Kasein-Systeme für diesen Anwendungsbereich Verwendung fanden, sind es heute überwiegend Klebstoffe auf Basis synthetischer Polymere (hauptsächlich Acrylat-Systeme).

Beim Rundumetikettieren kommen Schmelzklebstoffe z. B. auf Basis Styrol-Butadien-Styrol-Blockcopolymere (SBS) zum Einsatz. Durch Formulieren mit Harzen und Ölen lassen sich die für die jeweiligen Anwendungen optimalen Eigenschaften einstellen. Die Verarbeitung der Schmelzklebstoffe erfolgt bei Temperaturen zwischen 120 und 170 °C, wobei ein deutlicher Trend zu niedrigen Verarbeitungstemperaturen, besonders bei Folienetiketten, zu erkennen ist. Der Auftrag der Schmelzklebstoffe erfolgt anfänglich mit Hilfe von Walzen, heute aber mehr und mehr mit Düsen (Abb. 10.3). Die mit Schmelzklebstoff beschichtete Flasche zieht das Etikett aus dem Magazin bzw. von einer Vakuumtrommel bei der Etikettierung von der Rolle. Anschließend erfolgt die Überlappungsklebung ebenfalls mit Schmelzklebstoffen. Schmelzklebstoffe zeigen dabei aufgrund ihrer hohen Anfangsklebkraft eine sehr gute „Mitnehmerfunktion" und dank der kurzen Abbindezeiten eine schnelle Belastbarkeit der Klebung.

Die Vorteile des Etikettierens mit Kunststofffolien können auch bei Konturgebinden genutzt werden. Für diese Art der Etikettierung wurden die Roll-On-, Shrink-On(ROSO)-Kunststofffolien entwickelt. Sie eignen sich speziell für die Rundum-Schrumpf-Etikettierung von Konturflaschen und Dosen. Bei Behältern, deren Kontur ein Schrumpfen im Bereich von bis zu 10–15 % erfordert, kann das Etikettieren mit Schmelzklebstoffen und das anschließende Schrumpfen eine kostengünstigere Alternative zum Sleeve-Etikettieren sein. Nach der Klebung schrumpfen die Kunststofffolien durch die im Schrumpftunnel wirkenden hohen Temperaturen (Heißluft mit bis zu 340 °C), was zu einer hohen Scherbelastung der Klebung führt. Gleichzeitig wird durch den Wärmeeintrag das Abkühlen

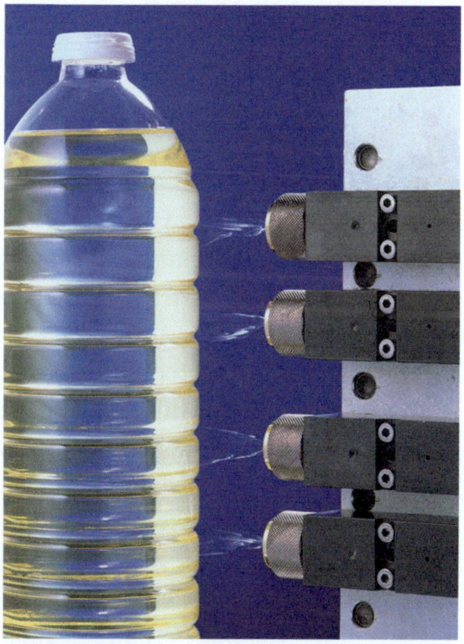

Abb. 10.3 Der Auftrag von Schmelzklebstoffen mit Düsen. (Bildquelle: Langguth)

des Schmelzklebstoffs und somit ein Kohäsionsaufbau verzögert. Um dieses Problem zu lösen, sind UV-reaktive Schmelzklebstoffe entwickelt worden. Direkt nach der Applikation erfolgt eine Bestrahlung mit UV-Licht, die das Molekulargewicht des für die Kohäsion verantwortlichen Polymers im Klebstoff deutlich erhöht. Die so zu erreichenden Kohäsionskräfte des Klebstofffilms überstehen die Scherkräfte beim Schrumpfvorgang und ermöglichen so eine einwandfreie Etikettierung.

10.1.3 Faltschachteln

Eine weitere wichtige Verpackungsart für den Verkauf von Produkten ist die Faltschachtel. Während bei Transport- und Umverpackungen die Schutzfunktion im Vordergrund steht, kommt bei den Verkaufsverpackungen eine Vielzahl von Marketingaspekten hinzu, sodass sie zum Teil sehr aufwändig gestaltet werden. Um die bedruckten Faltschachtel zu veredeln, werden bei besonders hochwertigen Verpackungen Kunststofffolien mit Hilfe eines Klebstoffs auf die Kartonagen kaschiert (Glanzfolienkaschierung). Das Verfahren steigert insbesondere den Glanz und damit die Attraktivität des Drucks. Gleichzeitig schützt es bedruckte Flächen vor Abrieb und sorgt für eine verbesserte Rissfestigkeit. Glanzfolienkaschierung ist eine Sichtkaschierung. Reinheit, Sauberkeit und Stabilität haben oberste Priorität. Gleichmäßige Benetzung, optimale Verlaufseigenschaften und homogene Filmbildung auch bei hohen und wechselnden Verarbeitungsgeschwindigkeiten werden von den heute verfügbaren Dispersions-Copolymer-Systemen, die in der Regel mit Hilfe von Walzen aufgetragen werden, klebstoffseitig sicher erfüllt. Gefordert werden zudem besonders gute Planlagen der Kaschierung und eine schnelle Stanzbarkeit.

Aber selbst die edelsten Oberflächen von Faltschachteln haben den Nachteil, dass man das verpackte Produkt nur im Druckbild dargestellt sieht. Zur Optimierung der optischen Präsentation der Waren werden daher viele Faltschachteln innenseitig mit Sichtfenstern versehen. Bei diesen Fenstern handelt es sich im Allgemeinen um transparente Kunststofffolien, die mithilfe von Dispersionsklebstoffen (z. B. auf Basis von Ethylen-Vinylacetat-Copolymeren) in die Faltschachtelzuschnitte geklebt werden. Das Applizieren der Dispersionsklebstoffe erfolgt in der Regel über Scheiben, bei neuen Maschinen immer öfter mit Düsen, die über elektromagnetisch gesteuerte Ventile verfügen (Abb. 10.4).

Um den zusätzlichen Arbeitsschritt des Einklebens der Fenster einzusparen, ist eine innovative Herstellungsmethode für Faltschachteln mit Sichtfenstern entwickelt worden. Die für die Kaschierung eingesetzte Folie dient nun gleichzeitig als Fensterfolie (Abb. 10.5). Um diese Idee zu realisieren, sind Kaschieranlagen entwickelt worden, bei denen der Klebstoff nicht wie gewohnt auf die Folie, sondern auf den vorgestanzten Zuschnittsbogen der späteren Faltschachteln aufgetragen wird. Damit bleibt die volle Transparenz im Fensterbereich erhalten. Mit diesen neu entwickelten Auftragsgeräten lassen sich Faltschachteln aber auch auf der Innenseite kaschieren. Mit diesem ebenfalls möglichen Verfahrensschritt lassen sich Barriereschichten auf Kartonagen aufbringen, die Lebensmittel vor migrierfähigen Inhaltsstoffen der Kartonagen schützen können. Dies

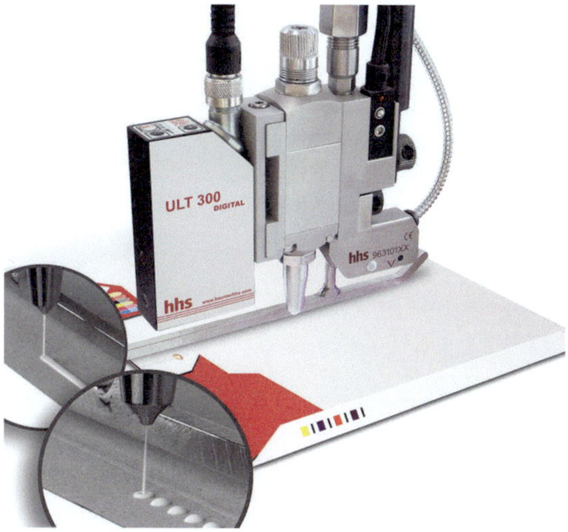

Abb. 10.4 Bei der Herstellung von Faltschachteln mit Sichtfenstern erfolgt das Applizieren der Dispersionsklebstoffe immer häufiger über Düsen, die über elektromagnetisch gesteuerte Ventile verfügen. (Bildquelle: Baumer hhs)

kann dann besonders wichtig sein, wenn durch den Einsatz von recycelter Zellulose als Faltschachtelrohstoff die Gefahr einer Migration beispielsweise von Mineralölbestandteilen besteht.

Vollständig transparente Faltschachteln (Abb. 10.6) werden aus unterschiedlichen Kunststoffen wie PVC, PET, PP oder PE hergestellt. Diese Klarsichtverpackungen aus Kunststoff (Clearbox) finden immer mehr Anklang. Solche Verpackungen ermöglichen die sichtbare Präsentation des verpackten Produktes und schützen es vor dem Auspacken neugieriger Kunden. Für die Klebung von diesen Klarsichtfaltschachteln werden

Abb. 10.5 Bei dieser Faltschachtel dient die für die Kaschierung eingesetzte Folie gleichzeitig als Fenster. (Bildquelle: Jowat)

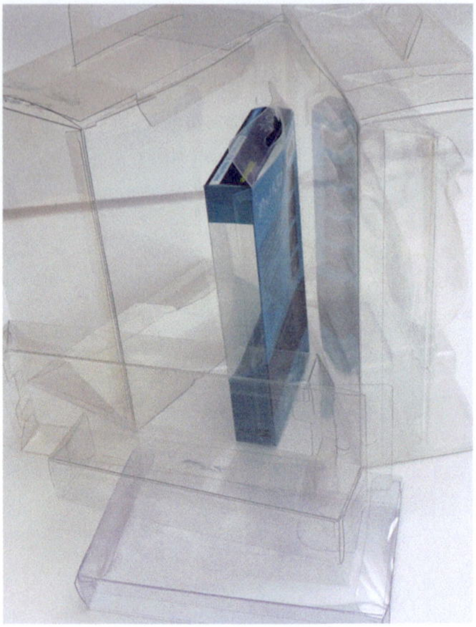

Abb. 10.6 Klarsichtfaltschachteln werden häufig unter Einsatz von einkomponentigen reaktiven PUR-Systemen gefügt. Diese Klebstoffe zeichnen sich durch eine gute Haftung und hohe Klebkraft aus. (Bildquelle: Jowat)

häufig einkomponentige reaktive Polyurethanklebstoffe (PUR-Klebstoffe) verwendet. Diese Klebstoffe zeichnen sich durch eine gute Haftung und hohe Klebkraft aus. Zu beachten ist, dass diese Klebstoffe zur Bildung von Luftblasen neigen können. Besonders im Bereich der Seitennaht kann das den an sich transparenten Klebstofffilm unschön erscheinen lassen, mit entsprechender Auswirkung auf das Gesamterscheinungsbild der Verpackung. Die Gasbildung ist auf einen chemischen Prozess während des Aushärtens von PUR-Klebstoffen zurückzuführen. Durch die Aufnahme von Feuchtigkeit – z. B. aus der Umgebungsluft – entsteht durch eine chemische Reaktion von Isocyanat und Wasser Kohlendioxid (CO_2). Um die ungewünschte Bildung von Gasblasen zu minimieren, sind spezielle Rezepturen entwickelt worden. Hilfreich ist es auch, wenn bei der Produktion von Klarsichtfaltschachteln auf eine feste Pressung und einen möglichst weitreichenden Schutz vor Luftfeuchtigkeit bei der Verarbeitung dieser Klebstoffe geachtet wird. Aufgrund der relativ langen Aushärtezeiten (z. B. bei Schachteln aus PET (gute Barriere gegenüber H_2O)) der PUR-Klebstoffe von bis zu mehreren Tagen sind entsprechende Maßnahmen zu treffen. Ein weiterer Nachteil der Polyurethanklebstoffe im Vergleich zu herkömmlichen Klebstoffsystemen ist die Tatsache, dass die für den PUR-Auftrag notwendige Technik sehr kostenintensiv ist.

Eine Alternative zu den PUR-Klebstoffen für die Herstellung von Klarsichtfaltschachteln bilden Haftschmelzklebstoffe, die sich bisher für diese Anwendung aufgrund ihres geringen Wärmestandes nicht eigneten. Durch spezielle Entwicklungen und den Einsatz neuer Kombinationen von Styrol-Ethylen-Butylen-Styrol- (SEBS) und Styrol-Isopren-Styrol- (SIS) Blockcopolymeren konnten Haftschmelzklebstoffe mit ausreichender Wärmestandfestigkeit realisiert werden. Ein großer Vorteil ist ihre Feuchtigkeitsunempfindlichkeit, da eine Reaktion mit der Umgebungsfeuchtigkeit und somit eine Blasenbildung nicht stattfindet. Die Endfestigkeit wird wesentlich schneller erreicht, sodass während der Verarbeitung als auch bei der Lagerung, keine Besonderheiten zu beachten sind. Die Verarbeitung dieser Haftschmelzklebstoffe erfolgt mit marktüblichen Schmelzklebstoffauftragssystemen. Um eine sichere Haftung auf den Kunststoffoberflächen zu erzielen, kann es sinnvoll sein, die verwendeten Kunststoffmaterialien im Bereich der Klebnaht vorzubehandeln. Dadurch lassen sich die Oberflächenenergie bzw. Oberflächenspannung verändern und eine bessere Klebstoffbenetzung und somit eine höhere Klebkraft, d. h. Adhäsion, erreichen.

10.1.4 Ausgießer von Getränkeverpackungen

Verbraucherfreundliche Verschlusssysteme gehören zu einer modernen Getränkeverpackung. Leichtes und sauberes Öffnen ohne Hilfsmittel, Ausgießen und hygienisches Wiederverschließen müssen garantiert sein, wobei im Allgemeinen gleichzeitig eine Originalitätssicherung gewährleistet sein muss. Für die sichere und wirtschaftliche Applikation der Verschlusssysteme, die gewöhnlich aus Polypropylen bestehen, werden Schmelzklebstoffe eingesetzt. Da die Außenschicht der Getränkekartons in der Regel aus Polyolefinen besteht, können nur spezielle Schmelzklebstoffe, z. B. auf Basis von Polyolefin-Copolymerisaten, eingesetzt werden. Sie besitzen ein genügend großes Adhäsionsspektrum, um auch auf relativ unpolarem Polyolefin sicher zu kleben. Da viele Getränke im Kühlschrank gelagert werden, ist es wichtig, dass die Klebung auch bei niedrigen Temperaturen sicher hält. Je nach Auftragsverfahren werden die Schmelzklebstoffe entweder im Walzenauftrag oder auch mit speziellen Düsen auf die Ausgießer in einer Schichtdicke von max. 0,5 mm aufgetragen.

Um wirklich sicher zu sein, dass der Klebstoffauftrag ausreichend und gleichmäßig ist, werden immer mehr Klebprozesse mit einer Auftragskontrolleinrichtung versehen. Solche Geräte können z. B. optisch erkennen, ob der Klebstoffauftrag ausreichend ist und an der richtigen Stelle geschieht. So werden Schmelzklebstoffe fürs Ankleben von Ausgießern zum Beispiel mit fluoreszierenden Substanzen versetzt, um die Genauigkeit des Auftrags detektieren zu können (Abb. 10.7).

Abb. 10.7 Schmelzklebstoffe fürs Ankleben von Ausgießern werden mit fluoreszierenden Substanzen versetzt, um die Genauigkeit des Auftrags detektieren zu können. (Bildquelle: Jowat)

10.1.5 Palettensicherung

Für Stückgut hat sich besonders der Transport mit palettierten Ladeeinheiten durchgesetzt. Zum Transport müssen die Einzelpackstücke gesichert werden, z. B. durch ein Umwickeln mit Kunststofffolien. Besonders der unter dem Punkt Umweltaspekte angesiedelte Wunsch nach Abfallvermeidung oder Reduzierung hat hier in den letzten Jahren zu einem verstärkten Einsatz von Klebstoffen zur Sicherung palettierter Ladeeinheiten geführt.

Für die Transportsicherung von Kunststoffsäcken werden hauptsächlich Klebstoffsysteme eingesetzt, die aus der Schmelze aufgetragen werden. Zur Verarbeitung werden sie durch Erhitzen auf Temperaturen zwischen 100 und 180 °C in den flüssigen Zustand überführt, in dem sie gefördert und verarbeitet werden können. Der Abbindeprozess erfolgt beim Abkühlen der Schmelze durch Abgabe der Wärme an das Substrat und an die Umgebung. Da Palettiervorgänge im Allgemeinen relativ langsam verlaufen, wird bei der Palettensicherung mit Schmelzklebstoffen das zweite Packstück nicht in den flüssigen Schmelzklebstoff eingelegt, sondern in ein bereits mehr oder weniger abgebundenes Produkt. Es kommt hier also nicht zu einer „Klebung“, sondern je nach Typ zu einer mehr oder weniger ausgeprägten Haftung.

10.1.6 Ausblick

Ohne Verpackung wäre der weltweite Handel mit Gütern jeglicher Art nicht möglich. Verpackungen schützen den Inhalt vor Verderben oder Zerstörung und helfen damit Ressourcen zu schonen. Je nach Anforderungen werden die unterschiedlichsten Materialien und Materialkombinationen zur Herstellung von Verpackungen eingesetzt. Die unterschiedlichsten Kunststoffe mit ihren vielfältigen Eigenschaften spielen dabei eine immer wichtigere Rolle. Klebstoffe kommen bei nahezu allen Anwendungen zum Einsatz und maßgeschneiderte Klebstoffe sorgen heute dafür, dass Verpackungen aus Kunststoff ökonomisch und ökologisch sicher hergestellt werden können. So wird in Zukunft beispielsweise beim Einsatz von Kunststoffen aus nachwachsenden Ressourcen das Kleben helfen, diese Produkte erfolgreich in den Markt zu bringen.

Der Autor

Dr. Hermann Onusseit (h.onusseit@t-online.de) ist Inhaber des unabhängigen Unternehmens Onusseit Consulting in Haan.

10.2 Siliconhaftklebebänder – Ohne Ende im fliegenden Wechsel

Zbigniew Czech, Agnieszka Kowalczyk und Adrian K. Antosik

Siliconhaftklebebänder stellen eine Spezialität unter den industriell verwendeten Klebebandfamilien dar. Eingesetzt werden sie in verschiedenen Industriebranchen u. a. zum Endlosmachen von Papier- und Folienbahnen im fliegenden Wechsel. Darüber hinaus haben sie sich anspruchsvolle Anwendungen in der Elektronikindustrie, Luft- und Raumfahrtindustrie sowie im Bereich der Telekommunikation erschlossen.

Bei der Produktion von bahnförmigen Materialien in der Folien- und Papierindustrie sind sogenannte Spleißklebebänder eine wichtige Voraussetzung, um einen kontinuierlichen und damit wirtschaftlichen Fertigungsprozess zu gewährleisten. Je nach Anforderung sorgen diese einseitigen, doppelseitigen oder trägerlosen Haftklebebänder für die zuverlässige Verbindung des Endes einer dehäsiven Rolle mit dem Anfang der nächsten Rolle von zum Beispiel Trennpapieren- und Releasefolienbahnen, sodass im fliegenden Wechsel (Flying-Splice-Technik) produziert werden kann. Das eingesetzte Siliconspleißband hat somit eine schwere Bürde zu tragen, denn jeder Abriss der Bahn ist zeitraubend und damit teuer (Abb. 10.8).

In der Praxis wird von einem Siliconspleißband folgende Leistungsbreite erwartet:

- sehr geringe Oberflächenenergie der Haftklebeschicht (hohe Anfangsklebkraft)
- exzellente thermische Belastbarkeit bis 250 °C bei einer Verweilzeit von mehreren Minuten
- hohe Spleißstellenfestigkeit
- gute Scherfestigkeit und ausreichende Klebkraft bei schmalen Klebebandbreiten und
- sofortige Zugbelastbarkeit.

Abb. 10.8 Um eine wirtschaftliche Produktion von silikonisierten Papieren und Folien zu ermöglichen, bedarf es des Einsatzes von so genannten Spleißklebebändern. Mit ihnen gelingt eine Endlosfertigung von Rolle zu Rolle im fliegenden Wechsel. (Bildquelle: Technical University of Szczecin)

10.2.1 Aufbau der Siliconspleißbänder

In Abhängigkeit von der Art des Verfahrens werden in der Praxis verschiedene Siliconspleißbänder eingesetzt. Während man bei den am meisten verbreiteten Stoß-an-Stoß-Verbindungen einseitige Siliconhaftklebebänder verwendet, kommen beim überlappenden Spleißen doppelseitige oder trägerlose Versionen zum Einsatz. Bei modernen einseitigen Haftklebebändern (Abb. 10.9) bildet der Träger gleichzeitig eine Abdeckung, deren eine Seite mit der Haftklebmasse direkt beschichtet wird.

An der Technischen Universität Szczecin wurde schon vor einigen Jahren ein einseitiges Siliconhaftklebeband entwickelt, das sich u. a. durch sehr gute Soforthaftung auf siliconisierten Flächen und anderen niederenergetischen Substraten, eine sehr gute Scherfestigkeit sowie hohe Alterungs- und Wärmebeständigkeit auszeichnet. Tab. 10.1 zeigt den Aufbau des neu konzipierten Siliconspleißbandes.

Trägerlose Siliconspleißbänder (auch Transfer-Siliconspleißbänder genannt) werden dort eingesetzt, wo an der Spleißstelle von dehäsiven Materialien eine extrem dünne Haftklebschicht gefordert wird (Abb. 10.10).

An der TU Szczecin wurde eine trägerlose Siliconhaftklebebandvariante entwickelt, die im Gegensatz zu typischen trägerlosen Haftklebebändern auf Polyacrylatbasis trotz sehr geringer Dicke der Klebschicht einen sehr starken Verbund der verklebten Materialien gewährleistet (Tab. 10.2).

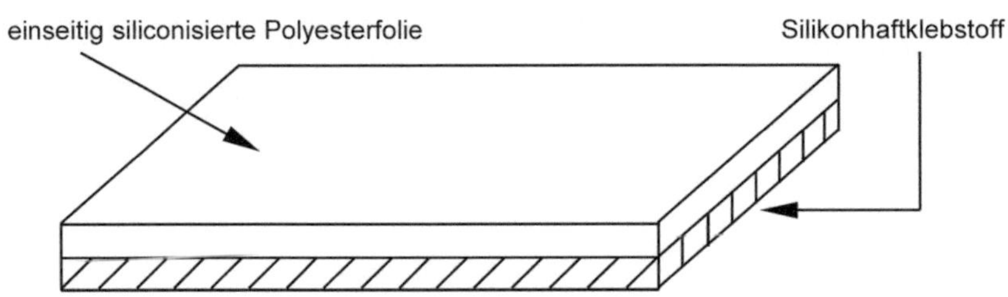

Abb. 10.9 Aufbau eines einseitigen Siliconhaftklebebandes. (Bildquelle: Technical University of Szczecin)

Tab. 10.1 Details eines einseitigen Siliconhaftklebebandes. (Bildquelle: Technical University of Szczecin)

	Einseitiges Siliconspleißband
Das Produkt	Besteht aus einer einseitig mit Siliconhaftklebstoff ausgerüsteten Polyesterfolie
Die Anwendung	Einseitiges Siliconspleißband zum Verbinden von siliconisierten Papieren, Folien und anderen dehäsiven Materialien
Haftklebstoff	50 g/m^2 vernetzte Siliconhaftklebmasse, grün eingefärbt
Trägermaterial/Abdeckung	Spezielle Polyesterfolie

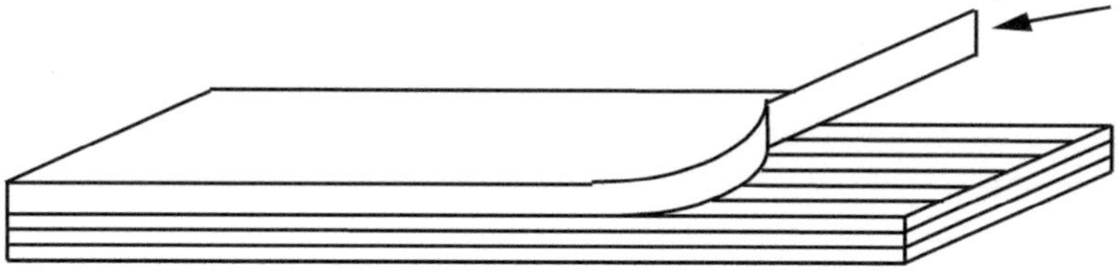

Abb. 10.10 Aufbau eines trägerlosen Siliconspleißbandes. (Bildquelle: Technical University of Szczecin)

Tab. 10.2 Details eines trägerlosen Siliconhaftklebebandes. (Quelle: Technical University of Szczecin)

	Trägerloses Siliconspleißband
Das Produkt	Besteht aus einer Siliconhaftklebschicht, abgedeckt mit beidseitig siliconisierter Polyesterfolie
Die Anwendung	Doppelseitiges trägerloses Siliconspleißband zum Verbinden von siliconisierten Papieren, Folien und anderen dehäsiven Materialien
Haftklebstoff	30 g/m^2 vernetzte Siliconhaftklebmasse, transparent oder grün eingefärbt
Trägermaterial/Abdeckung	Trägermaterial/Abdeckung spezielle Polyesterfolie

Die als Abdeckung verwendete beidseitig siliconisierte Folie erfüllt hier die eminent wichtige Funktion eines unterschiedlich dehäsiv abgestuften On-Liners. Um die Siliconhaftklebschicht auf das zu verklebende Substrat einwandfrei übertragen zu können, muss die Adhäsion der Haftklebschicht zur Abdeckung geringer sein als die der zu verklebenden Materialien. Da die Transferbänder als in sich gewickelte Klebebandrollen geliefert werden, muss die offene Seite der Abdeckung normalerweise dehäsiver als die zu beschichtende Seite eingestellt werden. Unterschiedliche Trennkraftwerte werden entweder durch spezielle Siliconisierungsverfahren oder durch eigene für diesen Zweck entwickelte Siliconrezepturen realisiert.

Neben den in Tab. 10.3 aufgeführten Eigenschaften, die von Transferhaftklebebändern auf Siliconbasis erwartet werden, muss die Trennkraft der Außenseite der siliconisierten Polyesterfolie gering und durch die Zeit der Lagerung möglichst konstant bleiben. In einem Zeitraum von sechs Monaten durchgeführte Messungen ergaben für das neu entwickelte Silicontransferband sehr gleichmäßige Trennkraftwerte (Tab. 10.4).

Beidseitig haftende Siliconspleißbänder bilden eine Novität und sind den typischen Montageklebebändern auf Polyacrylatbasis deutlich überlegen. Allerdings macht der hohe Preis ihren Einsatz nur in ganz speziellen Fällen sinnvoll, da Siliconhaftklebstoffe etwa vier bis fünf Mal teurer als hochleistungsfähige lösemittelhaltige Polyacrylat-Haftklebmassen sind. Als Träger- materialen werden aus Gründen der Temperaturbeständigkeit siliconisierte Polyester-, Polycarbonat- oder Polyimidofolien eingesetzt.

Tab. 10.3 Anforderungen an Transferhaftklebebänder auf Siliconbasis. (Quelle: Technical University of Szczecin)

Haftung auf sphärischen Oberflächen
Oberflächenkonforme Anpassung an raue Spleißstellen
Permanente vollflächige Bindung auf verformbaren, elastischen Materialien
Einsatz bei Hochtemperaturanwendungen (bis zu etwa 250 °C)
Permanenter Ausgleich auch stark unterschiedlicher Ausdehnungskoeffizienten

Tab. 10.4 Trennkraftwerte, gemessen am Silicontransferspleißband. (Quelle: Technical University of Szczecin)

	Lagerungszeit bei RT [Tage, Monate]							
Silicontransferspleißband	1 d	7 d	14 d	1 m	2 m	3 m	4 m	6 m
Trennkraft [N/25 mm]	0,042	0,045	0,05	0,048	0,052	0,056	0,054	0,054

Kürzlich durchgeführte Untersuchungen ergaben, dass sich darüber hinaus Teefilterpapier als Träger für doppelseitige Siliconspleißbänder eignet. So brachte der Austausch der teuren siliconisierten Folien durch ein kostengünstiges Papiervlies keinerlei Verschlechterung der wichtigen Spleißbandeigenschaften (Abb. 10.11). Der Aufbau ist in Tab. 10.5 beschrieben.

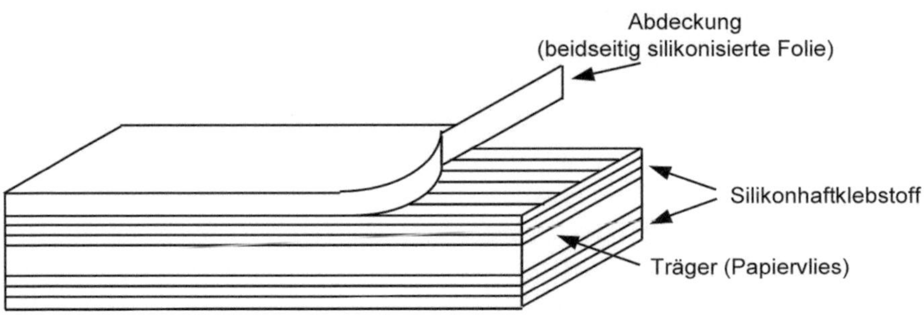

Abb. 10.11 Aufbau eines doppelseitigen Siliconspleißbandes. (Bildquelle: Technical University of Szczecin)

Tab. 10.5 Details eines doppelseitigen Siliconhaftklebebandes. (Quelle: Technical University of Szczecin)

	Doppelseitiges Silikonspleißband
Das Produkt	Besteht aus einem Silikonhaftklebstoff und einem Papiervlies, abgedeckt mit beidseitig silikonisierter Polyesterfolie
Die Anwendung	Doppelseitiges Silikonspleißband zum Spleißen von silikonisierten Papieren, Folien und anderen dehäsiven Materialien
Haftklebstoff	50 g/m^2 vernetzte Silikonhaftklebmasse, rot eingefärbt
Trägermaterial/Abdeckung	Spezielles Papiervlies

Die als Abdeckung verwendete beidseitig siliconisierte Folie ist unterschiedlich dehäsiv ausgerüstet. Erreichen lässt sich diese Abstufung durch einen speziellen Perfluoropolyether oder mit Silycarbamaten.

10.2.2 Herstellung von Siliconhaftklebstoffen

Die Herstellung von selbstklebenden Siliconharzen wurde erstmals Mitte der fünfziger Jahre industriell realisiert, als man entdeckte, dass Abmischungen aus Siliconkunstharz (MQ-Resin) und Polydimethylsiloxankautschuk (Gum) ein Polymer mit permanent klebenden Eigenschaften darstellen [1].

Das Klebverhalten wird wesentlich durch das Verhältnis MQ-Resin/Gum bestimmt [2]. Die wichtigsten Eigenschaften der Siliconhaftklebmasse wie der Tack (Anfassklebrigkeit), die Klebkraft (Adhäsion) und die Scherfestigkeit (Kohäsion) sind dem Abb. 10.12 zu entnehmen.

Stark MQ-resinhaltige Klebstoffe sind meistens bei Raumtemperatur zu trocken und benötigen eine Wärmezufuhr für eine weitere Verarbeitung. Andererseits macht eine hohe Gum-Konzentration den Siliconhaftklebstoff sehr „tackig".

Siliconhaftklebstoffe lassen sich durch eine anionische, eine kationische Polymerisation oder durch Polykondensation herstellen. Die technische Durchführung der Polymerisation in Abhängigkeit von der angewandten Polymerisationsreaktion beinhaltet folgende Verfahrensschritte:

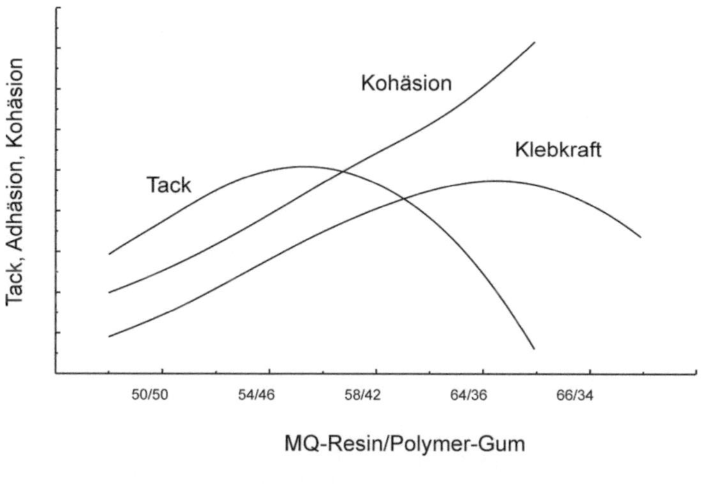

Abb. 10.12 Einfluss der Relation MQ-Resin/Gum auf die Grundeigenschaften der Siliconhaftklebstoffe. (Quelle: Technical University of Szczecin)

- Reinigung und Trocknung der Ausgangsrohstoffe
- Katalysator- und Reglerdosierung
- Neutralisation
- Oligomeren-Abtrennung und Destillatrückführung

Siliconhaftklebstoffe sind überwiegend als lösemittelhaltige Klebstoffe in Toluol oder im Gemisch Toluol/Xylol lieferbar. Nach Entfernen der Lösemittel erhält man bereits Produkte mit sehr guten selbstklebenden Eigenschaften.

Diese unvernetzten Klebstoffe auf Siliconbasis sind nur bis ca. 70 °C einsetzbar. Um eine hohe Kohäsion im Bereich von 250 bis sogar 300 °C zu erreichen, müssen die PSA-Silicone einer Vernetzungsreaktion unterzogen werden.

Die klassischen Vernetzer wie Schwefel und Schwefelspender wie z. B. Thiuramidsulfid sind nur bei ungesättigten Polymeren wirksam. Man bezeichnet diesen Vorgang von alters her als Vulkanisation, während sich der Begriff Vernetzung vor allem für die Reaktion von gesättigten Polymeren mit organischen Peroxiden durchgesetzt hat. In großtechnischem Maßstab geschieht diese Reaktion bereits bei Polyethylen (PE), Ethylen/Propylen- und Ethylen/Propylen/Dien-Kautschuk (EPM/EPDM), Ethylen/Vinylacetat-Copolymeren (EVA) und Siliconkautschuk (SIR). Im Gegensatz dazu lassen sich Polymere wie Polypropylen (PP), Polybuten (PB) und Polyvinylchlorid (PVC) nicht vernetzen, sie werden chemisch degradiert.

10.2.3 Peroxidische Vernetzung

Bei der peroxidischen Vernetzung werden lineare Makromoleküle über Kohlenstoff-Kohlenstoff-Verbindungen miteinander verknüpft, sodass eine dreidimensionale vernetzte Struktur entsteht. Relevant für die Eigenschaften des Netzwerkes ist die durchschnittliche Kettenlänge zwischen zwei benachbarten Vernetzungspunkten. Verbessert werden auf jeden Fall die Alterungsbeständigkeit und die eminent wichtige thermische Belastbarkeit. Die gewünschte Eigenschaftskombination zwischen Kohäsion und Adhäsion muss aufgrund der mit diversen Peroxiden oder Peroxid/Beschleuniger-Kombinantionen durchgeführten Versuche sorgfältig ermittelt werden. Die peroxidhaltigen Haftklebstoffe sollten bei nicht zu stark ansteigenden Temperaturen gelagert werden, da sonst eine unerwünschte Vorvernetzung (Scorch) eintreten kann.

Als Vernetzer empfehlen sich organische Peroxide, die ihre Wirkung erst bei höheren Temperaturen entfalten (Abb. 10.13; [3]).

Brauchbar sind nur solche Peroxide, deren Radikale dem Polymer Wasserstoffatome entziehen, wobei die Radikale direkt vom Peroxid stammen oder über Folgeschritte entstanden sein können. Aussagen über die Vernetzungswirksamkeit sind vorerst nur durch direkte Versuche möglich. Die Geschwindigkeit der Vernetzung ist in erster Linie von der Geschwindigkeit des Peroxidzerfalls, d. h. von der Reaktionstemperatur abhängig. Eine Anhebung der Temperatur um 10 °C bedeutet eine Steigerung der Zerfallsgeschwindig-

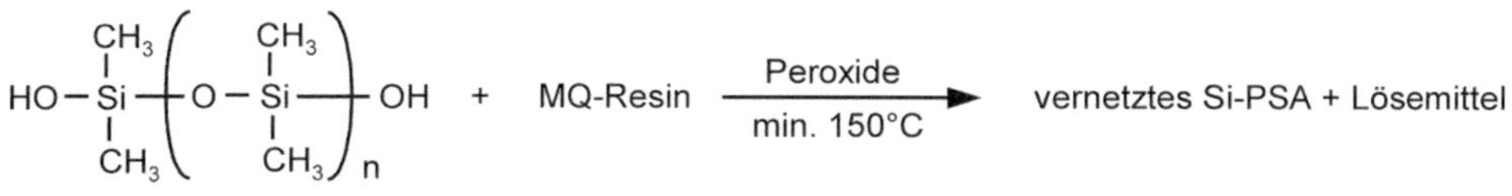

Abb. 10.13 Vernetzung der Siliconhaftklebstoffe mit organischen Peroxiden. (Bildquelle: Technical University of Szczecin)

keit auf das Zwei- bis Dreifache. Die erforderliche Vernetzungszeit ermittelt man durch Messung des Vernetzungsprozesses in einem Rheometer.

Als vernetzungswirksame Peroxide gelten Dialkylperoxide wie Di-t-butylperoxid oder die peroxidischen Derivate des 2,5-Dimethylhexan-2,5-dihydroperoxids und des 2,5-Dimethylhexin-3-2,5-dihydroperoxids. Als sehr attraktiv erwies sich auch Dibenzoylperoxid. Um den Vernetzungsgrad zu verbessern, werden dem Reaktionsgemisch oft sogenannte Coagents zugesetzt, die durch eine Art Pfropfreaktion in den Vernetzungsvorgang eingreifen und dadurch die Anzahl der Verknüpfungsstellen zwischen den Polymerketten erhöhen. Gleichzeitig vermindern die Coagents die Empfindlichkeit der Reaktion der peroxidischen Vernetzung gegen eine inhibierende Wirkung des Luftsauerstoffs. Als Coagents dienen mehrfunktionelle Monomere wie Ethylenglykoldimethacrylat, Triallylcyanurat oder m-Phenylen-bis-mal- einimid.

Solche Reaktionen mit Peroxiden sind zeit- und energieaufwändig. Die Vernetzung erfolgt im Allgemeinen im Temperaturbereich von 110 bis 180 °C. Eine Zugabe von Katalysatoren (metallorganischen Verbindungen) beschleunigt den Prozess. Als Beschleuniger werden bei siliconhaltigen Systemen oft Aminbeschleuniger verwendet (Abb. 10.14).

Die Kombination der organischen Peroxide mit Aminbeschleunigern ermöglicht die kontrollierte Beschleunigung der Radikalbildung. Jeder Aminbeschleuniger hat einen anderen Einfluss auf die Zersetzung der organischen Peroxide. Durch entsprechende Wahl von Amintyp und gezielte Dosierung kann daher eine große Bandbreite verschiedener Gelierzeiten und Vernetzungsgeschwindigkeiten eingestellt werden. Ferner zeichnet sich das Vernetzungssystem Peroxid/Aminbeschleuniger dadurch aus, dass es

- nicht feuchtigkeitsempfindlich ist,
- praktisch unempfindlich ist gegenüber Pigmenten und Füllstoffen und
- bei niedrigen Temperaturen verarbeitet werden kann.

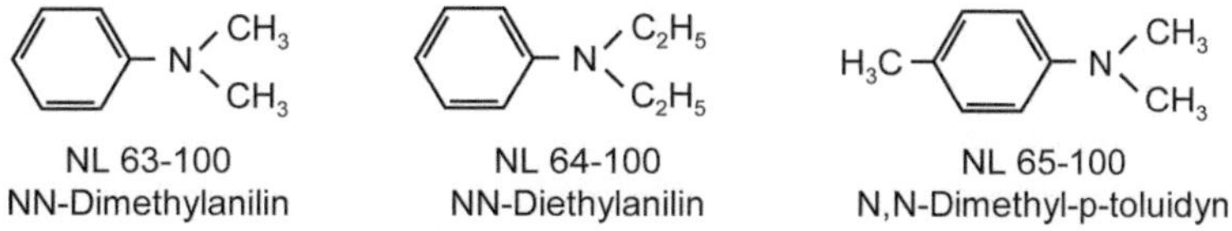

Abb. 10.14 Typische Aminbeschleuniger der Vernetzungsreaktion der Siliconhaftklebstoffe. (Bildquelle: Technical University of Szczecin)

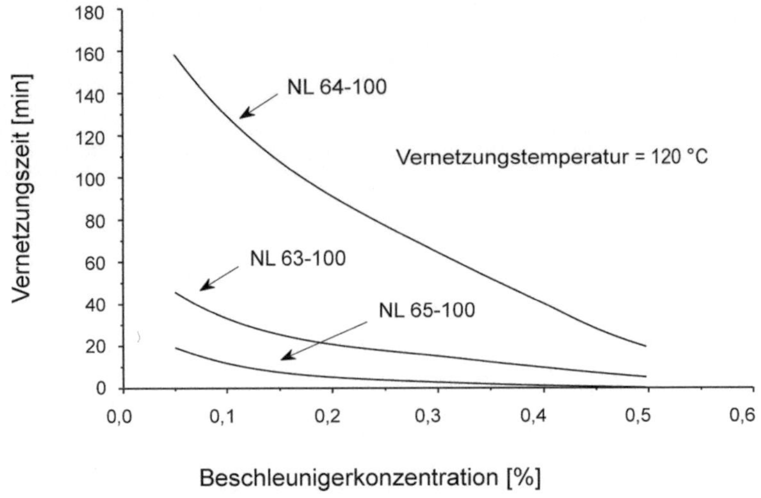

Abb. 10.15 Einfluss der Beschleuniger-Konzentration auf die Vernetzungszeit. (Bildquelle: Technical University of Szczecin)

Als nachteilig könnte sich u. U. erweisen:

- die begrenzte Gebrauchsdauer des Aminbeschleunigers im Siliconklebstoff,
- die gelbe bis braune Farbe des vernetzenden Siliconklebstoffes,
- die schlechte UV-Beständigkeit des vernetzenden Produktes.

Bei einem Vernetzungssystem Benzoylperoxid/Aminbeschleuniger wurde die Vernetzungszeit der Haftklebstoffsilicone getestet (Abb. 10.15).

Sehr kurze Vernetzungszeiten (im Bereich von 2 bis 10 min) wurden bei der Verwendung des Aminbeschleunigers NL 65–100 erreicht. Der Einsatz von anderen geprüften Beschleunigern hat kaum eine praktische Bedeutung.

10.2.4 Platinkatalysierte Vernetzung

Eine andere Methode ist die platinkatalysierte Vernetzung, bei der Gemische aus vinyl- und wasserstofffunktionellen Polysioloxanen, abgemischt mit kleinen Mengen eines Platinkatalysators sowie eines Inhibitors (Topfzeitregler), nach dem Prinzip der Additionsvernetzung reagieren (Abb. 10.16).

Bei diesem Verfahren verknüpft sich der wasserstofffunktionelle Vernetzer mit dem vinylfunktionellen Polysiloxan unter dem Einfluss des Katalysators. Im Gegensatz zur peroxidisch katalysierten Vernetzung treten hier keine Vernetzerspaltprodukte auf. Im Vergleich zu peroxidhaltigen Systemen, die erst nach Erhitzung aktiviert werden, sind platinkatalysierte Systeme bereits bei Raumtemperatur vernetzungsaktiv.

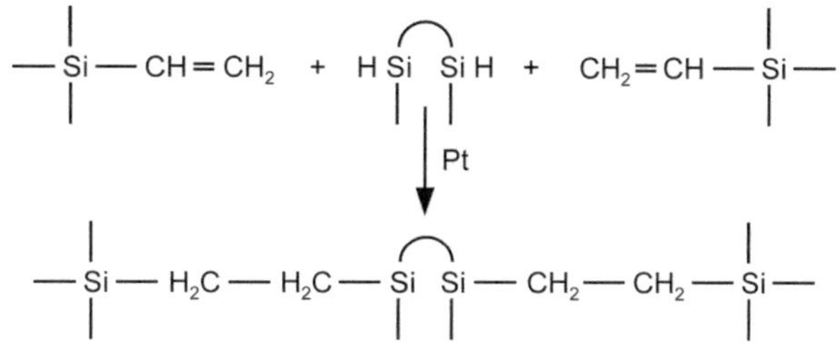

Abb. 10.16 Vernetzung der Polysiloxane mit einem Platinkatalysator. (Bildquelle: Technical University of Szczecin)

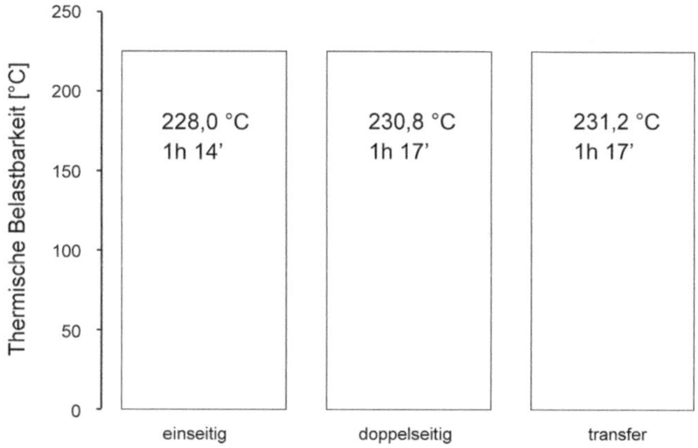

Abb. 10.17 Thermische Belastbarkeit der Siliconespleißbänder. (Bildquelle: Technical University of Szczecin)

10.2.5 Fazit

Siliconspleißbänder, die in Form von einseitigen, doppelseitigen und trägerlosen Versionen auf dem Markt erhältlich sind, zeichnen sich durch ihre hohe thermische Belastbarkeit aus. Durch entsprechende Scherfestigkeitsprüfungen konnte eine erstaunlich gute Reproduzierbarkeit der Werte belegt werden (Abb. 10.17). Trotz dieser Leistungsfähigkeit werden die Siliconhaftklebebänder Exoten hinsichtlich des Einsatzes bleiben, da sie um ca. den Faktor 4 bis 5 teurer sind als Polyacrylathaftklebstoffe. Siliconspleißbänder bleiben allerdings unverzichtbar beim Spleißen von dehäsiv eingestellten Bahnen und werden auf diesem Anwendungsgebiet weiterhin eine dominierende Rolle spielen.

Die Autoren

Prof. Dr. rer. nat. Zbigniew Czech (psa_czech@wp.pl) lehrt am Institute der Organischen Chemischen Technologie der Westpommerschen Technischen Universität Szczecin in Polen, Dr.-Ing. Agnieszka Kowalczyk und Dipl.-Ing. Adrian K. Antosik sind seine wissenschaftliche Mitarbeiter.

Literatur

1. USA 2 736 721
2. Milker, R.: Kunstst J **7**(8), 36–45 (1990)
3. Lin, S.B.: Adhes Age **7**, 14 (1996)

Elektronikindustrie

11

Ralf Hose

11.1 Warmhärtende Klebstoffe – Temperaturempfindliche Kunststoffe kleben

Ralf Hose

Warmhärtende Klebstoffe bieten bei ihrer Verarbeitung große Prozessvorteile gegenüber raumtemperaturhärtenden Systemen. Beim Kleben von Kunststoffen setzt ihnen die Temperaturempfindlichkeit der Substrate aber oft Grenzen. Als Lösung empfehlen sich niedertemperaturhärtende Klebstoffe auf Basis von modifizierten Polycarbaminderivaten (mCD) und speziell modifizierte Epoxidharze, die sich zunehmend neue Einsatzfelder in Branchen wie der Automobilindustrie, Elektronik oder Mikroelektronik erschließen.

Aufgrund technischer und wirtschaftlicher Anforderungen kommt heute in der Consumer-Elektronik oder im Automobilbau eine große Anzahl verschiedener Werkstoffe zum Einsatz. So werden z. B. immer mehr elektronische Ausstattungselemente im Fahrzeug verbaut und aus einem Materialmix hergestellt, um kleine, funktionelle und leichte Lösungen zu schaffen. Auch wenn der größte Werkstoffanteil nach wie vor aus verschiedensten Stahllegierungen besteht, finden in den letzten Jahren immer mehr leichtere Kunststoffe Verwendung. Hatte ein BMW 501 in den 50er-Jahren noch einen Kunststoffanteil von einem Prozent, so lag dieser Wert bei einem 3er BMW in den 70ern des vergangenen Jahrhunderts schon bei sechs Prozent, während die 3er-Reihe von 2005 sogar bis zu 23 % aus Kunststoff bestand [1]. Aktuell ist der BMW i3 mit seiner CFK-Fahrgastzelle und einem Kunststoffanteil von 40 % ein Spitzenreiter [2]. Herstellerübergreifend hat sich in den letz-

R. Hose (✉)
Delo Industrie Klebstoffe GmbH & Co. KGaA
Windach, Deutschland
E-Mail: ralf.hose@delo.de

M. Doobe (Hrsg.), *Kunststoffe erfolgreich kleben*,
https://doi.org/10.1007/978-3-658-18445-2_11

ten 30 Jahren der Kunststoffanteil im Auto laut dem Verband der Chemischen Industrie (VCI) verdreifacht. Dies spart in Bezug auf alle deutschen Fahrzeuge jährlich 500 Mio. Liter Treibstoff ein, was wiederum den Ausstoß von CO_2 und anderen Treibhausgasen deutlich reduziert hat.

11.1.1 Schwierige Umgebungsbedingungen im Automobil

Das Kleben ist zumeist die einzige Fügetechnik, die alle benötigten Anforderungen erfüllt. Die technische Herausforderung des Fügens mittels Klebstoff besteht in den teils schwer klebbaren Materialien, aber auch in den besonders schwierigen Umgebungsbedingungen, die auf die Klebungen im Fahrzeug einwirken. Hinzu kommen Öle, Treibstoffe und Salzlösungen – ganz abgesehen von den Witterungsbedingungen je nach Einsatzort. Der Klebstoff muss unter diesen Bedingungen neben einer guten Beständigkeit des Bulkmaterials auch eine hervorragende Anbindung an die Materialien aufweisen: Ansonsten ist ein vorzeitiges Versagen der Verbindung vorprogrammiert. Bei solchen Bedingungen sind warmhärtende Klebsysteme vorteilhaft, da sie im Vergleich zu raumtemperaturhärtenden Systemen ein dichteres und damit stabileres Netzwerk aufbauen. Außer der damit einhergehenden hohen Beständigkeit bietet die Warmhärtung einen weiteren entscheidenden Vorteil: einen über die Temperatur steuerbaren Aushärteprozess, der erst nach dem Auftragen des Klebstoffs und dem Fügen der Bauteile beginnt. So kann man, wenn notwendig, lange verarbeiten und anschließend schnell und definiert aushärten.

Jedoch härten die alterungsbeständigsten Klebstoffsysteme oft bei Temperaturen aus, die einige Kunststoffe nicht mehr aushalten, ohne geschädigt zu werden. Sie erfordern üblicherweise Temperaturen zwischen 100 und 200 °C, wobei die untere Grenze von 100 °C im Vergleich zu höheren Temperaturen oft ein schwächeres chemisches Netzwerk des Klebstoffs ausbildet. Zudem steigen die Aushärtezeiten mit geringerer Temperatur deutlich: Dadurch kann ein System, das bei 180 °C in 15 min aushärtet, bei 130 °C schon bis zu zwei Stunden benötigen. Abgesehen von der Energie, die man zur Aushärtung benötigt – je höher die verwendete Temperatur, desto mehr Energie – müssen die zu verklebenden Substrate diese Temperaturen auch verkraften. Zudem müssen Spritzgussteile auf höhere Temperaturen ausgelegt werden, wodurch deren Fertigung höhere Temperaturen benötigt, was wiederum Kosten und Energieverbrauch akkumuliert.

11.1.2 Schnelle Prozesse trotz Niedertemperaturhärtung

Hier kommen die modifizierten Polycarbaminderivate – abgekürzt mCDs – und neue Epoxidharzsysteme ins Spiel: mCDs härten selbst bei 80 °C in immer noch kurzen 30 min aus, modifizierte Epoxidharze sogar ab 60 °C. Dabei erzielen beide Systeme gute Festigkeiten und Beständigkeiten auf Kunststoffen. Abb. 11.1 zeigt beispielhaft initiale Festigkeiten eines niedertemperaturhärtenden Epoxidharzes und eines mCDs auf verschiedenen

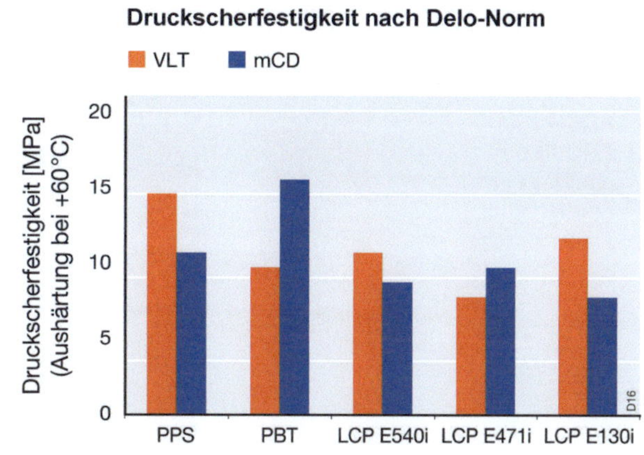

Abb. 11.1 Festigkeiten von niedertemperaturhärtenden Epoxidharzen (*VLT*) und modifizierten Carbaminderivaten (*mCD*) auf verschiedenen Kunststoffen ohne Vorbehandlung. (Bildquelle: Delo)

Kunststoffen ohne Vorbehandlung. Mittels Plasmavorbehandlung lassen sich diese Werte teils bis auf das Dreifache steigern.

Darüber hinaus bestehen bei den mCDs zwei spezielle Möglichkeiten, einen noch schnelleren Prozess zu generieren, wobei letzterer auch bei den modifizierten Epoxidharzen möglich ist:

- Heatpulse-Prozess
- Dualhärtung bei niedrigen Temperaturen

Sind in einer Anwendung ein temperaturstabiles und ein temperaturempfindliches Bauteil miteinander zu verkleben, so kann eine schnelle Aushärtung durch den sogenannten Heatpulse-Prozess erfolgen (Abb. 11.2). Hierbei wird das temperaturunempfindliche Bauteil stark erwärmt und auf das mit Klebstoff beaufschlagte temperatursensible Bauteil gelegt. Die Prozessparameter lassen sich für eine möglichst schnelle Aushärtung optimieren, indem die Temperatur des aufgeheizten Bauteils so hoch wie möglich ist, ohne dabei das temperaturempfindliche Bauteil mit der Wärme zu schädigen, die über Konvektion durch den Klebstoff dort ankommt. Die notwendige Minimaltemperatur für die vollständige Aushärtung des Klebstoffs muss so eingestellt sein, dass 85 °C die Grenzfläche zum temperaturempfindlichen Bauteil erreicht.

Diese Zusammenhänge zeigt die Abb. 11.2. Im Grafen in der mittleren Spalte wird im rot dargestellten Zeitbereich das eine Bauteil aufgeheizt, der gelb dargestellte zeigt den Temperaturverlauf im Klebstoff und der graue schließlich den Temperatureinfluss auf den zweiten Fügepartner. Die Grafik auf der rechten Seite beschreibt den Temperaturverlauf über die Klebschichtdicke. Wie Versuchsklebungen an Chips zeigen, hat die am Klebstoff anliegende Temperatur in einem weiten Bereich kaum einen Einfluss auf die Endfestigkeit der Klebung. In diesen Tests werden Chips mit 1 mm Kantenlänge mit einem mCD-Klebstoff auf Folie geklebt. Eine schnelle Wärmeeinbringung erfolgt über beheizte Stempel, sogenannte Thermoden. Für die folgenden Ergebnisse wurden die Klebungen sechs Sekunden den Temperaturen 80 °C, 100 °C, oder 150 °C ausgesetzt.

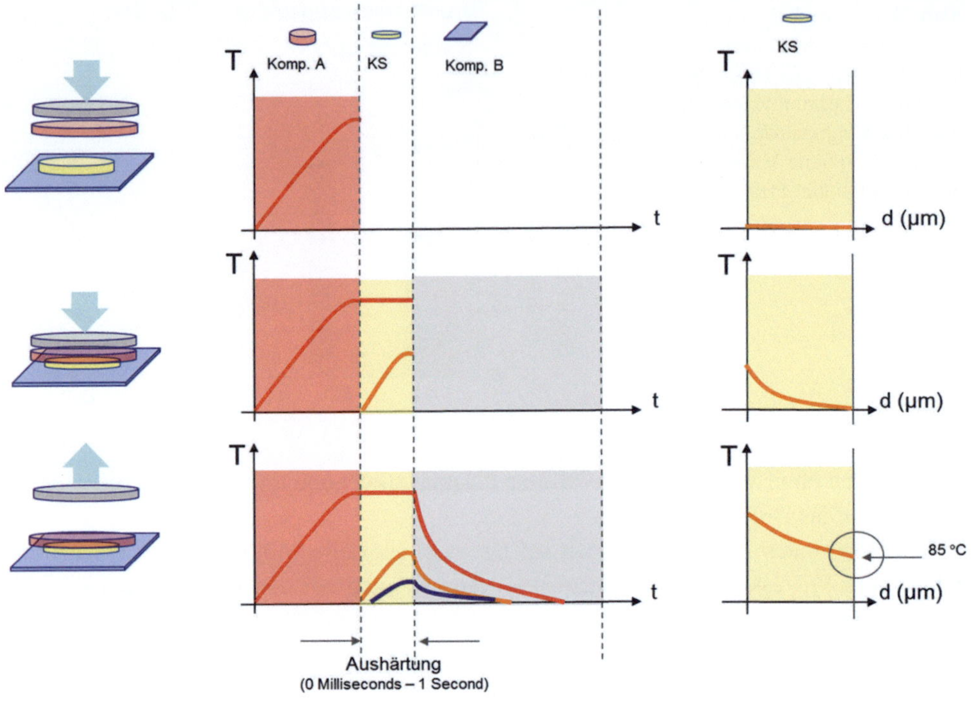

Abb. 11.2 Funktionsprinzip des Heatpulse-Prozesses. (Bildquelle: Delo)

Abb. 11.3 zeigt, dass eine kurzfristige Warmaktivierung ausreicht, um eine vollständige Aushärtung zu erzielen. Die Temperatur selber ist nur entscheidend dafür, wie schnell eine Anfangsfestigkeit erzielt wird, jedoch nicht für die Höhe der Endfestigkeit.

Abb. 11.3 Festigkeitsaufbau in Abhängigkeit von der Aktivierungstemperatur. (Bildquelle: Delo)

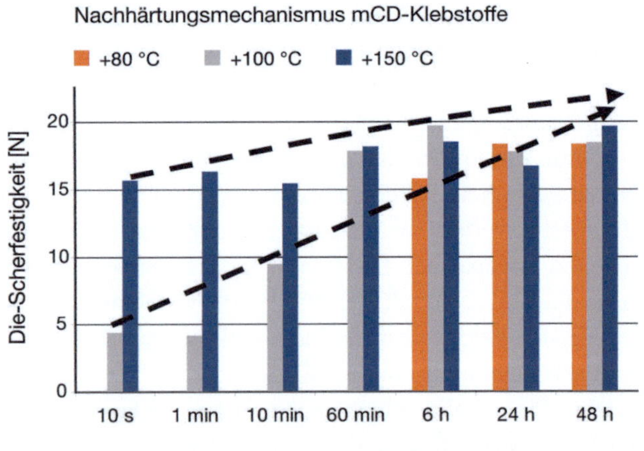

11.1.3 Schnelle Prozesse durch Dualhärtung

Zudem sind mCDs und seit kurzem auch niedertemperaturhärtende Epoxidharze in der Ausführung mit dualer Aushärtungsmöglichkeit verfügbar. So lassen sich diese Systeme schon ab 0,5 s mit Licht vorfixieren. Gerade in Produktionsstraßen ist das von großem Vorteil, da das Bauteil in der Prozesskette nach dem Dosieren und Fixieren direkt zur weiteren Bearbeitung übergeben wird. Damit ist eine schnelle Produktion sowie Reproduzierbarkeit gewährleistet – ganz ohne Zwischenfälle: Und ein Verrutschen von einzelnen Bauteilen ist dank der Vorfixierung nicht zu befürchten. Außerdem erübrigt sich der aufwendige Einsatz von Fixiervorrichtungen.

Ein Beispiel dafür ist das Verkleben von Compact Camera Modules (CCM), wie sie in Mobiltelefonen, Laptops und anderen Systemen vorkommen (Abb. 11.4). Das erfordert aufgrund der großen Stückzahlen einen schnellen Prozess – die temperaturempfindlichen Kunststoffe müssen also in sehr kurzen Taktzeiten verklebt werden. Nach dem Klebstoffauftrag und dem Fügen sowie Ausrichten der Bauteile wird der austretende Klebstoff belichtet, sodass die Bauteile innerhalb weniger Sekunden fixiert sind. Die Aushärtung der Klebschicht zwischen den Bauteilen erfolgt in einem zweiten Schritt unter Temperatur (z. B. 20 min bei 90 °C oder bei besonders temperaturempfindlichen Materialien bei 60 °C). Ein sehr wichtiger Aspekt ist bei der Anwendung, dass nach der Lichtfixierung keine spürbaren Schrumpferscheinungen mehr auftreten. Damit bleibt die Kameralinse im Fokus. Außerdem muss sich die Wärmedehnung des Klebstoffs im benötigten Temperatureinsatzbereich in Grenzen halten, damit die Optik nicht gestört wird.

Als weitere Beispiele seien der Aufbau von Sensoren und anderen elektronischen Bauteilen wie der in Abb. 11.5 dargestellte Voice Coil Motor (VCM) erwähnt. Der VCM dient u. a. als Antrieb in Lautsprechern oder Festplatten.

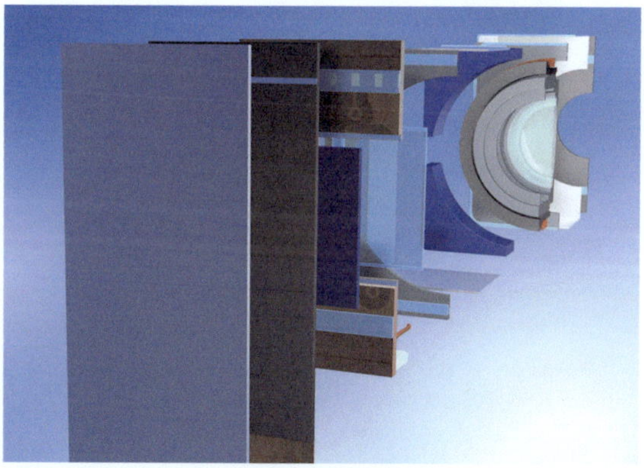

Abb. 11.4 Gehäuseverklebung CCM. (Bildquelle: Delo)

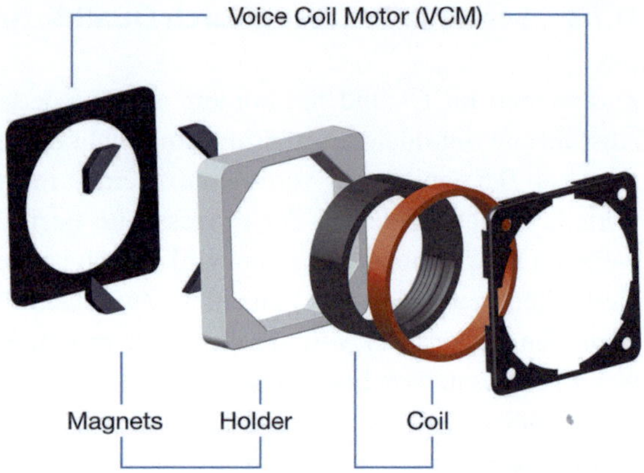

Abb. 11.5 Magnet- und Rahmenverklebung VCM. (Bildquelle: Delo)

11.1.4 Anwendungen im Automobil

Auch bei der Verklebung von Kameras in Kraftfahrzeugen, die das Parken erleichtern oder Fußgänger erkennen, werden Linsenträger mit Klebstoff fixiert (Abb. 11.6).

Wie weiter oben bereits beschrieben, herrschen hier für die Klebung weit schwierigere Bedingungen als in den Anwendungen der Unterhaltungselektronik. Rückfahrkameras etwa liegen im Außenbereich des Kraftfahrzeugs und sind damit der freien Bewitterung ausgesetzt. Sie müssen also gegen schwankende Temperaturen durch Tag- und Nacht-Wechsel bzw. Sommer und Winter sowie Feuchtigkeit je nach Wetterlage beständig sein. Am kritischsten ist jedoch die Belastung durch Streusalze, die im Winter von der Stra-

Abb. 11.6 Verklebung von Kameras. (Bildquelle: Delo)

ße aufgewirbelt werden und alternd auf die Fügung einwirken können. Zudem müssen bei den im Vergleich zum Smartphone-Bereich größeren Kameras auch größere Kräfte übertragen werden, um die Dichtigkeit über die gesamte Lebensdauer zu gewährleisten. Deshalb gehören zu den Anforderungen an die Klebverbindung nicht nur eine gute Beständigkeit, sondern zusätzlich hohe Abzugskräfte, die auch bei Temperaturen um 80 °C nicht zu stark abfallen. Genau wie bei den Kompaktkamera-Modulen sind außerdem ein geringes Ausgasungsverhalten sowie ein geringer Schrumpf entscheidend, um die Funktion der Optik nicht negativ zu beeinflussen.

In Verbindung mit dem automatisierten Fahren werden Kameras auch zur Spurhaltung, als Kollisionsassistent oder zur Schilderkennung eingesetzt. Diese Kameras sind durch ihre hochleistungsfähige Elektronik starker Temperaturbelastung ausgesetzt, d. h., der Klebstoff darf bei diesen Einsatztemperaturen keine optische Verschiebung verursachen.

11.1.5 Zusammenfassung

Der Einsatz von Niedertemperaturklebstoffen bieten Anwendern auch beim Fügen temperaturempfindlicher Materialien die Prozessvorteile eines warmhärtenden Systems. Außerdem ergeben sich weitere Prozessvariationen durch die Möglichkeit der Warmaktivierung und durch Systeme, die sich zusätzlich mit Licht fixieren lassen. Vor allem auf Kunststoffen wie LCP, PBT, PC oder FR4 spielen die Niedertemperaturklebstoffe also ihre Stärken aus: gute Beständigkeit gegen Klimawechsel, Feuchte und Salzsprühnebel, gute Temperaturfestigkeiten, schnelle Niedertemperaturhärtung sowie definierte Prozessmöglichkeiten.

Der Autor
Dr.-Ing. Ralf Hose (ralf.hose@delo.de) ist für die klebtechnischen Inhalte der Delo Academy bei Delo Industrie Klebstoffe in Windach verantwortlich.

Literatur

1. Werkstoffe im Automobilbau – Anforderungen und Trends, 26. Oktober 2006, Cluster „Neue Werkstoffe in Bayern", Dr. Rudolf Stauber, BMW Group
2. Leichter & effizienter / Forschung: Kunststoffanteil in Autos muss steigen, 20. August 2015 von auto.de / MID

Holz- und Möbelindustrie

12

Eduard Kraus, Benjamin Baudrit, Peter Heidemeyer, Martin Bastian, Hartmut Henneken, Ingo Horsthemke und Christian Terfloth

12.1 Geklebte Holz-Kunststoff-Verbunde Im Außeneinsatz – Wie sind beste Langzeiteigenschaften erreichbar?

Eduard Kraus, Benjamin Baudrit, Peter Heidemeyer und Martin Bastian

Holz-Kunststoff-Verbundwerkstoffen, bekannt unter dem Kürzel WPC (Wood-Plastic-Composites), wird ein wachsendes Einsatzpotenzial prognostiziert – Grund genug zu untersuchen, welche Vorbehandlungsmethoden und Klebstoffe zu langzeitbeständigen Holz-Kunststoff-Verbundwerkstoffen für Außenanwendungen führen. Nach der Ermittlung der mechanischen Kurzzeit-Eigenschaften folgte die Bestimmung der am besten geeigneten Werkstoff-Vorbehandlung-Substrat-Kombinationen.

Holz-Kunststoff-Verbundwerkstoffe (WPC: Wood-Plastic-Composites) sind thermoplastisch verarbeitbare verstärkte Werkstoffe, die aus unterschiedlichen Anteilen von Holz (30–80 %), Kunststoffen (17–57 %, z. B. PP, PE oder PVC) und Additiven (z. B. Haftvermittlern, Stabilisatoren oder Farbmitteln) bestehen und durch thermoplastische Formge-

E. Kraus (✉) · B. Baudrit · P. Heidemeyer · M. Bastian
SKZ - Das Kunststoff-Zentrum
Würzburg, Deutschland
E-Mail: e.kraus@skz.de

H. Henneken (✉) · I. Horsthemke (✉) · C. Terfloth (✉)
Jowat SE
Detmold, Deutschland
E-Mail: hartmut.henneken@jowat.de

I. Horsthemke
E-Mail: ingo.horsthemke@jowat.de

C. Terfloth
E-Mail: christian.terfloth@jowat.de

M. Doobe (Hrsg.), *Kunststoffe erfolgreich kleben*,
https://doi.org/10.1007/978-3-658-18445-2_12

bungsverfahren, wie z. B. Extrusion, Spritzguss oder Presstechniken verarbeitet werden [1–3]. Die wichtigen Märkte für WPC sind in Deutschland die Automobilindustrie (Innenraum) sowie der Baubereich mit dem Produkt „Decking". Dabei handelt es sich um Bodenbeläge, die sich vor allem für den Außenbereich (Terrassen, öffentliche Plätze) zunehmend als Alternative zu Tropenhölzern etablieren [4, 5].

Bei der Produktion verkaufsfähiger Artikel wie z. B. Fensterrahmen, Gehäuse, Endplatten, Verbindungselemente für den Küchenbereich oder Verkleidungen für die Automobilindustrie bedarf es des Einsatzes verschiedenster Fügeverfahren. Für herkömmliche Kunststoffe sind dabei das Schweißen und das Kleben die meistgenutzten Methoden. Um Holz zu fügen, wird dagegen überwiegend das Kleben eingesetzt. Für WPC-Teile kann das übliche Schweißen bislang noch nicht ohne weiteres angewendet werden. Allerdings wird diese Thematik derzeit ebenfalls untersucht [6]. Außerdem eignet sich das Schweißen nicht zum Fügen unterschiedlicher Materialarten, sodass z. B. das Verbinden eines metallischen Elementes mit einem WPC-Bauteil nur mechanisch erfolgen kann.

Da allerdings der größte Anteil der WPC-Produkte in Deutschland aus einer Polyolefinmatrix besteht, ist auch das Kleben als Alternative ohne spezielle Vorbehandlung bzw. spezielle Klebstoffe nicht möglich. Infolgedessen fehlen auch Klebrichtlinien bzw. Anforderungen an die Qualität der Klebverbindung für Anwender und Nutzer von WPC-Produkten [7].

12.1.1 Zielsetzung

Einen beachtlichen Einfluss auf die Klebeigenschaften nimmt die Rezeptur der Holzfaser-Verbundwerkstoffe. Daher wurden die Einflüsse von verschiedenen Additiven (Haftvermittler, Farbmittel usw.) und Verarbeitungshilfen (äußere und innere Gleitmittel), die während der Compoundier- oder auch Formgebungsprozesse dem WPC zugegeben werden, auf dic Klebeigenschaften näher untersucht. Da WPC-Hersteller eigene Rezepturen nicht bekanntgeben, mussten zunächst Rezepturen mit bekannter Zusammensetzung hergestellt und anschließend geklebt werden. Die Bestimmung und somit das erlangte verbesserte Verständnis dieser Zusammenhänge sowie das entsprechende Ableiten von Korrelationen zwischen Rezeptur und Verarbeitung waren weitere angestrebte Ziele dieser Studie. Die Ermittlung von Langzeiteigenschaften sowie die verschiedenen Wirkungen von Umwelteinflüssen auf klebtechnisch gefügte WPC-Verbindungen stellten weitere wichtige Ziele der durchgeführten Arbeit dar.

12.1.2 Theoretische Grundlagen

Die Klebeignung von WPC-Material wird durch seine thermoplastische Matrix mit geringer Oberflächenenergie wesentlich beeinflusst. Durch den Einsatz von unpolaren Thermoplasten in zahlreichen WPC-Rezepturen ist auch von einer geringen Oberflächenenergie

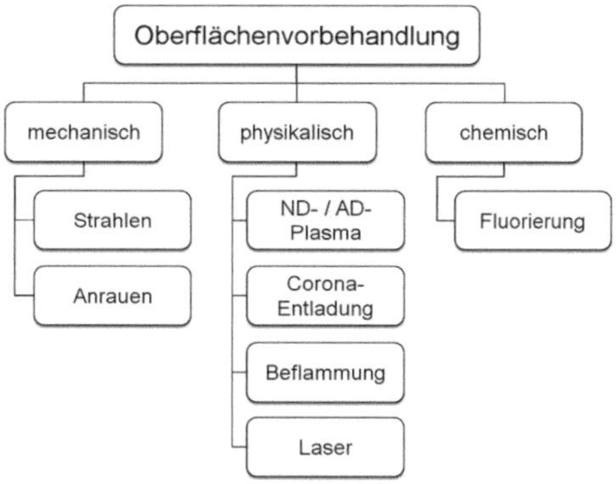

Abb. 12.1 Mechanische, chemische und physikalische Oberflächen-Vorbehandlungsmethoden, die im Forschungsvorhaben untersucht wurden. (Einteilung nach [8])

des WPC-Substrates als Verbundmaterial auszugehen. Niedrige Oberflächenenergien der Substrate mit einem geringen polaren Anteil führen bei Adhäsionsklebungen grundsätzlich zu einem geringen Wechselwirkungspotential und schwachen Ausbau von möglichen physikalischen Wechselwirkungen zu (oft) relativ polaren Klebstoffen mit Oberflächenenergien substratähnlicher Größenordnung. Es kommt hierdurch zu einer unzureichenden Benetzung der Substrate mit Klebstoff, was zu einer schlechten Adhäsion und folglich zu schlechten mechanischen Eigenschaften der Klebverbindung führen kann. Da die Klebstoffmodifikation nicht das Ziel der geplanten Untersuchungen war, wurde die Oberfläche des WPC-Substrats modifiziert. Für diese Zwecke kommen grundsätzlich mechanische, physikalische sowie chemische Oberflächenvorbehandlungsmethoden zum Einsatz. Die in der vorliegenden Arbeit untersuchten Oberflächenvorbehandlungsmethoden sind in Abb. 12.1 dargestellt.

Hierbei dienen die mechanischen Oberflächenvorbehandlungsmethoden im Wesentlichen der Verbesserung der mechanischen Adhäsion, während die physikalischen und die chemischen aufgrund der chemischen Oberflächenveränderungen die spezifische Adhäsion verbessern können. Die vorausgewählten Oberflächenvorbehandlungsverfahren wurden im Rahmen dieser Arbeit bzgl. ihrer Wirkung sowie Mobilität (Einsatz in der Vorfertigung bzw. auf der Baustelle) bewertet.

Die Holzfasern liegen durch den Herstellungsprozess des WPC-Materials nur teilweise oder gar nicht an der Oberfläche vor (außer beim Einsatz von Weiterverarbeitungsprozessen wie z. B. Bürsten oder Sägen). Beim Verbinden von WPC-Profilen liegen die Kurzfasern dagegen an der Sägekante offen vor. Alle Untersuchungen erfolgten grundsätzlich unter Verwendung aufgerauter oder gesägter Oberflächen, wie sie in der Praxis meistens vor dem Kleben vorliegt.

12.1.3 Experimentelles

Nach einer Klebstoffauswahl wurden die Substrate sowie Klebstoffe hinsichtlich ihrer mechanischen, thermischen, rheologischen sowie physikalischen Eigenschaften charakterisiert. Es folgte eine Ermittlung der Auswirkung der Rezeptur auf die physikalische Eigenschaften der Oberfläche und eine Vorauswahl an geeigneten Oberflächenvorbehandlungsmethoden für die entsprechenden denkbaren Anwendungen bzgl. der Einsatzmöglichkeit (Mobilität, Kosten, Wirkung usw.). Anschließend wurden die Untersuchungen zum möglichen Einsatz der ausgewählten Oberflächenvorbehandlungsverfahren zur Steigerung der Oberflächenenergie des Substrats durchgeführt und zahlreiche Probekörper geklebt. Letztendlich wurden die mechanischen Kurzzeit-Eigenschaften des Verbunds ermittelt. Die besten Kombinationen aus Substrat-Oberflächenvorbehandlung-Klebstoff wurden erneut klebtechnisch gefügt und einer künstlichen Bewitterung, Wasser- sowie Temperaturlagerung (jeweils fünf Tage Lagerung, anschließend zwei Tage Normklima) für insgesamt 25 Zyklen (ca. 180 Tage) sowie einer freien Bewitterung für den gleichen Zeitraum unterzogen. Aus den gewonnenen Erkenntnissen sowie Resultaten der Prüfungen zur Ermittlung von Langzeiteigenschaften ergaben sich Empfehlungen für eine dauerhafte und stabile Verklebung.

Als Matrixmaterial kamen die Thermoplaste PE, PP und PVC zum Einsatz. Exemplarisch wurde auch die Klebbarkeit von WPC mit anderen Matrixmaterialien wie z. B. niederschmelzendes Polyamid 12 (mit $T_m < 200\,°C$) untersucht, da diese Materialgruppen in der letzten Zeit immer öfter im WPC zur Anwendung kommen.

12.1.4 Ergebnisse

Bei WPC handelt es sich, wie bereits erwähnt, um einen Materialverbund, der aus mehreren Komponenten besteht. Die Messung der freien Oberflächenenergie gestaltet sich für solche Materialien wegen einer energetisch ungleichmäßigen Oberfläche grundsätzlich als sehr schwierig. Die Kontaktwinkelmessungen sowie die ermittelten Werte der Oberflächenenergie nach DIN 55660 waren daher mit hohen Standardabweichungen behaftet. Die Kontaktwinkelmessungen, die im Rahmen des Projekts eingesetzt wurden, bestanden daher aus mindestens drei verschiedenen Flüssigkeiten (Ethylenglycol, Wasser sowie Diiodmethan) mit jeweils mindestens zehn abgelegten Tröpfchen.

Es hat sich gezeigt, dass WPC erwartungsgemäß eine relativ geringe Oberflächenenergie besitzen. Diese hängt deutlich von dem eingesetzten Matrixmaterial sowie der Rezeptur ab. In Tab. 12.1 sind die gemessenen Oberflächenenergien der eingesetzten WPC-Materialien mit 50 % Holzgehalt zusammengefasst. Während die vorgestellten PVC- sowie PA12-basierte Rezepturen keine weiteren Zusätze beinhielten, enthielt die dargestellte PP-Rezeptur die typischen 3 % Haftvermittler Licomont AR 504 und die PE-basierte Rezeptur 1 % Gleitmittel Licowax S.

Zur Ermittlung der mechanischen Eigenschaften sollten grundsätzlich Probeklebungen durchgeführt werden, da die Benetzung eine notwendige, aber nicht hinreichende Voraussetzung für eine optimale Adhäsion bzw. Haftung darstellt.

Die Oberflächenvorbehandlung mittels Strahlen oder durch mechanisches Anrauen brachte in vielen Substrat-Klebstoff-Kombinationen (und insbesondere bei relativ

Tab. 12.1 Gemessene Oberflächenenergien (OFE) von diversen WPC-Rezepturen. (Quelle: SKZ)

WPC (50 % Holzgehalt)	Gesamte OFE (γ) [mN/m]	Polarer Anteil (γ^{AB}) [mN/m]
PP-Basis (3 % Haftvermittler)	$35{,}26 \pm 0{,}69$	$2{,}55 \pm 0{,}15$
PE-Basis (1 % Gleitmittel)	$30{,}10 \pm 0{,}95$	$1{,}70 \pm 0{,}24$
PVC-Basis	$34{,}71 \pm 0{,}43$	$2{,}28 \pm 0{,}08$
PA12-Basis	$39{,}37 \pm 0{,}13$	$0{,}22 \pm 0{,}02$

geringer Klebstoff-Viskosität) gute Ergebnisse bzgl. der resultierenden Festigkeit der Verbindung. Für eine höhere Reproduzierbarkeit wurden neben dem mechanischen Aufrauen zusätzlich verschiedene Laserquellen (Nd:YAG sowie CO_2) zur Vergrößerung der spezifischen Oberfläche und Verbesserung der mechanischen Adhäsion erfolgreich eingesetzt. Die erreichten Oberflächeneffekte können vermutlich als ähnlich betrachtet werden. Die festgestellten leichten Unterschiede in den mechanischen Eigenschaften sind bei diesen Vorbehandlungsmethoden auf die Oberflächenbeschaffenheit (mechanische Adhäsion) zurückzuführen.

Bei den Oberflächenvorbehandlungen mit hochenergetischen physikalischen Methoden (Niederdruck(ND)-, Atmosphärendruck(AD)-Plasma sowie Beflammung) sind Überbehandlungen möglich. Eine Überbehandlung bewirkt eine niedrigenergetische Oberfläche, die durch die Klebstoffe schlecht benetzbar ist und somit zu einer geringen resultierenden Festigkeit führt. Es ist zu vermuten, dass die Polarität sowie die freie Oberflächenenergie in diesem Fall – hervorgerufen z. B. durch niedrige Geschwindigkeiten, geringe Abstände oder zu hohe Leistungen – durch eine erhöhte Temperatur plötzlich abnehmen. So konnte z. B. bei einer falschen Anwendung der Beflammung eine Oberfläche erzeugt werden, die deutlich geringere Oberflächenenergie sowie einen deutlich geringeren polaren Anteil aufwies als das vorbehandelte Material (Abb. 12.2).

Mit Hilfe der ND- sowie AD-Plasmavorbehandlung können ähnliche Oberflächenenergien an der WPC-Oberfläche erreicht werden. Das ND-Plasma stellt allerdings aufgrund seiner höheren Prozessreproduzierbarkeit eine sehr gute Methode dar, um z. B. bei einer gleich vorbehandelten Oberfläche diverse Klebstoffsysteme miteinander zu vergleichen.

Abb. 12.2 Benetzung der PE-basierenden WPC-Oberfläche mittels Testtinte 40 (*links* im unbehandelten Zustand, in der *Mitte* bei optimalen Vorbehandlungsparametern vorbehandelt und *rechts* im überbehandelten Zustand). Die Vorbehandlung erfolgte mittels einer undotierten Beflammung. (Bildquelle: SKZ)

Das AD-Plasma bietet hingegen mit einer höheren Mobilität bei flächigen Substraten größere Vorteile.

ND-Plasma könnte zur Vorbehandlung von WPC bei flexiblen Klebstoffen (z. B. 2K-MS-Polymeren) erfolgreich eingesetzt werden. Für die strukturellen Klebstoffe (z. B. 2K-Epoxidbasis) erzielte die Fluorierung die höchsten Festigkeiten. Diese beiden diskontinuierlichen Batch-Methoden besitzen allerdings eine sehr eingeschränkte Mobilität und können wirtschaftlich grundsätzlich nur für kleinere Bauteile eingesetzt werden. Zusammenfassend zeigt Tab. 12.2 die Verklebungsparameter für verschiedene WPC-Rezepturen in Kombination mit Klebstoff und Oberflächenvorbehandlungsverfahren, bei denen die höchsten Kurzzeit-Festigkeiten erreicht werden konnten.

Auch wenn die Kurzzeit-Eigenschaften sehr hohe Festigkeiten aufweisen, können äußere Einflüsse die Festigkeit der geklebten WPC-Verbindungen stark herabsetzen. Bei Klebungen von WPC zeigten hierbei strukturelle Klebstoffe deutlich höhere Festigkeitsminderungen in der freien Bewitterung sowie unter Wassereinfluss. Die flexiblen Klebstoffe zeigten im Allgemeinen hingegen etwas geringere Festigkeitsminderungen.

Auf dem Abb. 12.3 sind die ermittelten Zug-Festigkeiten für eine PE-basierte Rezeptur mit 50 % Holzanteil dargestellt. Die Klebung erfolgte mit einem 2K-Acrylat-Klebstoff, die Prüfung per Zugversuch.

Aus dem Diagramm lassen sich eine Festigkeitsminderung durch eine Freibewitterung und eine deutliche Minderung der Festigkeit durch Wasserlagerung ablesen. Vermutlich wird diese Festigkeitsminderung durch eine starke Wasseraufnahme und damit verbundene Geometrieänderung hervorgerufen. Bei den Bruchbildern ist überwiegend ein spezielles kohäsives Bruchverhalten (SCF) erkennbar. Den Alterungseinfluss durch Wasserlagerung sowie Freibewitterung auf PP-basierte WPC-Verbindungen, die mit flexiblen 2K-Polymer-Klebstoff (silanmodifiziert, MS) ohne Vorbehandlung geklebt wurden, zeigt Abb. 12.4.

Auch hier wird ein Trend zur starken Minderung der Festigkeit durch Wassereinfluss sowie Freibewitterung deutlich. Diese Messungen sind allerdings mit einer hohen Standardabweichung behaftet. Bei den Untersuchungen von Bruchbildern wurde überwiegend ein adhäsives Bruchverhalten (AF) erkennbar. Bei Klebungen im Multi-Material-Design zeigten die flexiblen Klebstoffe etwas bessere Eigenschaften. Die Ursache hierfür ist die deutlich höhere maximale Bruchdehnung des Klebstoffs beim Verkleben von Materialien mit einem großen Unterschied der Wärmeausdehnungskoeffizienten. Letzterer lag für

Tab. 12.2 Kombinationen von Klebstoff und Vorbehandlung, bei denen die besten mechanischen Festigkeiten erreicht wurden. (Quelle: SKZ)

WPC-Matrix Material und verwendeter Klebstoff	Erreichte Druckscher-Festigkeitswerte (Kurzzeit)	
	Ohne Vorbehandlung	Mit Vorbehandlung
PE-Matrix, 2K-Acrylat	5,40 ± 0,52 MPa	AD-Plasma: 8,97 ± 1,28 MPa
PP A-Matrix, 2K-Acrylat	5,38 ± 2,23 MPa	AD-Plasma: 9,26 ± 3,86 MPa
PVC-Matrix, 2K-Epoxy	5,04 ± 2,66 MPa	Laser: 7,06 ± 2,76 MPa
PA12-Matrix, 2K-Epoxy	4,52 ± 0,81 MPa	AD-Plasma: 9,81 ± 2,25 MPa

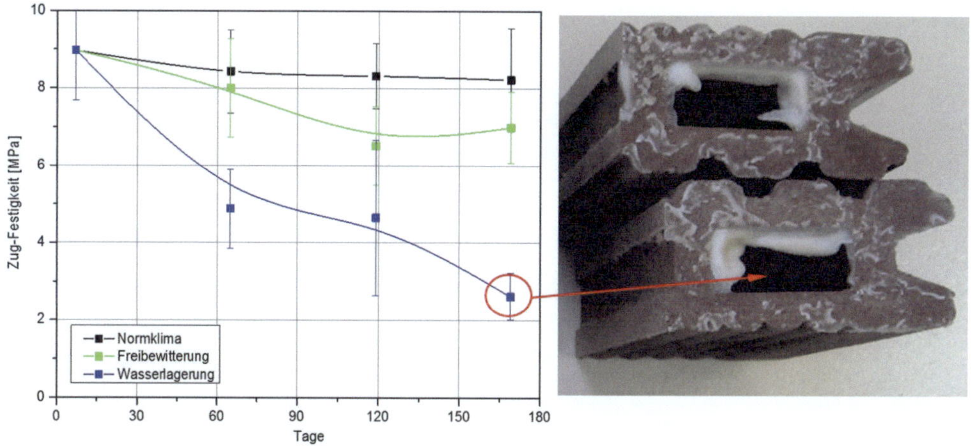

Abb. 12.3 Einfluss der Freibewitterung sowie einer Wasserlagerung auf die Zugfestigkeit von PE-WPC-Klebungen mit 50 % Holzgehalt mit einer AD-Plasmavorbehandlung, gefügt mit 2K-Acrylat Klebstoff. (Bildquelle: SKZ)

WPC-Werkstoffe mit 50 % Holzgehalt in Abhängigkeit vom Matrixmaterial im Temperaturbereich von -20 bis $+70\,°C$ im Bereich von 60 bis $80 \times 10^{-6}\ K^{-1}$. WPC kann (in Abhängigkeit vom Holzanteil) relativ viel Wasser aufnehmen. Im Rahmen der Untersuchungen wurde bei Rezepturen mit 50 % Holzanteil eine Gewichtszunahme von bis zu 15 % festgestellt. Dabei änderten sich auch die Maße in der gleichen Größenordnung. Dies kann sich entsprechend auch nach der Verklebung stark festigkeitsmindernd auswirken.

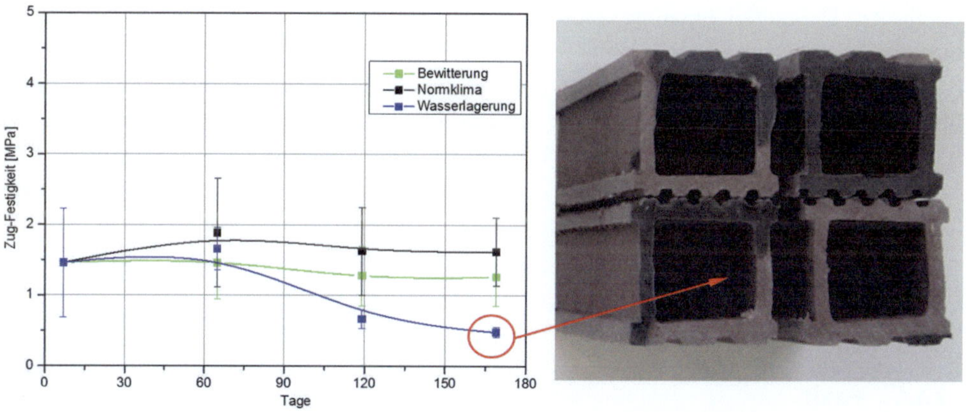

Abb. 12.4 Einfluss der Freibewitterung sowie Wasserlagerung auf die Zugfestigkeit von PP-WPC-Klebungen mit 50 % Holzanteil ohne Vorbehandlung. Als Klebstoff wurde hier ein flexibler 2K-MS-Klebstoff verwendet. (Bildquelle: SKZ)

Abb. 12.5 Starke bleibende Verformung der geklebten WPC-Verbindung auf PE-Basis durch Wasseraufnahme. (Bildquelle: SKZ)

Eine geringe Zunahme der Feuchtigkeit (bis zu 2 %) des Grundmaterials zeigte bei dem zu verklebenden WPC-Material keinen eindeutigen Einfluss auf die resultierende Verbundfestigkeit. Der Einsatz von flexiblen, witterungsstabilen Klebstoffen kann sich daher für die Außenanwendungen als sehr vorteilhaft erweisen. Die belasteten und anschließend geprüften klebtechnisch gefügten Probekörper zeigten bei Wasserlagerungsversuchen allerdings auch bei flexiblen Klebstoffen eine deutliche Festigkeitsabnahme. Hierbei wird vermutlich nicht der Klebstoff selbst angegriffen. Durch die starke Maßänderung durch Quellprozesse im WPC sowie eine starke Wasseraufnahme des Holzes wird die Festigkeit herabsetzt. Die ungleichmäßige Geometrieänderung des WPC durch Wasseraufnahme ist auf dem Abb. 12.5 dargestellt.

Die Formänderung des WPC kann dabei die maximale Bruchdehnung des Klebstoffs überschreiten, was zu einem Bruch in der Fügeebene führen kann. Nach dem Trocknen haben manche WPC die entstandene Verformung nicht vollständig zurückgestellt.

Verschiedene WPC-Rezepturen besitzen unterschiedliche UV-Stabilisierungen sowie Witterungsbeständigkeiten. Anwendern wird empfohlen, direkten Kontakt zu den WPC-Herstellern aufzunehmen, da die Rezepturen ein Firmen-Know-how darstellen und nicht offengelegt werden.

12.1.5 Fazit

Die durchgeführten Untersuchungen haben gezeigt, dass die Auswahl geeigneter Klebparameter sowie der jeweils richtigen Klebstoffe für eine stabile, langlebige WPC-Klebung unverzichtbar sind. Diverse Oberflächenvorbehandlungsmethoden können dabei zum Kleben von WPC erfolgreich eingesetzt werden. Die Notwendigkeit der jeweiligen Methode sowie die Auswahl des geeigneten Klebstoffs hängen dabei sehr stark von dem Matrixmaterial sowie der eingesetzten Rezeptur ab. Hierbei wären ebenso Kombinationen aus mechanischen sowie physikalischen bzw. chemischen Vorbehandlungen denkbar. Nicht zu vernachlässigen sind auch die Anforderungen, die an die jeweilige Klebung gestellt werden. Für eine langlebige und stabile WPC-Verklebung sollten daher die Randbedingungen (wie z. B. Einsatztemperatur, -feuchte, UV-Belastung, mechanische Belastungen usw.) möglichst genau festgelegt werden.

Förderhinweis
Das IGF-Vorhaben (17047N/1) der Forschungsvereinigung FSKZ e. V. wurde über die AiF im Rahmen des Programms zur Förderung der Industriellen Gemeinschaftsforschung (IGF) vom Bundesministerium für Wirtschaft und Energie aufgrund eines Beschlusses des Deutschen Bundestages gefördert.

Licomont und Licowax sind Markennamen des Unternehmens Clariant.

Die Autoren

M.Sc. Eduard Kraus (Tel.:+49 9314104-480, e.kraus@skz.de) ist als Projektleiter und stellvertretender Gruppenleiter im Bereich „Fügen von Kunststoffen“ der SKZ-KFE (Kunststoff-Forschung und -Entwicklung) gGmbH tätig.

Dr. Benjamin Baudrit leitet den Bereich „Fügen von Kunststoffen“.

Dr.-Ing. Peter Heidemeyer ist Geschäftsführer der SKZ-KFE gGmbH.

Prof. Dr.-Ing. Martin Bastian ist Institutsdirektor des Kunststoff-Zentrums (SKZ).

12.2 Möbelkanten kleben mit PUR-Schmelzklebstoffen – State of the Art auf dem Weg in die Zukunft

Hartmut Henneken und Ingo Horsthemke

Um im hochwertigen Möbelbau eine makellose Klebstofffuge sicherzustellen, kommen immer häufiger feuchtigkeitsvernetzende PUR-Schmelzklebstoffe zum Einsatz. Dank eines patentierten Fertigungsverfahrens lassen sich nun PUR-Reaktivklebstoffe in Form von Granulaten herstellen und somit auch auf herkömmlichen Maschinen verarbeiten.

Die Bekantung von Holzwerkstoffplatten mit diversen Kantenbändern ist in der Möbelherstellung seit Jahrzehnten etablierte Praxis. Sowohl die qualitativen Anforderungen hinsichtlich Optik und der technische Fortschritt bei der Maschinentechnologie als auch eine

Abb. 12.6 Die Möbelindustrie führt Kantenklebungen in hoher Variantenvielfalt durch. (Bildquelle: Jowat SE)

fast grenzenlose Vielfalt an zu verarbeitenden Materialien stellen besondere Anforderungen an die Klebtechnik (Abb. 12.6).

Im hochwertigen Möbelbau gilt die Qualität der Kantenklebung verstärkt als eines der Schlüsselkriterien für das Wertigkeitsniveau des gesamten Möbels (s. Infobox 1). Der Endkunde verlangt eine wenig sichtbare, makellose Klebstofffuge am Möbelteil. Seit einigen Jahren lässt sich diese Anforderung unter einem neuen Schlagwort zusammenfassen. Die „Nullfuge" ist in der Branche ein geflügeltes Wort. In fast jedem Herstellerprospekt und auf jeder Fachmesse taucht dieser Begriff auf, wenn über Kanten und Bekantung gesprochen wird.

▶ **Infobox 1: Kantenklebung** Die Markteinführung der Spanplatte in den 1950er-Jahren gilt als eine der bedeutendsten Innovationen der industriellen Möbelfertigung und so ist die Spanplatte bis heute die mit Abstand am häufigsten eingesetzte Holzwerkstoffplatte in diesem Segment. Fertigungstechnisch ergibt sich die Anforderung, die Schmalflächen, das heißt die Schnittkanten, dieser Werkstoffplatten aus optischen und funktionalen Gründen zu beschichten bzw. zu veredeln. Als sprachliches Synonym für diese Beschichtungsmaterialien der Schmalflächen hat sich seit vielen Jahren der Begriff „Kantenband" etabliert. Kantenbänder können schmale Streifen z. B. aus Furnier, beharztem Papier, thermoplastischen Kunststoffen oder Aluminium sein, die als Fixmaß oder zumeist als Rollenware für die „Bekantung" bereitgestellt werden [9]. Das Verfahren, die Klebung dieser Materialien an die verschiedenen Holzwerkstoffsubstrate, wird üblicherweise als „Kantenklebung/Kantenanleimung" bezeichnet.

Aus Marketingsicht fordert die „optische Nullfuge" also das, was die Hersteller fertigungsseitig vor große Herausforderungen stellt: eine Oberfläche „wie aus einem Guss" (Abb. 12.7 und 12.8).

Hersteller entsprechender Maschinen und Produzenten von Kantenbändern haben in Zusammenarbeit mit der Klebstoffindustrie neue Verfahren entwickelt, um diese Anforderungen im industriellen Maßstab zu realisieren.

Abb. 12.7 Die „optische Nullfuge“ stellt höchste Anforderungen an die Verfahrenstechnik. (Bildquelle: Jowat SE)

Abb. 12.8 Vergleich zwischen qualitativ guten und minderwertigen Kantenklebungen. (Bildquelle: Jowat SE)

12.2.1 Methoden zur Kantenklebung

Zur Klebung von Kantenbändern im klassischen Sinne ist der Einsatz von Schmelzklebstoffen nach wie vor Stand der Technik. Diverse Klebstoffsysteme auf Basis von EVA (Ethylen-Vinyl-Acetat), PO (Polyolefin) oder PUR (Polyurethan Reaktiv) werden in Tankschmelzgeräten aufgeschmolzen, via Auftragswalze oder Schlitzdüse appliziert und das Kantenband mittels Andruckwalzen oder -schuhen gefügt. Große Industrieanlagen erzielen heute Vorschubgeschwindigkeiten von bis zu 120 m/min, während der Einstieg bei kleinen Maschinen für das Handwerk bei etwa 6 m/min liegt. Für das komplette Spektrum gilt es, mit abgestimmten Schmelzklebstoffen die ideale Prozesslösung bereitzustellen.

Der Anfang des „Nullfugen-Booms“ lässt sich auf das Jahr 2008 datieren, als die Lasertechnik zur Bekantung von Möbelteilen vorgestellt wurde. Ein Dioden-, CO_2- oder

VCSEL-Laser (Vertical Cavity Surface Emitting Laser) erwärmt eine thermoplastische Funktionsschicht (wurde beim Kantenbandhersteller bereits rückseitig auf das Kantenband co-extrudiert), wobei diese klebrig wird und anschließend mit der Schmalfläche des Werkstücks gefügt werden kann. Durch speziell auf die Wellenlänge des Lasers abgestimmte Absorber in der Funktionsschicht erfolgt eine effiziente und schnelle Umwandlung der Energie in Wärme und somit der nötige Temperatureintrag, der für das Aufschmelzen und Erlangen der Klebrigkeit erforderlich ist. Vorschubgeschwindigkeiten von bis zu 60 m/min sind dabei heute bei Industrieanlagen zu erzielen [10]. Ein vergleichbares Verfahrensprinzip verfolgt das Plasmaverfahren der Firma Düstec. Aus einer Düse tritt hochenergetisches Luftplasma aus, mit dem eine analog zum Laserverfahren aufgebrachte Funktionsschicht auf der Rückseite des Kantenbandes bestrahlt wird. Beim Kontakt mit der Oberfläche der Funktionsschicht wird die Energie übertragen und die Beschichtung bis zur Klebrigkeit erwärmt. Trotz gegebener technischer Funktionalität konnte sich das Plasmaverfahren am Markt nicht auf breiter Front durchsetzen. Sowohl Laser- als auch Plasmatechnik zeichnen sich durch einen präzisen Energieeintrag aus, der zu einer hohen Prozesssicherheit führt. Deutlich breiteren Zuspruch findet die Heißlufttechnik [11]. Ein Aggregat heizt in einem Vorratsbehälter komprimierte Luft (ca. 0,6 MPa) auf etwa 600 °C auf. Ähnlich der Plasmatechnik wird durch eine kleine Schlitzdüse der komprimierte heiße Luftstrom auf die rückseitige thermoplastische Funktionsschicht des Kantenbandes gerichtet, die dabei erwärmt und reaktiviert wird. Aufgrund vergleichsweise günstigerer Anschaffungskosten [10] kommt dieses Verfahren aktuell bei einer Vielzahl von Kantenanleimmaschinen zum Einsatz. Nachteilig zu betrachten sind bei diesem System allerdings der hohe Energiebedarf, die langen Aufheizzeiten sowie die unpräzise Erwärmung des kompletten Kantenbandes und der mögliche Temperatureintrag in Maschine und Peripherie.

Jüngste Methode zur Erwärmung bzw. Reaktivierung von Funktionsschichten ist die Verwendung von Infrarot-Modulen, die mit Strahlung (NIR, nah-infrarot) im Wellenbereich ab 780 nm arbeiten. Die im Vergleich niedrigen Investitionskosten und die einfache, zugleich aber auch präzise Reaktivierung der Funktionsschicht sowie der Wegfall von

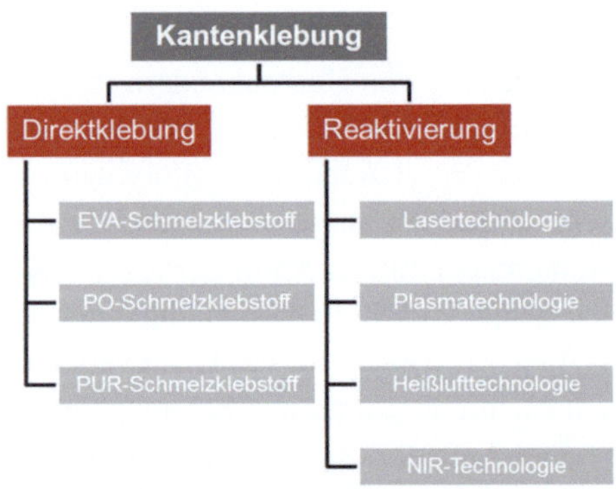

Abb. 12.9 Marktübliche Methoden der Kantenklebung. (Bildquelle: Jowat SE)

Aufheizzeiten machen die NIR-Technik insbesondere für Einsteigermaschinen hochinteressant (Abb. 12.9).

12.2.2 Klebstoff als Funktionsschicht

Kantenbänder, die nicht in der konventionellen Direktklebung verarbeitet werden, werden rückseitig mit einer thermoplastischen Funktionsschicht ausgestattet.

Im Co-Extrusionsverfahren wird diese Polymerschicht schon im Herstellungsprozess des Kantenbandes in einer Dicke von ca. 0,2 mm aufgebracht. Durch die farblich exakt abgestimmte Farbgebung lässt sich der Übergang zwischen Kantenband und Funktionsschicht kaum erkennen – ein wichtiges Merkmal zur Erzielung der „optischen Nullfuge". Eine eingeschränkte Materialauswahl und hohe Mindestabnahmemengen an co-extrudiertem Kantenband führten in den letzten Jahren zu Forderungen nach flexibleren Lösungen.

Mit modernen PO-Schmelzklebstoffen lassen sich entsprechend der gewünschten Anforderungen (breites Adhäsionsspektrum, harte Klebstofffuge, hoher Wärmestand, gute Kälteflexibilität, kurze offene Zeit) die idealen Formulierungen im Baukastenprinzip herstellen. Die steigende Angebotsvielfalt entsprechender PO-Polymere ermöglicht die Formulierung von „Schmelzklebstoffen nach Maß". Neben der klassischen Ziegler-Natta-Katalyse sind es vermehrt mittels Metallocen-Katalyse produzierte PO-Polymere, die in der Möbelindustrie auch für Kantenklebungen (Reaktivierung oder Direktklebung) eingesetzt werden. Ausgestattet mit speziellen Absorbern, die die Energie des Lasers im gewünschten Wellenlängenbereich ideal absorbieren, wird der rückseitige Klebstoff optimal erwärmt und reaktiviert und führt zu hochqualitativen Fügungen. Durch dieses Verfahren werden die unterschiedlichen Reaktivierungstechniken auch für beliebige andere Kantenbänder verfügbar. Ob Echtholzfurnierkanten, thermoplastische Kunststoffkanten oder preisgünstige harzgetränkte Dekorpapierkanten – der Klebstoffnachbeschichtung sind keine Grenzen gesetzt.

12.2.3 Steigende Qualitätsansprüche

Hat sich die Methode der Reaktivierung von Kantenbandrückseiten etabliert? Wird die klassische Kantenklebung im Direktverfahren flächendeckend abgelöst? Noch immer ist die klassische direkte Kantenklebung das am meisten eingesetzte Verfahren zum Fügen von Kantenbändern aller Art an diverse Holzwerkstoffplatten. Schmelzklebstoffe auf Basis von EVA sind nach wie vor die etablierte Technologie, auch wenn andere Schmelzklebstoffsysteme deutlich an Zuwachs gewinnen.

Seit Mitte der 1990er-Jahre kommen neben den EVA-Schmelzklebstoffen vermehrt auch PO-Schmelzklebstoffe zum Einsatz. Vornehmlich in der Küchenindustrie reichte die übliche Wärmebeständigkeit von etwa 70 bis 80 °C nicht aus. Die Forderung nach einer erhöhten Wärmestandfestigkeit markierte den Beginn der Erfolgsgeschichte von Schmelz-

Abb. 12.10 Hohe Feuchtigkeits- und Chemikalienresistenz können am besten mit PUR-Schmelzklebstoffen erzielt werden. (Bildquelle: Jowat SE)

klebstoffen auf PO-Basis. Verarbeitbar wie die artverwandten EVA-Schmelzklebstoffe und ohne Umrüstungen des Maschinenequipments brachten PO-Schmelzklebstoffe eine effiziente Lösung. Höhere Qualitätsansprüche an die Kantenklebung führten insbesondere in den letzten Jahren zu steigenden Anteilen an Schmelzklebstoffen auf Basis von Polyolefin – ein Trend der weiter anhält.

Grundsätzlich gilt, dass optische Nullfugen heute mit verschiedenen Klebstoffsystemen visuell hochwertig und für den Endverbraucher in der Qualität kaum unterscheidbar realisiert werden können – immer unter der Voraussetzung, dass anwendungsseitig sauber und fehlerfrei geklebt wird.

Wenn es aber insgesamt um höchste Güte in der Kantenklebung und dabei insbesondere um eine funktionale Optimierung der Fugen geht, dann sind reaktive PUR-Schmelzklebstoffe aktuell die erste Wahl. Wärmestandfestigkeiten von über 120 °C und beste Feuchtigkeits- und Chemikalienresistenz, gepaart mit einer hochqualitativen, kaum sichtbaren Klebstofffuge, beschreiben zur Zeit die Spitzenklasse in der Bekantung von Möbelteilen (Abb. 12.10).

12.2.4 PUR-Schmelzklebstoffe für jedermann

Nachvernetzende Schmelzklebstoffe auf PUR-Basis erfordern ein erhöhtes Augenmerk bei der Verarbeitung. Geliefert in feuchtigkeitsdichten Spezialgebinden, werden diese Klebstoffe, von der Luftfeuchtigkeit der Umgebung geschützt, in speziellen Aufschmelzeinheiten für die Kantenklebung vorbereitet. Steigende Absatzzahlen bei Kantenanleimmaschinen mit adaptierter PUR-Verarbeitungstechnik und wachsende Nachfragen zur Nachrüstung von handelsüblichen Kantenanleimmaschinen bescheinigen die kontinuierlich steigende Akzeptanz für PUR-Schmelzklebstoffe in der Kantenklebung. Einen deutlich einfacheren Einstieg in die PUR-Verarbeitung bietet allerdings PUR-Granulat, welches seit wenigen Jahren am Markt erhältlich ist. Die Granulatform ist nicht nur für

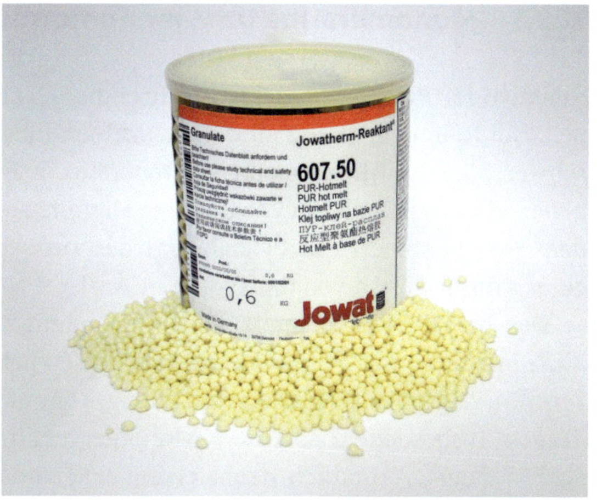

Abb. 12.11 Per Unterwassergranulierung gefertigt: PUR-Schmelzklebstoff-Granulat als High-End-Lösung für die Kantenklebung. (Bildquelle: Jowat SE)

Erstanwender von PUR-Schmelzklebstoffen interessant, sondern insbesondere auch für Handwerks- bzw. Kleinbetriebe, die für ausgewählte Objekte auf eine PUR-Kantenklebung nicht verzichten können (Abb. 12.11). Anwender, die lediglich über Aufschmelz- und Auftragsgeräte für nichtreaktive Schmelzklebstoffe verfügen, mussten bisher das Auftragsequipment kostenaufwändig modifizieren, um eine problemlose Verarbeitung der feuchtigkeitsreaktiven PUR-Schmelzklebstoffe zu ermöglichen. Jetzt besteht ohne zusätzliche Investitionen die Möglichkeit, mit der jeweils vorhandenen Auftragstechnik auch die reaktiven PUR-Schmelzklebstoffe in Granulatform (unter Berücksichtigung einiger Vorsichtsmaßnahmen) zu verarbeiten.

Noch Anfang dieses Jahrtausends wurde festgestellt, dass feuchtigkeitsreaktive 1K-Schmelzklebstoffe wegen ihrer starken Feuchtigkeitsaffinität nicht granuliert werden können [12]. Mittlerweile ist diese Technologie im Rahmen verschiedener patentierter Verfahren am Markt verfügbar. So wurde u. a. ein dem Laien für feuchtigkeitsreaktive Materialien verblüffend erscheinendes Verfahren entwickelt: die Herstellung von Kugelgranulat mittels Unterwassergranulierung (s. Infobox 2) [13].

► **Infobox 2: Unterwassergranulierung** Bei der Unterwassergranulierung wird die Schmelze des zu granulierenden Materials durch mindestens eine Öffnung einer Formplatte/Lochplatte in eine kühlende Flüssigkeit, in diesem Fall Wasser, extrudiert. Bei ihrem Austritt aus der Formplatte kann die extrudierte Masse (Schmelzestrom) beispielsweise durch schnell rotierende Messer zerkleinert werden. Die Schmelze wird unter Wasser von den rotierenden Messern des Granulators abgeschlagen, wobei sich durch die Temperaturdifferenz zwischen Kunststoff und Prozesswasser das entstandene Granulat zusammenzieht und blitzartig die typische Kugelform des Unterwasser-Granulates bildet. Diese bietet deutliche Vorteile gegenüber anderen Geometrien, insbesondere bei diffusionsgetriebenen Trocknungsprozessen und beim Dosieren und Fördern aufgrund optimaler Fließfähigkeit und minimaler Kontaktflächen.

12.2.5 Monomerarme bzw. monomerreduzierte Systeme

Reaktive 1K-PUR-Schmelzklebstoffe enthalten als reaktive Komponente Isocyanat-Gruppen. Bei Raumtemperatur sind die einzelnen Inhaltsstoffe eines PUR-Schmelzklebstoffes schwer flüchtig. Mit steigender Temperatur, z. B. bei der Verarbeitung um 140 °C oder höher, können jedoch isocyanathaltige Dämpfe aus der Klebstoffschmelze freigesetzt werden. Für monomeres Isocyanat liegt der zulässige AGW (Arbeitsplatz-Grenzwert) bei einer Konzentration von 0,005 ppm in der Luft [14].

Das in 1K-PUR-Schmelzklebstoffen häufig verwendete monomere MDI unterliegt auch innerhalb der Formulierung laut Gesetzgebung bestimmten Kennzeichnungsgrenzen. Im Zuge der GHS-Kennzeichnung kommt eine Reihe von H- und P-Sätzen zum Tragen. Insbesondere ab einem Monomergehalt > 1 % untermauern die Kennzeichnung H351 („Kann vermutlich Krebs erzeugen") und das entsprechende Piktogramm die potenzielle Gesundheitsgefahr.

Bei der Verarbeitung von PUR-Schmelzklebstoffen zum Kantenkleben auf modernen Fertigungsmaschinen sind die Auftragseinheiten weitestgehend gekapselt und verfügen darüber hinaus auch über eine entsprechende Absaugung der entstehenden Dämpfe. Diverse Messungen in den Betrieben haben mehrfach belegt, dass auch konventionelle PUR-Schmelzklebstoffe (die der Kennzeichnungspflicht unterliegen) bei der sachgemäßen Verarbeitung nicht zu überhöhten gesundheitsgefährdenden Konzentrationen von MDI führen. Im Zuge eines Minimierungsgebotes zur Absenkung von Emissionen am Arbeitsplatz wird die Nachfrage nach monomerreduzierten PUR-Schmelzklebstoffen aber vermutlich steigen.

Solche monomerarmen Systeme sind mittlerweile von vielen Klebstoffherstellern erhältlich. Alle haben aber dieselbe Quadratur des Kreises zu überwinden: Die Monomere sind nicht nur lästiges Beiwerk aus dem Produktionsprozess, sondern integraler Bestandteil der entsprechenden reaktiven Klebstoffsysteme: Monomere sind klein und wendig und können im Klebprozess gut in die Substrate eindringen und dort positiv auf die Performance des Klebstoffes Einfluss nehmen. Monomerarme Systeme vernetzen daher auch langsamer. Während des Produktionsprozesses ist es aufgrund der Molekulargewichtsverteilung nach Schulz-Flory technisch unmöglich, einen vollständigen Umsatz der Monomere zu erreichen, wenn bestimmte Molekülgrößen/Kettenlängen und Viskositätsbereiche erhalten werden sollen. Hier ist man auf ein Abtrennen der Monomere nach dem Kettenaufbau angewiesen – ein Vorhaben, welches beim Klebstoffhersteller kaum realisierbar ist, sodass man hier z. B. auf entsprechend vorreagierte Prepolymersysteme der Rohstofflieferanten zurückgreifen muss. Monomerarme oder -reduzierte Systeme sind bislang aus diesen Gründen auch höherviskos und aufgrund eines erhöhten Polyether-Backbone-Anteils intrinsisch weicher. Es ist technisch zwar machbar, monomerarme Systeme herzustellen, jedoch sehr schwierig, eine 1 : 1 Performance im Vergleich zu einem entsprechenden kennzeichnungspflichtigen System zu erreichen.

12.2.6 Nachwachsende Rohstoffe liegen im Trend

Die auf Forschungsebene bereits seit einigen Jahren verstärkten Aktivitäten im Bereich der nachwachsenden Rohstoffe werden zunehmend kommerzialisiert (s. Infobox 3). Nahezu alle Hersteller von Klebstoffen und Klebrohstoffen sind in diesem Umfeld aktiv und bringen zunehmend Produkte mit steigendem Anteil nachwachsender Rohstoffe auf den Markt (Abb. 12.12).

► **Infobox 3: Nachwachsende Rohstoffe (NaWaRo)** Unter NaWaRo versteht man, in Abgrenzung zu fossilen Rohstoffen (Gas, Erdöl, Kohle), Rohstoffe, die aus land- oder forstwirtschaftlicher Produktion stammen und außerhalb des Nahrungs- und Futterbereiches verwendet werden. Wichtige Quellen für die stoffliche Nutzung in der chemischen Industrie sind u. a. Pflanzenöle, Zucker, Stärke, Proteine und Holz. Ein nachwachsender Rohstoff wird in der Industrie selten direkt eingesetzt, sondern vorher mehr oder weniger aufwändig chemisch aufgearbeitet. Die Natur geht durch die Photosynthese in Vorleistung, liefert die organischen Kohlenstoffquellen und der Mensch ersetzt den viele Millionen Jahre dauernden Prozess der Umwandlung in Öl oder Kohle durch zielgerichtete Syntheseschritte. Ob eine Nutzung ökologisch und wirtschaftlich sinnvoll ist, zeigt sich bei der Analyse der gesamten Prozesse. NaWaRo basierte Produkte sind meist noch teurer, Prognosen für die Zukunft sind mit großen Unsicherheiten verbunden. Der reine Nachhaltigkeitsgedanke ist aber nicht der einzige Antrieb: Gerade im Bereich der Klebrohstoffe kommt es immer wieder zu Engpässen in der Rohstoffversorgung. Versorgungssicherheit und Unabhängigkeit von Rohstoffimporten sind weitere wichtige Triebfedern für die chemische Industrie. Zurzeit werden die Forschungsbemühungen der Industrie und Institute mit öffentlichen Geldern im Bereich der Klebstoffe speziell gefördert. So wurde vom BMEL (Bundesministerium für Ernährung und Landwirtschaft) und der FNR (Fachagentur Nachwachsende Rohstoffe e. V.) im September 2014 ein expliziter Förderschwerpunkt Klebstoffe initiiert. Die dort geförderten Forschungsvorhaben werden von 2015/16 bis 2019 neue Erkenntnisse zur Nutzung nachwachsender Rohstoffe hervorbringen.

Abb. 12.12 Die Bedeutung nachwachsender Rohstoffe steigt für die chemische Industrie kontinuierlich. (Bildquelle: Fotolia)

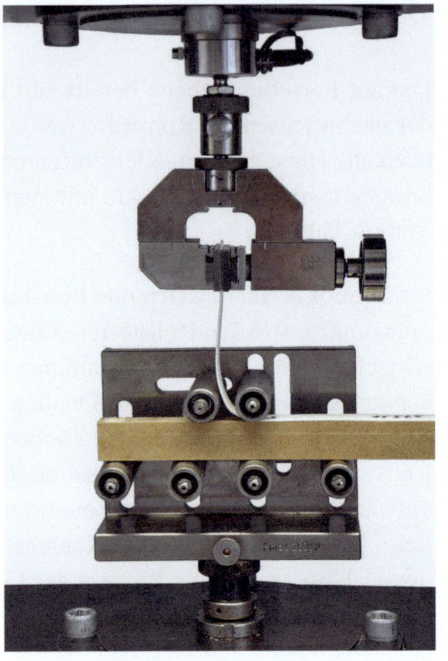

Abb. 12.13 Mithilfe des klassischen Schälversuchs wird die Qualität von Kantenklebungen überprüft. (Bildquelle: Jowat SE)

Für den Entwickler steigt die Toolbox verfügbarer biobasierter Rohstoffe stetig an. Um sich mit einem Produkt am Markt behaupten zu können, ist das Attribut „nachwachsend" als alleiniger Mehrwert eines oftmals etwas höheren Preises dieser Produkte derzeit meist nicht ausreichend. Mit nachwachsenden Rohstoffen können aber durchaus auch Eigenschaften erzielt werden, die mit konventionellen Produkten nicht erreicht werden können, da andere Synthesewege und Ausgangsstoffe zur Verfügung stehen. Die Jowat SE hat beispielsweise einen überwiegend auf nachwachsenden Rohstoffen basierten Kantenklebstoff entwickelt.

Der PUR-Schmelzklebstoff enthält zum großen Teil biobasierte Polyester, die ein leicht unterschiedliches Eigenschaftsprofil aufweisen, was sich insbesondere im Kristallisationsverhalten zeigt. Der resultierende Klebstoff ist im Vergleich zu zwei anderen marktüblichen Kantenklebstoffen von Jowat etwas langsamer, zeigt aber ein sehr breites Adhäsionsspektrum und ist besonders im Bereich der Metallhaftung den konventionellen Produkten deutlich überlegen (Abb. 12.13 und 12.14).

Die Autoren

Dr. Hartmut Henneken (hartmut.henneken@jowat.de) leitet bei Jowat SE in Detmold die Forschungsdienste, Dipl.-Ing. (BA) Ingo Horsthemke (ingo.horsthemke@jowat.de) ist hier als Produktmanager Holz/Möbel/Bau tätig.

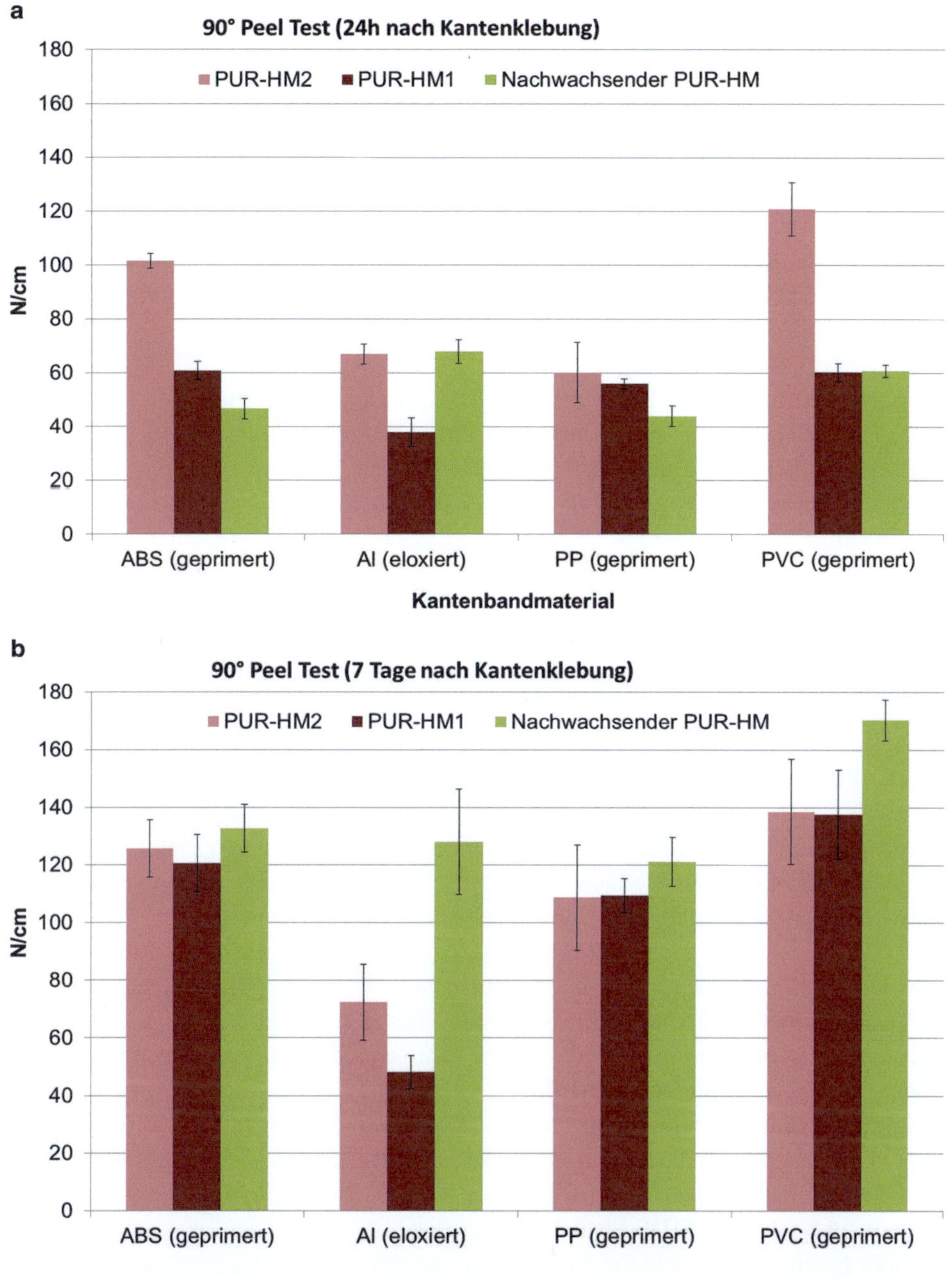

Abb. 12.14 Schältestvergleich (nach 24 h (**a**) und 7 Tagen (**b**)) eines PUR-Schmelzklebstoffes auf Basis nachwachsender Rohstoffe mit zwei konventionellen Klebstoffen auf fossiler Basis. (Bildquelle: Jowat SE)

12.3 Folieren statt Lackieren – Produktveredelung durch innovative Klebtechnik

Christian Terfloth

Die Klebtechnik steht nicht nur im Wettbewerb zu den traditionellen Fügeverfahren, sondern auch zum Lackieren. Die folgenden Beispiele aus der Holz- und Möbelindustrie sowie aus der Papier- und Verpackungsindustrie zeigen, wie mit Hilfe der aktuellen Klebtechnik moderne Design- und Veredelungsvorgaben kosteneffizient realisierbar sind.

Das Kleben ist unter allen Fügeverfahren die Technologie mit den besten Zukunftsperspektiven. Gründe hierfür sind das höchste Rationalisierungspotential, die größte Flexibilität hinsichtlich der zu fügenden Materialien und die wenigsten Einschränkungen auf das Produktdesign. Mit der fortschreitenden Marktdurchdringung der Klebtechnik kommt es auch zum Wettbewerbsdruck auf lackierte Oberflächen. Diese können innovativ durch geklebte, transparente Folien substituiert werden. Im Hinblick auf das klebstoffseitige Eigenschaftsspektrum mussten hierfür viele verschiedene und teils gegensätzliche Anforderungen sowohl seitens der Maschinen- und Verfahrenstechnik als auch seitens der späteren Endanwendungen berücksichtigt und erfüllt werden.

12.3.1 Folierte Holzwerkstoff-Oberflächen

Die dekorative Folienbeschichtung von Holzwerkstoffen ist ein seit vielen Jahrzehnten praktiziertes Verfahren im Bereich der industriell gefertigten Serienmöbel. Hierbei werden meist Span- oder MDF- (Medium Density Fibreboard) Platten mit bedruckten oder unifarbenen Folien oberflächenveredelt [15].

In den letzten zehn Jahren hat sich die Hochglanz-Oberfläche in der Möbelindustrie als ein Design-Schwerpunkt etabliert. Als Vorreiter dieses Trends ist hier die Küchenmöbel-Industrie von soften, profilierten Flächen zu kantigen, ebenen Strukturen mit hochglänzender Optik gewechselt (Abb. 12.15).

Solche Oberflächen können in althergebrachten, mehrstufigen Lackierverfahren erzeugt werden. In der industriellen Praxis hat sich dagegen die Klebung von rückseitig durchgefärbten, hochglänzenden Dickfolien mittels feuchtigkeitsvernetzendem PUR-Hotmelt auf Span- oder MDF-Platten durchgesetzt [17].

Diese hochglänzenden Dickfolien können aufgrund ihrer Steifigkeit jedoch nur als Plattenware verarbeitet werden. Des Weiteren stehen lediglich eingeschränkte Farbdesign-Möglichkeiten zur Verfügung, sodass keine beliebige individuelle Dekorgestaltung möglich ist. Hier setzt ein innovatives Verfahren zur Herstellung von hochglänzenden Holzwerkstoff-Oberflächen an. Je nach späterer Anforderung an die Oberfläche werden unterschiedliche transparente Folien von der Rolle mit speziellen PUR-Hotmelts auf die

Abb. 12.15 Design-Küche in Hochglanz-Optik [16]. (Bildquelle: nobilia-Werke)

Substrate kaschiert (Abb. 12.16). Anders als bei den sonstigen Klebungen in der Holz- und Möbelindustrie, wo optisch dichte Substrate gefügt werden, handelt es sich in diesem Fall um eine Sichtkaschierung mit zusätzlichen Anforderungen an den Klebstoff. Der Klebstoff erhöht durch die aufgabenspezifische, farblos-transparente Rezepturauslegung den Glanzgrad des Verbunds und bietet damit einen hochwertigen Zusatznutzen. Damit verbunden ist natürlich die Forderung nach gleichbleibenden optischen Eigenschaften über die gesamte Lebensdauer des Möbels. Prinzipiell ist eine Veredelung aller denkbaren Holzwerkstoffe möglich. Neben den bereits genannten plattenförmigen Materialien können so auch Furniere als Rollenware mit hochglänzender Folie beschichtet werden. Analog dazu ist die Ummantelung von Profilen mit solchen Folien ebenfalls möglich.

Durch geeignete Tönung oder Oberflächenstrukturierung der Folie können darüber hinaus matte, patinierte oder gekälkte Optiken erzeugt werden. Auch diese Oberflächen werden durch die Folierung des Holzwerkstoffes in einem einzigen Verfahrensschritt erhalten. Die Folienoberfläche kann zusätzlich mit einer Verschleißschutz-Beschichtung ausgerüstet werden, die sogar eine Bearbeitung mit einem Reinigungsschwamm aus Stahlwolle ohne Kratzer übersteht. Im klassischen Lackierverfahren sind dagegen mehrere Schritte wie Schleifen, Beizen, Grund- und Endlackieren durchzuführen.

Erstmalig industriell realisiert wurde das beschriebene Verfahren durch die Firma Niemann in Preußisch-Oldendorf [18]. Die Klebung der Folie mit dem Holzwerkstoff erfolgt mittels eines speziell für diese Aufgabenstellung entwickelten PUR-Hotmelts [19]. Der Klebstoff wird über eine breitenverstellbare Schlitzdüse auf die Folienrückseite aufgetragen. Insbesondere im Hinblick auf mögliche Kontaminationen mit entsprechend negativer

Abb. 12.16 Beispiele hochglänzend veredelter Holzwerkstoffe. (Bildquelle: Niemann)

Beeinflussung des Kaschierergebnisses haben sich hier Schlitzdüsen als vorteilhafteres Auftragsaggregat im Vergleich zur Walze herausgestellt [20]. Die Auftragsmenge liegt je nach Rauheit des Holzwerkstoffs zwischen 40 und 80 g/m^2. Es ist zur Erzielung einer perfekten Optik unbedingt notwendig, dass der Hotmelt die Oberfläche komplett benetzen kann. Andernfalls kommt es zu einer unerwünschten Vergrauung oder sogar zu deutlich sichtbaren Fehlklebungen.

Diese Technologie ist natürlich nicht auf Wohnraummöbel beschränkt. So lassen sich beispielsweise auch Innenausbauten von Yachten oder Dekor- und Zierteile von Automobilen auf diese Art veredeln.

12.3.2 Folierte Metalltafeln

Verpackungsmittel aus Metall sind beispielsweise in der Form von Kronenkorken, Deckeln und vielerlei Arten von Dosen und Behältern täglich präsent. In der Verpackungsvielfalt wird die Metallverpackung aber zunehmend von den Innovationen und Kostenvorteilen der Kunststoff- und Kartonverpackung be- und verdrängt. Insbesondere die seit Jahrzehnten unveränderten Produktionsstufen der Lackierung und Bedruckung von Weißblech- und Aluminiumtafeln – aus denen in weiteren Produktionsschritten die Metallverpackungen gestanzt, verformt und montiert werden – bedingen Inflexibilität sowie hohe Energie-, Raum-, Personal- und Investitionskosten.

12.3.3 Neues Verfahren zur Metallkaschierung

Die Idee, Metalltafeln weitaus kostengünstiger, emissionsfrei und qualitätssteigernd sowohl ein- als auch beidseitig mit bedruckten oder unbedruckten Folien zu beschichten, fand in der Blechwarenfabrik Limburg GmbH [21] den ersten industriellen Anwender. Das Folieren von Metalltafeln zeichnet sich im Vergleich zum Stand der Technik, also der Metalltafellackierung und -bedruckung, durch eine Vielzahl überzeugender Vorteile aus. Neben den geringeren Investitions- und Verbrauchskosten ist der geringe Platzbedarf besonders beeindruckend. Mit 44 m^2 liegt dieser nur bei gut 5 % des Platzbedarfs einer Metalltafel-Lackieranlage. In Abb. 12.17 wird die kompakte Bauweise der innovativen Metallkaschieranlage ersichtlich.

Der Kaschierprozess verläuft von der rechten Anlagenseite ausgehend. Die Metalltafeln werden vom automatischen Tafelanleger entstapelt, in weiterer Folge durch die Corona-Einheit aktiviert und mit der notwendigen Oberflächenspannung versehen. Die anwendungsbezogen auszuwählende Folie wird von der in der Mitte des Bildes sichtbaren Rolle mittels kontaktlosem Auftrag in dem Klebstoffauftragswerk rückseitig mit Hotmelt beschichtet und in der Kaschiereinheit mit den Metalltafeln über Kaschierzylinder und Gegendruckwalze verbunden. Die Tafeln werden anschließend durch eine Laser-Trennvorrichtung durch Folienschnitt zwischen den Tafeln wieder vereinzelt und dann an der linken Anlagenseite abgestapelt.

Von herausragender Bedeutung ist wiederum das Klebstoff-Auftragsverfahren. Hierbei handelt es sich um eine auf die jeweilige Formatbreite verstellbare Düse, die ohne Kontakt zur Folienrückseite Hotmelt passgenau als Film extrudiert [22]. Die Hotmeltextrusion ist dabei anlagenseitig exakt steuerbar. Seitens der Anlagentechnik ist ein Flächengewicht ab ca. 1 g/m^2 zu gewährleisten. In der Praxis liegt die Auftragsmenge im Bereich von 5–8 g/m^2. Grundanforderung an den qualifizierten, feuchtigkeitsvernetzenden PUR-Hotmelt ist dabei der schnelle Aufbau einer hohen Filmkohäsion im Moment der Extrusion. Weitere wichtige Parameter sind die Viskositätsstabilität, die optische Transparenz und die

Abb. 12.17 Metallkaschieranlage für Blechtafeln. (Bildquelle: Billhöfer)

Abb. 12.18 Dose als Folgeprodukt folierter Metalltafeln. (Bildquelle: Blechwarenfabrik Limburg)

Reinheit des reaktiven Hotmelts. Also sind auch bei der Rohstoffauswahl und der Produktion von solchen Klebstoffen zusätzliche Maßnahmen erforderlich.

12.3.4 Einsatzbeispiele für folierte Bleche

Für die Innenbeschichtung von Verpackungsblechen wurden seitens der Blechwarenfabrik Limburg weiß gefärbte PET-Folien mit einer Stärke von 15–23 µm ausgewählt. Diese Polyesterfolien erfüllen alle Kriterien einer Innenbeschichtung von Dosen sowohl für chemisch-technische Flüssigkeiten wie Farben und Lacke als auch für Lebensmittel. Neben der Inertheit des Folienmaterials ist die Dichtigkeit der PET-Folie besonders vorteilhaft. Die Abb. 12.18 zeigt den Blick in eine in Limburg innenfolierte Dose.

Im Vergleich dazu besteht bei lackierten Innenbeschichtungen immer die latente Gefahr des Vorhandenseins von Störstellen in der Lackschicht. Von diesen Stellen ausgehend kann es später zur Korrosion des Dosenkörpers kommen. Der immanente Vorteil der Folie bei der Innenbeschichtung wird auch bei dem Eimer „ecosta 10" erfolgreich umgesetzt (Abb. 12.19).

Durch die Innenfolierung bietet der Eimer für wässrige Füllgüter eine überlegene Korrosionsbeständigkeit und damit längere Lagerfähigkeiten. Zusätzlich erhöht die Folie die

Abb. 12.19 Innenfolierter Blecheimer der Blechwarenfabrik Limburg. (Bildquelle: Blechwarenfabrik Limburg)

Stabilität des Eimers und verbessert die Dichtigkeit im Bereich der Boden- und Deckelbördelung.

Für die Außenseite können verschiedene Folienarten wie OPP(orientiertes Polypropylen)-, Acrylat- und Polyesterfolien verwendet werden. Je nach Designvorgaben können die Außenfolien farblos-transparent, rückseitig bedruckt oder farbig sein. Einsatzmöglichkeiten sind Deckel und Deckelringe, Böden, Zylinderflächen und Tiefziehteile. Die mechanische Beanspruchung auf die Klebung beim Umformprozess ist bei den Deckelringen und bei Tiefziehteilen am größten. Nach Ablauf der Vernetzungsreaktion des PUR-Hotmelts besitzt der elastomere Klebstoff bei einer Bruchspannung von circa 8 N/mm^2 eine Reißdehnung von 1500 %. Damit können die im Umformprozess auftretenden Verformungskräfte ohne Delamination der Folie vom Metallkörper aufgefangen werden. Bei der PET-Folie [23] für die Innenbeschichtung liegt zum Vergleich die Reißdehnung um 150 % bei einer Bruchspannung von 170 N/mm^2.

12.3.5 Folierte Bedruckstoffe

Im Anwendungsbereich der Druckveredelung ist die Folienkaschierung eine seit vielen Jahrzehnten etablierte Methode zur Erhöhung der Wertigkeit von cellulosebasierenden Bedruckstoffen und Verpackungen. Typische Anwendungen sind hochwertige Buchdecken (beispielsweise für Schulbücher, Kataloge) und Faltschachteln für Parfümverpackungen. Als Folien werden überwiegend OPP(orientiertes Polypropylen)-, aber auch Acetat- und Polyestermaterialien verwendet. Die Dicke liegt zwischen 12 und 50 µm. Neben der Folienart wird zusätzlich nach dem zu erzielenden optischen oder haptischen Effekt unterschieden. Je nach Zielsetzung finden Hochglanz, Matt- oder Strukturfolien entsprechende Anwendung. In den meisten Fällen werden transparente Hochglanz-Folien kaschiert. Je nach Anforderung kommen noch Mattfolien, geprägte und metallisierte Folien hinzu. Als Kaschierklebstoffe werden heute verschiedene Systeme eingesetzt. Größte Marktbedeutung haben heute wässrige Dispersionsklebstoffe, die in einem Trockenkaschier-Verfahren [24] verarbeitet werden. Daneben gibt es noch als 100 %-Systeme die 1K-LF-Polyurethan-Klebstoffe und die thermoplastischen Hotmelts. Die Gemeinsamkeit der hier genannten drei Systeme liegt in der Verarbeitung von Klebstoff im Kaschierbetrieb. Als alternative Technologie hat sich hierzu die Thermofolie etabliert. Hierbei handelt es sich um eine rückseitig mit einem thermoplastischen (meist EVA) Hotmelt ausgerüstete OPP-Folie. Somit findet in der Kaschieranlage nur noch eine thermische Reaktivierung statt; der Kaschierbetrieb setzt selbst keinen Klebstoff mehr ein. Damit vereinfachen sich Kaschieranlagen, folglich sind die Investitionskosten auch niedriger. Auf der anderen Seite erhöhen sich die Folienkosten deutlich und die Verfügbarkeit von ausgerüsteten Foliensorten wie Acetat- und Polyesterfolien ist nicht gegeben. Für die Erzeugung weiterer optischer Effekte wie Metallic- oder Glitterbeschichtungen sind entsprechend formulierte UV-vernetzende Lacke bislang Stand der Technik.

12.3.6 Neues Verfahren zur Effekt-Veredelung

Ganz neue Gestaltungsmöglichkeiten der Effekt-Veredelung von Bedruckstoffen bietet der Einsatz von Pigment-ausgerüsteten Effekt-Dispersionsklebstoffen als Alternative zu den etablierten UV-vernetzenden Effektlacken. So müssen, anders als bei den sprödharten Lacken, die Rill-, Nut- und Falzbereiche nun nicht mehr ausgespart werden [25]. Damit wird ein homogeneres Effektbild kosteneffizient realisiert. Anders als bei vielen Effektlacken kann auf die kaschierte Folie wieder gedruckt, lackiert und geklebt werden. Grundsätzlich bietet die Folienkaschierung mit Effektklebstoff eine deutliche Erhöhung der Gebrauchseigenschaften, weil die Folie in den Kriterien Abriebfestigkeit, Einreiß-,

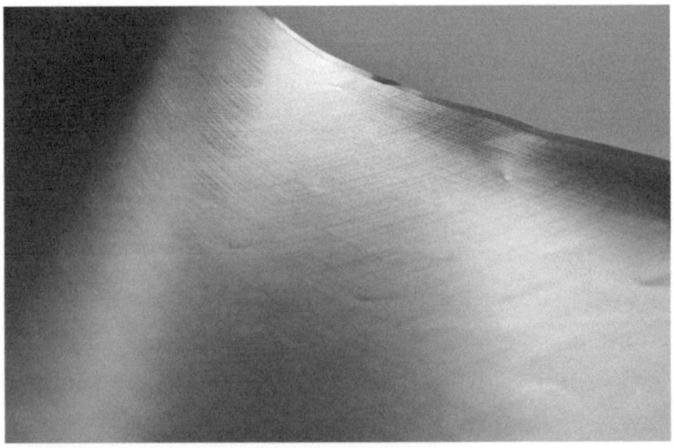

Abb. 12.20 Transparente Prägefolie mit Effektdispersion auf Papierbogen kaschiert. (Bildquelle: Jowat)

Abb. 12.21 Walzenauftrag von Effekt-Dispersionsklebstoff. (Bildquelle: Jowat)

Falz-, und Durchstoßfestigkeit der Lackierung überlegen ist. Auch die ökonomische Bewertung spricht für den Einsatz von Effekt-Klebstoffen. Durch die Folienkaschierung wird der gewünschte optische Effekt in einem einzigen Verfahrensschritt erzeugt (Abb. 12.20).

Für die Effekt-Veredelung stehen alle bislang für die Glanzfolienkaschierung verwendeten kostengünstigen Folien zur Verfügung. Einschränkungen in der Druckweitervereinbarung hinsichtlich Stapelhöhen für das Schneiden oder Stanzen der Bögen wie bei Glitterlacken [26] gibt es bei der Folienkaschierung mit Effekt-Dispersionsklebstoffen keine. Die Verarbeitung dieser Klebstoffe erfolgt auf den etablierten Folienkaschieranlagen (Abb. 12.21). Aus den genannten Gründen liegen die Kosten für die Kombination aus Effekt-Klebstoff und Standardfolie auch nur bei unter fünfzig Prozent der Kosten im Vergleich zur alternativen Kombination aus Standardklebstoff und Effektfolie.

12.3.7 Ausblick

Die in diesem Beitrag vorgestellten Verfahren und auch die genannten Klebstoffe zur Beschichtung von Holzwerkstoff-Oberflächen, von Verpackungsblechen sowie von Papieren und Kartonnagen bieten sowohl ökonomisch als auch ökologisch eine Vielzahl überzeugender Vorteile.

Konzeptionell ist die Technologie der folienkaschierten Oberflächen nicht auf die hier präsentierten Anwendungen beschränkt. Beispielsweise sollten sich auch im Hochbau oder im allgemeinen Fahrzeugbau vielversprechende Anwendungspotentiale definieren lassen. Damit würden sich der Klebtechnik im Wettbewerb zur Lacktechnik weitere neue Märkte erschließen.

Der Autor
Dr. Christian Terfloth (christian.terfloth@jowat.de) ist Mitglied des Vorstands bei der Jowat SE in Detmold.

Literatur

Verwendete Literatur

1. Eder, A.: Wood-plastic composites (WPC) and natural-fibre composites (NFC): European and global markets 2012 and future trends. 5. Deutscher WPC-Kongress, Köln. (2013)
2. Radovanovic, I.: Verarbeitung und Optimierung der Rezeptur von Wood Plastic Composites. Dissertation. Universität Osnabrück (2007)
3. Vogt, D., Karus, M., Ortmann, S., Schmidt, C., Pleh, A.: Studie Wood Plastic Composites (WPC), Holz-Kunststoff-Verbundwerkstoffe, Märkte in Nordamerika, Japan und Europa mit Schwerpunkt auf Deutschland, Technische Eigenschaften – Anwendungsgebiete – Preise – Märkte – Akteure. Nova-Institut, Hürth (2006)
4. Nova-Institut: 3rd German WPC Conference 2009, Maritim Hotel, Köln, http://www.wpc-kongress.de
5. Carus, M.: Wood-Plastic Composites (WPC) and Natural-Fibre Composites (NFC): European and Global Markets 2012 and Future Trends. 5. Deutscher WPC-Kongress, Köln. (2013)
6. IGF-Forschungsvorhaben 15.817N: Untersuchungen zur Schweißbarkeit von hochgefüllten holzfaserverstärkten Kunststoffen – Technologie und Anwendungsentwicklung. SKZ – Das Kunststoff-Zentrum, Würzburg (2011)
7. Teischinger, A., Korte, H.: Aktuelle Entwicklung der Normung von Wood Plastic Composites (WPC). Universität für Bodenkultur/BOKU, Wien (2005)
8. Habenicht, G.: Kleben. Springer, Berlin Heidelberg (2009)
9. Wagenführ, A., Scholz, F.: Taschenbuch der Holztechnik. Hanser, München, S. 329 (2008)
10. Barth, S.: Viele Wege führen zur Nullfuge. Tischl J **12/2014**, 50–53 (2014)
11. Maier, M.: Ligna-Report Kantenbearbeitung. Wettstreit der Konzepte. In: BM Online (2013). http://www.bm-online.de/produkte-und-tests/produkte/technik2/wettstreit-der-konzepte/, Zugegriffen: 18. Febr. 2015
12. Neuenhaus, V.: Kapazitive Füllstandsüberwachung an Granulat-Behältern. Adhäsion Kleb Dicht (1–2), 26–28 (2001)
13. EP 1476522 B1: Reaktives Einkomponenten-Beschichtungs- und/oder Klebstoffgranulat. Jowat SE, erteilt am 16. Aug. 2006
14. Brandt, Bernhardt, Assenmacher-Maiworm, Hahn, H.J.-U.: Messung und Beurteilung von Isocyanaten an Arbeitsplätzen unter Beachtung der TRGS 430. Gefahrstoffe Reinhalt Luft **5/2013**, 209 (2013)
15. Terfloth, C.: High-quality surface laminated chipboard-polymer-based adhesives for the next millennium. 2nd European Wood-Based Panel Symposium, Hannover. (1999)
16. www.nobilia.de, Zugriff: 10.02.2017
17. www.senoplast.com, Zugriff: 10.02.2017
18. Karl W. Niemann GmbH + Co. KG. www.niemann-moebelteile.de, Zugriff: 10.02.2017
19. EP 1 820 641 B1
20. EP 2 651 646 B1
21. Blechwarenfabrik Limburg, Limburg. www.blechwaren-limburg.de, Zugriff: 10.02.2017
22. EP 2 311 634 B1
23. http://europe-de.m-petfilm.de/service/hostaphan-technische-daten/, Zugriff: 10.02.2017

24. Billhöfer Maschinenfabrik GmbH. www.billhoefer.de; Ecosystem Costruzioni s.r.l. www.ecosystemcostruzioni.eu, Zugriff: 10.02.2017
25. http://www.veredelungslexikon.htwk-leipzig.de/de/veredeln-durch-beschichten/lackieren/uv-lack/, Zugriff: 10.02.2017
26. http://www.veredelungslexikon.htwk-leipzig.de/de/veredeln-durch-beschichten/lackieren/glitterlack/, Zugriff: 10.02.2017

Weiterführende Literatur

27. http://www.duestec.de/technologie/plasmatechnologie/. Zugegriffen: 18. Feb. 2015

Schiffbau

13

Nikolai Glück, Linda Fröck, Markus Brede, Oliver Klapp, Christof Nagel, Andreas Wulf, Thomas Reinert und Sven Exner

13.1 Fügen im Schiffbau – Kleben statt schweißen

Linda Fröck und Nikolai Glück

Im klassischen Schiffbau werden zur Herstellung von Fügeverbindungen bisher überwiegend Schweißverfahren eingesetzt. Dabei kann sich die Klebtechnik auch in diesem anspruchsvollen Anwendungsbereich dem Wettbewerb der herkömmlich eingesetzten Fügemethoden stellen. Sie bietet zum Beispiel die Möglichkeit, mobil unterschiedlichste Halterungen zu fügen, ohne die Korrosionsschutzbeschichtungen zu beschädigen.

Da sich Planungs-, Konstruktions-, Rohbau- und Ausrüstungsphase immer häufiger zeitlich überschneiden, kommt es insbesondere beim Bau von Spezialschiffen vielfach zu nachträglichen Anpassungen. Daraus resultiert das Problem, dass zusätzliche Ausrüstungsgegenstände und Versorgungsleitungen auf bereits endgültig beschichteten Oberflä-

N. Glück (✉) · L. Fröck (✉)
Fraunhofer-Einrichtung für Großstrukturen in der Produktionstechnik
Rostock, Deutschland
E-Mail: nikolai.glueck@hro.ipa.fraunhofer.de

L. Fröck
E-Mail: linda.froeck@hro.ipa.fraunhofer.de

M. Brede (✉) · O. Klapp (✉) · C. Nagel (✉) · A. Wulf (✉)
Bereich Klebtechnik und Oberflächen, Fraunhofer-Institut für Fertigungstechnik und Angewandte Materialforschung IFAM
Bremen, Deutschland
E-Mail: markus.brede@ifam.fraunhofer.de

O. Klapp
E-Mail: oliver.klapp@ifam.fraunhofer.de

M. Doobe (Hrsg.), *Kunststoffe erfolgreich kleben*,
https://doi.org/10.1007/978-3-658-18445-2_13

chen befestigt werden müssen und dadurch aufwendige Vor- und Nacharbeiten für die Durchführung der Schweißungen notwendig werden. Die Arbeiten und Kosten für das Entschichten sowie Schützen der Umgebung vor Schäden durch z. B. Schweißspritzer sowie des anschließenden erneuten Beschichtens sind immens. Zusätzlich besteht durch die heißen Arbeiten stets die Gefahr von Schwelbränden. Aus diesem Grund wird auf den Werften ein wärmearmes Fügeverfahren benötigt, mit dem es möglich ist, Halter direkt auf einer beschichteten Oberfläche zu befestigen. Neben der mechanischen Fügetechnik, die infolge von Beschädigungen der Beschichtung häufig Korrosionsprobleme nach sich zieht, bietet die Klebtechnik die Möglichkeit, mobil unterschiedlichste Halterungen sowohl im Innen- als auch im Außenbereich eines Schiffes zu fügen, ohne die Korrosionsschutzbeschichtungen zu beschädigen.

13.1.1 Kleben auf Beschichtungen

Das Kleben auf Beschichtungen bringt jedoch mehrere Herausforderungen mit sich. Insbesondere die oberste Lage einer Stahlbaubeschichtung ist in der Regel so formuliert, dass sie eine glatte und schmutzabweisende Oberfläche bildet. Dies ist für den Aufbau einer adhäsiven Verbindung nicht von Vorteil. Zudem gibt es in den meist zwei- oder dreischichtigen Systemen aus Grund-, Zwischen- und Deckschicht, die im Regelfall nicht für die Einleitung von mechanischen Lasten konzipiert sind, diverse Versagensmöglichkeiten durch Überschreiten der Kohäsions- und Adhäsionsfestigkeit in, beziehungsweise zwischen den Einzelschichten. Ein weiteres Problem stellen Verschmutzungen dar, die beispielsweise im Schiffbau durch die angewendeten Fertigungsverfahren und Betriebsmittel nicht zu vermeiden sind. Eine Behandlung, d. h. Reinigung und Aktivierung der Oberfläche, die sämtliche Verschmutzungen entfernt und die Oberfläche für den Aufbau von Adhäsion präpariert, aber die Kohäsions- und Adhäsionsfestigkeit in der Beschichtung nicht maßgeblich reduziert, ist somit die Voraussetzung für die klebtechnische Montage von Halterungen auf beschichteten Oberflächen. Durch die, im Vergleich zu anderen Substraten, geringe Festigkeit der Beschichtungen sind die Anforderungen an die Adhäsions-

C. Nagel
E-Mail: christof.nagel@ifam.fraunhofer.de

A. Wulf
E-Mail: andreas.wulf@ifam.fraunhofer.de

T. Reinert (✉)
Meyer Werft GmbH & Co. KG
Papenburg, Deutschland
E-Mail: reinert@meyerwerft.de

S. Exner (✉)
Fr. Lürssen Werft GmbH & Co. KG
Bremen, Deutschland
E-Mail: sven.exner@luerssen.de

und Kohäsionsfestigkeit der Klebverbindung vergleichsweise gering. Nach ISO 20340 [1] sind für Innenbeschichtungen Kopfzugfestigkeiten von nur 3 MPa und für Außenbeschichtungen 5 MPa gefordert.

13.1.2 Analyse geeigneter Oberflächenbehandlungsverfahren

Im Folgenden wird eine Analyse geeigneter Oberflächenbehandlungsverfahren am Beispiel der im Forschungsprojekt „Nachbearbeitungsfreies Halterkleben auf Schiff- und Stahlbaubeschichtungen" durchgeführten Untersuchungen vorgestellt. Der grundsätzliche Ablauf gliedert sich in:

- Bestimmung der auftretenden Verschmutzungen
- Auswahl potentiell geeigneter Reinigungs- und Aktivierungsverfahren
- Experimentelle Bestimmung der Wirksamkeit sowie eventueller Schädigungen durch
  a) Kontaktwinkelmessungen
  b) Kopfzugversuche
  c) Gitterschnittversuche

Die durchgeführten Schritte und angewandten Verfahren lassen sich so oder in leicht abgewandelter Form auf andere Problemstellungen übertragen.

13.1.3 Mögliche Verschmutzungen identifizieren

Im ersten Schritt wurde analysiert, welche Verschmutzungen im Schiffbau bzw. im Schiffsbetrieb auftreten können. Verschmutzungen lassen sich prinzipiell in drei Arten unterteilen. Zu den organischen Verschmutzungen zählen beispielsweise Öle, Fette, Korrosionsschutzmittel und Fingerabdrücke, zu den anorganischen z. B. Oxide, Salze und die Inhaltsstoffe von Wasser. Zu der dritten Gruppe, den partikulären Verschmutzungen, gehören unter anderem Staub, Grafit und Späne. Im Schiffbau können im Prinzip alle Arten von Verschmutzungen auftreten. Für die weiteren Untersuchungen wurden folgende Referenzverschmutzungen ausgewählt:

1. Salzwasser
2. Schweröl
3. Schmiermittel
4. Glasreiniger (nichtflüchtige Bestandteile)
5. Transportverschmutzung (Staub, Fingerabdrücke, etc.)

Um eine gleichmäßige Verschmutzung zu erreichen, wurde ein Teil der Proben in einer Salzsprühkammer einem Salznebel ausgesetzt, was zu einer definierten Salzanlagerung auf der Oberfläche führte. Das Schweröl wurde in einem Lösungsmittel gelöst und mittels einer Sprühvorrichtung auf die Proben appliziert. Das Schmiermittel und der Glasreiniger konnten aufgesprüht werden, ohne zuvor in Lösung gebracht zu werden. Die Transportverschmutzung ist bereits durch den Probentransport, das Handling beim Ein- und Ausladen usw. gegeben.

13.1.4 Geeignete Reinigungsverfahren auswählen

Im nächsten Schritt wurden die möglichen Oberflächenbehandlungen, zu denen die Oberflächenvorbereitung (Sichtprüfung, Passendmachen, Reinigen, ...), die Oberflächenvorbehandlung (mechanisch, chemisch, physikalisch) sowie die Oberflächennachbehandlung (Klimatisieren, Primerapplikation, ...) zählen, näher betrachtet. Zum Reinigen der Oberfläche bieten sich zahlreiche Möglichkeiten an. Wichtig bei der Wahl eines Reinigungsverfahrens ist die rückstandsfreie Entfernung aller vorhandenen Verschmutzungen. Zudem darf das Substrat, also in diesem Fall die Beschichtung, nicht beschädigt werden. Eine entscheidende Rolle spielt zudem die mobile Einsatzfähigkeit des Verfahrens. Da es unumgänglich ist, bei der Nutzung wässriger Reiniger Spülkaskaden anzuschließen, um beispielsweise Tensidrückstände auf den Klebflächen zu entfernen, wurde der Einsatz solcher Reiniger ausgeschlossen. Der materielle Aufwand für eine mobile Lösung wäre zu hoch. Beim Einsatz von Lösungsmitteln sind solche Maßnahmen nicht notwendig, da sie rückstandsfrei abtrocken. Aus diesem Grund wurde im Projekt zum einen Isopropanol als Reinigungsmittel getestet. Zum anderen wurde ein selbst hergestelltes Reinigungsgemisch, im Weiteren „Reinigergemisch" genannt, verwendet. Die Zusammensetzung des Reinigergemischs aus vollentsalztem Wasser, Isopropanol und Aceton ergibt sich aus den abzureinigenden Verschmutzungen. In seiner Zusammensetzung ähnelt es damit kommerziell verfügbaren Reinigern, die von Klebstoffherstellern angeboten werden. Aus Tab. 13.1 wird ersichtlich, dass die Mischung aus Isopropanol (Alkohol) und Aceton (Keton) alle potentiell auftretenden Verschmutzungen entfernen kann. Durch einen hohen Anteil an vollentsalztem Wasser können zudem Salze gelöst und z. B. Staub entfernt werden. Der Reiniger weist im Vergleich zum reinen Isopropanol eine geringere Aggressivität gegenüber der Beschichtung auf. Eine rückstandsfreie Abtrocknung des Reinigers ist gegeben, jedoch ist die Ablüftzeit aufgrund des Wasseranteils höher als bei reinen Lösungsmitteln. Im Gegenzug sinkt jedoch die Brandgefahr, da der Flammpunkt gesteigert wird.

Tab. 13.1 Reinigungswirkung unterschiedlicher Reiniger bei verschiedenen Verschmutzungen (schlecht entfernbar: -, bedingt entfernbar: o, gut entfernbar: +). (Quelle: Fraunhofer IGP nach Fraunhofer IFAM)

Verunreinigung	Kohlen-wasserst.	Alkohole	Ketone	Alkoxy-Propanole
Schneidöl	o	o	+	+
Konservierungsöl	+	o	+	+
Silikonöl	-	-	-	-
Ziehfett	o	o	+	+
Wachs	+	o	o	o
Ziehseife	-	-	-	-
Emulsion	o	o	+	+
Schmiermittel	+	o	+	+
Polierpaste	o	o	o	o
Pigment	o	-	o	o
Metallabrieb	o	-	o	o
Harz (flüssig)	+	+	+	+
Klebstoffe (abgebunden)	-	o	o	o
Flußmittel	-	+	+	+
Salzrückstände	-	o	- o	o
Fingerabdrücke	-	+	+	+

13.1.5 Zusätzliche Oberflächenaktivierung

Neben einer Oberflächenvorbereitung wurde zudem an einem Teil der Proben eine Oberflächenvorbehandlung durchgeführt. Dabei wurden die Verfahren des Plasmastrahlens und des flammpyrolytischen Silikatisierens (im Folgenden „Beflammen“ genannt) ausgewählt. Beide Methoden zählen zur Gruppe der physikalischen Oberflächenvorbehandlungen. Mechanische Verfahren, wie beispielsweise das Anschleifen, wurden ausgeschlossen, da aus einem vorherigen Projekt [2] bekannt ist, dass durch das Aufrauen und der daraus resultierenden Oberflächenvergrößerung eine größere Angriffsfläche für Lösungsmittel geschaffen wird. Dadurch kam es zu Quellungen und zum Ablösen der Deckschicht. Durch die Nutzung eines chemischen Verfahrens wie dem Beizen kommt es ebenfalls zur Beschädigung der Beschichtung. Eine Oberflächennachbehandlung, wie z. B. die Anwendung eines Primers, ist vom verwendeten Klebstoff abhängig und wird an dieser Stelle daher nicht weiter betrachtet. Bei Verfügbarkeit eines für die vorliegenden Oberflächen vom Hersteller empfohlenen klebstoffspezifischen Primers ist dessen Anwendung in der Regel empfehlenswert. Zusammenfassend wurden im Projekt „Halterkleben“ die vier folgenden Verfahren zur Oberflächenbehandlung ausgewählt:

1. Reinigen mit Isopropanol
2. Reinigen mit Reinigergemisch
3. Reinigen mit Reinigergemisch und Plasmastrahlen
4. Reinigen mit Reinigergemisch und Beflammen

13.1.6 Prüfmatrix

Im Projekt wurden drei unterschiedliche Beschichtungsaufbauten untersucht. Dabei handelte es sich um eine Schiffsaußen- und eine Schiffsinnenbeschichtung sowie ein System für die Beschichtung von stationären Bauwerken in der Nord- und Ostsee, wie z. B. Offshore-Windparks. Als Referenzoberfläche wurden unbeschichtete Stahlprobekörper verwendet. Der Tab. 13.2 sind Schichtaufbau der Beschichtungen sowie deren chemische Basis zu entnehmen.

Die vier Oberflächen wurden mit den fünf Referenzverschmutzungen beaufschlagt. Anschließend wurde jede dieser zwanzig Kombinationen jeder der vier Oberflächenbehandlungen unterzogen.

13.1.7 Bestimmung der Reinigungswirkung

Um die Reinigungswirkung und deren Auswirkung auf die Beschichtung beurteilen zu können, wurden an den Proben Kontaktwinkelmessungen, Kopfzugversuche und Gitterschnitte durchgeführt. Der Kontaktwinkel gibt dabei Aufschluss über die Benetzbarkeit und somit über die Oberflächenspannung einer Oberfläche. Stoffe mit einer geringen Oberflächenspannung, wie beispielsweise Teflon (19 mN/m), lassen sich im Allgemeinen schlechter kleben als Materialien mit einer höheren Oberflächenspannung wie z. B. Stahl (29–50 mN/m). Einen entscheidenden Anteil an der Ausbildung einer ausreichenden Adhäsion zwischen Fügeteil und Klebstoff hat der polare Anteil der Oberflächenspannung.

Tab. 13.2 Übersicht der verwendeten Beschichtungen mit Lagenaufbau und chemischer Basis. (Quelle: Fraunhofer IGP)

Beschichtungstyp	Lage	Chemische Basis
Innenbeschichtung	Lage 1	Alkydharz
Außenbeschichtung	Lage 1	Aluminium-Epoxid
	Lage 2	Polyurethan-Decklack
Offshorebeschichtung	Lage 1	Zink-Epoxid-Grundierung
	Lage 2	Epoxid-Zwischenschicht
	Lage 3	Polyurethan-Decklack
Referenz	unbeschichteter Baustahl (S355)	

Tab. 13.3 Parameter der Kontaktwinkelmessungen. (Quelle: Fraunhofer IGP)

Parameter	Wert
Kontaktwinkelmessgerät	Contact Angle System OCA (dataphysics)
Tropfenanzahl pro Flüssigkeit	10
Dosiergeschwindigkeit	2 µm/s
Testflüssigkeit 1	Wasser
Testflüssigkeit 2	Diiodmethan
Testflüssigkeit 3	Ethylenglycol

Dieser ist ein Anhaltspunkt für die Anzahl der „bindungsfreudigen" Anteile auf der Oberfläche. Befinden sich Verschmutzungen wie beispielsweise Öl auf der Oberfläche, dann sinkt die Benetzbarkeit und somit auch die Oberflächenspannung. Einige Verschmutzungen können allerdings auch zu einer scheinbar verbesserten Oberflächenspannung führen, indem sie in der Testflüssigkeit zur Bestimmung des Kontaktwinkels in Lösung gehen und somit die Oberflächenspannung der Flüssigkeit ändern und das Ergebnis verfälschen. Aus diesem Grund wurden alle Untersuchungen mit drei unterschiedlichen Flüssigkeiten durchgeführt. Die Versuchsparameter sind der Tab. 13.3 zu entnehmen.

Die Ergebnisse der durchgeführten Untersuchungen zeigen, dass die Reinigungswirkung der Oberflächenbehandlungsverfahren unabhängig von den Beschichtungen ist. Le-

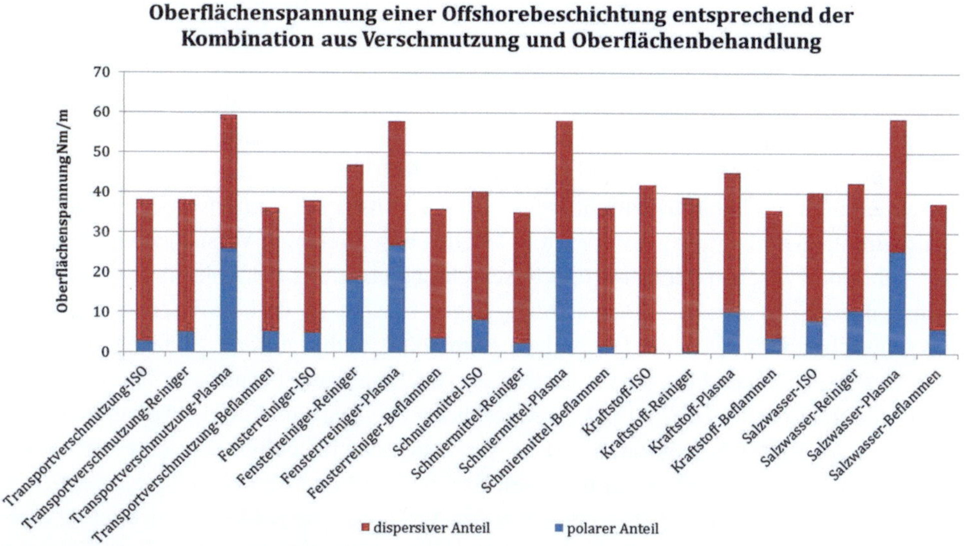

Abb. 13.1 Oberflächenspannungen einer Offshorebeschichtung entsprechend der Kombination aus Verschmutzung und Oberflächenbehandlung. (Quelle: Fraunhofer IGP)

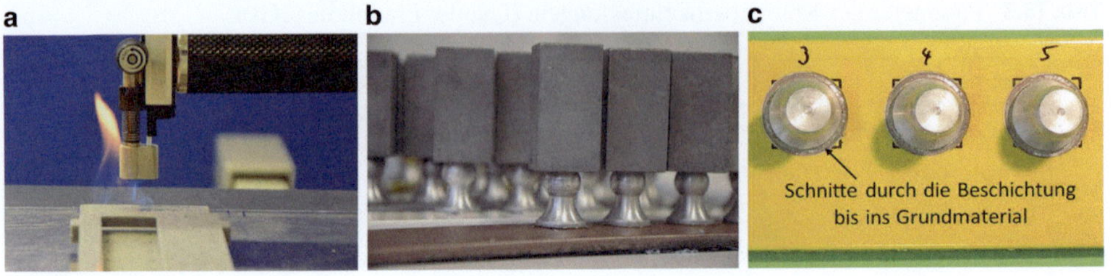

Abb. 13.2 **a** Beflammen, **b** geklebter Dolly, **c** eingeschnittene Beschichtung. (Bildquelle: Fraunhofer IGP)

diglich bei Stahl traten Abweichungen auf. Es zeigte sich, dass durch die Nutzung des Reinigergemischs und einer anschließenden Plasmabehandlung die höchsten Oberflächenspannungen mit dem jeweils höchsten polaren Anteil erzielt werden können. Beispielhaft soll dies an der Offshorebeschichtung in Abb. 13.1 dargestellt werden. Die Nutzung von Isopropanol und dem Reinigergemisch führt zu vergleichbaren Ergebnissen. Die geringsten Oberflächenspannungen wurden mit der Kombination aus Reinigergemisch und Beflammung erzielt.

13.1.8 Ermittlung potentieller Schädigungen

Eine gute Benetzbarkeit ist eine notwendige, jedoch keine hinreichende Bedingung für den Aufbau von Adhäsion. Aus diesem Grund wurden zusätzlich zu den Kontaktwinkelmessungen Kopfzugversuche durchgeführt. Dabei wird ein Prüfkörper, Dolly genannt, mit einem Cyanacrylatklebstoff (Sekundenklebstoff) auf die gereinigte Beschichtungsoberfläche geklebt. Nach der Klebstoffaushärtung wurde die Beschichtung um den Prüfkörper herum bis auf das Grundmaterial eingeschnitten (Abb. 13.2) und anschließend der Dolly mit einer hydraulischen Prüfeinrichtung abgezogen. Aus der dafür notwendigen Maximalkraft wird die Kopfzugfestigkeit ermittelt. Mit den beschriebenen Versuchen wurde neben der Adhäsion zwischen Klebstoff und Beschichtung ebenfalls die Kohäsions- und Adhäsionsfestigkeit der einzelnen Beschichtungslagen untersucht, da bei dieser Prüfung stets das schwächste Glied versagt. Dadurch ist es möglich, nicht sichtbare Schäden, die durch die Oberflächenbehandlung hervorgerufen werden könnten, zu ermitteln. Die Parameter der nach DIN EN ISO 16276-1 [3] durchgeführten Prüfung sind Tab. 13.4 zu entnehmen.

Neben der Haftfestigkeit wurde in den Versuchen das Bruchbild betrachtet und dokumentiert. In Tab. 13.5 sind die auftretenden Bruchbilder beschrieben und dargestellt.

Das Verfahren des Beflammens führte in den Versuchen am häufigsten zu einem Adhäsionsbruch zwischen dem verwendeten Cyanacrylat und der Oberfläche der Beschichtung. Ansonsten traten in den meisten Fällen Kohäsionsbrüche in den Beschichtungen auf. Signifikante systematische Abweichungen zwischen den Haftfestigkeiten der einzelnen Serien mit den Oberflächenbehandlungen Isopropanol, Reinigergemisch und Plasmastrahlen sind nicht vorhanden (Abb. 13.3), sodass davon auszugehen ist, dass es durch keines der Verfahren zu einer maßgeblichen Schädigung der Beschichtungen kommt. Dementsprechend beeinflussen alle Verfahren die Oberfläche so, dass Adhäsion aufgebaut werden kann.

Um die Auswirkung der Reinigungsverfahren auf die Beschichtung zu ermitteln, wurden Gitterschnittversuche durchgeführt. Der Versuch dient zur Untersuchung der Kohäsions- und Adhäsionseigenschaften innerhalb der Beschichtung. Dazu wird mit einem Cutter die Beschichtung gitterartig bis auf das Grundmaterial eingeschnitten. Nach dem Entfernen loser Beschichtungspartikel mit einem Pinsel oder einer Bürste wurde ein Klebestreifen auf die Gitterschnittfläche geklebt und unter einem Winkel von ca. 60° abgezogen. Die Parameter des Tests sind in der Tab. 13.6 aufgeführt.

Nach der Durchführung der Gitterschnitte wurde jedem Gitterschnitt ein Gitterschnitt-Kennwert entsprechend der DIN EN ISO 2409 [4] zugeordnet. Neben den in der Norm

Tab. 13.4 Parameter der Kopfzugversuche. (Quelle: Fraunhofer IGP)

Parameter	Wert
Norm	DIN EN ISO 16276-1
Durchmesser des Prüfstempels	20 mm
Abzugsgeschwindigkeit	0,7 MPa/s
Prüfgerät	PosiTest AT-A
Probenanzahl pro Kombination aus Beschichtung, Verschmutzung und Oberflächenbehandlung	6

Tab. 13.5 Arten von im Projekt auftretenden Bruchbildern. (Quelle: Fraunhofer IGP)

Bruchart und Beschreibung	Schematische Darstellung	Beispielbild
Kohäsionsbruch Versagen im Klebstoff, (hier: in innerhalb der Beschichtung)		
Adhäsionsbruch Versagen zwischen Klebstoff und Fügeteil		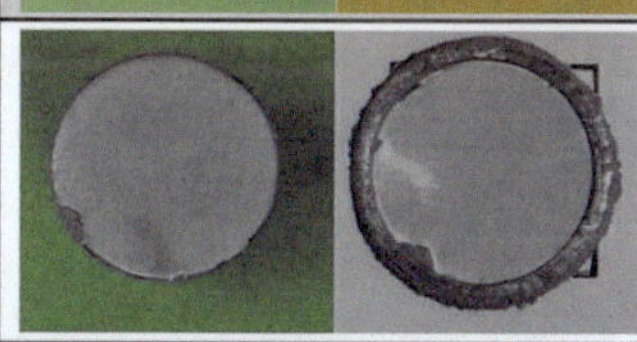
Mischbruch Bruchbild mit kohäsiven und adhäsiven Versagensanteilen		

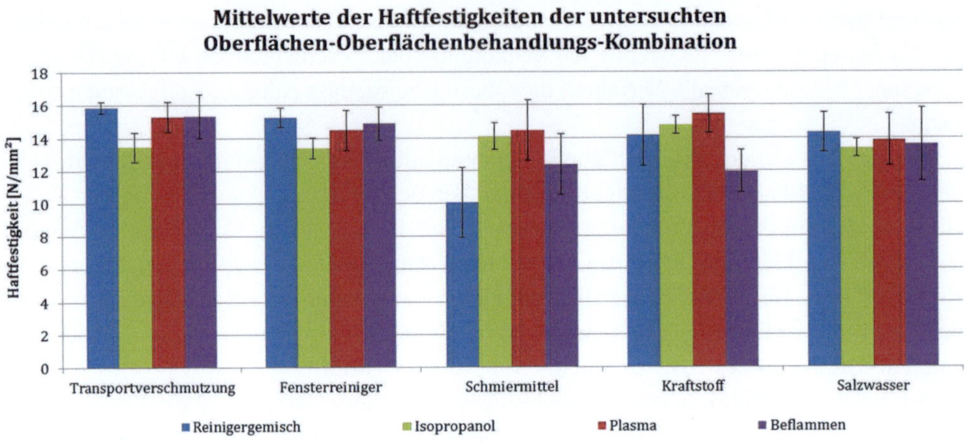

Abb. 13.3 Ergebnisse der Kopfzugversuche am Beispiel der Offshorebeschichtung. (Bildquelle: Fraunhofer IGP)

Tab. 13.6 Parameter der Gitterschnittversuche. (Quelle: Fraunhofer AGP)

Parameter	Wert
Norm	In Anlehnung an DIN EN ISO 2409
Einstellen des Schnittmusters	Schablone
Schnitte pro Richtung	6
Abstand zwischen zwei Schnitten	2 mm
Gitterschnitte pro Kombination aus Beschichtung, Verschmutzung und Oberflächenbehandlung	3

definierten Schadensbildern wurde in den Untersuchungen eine weitere Schadensform beobachtet. Dabei kommt es zum Einreißen der Beschichtung, ohne dass Abplatzungen auftreten. Dies kann bei allen Gitterschnitt-Kennwerten auftreten. In Tab. 13.7 sind sowohl die Beispielbilder aus der Norm als auch Beispielbilder der im Projekt geprüften Beschichtungen dargestellt.

Die Versuche zeigen, dass die Gitterschnittkennwerte aller Verfahren in vergleichbaren Größenordnungen liegen. Jedoch wurden die höchsten, also schlechtesten Gitterschnitt-Kennwerte, mit der Oberflächenbehandlung „Plasmastrahlen“ erreicht. Die zweithöchsten Werte wurden auf beflammten Probekörpern ermittelt. Hinzu kommt, dass mit diesem Verfahren am häufigsten die Problematik der zusätzlichen Risse in der Beschichtung beobachtet wurde. Die geringsten und somit besten Werte wurden mit der Nutzung des Reinigergemisches erzielt.

Tab. 13.7 Grundlage der Bewertung von Gitterschnitten nach DIN EN ISO 2409 [4]. (Quelle: Fraunhofer AGP)

Gitter-schnitt-Kennwert	Beschreibung	Aussehen der Oberfläche im Bereich des Gitterschnittes, an der Abplatzungen aufgetreten sind: Schematisch und Beispielbild	
0	Die Schnittränder sind vollkommen glatt; keines der Quadrate des Gitters ist abgeplatzt.	-	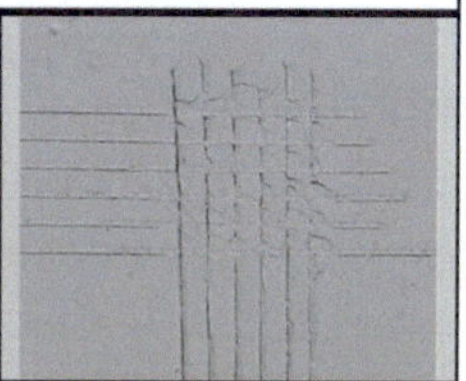
1	An den Schnittpunkten der Gitterlinie sind kleine Splitter der Beschichtung abgeplatzt. Abgeplatzte Fläche nicht größer als 5% der Gitterschnittfläche.	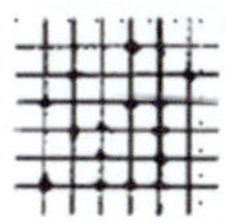	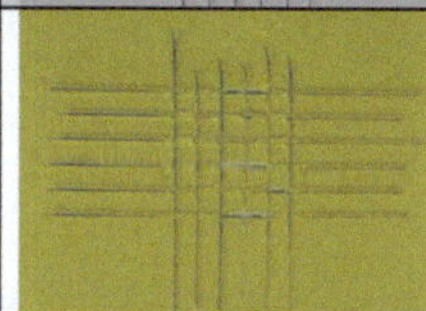
2	Die Beschichtung ist längs der Schnittränder und/oder an den Schnittpunkten der Gitterlinie abgeplatzt. Abgeplatzte Fläche größer als 5%, aber nicht größer als 15% der Gitterschnittfläche.	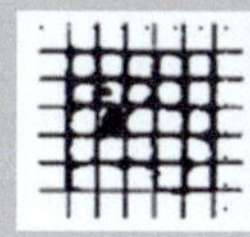	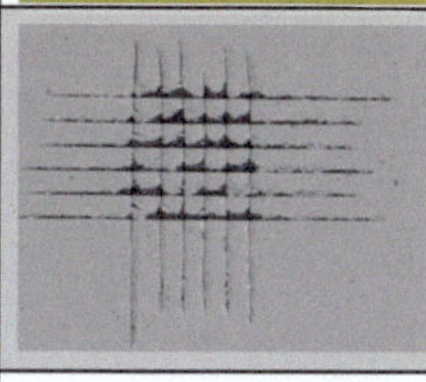
3	Die Beschichtung ist längs der Ränder teilweise oder ganz in breiten Streifen abgeplatzt, und/oder einige Quadrate sind teilweise oder ganz abgeplatzt. Abgeplatzte Fläche größer als 15%, aber nicht größer als 35% der Gitterschnittfläche.	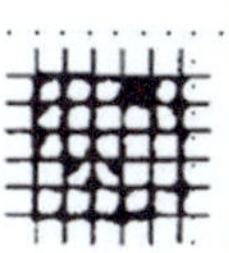	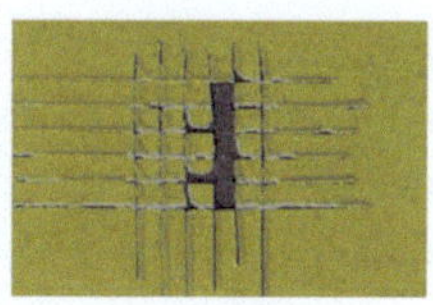
4	Die Beschichtung ist längs der Schnittränder in breiten Streifen abgeplatzt, und/oder einige Quadrate sind ganz oder teilweise abgeplatzt. Abgeplatzte Fläche größer als 35%, aber nicht größer als 65% der Gitterschnittfläche.	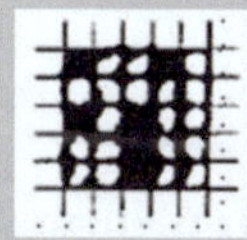	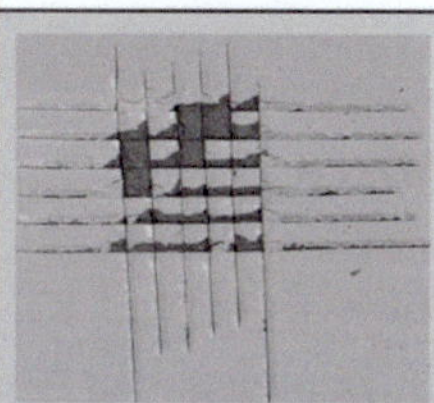
5	Jedes Abplatzten, das nicht mehr als Gitterschnitt-Kennwert 4 eingestuft werden kann.	-	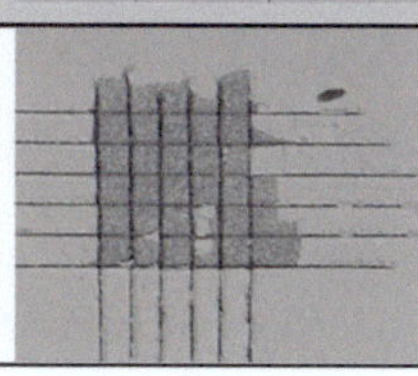

13.1.9 Fazit

Die wesentlichen Ergebnisse des umfangreichen Versuchsprogramms lassen sich wie folgt zusammenfassen:

- Die auf Basis der vorkommenden Verschmutzungen (u. a. Salz, Öl, Staub) ausgewählten Reinigungsmittel Isopropanol und Isopropanol-Aceton-Wasser-Gemisch reinigen alle Oberflächen so, dass Adhäsionskräfte ausgebildet werden können, die oberhalb der Kohäsionsfestigkeit der Beschichtungen liegen.
- Durch eine anschließende Atmosphärendruck-Plasmabehandlung ist eine Steigerung der polaren Anteile der Oberflächenspannung möglich, die aufgrund des Kohäsionsversagens der Beschichtungen jedoch keinen Einfluss auf die ermittelten Verbundfestigkeiten hat. Erfahrungsgemäß hat eine Plasmabehandlung allerdings eine verbesserte Alterungsbeständigkeit zur Folge. Somit könnte sich dies mit fortschreitender Alterung ändern.
- Der in den Kontaktwinkelmessungen ermittelte negative Einfluss der flammpyrolytischen Silikatisierung auf die Oberflächenspannung hat ebenfalls keinen signifikanten Einfluss auf die ermittelten Verbundfestigkeiten. Sporadisch auftretende Adhäsionsbrüche lassen aber vermuten, dass gealterte Proben ein anderes Bild zeigen könnten.
- In den Gitterschnittversuchen zeigen sowohl die plasmabestrahlten als auch die silikatisierten Beschichtungen eine leicht schlechtere Performance. Eine Korrelation mit den Kopfzugversuchen ist damit nicht festzustellen.

Die Untersuchungen zeigen damit, dass sich sorgfältig gereinigte Oberflächen herkömmlicher Schiffbaubeschichtungen auf Alkydharz- und Polyurethanbasis grundsätzlich für die klebtechnische Montage von Anbauteilen eignen und sich Halter von Ausrüstungsgegenständen und Versorgungsleitungen auf Schiffen und Offshorebauwerken klebtechnisch fügen lassen.

13.1.10 Ausblick

Wie für die meisten Klebverbindungen gilt auch und insbesondere bei Klebungen auf Beschichtungen, dass Abminderungsfaktoren für medial, thermisch und mechanisch induzierte Alterung berücksichtigt werden müssen. Dies erfordert die Durchführung weiterer experimenteller Untersuchungen.

Die Autoren
M. Sc. (EAE) Linda Fröck (linda.froeck@igp.fraunhofer.de) ist hier als wissenschaftliche Mitarbeiterin tätig.

Dr.-Ing (EAE) Nikolai Glück (nikolai.glueck@igp.fraunhofer.de) ist Gruppenleiter Klebtechnik und Neue Werkstoffe.

13.2 Mit Klebstoffen konstruieren – „Easy-to-use"-Dimensionierung im Schiffbau

Markus Brede, Oliver Klapp, Christof Nagel, Andreas Wulf, Thomas Reinert und Sven Exner

Der verschärfte Wettbewerb zwingt zu immer kürzeren Produktentwicklungszyklen. Vorversuche und Bauteilerprobung sind aus Zeit- und Kostengründen auf das unbedingt erforderliche Mindestmaß zu begrenzen. Nach dem Vorbild des rechnergestützten Designprozesses bei der Produktentwicklung besteht deshalb die Forderung, eine entsprechende Vorgehensweise auch bei der Dimensionierung von geklebten Bauteilen und -gruppen zu realisieren. An zwei ausgewählten Beispielen aus dem Schiffbau werden im Folgenden die Möglichkeiten numerischer FE-Analysen bei der Auslegung von Klebverbindungen vorgestellt und diskutiert.

Für die rechnergestützte Dimensionierung von Bauteilen in der Konstruktion sind Berechnungsmethoden erforderlich, die es erlauben, auch kompliziertere Strukturen beanspruchungsgerecht auszulegen, dabei aber gleichzeitig möglichst einfach in der Anwendung zu bleiben. Bei der Berechnung von Klebverbindungen kann zwischen analytischem und numerischem Ansatz gewählt werden. Zu beachten ist, dass bei analytischen Verfahren einerseits oft vereinfachende Randbedingungen gelten, die häufig nur grob überschlägige Beanspruchungsanalysen nach sogenannten Nennspannungskonzepten erlauben, andererseits aber exakte analytische Lösungen schnell beliebig kompliziert und damit nur schwer anwendbar werden. Oder sie versagen ganz, wenn übliche, realitätsnahe Randbedingungen (unterschiedliche, anisotrope Fügepartner, Fügeteildeformation, etc.) Berücksichtigung finden sollen. Zur Lösung derartiger Probleme eignet sich in hervorragender Weise die Methode der Finiten Elemente (FEM).

Nachfolgend werden anhand des Anwendungsfalls „Schiffbau" zwei Berechnungsbeispiele einerseits für hochfeste und -steife Strukturklebungen, andererseits für zähelastische Montageklebungen mit niedermoduligen Klebstoffsystemen vorgestellt.

13.2.1 Berechnungsbeispiel: geklebte Stahl-Sandwich-Platten

Es bestand die Aufgabe, automatisiert laserstrahlgeschweißte Stahl-Sandwich-Platten („I-core" [5]) auf rationelle Weise auf der Werft zu größeren Strukturen zu fügen. Kommen aus Gründen des Leichtbaus sehr dünne Bleche zum Einsatz, scheiden konventionelle Schweißtechniken oft aus. Alternativ bietet sich das Fügen durch beanspruchungsgerecht ausgelegte Klebverbindungen (Abb. 13.4) an.

Die Anforderung der Schiffbauindustrie, möglichst einfache und praktikable Auslegungsmethoden zur Realisierung derartiger Klebverbindungen zu verwenden, wurde durch die Entwicklung einer sogenannten „Easy-to-use"-Dimensionierungsmethode erfüllt. Dieser neue Auslegungsansatz besteht aus einer Kombination einfacher analytischer Beziehungen, einem einfachen pragmatischen Versagenskriterium und linearelastischer Finite-Element-Analysen.

Im Wesentlichen beruht diese Vorgehensweise auf dem Vergleich charakteristischer örtlicher Beanspruchungen der Klebschicht, die mit Hilfe linearelastischer FEA beim Erreichen der Tragfähigkeit einer dem späteren Bauteil in allen Belangen ähnlichen Probe ermittelt wurden, mit dem Beanspruchungszustand im zu dimensionierenden Bauteil. In diesem Fall wurde an bauteilähnlichen Zugscherproben im Abstand von $d_K/10$ zur Substratoberfläche eine charakteristische Nenn-Schubfestigkeit von $\tau_{B,\,nenn} \approx 38{,}4$ MPa für den eingesetzten 2K-Epoxidharz-Klebstoff ermittelt. Bei nahezu örtlicher Betrachtung über eine Distanz, die der Dicke der Klebschicht entspricht (hier $d_K = 0{,}3$ mm) ergibt sich bei Erreichen der Tragfähigkeit an den hoch beanspruchten Überlappungsenden eine gemittelte „örtliche" charakteristische Schubspannung von rund $\tau_{xy,\,C} = 58$ MPa, bzw. eine Hauptnormalspannung $\sigma_{1,\,C} = 131$ MPa. Dabei handelt es sich zwar um Werte, die auf Grund von viskoelastischen Relaxationsvorgängen des Klebstoffs in der Realität nie erreicht werden, wohl aber als charakteristische Vergleichswerte für den Versagensfall der Klebverbindung herangezogen werden dürfen. Die nach dem Nennspannungskonzept vorher grob ausgelegte Bauteil-Klebverbindung wird nun hinsichtlich ihrer Überlappungslänge und -breite bei vorgegebener Designbelastung mit Hilfe ebenfalls linearelastischer FEA so weit modifiziert, bis die zuvor ermittelten charakteristischen Klebschichtbeanspruchungen – ggf. um Sicherheitsfaktoren reduziert – an vergleichbaren Orten im Bauteil unterschritten werden.

Die Verifikation dieser Vorgehensweise erfolgt am Beispiel der in Abb. 13.4 dargestellten Bauteil-Klebverbindungen. Während es sich bei der in Abb. 13.4, links dargestellten Verbindung um eine unter Zugbelastung symmetrisch beanspruchte Klebverbindung handelt (s. Abb. 13.5), stellt sich bei der in Abb. 13.4, rechts dargestellten Verbindung eine asymmetrische Spannungsverteilung in der Klebschicht unter Zugbelastung ein (s. Abb. 13.6), die auf analytischem Weg kaum zu ermitteln ist.

Tab. 13.8 gibt eine Übersicht über die analytisch, numerisch und experimentell ermittelten Beanspruchungen bzw. Belastungen sowie die daraus bestimmten Anstrengungsfaktoren. Während im Fall der Klebverbindung vom Typ A sowohl die analytische als auch

a b

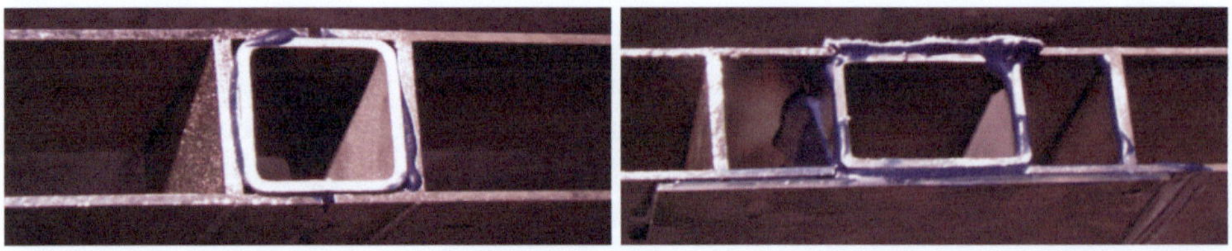

Abb. 13.4 Klebverbindungen zum Fügen von laserstrahlgeschweißten Stahl-Sandwich-Platten. **a** Typ A, **b** Typ B. (Bildquelle: Fraunhofer IFAM)

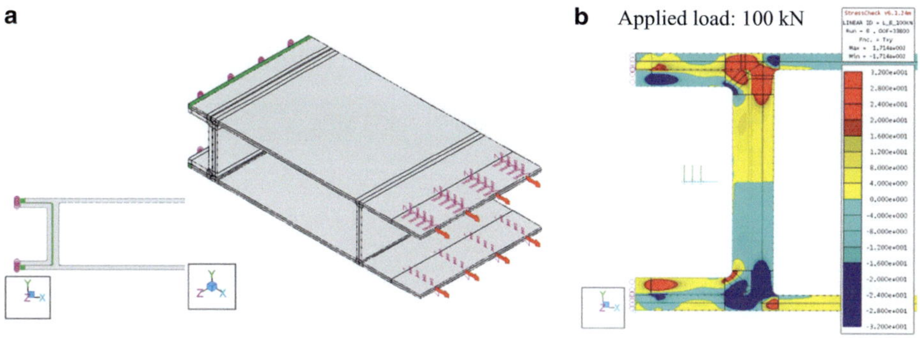

Abb. 13.5 Klebverbindung, Typ A (**a** FE-Modell, **b** symmetrische Schubspannungsverteilung). (Bildquelle: Fraunhofer IFAM)

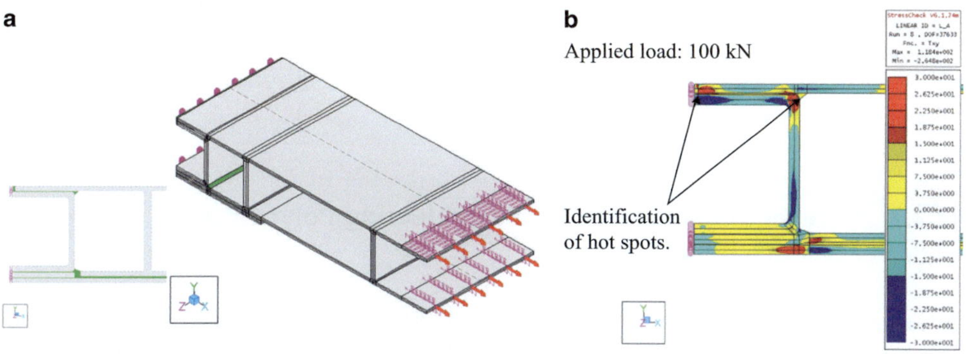

Abb. 13.6 Klebverbindung, Typ B (**a** FE-Modell, **b** asymmetrische Schubspannungsverteilung). (Bildquelle: Fraunhofer IFAM)

die numerische Abschätzung die tatsächliche Tragfähigkeit unterschätzen, führt die analytische Abschätzung der Tragfähigkeit der Klebverbindung vom Typ B zu einer deutlichen Überschätzung um etwa den Faktor 2. Nur die numerische Abschätzung berücksichtigt den asymmetrischen Beanspruchungszustand und liefert eine Tragfähigkeit, die noch im Bereich der Standardabweichung des Experiments liegt. Wie weiterhin aus Tab. 13.8 zu entnehmen ist, führt diese Vorgehensweise nur bei Betrachtung der Schubspannung in der Klebschicht zu brauchbaren Ergebnissen. Die Dimensionierung nach der charakteristischen Hauptnormalspannung würde in beiden Fällen zur deutlichen Überschätzung der Tragfähigkeit führen. Die beschriebene Methode wurde für die Auslegung weiterer Klebverbindungen mit gleichem Erfolg angewendet, wobei durch die richtige Wahl des Versagenskriteriums immer ein konservativer Ansatz möglich war, jedoch keine optimale Ausnutzung der Tragfähigkeit erzielt wurde. Dieses Ergebnis zeigt, dass diese Vorgehensweise nicht die Entbehrlichkeit eines allgemeingültigen Versagenskriteriums begründen kann, sondern bis dahin lediglich der Forderung z. B. der Schiffbauindustrie nach zeitna-

Tab. 13.8 Mechanische Kennwerte der Klebverbindungen. (Quelle: Fraunhofer IFAM)

Klebverbindung	Zugscherprobe		Typ A	Typ B
	$\tau_{xy,C}$	$\sigma_{1,C}$		
Zul. charakteristische Beanspruchung	58 MPa	131 MPa		
Analytische Abschätzung				
$F_Z = \tau_{B,nenn} \cdot A_K$			131 kN	300 kN
Numerische Abschätzung				
τ_{xy}			57,5 MPa	58 MPa
$\tau_{xy} / \tau_{xy,C}$			≈ 1	1
σ_1			85 MPa	63 MPa
$\sigma_1 / \sigma_{1,C}$			0,65	0,5
$\Rightarrow F_Z$			100 kN	160 kN
Experiment				
F_Z			160 ± 20 kN	136 ± 27 kN

her Bereitstellung eines pragmatischen numerischen Werkzeugs zur Dimensionierung von Klebverbindungen nachkommen soll.

13.2.2 Berechnungsbeispiel: Montageklebung Polycarbonat-Fensterscheibe

Bei einem zweiten Anwendungsfall bestand die Aufgabe darin, eine leichte und extrem bruchsichere Polycarbonat-Fensterscheibe (PC-) mit dem Aluminium-Schiffsrumpf zu verbinden (Abb. 13.7).

Sowohl die Scheibe als auch die Verbindung mussten auf Windlasten, insbesondere aber auf Seeschlag, ausgelegt werden. Aufgrund der zu erwartenden hohen thermomechanischen Beanspruchung der Verbindung im Betrieb (stark unterschiedliche Wärmeaus-

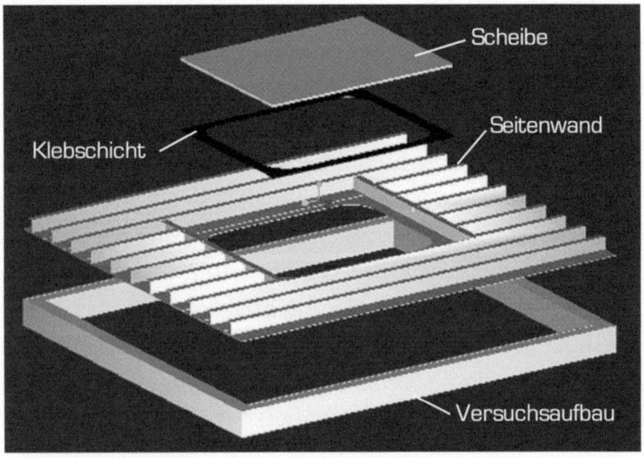

Abb. 13.7 Montageklebung Fensterscheibe (Explosionsdarstellung). (Bildquelle: Fraunhofer IFAM)

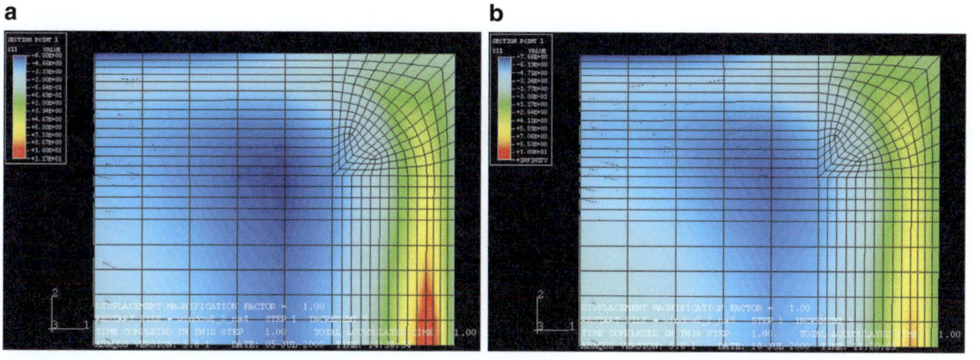

Abb. 13.8 Hauptnormalspannungsverteilung in der Klebschicht bei unterschiedlichen Klebschichtdicken (**a** Klebschichtdicke 4 mm, **b** Klebschichtdicke 8 mm). (Bildquelle: Fraunhofer IFAM)

dehnungskoeffizienten) kamen mechanische Befestigungsverfahren (Schrauben, Nieten) wegen den örtlichen Spannungsüberhöhungen und der damit verbundenen Gefahr der Rissinitiierung an diesen Stellen nicht in Frage. Brauchbar hingegen war die Anbindung über eine elastische niedermodulige Dickschichtklebung.

Die Verwendung von PC als Scheibenwerkstoff im Schiffbau sowie das Einkleben machte umfangreiche Untersuchungen notwendig, um eine Genehmigung durch die Klassifikationsgesellschaft zu erlangen. Die Untersuchungen wurden entsprechend den Anforderungen der IMO (International Maritime Organisation) durchgeführt.

Ergebnisse hyperelastischer FEA ([6]; Abb. 13.8) zeigen eine deutliche Abhängigkeit der Klebschichtbeanspruchungen von der Schichtdicke. Damit steht in diesem Fall eine Dimensionierungsgröße zur Kontrolle des Beanspruchungszustandes in der Klebschicht zur Verfügung.

Durch Bauteilversuche, bei denen die Scheibendurchbiegung ermittelt wurde (Abb. 13.9), konnten die Ergebnisse der FEA experimentell weitgehend verifiziert werden (Abb. 13.10).

13.2.3 Fazit

Wie die beiden vorgestellten Beispiele zeigen, eignen sich unterschiedlich aufwändige FEA dazu, einerseits die Tragfähigkeit von strukturellen Klebverbindungen in guter Näherung vorherzusagen, andererseits das Belastungs-Deformations-Verhalten elastischer Dickschichtklebungen nahezu exakt zu simulieren. Die Güte dieser Simulationen hängt in beiden Fällen entscheidend von der Bereitstellung möglichst exakter Klebstoffkennwerte/-funktionen, der Auswahl bzw. Formulierung zutreffender Werkstoffgesetze/-modelle und deren Implementierung in FE-Programme ab.

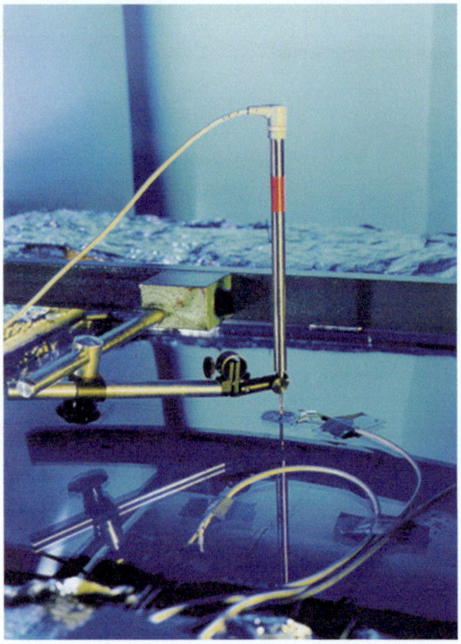

Abb. 13.9 Versuchsaufbau zur Ermittlung der Scheibendurchbiegung. (Bildquelle: Fraunhofer IFAM)

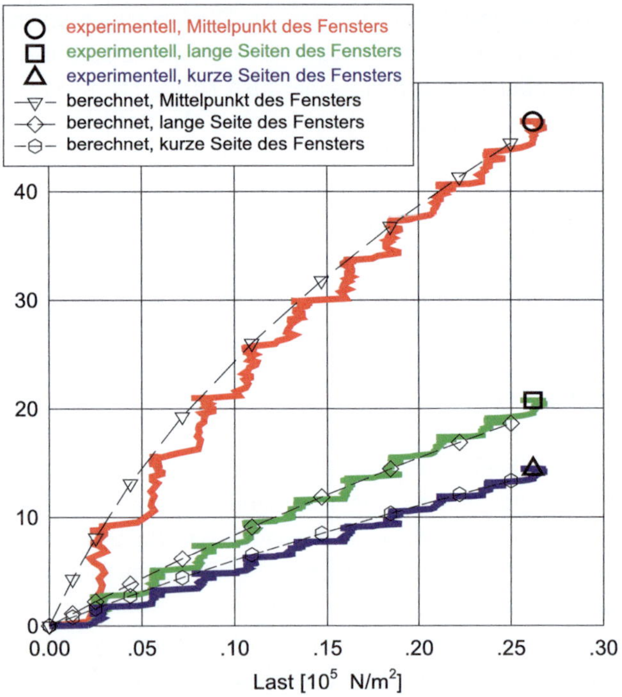

Abb. 13.10 Experimentell und numerisch berechnete Scheibendurchbiegung. (Bildquelle: Fraunhofer IFAM)

Die Autoren

Dr. Markus Brede (markus.brede@ifam.fraunhofer.de) ist Leiter der Abteilung „Werkstoffe und Bauwesen" im Fraunhofer-Institut für Fertigungstechnik und Angewandte Materialforschung, Bremen; Dr. Oliver Klapp (oliver.klapp@ifam.fraunhofer.de), Dr. Christof Nagel (christof.nagel@ifam.fraunhofer.de) und Andreas Wulf (andreas.wulf@ifam.fraunhofer.de) sind seine Mitarbeiter.

Thomas Reinert (Reinert@MeyerWerft.de) ist bei der Jos. L. Meyer GmbH, Papenburg, tätig.

Sven Exner (sven.exner@luerssen.de) beschäftigt sich bei der Fr. Lürssen Werft, Bremen, im Bereich Yachtausrüstung mit allen Aufgaben rund um die Anstriche, Beschichtungen sowie Kleb- und Kunststoffe.

Literatur

1. ISO 20340. Beschichtungsstoffe – Leistungsanforderungen an Beschichtungssysteme für Bauwerke im Offshorebereich. Berlin: Beuth Verlag GmbH
2. Fröck, L., Nagel, C.: Klebtechnisches Fügen von Rohrleitungen im Schiffbau. Schlusssachbericht zum IGF-Vorhaben 17808 N; CMT-Bericht 34. (2015)
3. DIN EN ISO 16276-1. Korrosionsschutz von Stahlbauten durch Beschichtungssysteme – Beurteilung der Adhäsion/Kohäsion (Haftfestigkeit) einer Beschichtung und Kriterien für deren Annahme – Teil 1: Abreißversuch. Berlin: Beuth Verlag GmbH
4. DIN EN ISO 2409. Beschichtungsstoffe – Gitterschnittprüfung. Berlin: Beuth Verlag GmbH
5. Laserschweißen und I-core Paneele. Firmenbroschüre der Jos. L. Meyer GmbH, www.meyerwerft.de
6. Brede, M., Exner, S., Jesse, A., Wulf, A., Hennemann, O.-D.: Alternativer Weg zur konstruktiven Auslegung elastischer Klebungen. Adhäsion Kleb **41**(12), 35 (1997)

Medizintechnik

14

Astrid Wagner

14.1 Kleben in der Medizintechnik – Sterilisationsfest und spaltfrei verbunden

Astrid Wagner

Nur mithilfe der Klebtechnik als stoffschlüssiges Fügeverfahren gelingt die Herstellung chirurgischer Instrumente für minimalinvasive endoskopische Operationen. Die Anforderungen an Oberflächenvorbehandlung, Klebstoffe und klebtechnische Fertigungsprozesse sind in diesem Bereich hoch. Beispielsweise müssen Glasfaserbündel in einem Edelstahlrohr sterilisationsfest, blasen- und spaltfrei miteinander verbunden werden.

In der Medizintechnik ist heutzutage die Auswahl geeigneter Klebstoffe in der Regel kein großes Problem mehr. Es gibt eine Vielzahl von Klebstoffen mit den für die Medizintechnik so wichtigen Zertifikaten wie dem Nachweis der Zytotoxizität (DIN EN ISO 10993-5; Prüfungen auf In-vitro-Zytotoxizität) oder auch einer Zulassung gemäß USP Class VI (U.S. Pharmacopeia). Als problematisch erweist sich jedoch oft die Forderung nach einer ausreichenden Beständigkeit der Klebungen bei bis zu 1000 Zyklen Aufbereitung und Sterilisation (z. B. Heißdampfsterilisation bei 135 °C). Dabei spielt zum einen die Auswahl des richtigen Klebstoffsystems eine Rolle, zum anderen eine geeignete Oberflächenvorbehandlung, welche beispielsweise eine Unterwanderung der Klebschicht durch schädigende Medien verhindert.

Die Hersteller von medizinischen Geräten erhalten von den Klebstoffherstellern in der Regel lediglich Empfehlungen für potentiell zum Kleben geeignete Klebstoffe mit

A. Wagner (✉)
Panasonic Automotive & Industrial Systems Europe GmbH
Langen, Deutschland
E-Mail: astrid.wagner@eu-panasonic.com

M. Doobe (Hrsg.), *Kunststoffe erfolgreich kleben*,
https://doi.org/10.1007/978-3-658-18445-2_14

den entsprechenden Unbedenklichkeitszertifikaten zum Einsatz in der Medizintechnik. Oft werden jedoch keine Angaben zur Sterilisierbarkeit oder Empfehlungen zu Oberflächenvorbehandlungen bezüglich der zu fügenden Materialkombinationen gegeben. Das Medizinproduktegesetz überträgt die gesamte Verantwortung für das Inverkehrbringen des Produktes dem Medizinproduktehersteller, der somit allein sicherstellen und nachweisen muss, dass sein Produkt sicher sowie biologisch verträglich ist [1].

Dies hat das Naturwissenschaftliche und Medizinische Institut an der Universität Tübingen (NMI) zum Anlass genommen – zusammen mit Herstellern von Medizinprodukten sowie Firmen aus den Bereichen Klebstoffherstellung und Oberflächenvorbehandlung – eine Untersuchung zum „Kleben in der Medizintechnik" durchzuführen. Das Projekt mit einem Gesamtvolumen von 1 Mio. Euro wurde vom Land Baden-Württemberg gefördert.

Ziel des Projektes war eine Qualifizierung der Klebtechnik als sicheres Verbindungsverfahren für die Medizintechnik durch systematische Prüfung von Klebstoffen und Klebverbunden in Abhängigkeit unterschiedlicher Oberflächenvorbehandlungs- sowie Sterilisations- und Reinigungsverfahren.

Dabei sollten die Industriepartner, vornehmlich Medizinproduktehersteller, an Untersuchungen von geklebten Verbindungen herangeführt werden. Dies betrifft im Speziellen folgende Aspekte:

- Auswahl von Klebstoffen, Oberflächenvorbehandlungsverfahren und Beständigkeitsprüfungen Auswahl von geeigneten Probekörpergeometrien
- Herstellung von Modellprüfkörpern
- Mechanische Prüfung und Bewertung der Versuchsergebnisse
- Oberflächenanalytische Verfahren in der Klebtechnik
- Übertragung der Versuchsergebnisse auf den Anwendungsfall (bauteilähnliche Geometrien, Bauteile)

Im Folgenden werden einige der erarbeiteten Ergebnisse vorgestellt. Aufgezeigt wird u. a. die Identifikation der Anforderungsprofile, eine kurze Begriffserklärung der primär in der Medizintechnik eingesetzten Reinigungs- und Sterilisationsmethoden sowie Ergebnisse aus XPS-Untersuchungen an Klebstoffproben nach Heißdampfsterilisation. Beschrieben werden außerdem einige Ergebnisse von Auszugsversuchen an geklebten Kanülen.

14.1.1 Identifikation von Anforderungsprofilen

Zunächst wurden anhand von Fragebögen die Anforderungsprofile an die Klebungen der einzelnen Medizinproduktehersteller ermittelt und drei Einsatzgebiete identifiziert. Tab. 14.1 zeigt die Einsatzgebiete mit den jeweiligen Besonderheiten und den typischerweise zu fügenden Substratmaterialien, Klebstoffen und Oberflächenvorbehandlungen.

Aufbauend darauf konnten die zu untersuchenden Substratmaterialien, geeignete Oberflächenvorbehandlungen und Klebstoffe ausgewählt werden.

Tab. 14.1 Repräsentative Einsatzgebiete der Medizintechnik mit den dazugehörigen Anforderungen und Besonderheiten. (Quelle: NMI)

Einsatzgebiet	Anforderungen/Besonderheiten	Fügepartner/Klebstoffe/Oberflächen-Vorbehandlung
Spritzen-, Kanülensysteme	UV-transparente Fügepartner, kurze Fertigungszeiten, hohe Stückzahlen, Einwegartikel, Heißdampfsterilisation, ETO	Fügepartner: Metall, Glas, Kunststoff; Klebstoffe: UV-Klebstoffe; Vorbehandlung: Reinigung, Aktivierung (AD-, ND-Plasma)
Optische Klebungen: Endoskope	Geringe Klebspalte, exakte Positionierung, keine strukturell zu übertragenden Lasten, Ausgleich der unterschiedlichen Wärmeausdehnungen der Fügepartner, Heißdampfsterilisation, Sterrad, Spülmaschine	Fügepartner: SiO_2- und Al_2O_3-basierte Bauteile (Glas, Saphir, Quarz, …), Metall; Klebstoffe: 2 K-EP; Vorbehandlung: Reinigung, Feinstreinigung Glas (AD-, ND-Plasma)
Kleben von chirurgischen Instrumenten (Scheren, Pinzetten, Zangen)	Kleben unterschiedlicher Werkstoffe, Metall/Metall, Metall/Kunststoff, Metall/Keramik, … Strukturelle Klebungen, Einweg- und Mehrweginstrumente, Heißdampfsterilisation, Spülmaschine	Fügepartner: Metall, Keramik, Kunststoff Klebstoffe: 2 K EP; Vorbehandlung: Reinigung, AD-, ND-Plasma, mechanische Vorbehandlung

14.1.2 Welche Belastungen liegen vor?

Durch den nur kurzzeitigen Einsatz der geklebten Instrumente im Körper ist eine Belastung der Klebungen während des Einsatzes durch Kontaminationen mit Körperflüssigkeiten, Mikroorganismen und ähnlichem zu vernachlässigen. Primär wird die Belastung der Klebungen durch Feuchtigkeit, Temperatur, etc. während der Aufbereitung und Sterilisation erfolgen.

Zur Reinigung der Instrumente nach ihrem Einsatz, z. B. im OP, werden diese in einem ersten Schritt aufbereitet und gereinigt. Dies erfolgt über eine maschinelle bzw. manuelle Dekontamination mit basischen, neutralen oder sauren Reinigern.

Die Sterilisation erfolgt nach Recherchen überwiegend im Autoklaven mit überhitztem Wasserdampf. Dabei werden heute die Instrumente bei einer Soll-Temperatur von 134 °C und 2 bis 3 bar Dampfdruck über eine Zeitdauer von ca. 38 min behandelt, um Keime und Bakterien abzutöten. Aufgrund der hohen Temperaturen, die meist weit oberhalb der Glasübergangstemperatur der Klebstoffe liegen, sowie der feuchten Umgebung unter Überdruck wird erwartet, dass sich die physikalischen und chemischen Eigenschaften der Klebstoffverbindungen signifikant verändern.

Eine weitere Sterilisationsmethode ist die Sterilisation mit Ethylenoxid (ETO). Ethylenoxidgas tötet Bakterien, Schimmel und Pilze ab und wird zur Sterilisation von temperaturempfindlichen Substanzen verwendet. Dabei kann eine Veränderung im chemischen

Aufbau und damit eine Änderung der physikalischen Eigenschaften der Polymere auftreten [2].

Eine weitere Sterilisationsmethode ist beispielsweise der Einsatz eines sogenannten Sterrad. Eine Wasserstoffperoxid-Diffusion in einer Kammer mit anschließender „Anregung" der Wasserstoffperoxid-Moleküle führt zu einem Plasmazustand und einer Sterilisation medizinischer Instrumente, ohne toxische Rückstände zu hinterlassen. Alle Phasen des Sterilisationszyklus, einschließlich der Plasma-Phase, laufen in trockener Umgebung bei niedriger Temperatur ab. Daher sollte dieses Verfahren für wärme- und feuchtigkeitsempfindliche geklebte Instrumente nicht schädlich sein.

14.1.3 Prüfung der chemischen Stabilität

Mit den für die beschriebenen Einsatzfälle empfohlenen Klebstoffsystemen wurden im ungealterten Zustand sowie nach Beständigkeitsprüfungen Substanzproben mithilfe der Photoelektronenspektroskopie (XPS) untersucht. Die Funktion dieses Untersuchungsverfahrens beruht darauf, dass kurzwellige Strahlung (UV- oder Röntgenlicht) die Atome in der Oberfläche der Probe zur Emission von Elektronen veranlasst. Die kinetische Energie der Elektronen wird gemessen und erlaubt Rückschlüsse auf die emittierenden Atome (Menge, Art, Oxidationsstufe, z. B. $-CH_n$, –COH, –COR oder –C=O).

Für die Untersuchungen wurden die Substanzproben geteilt, um eine Messoberfläche zu erhalten, welche nicht durch Probenherstellung oder Handling chemisch verändert wurde (Abb. 14.1). Auf dieser Messfläche wurde jeweils in der Mitte sowie am Rand gemessen. Somit kann ggf. eine ortsaufgelöste Veränderung der Klebstoffprobe detektiert werden. Mit dieser Methode lassen sich kleinste Veränderungen im Klebstoff ermitteln (z. B. Abspaltung von CO_2).

Gezeigt werden im Folgenden Ergebnisse einer Heißdampfsterilisation nach 100 Zyklen. Dabei erfolgt ein Vergleich zwischen ungealterten Proben und nach der Beständigkeitsprüfung in Abhängigkeit von der Lage des Messpunktes.

In Tab. 14.2 ist die Elementverteilung für Kohlenstoff, Stickstoff und Sauerstoff dargestellt. Nach einer Lagerung im Heißdampf über 100 Zyklen lässt sich eine Veränderung der Elementverteilung im Außenbereich der Probe beobachten. Es zeigt sich ein deutli-

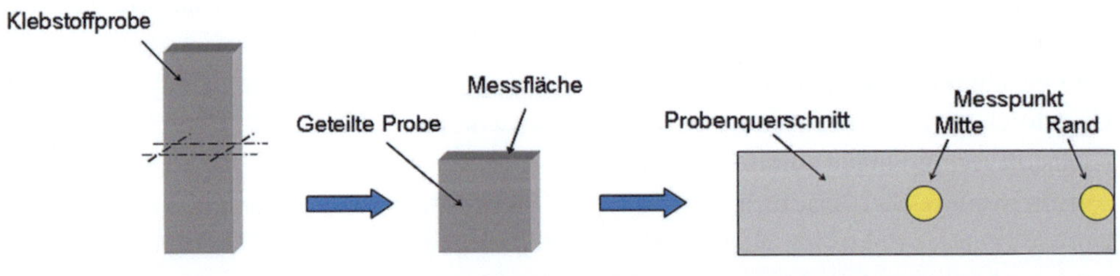

Abb. 14.1 Präparation von Klebstoffproben für XPS-Untersuchungen. (Bildquelle: NMI)

Tab. 14.2 2 K-Epoxidharzklebstoff: XPS-Messung an ungealterter Probe und nach Alterung 100 Zyklen Heißdampf. (Quelle: NMI)

	Ungealtert		Alterung 100 Zyklen HD (HSW)	
	Mitte Bruchfläche	Rand Bruchfläche	Mitte Bruchfläche	Rand Bruchfläche
Element	at %	at %	at %	at %
C	81	82	81	71
N	1	1	1	2
O	17	16	18	24

Tab. 14.3 Bindungen des Kohlenstoffs eines 2 K-Epoxidharzklebstoffes, ungealtert und nach 100 Zyklen Heißdampfsterilisation. (Quelle: NMI)

Ungealterte/gealterte Probe, Analyse Randbereich				
Anteile (%)	C–C/C–H	C–O	C=O	O–C=O
Ungealtert	53	38	9	–
Gealtert	58	34	7	–

cher Abfall des Kohlenstoffs mit einem Anstieg des Elementes Sauerstoff. Dies bedeutet, dass sich die Probe nur im Außenbereich verändert hat und es zu einer orts- sowie zeitabhängigen Degradation des Klebstoffsystems kommt.

Betrachtet man nun die Auffaltung des XPS-Kohlenstoffspektrums in Tab. 14.3, so geht aus den Diagrammen hervor, dass das CO-Signal abgenommen hat. Mögliche Ursache dafür ist eine Abspaltung von CO_2 unter Wasserdampfbelastung.

14.1.4 Prüfung der thermomechanischen Stabilität

Unter Verwendung der empfohlenen Epoxidharzklebstoffe wurden Probekörper hergestellt und mittels der Dynamisch-Mechanischen Analyse (DMA) im ungealterten Zustand als auch nach Beständigkeitsprüfung hinsichtlich der Stabilität der thermomechanischen Eigenschaften geprüft.

Abb. 14.2 zeigt zwei DMA-Diagramme von zwei Epoxidharzklebstoffen im ungealterten Zustand (rot) sowie nach 100 Zyklen Heißdampfsterilisation (blau). Dabei sind der Speichermodul E′ und der Verlustmodul E″ dargestellt. Die Auswertung der Glasübergangstemperatur T_g erfolgt primär durch den Onset der Speichermodulkurve.

Bei Klebstoff Nr. 1 zeigt die Messung im ungealterten Zustand eine sehr hohe Glasübergangstemperatur von 116 °C. Nach der Heißdampfsterilisation jedoch kann eine signifikante Abnahme des T_g durch die Sterilisation um fast 40 °C festgestellt werden. Klebstoff Nr. 2 dagegen weist im ungealterten Zustand eine relativ niedrige Glasübergangstemperatur auf, welche durch die Lagerung im Heißdampf geringfügig um ca. 15 °C ansteigt. Dies ist vermutlich auf eine Nachhärtung des Systems durch die hohe Sterilisationstemperatur von 134 °C zurückzuführen.

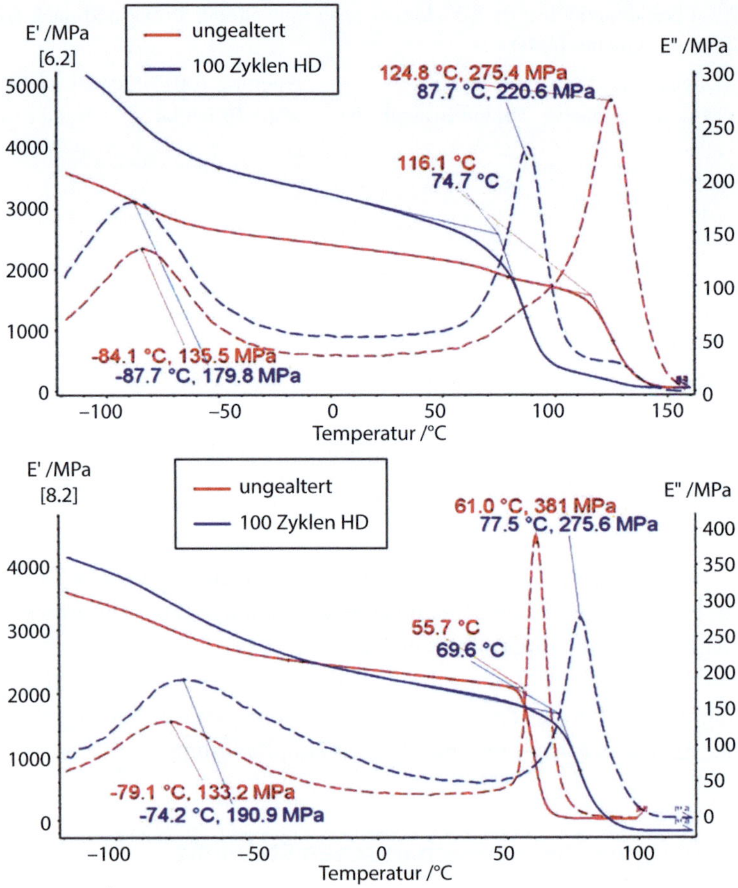

Abb. 14.2 DMA-Messung an zwei 2 K-Epoxidharzklebstoffen im ungealterten Zustand sowie nach 100 Zyklen Heißdampfsterilisation. (Bildquelle: NMI)

14.1.5 Einfluss von Kontamination und Alterung

In der Praxis zeigen sich vereinzelt Delaminationen der Kanülen in den Kanülenhaltern. Um zu prüfen, ob dies auf eine nicht ausreichende Reinigung der Edelstahlkanülen nach dem Passivierungsprozess zurückzuführen ist, bedarf es der Untersuchung der Kontaminationstoleranz des Klebstoffes. Dazu werden Kanülen aus den einzelnen Behandlungs- und Reinigungsschritten während einer Passivierung entnommen, mit einem UV-Acrylatklebstoff („Needle-Bonder") geklebt und im Auszugversuch sowohl im ungealterten Zustand als auch nach einmaliger Sterilisation mit Ethylenoxid geprüft (Abb. 14.3). Die Ergebnisse zeigen, dass nach den Prozessschritten 1 und 2 eine nicht ausreichende Festigkeit der Klebungen sowohl im ungealterten Zustand als auch nach ETO-Sterilisation erreicht wird (Vorgabe DIN EN ISO 7864: Kanülendurchmesser 0,6 mm = Auszugskraft 34 N).

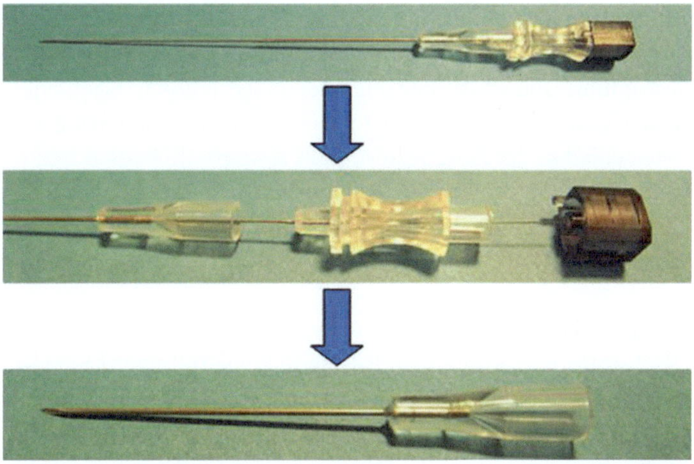

Abb. 14.3 Um zu prüfen, wo bei geklebten Kanülen die Ursache von Delaminationen liegt, muss der verwendete Klebstoff auf seine Kontaminationstoleranz untersucht werden. (Bildquelle: NMI)

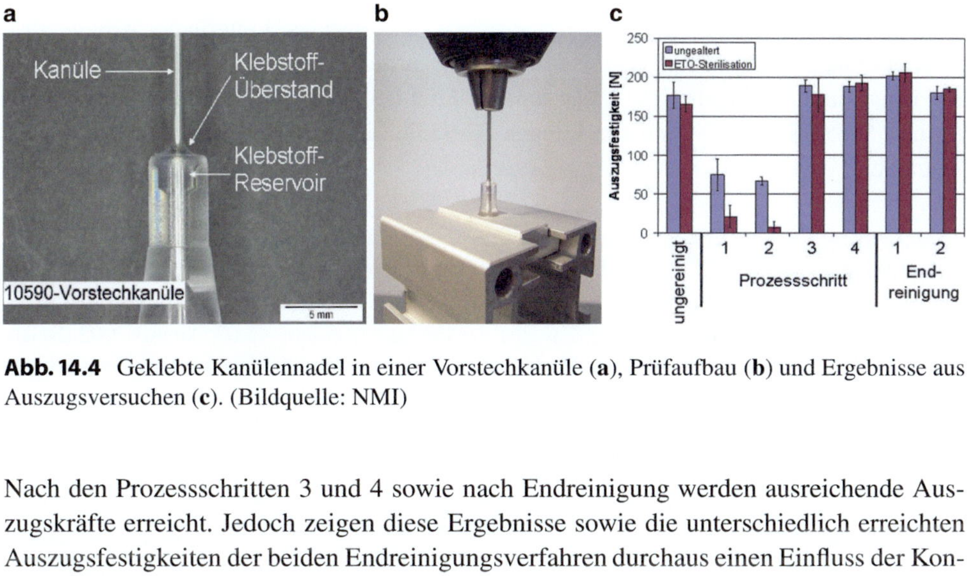

Abb. 14.4 Geklebte Kanülennadel in einer Vorstechkanüle (**a**), Prüfaufbau (**b**) und Ergebnisse aus Auszugsversuchen (**c**). (Bildquelle: NMI)

Nach den Prozessschritten 3 und 4 sowie nach Endreinigung werden ausreichende Auszugskräfte erreicht. Jedoch zeigen diese Ergebnisse sowie die unterschiedlich erreichten Auszugsfestigkeiten der beiden Endreinigungsverfahren durchaus einen Einfluss der Kontamination bzw. der Reinigung auf die erreichten Auszugsfestigkeiten (Abb. 14.4).

14.1.6 Zusammenfassung und Ausblick

Die gezeigten Ergebnisse vermitteln einen Eindruck über die Herausforderungen, denen sich der Anwender beim Einsatz der Klebtechnik in der Medizintechnik stellen muss.

Bei den Festigkeitsuntersuchungen geklebter Kanülen zeigte sich erwartungsgemäß, dass eine unzureichende Reinigung der Kanülen zu schlechten Festigkeitswerten bis hin zu Delaminationen führt. Jedoch konnte auch bei endgereinigten Kanülen, welche in vorangegangenen oberflächenanalytischen Untersuchungen als ausreichend sauber eingestuft wurden, ein Unterschied in der Auszugsfestigkeit festgestellt werden.

Untersuchungen der Klebstoffe mit Dynamisch-Mechanischer Analyse (DMA) und Photoelektronenspektroskopie (XPS) zeigten, dass nicht alle von den Herstellern empfohlenen Klebstoffe die erhoffte Stabilität, insbesondere während der Heißdampfsterilisation, aufweisen.

Die dargestellte Vorgehensweise wurde im Verlauf des Projektes auf andere als geeignet erachtete Klebstoffe und zusätzliche Beständigkeitsprüfungen (Sterrad, Spülmaschine, ...) erweitert. Festigkeitsprüfungen an geklebten Probekörpern in Form von Zugscherversuchen an Edelstahlprüfkörpern nach unterschiedlichen Oberflächenvorbehandlungen wurden ebenso durchgeführt wie die Untersuchung des Einflusses der Alterung des Lampenequipments beim Einsatz UV-aushärtender Klebstoffe in Kanülenklebungen.

Die Autorin

Dr.-Ing. Astrid Wagner (astrid.wagner@eu-panasonic.com) war Leiterin der Arbeitsgruppe Kleb- und Prüftechnik am NMI Naturwissenschaftliches und Medizinisches Institut an der Universität Tübingen, Reutlingen, und ist jetzt bei der Panasonic Automotive & Industrial Systems Europe GmbH in Langen als Senior Engineer im Display & Innovation Team tätig.

Literatur

1. Gesetz über Medizinprodukte, in der Fassung der Bekanntmachung vom 7. August 2002 (BGBl. I S. 3146), geändert durch Artikel 1 des Gesetzes vom 14. Juni 2007 (BGBl. I S. 1066), zuletzt geändert durch Artikel 6 des Gesetzes vom 29. Juli 2009 (BGBl. I S. 2326)
2. PDL Handbook Series „The Effect of Sterilisation Methods on Plastics and Elastomers“, (1994), Plastics Design Library

Sachverzeichnis

M. Doobe (Hrsg.), *Kunststoffe erfolgreich kleben*,
https://doi.org/10.1007/978-3-658-18445-2

T

U

MIX
Papier aus verantwortungsvollen Quellen
Paper from responsible sources
FSC® C105338

If you have any concerns about our products,
you can contact us on
ProductSafety@springernature.com

In case Publisher is established outside the EU,
the EU authorized representative is:
Springer Nature Customer Service Center GmbH
Europaplatz 3, 69115 Heidelberg, Germany

Printed by Libri Plureos GmbH
in Hamburg, Germany